量子信息物理原理

Principles of Quantum Information Physics

张永德　著

科学出版社

北京

内 容 简 介

本书系统介绍了量子信息论的物理原理。全书内容包括量子测量问题、双态系统、量子纠缠与纠缠分析、Bell型空间非定域性及分析、退相干分析、纯化与相干性恢复、不可克隆定理与量子Zeno效应、量子态超空间转移、量子门与简单量子网络、量子算法、量子误差纠正与保真度、量子信息论等，共计13章。重点在于阐述物理原理。每章后均附有相关文献和习题。为自学和教学方便，全部习题均给出了详细解答。

本书既可以作为教学用书，也可作为自学和科研参考用书，适用于物理学科及电子信息学科领域的相关教师、科研人员、研究生和本科生。

图书在版编目(CIP)数据

量子信息物理原理 / 张永德著. —北京：科学出版社，2005
ISBN 978-7-03-016368-4

Ⅰ. 量… Ⅱ. 张… Ⅲ. 量子力学-信息技术 Ⅳ. O413.1

中国版本图书馆CIP数据核字(2005)第120792号

责任编辑：钱 俊 胡 凯 / 责任校对：包志虹
责任印制：赵 博 / 封面设计：王 浩

科学出版社出版
北京东黄城根北街16号
邮政编码：100717
http://www.sciencep.com
三河市春园印刷有限公司印刷
科学出版社发行 各地新华书店经销
*
2006年1月第 一 版 开本：B5(720×1000)
2024年4月第十次印刷 印张：25
字数：469 000

定价：98.00元

（如有印装质量问题，我社负责调换）

前　　言

近 20 余年来，量子力学除了更深入地应用于物理学本身许多分支学科之外，还迅速广泛地应用到了化学、生物学、材料科学、信息科学等领域。量子理论这种广泛、深入应用的结果，极大地促进了这些学科的发展，从根本上改变了它们的面貌，形成了众多科学技术研究热点，产生了许多崭新的学科；与此同时，量子力学本身也得到了很大的丰富和发展。

热点之一就是已经诞生、正在形成和发展中的量子信息科学——量子通信和量子计算领域，简称为量子信息论。它是将量子力学应用于现有电子信息科学技术而形成的交叉学科。量子信息论不但将以往的经典信息扩充为量子信息，而且直接利用微观体系的量子状态来表达量子信息。从而进入人为操控、存储和传输量子状态的崭新阶段。

近 10 多年来，量子信息论从诞生到迅猛发展，显示出十分广阔的科学和技术应用前景。这种崭新的交叉结合已经并正在继续大量生长出许多科学技术研究热点，并逐渐形成一片新兴广阔的研究领域，不断取得引人瞩目的辉煌成就。

量子信息论的诞生和发展，在科学方面有着深远意义。因为它反过来极大地丰富了量子理论本身内容，并且有助于加深对量子理论的理解，突出暴露并可能加速解决量子理论本身存在的基础性问题。借助这一新兴交叉学科的实验技术，改造量子力学基础，加速变革现有时空观念，加深对定域因果律的看法也许是可能的。

量子信息论在技术方面也有着重大影响。因为它的发展前景是量子信息技术(QIT)产业。它是更新换代目前庞大 IT 产业的婴儿，是推动 IT 产业更新换代的动力，指引 IT 技术彻底变革的方向。在这方面大量、迅猛、有成效的探索性研究正在逐步导致以下各色各样的新兴分支学科的诞生：量子比特和量子存储器的构造，人造可控量子微尺度结构，量子态的各类超空间传送(teleportation & swapping)，量子态的制备、存储、调控与传送，量子编码及压缩、纠错与容错，量子中继站技术，量子网络理论，量子计算机，量子算法等等。它们必将对国计民生和金融安全技术以及国防技术产生深刻的影响。

目前，一方面是寻求各色各样存取量子信息的载体——量子比特和量子信息处理器。相关的实验和理论研究正在蓬勃开展。实验中的量子信息载体不仅包括自然的微观系统，更着重于形形色色人造可控微尺度结构——也就是人造可控量子系统。在研制可控量子比特和量子存储器件时，必须考虑它们和传送环节的光场之间的可控耦合，以保证量子信息的有效写入和取出。这里最重要的是研究光场和人造原子系综的相互作用。

第二方面是关于量子信息的传送。量子通信是量子信息论领域中首先走向实用化的研究方向。目前量子通信主要以极化光子为信息载体，采用纠缠光子对作为传送的量子通道。量子通信可以区分为光纤量子通信和自由空间量子通信两个方向。关于光纤量子通信方面，建立光纤量子通信局域网和延长光纤量子通信距离的时机已经到来。而利用纠缠光子实施自由空间量子通信，其最终目标是通过卫星实现全球化量子通信。量子通信要求长程、高品质、高强度的纠缠光源。这需要掌握包括纠缠纯化、纠缠交换与纠缠焊接的量子中继器技术。同时还需要展开各类量子编码（纠错码、避错码、防错码）研究，各类量子态超空间传送方式研究，进而逐步创立完善的量子网络理论。

第三方面是关于量子计算机方面。目前的经典计算机受到经典物理原理限制，已接近其处理能力的极限。而由于量子态叠加原理和量子纠缠特性，量子计算机具有经典计算机无法比拟的、快速的、高保密的计算功能，所以有必要研制量子计算机。制造量子计算机的核心任务是造出可控多位量子比特的量子信息处理器。这里的关键是寻求能够避免退相干、易于操控和规模化的多位量子比特。这正是制约量子计算机研制进度的主要困难。可以预计，量子计算技术的长远发展最终有赖于固体方案。关于量子计算机研制进度：乐观估计是到 2010 年可以在硅片技术基础上制造出 10 多位可控量子比特，从而造出简单的台式量子计算机；较稳健的估计是可能在下一个 10 年之内；持悲观估计的人们有个比喻：现在不必做出发展量子计算机的“曼哈顿计划”，因为现在还没有发现“核裂变”。

第四方面是关于量子力学的基础研究。这集中在以下三个方面：其一，对量子力学基础的考察。特别是集中于：量子理论本质的空间非定域性、量子纠缠的物理本质、波包坍缩的物理内涵、测量结果或然性的物理根源等等基本问题。迄今对著名 EPR 佯谬的一个符合实验的回答是：整个量子理论本质是空间非定域的，但目前还不能排除非定域的隐变数存在。就是说，量子力学目前虽然获得了所有实验的支持，但仍然不能断定“上帝究竟是玩还是不玩掷骰子”。其二，涉及各类纠缠态的制备、提纯、调控、传送和存取的研究。其三，涉及宏观量子效应的研究和应用。特别是现在已经知道，量子纠缠对宏观物质的物性（磁导率、热容量等）有明显的影响，所以必须给予重视。过去的统计物理说，只要知道系统的能谱——配分函数就够了。现在则还需要知道此时物质内部粒子之间量子纠缠状况。

量子信息科学是正在迅速崛起中的交叉领域，广阔庞杂、发展迅速、远未定型、未解决的问题成堆。因此本书只能依据当前阶段性的科研进展，结合我们科研集体的研究成果，以及个人一些心得，尽量做到全面系统阐述量子信息论的物理原理、重点和疑难问题，以及部分新进展。阐述起点尽量放低，只需具备量子力学知识；终点则落脚于近代相关文献和发展动态。阐述重点是分析物理概念，讲解基本和重要的计算方法，偏重于量子信息论的物理基础。考虑到部分读者进一步了解的需要，每章后面都列出了部分文献。同时，为了便于教学和自学，作者还编辑和拟定了一些习题，并给出了详细解答。

本书的最初基础是作者于 1998～2000 年在中国科学技术大学三次讲课的讲稿，后来 2003 年应邀在香港科技大学、香港中文大学和香港大学的一个联合研究生班上讲授时，做了较大的改写。接着，2004 年应邀在清华大学暑期学校讲授时，再次做了重要的改进。其后一直到现在的这次定稿，又聚精会神地对全稿进行了全面扩充和仔细修订。尽管自己觉得是在"如履薄冰"地辛勤做着，终归囿于水平，更兼这门学科发展十分迅速，纵然尽心尽力，想也难尽如人意。书中片面、不足和错误在所难免，作者敬盼专家学者指教。

最后，也是对作者最重要的一点，感谢香港科技大学萧旭东教授和孟国武教授，感谢清华大学朱邦芬教授和吴念乐教授，他们盛情邀请和接待，给了作者以修改讲稿的宝贵机会。作者感谢香港中文大学林海青教授、香港大学汪子丹教授的友好接待。感谢陈增兵、郁司夏、逯怀新教授、吴盛俊博士，因为本书部分章节曾请他们校读过，他们提供了很好的意见。感谢赵博、杨洁和赵梅生，他们求解了书中所附的大部分习题，对有的解答做了改进。感谢吴建达、陈建兰、张涵的细心校订。没有他们深厚情谊的支持和帮助，这本书现在面世是不可能的。

张永德

2005 年 4 月 10 日

目　录

第一章　量子测量及相关问题

量子测量理论联系着量子理论计算和量子实验测量，是两者之间必经的桥梁，是量子理论的基础和支柱。按现在文献情况可以说，不熟悉量子测量理论就难以很好地理解许多近代重要的实验工作。更何况，量子测量理论本身就蕴含着量子理论几乎全部的未解决的重大基本问题。这些问题都如此基本，以至于它们的解答必定会从根本上纠正我们现有的时空观念和某些基本概念，导致我们对世界有一个崭新的再认识。

鉴于我国量子力学教材中很少谈及测量问题，而量子信息论又必须和经常地涉及它，所以这里全面简要地介绍量子测量理论。共分5节：包括扼要阐述一些基本要义，介绍量子光学实验基础和其他一些实验，广义量子测量和POVM，非破坏测量，退相干的测量模型，最后简要指明一些未解决的问题。内容重点在于阐述和分析物理概念，以及明确近代量子测量理论的认知边界。

§1.1　量子测量及相关问题Ⅰ——量子测量基础

1.1.1　量子力学的第三公设——测量公设

按通常提法，非相对论量子力学共有5个基本公设：

量子状态公设，量子算符公设，量子测量公设，量子运动方程公设，全同性原理公设。其中全同性原理公设的独立性尚有争议。

这里只列出其中第三公设——测量公设(见文献[1]中§10～§12和文献[2]的第一章)：

“对归一化波函数$\Psi(x)$进行力学量A的测量，总是将$\Psi(x)$按A所对应算符$\hat{A}$的正交归一本征函数族$\{\varphi_i(x),\forall i\}$展开

$$\Psi(x)=\sum_i c_i\varphi_i(x),\qquad \{\varphi_i(x)\mid \hat{A}\varphi_i(x)=a_i\varphi_i(x),\forall i\}$$

单次测量后所得A数值必随机地属于本征值$\{a_i\}$中某一个，比如为a_k(除非$\Psi(x)$已是它的某个本征函数)；测量完毕，$\Psi(x)$即相应突变(坍缩)为该本征值a_k的本征函数$\varphi_k(x)$。对大量相同态构成的量子系综进行多次重复实验时，任一本征值a_k出现的概率是此展开式中相应项系数的模平方$|c_k|^2$。”

注意1：对同一个态，若进行不同种类的测量，将相应于不同的展开，会导致不

同的坍缩，从而表现出不同的实验现象！

注意 2：（测量导致的）量子坍缩，以及（体现在量子干涉中的）量子叠加都是“概率幅的坍缩”和“概率幅的叠加”！

这种“概率幅的坍缩”和“概率幅的叠加”完全不同于经典的概率叠加。叠加的概率幅在测量中所表现出的或然性也完全不同于经典概率叠加在测量中所表现出的或然。比如

$$|+z\rangle = \frac{1}{\sqrt{2}}(|+x\rangle + |-x\rangle) \tag{1.1}$$

按量子力学，沿 Z 轴测此态自旋，发现自旋肯定在 $+Z$ 方向，并且右边的分解是振幅叠加、相干叠加；但按经典力学的理解，右边应以或然方式（各有 $\frac{1}{2}$ 概率）处在态 $|+x\rangle$ 和态 $|-x\rangle$。接着进行下面分解

$$\begin{aligned} |+x\rangle &= \frac{1}{\sqrt{2}}(|+z\rangle + |-z\rangle) \\ |-x\rangle &= \frac{1}{\sqrt{2}}(|+z\rangle - |-z\rangle) \end{aligned} \tag{1.2}$$

又可知，如进一步测 $|+x\rangle$ 态可得自旋朝上、朝下各 $\frac{1}{2}$ 概率，测 $|-x\rangle$ 也如此。于是，综合起来就得到：沿 Z 轴测得自旋朝上朝下的概率应当各占 $\frac{1}{2}$！这与上面量子力学结果完全不同！更详细见习题 1.3。

1.1.2 测量理论的三个阶段

量子体系状态改变的两种方式——量子理论的两种基本过程[2]：

U 过程 —— 决定论的、可逆的、保持相干性的

R 过程 —— 随机的、不可逆的、斩断相干性的

理想的完全测量的三个阶段为：纠缠分解、波包坍缩、初态制备。

纠缠分解——$\Psi(x)$ 按被测 A 本征态分解并和测量指示器可区分态纠缠；波包坍缩——$\Psi(x)$ 以 A 展式系数模方为概率向本征态之一随机突变；初态制备——坍缩后态作为初态在新环境哈密顿量下开始新一轮演化。所以有时简单地说成测量制备了初态。

实验经常是对大量相同量子态组成的量子系综进行重复测量并读出结果。多次重复测量将制备出一个混合态——不同坍缩结果 $\varphi_i(x)$ 之间不存在任何相位关联，彼此是非相干的。这个混合态（见第二章）又称作纯态系综——一个相互正交的不同纯态的系列：{出现纯态 $\varphi_1(x)$ 的概率为 p_1 等}。

1.1.3 坍缩阶段的四个特征

量子态在测量的坍缩阶段表现出四个重要特征[2]：随机性、斩断相干性、不可逆性、空间非定域性。这个阶段是一个深邃的尚未了解清楚的过程。应当说，它是一个正在研究中的可能涉及对时空性质和定域因果律全新理解的问题。

目前的量子力学理论认为：按测量公设，每次测量并读出结果之后，态 $\Psi(\boldsymbol{x})$ 即受严重干扰，并且总是向该次测量所得本征值的本征态突变（坍缩）过去，使波函数约化到它的一个成分（一个分支）上。这种由单次测量造成的坍缩称为第一类波包坍缩。除非 $\Psi(\boldsymbol{x})$ 已是该被测力学量的某一本征态，否则在单次测量后，被测态 $\Psi(\boldsymbol{x})$ 究竟向哪个本征态坍缩，就像测得的本征值一样，是随机的、不能事先预计的。就是说，坍缩阶段的四个重要特征为：随机的——原则上无法预见和控制的；不可逆的——不少人说，测量是熵增加过程；切断相干性的——切断被测态原有的一切相干性；非定域的——空间波函数的坍缩都是非定域的。

坍缩中，表现出的是粒子状态的突变，其实质上是体系演化时空的坍缩！这可以参考后面 Teleportation、Swapping 实验，以及 Zeno 效应叙述。近来有实验表明，坍缩与关联坍缩仿佛是同一个事件，其间好像不存在因果关联！最后结论究竟如何还不得而知。

应当再次强调，即便粒子的同一状态，在不同种类测量下，因展开式不同，坍缩的本征函数族不同，将给人以不同的面貌。由于测得的数据是在测量坍缩中"临时"产生的，加上波函数本身不能直接观测，可能会使人误认为，被测态（或波函数）只是一种"想像之物"、"数学工具"、"不具有任何信息"等。事实上，正是因为源于同一个被测态（或波函数），各种展开式（决定各类测量的概率分布）彼此相等，而各种实验中"临时"产生的各类测量数据间存在着关联和逻辑自洽性。因此，作为全部实验结果同一根源的态或波函数应当具有客观的真实性、物理的内涵。虽然从任一个展开（表象）看它，它都提供了多余的信息，但从全体展开（表象）看它，它并未提供多余的信息，除了一个不确定的总体（外部）相因子之外。这正如同从牛顿力学来看，我们在宇宙中所处绝对坐标那样不确定和不重要。

坍缩阶段存在的未解决问题很多，见§1.6叙述。

1.1.4 量子测量分类

以往量子力学经常只限于研究"孤立封闭"的量子体系。此时量子测量都是 von Neumann 正交投影——按测量公设，是向被测力学量的正交归一本征函数族投影

$$|\Psi\rangle \to E_i\,|\Psi\rangle = \langle i|\Psi\rangle\,|i\rangle, \qquad \{E_i = |i\rangle\langle i|, \langle i|j\rangle = \delta_{ij}, \forall i,j\} \tag{1.3}$$

即

$$\rho=|\Psi\rangle\langle\Psi|=\sum_{i,j}c_ic_j^*\ |i\rangle\langle j|$$

$$\rho'=\sum_k E_k\rho E_k=\sum_{i,j,k}c_ic_j^*\ |k\rangle\langle k|i\rangle\langle j|k\rangle\langle k|=\sum_k|c_k|^2E_k$$

$$E_k=|k\rangle\langle k|,\qquad \sum_k E_k=I,\qquad E_iE_j=\delta_{ij}E_i,\qquad \mathrm{tr}E_k=1 \tag{1.4}$$

但一般地说,按不同情况和不同观点,量子测量有不同的种类:

i) 封闭系统量子测量与开放系统量子测量;

ii) 两体及多体有局域测量、关联测量、联合测量;

iii) 完全测量与不完全测量。

其中就简单的两体而言,有两体局域测量、关联测量、联合测量:

1) 局域测量:只对两体中的某一方做测量,比如只对 A 测量。相应力学量是 $\Omega_{AB}=\Omega_A\otimes I_B$,相应的测量结果为

$$\begin{aligned}\mathrm{tr}(\rho_{AB}\Omega_{AB})&=\mathrm{tr}^{(A)}\{\mathrm{tr}^{(B)}[\rho_{AB}\Omega_A\otimes I_B]\}\\&=\mathrm{tr}^{(A)}\{\mathrm{tr}^{(B)}[\rho_{AB}]\Omega_A\}=\mathrm{tr}^{(A)}(\rho_A\Omega_A)\end{aligned} \tag{1.5}$$

此类测量的所有测量结果只和约化密度矩阵 ρ_A 有关。

2) 关联测量:同时对 A,B 做局域测量,并比较相应结果:$\Omega=\Omega_A\otimes\Omega_B$。此时只对未纠缠态——可分离态,比如对 $\rho_{AB}=\rho_A\otimes\rho_B$ 有

$$\langle\Omega\rangle=\langle\Omega_A\rangle\cdot\langle\Omega_B\rangle \tag{1.6}$$

此类测量结果均是可分离的,只和两个约化密度矩阵 ρ_A 及 ρ_B 有关。

3) 联合测量:测量不是局域进行的,类似于下面不可分离类型的力学量测量

$$\Omega=\sum_i\Omega_A^i\otimes\Omega_B^i,\qquad i\geqslant 2 \tag{1.7}$$

此类测量结果均不是可分离的,和两个粒子态 ρ_{AB} 的量子关联有关。

开放系统的量子测量。这时出现三个新特点[2]:

i) 态可能是混的;

ii) 演化可能是非幺正的、不可逆的;

iii) 测量可能是非正交投影分解——POVM

这里有一个重要的概念:POVM ——正算符取值测度[2,3]

$$|\Psi\rangle\to\{\hat F_\alpha=|F_\alpha\rangle\langle F_\alpha|\},\qquad 即\ |\Psi\rangle\to\sum_\alpha\langle F_\alpha|\Psi\rangle\ |F_\alpha\rangle$$

$$\sum_\alpha F_\alpha=I,\qquad F_\alpha^\dagger=F_\alpha,\qquad F_\alpha F_\beta\neq\delta_{\alpha\beta}F_\alpha,\qquad \mathrm{tr}F_\alpha\leqslant 1 \tag{1.8}$$

POVM 是以前针对封闭系统的 von Neumann 正交投影理论(见§1.4)向开放系统的推广,是完全测量向非完全测量的推广。简要地说,大系统进行正交测量时,

在子系统上实现的(或所观察到的)测量称为广义测量,在子系统中实现的投影是一组 POVM(详见§1.3)。

§1.2　量子测量及相关问题Ⅱ——量子光学一些器件及实验分析

1.2.1　量子测量效应Ⅰ——半透片、符合测量、PBS、后选择

i) 单光子入射到半透片——最简单的“which way”——广义杨氏双缝实验——“qubit ”

一块半透镜,水平极化光子 1 从左上方 a 端入射,透镜将其相干分解,反射向分束器的 c 端,同时透射向 d 端。由 a 端入射空间态称为 a 空间模,向 c 端出射的称为 c 空间模等(见图 1.1)。此时光子输入态为

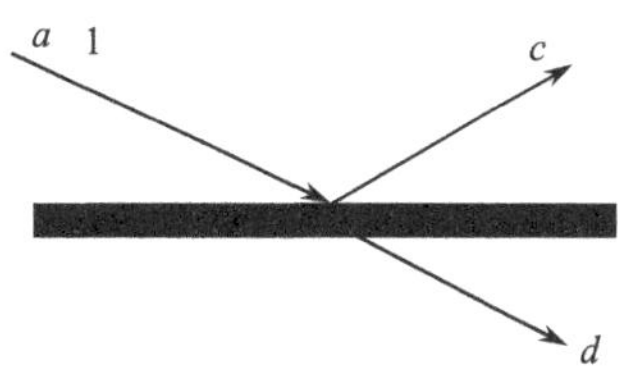

$$|\Psi_i\rangle_1 = |\leftrightarrow\rangle_1 \cdot |a\rangle_1$$

图 1.1

这里,水平箭头表示光子的极化方向(横向线偏振光子的电矢量振动方向)。出射光子是“c”和“d”模的叠加

$$|\Psi_{\text{out}}\rangle_1 = |\leftrightarrow\rangle_1 \otimes \frac{1}{\sqrt{2}}(\mathrm{i}\,|c\rangle_1 + |d\rangle_1)$$

经分束器之后,反射束应附加$\frac{\pi}{2}$相位跃变而透射束无相位跃变。

ii) 双光子入射到半透片——“测量坍缩＋全同性原理”效应分析(文献[2]§6.3 和该章习题 18)

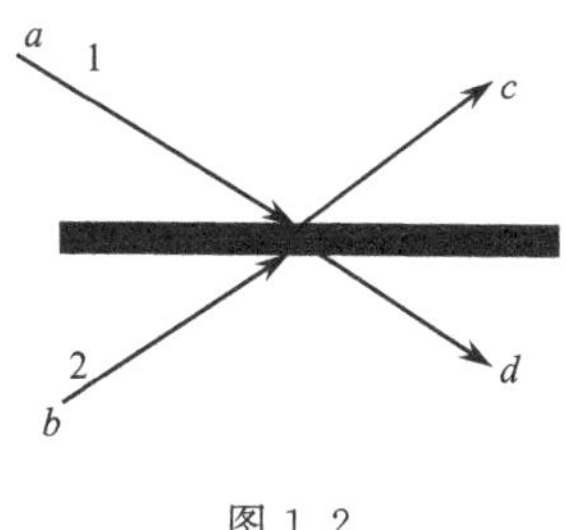

图 1.2

设这块半透镜有两个不同极化的光子入射。水平极化光子 1 从左上方 a 端入射,透镜将其相干分解:反射向分束器的 c 端,同时透射向 d 端,处于两者的叠加态;垂直极化光子 2 从左下方 b 端入射,相干分解后反射向 d 端,透射向 c 端,也处于叠加态。

此时,两个光子输入态为

$$|\Psi_i\rangle_{12} = |\leftrightarrow\rangle_1 \cdot |a\rangle_1 \otimes |\updownarrow\rangle_2 \cdot |b\rangle_2$$

这里,水平和垂直箭头分别表示光子的两种极化方向,这两种极化状态彼此正交。注意,分束器不改变入射光子的极化状态,所以出射态应为

$$|\Psi_f\rangle_{12} = |\leftrightarrow\rangle_1 \cdot \frac{1}{\sqrt{2}}(\mathrm{i}\,|c\rangle_1 + |d\rangle_1) \otimes |\updownarrow\rangle_2 \cdot \frac{1}{\sqrt{2}}(|c\rangle_2 + \mathrm{i}\,|d\rangle_2)$$

设两个光子基本同时到达分束器，出射态中两光子空间模有重叠，必须考虑两光子按全同性原理所产生的交换干涉。

事实上，这相当于两个电子同时到达的杨氏双缝实验，只是此处出射光子态需要的是对称化。所以，正确的出射态应为

$$|\Psi_f\rangle_{[12]}=\frac{1}{\sqrt{2}}(|\Psi_f\rangle_{12}+|\Psi_f\rangle_{21})$$

$$=\frac{1}{2}\{\mathrm{i}\,|\Psi^+\rangle_{12}\cdot(|c\rangle_1\,|c\rangle_2+|d\rangle_1\,|d\rangle_2)+|\Psi^-\rangle_{12}(|c\rangle_1\,|d\rangle_2-|d\rangle_1\,|c\rangle_2)\}$$

这里，$|\Psi^\pm\rangle$是 4 个(正交归一)Bell 基中的 2 个

$$|\Psi^\pm\rangle_{12}=\frac{1}{\sqrt{2}}\{|\updownarrow\rangle_1\,|\leftrightarrow\rangle_2\pm|\leftrightarrow\rangle_1\,|\updownarrow\rangle_2\}$$

(简单计算表明，如入射光子为$(\alpha|\leftrightarrow\rangle_1+\beta|\updownarrow\rangle_1)$，$(\gamma|\leftrightarrow\rangle_2+\delta|\updownarrow\rangle_2)$是一般的极化态，则对称化出射态的表达式只需变更上面$|\Psi^+\rangle_{12}$因子。)

iii) 半透片极化测量

如果采用最简单测量方案：在 c 和 d 各放一只分别测量水平、垂直极化状态的探测器，测量出射到达 c 端和 d 端的光子。这时由于在入射态以及分束器中，特别是，如此实验就是选择了下面末态

$$|\Psi_f\rangle_{[12]}\propto\frac{\mathrm{i}^2}{\sqrt{2}}\{(|\leftrightarrow\rangle_1\,|c\rangle_1\otimes|\updownarrow\rangle_2\cdot|d\rangle_2)+(|\leftrightarrow\rangle_2\cdot|c\rangle_2\otimes|\updownarrow\rangle_1\cdot|d\rangle_1)\}$$

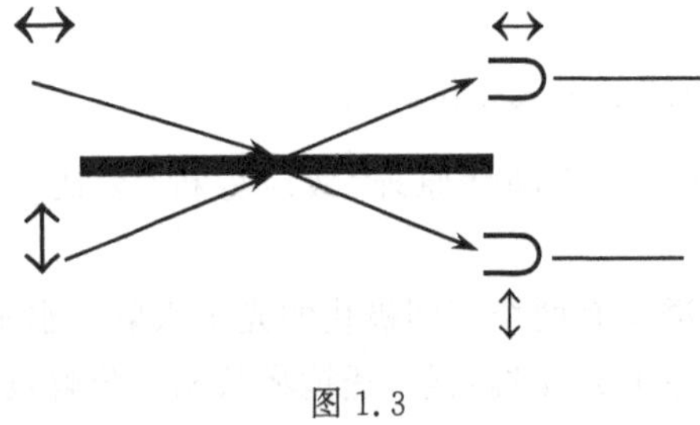

图 1.3

这三个环节里，两个光子各自极化状态都不变，即它们极化矢量守恒(上式由对称化出来的第二项可丢弃。因为极化正交和 c,d 两端不交叠，此项不起作用)。于是整个测量实验中，两个光子就可以用它们的极化状态(它们是既守恒又相异的量子数)分辨，不出现全同性原理带来的干涉效应——它俩现在可以分辨。

iv) 半透片符合测量

注意，出射态中第二项与态$|\Psi^-\rangle_{12}$关联的空间模为“两个光子分别自两个不同端口出去”

$$[|d\rangle_1\,|c\rangle_2-|c\rangle_1\,|d\rangle_2]$$

这不同于第一项——光子 1,2 同时出现在 $c(d)$端(由于目前光子探测器效率远小于 1，更难以分辨到达光子的数目，而这个模的测量需要分辨光子数目是 1 个还是 2 个，所以目前实验未选用这个模)。为了探测从两个端口出去的这个模，可在分

束器出射方向 c 和 d 两端各放一个探测器，对两处单光子计数做符合测量。此式表明，这种实验安排将有 $\frac{1}{2}$ 概率探测到出射态坍缩为第二项，于是即获得如下双光子极化纠缠态 $|\Psi^-\rangle_{12}$

$$|\Psi^-\rangle_{12}=\frac{1}{\sqrt{2}}\{|\updownarrow\rangle_1|\leftrightarrow\rangle_2-|\leftrightarrow\rangle_1|\updownarrow\rangle_2\}$$

v）符合测量的作用

这样一来，尽管两个光子之间（以及分束器中）并不存在可以令光子极化状态发生改变的相互作用，但

“全同性原理的交换作用 + 符合测量坍缩”

还是使两光子的极化状态发生了改变——纠缠起来。

就是说，如此的测量造成了这般的坍缩，使得两个光子中每一个的极化矢量都不再守恒（尽管表面上看来并不存在改变入射光子极化状态的作用）。现在，这两个光子已经不可分辨！这种实验说明：符合测量的坍缩末态和光子极化本征态不是兼容的[1]——符合计数实验不问极化状态！

测量效应分析：上面两个光子入射半透片的实验中，两种测量方法得到了两种不同结果：两个不同极化的入射光子，第一个实验结果，两个光子极化不纠缠，可以按它们的极化来分辨；而第二个符合型实验结果，它们极化状态已因纠缠而不可分辨。

这再次说明：实验结果不仅依赖于初态和相互作用过程，而且依赖于最后一步——测量方案的选择——不同的测量方案将选定不同的坍缩类型，产生不同的末态（最后表现结果也就很不相同）[1]，即交换干涉项∝〈相应末态|相互作用|对称化初态〉。所以说，测量选择（向其坍缩的）末态的“类型”。

vi）极化分束器（PBS）

由于常用的作为分束器的半透片，其透射/反射强度比值 $\frac{1}{2}$ 通常是对中心波长而言的，由于片的透射宽度较宽，对于不是中心波长的光入射，这一比值可能偏离 $\frac{1}{2}$。这是使用它不方便的原因之一。

现在常用的是极化分束器（PBS）。它让水平极化入射光子几乎全部透过，而让垂直极化入射光子几乎全部反射。若是斜的极化入射，则将其分解之后，对分解后的分量实行透射或反射。这完全是选择性的透射和反射。同半透片一样，反射后的分量有一个 $\frac{\pi}{2}$ 相位跃变[4]。

许多实验方案中都利用了 PBS 按极化来相干分束的这个特性。

vii）延迟选择、后选择、预选择、杨氏双缝

延迟选择：

第一种实验如图 1.4，是不放第二个半透片的情况。这种装置是 which way 实验的一种，是想要探测每个光子到底是从两条路径中哪一条路径传向右边探测器的。因为比如，当一个光子入射时，要是上面探测器计数了，就说明这个光子是经过下方反射器反射传过来的。若设探测器的探测效率为 100%，则上下两个探测器各有$\frac{1}{2}$概率测到这个光子，不是被上面探测器测得，就是被下面探测器测得。而当大量光子入射时，两个探测器各得一半的计数。所有这类 which way 实验总是迫使光子从两路传播的叠加态坍缩向两路之一传播的态。结果就总是发现半透片后光子只沿两路之一传向对应的探测器。这和杨氏双缝后的电子情况一样，对穿过双缝电子所做的任何 which way 实验，总是迫使电子从同时穿过双缝的叠加态坍缩向只穿过两缝之一的状态。

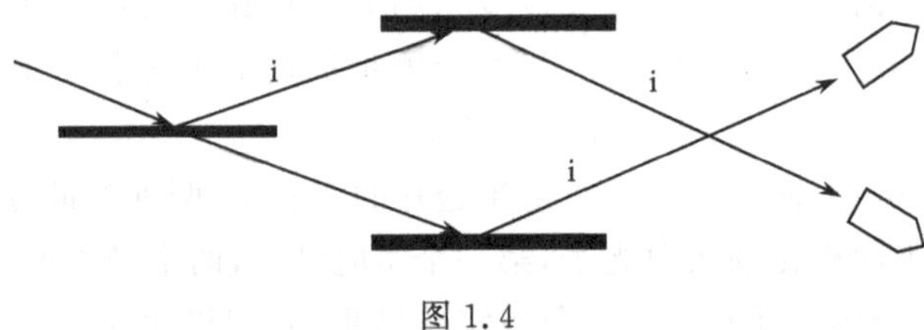

图 1.4

和图 1.4 不同，图 1.5 的第二种实验里放入了第二个半透片。第二个半透片完全改变了两个探测器的计数情况。这第二个半透片完全抹去了两个光子的路径信息，使我们不再能够判知它们哪个是从哪条路来的。这时测量结果是：上面探测器全无计数，只有下面探测器有全部计数。这充分说明，光子是从两条路径传过来的。因为，传向上面探测器的两路光子的概率幅，一路经历三次反射故有 $i^3=-i$，另一路经历一次反射故有 i，相加时它们相互抵消；而到达下面探测器的两路光子，它们概率幅都经历两次反射，相加时同号相长(参见图 1.5 中所注附加相位)。就是说，只有假设这个光子是同时从两条路径传到探测器的，才能够解释这时的测量结果。

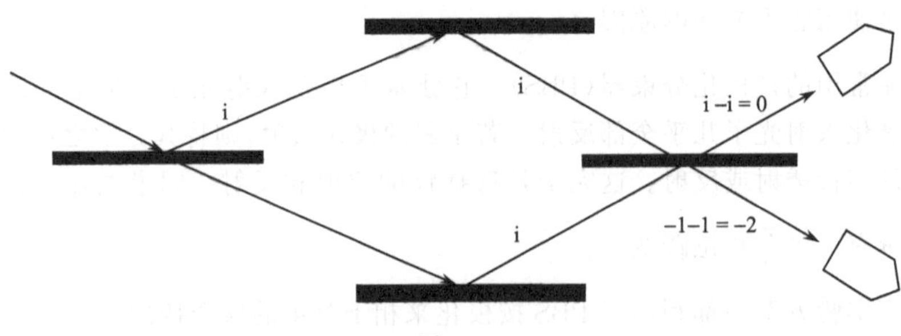

图 1.5

现在设想,装置开始时没有放第二个半透片,只在光子发出并穿过第一个半透片之后,才中途临时决定放入第二个半透片(无伤大雅地假设,放入的速度够快)。由于第二个半透片是中途决定放入的,看来会使两个探测器计数分布不同于上面第二种实验。但事实是,实验结果仍然只有下面探测器有计数。也就是说,这种延迟选择的结果并没有改变事态的结局。按"定域实在论"观点,根据第一种实验结果已经判定,这个经穿过第一个半透片后的光子只能走两条路径中的某一条。现在,添加的第二个半透片又说它从两条路径同时过来。于是看来,人们也能在事后以延迟的方式选择光子同时沿两条路径行进。这种实验安排称作"延迟选择"。

后选择:

后选择实验装置是将单色滤波片安放在探测器前面。也就是在光子经历各种运作器件之后,进入探测器被探测之前一刻将其通过单色滤波片,予以单色化,用以反回头去选择实验结果。这种实验安排称作后选择。见图 1.6。

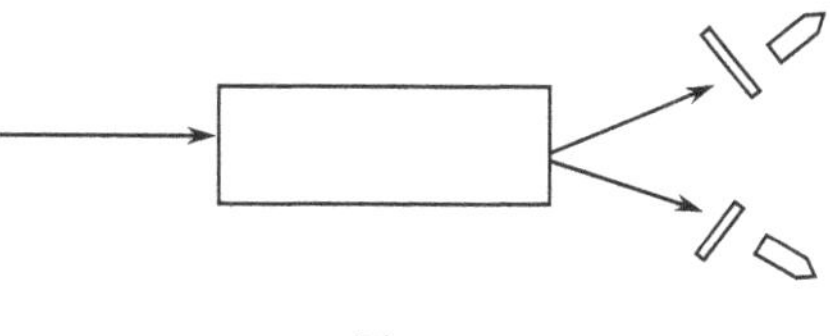

图 1.6

预选择:

预选择是将单色滤波片安放在光子进入各种运作器件之前,预先将其单色化,以便开始去选择其后的实验结果。这种实验安排称作预选择。由于量子理论的空间非定域性质,若不计实验细节只就基本原理而言,预选择和后选择的效果是一样的。

杨氏双逢实验:

杨氏双逢实验的量子力学基本特征是:两个态(两个概率幅)的相干叠加,以及当进行 which way 类型测量时向两态之一的坍缩。

$$|\text{穿出缝}\rangle = |\text{上缝}\rangle + |\text{下缝}\rangle \rightarrow \begin{cases} |\text{上缝}\rangle \\ |\text{下缝}\rangle \\ |\text{上缝}\rangle + |\text{下缝}\rangle \end{cases}$$

这符合测量公设:给定初态→经受某组可对易力学量的测量→向这组力学量共同本征态之一随机坍缩,投影成为某个末态。

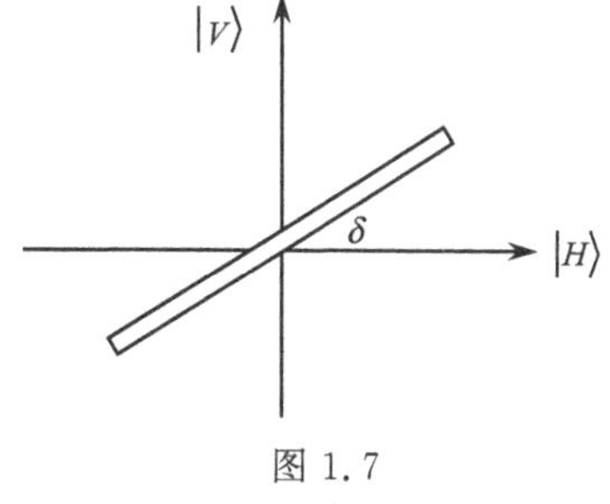

图 1.7

1.2.2　斜置偏振片的变换

设一斜置偏振片,片与水平夹角为 δ,如图 1.7。由于偏振片是投影变换:$p^2 = p$。所以它共有两个本征值:+1 和 0。

i) 单光子态输入。此时归一化的输出态为

$$|+1\rangle_{out} = (\sin\delta\,|V\rangle + \cos\delta\,|H\rangle)$$

当然，其中对应零本征值的态不输出（被偏振片吸收）。输出强度为输入和输出两态内积的模平方≤1。

用表象$|H\rangle=|0\rangle=\begin{pmatrix}0\\1\end{pmatrix}$，$|V\rangle=|1\rangle=\begin{pmatrix}1\\0\end{pmatrix}$，从谱表示得矩阵表示

$$P=\begin{pmatrix}\sin^2\delta & \sin\delta\cos\delta\\ \sin\delta\cos\delta & \cos^2\delta\end{pmatrix},\qquad |+1\rangle=\begin{pmatrix}\sin\delta\\ \cos\delta\end{pmatrix},\qquad |0\rangle=\begin{pmatrix}\cos\delta\\ -\sin\delta\end{pmatrix}$$

当 $\delta=45°$时，输入$|H\rangle$态或$|V\rangle$态，输出分别是

$$|\text{out}\rangle=\frac{1}{\sqrt{2}}(|H\rangle\mp|V\rangle)$$

ii) 双光子态输入

实际上，对任意多光子态输入时，对其中每个光子均如上面那样作用。例如

$$\begin{aligned}P|\Phi^+\rangle_{ab}&=\begin{pmatrix}\sin^2\delta & \sin\delta\cos\delta\\ \sin\delta\cos\delta & \cos^2\delta\end{pmatrix}\frac{1}{\sqrt{2}}\left\{\begin{pmatrix}0\\1\end{pmatrix}_a\begin{pmatrix}0\\1\end{pmatrix}_b+\begin{pmatrix}1\\0\end{pmatrix}_a\begin{pmatrix}1\\0\end{pmatrix}_b\right\}\\&=\frac{1}{\sqrt{2}}\left\{\begin{pmatrix}\sin\delta\cos\delta\\ \cos^2\delta\end{pmatrix}_a\begin{pmatrix}\sin\delta\cos\delta\\ \cos^2\delta\end{pmatrix}_b+\begin{pmatrix}\sin^2\delta\\ \sin\delta\cos\delta\end{pmatrix}_a\begin{pmatrix}\sin^2\delta\\ \sin\delta\cos\delta\end{pmatrix}_b\right\}\\&=\frac{1}{\sqrt{2}}\{\cos^2\delta|HH\rangle_{ab}+\sin^2\delta|VV\rangle_{ab}+\sin\delta\cos\delta(|HV\rangle_{ab}+|VH\rangle_{ab})\}\end{aligned}$$

当 $\delta=45°$时，有［因已考虑吸收，输出态未归一，$|\Phi^\pm\rangle_{ab}$，$|\Psi^\pm\rangle_{ab}$表达式见式(1.10)］

$$\begin{cases}P_{\frac{\pi}{4}}|\Phi^+\rangle_{ab}=\frac{1}{2}(|\Phi^+\rangle_{ab}+|\Psi^+\rangle_{ab})\\ P_{\frac{\pi}{4}}|\Phi^-\rangle_{ab}=0\\ P_{\frac{\pi}{4}}|\Psi^+\rangle_{ab}=\frac{1}{2}(|\Phi^+\rangle_{ab}+|\Psi^+\rangle_{ab})\\ P_{\frac{\pi}{4}}|\Psi^-\rangle_{ab}=0\end{cases}$$

$$\Rightarrow\begin{cases}P_{\frac{\pi}{4}}|HH\rangle_{ab}=P_{\frac{\pi}{4}}|VV\rangle_{ab}=P_{\frac{\pi}{4}}|HV\rangle_{ab}=P_{\frac{\pi}{4}}|VH\rangle_{ab}\\ =\frac{1}{4}\begin{pmatrix}1\\1\end{pmatrix}_a\begin{pmatrix}1\\1\end{pmatrix}_b=\frac{1}{2\sqrt{2}}(|\Phi^+\rangle_{ab}+|\Psi^+\rangle_{ab})\end{cases}$$

注意，它对$|\Phi^-\rangle_{ab}$($|\Psi^-\rangle_{ab}$)吸收，当纯化方案中用$|\Phi^+\rangle_{ab}$或$|\Psi^+\rangle_{ab}$工作时，可用来筛除两叠加项间负号相位误差。

1.2.3 斜置半波片的作用

i) 波晶片与位相延迟

波晶片是从单轴晶体上切割下来的平面板块。其表面与晶体光轴方向平行。

这样，当一束平行光垂直入射时，电矢量振动与光轴垂直（也就与主平面垂直）的入射光便是 o 光；平行的是 e 光。它们在晶体中传播速度不同，这就产生了相对相移

$$\delta = \varphi_o - \varphi_e = \frac{2\pi}{\lambda}(n_o - n_e)d$$

如果相移相应于半个波长，称为半波片；四分之一长为$\frac{1}{4}$波片。

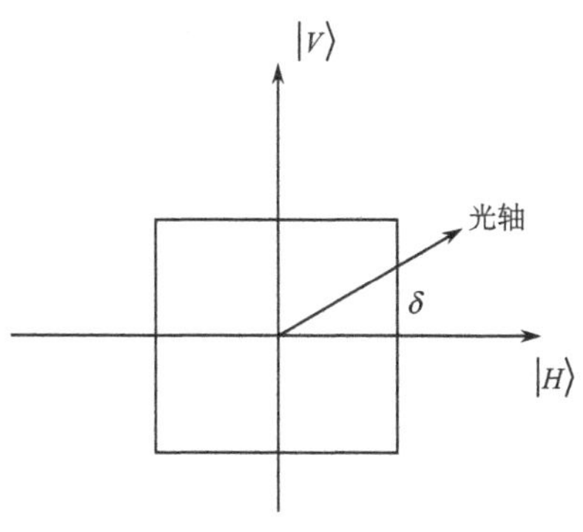

图 1.8

ii）斜置的半波片的作用

所谓斜置是半波片的光轴相对于入射的两个基（$|H\rangle$，$|V\rangle$）的电矢量振动方向而言。由于两者（$|H\rangle$，$|V\rangle$）中，以平行光轴的分量 e 光为准，则垂直光轴的 o 光分量延迟半波，有 π 相差，o 光要反号。于是无论 $|H\rangle$，$|V\rangle$，透过半波片后，均以光轴为对称轴做了反演变换（基的表象见前）

$$\begin{cases} |H\rangle \rightarrow \cos\delta\,|e\rangle + \sin\delta\,|o\rangle \\ |V\rangle \rightarrow \sin\delta\,|e\rangle - \cos\delta\,|e\rangle \end{cases},\qquad HWP_\delta = \begin{pmatrix} -\cos 2\delta, & \sin 2\delta \\ \sin 2\delta, & \cos 2\delta \end{pmatrix}$$

由此，如将半波片光轴斜放成与 $|H\rangle$ 成 22.5°角，则成为 Hadamard 门变换

$$\begin{cases} |H\rangle \rightarrow \dfrac{1}{\sqrt{2}}(|H\rangle + |V\rangle) \\ \\ |V\rangle \rightarrow \dfrac{1}{\sqrt{2}}(|H\rangle - |V\rangle) \end{cases} \tag{1.9}$$

这里，Hadamard 门的矩阵表示为$\frac{1}{\sqrt{2}}\begin{pmatrix} -1 & 1 \\ 1 & 1 \end{pmatrix}$。注意，这时出射的 o 光和 e 光有先后，一般需要补偿光程差。

iii）Hadamard 门与 Mach-Zehnder 干涉仪

用两个串接的 Hadamard 变换可以组成 Mach-Zehnder 干涉仪（也参见文献[13]p. 62 或文献[14]p. 5）。其实，图 1.5 的两个半透片装置就已经是此干涉仪的实验装置，只要假设此前光子已分为两路，从上方和下方输入的是同一个光子的叠加态

$$|\Psi\rangle_{1,\text{in}} = \alpha\,|H\rangle_1 + \beta\,|V\rangle_1$$

于是每一个半透片的变换即为下面的 Hadamard 变换

$$|\Psi\rangle_{1,\text{out}} = H\,|\Psi\rangle_{1,\text{in}} = \frac{1}{\sqrt{2}}\{(\alpha+\beta)\,|H\rangle_{1,\text{out}} + (\alpha-\beta)\,|V\rangle_{1,\text{out}}\}$$

而两个半透片的总变换就成为一个恒等变换

$$|\Psi\rangle_{1,\mathrm{out}} = HH|\Psi\rangle_{1,\mathrm{in}} = |\Psi\rangle_{1,\mathrm{in}}$$

这时，Mach-Zehnder 干涉仪的相干输入和输出的不变性体现为

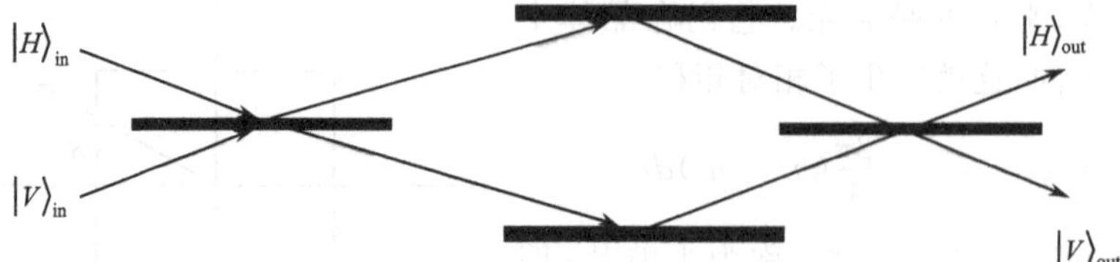

最后指出，Hadamard 门对 4 个 Bell 基输入有以下变换

$$\begin{cases} |\Phi^+\rangle_{ab} \xrightarrow{H} |\Phi^+\rangle_{ab} = \dfrac{1}{\sqrt{2}}(|HH\rangle_{ab} + |VV\rangle_{ab}) \\ |\Phi^-\rangle_{ab} \xrightarrow{H} |\Psi^+\rangle_{ab} = \dfrac{1}{\sqrt{2}}(|HV\rangle_{ab} + |VH\rangle_{ab}) \\ |\Psi^+\rangle_{ab} \xrightarrow{H} |\Phi^-\rangle_{ab} = \dfrac{1}{\sqrt{2}}(|HH\rangle_{ab} - |VV\rangle_{ab}) \\ |\Psi^-\rangle_{ab} \xrightarrow{H} |\Psi^-\rangle_{ab} = \dfrac{1}{\sqrt{2}}(|HV\rangle_{ab} - |VH\rangle_{ab}) \end{cases} \tag{1.10}$$

$$|\Psi_i\rangle_{12} = (\alpha|\leftrightarrow\rangle_1 + \beta|\updownarrow\rangle_1)\otimes|a\rangle_1 \cdot (\gamma|\leftrightarrow\rangle_2 + \delta|\updownarrow\rangle_2)\otimes|b\rangle_2 \tag{1.11}$$

综上所述，只要采用半波片和 PBS，只需双重符合技术就可以证认 4 个 Bell 基中的 2 个（文献[4]或文献[14]p. 60）。

1.2.4 BBO 晶体与参量下转换——极化纠缠光子对的产生

目前实验室中常用的极化纠缠光子对源是由非线性晶体 BBO 的自发参量下转换过程产生的。一个入射光子有个很小的概率按能动量守恒方式衰变为两个极化相互垂直的光子，它们分别沿上下两个锥面。在锥面相交的两个方向上极化是

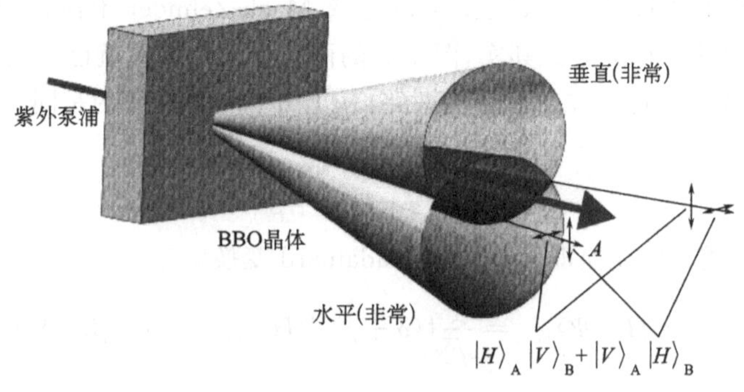

图 1.9

纠缠的。如图 1.9 所示(详细见参考文献[5],[6]及文献[14]p. 53,文献[7] p. 1074)。

§1.3　量子测量及相关问题Ⅲ——广义测量与 POVM

1.3.1　广义测量

i) 开放系统

以前研究的量子力学都是针对封闭系统的。现在开始研究开放系统的量子力学。这时的量子力学出现三个新特点:①量子态可能是混的;②量子演化可能是非幺正的、不可逆的;③量子测量造成的投影分解可能是非正交的分解——POVM。

ii) 广义测量

广义测量是指,在一个由若干子系统组成的大系统上进行正交测量时,在局部的子系统上所实现的局限性测量,称为广义测量,又称为局域测量。从大系统的角度来看,现在的子系统是个开放系统,对其进行的观测是片面的观测、局部的观测。广义测量也可以说成是对开放系统的量子测量。

通过把与所考虑系统有相互作用的外部系统都计算进来,构成足够大系统的办法,总能以足够好的近似将这个大复合系统看作是孤立体系。我们知道,对孤立体系所作的测量是正交投影测量。就是说,对如此构成的大系统中某一组相互对易力学量完备组进行的量子测量,必定是正交投影测量。而测量所得的必定是这个完备组共同本征态的量子数,测量所实现的也必定是向这个完备组相互正交共同本征态的投影。

但是,大系统这组相互正交的本征态族在子系统所属子空间中的对应态未必仍然相互正交。于是可以设想,不知道(根本就不知道,或是不想知道,或是难以知道)大系统、只知道子系统的观察者会认为:通常情况下的量子测量将投影出一组非正交态,而不是一组正交态。这就是通常所说的“广义测量不一定是正交投影”的缘故[2,3]。

1.3.2　局域测量——POVM

i) 直和子空间解释

假设所关心的态空间 H_A 是一个更大的直和空间

$$H = H_A \oplus H_A^{\perp} \tag{1.12}$$

的一部分(设 H_A 的基是$\{|i\rangle\}$,$H^{\perp}$ 的基是$\{|\mu\rangle\}$,$\langle i|\mu\rangle=0, \forall i,\mu$)。$H$ 有正交基$\{|u_\alpha\rangle\}$。设 M_A 是 H_A 中的一个可观察量,于是有以下正交分解关系

$$M_A \mid \Psi^{\perp}\rangle = \langle \Psi^{\perp} \mid M_A = 0 \tag{1.13}$$

$$|u_\alpha\rangle = |\widetilde{\Psi}_\alpha\rangle + |\widetilde{\Psi}_\alpha^\perp\rangle \tag{1.14}$$

这里，$|\widetilde{\Psi}_\alpha\rangle \in H_A$；$|\Psi^\perp\rangle \in H_A^\perp$；$|\widetilde{\Psi}_\alpha^\perp\rangle \in H_A^\perp$。注意，不同 α 值的 $|u_\alpha\rangle$ 虽然彼此正交，但它们在子空间 H_A 中投影部分 $|\widetilde{\Psi}_\alpha\rangle$ 却不一定彼此正交，也不一定归一。也即，从子空间 H_A 中看，这些态 $|\widetilde{\Psi}_\alpha\rangle$ 并不一定彼此正交归一。但由于 $\langle u_\alpha|u_\alpha\rangle=1$，记 $\lambda_\alpha = 1-\langle\widetilde{\Psi}_\alpha^\perp|\widetilde{\Psi}_\alpha^\perp\rangle$，注意 λ_α 均不会为负值。于是可令

$$|\widetilde{\Psi}_\alpha\rangle = \sqrt{\lambda_\alpha}\,|\Psi_\alpha\rangle \tag{1.15}$$

由此，这里的态 $|\Psi_\alpha\rangle$ 已归一。

现在假设，在大空间 H 中对子空间 H_A 中的一个态 ρ_A 执行向基矢 $\{|u_\alpha\rangle\}$ 的正交投影测量 $\{E_\alpha = |u_\alpha\rangle\langle u_\alpha|\}$。这些测量从"生活"在 H_A 中的观察者来看，只得到以概率(注意，ρ_A 不属于 $H_A^\perp$，作用为零)

$$\mathrm{Prob}(\alpha) = \langle u_\alpha|\rho_A|u_\alpha\rangle = \langle\widetilde{\Psi}_\alpha|\rho_A|\widetilde{\Psi}_\alpha\rangle = \lambda_\alpha\langle\Psi_\alpha|\rho_A|\Psi_\alpha\rangle \tag{1.16a}$$

获得测量结果 α 和态 $|\Psi_\alpha\rangle\langle\Psi_\alpha|$。特别是，在测出 α 值以后，坍缩投影过去的这些测量末态 $|\Psi_\alpha\rangle$ 不见得彼此正交。

设 $E_A = I_A$ 是子空间 H_A 的单位算符，它也是大空间 H 向子空间 H_A 的投影算符。于是利用它可将 H 中的正交投影算符系列 $\{E_\alpha = |u_\alpha\rangle\langle u_\alpha|\}$ 向 H_A 投影。即定义 H_A 中的一组算符

$$F_\alpha \equiv E_A E_\alpha E_A = |\widetilde{\Psi}_\alpha\rangle\langle\widetilde{\Psi}_\alpha| = \lambda_\alpha|\Psi_\alpha\rangle\langle\Psi_\alpha| \tag{1.17}$$

利用定义式(1.17)，可以把式(1.16a)，即从 H_A 中观察所得结果为 α 的概率重新写为

$$\mathrm{Prob}(\alpha) = \langle\widetilde{\Psi}_\alpha|\rho_A|\widetilde{\Psi}_\alpha\rangle = \lambda_\alpha\langle\Psi_\alpha|\rho_A|\Psi_\alpha\rangle \equiv \mathrm{tr}(F_\alpha\rho_A) \tag{1.16b}$$

这些 F_α 显然是厄米的、非负的，但迹却不一定为 1($1 \geqslant \mathrm{tr}F_\alpha = \lambda_\alpha \geqslant 0$)，而且也不一定彼此正交，所以不能算是正交投影算符系列。然而，它们的总和等于子空间 H_A 中的单位算符

$$\sum_\alpha F_\alpha = E_A \sum_\alpha E_\alpha E_A = E_A = I_A \tag{1.18}$$

因此，这些 F_α 在子空间 H_A 中执行着类似于 E_α 在 H 空间中的投影分解任务，但它们却不是正交投影。于是推广开来看，可以引入如下定义：

定义 系统 A 的一种 POVM(positive operator valued mesure[2,3]，参见文献[8]p. 90，文献[13] p. 287)是一组能分解系统 A 单位算符 I_A 的非负厄米算符系列

$$\left\{F_\alpha, \alpha = 1,2,\cdots,n; F_\alpha^\dagger = F_\alpha; {}_A\langle\Psi|F_\alpha|\Psi\rangle_A \geqslant 0, \sum_{\alpha=1}^n F_\alpha = I_A\right\} \tag{1.19}$$

换句话说，POVM 是用一组不一定彼此正交的正值算符之和对子空间单位算符的分解方案。这里态 $|\Psi\rangle_A$ 是系统 A 的任意态。根据这里的广义测量理论，当对 H_A

中 ρ_A 态做广义测量时，相应每个测量结果 F_α 的概率由式(1.16a)，(1.16b)表示。特别是，有

$$\text{Prob}(\alpha) = \text{tr}(F_\alpha \rho_A) = \lambda_\alpha \langle \Psi_\alpha \mid \rho_A \mid \Psi_\alpha \rangle$$

为保证概率正定和总概率为 1，F_α 的正定性和 $\sum_\alpha F_\alpha = 1$ 都是必需的。

由于任何投影算符 P 的平方等于它自己 $P^2 = P$，所以开根也是它自己 $\sqrt{P} = P$。而这里 $|\Psi_\alpha\rangle\langle\Psi_\alpha|$ 正属于投影算符，于是在广义测量前后，态的改变是

$$\rho_A \to \rho_A' = \sum_\alpha [\lambda_\alpha \langle \Psi_\alpha \mid \rho_A \mid \Psi_\alpha \rangle] \cdot | \Psi_\alpha \rangle \langle \Psi_\alpha | = \sum_\alpha \sqrt{F_\alpha}\, \rho_A \sqrt{F_\alpha} \quad (1.20)$$

式(1.20)是正交投影情况($\rho_A \to \rho_A' = \sum_\alpha E_\alpha \rho_A E_\alpha$)向 POVM 情况的推广[2,3,8]。注意，由于“F_α 是大空间的 E_α 向子空间 H_A 的投影”，所以有

$$H_A \text{ 的维数} \leqslant F_\alpha \text{ 数目} \leqslant E_\alpha \text{ 数目} = (H_A + H_A^\perp) \text{ 维数和} \quad (1.21)$$

F_α 个数可能多于 H_A 的维数是因为，它们完备但彼此却不一定正交；而 F_α 个数可能少于 $H_A + H_A^\perp$ 的维数是因为，可以有这样的 E_α，它只向正交子空间 $H_A^\perp$ 投影，于是与这种 E_α 相应的 F_α 便是零。

这个 POVM 名词最初来源于文献[9]。该文首次引入广义测量概念来分辨一些非正交的态。POVM 是针对封闭系统的 von Neumann 正交投影理论向开放系统的推广，是完全测量向非完全测量的推广。

ii)直积子空间解释

假设考虑一个 N 维系统 A，处在态 ρ_A 上。并假设另有一个辅助系统 B(常称为“附属系统”，其维数这里并不重要，予以略去)处在已知态 ρ_B 上。设这两个系统组成一个“未关联”的张量积的大系统，初态为 $\rho_{AB} = \rho_A \otimes \rho_B$。现在对这个张量积系统进行某种正交投影测量 $\left(\{E_\mu\};\sum_\mu E_\mu = I_{AB}\right)$，在单次测量中得到测量结果为 $\{E_\mu\}$ 中的某一个，相应概率 $\text{Prob}(\mu)$ 为

$$\text{Prob}(\mu) = \text{tr}^{(AB)}(E_\mu \cdot \rho_A \otimes \rho_B) = \sum_{m,n=0}^{N} \sum_{r,s} (E_\mu)_{mr,ns} (\rho_A)_{nm} (\rho_B)_{sr}$$

$$\equiv \sum_{m,n=0}^{N} (F_\mu)_{mn} (\rho_A)_{nm} = \text{tr}^{(A)}(F_\mu \rho_A)$$

直接说，即有

$$\text{Prob}(\mu) = \text{tr}^{(AB)}(E_\mu \cdot \rho_A \otimes \rho_B) \equiv \text{tr}^{(A)}(F_\mu \rho_A) \quad (1.22a)$$

这里

$$(F_\mu)_{mn} = \sum_{r,s} (E_\mu)_{mr,ns} (\rho_B)_{sr} = (\text{tr}^{(B)}[E_\mu (I_A \otimes \rho_B)])_{mn} \quad (1.22b)$$

这一组算符 F_μ 就被称作为一种 POVM——正值算符测度。式(1.22a)表明，

Prob(μ)既是张量积大系统在正交测量$\{E_\mu\}$中得到结果为E_μ的概率，也是在子系统A中执行相应的POVM并得到F_μ的概率。

由于式(1.22a)中的Prob(μ)$\geqslant 0$，以及ρ_A是任意和非负的，可知全体F_μ都是非负的，有时就简单称它们为正的。按式(1.22b)，它们也是厄米的、总和为1。比如证明总和为1，式(1.22b)对μ求和即得分量形式为

$$\Big(\sum_\mu F_\mu\Big)_{mn} = \sum_\mu (F_\mu)_{mn} = \sum_{r,s}\Big(\sum_\mu E_\mu\Big)_{mr,ns}(\rho_B)_{sr}$$
$$= \sum_{r,s}\delta_{mn}\delta_{rs}(\rho_B)_{sr} = \delta_{mn}\mathrm{tr}^{(B)}\rho_B = \delta_{mn} = (I_A)_{mn}$$

这正是式(1.18)。但对于直积情况，POVM中F_μ个数的上限与直和的式(1.21)不同。这时有

$$\dim H_A \leqslant \mathrm{Number}(F_\mu) \leqslant \mathrm{Number}(E_\mu) = \dim(H_A \otimes H_B) \qquad (1.23)$$

当对大系统$A\otimes B$测量之后，坍缩结果为E_α时，大系统的态相应坍缩到下面状态

$$\rho'_{AB}(\alpha) = \frac{E_\alpha(\rho_A\otimes\rho_B)E_\alpha}{\mathrm{tr}^{(AB)}[E_\alpha(\rho_A\otimes\rho_B)]} \qquad (1.24)$$

但与此同时，对于只知道子系统A的观察者而言，当测量坍缩到F_μ时，密度矩阵从ρ_A变为

$$\rho'_A(\alpha) = \frac{\mathrm{tr}^{(B)}[E_\alpha(\rho_A\otimes\rho_B)E_\alpha]}{\mathrm{tr}^{(AB)}[E_\alpha(\rho_A\otimes\rho_B)]} \qquad (1.25)$$

注意，这里式(1.25)和前面式(1.20)求和中对应项是相同的。因为，注意到这里所用的向A投影算符E_A对A而言是单位算符I_A，于是由于式(1.25)的分子已经$\mathrm{tr}^{(B)}$，所以可以左右全乘以E_A，并收入求迹号内，同时对求迹号内ρ_A两侧也如此做。至于分母可直接利用概率公式(1.22a)。总之可以有

$$\rho'_A(\alpha) = \frac{\mathrm{tr}^{(B)}[E_AE_\alpha(E_A\rho_AE_A\otimes\rho_B)E_\alpha E_A]}{\mathrm{tr}^{(AB)}[E_\alpha(\rho_A\otimes\rho_B)]}$$
$$= \frac{\mathrm{tr}^{(B)}[F_\alpha(\rho_A\otimes\rho_B)F_\alpha]}{\mathrm{tr}^{(A)}(F_\alpha\rho_A)} = \frac{F_\alpha(\rho_A)F_\alpha}{\mathrm{tr}^{(A)}(F_\alpha\rho_A)} = \sqrt{F_\alpha}\,\rho_A\sqrt{F_\alpha}$$

这里，最后结果F_α上的根号是等式对全部测量概率归一化的要求。

以上通过直和与直积两种方式说明了，在更大态空间中进行某个正交投影测量过程，反映到它某个子空间中(相当于只从这个子空间做局部性观察)，就实现为一个非正交的投影系列——实现一种POVM。

1.3.3 POVM举例

举一个单qubit两维态空间中POVM例子。选择N个三维单位矢量$\{\boldsymbol{n}_\alpha\}$和

N 个正实数 λ_α，使它们满足：$0<\lambda_\alpha<1$，$\sum_\alpha \lambda_\alpha = 1$，$\sum_\alpha \lambda_\alpha \boldsymbol{n}_\alpha = 0$。由此便可构造一种有 N 个元素的 POVM 如下

$$F_\alpha = \lambda_\alpha(1 + \boldsymbol{n}_\alpha \cdot \boldsymbol{\sigma}) \tag{1.26a}$$

回忆起$\frac{1}{2}$自旋态的投影算符为 $E_\alpha = |\boldsymbol{n}_\alpha\rangle\langle \boldsymbol{n}_\alpha| = \frac{1}{2}(1+\boldsymbol{n}_\alpha \cdot \boldsymbol{\sigma})$[2]，这里 $\boldsymbol{n}_\alpha$ 是态的极化矢量，就有

$$F_\alpha = 2\lambda_\alpha E_\alpha \tag{1.26b}$$

它们共计 N 个，显然都是非负的、厄米的，并且有

$$\sum_\alpha F_\alpha = \sum_\alpha \lambda_\alpha \cdot I + \sum_\alpha \lambda_\alpha \boldsymbol{n}_\alpha \cdot \boldsymbol{\sigma} = I$$

所以，这 N 个$\{F_\alpha\}$就在此 qubit 二维态空间中定义了一个 POVM。

注意，在两维态空间中做单位算符的 POVM 分解时，若是两个分解[$N=2$，即(F_1, F_2)]，虽有无穷多种分解，但必定都是正交分解

$$I = |\boldsymbol{n}\rangle\langle \boldsymbol{n}| + |-\boldsymbol{n}\rangle\langle -\boldsymbol{n}| \equiv F_1 + F_2$$

只有多于所在空间维数的分解，即 $N\geqslant 3$ 的分解，才必定是非正交的分解。比如对 $N=3$ 情况，若取任意三角形的三个边作为（首尾相接的）三个矢量 $\boldsymbol{n}_\alpha(\alpha=1,2,3)$，则有 $\boldsymbol{n}_1+\boldsymbol{n}_2+\boldsymbol{n}_3=0$，再选比如 $\lambda_1=\lambda_2=\lambda_3=\frac{1}{3}$，于是便得到一种共计三个元素的如下 POVM

$$F_\alpha = \frac{1}{3}(1 + \boldsymbol{n}_\alpha \cdot \boldsymbol{\sigma}) = \frac{2}{3}E(n_\alpha), \qquad \alpha = 1,2,3 \tag{1.27}$$

由它们乘积即知，它们已不再是正交投影，各自的迹也不是 1 了。

1.3.4 Neumark 定理

i) Neumark 定理[2,3]

上面通过考察比 H_A 更大空间中的正交测量，得到了在 H_A 空间中的 POVM 的概念。现在反过来考虑，这就是 Neumark 定理：

“总能够采用将所考虑的态空间拓展到一个较大空间，并在这个较大空间执行适当正交测量的办法，实现所考虑空间中任何事先给定的 POVM。”

证明　考虑一个 N 维状态空间 H 和 $n(n\geqslant N)$个$\{F_\alpha, \alpha=1,2,\cdots,n\}$的一种 POVM。每个一维正算符（意即只有 1 个非零本征值）F_α 可写为

$$F_\alpha = |\widetilde{\Psi}_\alpha\rangle\langle\widetilde{\Psi}_\alpha|, \qquad (F_\alpha)_{i,j} = \widetilde{\Psi}_{\alpha,i}\widetilde{\Psi}^*_{\alpha,j}, \qquad i,j = 1,2,\cdots,N \tag{1.28}$$

注意，这里$\langle\widetilde{\Psi}_\alpha|$和$|\widetilde{\Psi}_\alpha\rangle^{\mathrm{T}} = (\widetilde{\Psi}_{\alpha,1}, \widetilde{\Psi}_{\alpha,2}, \cdots, \widetilde{\Psi}_{\alpha,N})$不一定归一。于是，已设的全体 F_α 之和为 H 中单位矩阵的结果，现在就表示为

$$\sum_{\alpha=1}^{n}(F_\alpha)_{i,j} = \sum_{\alpha=1}^{n}\widetilde{\Psi}_{\alpha,i}\widetilde{\Psi}_{\alpha,j}^{*} = \delta_{i,j} \tag{1.29}$$

可以换一种角度看待上面这 n 个 N 维矢量的并矢之和为单位矩阵的关系式(1.29):按下式定义 N 个 n 维矢量

$$(\widetilde{\Psi}_i)_\alpha \equiv \widetilde{\Psi}_{\alpha,i}$$

这里是说,在 n 维空间中第 i 个矢量的第 α 分量为 $|\widetilde{\Psi}_i\rangle_\alpha = |\widetilde{\Psi}_\alpha\rangle_i = \widetilde{\Psi}_{\alpha,i}$。于是在这 n 维空间中就已经有了 N 个正交归一的矢量。现在只需要在这个高维一些的 n 维空间中再增加$(n-N)$个正交归一矢量,补充这 N 个正交归一矢量集合,使它们共同构成一组正交归一完备基矢就可以了。显然,这种补充不但是可行的,并且办法不是唯一的。设补充的$(n-N)$个正交归一矢量为

$$|\tilde{\varphi}_k\rangle^{\mathrm{T}} = (\tilde{\varphi}_{1,k},\tilde{\varphi}_{2,k},\cdots,\tilde{\varphi}_{n,k}), \qquad k = N+1,\cdots,n \tag{1.30}$$

将两部分合并排成正交归一的 n 行之后,各列便同时组成 n 维空间的一组 n 个正交归一基$|u_\alpha\rangle$。注意,这些$|u_\alpha\rangle$是如此构造的:第 α 个矢量的前 N 个分量为 $\widetilde{\Psi}_{\alpha,i}$ $(i=1,2,\cdots,N)$,后$(n-N)$个分量为新补充的。

现在可以在这个 n 维空间中执行一个由下面定义的正交测量

$$E_\alpha = |u_\alpha\rangle\langle u_\alpha| \tag{1.31}$$

显然,将基矢$|u_\alpha\rangle$明写出来便是

$$|u_\alpha\rangle = |\widetilde{\Psi}_\alpha\rangle + |\widetilde{\Psi}_\alpha^{\perp}\rangle = \begin{pmatrix}\widetilde{\Psi}_\alpha \\ \tilde{\varphi}_\alpha\end{pmatrix} \tag{1.32}$$

这里,$|\widetilde{\Psi}_\alpha\rangle \in H$;$|\tilde{\varphi}_\alpha\rangle \in H^{\perp}$。这里 $H^{\perp}$ 是由$|\tilde{\varphi}_\alpha\rangle^{\mathrm{T}}$ 所撑开的、维数为$(n-N)$的、与 H 正交的另一个子空间。通过正交投影,可将$|u_\alpha\rangle$投影到 H,于是就得到 H 中原先已设定为 POVM 的$\{F_\alpha\}$。 证毕。

总而言之,由正交测量的局部投影之后所得的 POVM 以及此处的 Neumark 定理,可以得到一个总体的认识:在一个系统上执行任选的 POVM 类型的测量是人们能够执行的最一般的测量[2,3]。

ii) 举例说明

例 1 可以采用直和拓展方法来应用此定理。再次考虑单个 qubit。取式(1.27)的 POVM$\{F_\alpha\}$

$$F_\alpha = \frac{2}{3}|\boldsymbol{n}_\alpha\rangle\langle\boldsymbol{n}_\alpha|, \qquad (\alpha = 1,2,3;\boldsymbol{n}_1+\boldsymbol{n}_2+\boldsymbol{n}_3 = 0)$$

现在用直和方式增加一维,在三维态空间中构造如此正交投影操作,使得在二维态空间中观察,此测量就是事先给定的 F_α。为此取一个“三进制”量子位——一个三维态空间的单量子系统 qutrit,并取定

$$\boldsymbol{n}_1=(0\quad 0\quad 1),\qquad \boldsymbol{n}_2=\begin{pmatrix}\frac{\sqrt{3}}{2} & 0 & -\frac{1}{2}\end{pmatrix},\qquad \boldsymbol{n}_3=\begin{pmatrix}-\frac{\sqrt{3}}{2} & 0 & -\frac{1}{2}\end{pmatrix}$$

这三个矢量在球坐标中分别为$(\theta\quad\varphi)=(0\quad 0)$，$\begin{pmatrix}\frac{2\pi}{3} & 0\end{pmatrix}$，$\begin{pmatrix}\frac{4\pi}{3} & 0\end{pmatrix}$，它们是 X-Z 面上的等角三叶螺旋桨，夹角 120°。因此，考虑到 $F_\alpha=|\widetilde{\Psi}_\alpha\rangle\langle\widetilde{\Psi}_\alpha|$ 和

$$|\widetilde{\Psi}_\alpha\rangle=\sqrt{\frac{2}{3}}\,|\boldsymbol{n}(\theta,\varphi)_\alpha\rangle=\sqrt{\frac{2}{3}}\begin{pmatrix}\cos\frac{\theta}{2}\\ \sin\frac{\theta}{2}\end{pmatrix}$$

这里，$|\boldsymbol{n}(\theta,\varphi)_\alpha\rangle$ 均是归一化的 $\frac{1}{2}$ 自旋态。由此得到

$$\left(|\widetilde{\Psi}_1\rangle=\begin{pmatrix}\sqrt{\frac{2}{3}}\\ 0\end{pmatrix},\ |\widetilde{\Psi}_2\rangle=\begin{pmatrix}\sqrt{\frac{1}{6}}\\ \sqrt{\frac{1}{2}}\end{pmatrix},\ |\widetilde{\Psi}_3\rangle=\begin{pmatrix}-\sqrt{\frac{1}{6}}\\ \sqrt{\frac{1}{2}}\end{pmatrix}\right)\tag{1.33}$$

根据定理证明中的叙述，可以将这三个两维矢量看作是个 2×3 的矩阵[由于所取 POVM 的完备性，式(1.33)中两行是正交的]。再补上正交的第三行(注意保持归一化)，就成为

$$\left(|u_1\rangle=\begin{pmatrix}\sqrt{\frac{2}{3}}\\ 0\\ \sqrt{\frac{1}{3}}\end{pmatrix}|u_2\rangle=\begin{pmatrix}\sqrt{\frac{1}{6}}\\ \sqrt{\frac{1}{2}}\\ -\sqrt{\frac{1}{3}}\end{pmatrix}|u_3\rangle=\begin{pmatrix}-\sqrt{\frac{1}{6}}\\ \sqrt{\frac{1}{2}}\\ \sqrt{\frac{1}{3}}\end{pmatrix}\right)\tag{1.34}$$

如定理所说的，各列(现即为 $|u_\alpha\rangle$)也彼此正交。这时我们执行向基 $\{|u_\alpha\rangle\}$ 的正交投影测量(即，测量以 $\{|u_\alpha\rangle\}$ 为本征矢量的物理量组)。一位只生活在二维子空间中的观察者将会认为在他子空间中执行了一种 POVM$\{F_1\quad F_2\quad F_3\}$。就是说，如果我们的 qubit 暗中是某个 qutrit 的前两个分量，对这个 qutrit 态空间中进行上面这样的正交测量，就实现了在我们这个 qubit 上所预定的 POVM$\{F_\alpha\}$。

例 2　也可以采用直积拓展的方法来应用此定理。为便于比较，仍考虑单个 qubit 情况，并且还是取式(1.27)的 POVM$\{F_\alpha\}$

$$F_\alpha=\frac{2}{3}\,|\boldsymbol{n}_\alpha\rangle\langle\boldsymbol{n}_\alpha|,\qquad(\alpha=1,2,3;\boldsymbol{n}_1+\boldsymbol{n}_2+\boldsymbol{n}_3=0)$$

三个态为(下面 $|\widetilde{\Psi}_2\rangle$ 中添一负号是为了 $\langle\boldsymbol{n}_\alpha|\boldsymbol{n}_\beta\rangle=-\frac{1}{2}$，$\forall\,\alpha\neq\beta=1,2,3$)

$$\left(|\tilde{\Psi}_\alpha\rangle=\sqrt{\frac{2}{3}}\,|\boldsymbol{n}_\alpha\rangle:\ |\tilde{\Psi}_1\rangle=\begin{pmatrix}\sqrt{\frac{2}{3}}\\0\end{pmatrix},\quad |\tilde{\Psi}_2\rangle=\begin{pmatrix}-\sqrt{\frac{1}{6}}\\-\sqrt{\frac{1}{2}}\end{pmatrix},\quad |\tilde{\Psi}_3\rangle=\begin{pmatrix}-\sqrt{\frac{1}{6}}\\\sqrt{\frac{1}{2}}\end{pmatrix}\right)$$

现在采用引入第二个 qubit B 作直积来拓展，去实现这个 POVM。在两个 qubit 的直积态空间中，设计一组完备力学量组的测量实验，使状态向下述正交归一基做正交投影

$$\begin{aligned}&|\Phi_\alpha\rangle=\sqrt{\frac{2}{3}}\,|\boldsymbol{n}_\alpha\rangle_A\,|0\rangle_B+\sqrt{\frac{1}{3}}\,|0\rangle_A\,|1\rangle_B,\qquad \alpha=1,2,3\\&|\Phi_0\rangle=|1\rangle_A\,|1\rangle_B\end{aligned}\tag{1.35}$$

如果初态是 $\rho_{AB}=\rho_A\otimes|0\rangle_B\langle 0|$，有

$$\langle\Phi_\alpha\,|\,\rho_{AB}\,|\,\Phi_\alpha\rangle=\frac{2}{3}\langle\boldsymbol{n}_\alpha\,|\,\rho_A\,|\,\boldsymbol{n}_\alpha\rangle(=\mathrm{tr}^{(A)}(F_\alpha\rho_A))\tag{1.36}$$

所以这里投影就实现了 H_A 上的这个 POVM。这里直积拓展是在一个四维态空间中执行正交测量，而上面直和方案中仅仅需要三维。

§1.4 量子测量及相关问题Ⅳ——测量导致退相干的唯象模型研究

这里我们暂不一般地讨论退相干问题(退相干叙述见 §6.2)，而只讨论在测量过程中的退相干问题——实质是建立量子测量的唯象模型问题。下面设被测体系为 A，测量仪器为 B。

1.4.1 量子测量的纠缠退相干模型——von Neumann 正交投影测量模型[2,3]

为测量子系统可观测量 A，要建立"测量哈密顿量 H_i"。通过它接通了被测子系统的可观测量 A 和测量仪器的指示器量 X。在 A-X 之间建立起的这种耦合，在可观测量 A 本征态和指示器的可区分态之间产生了量子纠缠。正是这种量子纠缠，使我们能够通过测量指示器变数 x 制备力学量 A 数值 a_i 的本征态。

设初始时刻子系统处于 $\hat{A}$ 的一个叠加态 $|\varphi\rangle=\sum_i c_i\,|a_i\rangle$，而指示器波包有关变量的状态为 $|\Psi(x)\rangle$。合成的大系统处于尚未纠缠的可分离态

$$|\varphi\rangle\otimes|\Psi(x)\rangle=\sum_i c_i\,|a_i\rangle\otimes|\Psi(x)\rangle\tag{1.37}$$

由于 H_i 中 $\hat{A}$ 和(影响指示器位置的) $\hat{P}$ 耦合 $H_i=\lambda\hat{A}\hat{P}$，在 t 时刻后，这个量子态将从可分离态演化成为纠缠态

$$U(t)\sum_i c_i \mid a_i\rangle \otimes \mid \Psi(x)\rangle = \sum_i \{c_i \mid a_i\rangle \otimes \mid \Psi(x-\lambda a_i t)\rangle\}, x_i \equiv x-\lambda a_i t \tag{1.38}$$

这是因为$U(t)$先作用到$|a_i\rangle$态上，取出本征值后，成为对仪器态的一个平移算符，将其变数平移。这就造成了量子纠缠，使$\hat{X}$和$\hat{A}$的测量值$\boldsymbol{x}$和$\boldsymbol{a}$关联起来。如果对位置变量$\boldsymbol{x}$的观测精度足以分辨全部本征值$\boldsymbol{a}$，那就实现了：通过测量$\boldsymbol{x}$，导致可区分态坍缩并测到x_i，再导致被测态向相应本征态的关联坍缩，最后得到相应本征态$|a_i\rangle$和相关数值a_i。

1.4.2 von Neumann 正交投影模型的典型例子——Stern-Gerlach 装置对电子自旋的测量[2]

测$\frac{1}{2}$自旋粒子的σ_z。让它沿x轴飞行并通过沿z轴的非均匀的磁场$B_z=\lambda z$。粒子磁矩$\mu\boldsymbol{\sigma}$，它和磁场之间的耦合项——“测量哈密顿量”为

$$H' = -\lambda\mu z\sigma_z \tag{1.39}$$

这里是可观测量σ_z和位置z相互耦合。由于H'中含z，不同z值处附加能数值不同，这产生一个力

$$\hat{F} = -\frac{\partial H}{\partial z} = \lambda\mu\sigma_z \tag{1.40}$$

力沿z轴，正负视$\sigma_z=\pm 1$而定。在测量(电子穿过磁场)时间$t\approx\frac{mL}{P_x}$内(L为磁场区在x方向长度，P_x为入射电子动量)，这个力在z方向给电子以冲量，使它偏转产生z方向的位移

$$\hat{P}_z = \hat{F}t, \qquad l \approx \frac{\langle\hat{F}\rangle}{m}t^2 \tag{1.41}$$

这就是说，耦合作用使指示器(z方向的位置)偏转。通过观察粒子向z轴正向、反向的偏转距离，(正交)投影出粒子自旋态$|+Z\rangle$或$|-Z\rangle$。

因为

$$U(t) = \exp\left\{\frac{\mathrm{i}}{\hbar}\lambda\mu z\sigma_z t\right\} = \exp\left\{\frac{\mathrm{i}}{\hbar}tz\hat{F}\right\} = \exp\left(\frac{\mathrm{i}}{\hbar}z\hat{P}_z\right) \tag{1.42}$$

所以

$$\exp\left\{\frac{\mathrm{i}}{\hbar}z\hat{F}t\right\}\{\alpha\mid+\rangle + \beta\mid-\rangle\}\otimes\mid 0\rangle$$
$$= \left\{\alpha\mid+\rangle\otimes\exp\left\{\frac{\mathrm{i}}{\hbar}l\hat{P}_z\right\}\mid 0\rangle + \beta\mid-\rangle\otimes\exp\left\{-\frac{\mathrm{i}}{\hbar}l\hat{P}_z\right\}\mid 0\rangle\right\}$$

$$= \{\alpha\,|+\rangle \otimes |\,l\rangle + \beta\,|-\rangle \otimes |-l\rangle\} \tag{1.43}$$

这里已将力产生位移的作用转化为以动量算符作为生成元的平移算符。z 方向的偏移量为$\pm l=\pm\frac{F}{m}t^2$。此外注意，此处仍有

$$\Delta E \cdot \Delta t = \frac{p_z}{m}\Delta p_z \cdot \frac{m}{p_z}\Delta z = \Delta p_z \cdot \Delta z \geqslant \frac{\hbar}{2} \tag{1.44}$$

由量子测量导致退相干的另外两个模型可见§6.2。

§1.5　量子测量及相关问题Ⅴ——量子非破坏测量简介

1.5.1　标准量子极限

由于波粒二象性引致不确定关系，物理量测量精度总有下限。比如，振子基态位置的标准量子极限(standard quantum limit，SQL)为：基态能量为$\frac{1}{2}\hbar\omega$，平均势能为$\frac{1}{4}\hbar\omega$

$$\frac{1}{4}\hbar\omega = \frac{1}{2}m\omega^2 < \Delta x_{\mathrm{SQL}}^2 > \rightarrow \Delta x_{\mathrm{SQL}} = \sqrt{\frac{\hbar}{2m\omega}}$$

振幅 A 振子激发态，其能量的 SQL 为

$$\Delta A \geqslant \Delta x_{\mathrm{SQL}}, \qquad E = \frac{1}{2}m\omega^2 A^2 + \frac{1}{2}\hbar\omega = \hbar\omega\left(N + \frac{1}{2}\right)$$

$$\Delta E_{\mathrm{SQL}} = m\omega^2 A\Delta A = \hbar\omega\,\sqrt{N}$$

自由粒子位置

$$\Delta x_{\mathrm{SQL}} \cdot \Delta p_{\mathrm{SQL}} = \frac{\hbar}{2}, \qquad \Delta p = \sqrt{2m\Delta E} = \sqrt{2m\,\frac{\hbar}{\tau}}, \qquad \Delta E \cdot \tau = \hbar$$

$$\Delta x_{\mathrm{SQL}} = \frac{1}{2\sqrt{2}}\sqrt{\frac{\hbar\tau}{m}} \tag{1.45}$$

注意，SQL 具体数值既依赖于量子态，也和怎样测量有关，所以它们按情况不同而有所不同，底线为不确定性原理。

1.5.2　量子非破坏测量的定义

上面这些 SQL 是否为绝对的障碍呢？回答是：在不违背不确定性原理的前提下，可以改进。一种思路，可以牺牲共轭一方为代价，去求得另一方的超精度观测(压缩态的思想)。另一思路，就是量子非破坏(nondemolition measurement，

QND)测量(文献[11]或文献[7]p.1100)。

可观测量 A 的 QND 实验是对 A 的多次精确而又不改变被测状态的测量。例如“本征测量”即为 QND 测量。广义些说,原则上对一个量子系统进行给定的量子测量,总会对应存在一些动力学变量,它们不受此给定测量的扰动,在此测量中保持不变。这些动力学变量便是这种测量的 QND 变量。

但在做此测量时,不能同时又从被测态取出与 QND 变量不对易的其他力学量的数值,否则必定因此而干扰被测的态。

例如,自由物体的速度测量是 QND(或称此时速度是 QND 变量),而位置测量则不是。

可以多次重复测量,但在测量间歇期间,不能有与 A 不对易的量的污染,否则也必定会因此而干扰被测的态。激光引力波天线,某时刻位置测量将带来动量不确定性,会影响下一次位置测量。

1.5.3 QND 所必须满足的充要条件

$$[\hat{A},\hat{U}]\mid\Psi\rangle = 0 \tag{1.46}$$

$\hat{A}$ 是要测其数值的算符;$|\Psi\rangle$是测量仪器初态;$\hat{U}$ 是被测物体和仪器的联合演化算符。此条件也常被替换为更简单的充分条件(但非必要)的$[\hat{A},\hat{U}]=0$。再替换为更充分的条件,同时再加上多次测量的间歇中防污染条件,在 Heisenberg 图像中它们可以表述为

$$[\hat{A}(t),\hat{H}_I] = 0, \qquad [\hat{A}(t_1),\hat{A}(t_2)] = 0, \qquad \forall\, t_1,t_2 \tag{1.47}$$

这里,$\hat{H}_I$ 为测量仪器和被测系统的相互作用。对 QND 变量的重复测量将得到同一结果。

第一个条件保证测量时没有仪器对 A 的反作用;第二个条件保证体系自由演化时不被污染。于是测量结果的变化将只取决于被测量预先存在的 SQL(某些物理量有它们自己的不确定性,制约着对它们测量的精度。比如,能量为$\frac{\hbar}{\tau}$,振子位相为$\frac{1}{N}$)。

自由粒子的 QND 为动量和能量;谐振子为平方和振幅、能量和相位(测量能量的最好办法是放弃对相角的测量,它不是运动积分)。再比如,Kerr 效应就是 QND 变量的另一个例子。Kerr 效应可以允许我们去测量信号光场的光子数而不扰动这个数。

1.5.4 QND 的局限性

注意,QND 远不是对任何态的任何物理量测量都能做得到的。这里有一个

针对合适的系统、选择合适的力学量以及选择合适的测量方案的问题。

通常选择 A 为系统的运动积分，并放弃与之不对易的力学量的取值，以免影响被测状态，污染测量。这就是为什么说，QND 是一种精确测量，测量仪器不会对被测结果(原有的先验不确定性之外)添加扰动或变化。

QND 测量技术允许多次重复并且有大大高于 SQL 的精度。

§1.6 量子测量及相关问题小结

1.6.1 量子测量中时间坍缩和空间非定域性的问题

将后面第八章 Zeno 效应叙述和第九章 Teleportation & Swapping 实验叙述结合起来看，人们可以得到结论：**量子测量使系统在其中演化的时间和空间坍缩了**。这些蕴含在量子力学公设中的奇妙结论近几年已逐步为实验所证实。这些重大问题不仅在相关章节中会谈及。比如，第五章将专门论述量子理论的空间非定域性问题。

1.6.2 量子测量理论中存在的问题

如同在测量公设中所说的，一个完整的理想的量子测量过程可以分成三个阶段：纠缠分解、波包坍缩、初态制备。在被测态的纠缠分解阶段中，虽然因为观测量的不同，使态分解方式不同，但只要尚未进入坍缩阶段，在此期间被测态仍然保持原来的全部相干性。接下来的第二个阶段里，发生了至今仍难以捉摸、难以定论(Landau 称为“深邃”[12])的过程——状态的坍缩。

这个坍缩过程有四大特征：随机的、不可逆的、斩断原有相干性的、非定域的。这里几乎每一个问题都是有待解决的重大问题。面对坍缩过程存在众多很基本问题的局面，至今众说纷纭，莫衷一是。比如，测量坍缩为什么是随机性的？这种随机性的物理根源是什么？—— 或者说有物理根源吗？为什么坍缩是不可逆的？坍缩过程中微观体系的熵真是增加了？测量总是各人各自在局域空间进行的(无论对单体还是多体测量均如此)，而造成的结果——(不论自旋态或空间态、单粒子态或多粒子态)坍缩为什么总是空间非定域性的？坍缩中的非定域性含义究竟是什么？坍缩——关联坍缩和相对论性定域因果律有没有深刻的矛盾？真的能够认为坍缩——关联坍缩是同一个事件吗？这样就真的解决了问题吗？为什么迄今实验表明了量子理论是非定域性的？量子 Zeno 效应已经表明：量子测量会导致被测系统演化时间的均匀流淌性消失，为什么事情会是这样？物理解释是什么？Teleportation 和 Swapping 实验表明：量子测量会导致空间的均匀广延性消失，这又是为什么？还有，面对各色各样相互作用以及五花八门的实验分析时，什么样的物理过程只能算是相互作用？又什么样的物理过程才算是量子测量？可以为两种过程划出明确的界线吗？又有人说，两者之间不存在界限，测量的坍缩过程从根本上可以用 Schrödinger 方程演化来解释，事情真是这样吗？

迄今为止，试图解决坍缩过程四大特征的前三个的工作很多，但都认为应当计入测量仪器。并且认为，如果将测量仪器包括在内，系统和测量仪器组成的大系统的演化是幺正的、可逆的、保持相干性的。就是说，纯态框架足以描述任何封闭系统的量子状态，其演化总是幺正的、可逆的、保持相干性的。也就是说，应当相信整个宇宙是量子力学的，相信整个宇宙的状态是纯态，演化是幺正的和可逆的、相干性是保持着的。若不涉及物理根源的探讨，只就事论事而言，反过来也就是说，出现上面这些奇怪特征纯粹是由于将被测体系与测量仪器分割开来所造成的。

至于对空间非定域性的探讨，理论工作几乎全部遵循 Bell 不等式的思路——可以称作 Bell 非定域性这样一种很窄的角度。可以认为，目前尚处在一种完全不知道坍缩过程非定域性物理根源的状况，更不存在对空间非定域性的准确理解和定量量度。实验方面，Teleportation 和 Swapping 实验以及最近在相对论框架下的非定域性实验[4,15]，都是直接对空间非定域性展开研究的开端。

上面只是就事论事地说量子测量。表面上看，非相对论量子力学的公理体系似乎是完备的，逻辑是自洽的。但从理论构造的经济思维来看，还是存在一个潜在的严重问题：一个系统的量子态有两种方式去变化：幺正演化——这是确定的；测量坍缩——这是随机的。为什么量子理论的公理体系中会内禀地具有这种两重性？这是否说明量子力学的框架仍然是不完备的，起码是不完美不经济的？抑或如阐述波函数描述时所能联想的，这种两重性正来源于微观粒子的基本禀性——波粒二象的性质？

练　习　题

1.1　设体系处于态 $|\Psi\rangle = c_1 Y_{11} + c_2 Y_{10}$，$|c_1|^2 + |c_2|^2 = 1$。$Y_{lm}$ 是球谐函数。利用测量公设考虑：当对此态进行角动量的测量时，

i) 得到 L_z 可能值、相应概率及平均值分别是多少？

ii) 得到 L^2 的可能值、相应概率分别是多少？

iii) 得到 L_x 和 L_y 的可能值，以及平均值分别是多少？

1.2　按测量公设中的正交投影算符概念，由自旋投影算符 $|\lambda\rangle\langle\lambda| = \frac{1}{2}(1 + \boldsymbol{p}_\lambda \cdot \boldsymbol{\sigma})$ 出发，求：在 S_z 为 $+\frac{1}{2}$ 的本征态下，

i) 沿 $\boldsymbol{n}(\theta,\varphi)$ 方向测自旋，可能得到的数值是多少？

ii) 测得自旋沿 $\boldsymbol{n}(\theta,\varphi)$ 方向的概率是多少？

iii) 测得自旋沿$-\boldsymbol{n}(\theta,\varphi)$方向的概率又是多少？

1.3 若入射电子状态不知为下面两者中哪个

$$\rho=\frac{1}{2}(|+z\rangle\langle+z|+|-z\rangle\langle-z|);\ |+x\rangle=\frac{1}{\sqrt{2}}(|+z\rangle+|-z\rangle)$$

问：如何用 Stern-Gerlach 装置对它们做区分？

1.4 考虑三个 Stern-Gerlach 装置，顺序同轴串接放置的实验。设第一个与第二个的间距大于第二个与第三个的间距。第一个的非均匀磁场的方向沿 $+Z$ 轴，第二个磁场方向沿 $+X$ 轴，第三个磁场方向又沿 $+Z$ 轴。入射粒子自旋为$\frac{1}{2}$。问：

i) 入射粒子细束沿$+Z$方向极化，接受屏图像如何？

ii) 若入射束是非极化的，最后接受屏图像又如何？

iii) 在 ii) 中，若将第二个装置$+X$方向的 S-G 磁场逐渐关闭，最后接受屏上的图像又如何变化？（参见文献[13] p. 37）

1.5 设分束器上下两个入射光子极化状态更为一般，即输入态改为

$$|\Psi_i\rangle_{12}=(\alpha|\leftrightarrow\rangle_1+\beta|\updownarrow\rangle_1)\otimes|a\rangle_1\cdot(\gamma|\leftrightarrow\rangle_2+\delta|\updownarrow\rangle_2)\otimes|b\rangle_2$$

i) 写出相应的输出态和同时到达时的对称化输出态。并将后者用 Bell 基表示。

ii) 分析：在现在这种实验装置里，当两个光子（基本上）同时到达时，在什么类型实验中它们可以分辨，在什么实验中它们不可以分辨。

1.6 思考题：Dirac 在其名著《量子力学原理》（英文版 p. 9）中说：

"Each photon then interferes only with itself. Interference between two different photons never occurs."

有人做出两个光子在一定条件下的确可以发生干涉的实验。但 1997 年 8 月 4～7 日，在马里兰大学曾举办过主题为"量子理论的基本问题（Fundamental Problems in Quantum Theory）"的讨论会（Workshop）。其中有人评论已做出的实验，说该实验是"1+1 is not 2"。并在引用 Dirac 这段话之后说："Dirac was correct"。根据全同性原理，应当怎样看待这个争论？

1.7 分析 Stern-Gerlach 装置计算后，导出无所不在的不确定性关系。

1.8 对于单 qubit A 的如下 POVM

$$F_\alpha=\frac{2}{3}|\boldsymbol{n}_\alpha\rangle\langle\boldsymbol{n}_\alpha|,\qquad \alpha=1,2,3,\qquad \boldsymbol{n}_1+\boldsymbol{n}_2+\boldsymbol{n}_3=0$$

请用再添一个 qubit B 成为大空间 $H_A\otimes H_B$ 的办法，以张量积的方式来实现这个 POVM。就是说，表明：

i) 你在张量积大空间 $H_A\otimes H_B$ 中所选的四个态是正交归一的，可以看作是撑

开相应某组力学量表象的一组基；

ii) 设系统处于 $\rho_{AB}=\rho_A\otimes|0\rangle_{B\,B}\langle 0|$ 描述的态中。在 $H_A\otimes H_B$ 中执行向这组正交归一基投影的正交测量，在 H_A 上就实现了这个给定的 POVM。

1.9 证明：上题的 POVM 也能以直和的办法，在一个三能级系统上的正交测量中实现。

$$\left(\text{提示：}|u_1\rangle=\begin{pmatrix}\sqrt{\frac{2}{3}}\\ 0\\ \sqrt{\frac{1}{3}}\end{pmatrix},|u_2\rangle=\begin{pmatrix}\sqrt{\frac{1}{6}}\\ \sqrt{\frac{1}{2}}\\ -\sqrt{\frac{1}{3}}\end{pmatrix},|u_3\rangle=\begin{pmatrix}-\sqrt{\frac{1}{6}}\\ \sqrt{\frac{1}{2}}\\ \sqrt{\frac{1}{3}}\end{pmatrix}\right)$$

1.10 给定如下一组正算符

$$p_1=\frac{1}{2}|+\boldsymbol{e}_z\rangle\langle+\boldsymbol{e}_z|,\qquad p_2=\frac{1}{2}|-\boldsymbol{e}_z\rangle\langle-\boldsymbol{e}_z|$$

$$p_3=\frac{1}{2}|+\boldsymbol{e}_x\rangle\langle+\boldsymbol{e}_x|,\qquad p_4=\frac{1}{2}|-\boldsymbol{e}_x\rangle\langle-\boldsymbol{e}_x|$$

证明　i) 它们组成一个 POVM；ii) 在引入另一个 qubit 之后，它怎样可以作为双 qubit 的态空间中一个正交测量来实现。

参考文献

1 P A M.狄拉克.量子力学原理.北京：科学出版社，1965

2 张永德.量子力学(修订本).北京：科学出版社.2005

3 J Preskill. Lecture Notes for Physics229: Quantum Information and Computation. CIT, 1998

4 Jian wei Pan. Quantum Teleportation and Multi-photon Entanglement. the dissertation for PhD, Institute for Experimental Physics, University of Vienna, 1998

5 L De Caro et al. PRA50,1994, R2803～2805

6 P G Kwiat et al. PRL,1995, 75: 4337～4341

7 L Mandel and E Wolf. Optical Coherence and Quantum Optics. Cambridge University Press, 1995

8 M A Nielsen and I L Chuang. Quantum Computation and Quantum Information. Cambridge University Press, 2000

9 A Peres. How to differentiate between non-orthogonal states. Phys Lett A, 1988,128, 19

10 J S Bell. Speakable and Unspeakable in Quantum Mechanics. Cambridge: Cambridge University Press, 1987

11 V B Braginsky and F Ya Khalili. Rev Mod Phys,1996, Vol 68, No 1:1

12 Л Д 朗道,E M 栗弗席茨.非相对论量子力学.北京：高等教育出版社，1980

13 A Peres. Quantum Theory: Concepts and Methods. Kluwer Academic Dordrecht, 1993
14 D Bouwmeester, A Ekert and A Zeilinger. The Physics of Quantum Information. Springer, 2000
15 A Stefanou, H Zbinden and N Gisin, PRL88, 120404, 2002

第二章　量子双态体系

两能级体系，更一般说，量子双态体系，是 Hilbert 空间为两维的量子体系。其实，只需要在我们感兴趣的物理过程所涉及的能区或量子数范围内，有两个足够稳定（它们的半衰期远远长于每次工作的时间）的不同状态，而体系的其余能级或状态在物理过程中对这两个状态的影响可以忽略，就可以将其看作是个双量子态体系，简称为双态体系。这里并不一定需要顾及体系到底有多少能级，或是其余的那些量子态。这类双态体系又称作"量子位"（quantum bits＝qubits）。两个态一般记作$|0\rangle$态和$|1\rangle$态。

目前正处于迅速崛起中的量子通信领域里，有关量子信息存储、操控、传递等所有过程都会用到这类双态体系，所以它们在量子信息论的广阔领域中显得尤其重要。

最简单的例子就是：其一，两类相互垂直的极化光子。比如光子处于垂直极化状态称作$|0\rangle$态，而水平极化状态称作$|1\rangle$态。其二，两种自旋状态的电子。比如可定义：$\left|-\frac{1}{2}\right\rangle=\begin{pmatrix}0\\1\end{pmatrix}=|0\rangle$，$\left|\frac{1}{2}\right\rangle=\begin{pmatrix}1\\0\end{pmatrix}=|1\rangle$。

本章讲述这类双态体系的有关基本物理问题。包括对它们量子状态描叙、特征量计算、状态演化、测量影响等等。至于对混态的更多叙述以及关于量子系综、量子纠缠与可分离、多位量子存储器、逻辑门的运行和操控、量子计算、退相干等问题，则在以后各章中分别讲述。

§2.1　双态体系的定态描述

2.1.1　双态体系的纯态与混态

单粒子情况：

两能级体系，普遍一些的提法是双态体系，其纯态一般为

$$c_0\,|0\rangle+c_1\,|1\rangle;\ |c_0|^2+|c_1|^2=1 \tag{2.1a}$$

对自旋$\frac{1}{2}$体系，状态一般为下面形式

$$\left\{\begin{aligned}&\mathrm{e}^{-\mathrm{i}\varphi/2}\cos\left(\frac{\theta}{2}\right)|1\rangle+\mathrm{e}^{\mathrm{i}\varphi/2}\sin\left(\frac{\theta}{2}\right)|0\rangle=\begin{pmatrix}\mathrm{e}^{-\mathrm{i}\varphi/2}\cos\left(\frac{\theta}{2}\right)\\ \mathrm{e}^{\mathrm{i}\varphi/2}\sin\left(\frac{\theta}{2}\right)\end{pmatrix}\\&\qquad=|\chi^{(+)}(\theta,\varphi)\rangle=U(\boldsymbol{e}_z\to\boldsymbol{n}(\theta,\varphi))\,|+z\rangle\\&-\mathrm{e}^{-\mathrm{i}\varphi/2}\sin\left(\frac{\theta}{2}\right)|1\rangle+\mathrm{e}^{\mathrm{i}\varphi/2}\cos\left(\frac{\theta}{2}\right)|0\rangle=\begin{pmatrix}-\mathrm{e}^{-\mathrm{i}\varphi/2}\sin\left(\frac{\theta}{2}\right)\\ \mathrm{e}^{\mathrm{i}\varphi/2}\cos\left(\frac{\theta}{2}\right)\end{pmatrix}\\&\qquad=|\chi^{(-)}(\theta,\varphi)\rangle=U(\boldsymbol{e}_z\to\boldsymbol{n}(\theta,\varphi))\,|-z\rangle\end{aligned}\right.\tag{2.1b}$$

这里，$U(\boldsymbol{e}_z\to\boldsymbol{n}(\theta,\varphi))$是在两维自旋空间中将 $\boldsymbol{e}_z$ 转向 $\boldsymbol{n}(\theta,\varphi)$方向的转动

$$U(\boldsymbol{e}_z\to\boldsymbol{n}(\theta,\varphi))=\mathrm{e}^{-\mathrm{i}\varphi\sigma_z/2}\mathrm{e}^{-\mathrm{i}\theta\sigma_y/2}=\begin{pmatrix}\mathrm{e}^{-\mathrm{i}\varphi/2}\cos\frac{\theta}{2} & -\mathrm{e}^{-\mathrm{i}\varphi/2}\sin\frac{\theta}{2}\\ \mathrm{e}^{\mathrm{i}\varphi/2}\sin\frac{\theta}{2} & \mathrm{e}^{\mathrm{i}\varphi/2}\cos\frac{\theta}{2}\end{pmatrix}\tag{2.1c}$$

对于两维态空间的光子，与电子情况有两点不同。其一，无静质量；其二，自旋为 1 是玻色子，其表示不是某个简单旋量。但作为两维数学运算，表面形式是类似的。设光子两个极化状态基矢为：水平极化态$|x\rangle=|0\rangle=\begin{pmatrix}0\\1\end{pmatrix}$，垂直极化态$|y\rangle=|1\rangle=\begin{pmatrix}1\\0\end{pmatrix}$。对沿 Z 轴前进的光子，将其极化状态在 X-Y 面内转 θ 角的转动变换为

$$\begin{pmatrix}\cos\theta & \sin\theta\\ -\sin\theta & \cos\theta\end{pmatrix}=\mathrm{e}^{\mathrm{i}\theta\sigma_y}\tag{2.2a}$$

再加上对两个基的相对相移变换

$$\begin{pmatrix}\mathrm{e}^{\mathrm{i}\omega/2} & 0\\ 0 & \mathrm{e}^{-\mathrm{i}\omega/2}\end{pmatrix}=\mathrm{e}^{\mathrm{i}\omega\sigma_z/2}\tag{2.2b}$$

这两种变换联合使用即可对光子极化状态施加任一 2×2 幺正变换

$$U(\omega,\theta)=\mathrm{e}^{\mathrm{i}\omega\sigma_z/2}\mathrm{e}^{\mathrm{i}\theta\sigma_y}\tag{2.2c}$$

其实，广泛而言，一个光子通过一个半透片后，是反射还是透射，也是两种状态的相

干叠加，构成关于那个出口空间模的二维状态空间*。注意，依此类推，可以用实验手段引入粒子的新自由度。

双态粒子 A 的混态。不论纯态或混态都可以用密度矩阵描述。但纯态不必需，而混态则需要用密度矩阵 ρ_A 描述。ρ_A 有如下性质：

i) ρ_A 是厄米的：$\rho_A=\rho_A^{\dagger}$。 (2.3a)

ii) ρ_A 本征值是非负的。于是对任何态 $|\varphi\rangle_A$ 有

$$_A\langle\varphi \mid \rho_A \mid \varphi\rangle_A \geqslant 0。 \tag{2.3b}$$

iii) 迹为 1：$\mathrm{tr}(\rho_A)=1$。纯态 $\mathrm{tr}(\rho_A^2)=1$，混态 $\mathrm{tr}(\rho_A^2)<1$。 (2.3c)

一般而言，单粒子 A 的任意混态密度矩阵 ρ_A 为

$$\rho_A = \sum_{i=1}^{n} p_i \mid \Psi_i\rangle_{A\ A}\langle \Psi_i \mid; \quad \{(p_1, \mid \Psi_1\rangle_A);(p_2, \mid \Psi_2\rangle_A);\cdots;(p_n, \mid \Psi_n\rangle_A)\} \tag{2.4}$$

式(2.4)的含义是：A 处在 $|\Psi_i\rangle_A$ 的概率为 p_i，…。注意：i) 这些态之间的相对相位不定，彼此不相干涉；ii) $|\Psi_i\rangle_A$ 之间不一定相互正交。

对单个双态体系，其混态密度矩阵 ρ 可以明确表述为

$$\rho = \begin{pmatrix} q_{11} & q_{10} \\ q_{01} & q_{00} \end{pmatrix} = q_{00} \mid 0\rangle\langle 0 \mid + q_{11} \mid 1\rangle\langle 1 \mid + q_{01} \mid 0\rangle\langle 1 \mid + q_{10} \mid 1\rangle\langle 0 \mid \tag{2.5a}$$

这里，对角元素是正数，非对角元素可以是复数。并且有

$$\mathrm{tr}\rho = q_{00} + q_{11} = 1, \qquad q_{00}^2 + q_{11}^2 + 2 \mid q_{01} \mid^2 \leqslant 1 \tag{2.5b}$$

这里共有三个独立实参数，用于决定任一混合态。当然纯态也可以用这种办法来描述。纯态的密度矩阵 ρ 是该纯态的并矢。这时，$q_{01}=c_0c_1^*$；$|q_{01}|^2=q_{00}q_{11}$，(2.5b)中第二式的等号成立，最多只含两个独立实参数——不计态的绝对相位。

两个双态粒子的情况：

未关联态(uncorrelated state)为 $|\Psi\rangle_{AB}=|\Psi_1\rangle_A\otimes|\Psi_2\rangle_B$，就是说这些态可以按子体系 A 和 B 分开，成为因子化的形式。

纠缠态(entangled state)是那些不能按粒子分解成为这种因子化的态。于是

---

* 附带指出：虽然态叠加原理是包括量子场论在内的全部量子理论都适用的普遍原理，然而不应由此误会，以为全部量子理论都是线性理论。事实上，衡量一个理论是否为线性，主要看其基本方程组和基本运算规则。相互作用量子场论基本联立方程组是非线性的，而且运算的基本规则——量子化条件方程组也是非线性的。只是由于，首先，对量子理论做了“低能近似”，使粒子数自动守恒，从而只需研究粒子在时空中的运动，使理论成为了力学理论。其次，再进一步做了“外场近似”——不考虑相互作用、互相影响的双方，而将一方视为外场。经过这两个近似，遂使量子理论成为当前这种只研究粒子在外场影响下的时空运动，即成为线性的力学的理论——非相对论量子力学。

它们将因相干牵连而各自不独立。对相互作用的复合体系,态空间中绝大多数是纠缠态。比如,两个$\frac{1}{2}$自旋粒子体系的 4 个 Bell 基(EPR 对——它们涉及 Einstein-Podolsky-Rosen 佯谬)

$$\begin{cases} |\Psi^{\pm}\rangle_{AB} = \frac{1}{\sqrt{2}}(|0\rangle_A \otimes |1\rangle_B \pm |1\rangle_A \otimes |0\rangle_B) \\ |\phi^{\pm}\rangle_{AB} = \frac{1}{\sqrt{2}}(|0\rangle_A \otimes |0\rangle_B \pm |1\rangle_A \otimes |1\rangle_B) \end{cases} \tag{2.6}$$

就是 4 个典型的纠缠态。以后知道,这些态都是最大纠缠态。对两体分别进行任意局域幺正变换(LU)所得的态都是最大纠缠态。因为,每个粒子的两个正交态经各自的 LU 后仍保持为正交的,所以只需重新定义该粒子的$|0\rangle$和$|1\rangle$而已。

可以检验,这 4 个 Bell 基是力学量算符 $\sigma_x^A\sigma_x^B$,$\sigma_y^A\sigma_y^B$,$\sigma_z^A\sigma_z^B$ 的共同本征态。由于它们正交归一完备,于是可作为此体系态空间的基矢。至此,在量子力学中,对两个$\frac{1}{2}$自旋粒子体系有三套常用的基矢。另两套是以前的无耦合基和耦合基

$$\begin{cases} |\uparrow_z\rangle_A \otimes |\uparrow_z\rangle_B = |\uparrow,\uparrow\rangle_{AB} \\ |\uparrow_z\rangle_A \otimes |\downarrow_z\rangle_B = |\uparrow,\downarrow\rangle_{AB} \\ |\downarrow_z\rangle_A \otimes |\uparrow_z\rangle_B = |\downarrow,\uparrow\rangle_{AB} \\ |\downarrow_z\rangle_A \otimes |\downarrow_z\rangle_B = |\downarrow,\downarrow\rangle_{AB} \end{cases} \tag{2.7a}$$

$$\begin{cases} |\uparrow_z\rangle_A \otimes |\uparrow_z\rangle_B = |\uparrow,\uparrow\rangle_{AB} \\ \frac{1}{\sqrt{2}}(|\uparrow,\downarrow\rangle_{AB} + |\downarrow,\uparrow\rangle_{AB}) \\ |\downarrow_z\rangle_A \otimes |\downarrow_z\rangle_B = |\downarrow,\downarrow\rangle_{AB} \\ \frac{1}{\sqrt{2}}(|\uparrow,\downarrow\rangle_{AB} - |\downarrow,\uparrow\rangle_{AB}) \end{cases} \tag{2.7b}$$

式(2.7a)一套基矢由未关联态组成的;式(2.7b)基矢有两个是纠缠态。而式(2.6)中 4 个基矢全部是纠缠态。当然,这三套基矢可以相互展开。

从表观上看,纠缠态的共同点是粒子间的状态相互纠缠不可分离。表现为纠缠双方各自状态均不确定,都依赖于对方而定。量子纠缠本质上是物理的而非数学表述性的、是量子的而非经典的。它体现了量子相干性、或然性和空间非定域性。它的理论基础是量子理论态空间的线性性质,也即态叠加原理。量子纠缠最具深刻科学意义、同时又最具实践价值的地方是:它明显地体现出了量子理论本质特性之一——空间非定域性(non-locality) [1]。详细叙述可见第三、四、五章。

一般的两体双态体系的纯态表示为

$$|\Psi\rangle_{AB}=c_{00}\ |0\rangle_A\otimes|0\rangle_B+c_{01}\ |0\rangle_A\otimes|1\rangle_B+c_{10}\ |1\rangle_A\otimes|0\rangle_B+c_{11}\ |1\rangle_A\otimes|1\rangle_B \tag{2.8}$$

这里，除了归一化和总体相因子，为表示一个态总共最多需要6个独立参数。有时不写"$\otimes$"符号，并记$|0\rangle_A\otimes|0\rangle_B=|00\rangle$，或是用二进制符号$|3\rangle=|11\rangle$等。也常用矢量符号

$$\begin{pmatrix}0\\0\\0\\1\end{pmatrix}=|00\rangle=|0\rangle,\qquad \begin{pmatrix}0\\0\\1\\0\end{pmatrix}=|01\rangle=|1\rangle$$

$$\begin{pmatrix}0\\1\\0\\0\end{pmatrix}=|10\rangle=|2\rangle,\qquad \begin{pmatrix}1\\0\\0\\0\end{pmatrix}=|11\rangle=|3\rangle \tag{2.9}$$

约化密度矩阵(reduced density matrices)为

$$\rho_A=\mathrm{tr}^{(B)}(|\Psi\rangle_{AB}\langle\Psi|),\qquad \rho_B=\mathrm{tr}^{(A)}(|\Psi\rangle_{AB}\langle\Psi|) \tag{2.10}$$

这里，例如为了只研究子体系A，必须在等权统计平均的意义上计入B中所有状态对A的现有状态的影响，计算办法是对AB复合体系态的子系统B求迹。这种只对子体系B做部分求迹的操作记为$\mathrm{tr}^{(B)}$。取部分迹之后，只剩下子体系A的算符和态矢。

一般两体混态可表示为

$$\rho_{AB}=\sum_{i,j=0}^{3}p_{ij}\ |i\rangle_{AB\ AB}\langle j| \tag{2.11}$$

这里的系数p_{ij}必须使矩阵ρ_{AB}是厄米的、非负的，$\mathrm{tr}\rho_{AB}=1$，并且$\mathrm{tr}\rho_{AB}^2<1$。

取A，B的Pauli矩阵及单位矩阵的直积，为此体系的16个基

$$[\Sigma_i,(i=0,1,,2,\cdots,16)]=\{I,\sigma_x^A,\sigma_y^A,\sigma_z^A,\sigma_x^B,\sigma_y^B,\sigma_z^B,\sigma_x^A\sigma_x^B,\sigma_x^A\sigma_y^B,\cdots,\sigma_z^A\sigma_z^B\}$$

用这组基可将ρ_{AB}展开为

$$\rho_{AB}=\frac{1}{4}\sum_{i=0}^{15}\lambda_i\Sigma_i \tag{2.12}$$

这里，λ_i是实系数($\lambda_0=1$)，且有$\lambda_i=\mathrm{tr}(\rho_{AB}\Sigma_i)$。于是两体两能级体系的任一混态密度矩阵最多需用15个实参数来确定。

2.1.2　极化矢量、状态变换与2×2矩阵基

直接检验可知，上面式(2.1b)两个纯态基矢的极化矢量$\boldsymbol{P}$分别为

$$\boldsymbol{P}^{(\pm)}(\theta,\varphi) = \langle \chi^{(\pm)}(\theta,\varphi) \mid \boldsymbol{\sigma} \mid \chi^{(\pm)}(\theta,\varphi) \rangle = \pm \boldsymbol{n}(\theta,\varphi) \tag{2.13}$$

这里必须指出:由于量子测量过程中坍缩的随机性,即使对这个态的多个样品沿 Z 轴进行多次测量,也只能决定两个系数的模值,仍然不能决定态的内部相因子(这完全不同于经典方程式,几个变数就用几次独立测量来确定)。实验测定一个自旋态 $|\Psi\rangle$ 等价于确定其极化矢量 $\boldsymbol{P}$,测定 $\boldsymbol{P}$ 沿三个方向的分量,就决定了两个方位角和态 $|\Psi\rangle$。

状态变换有 4 个算符

$$P_0 = |0\rangle\langle 0| = \begin{pmatrix} 0 & 0 \\ 0 & 1 \end{pmatrix}, \qquad P_1 = |1\rangle\langle 1| = \begin{pmatrix} 1 & 0 \\ 0 & 0 \end{pmatrix}$$

$$\sigma_+ = |1\rangle\langle 0| = \begin{pmatrix} 0 & 1 \\ 0 & 0 \end{pmatrix}, \qquad \sigma_- = |0\rangle\langle 1| = \begin{pmatrix} 0 & 0 \\ 1 & 0 \end{pmatrix}$$

此外,3 个 Pauli 矩阵 $\sigma_i(i=1,2,3)$外加 σ_0 共 4 个 2×2 矩阵构成一组矩阵基,可用于展开任何 2×2 矩阵。注意这里的 $\sigma_\pm = \frac{1}{2}(\sigma_x \pm \mathrm{i}\sigma_y)$。

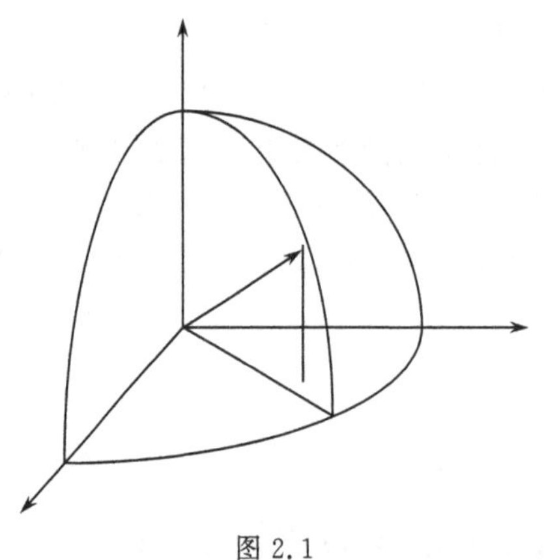

图 2.1

2.1.3 Bloch 球描述

纯态密度矩阵和极化矢量之间有关系[1]

$$\rho = \frac{1}{2}(1 + \boldsymbol{n}\cdot\boldsymbol{\sigma}) \tag{2.14}$$

这说明纯态对应单位球面上一点,模长为 1 的矢径正是该纯态的极化矢量 $\boldsymbol{P}=\boldsymbol{n}(\theta,\varphi)$。

Bloch 球描述方法更重要用途是在于对双态体系混态的描述。就单个 qubit 而言,任一混态不过是两个两分量自旋态按一定概率的非相干混合,其密度矩阵是一个迹为 1 的本征值非负的厄米矩阵。这种矩阵总可以用上面 4 个矩阵基展开。

所以单个 qubit 的态 ρ 总能写为

$$\begin{cases} \rho = \dfrac{1}{2}(1 + \boldsymbol{p}\cdot\boldsymbol{\sigma}) = \dfrac{1}{2}\begin{pmatrix} 1+p_3 & p_1 - \mathrm{i}p_2 \\ p_1 + \mathrm{i}p_2 & 1-p_3 \end{pmatrix} \\ \det\rho = \dfrac{1}{4}(1 - \boldsymbol{p}^2) \end{cases} \tag{2.15}$$

混态的矢量 $\boldsymbol{p}$ 称作 Bloch 矢量(球面上即为极化矢量)。ρ 本征值非负要求($\mathrm{tr}\rho=\lambda_1+\lambda_2=1$,$\det\rho=\lambda_1\lambda_2$)导致混态 Bloch 矢量模长小于 1,即

$$\boldsymbol{p}^2 < 1 \tag{2.16}$$

可知单个 qubit 的任一混态必对应单位球内某一点。说明在 qubit 随时间演化的退相干过程中,由某个纯态转为混态时,相应的 Bloch 矢量将从球面上某点因径长缩小而进入球内(在某些特殊的退相干过程中,矢径最终会转到球面上某一特定点——体系的稳定基态,是个纯态)。Bloch 球心是个不含任何信息的完全随机的混态——垃圾态

$$\begin{cases} \rho = \frac{1}{2}I = \frac{1}{\sqrt{2}}(|+x\rangle\langle +x| + |-x\rangle\langle -x|) \\ \quad = \frac{1}{\sqrt{2}}(|+y\rangle\langle +y| + |-y\rangle\langle -y|) = \cdots \\ \boldsymbol{p} = 0 \end{cases} \tag{2.17}$$

2.1.4　可观察量与测量

它们总是对应于自伴算符(self-adjoint operator),常简记为 $\hat{\Omega}^\dagger = \hat{\Omega}$。对二维体系的任一可观察量 $\hat{\Omega}$ 总可以写为

$$\begin{aligned} \hat{\Omega} &= I\hat{\Omega}I = (P_0 + P_1)\hat{\Omega}(P_0 + P_1) \\ &= \omega_{00}\,|0\rangle\langle 0| + \omega_{11}\,|1\rangle\langle 1| + \omega_{01}\,|0\rangle\langle 1| + \omega_{10}\,|1\rangle\langle 0| = \begin{pmatrix} \omega_{11} & \omega_{10} \\ \omega_{01} & \omega_{00} \end{pmatrix} \end{aligned} \tag{2.18}$$

这里,$\omega_{ij} = \langle i|\hat{\Omega}|j\rangle$。采用 4 个矩阵基,可将 $\hat{\Omega}$ 展开为

$$\hat{\Omega} = \frac{1}{2}\sum_{i=0}^{3}\alpha_i\sigma_i, \qquad \alpha_i = \mathrm{tr}(\hat{\Omega}\sigma_i) \tag{2.19}$$

给定一个可观察量 $\hat{\Omega}$ 和它的两个本征态 $\hat{\Omega}|\Psi_{1,2}\rangle = \omega_{1,2}|\Psi_{1,2}\rangle$,按测量公设,当给定态为 ρ 时,可得:

单次测量:得本征值 ω_i 的概率为 $p_i = \langle\Psi_i|\rho|\Psi_i\rangle$。若测量是一次过滤性的测量,测后即坍缩向态 $|\Psi_i\rangle$。

投影测量:任何投影 $\hat{P}(\hat{P}^2 = \hat{P})$都可以测量。

结果为 1:测后的态为 $\hat{P}\rho\hat{P}/\mathrm{tr}(\hat{P}\rho\hat{P})$。

结果为 0:测后的态为$(1-\hat{P})\rho(1-\hat{P})/\mathrm{tr}((1-\hat{P})\rho(1-\hat{P}))$。

期望值:若制备了大量同一态 ρ,多次重复测量 $\hat{\Omega}$,平均值为$\langle\hat{\Omega}\rangle = \mathrm{tr}(\hat{\Omega}\rho)$。

§2.2 双态体系的幺正演化

2.2.1 单一双态体系动力学

单一双态体系动力学文献[2]中有叙述，但未突出耦合场性质，而且未能概括丰富的各种广义双态体系，也不切合现在量子信息论的实用。下面两节将用建立普适理论的方式，从理论上全面解决这一问题。这里先做简单叙述。设体系 $H(t)$ 的初态为 $|\Psi(0)\rangle$，则

$$i\hbar\frac{\partial}{\partial t}|\Psi(t)\rangle = H(t)|\Psi(t)\rangle,\qquad |\Psi(t)\rangle|_{t=0}=|\Psi(0)\rangle \tag{2.20}$$

如果初始为混态，更方便的是使用 Liouville 方程

$$i\hbar\frac{\partial}{\partial t}\rho(t)=[H(t),\rho(t)] \tag{2.21}$$

按式(2.19)可将 Hamilton 量 $H(t)$ 分解为

$$H(t)=\frac{\hbar}{2}\sum_{i=0}^{3}\omega_i(t)\sigma_i \tag{2.22a}$$

这里，$\hbar\omega_i=\mathrm{tr}(H(t)\sigma_i)$。多数情况下体系 Hamilton 量并不依赖于时间，问题很容易精确求解。略去常数项(将其归入本征值中)后，写为

$$H=\frac{\hbar}{2}\omega\boldsymbol{n}\cdot\boldsymbol{\sigma} \tag{2.22b}$$

这里，$\omega=\sqrt{\omega_1^2+\omega_2^2+\omega_3^2}$，$\boldsymbol{n}=\frac{1}{\omega}(\omega_1,\omega_2,\omega_3)$是单位矢量。时间演化算符为

$$U(t)=\exp(-i\omega t\,\boldsymbol{n}\cdot\boldsymbol{\sigma}/2)=\cos\frac{\omega t}{2}-i\boldsymbol{n}\cdot\boldsymbol{\sigma}\sin\frac{\omega t}{2} \tag{2.23a}$$

由此已易于进行各种类型计算了。比如有

$$\begin{cases}|\Psi(t)\rangle=U(t)|\Psi(t)\rangle=\left(\cos\frac{\omega t}{2}-i\boldsymbol{\sigma}\cdot\boldsymbol{n}\sin\frac{\omega t}{2}\right)|\Psi(0)\rangle\\ \boldsymbol{P}(t)=\langle\Psi(t)|\boldsymbol{\sigma}|\Psi(t)\rangle=\langle\Psi(0)|U(t)^{\dagger}\boldsymbol{\sigma}U(t)|\Psi(0)\rangle\\ \quad=\langle\Psi(0)|\left(\cos\frac{\omega t}{2}+i\boldsymbol{\sigma}\cdot\boldsymbol{n}\sin\frac{\omega t}{2}\right)\boldsymbol{\sigma}\left(\cos\frac{\omega t}{2}-i\boldsymbol{\sigma}\cdot\boldsymbol{n}\sin\frac{\omega t}{2}\right)|\Psi(0)\rangle\\ \quad=R(\omega t\cdot\boldsymbol{n})\cdot\langle\Psi(0)|\boldsymbol{\sigma}|\Psi(0)\rangle\equiv R(\omega t\cdot\boldsymbol{n})\cdot\boldsymbol{P}\end{cases} \tag{2.23b}$$

这是说，状态按 SU(2)变换演化，与此同时，等效极化矢量则是相应的三维空间转动演化。其余不再叙述，详见文献[1]。

举个例子，量子光学中常用如下 Hamilton 量

$$H = -\frac{\hbar\Delta}{2}\sigma_z + \frac{\hbar\Omega}{2}(\sigma_+ \mathrm{e}^{-\mathrm{i}\phi} + \sigma_- \mathrm{e}^{\mathrm{i}\phi}) \tag{2.24a}$$

这时，$h=\sqrt{\Omega^2+\Delta^2}$，并且

$$\boldsymbol{n}\cdot\boldsymbol{\sigma} = \frac{1}{\sqrt{\Omega^2+\Delta^2}}\begin{pmatrix} -\Delta & \Omega\mathrm{e}^{-\mathrm{i}\phi} \\ \Omega\mathrm{e}^{\mathrm{i}\phi} & \Delta \end{pmatrix} \tag{2.24b}$$

当 $\Delta=0$ 时，有

$$U(t) = \mathrm{e}^{-\mathrm{i}h\boldsymbol{n}\cdot\boldsymbol{\sigma}t/2} = \mathrm{e}^{-\mathrm{i}\Omega t(\sigma_1\cos\phi+\sigma_2\sin\phi)/2} = \begin{pmatrix} \cos\left(\frac{\Omega}{2}t\right) & -\mathrm{i}\sin\left(\frac{\Omega}{2}t\right)\mathrm{e}^{-\mathrm{i}\phi} \\ -\mathrm{i}\sin\left(\frac{\Omega}{2}t\right)\mathrm{e}^{\mathrm{i}\phi} & \cos\left(\frac{\Omega}{2}t\right) \end{pmatrix} \tag{2.25}$$

比如，若体系初始被制备在$|1\rangle$态，找到它在$|1\rangle$态的概率以频率 Ω 振荡。这些振荡称作 Rabi 振荡，Ω 为 Rabi 频率。

2.2.2　一般 Jaynes-Cummings 模型求解理论

Jaynes-Cummings 模型是一个关于两能级原子与量子光场相互作用的基本数学模型。此类模型经各种推广之后应用广泛，不仅常见于描述原子和光场相互作用，也是构造不少类型量子逻辑门的理论计算基础。

本节内容由附录 B 的统一理论框架出发，表明该框架可以概括多种版本的 Jaynes-Cummings 模型（和大多数具有 Raman 散射共振条件的腔 QED，见附录 B 的第二部分）。

这里求解下述带有普适性的 Hamilton 量动力学问题

$$H = r(A_0) + s(A_0)\sigma_3 + A_-\sigma_+ + A_+\sigma_- \tag{2.26}$$

这是 J-C 模型的推广。它不仅包括了各种一般的 J-C 模型，也包括了旋轨耦合情况。显然，取 $H_0=r(A_0)+s(A_0)\sigma_3$，转到相互作用图像得

$$\begin{cases} U_1(t) = \exp(\mathrm{i}tH_0) \\ \mathrm{i}\dfrac{\mathrm{d}U_1}{\mathrm{d}t}\mid\Psi\rangle = \{A_-\mathrm{e}^{\mathrm{i}tf(A_0)}\sigma_+ + \mathrm{e}^{-\mathrm{i}tf(A_0)}A_+\sigma_-\}(U_1\mid\Psi\rangle) \end{cases} \tag{2.27a}$$

这里，算符

$$f(A_0) = H_0(A_0-m,\sigma_3=+1) - H_0(A_0,\sigma_3=+1) + 2s(A_0) \tag{2.27b}$$

下面令 $g(A_0)=f(A_0+m)$，由附录 B 中式(B.6)和(B.8)立即得到

$$\mid\Psi(t)\rangle =$$

$$\begin{pmatrix} \exp\left[-\mathrm{i}t\left(r(A_0)+s(A_0)-\dfrac{g(A_0)}{2}\right)\right] & 0 \\ 0 & \exp\left[-\mathrm{i}t\left(r(A_0)-s(A_0)+\dfrac{f(A_0)}{2}\right)\right] \end{pmatrix}$$

$$\times\begin{pmatrix} \cos(\Omega_{g,m}t)-\mathrm{i}\,\dfrac{g}{2}\,\dfrac{\sin(\Omega_{g,m}t)}{\Omega_{g,m}} & -\mathrm{i}\,\dfrac{\sin(\Omega_{g,m}t)}{\Omega_{g,m}}A_- \\ -\mathrm{i}\,\dfrac{\sin(\Omega_{f,0}t)}{\Omega_{f,0}}A_+ & \cos(\Omega_{f,0}t)+\mathrm{i}\,\dfrac{f}{2}\,\dfrac{\sin(\Omega_{f,0}t)}{\Omega_{f,0}} \end{pmatrix} \tag{2.28a}$$

这里

$$\sqrt{\chi(A_0)+\frac{f^2}{4}}\equiv\Omega_{f,0},\qquad \sqrt{\chi(A_0+m)+\frac{g^2}{4}}\equiv\Omega_{g,m} \tag{2.28b}$$

并且

$$\begin{cases} |\Psi_n^+(t)\rangle=\exp(-\mathrm{i}tE_n^{(+)})\begin{pmatrix}\cos\dfrac{\theta_n}{2}\,|n-m\rangle \\ \sin\dfrac{\theta_n}{2}\,|n\rangle\end{pmatrix} \\ |\Psi_n^-(t)\rangle=\exp(-\mathrm{i}tE_n^{(-)})\begin{pmatrix}-\sin\dfrac{\theta_n}{2}\,|n-m\rangle \\ \cos\dfrac{\theta_n}{2}\,|n\rangle\end{pmatrix} \end{cases} \tag{2.28c}$$

这里,相应的本征值为

$$\begin{cases} E_n^{(\pm)}=\dfrac{1}{2}[r(n-m)+s(n-m)+r(n)-s(n)]\pm F_n \\ F_n=\sqrt{\chi(n)+\dfrac{1}{4}[r(n-m)+s(n-m)-r(n)+s(n)]^2} \\ \cos\dfrac{\theta_n}{2}=\dfrac{1}{\sqrt{2}}\sqrt{1+\dfrac{f_n}{2F_n}},\sin\dfrac{\theta_n}{2}=\dfrac{1}{\sqrt{2}}\sqrt{1-\dfrac{f_n}{2F_n}} \end{cases} \tag{2.28d}$$

方程(2.28a)~(2.28d)以统一的方式概括了许多特殊 Jaynes-Cummings 模型的解。比如,见习题 2.12。

§2.3 双态体系实验制备简介

目前正在实验尝试采用各种可能的途径来实现可控量子位和量子存储器。以便尽早制造出包含 10~20 个量子位左右的量子计算机。目前文献中出现的方案主要归纳为以下 5 类:NMR 方案;腔 QED;离子阱(ion trap);量子点(quantum dot);各种固体方法(比如硅基 NMR;超导 Josephson 结等)。

2.3.1 NMR 方案

核磁共振(NMR)方法是较早出现的量子计算实验方案。利用液体 NMR 技术进行量子计算时,量子位通常是由自旋$\frac{1}{2}$原子核(如^{1}H,^{13}C,^{19}F,^{15}N等)的自旋态来承担。以弱静磁场来定义$|0\rangle$态和$|1\rangle$态。与此同时,利用自旋在外磁场下会做进动运动的规律,以射频交变磁场作为调控自旋状态的手段。射频场的频率、强度、持续时间、方向等均可以人为操控(详见§10.1)。由于单个分子中原子核自旋信号十分微弱,实验上利用含有大量分子的溶液。所以液体 NMR 量子计算又称为集体自旋共振量子计算。室温下液体 NMR 样品中分子处于热平衡状态,并且可以认为它们彼此独立,组成近独立的平衡态量子统计系综。所以单个分子的密度矩阵对系综平均之后,就可以代表整个样品的时间演化。但经此平均之后,体系的状态已是混态(详见§6.2),这时密度矩阵的对角元表示粒子的布居数,服从 Boltzmann 分布,代表相干性的非对角项经统计平均趋于零)。相应的热平衡态的密度矩阵为

$$\rho_{\mathrm{eq}}=\frac{\exp(-\beta H)}{\mathrm{tr}[\exp(-\beta H)]},\qquad \beta=\frac{1}{k_{\mathrm{B}}T} \tag{2.29}$$

由于室温下$|\beta H|\ll 1$,ρ_{eq}可近似写成(设单位液体中含有 n 个核自旋)

$$\rho_{\mathrm{eq}}\approx 2^{-n}(I-\beta H) \tag{2.30}$$

由于 H 中自旋-自旋耦合项和进动频率项相比十分小,所以这个热平衡态密度矩阵基本上是对角的,就是说是个高度的混合态。因此,事实上系综每个成员的真实物理态是什么,这是一个有争议的问题:这种热平衡态 ρ_{eq} 适宜于作为 NMR 量子计算的初态吗?

针对液体 NMR 方案的实际情况,提出了"赝纯态(pseudo-pure state)"或"有效纯态"概念。对于每个分子中含有 n 个核自旋的情况,密度矩阵记为 ρ_{eff}

$$\rho_{\mathrm{eff}}=\frac{1-\gamma}{2^n}I+\gamma\,|\,\Psi\rangle\langle\Psi\,|\equiv\frac{1-\gamma}{2^n}I+\gamma U_{\Psi}\,|\,0\cdots0\rangle\langle0\cdots0\,|\,U_{\Psi}^{\dagger} \tag{2.31}$$

这里,U_{Ψ} 是任意幺正算符。由于单位矩阵 I 在 NMR 任何操作中没有可观测效应,可予略去。于是,称作偏移密度矩阵的第二部分和纯态$|\Psi\rangle$只相差一个极化因子。由此可知,除了信号强度差别外,等效纯态 ρ_{eff}和纯态$|\Psi\rangle\langle\Psi|$具有相同的演化规律。就是说,这种特定状态在完成量子计算任务过程中,可以起到相应纯态的作用。NMR 的量子计算就是对 ρ_{eff}进行的。设对应完成某个算法 f 的量子变换为 $\Lambda(f)$,这一般是个幺正保迹的变换,它对纯态的操作为 $\Lambda(f)|\Psi\rangle\langle\Psi|$。如果计算完成后对体系测量 Ω。假定 Λ'为 Λ 的某种变换,则按设定,在 ρ_{eff}和$|\Psi\rangle\langle\Psi|$之间

有如下关系

$$\mathrm{tr}\{\Lambda'(f)\rho_{\mathrm{eff}}\Omega\} = c\mathrm{tr}\{\Lambda(f) \mid \Psi\rangle\langle\Psi \mid \Omega\} \tag{2.32}$$

这里，c 为比例系数。在 NMR 的实际实验中，采用时间平均、空间平均、逻辑标记等办法，通过对热平衡态进行适当的处理，使体系初态处于这类特定的状态(指特定的 U_Ψ，比如 $U_\Psi=I$，于是对角矩阵的对角线上除一个元素外全都相同)。这样就能使人们相信，只要体系对它所处高温环境的耦合足够弱，利用上述有效纯态方法，就可以在高温平衡态下研究零温度动力学问题。

NMR 方法的优点是利用了大量分子热平衡态的统计性质，因此抗外界干扰性强，退相干时间长，而且实验在室温下进行。这些优点使量子算法的最新实验进展几乎都集中在这方面，最近已实现了 7 个量子位的计算机，并实现了最简单的 Deutsch 算法及 Grover 搜寻算法等的实验演示。方法的缺点是不能实现较多量子位，随着量子位的增多，合适分子选择、量子位寻址、信号读出都将发生困难。

NMR 方案操作的具体叙述，以 CNOT 门为例，详细见 § 10.1。

在文献[11]中 § 6.1 对其研究现状和展望有一个详细的评估和预计。NMR 包括早先的液体和近来的固体两个很不相同的方向。

2.3.2 腔 QED

腔 QED 主要涉及两能级原子和量子电磁场的相互作用。原子能级的跃迁伴随着光场光量子的发射和吸收。在此电磁作用过程中，不仅有能量守恒(在不确定关系成立的范围内)、总角动量守恒、宇称守恒；而且由于涉及的能量是非相对论性的，原子中电子数目也守恒。后者是说，相互作用 Hamilton 量中的每一项中电子态的产生湮灭算符均须配对相乘出现(只有量子光场的光子算符不如此)。腔 QED 的主要理论模型是前面已详细研究过的 Jaynes-Cummings 模型。

在文献[11]中的 § 6.3 对中性原子，包括：腔 QED、单原子阱、磁光阱、光学晶格等的现状和展望有一个详细的评价和预计。而在 § 6.4 又专门对腔 QED 方案的现状和展望有一个详细的评价和预计。

2.3.3 光学方法

上一章的 § 1.2 已经详细描述了光学方法及其器件。这里仅向对此方法有兴趣的人推荐文献[12]。那是一个利用线性光学器件实现 CNOT 门的实验工作。此处不再做详细介绍。

应当说，虽然也有用光学方法演示少量子位的量子算法工作，但它的长处显然不在于进行量子计算，而主要是用于量子信息的传递。

另外，在文献[11]中的 § 6.5 对这一方法的现状和展望有一个详细的评价和预计。

2.3.4 离子阱

这是一类人工微结构。在各种类型量子计算方案中，离子阱方法是现在正在研究的重要候选者之一。在文献[11]中的§6.2对这一方法的现状和展望有一个详细的评价和预计。

这是用原子作为 qubit 的实验实现方案（通过能量等各种限制办法，量子计算过程将只涉及内态中的两个态）。然后，通过原子与光场相互作用将量子态写入（存入原子的内态）和读出（从内态取出转为光子——飞行 qubit 的极化状态）。通常利用的是原子中外层电子自旋（也有用原子核的自旋，这时实际是在利用原子的超精细结构）在磁场中取向不同所产生的两个能级。但这两个能级间的能量差远小于原子其他内态或热运动的能量标度，因此对它们的观察很困难，控制它的演化更是如此。但只要仔细安排环境，精巧的控制还是可能的。

为了达到精致约束的目的，通常是将一些原子电离成离子后，在高真空环境下，用精心设计的电磁陷阱将其约束住。然后，只要温度足够低，就可以"冻结"其他所有振动模自由度，只剩下最靠近基态$|0\cdots0\rangle$的声子振动态。而无声子的基态$|0\cdots0\rangle$也就是量子计算的适宜的初态。这类电磁阱在一级近似下可看成是简谐的，然后离子在入射激光场的单色简谐振动下按 Schrödinger 方程运动。比如，有两个$\frac{1}{2}$自旋离子，这两个 qubit 的4个计算基为$|00\rangle$，$|01\rangle$，$|10\rangle$，$|11\rangle$。当然，也可以选择耦合表象基矢，视模型 Hamilton 量求解方便而定。

2.3.5 量子点

这是又一类人工微结构。量子点（quantum dot）是各种类型的只包含少量电子的零维封闭结构，其尺寸小于$1\mu m$，点中的电子数目为$10^0\sim10^3$。量子点被设计安排得使这种封闭性结构能够稳定地运行。量子点也常称为人工原子，其中的电子只能占据类似于原子中的分立能级。由于电子在任何方向都不可以自由运动，所以态密度是一组δ函数。比如利用电子自旋的 GaAs 量子点方法。当然，多个量子点之间也可以存在耦合，成为耦合量子点系统，目前正在尝试研究用作量子存储器[12,14]。在文献[11]中§6.6对量子点方法的现状和展望有一个详细的评价和预计。

2.3.6 固体方法：硅基 NMR、超导 Josephson 结

固体方法比较丰富多彩，比如有硅基核自旋方法、GaAs 量子点方法、光学晶格方法、超导 Josephson 结方法等等。

其中，Josephson 结的基本原理分析可见文献[2]中§9.5，而利用 Josephson

结作为器件实现量子态工程的综述见文献[14]。可以耦合的 Josephson 结双量子位实验研究见文献[15]。随着低温和纳米实验技术的发展，采用低电容 Josephson 结来探索构建量子位已成为新的研究方向。Josephson 量子位分为两类：一是基于电荷的量子位，另一是基于磁通（持续电流）的量子位。这种量子位是一种超导纳米电子器件，可植入电路。其操控可以直接由电压或磁通进行。如探索研究成功，将便于实现大规模集成。在文献[11]中§6.6对固体方法的现状和展望有一个详细的评价和预计。在§6.7则对超导方法的现状和展望有一个详细的评价和预计。

最后，总括以上各类正在研究中的量子位和量子存储器的实验方案，文献[11]作为一个专家组的集体研究成果，就各种器件方案的研究现状和进展有比较详细而全面的估价和预测，有很好的参考价值。其中包括按照 DiVincenzo 的 7 条判别标准（见本书§10.3），对各类器件、各类方法当前工作的评价（参见文献[11]的表 4.0-1 和 4.0-2）。

§2.4 双态体系混态作为系综解释的含糊性

2.4.1 系综解释的含糊性

双态体系所有态（纯态和混态）密度矩阵是单位迹的 2×2 厄米非负矩阵的一个三维集合，这个集合构成单位球——Bloch 球。球是凸性的（一般情况见下章），球面各点对应所有纯态；球内各点对应全部混态。

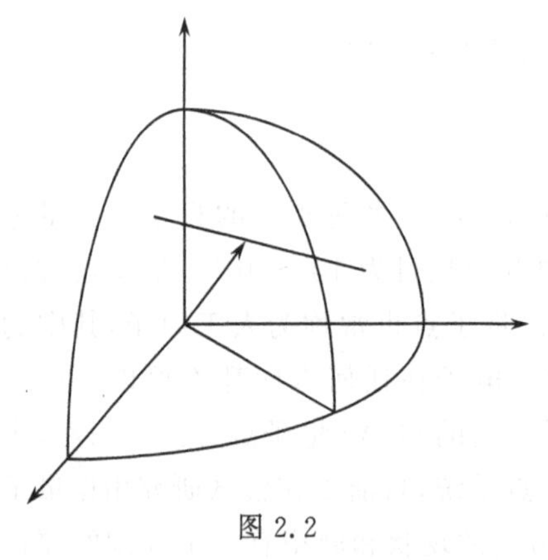

图 2.2

密度矩阵的凸性和。这个凸性和的一个直观解释是：假定已给定了制备 ρ_1,ρ_2 的方法，现在引入一个随机数 n（$n=0$ 或 1），当 $n=0$ 时，制备态 ρ_1；当 $n=1$ 时，制备态 ρ_2（设 n 取 0 的概率为 λ）。计算对任一可观察量 M 的期望值

$$
\begin{aligned}
\langle M\rangle &= \lambda\langle M\rangle_1 + (1-\lambda)\langle M_2\rangle \\
&= \lambda\mathrm{tr}(M\rho_1) + (1-\lambda)\mathrm{tr}(M\rho_2) = \mathrm{tr}(M\rho(\lambda))
\end{aligned}
\tag{2.33}
$$

式(2.33)说明，分别制备 ρ_1 和 ρ_2 后求平均，物理上等价于事先直接制备混态 $\rho(\lambda)=\lambda\rho_1+(1-\lambda)\rho_2$ 求平均。两种做法对任意 M 全部期望值测量而言，完全不可分辨。于是这里的制备办法等于给出一个（在给定制备 ρ_1 和 ρ_1 办法后）制备 ρ_1 和 ρ_2 任一凸性组合的操作手续。

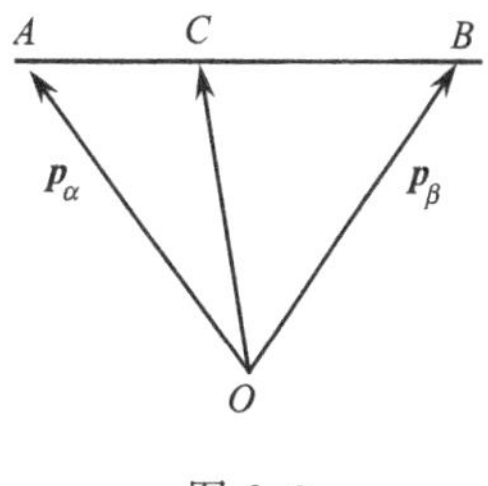

图 2.3

现在根据 Bloch 球来谈及系综制备和混态解释的含糊性问题。事实上,对任何混态 ρ,可以存在无穷多种方法将其表示为某些纯态 ρ_i 的凸性和。于是也就有无穷多种手段可以用于制备任一混态 ρ_A。而且,单就 A 中任何可以设想的观察而言,这些不同制备手段有着完全相同的测量结果。

办法是,对处于球内的任一给定 $\boldsymbol{p}$,可以过其顶点 C 作无数根线段,两端抵达球面 A 和 B。

$$\rho_A = \lambda \mid \alpha\rangle\langle\alpha \mid + (1-\lambda) \mid \beta\rangle\langle\beta \mid = \lambda \frac{1}{2}(1 + \boldsymbol{p}_\alpha \cdot \boldsymbol{\sigma}) + (1-\lambda) \frac{1}{2}(1 + \boldsymbol{p}_\beta \cdot \boldsymbol{\sigma})$$

$$= \frac{1}{2}\{1 + [\lambda \boldsymbol{p}_\alpha + (1-\lambda)\boldsymbol{p}_\beta] \cdot \boldsymbol{\sigma}\}$$

$$\begin{cases} \lambda \boldsymbol{p}_\alpha + (1-\lambda)\boldsymbol{p}_\beta = \boldsymbol{p}_A \\ \lambda = \dfrac{CB}{AB}, \qquad 1-\lambda = \dfrac{AC}{AB} \end{cases} \tag{2.34}$$

上面两个方程说明了混态密度矩阵的纯态分解与极化矢量分解之间的对应关系。注意,对纯态的 $\boldsymbol{p}_\alpha, \boldsymbol{p}_\beta$,它们俩的模长为 1,而混态中的 $\boldsymbol{p}_A$ 矢量模长小于 1。

我们已经知道,不论对于纯态或混态,只要知道它的极化矢量就可以完全决定态本身。因此上面这种分解办法可用于混态的合成与分解。这要看问题是从方程式左方已知参数出发去寻求右方未知参数,还是从方程式右方已知参数出发去寻求左方未知参数。甚至两者相结合的方式。但不论怎样做总都清楚:这里的分解与合成途径远不是唯一的。虽然纯态的制备方法是唯一的、确定的,但混态的制备方法是不唯一的、不确定的。如果将混态解释为按一定概率支配下制备出的非相干混合着的纯态序列,即对混态做系综解释,这类解释将是含糊的、远不是唯一的。

一个极端的例证是球心那一点 $\rho_0 = \frac{1}{2}I$。它既可以在一个完全随机数的指令下(即各占一半的概率,比如抛掷硬币)制备$|\pm z\rangle$来得到这个 ρ_0;也可以在这个随机数的指令下制备$|\pm x\rangle$来得到它等等。制备方法有无穷多不同的方式。但是测量和使用中无法察觉它们所得实验结果之间的差异。这也是为什么说,球心所对应的 $\rho_0 = \frac{1}{2}I$ 态,从信息论角度来看,实际上是个垃圾态。

2.4.2　例算

上面叙述显得抽象了些,现举一个具体的计算例子作为说明。由于某种量子纠缠或某些随机干扰的原因,我们有一个下面例子中的混态。这件事可以用数学语言叙述如下:给定一个随机数 $\kappa=0,1$。为叙述简明,假定这个 κ 取值 0 和 1 的概率相等，均为$\frac{1}{2}$(当然可以设为不相等的 $c_0, c_1; c_0 + c_1 = 1$)。假设我们手中有很多非极化的、自旋指向杂乱无章的 $S = \frac{1}{2}$粒子。现在来制备此自旋$\frac{1}{2}$粒子的这样一个混态：当随机数 κ 取 0 值时，我们就通过沿 Z 方向磁场测量自旋 σ_z，制备出一个沿正 Z 方向的自旋态(如测出是沿负 Z 方向，就将这个粒子扔掉)，相应的极化矢量 $\boldsymbol{p} = (0,0,1)$；而当 κ 取 1 值时，我们就沿 $\boldsymbol{n}(\theta,\varphi) = \frac{1}{\sqrt{2}}(1,0,1)$ 方向($\theta = \frac{\pi}{4}, \varphi = 0$)磁场测量这个粒子的 $\boldsymbol{n} \cdot \boldsymbol{\sigma}$[做同样的选择制备——如测出沿 $-\boldsymbol{n} = \frac{1}{\sqrt{2}}(-1,0,-1)$ 方向，就将该粒子扔掉]制备一个沿正 $\boldsymbol{n}$ 方向的自旋态。由于各自都扔掉了一半，所以两个态还是一半对一半，这就得到了如下混态(两个纯态的凸性和)

$$\rho = \frac{1}{2}\{|+z\rangle\langle+z| + |+\boldsymbol{n}\rangle\langle+\boldsymbol{n}|\} = \frac{1}{2}\left\{\begin{pmatrix}1 & 0\\0 & 0\end{pmatrix} + \frac{1}{2}\begin{pmatrix}1+\cos\frac{\pi}{4} & \sin\frac{\pi}{4}\\ \sin\frac{\pi}{4} & 1-\cos\frac{\pi}{4}\end{pmatrix}\right\}$$

$$= \frac{1}{4}\begin{pmatrix}3+\cos\frac{\pi}{4} & \sin\frac{\pi}{4}\\ \sin\frac{\pi}{4} & 1-\cos\frac{\pi}{4}\end{pmatrix} = \frac{1}{2}\begin{pmatrix}1+\cos^2\frac{\pi}{8} & \sin\frac{\pi}{8}\cos\frac{\pi}{8}\\ \sin\frac{\pi}{8}\cos\frac{\pi}{8} & 1-\cos^2\frac{\pi}{8}\end{pmatrix}$$

这里用到了任一自旋$\frac{1}{2}$态$|\gamma\rangle$的投影算符$|\gamma\rangle\langle\gamma|$与其极化矢量(按此态的平均自旋指向)$\boldsymbol{p}(\gamma)$之间有如下关系[1]

$$\begin{cases}|\gamma\rangle\langle\gamma| = \frac{1}{2}(1+\boldsymbol{p}(\gamma)\cdot\boldsymbol{\sigma}) = \frac{1}{2}\begin{pmatrix}1+p_3 & p_1-\mathrm{i}p_2\\ p_1+\mathrm{i}p_2 & 1-p_3\end{pmatrix}, \qquad \boldsymbol{p}(\gamma) = \langle\gamma|\boldsymbol{\sigma}|\gamma\rangle\\ |\boldsymbol{n}(\theta,\varphi)\rangle\langle\boldsymbol{n}(\theta,\varphi)| = \frac{1}{2}(1+\boldsymbol{n}(\theta,\varphi)\cdot\boldsymbol{\sigma}) = \begin{pmatrix}\cos^2\frac{\theta}{2} & \sin\frac{\theta}{2}\cos\frac{\theta}{2}\mathrm{e}^{-\mathrm{i}\varphi}\\ \sin\frac{\theta}{2}\cos\frac{\theta}{2}\mathrm{e}^{\mathrm{i}\varphi} & \sin^2\frac{\theta}{2}\end{pmatrix}\\ \boldsymbol{n}(\theta,\varphi) = \langle\boldsymbol{n}(\theta,\varphi)|\boldsymbol{\sigma}|\boldsymbol{n}(\theta,\varphi)\rangle\end{cases}$$

按量子系综观点，此混态是如下两种非正交纯态等概率的无序排列

$$\rho = \left\{\frac{1}{2}, |+z\rangle; \frac{1}{2}, |+\boldsymbol{n}\rangle\right\}$$

这是第一种观点。图解表示如图 2.4。三个箭头(从左到右)分别代表态$|+\boldsymbol{n}\rangle\langle+\boldsymbol{n}|$，$\rho$，$|+z\rangle\langle+z|$的极化矢量。混态极化矢量的模长等于 $\cos\frac{\pi}{8} < 1$。

其实，这个混态 ρ 有个唯一的正交分解——本征分解(此处设两个本征值不相

等。因为 2×2 厄米矩阵若两根相等则为平庸的常数矩阵)。容易求出这个 ρ 的本征纯态分解:过球内此点 $\boldsymbol{p}_\rho=\cos\frac{\pi}{8}\left(\sin\frac{\pi}{8},0,\cos\frac{\pi}{8}\right)$连接球心作直径,相交球面上对立的两点即可。这时,球面对立两点的纯态即为分解出的两个正交纯态,它们极化矢量分别为 $\boldsymbol{p}_{1,2}=\pm\left(\sin\frac{\pi}{8},0,\cos\frac{\pi}{8}\right)$。而分解的比例系数按式(2.34)为:$\lambda_\pm=\frac{1}{2}\left(1\pm\cos\frac{\pi}{8}\right)$。利用上面态矢投影算符与其极化矢量的关系式,即得这两个态的投影算符为

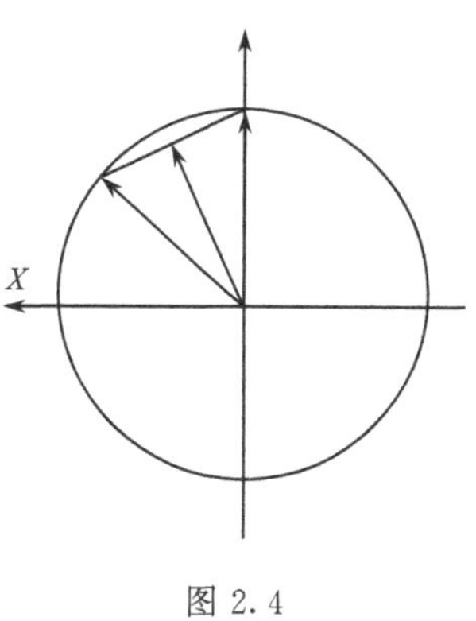

图 2.4

$$|\pm\boldsymbol{n}\rangle\langle\pm\boldsymbol{n}|=\frac{1}{2}\{1+\boldsymbol{p}_{1,2}\cdot\sigma\}=\frac{1}{2}\begin{pmatrix}1\pm\cos\frac{\pi}{8} & \pm\sin\frac{\pi}{8}\\ \pm\sin\frac{\pi}{8} & 1\mp\cos\frac{\pi}{8}\end{pmatrix}$$

于是,这个混态密度矩阵 ρ 的本征(正交)分解(也即此 ρ 的谱表示)就成为

$$\rho=\frac{1}{2}\left(1+\cos\frac{\pi}{8}\right)|+\boldsymbol{n}\rangle\langle+\boldsymbol{n}|+\frac{1}{2}\left(1-\cos\frac{\pi}{8}\right)|-\boldsymbol{n}\rangle\langle-\boldsymbol{n}|$$

$$=\frac{1}{4}\left(1+\cos\frac{\pi}{8}\right)\begin{pmatrix}1+\cos\frac{\pi}{8} & \sin\frac{\pi}{8}\\ \sin\frac{\pi}{8} & 1-\cos\frac{\pi}{8}\end{pmatrix}+\frac{1}{4}\left(1-\cos\frac{\pi}{8}\right)\begin{pmatrix}1-\cos\frac{\pi}{8} & -\sin\frac{\pi}{8}\\ -\sin\frac{\pi}{8} & 1+\cos\frac{\pi}{8}\end{pmatrix}$$

此处 ρ 的正交分解也可以算作是第二种看法——混态 ρ 的谱表示:按系综观点理解,这个 ρ 可以理解为是两个正交纯态 $|+\boldsymbol{n}\rangle$ 和 $|-\boldsymbol{n}\rangle$ 的随机序列,其中 $|\pm\boldsymbol{n}\rangle$ 各自出现的概率分别为 λ_+ 和 λ_-

$$\rho=\{\lambda_+,\ |+\boldsymbol{n}\rangle;\lambda_-,\ |-\boldsymbol{n}\rangle\}$$

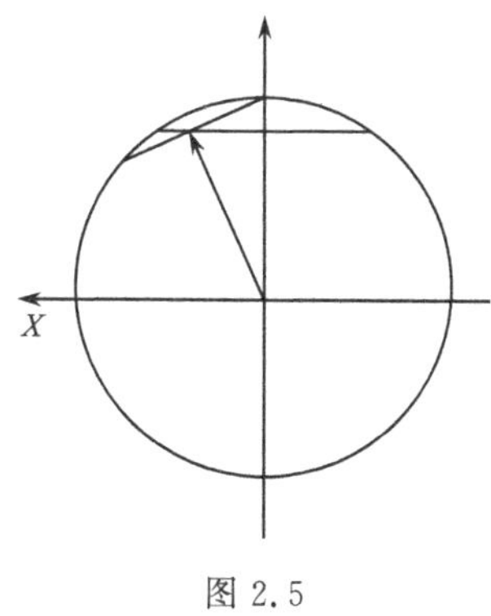

图 2.5

现在再谈第三种分解:对 ρ 做另一种非正交分解。现选为:过 ρ 态的极化矢量 $\boldsymbol{p}_\rho$ 点作一水平直线,交圆周于两点。这又代表将此混态分解成了另外两个纯态的凸性和。注意,此时是非正交分解。

现往求分解出的两个纯态及相应的混合系数。由于 ρ 态的 $\boldsymbol{p}_\rho$ 与 Z 轴夹角$\frac{\pi}{8}$,于是这两个纯态(Bloch 球面与 X-Z 面内此水平直线的两个交点)分别有极化矢量(注意纯态极化矢量模长为 1)

$$\boldsymbol{p}_1 = \left(\sqrt{1-\cos^4\frac{\pi}{8}} \quad 0 \quad \cos^2\frac{\pi}{8} \right), \qquad \boldsymbol{p}_2 = \left(-\sqrt{1-\cos^4\frac{\pi}{8}} \quad 0 \quad \cos^2\frac{\pi}{8} \right)$$

有了这两个纯态的极化矢量，便很容易构造出它们的密度矩阵。另外还要求出态ρ被这两个非正交态做非相干分解的比例系数$\delta_\pm$ $(\delta_+ + \delta_- = 1)$。由于水平弦长$2\sqrt{1-\cos^4\frac{\pi}{8}}$，按式(2.34)，权重$\delta_\pm$便为

$$\delta_\pm = \frac{1}{2}\left\{ 1 \pm \frac{\cos\frac{\pi}{8}\sin\frac{\pi}{8}}{\sqrt{1-\cos^4\frac{\pi}{8}}} \right\}$$

由此就得到ρ的另一种非正交分解

$$\rho = \frac{\delta_+}{2}\begin{pmatrix} 1+\cos^2\frac{\pi}{8} & \sqrt{1-\cos^4\frac{\pi}{8}} \\ \sqrt{1-\cos^4\frac{\pi}{8}} & 1-\cos^2\frac{\pi}{8} \end{pmatrix} + \frac{\delta_-}{2}\begin{pmatrix} 1+\cos^2\frac{\pi}{8} & -\sqrt{1-\cos^4\frac{\pi}{8}} \\ -\sqrt{1-\cos^4\frac{\pi}{8}} & 1-\cos^2\frac{\pi}{8} \end{pmatrix}$$

可以直接验证右边之和就是上面的混态ρ矩阵。于是，按系综解释，对这同一个混态ρ现在又产生了第三种理解。即它为如下两个非正交纯态的非相干混合的随机序列

$$\rho = \{\delta_+, |\boldsymbol{p}_1\rangle; \delta_-, |\boldsymbol{p}_2\rangle\}$$

也可以将这个纯态序列描述为按一个随机数κ的取值，分别让磁场沿$\boldsymbol{p}_1$或$\boldsymbol{p}_2$来制备相应正向取向的态(如自旋坍缩到它们的负方向，便将该粒子弃去)。这个随机数κ以δ_+的概率取0值，制备$\boldsymbol{p}_1$方向的纯态$|\boldsymbol{p}_1\rangle$；以δ_-的概率取1值时，制备$\boldsymbol{p}_2$方向的纯态$|\boldsymbol{p}_2\rangle$。

显然，上面非正交分解有无穷多种。此处关键问题是：理论上，这三种不同的纯态系综都代表着同一个混态。实验上，任何统计测量办法都无法鉴别这三种不同纯态系综之间的差别。发生这种情况是由于，在用纯态系综办法制备混态时，为得到最后的密度矩阵ρ，已经将各有关成分做了非相干的混合相加。混合相加过程也就是丧失原来如何制备这个混态的信息的过程。混态的系综解释的含糊性也就由此产生。但是，无论如何，一旦给定了体系的某个密度矩阵ρ，则该体系的一切统计测量结果就都由这个已丧失了如何制备信息的ρ所决定。这个问题第三章还会谈及。

练 习 题

2.1 研究$\frac{\hbar}{2}$粒子自旋态SU(2)转动、极化矢量$O(3)$转动之间的关系。

2.2　研究双 qubit 的 EPR 反关联态。已知 $|\Psi^{-}\rangle_{AB}=\frac{1}{\sqrt{2}}(|01\rangle_{AB}-|10\rangle_{AB})$，证明：沿任何方向测量此态中 AB 两个粒子的自旋，发现均取相反的方向。就是说，如 A 取该方向的正向，则 B 必取该方向的负向。若为 $|\Psi^{+}\rangle_{AB}=\frac{1}{\sqrt{2}}(|01\rangle_{AB}+|10\rangle_{AB})$呢？

2.3　任何两维纯态 $|\Psi\rangle$ 必定对应于单位球面上的某一点，因为它的密度矩阵总可以表示为 $\rho=|\Psi\rangle\langle\Psi|=\frac{1}{2}(1+\boldsymbol{n}\cdot\boldsymbol{\sigma})$，这里 $\boldsymbol{n}$ 是单位球面上某一点的矢径；任何两维混态必定对应于单位球面内的某一点，因为它的密度矩阵总可以写为 $\rho=\frac{1}{2}(1+\boldsymbol{p}\cdot\boldsymbol{\sigma})$，这里 $|\boldsymbol{p}|<1$[由于 $\det\rho=\frac{1}{4}(1-\boldsymbol{p}^2)$，根据 ρ 的本征值为非负的要求，必有 $|\boldsymbol{p}|<1$]。这便是两维量子态的 Bloch 球表示。现在要求在 Bloch 球上表示下述态

$$|\Psi\rangle=\sin\left(\frac{\theta}{2}\right)|0\rangle+\cos\left(\frac{\theta}{2}\right)\mathrm{e}^{\mathrm{i}\phi}|1\rangle$$

$$\rho=\frac{1}{2}[|0\rangle\langle 0|+|1\rangle\langle 1|+(x+\mathrm{i}y)|0\rangle\langle 1|+(x-\mathrm{i}y)|1\rangle\langle 0|]$$

2.4　利用 Bloch 球证明：

i) 任何两维混态 ρ 总可以表示为两个纯态的如下凸性和

$$\rho=\lambda\rho_A+(1-\lambda)\rho_B$$

这里，$\rho_A=|A\rangle\langle A|$，$\rho_B=|B\rangle\langle B|$ 是同一体系的两个纯态，λ 是某个小于 1 的正数。

ii) 给出极化矢量的相应分解表示式。

iii) 这种表示方法不唯一，说明混态的纯态系综表示是含混的。

2.5　假如 $\rho_A=\frac{1}{2}(1+\boldsymbol{n}_A\cdot\boldsymbol{\sigma})$和 $\rho_B=\frac{1}{2}(1+\boldsymbol{n}_B\cdot\boldsymbol{\sigma})$，证明：$\mathrm{tr}(\rho_A\rho_B)=\frac{1}{2}(1+\boldsymbol{n}_A\cdot\boldsymbol{n}_B)$

2.6　给定系统 A 的一个混态 ρ_A，证明它能够作为两体系统 A 和 B 的 Hilbert 空间中某个纯态的约化密度矩阵来得到。

2.7　求密度矩阵 $\rho=\frac{1}{2}\begin{pmatrix}1&0\\0&1\end{pmatrix}$，$\rho=\begin{pmatrix}1&0\\0&0\end{pmatrix}$，$\rho=\frac{1}{2}\begin{pmatrix}1&1\\1&1\end{pmatrix}$，$\rho=\frac{1}{3}\begin{pmatrix}2&1\\1&1\end{pmatrix}$，$\rho=\begin{pmatrix}\frac{1}{2}&\frac{\mathrm{i}}{3}\\-\frac{\mathrm{i}}{3}&\frac{1}{2}\end{pmatrix}$的 $S(\rho)$。$S(\rho)=-\mathrm{tr}(\rho\log\rho)$为 von Neumann 熵，见第十三章式(13.26)。

2.8 按均匀概率分布制备以下三个态

$$|\varphi_1\rangle = |\boldsymbol{n}_1\rangle = \begin{pmatrix}1\\0\end{pmatrix},\quad |\varphi_2\rangle = |\boldsymbol{n}_2\rangle = \begin{pmatrix}-\frac{1}{2}\\ \frac{\sqrt{3}}{2}\end{pmatrix},\quad |\varphi_3\rangle = |\boldsymbol{n}_3\rangle = \begin{pmatrix}-\frac{1}{2}\\ -\frac{\sqrt{3}}{2}\end{pmatrix}$$

$$\rho = \frac{1}{3}\left(\sum_{\alpha=1}^{3} |\Phi_\alpha\rangle_{AB\,AB}\langle\Phi_\alpha|\right),\ |\Phi_\alpha\rangle_{AB} = |\varphi_\alpha\rangle_A|\varphi_\alpha\rangle_B,\ \alpha = 1,2,3$$

求此系综组成的两体密度矩阵的本征值。

2.9 求证：4 个 Bell 基$\{|\Psi^{\pm}\rangle_{AB}, |\varphi^{\pm}\rangle_{AB}\}$是力学量$\{\sigma_x^A\sigma_x^B, \sigma_y^A\sigma_y^B, \sigma_z^A\sigma_z^B\}$的共同本征态。

2.10 设 $|\Phi\rangle_{AB} = \frac{1}{\sqrt{2}}|\uparrow\rangle_A\left(\frac{1}{2}|\uparrow\rangle_B+\frac{\sqrt{3}}{2}|\downarrow\rangle_B\right)+\frac{1}{\sqrt{2}}|\downarrow\rangle_A\left(\frac{\sqrt{3}}{2}|\uparrow\rangle_B+\frac{1}{2}|\downarrow\rangle_B\right)$，

求：i) 约化密度矩阵 ρ_A, ρ_B；ii) 做 Schmidt 分解。

2.11 已知双 qubit 系统的一个量子态 $\rho_{AB}=\frac{1}{8}I+\frac{1}{2}|\Psi^-\rangle\langle\Psi^-|$，

i) 求 ρ_{AB} 的谱表示；

ii) 沿 $\boldsymbol{n}$ 测 $\boldsymbol{\sigma}_A$，沿 $\boldsymbol{m}$ 测 $\boldsymbol{\sigma}_B$，这里 $\boldsymbol{n}\cdot\boldsymbol{m}=\cos\theta$，求它们都沿各自相应轴朝上的概率。

$\left(\text{提示 ii：计算 tr}\left\{\frac{1}{2}(1+\boldsymbol{n}\cdot\boldsymbol{\sigma}_A)\frac{1}{2}(1+\boldsymbol{m}\cdot\boldsymbol{\sigma}_B)\rho_{AB}\right\}\right)$

2.12 推导附录 B 中的式(B.19)。

2.13 设体系 Hamilton 量为 $H=\frac{\hbar\omega_0}{2}Z+\hbar\omega a^+a+\beta(a^+\sigma_-+a\sigma_+)$。论证此为式(2.26)的特殊情况，并求 $\omega=\omega_0=0$ 时解的形式。

2.14 验算附录 B 中的式(B.11)和(B.26)。

参考文献

1 张永德. 量子力学. 第二版. 北京：科学出版社，2003，§12.1，§7.1.5，§9.3.2

2 E Merzbacher. Quantum Mechanics. John Wiley & Sons Inc. 1970，Chapter 13，276

3 M A Nielsen and I L Chuang. Quantum Computation and Quantum Information. Cambridge University Press，2000

4 A Peres. PRL. 1996，77：1413

5 P Horodecki. Phys Lett，1997，A. 232，333

6 Sixia Yu，Zeng bing Chen，Jian wei Pan and Yong de Zhang. PRL 2003，90，080401(1～4)

7 N D Mermin. PRL，1990，65：1838

8 D N Klyshko. Phys Lett,1993，A172,399

9 J Uffink. PRL,2002，88：230406

10 N Gisin. H Bechmann Pasquinucci. Phys Lett，1998，A246，1

11 A Quantum Information Science and Technology Roadmap，Part 1：Quantum Computation，2004，LA-UR-04-1778

12 Zhao Zhi. PRL

13 冯端,金国钧.凝聚态物理学.上卷.北京:高等教育出版社,2003，443

14 Y Makhlin，G Schon and A Shnirman. Rev Mod Phys，2001，73：357

15 F W Strauch，et al. PRL. 2003，91：167005

第三章　量子纠缠、混态与量子系综

一个孤立的微观体系 A，其状态一定可以用一个纯态来完备地描述。但如果考虑它和外界环境 B 有相互影响，这些难以避免的直接(或间接)的相互作用将会导致 A 和 B 状态之间的量子纠缠。量子纠缠的概念和术语是由 Schrödinger 于 1935 年首次引入量子力学，并称其为"量子力学的精髓"[1]。量子纠缠是一种奇特而又十分复杂的纯量子现象，反映了量子理论的本质——相干性、或然性和空间非定域性，已经并且正在广泛应用于蓬勃发展着的量子通信和量子计算中。

由于 A 和 B 之间的量子纠缠，要么由于 B 的自由度太多而无法将 B 仔细考虑进来，要么是人们对 B 根本没有兴趣而不想将它仔细考虑进来，于是为了简化对 A 问题的研究，就以统计平均的方式考虑 B 对 A 的影响，并在这种平均近似的背景下单独研究 A。显然，这是一种不得已而为之的、只对 A 进行的、带有局限性的研究，计算结果具有统计平均的性质。

这种局限性观测和统计性研究导致量子理论在以下三个方面出现重大改变或者说发展：其一，产生了和纯态概念完全不同的混态概念，值得注意的是，不像纯态，混态从制备到解释都有着一定的含混性；其二，众所周知，纯态按 Schrödinger 方程做幺正演化，但与此呈鲜明对照，混态的演化方程称作主方程，其演化一般不再是幺正和可逆的；其三，测量一般不再是正交投影。后两个问题在别处叙述。由于量子态描述、状态演化方程、测量坍缩三个重要问题上有这些变化发展，量子理论表现出了崭新的面貌，进入一种更多人为干预的、更加实际、更加主动的新阶段。

§3.1　两体系统量子态分类及纯态 Schmidt 分解

3.1.1　纯态与混态、可分离态与纠缠态

这里暂时只简述两体系统。

两体纯态，它们是两体系统 $A+B$ 态空间 $\boldsymbol{H}_A\otimes\boldsymbol{H}_B$ 中任一相干叠加态。简单说，是能够用单一波函数描述的态。它们可以普遍表示为

$$|\Psi\rangle_{AB}=\sum_{mn}C_{mn}\,|\Psi_m\rangle_A\otimes|\varphi_n\rangle_B \tag{3.1}$$

($\{|\Psi_m\rangle_A\otimes|\varphi_n\rangle_B\}$ 为正交归一基矢)。两体纯态可区分为两大类：可分离态，不可分离态。后者又常称为纯态纠缠态。

未关联态(uncorrelated states)是这样一些态，它们的密度矩阵可以写作

$$\rho_{AB}=\rho_A\otimes\rho_B \tag{3.2}$$

对于这些态，经部分求迹(见下)后的约化密度矩阵分别就是 ρ_A 和 ρ_B。

可分离态(separable states)——包括可分离混态，是这样一些纯态和混态，它们的密度矩阵可以写作一些未关联态之和[包括式(3.2)作为特例]

$$\rho_{AB}=\sum_k p_k\rho_A^k\otimes\rho_B^k,\qquad \sum_k p_k=1 \tag{3.3}$$

不可分离态(unseparable states, mixed entanglement states)，又称作纠缠态(包括纠缠纯态和纠缠混态)，是所有不能写成式(3.3)形式的、即不能写成可分离态形式的态。例如，可以证明，下述混态对任何($f\neq\frac{1}{2}$)均是纠缠的(证明见题解4.1和4.2)

$$\rho_{AB}=f\,|\Psi^+\rangle_{AB}\langle\Psi^+|+(1-f)\,|\phi^+\rangle_{AB}\langle\phi^+|,\quad 0<f<1 \tag{3.4}$$

3.1.2　两体纯态的 Schmidt 分解

i) 可以证明：两体系统的任一纯态 $|\Psi\rangle_{AB}$ 总可以表示成如下称为 Schmidt 分解(Schmidt decomposition)的形式

$$|\Psi\rangle_{AB}=\sum_i\sqrt{p_i}\,|i\rangle_A\,|i'\rangle_B,\qquad \left(\sum_i p_i=1\right) \tag{3.5}$$

这里，$\sqrt{p_i}$ 并不一定是正的，有时也要相应取负根，视被展开态 $|\Psi\rangle_{AB}$ 内容而定[1]。$\{|i\rangle_A\}$ 和 $\{|i'\rangle_B\}$ 分别是 H_A 和 H_B 中某两组特殊的(与 $|\Psi\rangle_{AB}$ 有关)正交基

$$_A\langle i\,|\,j\rangle_A=\delta_{ij}\ 和\ _B\langle i'\,|\,j'\rangle_B=\delta_{ij}$$

证明　此系统的一般纯态可以表示为

$$|\Psi\rangle_{AB}=\sum_{i\mu}\alpha_{i\mu}\,|i\rangle_A\,|\mu\rangle_B\equiv\sum_i\,|i\rangle_A\,|\tilde{i}\rangle_B$$

这里，$\{|i\rangle_A\}$ 和 $\{|\mu\rangle_B\}$ 分别是 H_A 和 H_B 的正交归一基，而且

$$|\tilde{i}\rangle_B\equiv\sum_\mu\alpha_{i\mu}\,|\mu\rangle_B$$

注意，$\{|i'\rangle_B\}$ 不一定是归一的，也未证明彼此是正交的。

原则上，对于子系统 A 的任意状态 ρ_A，总可以选到这样一组 A 的正交基 $\{|i\rangle_A\}$，使得 ρ_A 在这组基中是对角的(因为即使原先给定的 ρ_A 不是对角的，也可以通过对角化来找到)，即总可以将任给的 ρ 表示为

$$\rho_A=\sum_i p_i\,|i\rangle_{A\,A}\langle i|$$

另一方面，用上面给定的任意态$|\Psi\rangle_{AB}$对子系统B部分求迹也得到一个ρ_A，即

$$\begin{aligned}\rho_A &\equiv \mathrm{tr}_B(|\Psi\rangle_{AB\ AB}\langle\Psi|) = \mathrm{tr}_B\left\{\sum_{ij}|i\rangle_{AA}\langle j|\otimes|\tilde{i}\rangle_{BB}\langle\tilde{j}|\right\}\\ &= \sum_{ij}{}_B\langle\tilde{j}|\tilde{i}\rangle_B\{|i\rangle_{AA}\langle j|\}\end{aligned}$$

上式的最后一步等号是由于

$$\mathrm{tr}_B|\tilde{i}\rangle_{BB}\langle\tilde{j}| = \sum_k {}_B\langle k|\tilde{i}\rangle_{BB}\langle\tilde{j}|k\rangle_B = \sum_k {}_B\langle\tilde{j}|k\rangle_{BB}\langle k|\tilde{i}\rangle_B = {}_B\langle\tilde{j}|\tilde{i}\rangle_B$$

这里，$\{|k\rangle_B\}$是子系统B的正交归一基。将这两个ρ_A表达式相比较，可得

$${}_B\langle\tilde{j}|\tilde{i}\rangle_B = p_i\delta_{ij}$$

于是可知$\{|\tilde{i}\rangle_B\}$相互正交。将它们归一，即令

$$|i'\rangle_B = \frac{1}{\sqrt{p_i}}|\tilde{i}\rangle_B$$

最后就得到

$$|\Psi\rangle_{AB} = \sum_i \sqrt{p_i}\,|i\rangle_A|i'\rangle_B$$

这就是两体量子系统任一纯态$|\Psi\rangle_{AB}$的 Schmidt 分解。一般而言，所采用的基将依赖于态$|\Psi\rangle_{AB}$。就是说，一般不能用这两组正交归一基$\{|i\rangle_A\}$，$\{|i'\rangle_B\}$同时又去对另一纯态$|\varphi\rangle_{AB}$做 Schmidt 分解。

ii）如只对ρ_{AB}中的A或B粒子单独取迹所得到的矩阵称为约化密度矩阵。这时有

$$\begin{aligned}\rho_A &= \mathrm{tr}^{(B)}(|\Psi\rangle_{AB\ AB}\langle\Psi|) = \sum_i p_i|i\rangle_{A\ A}\langle i|\\ \rho_B &= \mathrm{tr}^{(A)}(|\Psi\rangle_{AB\ AB}\langle\Psi|) = \sum_i p_i|i'\rangle_{B\ B}\langle i'|\end{aligned}\tag{3.6}$$

iii）注意 Schmidt 分解只限于两体系统，而A和B不必为双态系统，也不要求A和B的态空间维数相同。由 Schmidt 分解表达式对子系统部分求迹运算可以看到，任意两个量子体系纠缠成为一个两体纯态，其结果必定使ρ_A与ρ_B的非零本征值相同，但与此同时，却未曾要求$\boldsymbol{H}_A$和$\boldsymbol{H}_B$的维数相同，因此ρ_A与ρ_B的零本征值个数可能不同[2]。于是只要将ρ_A，ρ_B对角化，就可以找到这两组基$\{|i\rangle_A\}$，$\{|i'\rangle_B\}$以及本征值p_i，从而给出 Schmidt 分解的表达式。步骤是：对任给态$|\Psi\rangle_{AB}$，写出它的并矢——投影算符，在对A和B做部分求迹运算之后得到ρ_A和ρ_B，接着将它们分别在$\boldsymbol{H}_A$和$\boldsymbol{H}_B$中对角化，得到两组正交归一基$\{|i\rangle_A\}$和$\{|i'\rangle_B\}$和一组相同的非零本征值$\{p_i\}$，按这里的表达式即可写出$|\Psi\rangle_{AB}$的 Schmidt 分解。

iv）应当指出，文献[4]中指明$\sqrt{p_i}$必须取非负值，其实这只是一种约定。但却是一种并非必要的约定。实际上也可以因为利用了已有的基矢而出现负号。一个

计算例证讨论见习题 3.10。

§3.2 两体系统的量子纠缠,定义与分析

3.2.1 两体系统量子纠缠与纠缠度

量子纠缠只有对多体量子态才有意义,这里多体是多量子体系的简称。以后为叙述方便,记 m 个量子体系为 $A,B,C,D,\cdots,M$,它们分属于可能处于不同地方的观测者 Alice, Bob, Claire, Daniel,…, Mary 所有,每个量子体系都可以包含一个或多个光子,电子等等。为研究方便,假定每个量子体系的 Hilbert 空间的维数是有限的,但不一定要求相同。本章主要研究两体量子系统。

目前已经知道,对于两体纠缠纯态,一种普遍提法是:当且仅当它的 Schmidt 数大于 1 时,是个纠缠纯态。而对于两体混态,按混态纠缠态定义,当且仅当不能表示为前面式(3.3)混态可分离态

$$\rho_{AB}=\sum_i p_i\rho_A^{(i)}\otimes\rho_B^{(i)};\quad \sum_i p_i=1$$

的形式时是混态纠缠态。此式的物理分析见 §3.3,也见式(5.34)~(5.37)。

为了表示对纠缠程度的量度,引入纠缠度的概念。由于考察角度的不同,所引入的纠缠度定义有好几种。分别有不同的用途,也不完全相互吻合。但是,作为量子纠缠的定量描述,不论如何定义,都应当满足一些共同的准则。这些准则是:

i) 可分离态的纠缠度应为零。

ii) 对任一组分粒子进行的任何局域幺正变换(LU)不应改变纠缠度,这就是说,LU 等价的态应有相同的纠缠度。

iii) 在各参加方的各自局域操作以及他们彼此间的经典通信(LOCC),以便交换信息调整各自操作这一大类操作之下,表征整个系统量子特性的纠缠度不应增加。比如,在双方的 LOCC 操作下,4 个 Bell 基显然可以彼此转换,因此它们纠缠度应当相等。

iv) 对于直积态,纠缠度应当是可加的。按理这条同样对不论纯态和混态的所有纠缠度定义都应遵守。但事实是对有些纠缠度定义,尚未能够证明满足这个张量积可加条件,甚至已经弄清楚了,(由于存在束缚态)可提纯纠缠度对于某些混态并不遵守这一条件。

3.2.2 纠缠度的几种定义

目前,纠缠度共有 4 种定义:

i) 部分熵纠缠度(the partial entropy of entanglement)

当两体量子态处于纯态 $|\Psi\rangle_{AB}$ 时,部分熵纠缠度 $E_p(|\Psi\rangle_{AB})$ 定义为

$$\begin{cases} E_p(|\Psi\rangle_{AB}) = S(\rho_A) \\ S(\rho_A) = -\operatorname{tr}^{(A)}(\rho_A \log\rho_A);\rho_A = \operatorname{tr}^{(B)}\rho_{AB} \equiv \operatorname{tr}^{(B)}(|\Psi\rangle_{AB}\langle\Psi|) \end{cases} \tag{3.7}$$

这里，$S(\rho_A)$是 von Neumann 熵（量子熵概念详见第十三章）。

由于对两个 qubit 的最大纠缠纯态——4 个 Bell 基可得

$$E_p = S(\rho_A) = S(\rho_B) = -\operatorname{tr}\left\{\frac{I}{2}\lg\frac{I}{2}\right\} = 1;I = \begin{pmatrix} 1 & 0 \\ 0 & 1 \end{pmatrix} \tag{3.8}$$

这里为方便起见，已将量子信息论中 von Neumann 熵定义里的对数底数取成 2，从而将 Bell 基的纠缠度归一成为 1。

部分熵纠缠度 E_p 向两体混态的直接推广是 von Neumann 相对信息熵 E_{I}。E_{I} 等于互信息 $S(A:B)$之半

$$E_{\mathrm{I}} = \frac{1}{2}S(A:B) = \frac{1}{2}\{S(\rho_A) + S(\rho_B) - S(\rho_{AB})\} \tag{3.9}$$

根据第十三章所说 von Neumann 熵的次可加性，E_{I} 肯定为非负的。但相对信息熵包含了经典的信息关联，在 LOCC 下可以增加，因此它也不是对量子纠缠程度的好的度量。

ii）相对熵纠缠度（the relative entropy of entanglement）

对两体量子态 ρ_{AB}，相对熵纠缠度 $E_{\mathrm{r}}(\rho_{AB})$定义为：态 ρ_{AB} 对于全体可分离态的相对熵的最小值[8]

$$E_{\mathrm{r}}(\rho_{AB}) = \min_{\sigma_{AB}\in D} S(\rho_{AB} \| \sigma_{AB}) \tag{3.10}$$

其中，$S(\rho_{AB} \| \sigma_{AB})$为态 ρ_{AB} 相对于可分离态 σ_{AB} 的相对熵

$$S(\rho_{AB} \| \sigma_{AB}) = \operatorname{tr}\{\rho_{AB}(\log\rho_{AB} - \log\sigma_{AB})\} \tag{3.11}$$

这里，D 为所有两体可分离态的集合。如果用 σ_{AB}^* 表示能使此处相对熵取最小值的可分离态，则态 ρ_{AB} 相对熵纠缠度计算的关键是，找出能使相对熵达到极小值的这个可分离态 σ_{AB}^*。由相对熵纠缠度的定义可以看出，它常常难于计算，所以 §3.5 中将叙述两个有关定理，以有助于这些计算。

iii）形成纠缠度（entanglement of formation）

对两体量子态 ρ_{AB}，形成纠缠度 $E_F(\rho_{AB})$的定义为

$$E_F(\rho_{AB}) = \min_{\{p_i,|\Psi_i\rangle\}} \sum_i p_i E_p(|\Psi_i\rangle_{AB}) \tag{3.12}$$

其中，$\{p_i, |\Psi_i\rangle_{AB}\}$ 是 ρ_{AB} 的任一分解，即 $\rho_{AB} = \sum_i p_i |\Psi_i\rangle_{AB}\langle\Psi_i|$，而 $E_p(|\Psi_i\rangle_{AB})$ 为 $|\Psi_i\rangle_{AB}$ 的部分熵纠缠度。注意，这里 ρ_{AB} 分解不一定是相互正交的，只要求 $|\Psi_i\rangle_{AB}$ 是此两体的归一化纯态。按式（3.12）定义，两体系统 ρ_{AB} 的形成纠缠度是其所有可能分解的部分熵权重和的极小值。

iv) 可提纯纠缠度(entanglement of distillation)

N 份两体量子态 ρ_{AB} 为 Alice 和 Bob 所共享，Alice 和 Bob 通过 LOCC 能得到 EPR 对的个数最多为 $k(N)$，可提纯纠缠度 $D(\rho_{AB})$ 定义为

$$D(\rho_{AB}) = \lim_{N\to\infty} \frac{k(N)}{N} \tag{3.13}$$

这里，LOCC 是 Alice 和 Bob 各自所做的局域测量与相互间的经典信息通信。如果限制信息传递的方向，则情况和定义会有所不同。注意，有的多粒子纠缠可提纯，有的则不可以，参见后面 4.2.5 小节。

最后指出，对两体纯态，以上不同纠缠度定义给出的纠缠度都是相等的，即唯一的。Popescu 和 Rohrlich 仿照热力学第二定律的证明得出了：对两体纯态，纠缠度只有一种，是唯一的[3]。他们的主要出发点是：在渐近可逆的 LOCC 作用下，纠缠度应该是不变的。但对于多体纯态和两体及多体混态，由各种定义算出的数值大小可能不等，并且它们大小的顺序也不固定，甚至难以引入合理的纠缠度定义。

3.2.3　量子纠缠的物理本质和若干误解

i) 量子理论，特别是态叠加原理与“物理实在论”有矛盾。Einstein, Podolsky, Rosen 的“定域实在论(local realist theory, or Einstein's reality and locality)”主张：一个完备的物理理论应当满足下列两个条件：①每一个物理实在的要素都应当有其对应物；②如果不以任何方式干扰系统，而能肯定地预言一个物理量的数值，那就意味着存在一个与此物理量对应的实在要素。

仔细分析这个“定域实在论”可知，其中暗含了两个要点：“物理实在论”和“相对论性定域因果律”。关于第二点——量子理论与相对论性定域因果律是否相容的问题，详见第五章，这里暂不谈及。Bohm 就怀疑第一点“物理实在论 ”。他认为：EPR 的判据暗含了两个假定：①世界能正确地分解成一个个独立存在的“实在要素”；②每个要素在一个完备理论中都应当对应有一个精确确定的数学量。客观世界果真如此吗？

从非相对论到相对论的全部量子理论，理论的状态空间都遵守态叠加原理。该原理主张，量子系统既可以处在某个力学量单一取值的本征态上，也可以处在各色各样的叠加态上。如此一来，加上测量中坍缩的随机性，就会出现该力学量各次测量结果的多值性——尽管多次测量的平均值由状态所唯一确定。这应当启示我们，客观实在性并不总是等价于简单的客观单值确定性！

进一步，Bohm 研究表明：量子理论的预言为含“隐变量”的非定域经典理论所包容[2]。如上所说，量子理论的态叠加概念和物理实在论的客观确定性是矛盾的。形象比喻地说是：量子理论表明，上帝或许是玩掷骰子的！然而，假如存在某种尚未人知的非定域的“隐变量”，就可用以解释叠加量子态的测量结果——这时测量

坍缩的随机现象，性质上将是经典的。这再用形象的比喻说是：经典理论认定，上帝是不玩掷骰子的！

但是，如果完全说不出隐变数的来源，它们具有什么性质，实验上有什么特殊的表现，那么，“隐变数学说”就是空洞无力的，构不成对“上帝是玩掷骰子的”说法的实质性挑战。当也只当能够提供隐变数的物理来源及性质的合理解释，并指出两种说法之间在实验观察上的差别时，区分这两种说法才是有意义的。

ii) 量子纠缠的物理本质

从关联测量的实验观测角度：纠缠的本质是关联坍缩(the non-local correlation collapse)；

从理论分析角度：纠缠等价于关联非定域性。

从允许内部相对相位差角度。两体系统存在纠缠的充要条件是：两粒子间不容许存在任意相对相位差而不改变系统的状态。换一种等价提法，对两体系统的某个状态，如能存在一种状态表示式，在这种表示式下，在两粒子间引入任意相对相位差而不改变这个状态，此状态必定是可分离的。此时也就必定能够容纳定域性的隐变数。但反之不行，因为也有遵守不等式的(能容纳隐变数的)量子态。

从量子信息论角度，纠缠的本质是量子关联中的信息。

iii) 量子纠缠概念的若干误解

“量子纠缠纯粹是一个与表象有关的、如何进行因式化的数学表述问题”。不是这样，量子纠缠是个纯量子的、物理的概念。一个多体纠缠态不可能通过任何因式化分析而成为可分离的形式。反过来，一个多体的可分离态，如果表面上看去似乎是纠缠的，那只是因为使用了(全部或部分)纠缠态基矢作表达的结果。

“量子纠缠就是(或体现是)Bell 不等式意义上的空间非定域性——Bell 非定域性”。这是片面的，因为也有量子纠缠态是遵守 Bell 不等式的。必须知道，任一 Bell 型理论(不等式或等式的形式)不但难以定量度量两体量子纠缠的程度，甚至也不一定就是显示量子纠缠、显示量子理论空间非定域性的最恰当的工具！就目前大多数 Bell 型理论来说，破坏 Bell 型不等式只是显示量子纠缠存在的充分条件，而不是必要条件。这些将在后面空间非定域性中阐述。

“量子纠缠只是相互关联中所包含的量子信息，就是 $1+1\geqslant 2$ 的那部分，量子纠缠应当用互关联量子信息来定义”。应当说，一般而言，量子纠缠总是物理的，而信息并不总是物理的。量子纠缠应当具有比互关联量子信息更为宽广深邃的物理内容。

“单粒子(在其不同自由度之间)也有量子纠缠”。这样理解不十分合适。明确些说，量子纠缠概念是个多体的概念。并且现在也主要用于量子通信领域。通过设想如下说法判断是否合适：氢原子基态球对称空间波函数是否由 xyz 三个自由度(的波函数)量子纠缠而成？单个电子穿过 Young 氏双缝出来的两个振幅相加也算纠缠？路径积分中各条路径振幅相加也算纠缠？干脆说，量子叠加就是量子纠缠？退一步撇开这些提法是否确切不说，也没有看到有必要性，要将量子纠缠概念推广到如此宽泛而显得没有独立内容的程度。

“从实验观测角度，量子纠缠本质是测量中体现的关联”。这没有将“关联”说清楚。因为在实验上，可分离态虽然表现为两体任何条件概率的观测总是彼此独立，因而是乘积的形式，但可以是在乘积之后有针对不同情况的求和。所以，可分离态也可以有关联，但这时的关联不具有相干性质，不是量子关联，而是经典关联。详见以后有关的内容以及下面混态可分离态的描述。

“力学量耦合必定导致量子态纠缠”。虽然常常如此，但并不总是如此。简单例子是两个电子自旋耦合的 4 个耦合基中就有两个是可分离态。

“量子态纠缠总是直接来自相互作用”。不一定。比如 Swapping 过程就表明，可以用间接并遥控的方式产生量子纠缠。

§3.3　混态及其描述

3.3.1　再谈混态概念

量子体系若干个纯态（不一定彼此正交）$|\Psi^i\rangle_{AB}$的非相干混合。这些$|\Psi^i\rangle_{AB}$态彼此间没有固定的相位关联，因而不存在相干叠加产生干涉的问题。由于观察的局限性、也由于大量重复的观测，为了方便地描述一类量子体系组成系综所处的状态，经常普遍使用混态的概念。如果折算到单个量子体系上，甚至常常说，在任何量子系统态空间中混态都是“稠密的”。比如，太阳热核聚变中大量处于激发态的原子，它们彼此间并无相干性，发出的太阳光就是非相干光，如果整体地描述这种大量激发原子的系综的状态，便需要混态的概念。还有电子枪中受热金属发射的热电子，它们自旋状态也是非极化的混态。

对混态的描述可以引入“纯态序列系综”的概念。一个混态（包括多粒子混态）总可以看作是非相干混合着的一串纯态（它们不一定相互正交）序列所组成的量子系综。也即一系列纯态按一定概率分布的集合（甚至是一列混态的集合——这里暂不涉及这些更一般的情况）。以纯态集合为例

$$\left\{p_i,\ |\lambda_i\rangle, i=1,2,\cdots,\sum_i p_i=1\right\} \tag{3.14}$$

这里已将混态系综归一化成为单个体系的概率语言来表述：式(3.14)是说，在这单个体系的混态里，纯态$|\lambda_i\rangle$出现的概率是 p_i 等等。最简单的例子可见第二章双态系统的混态。

3.3.2 混态的起源——纠缠与测量

系统 A 处于某个混态的原因有二:其一,与环境(或另一系统)B 相互作用造成的量子纠缠。所研究系统 A 和周围环境 B(经常是不可避免的)相互作用,这种(经常并不希望的)相互作用导致(经常并不希望的)系统和环境量子态之间的不可拆开,也就是不能因式化的各种纠缠——量子纠缠。这时分为两种情况:一是,这时如果对另一系统 B 做测量,将会造成 A 的关联坍缩,A 的态将成为混态。二是,如果仍只限于局部观察所研究系统 A,而不仔细考虑(也常常难以精确做到)周围环境 B 的影响,常用办法就只有在统计平均意义上计入环境 B 对 A 的影响。在做这样统计平均计算中,环境 B 的每个态都以相等的权重计入。两种情况的结果都呈现出:所研究系统 A 的量子态,即使原来是个纯态,也因为和环境的量子纠缠而经历某种非幺正的演变——即退相干过程(decoherent process),成为一个混态。其二,量子测量的坍缩[8]。即使原先是一个孤立体系 A 的某个纯态,当实验上对大量的同类体系的同一纯态进行重复测量时(除非本征态测量),将产生各种可能坍缩,使得原先即便是个相同纯态的集合——系综内所有态都是同一纯态,测量后也变成为一个混态的统计系综——系综内以一定概率分布(这和原来被测态以及测量什么有关)容纳着不同的纯态(注意,这些不同的纯态未见得彼此正交!具体结果将由测量方案——或许是复合型的测量方案所决定。甚至,每次坍缩后也可以是某个混态,这取决于原先被测态是怎样的)。此外,混态更经常是上面两条(量子纠缠加测量)的综合结果。

考虑到即使在第一种情况里,A 和 B 量子纠缠之后,也经过对 B 的取迹平均或者测量,导致 A 的非相干的“选择”(alternative),成为了混态。所以实际上,无论对整个两粒子体系,或对单个粒子的子体系进行测量,都会有

$$\text{测量}\xrightarrow{\text{非相干选择}}\text{产生相应的纯态系综 —— 混态}$$

对于 A 与 B 的一个纠缠态 $\alpha|\Psi_1\rangle_A\otimes|\varphi_1\rangle_B+\beta|\Psi_2\rangle_A\otimes|\varphi_2\rangle_B$,有时实验装置能从中分离开 A 与 B。比如,实验装置留下 A,让 B 出去:谐振腔中原子 A 留下,光场光子 B 出去;Stern-Gerlach 装置中,磁场指示装置留下而入射电子出去;中子干涉仪的晶体留下而两路中子出去等等。这时,留下的 A 的情况决定出去的 B 的状态,即

如果 $|\Psi_1\rangle_A$ 和 $|\Psi_2\rangle_A$ 之间相位差是无规的,或是对 A 做了测量(即 A 已做了“选择”),则出去的 B 为混态:$\rho_B=|\alpha|^2|\varphi_1\rangle_{BB}\langle\varphi_1|+|\beta|^2|\varphi_2\rangle_{BB}\langle\varphi_2|$;

如果 $|\Psi_1\rangle_A$ 和 $|\Psi_2\rangle_A$ 相同或相位差固定(例如,A 为中子干涉仪而 B 是两路中子;或者,磁场在 Z 轴、入射极化在 X-Y 面内的 Stern-Gerlach 装置,B 是由磁场出来的电子)。则出去的 B 为叠加的纯态:$|\varphi\rangle_B=\alpha|\varphi_1\rangle_B+\beta|\varphi_2\rangle_B$。

3.3.3 密度矩阵描述普遍性的数学根据——Gleason 定理

i) 一般量子系统是前面两粒子情况的简单推广。对于系统的一个混态，其密度矩阵 $\rho_{ABC\cdots M}$ 表述为：如果找到各粒子处在 $|\Psi^i\rangle_{AB\cdots M}$ 态的概率为 α_i 等等，这个系综的状态便描述为

$$\rho_{AB\cdots M} = \sum_i \alpha_i \; |\Psi^i\rangle_{AB\cdots M} \; {}_{AB\cdots M}\langle\Psi^i| \tag{3.15a}$$

$$\begin{cases} \sum_i \alpha_i = 1, \qquad 0 < \alpha_i \leqslant 1 \\ |\Psi^i\rangle_{AB\cdots M} = \sum_{ab\cdots m} C^i_{ab\cdots m} \; |\Psi_a\rangle_A \otimes |\varphi_b\rangle_B \otimes \cdots \otimes |\chi_m\rangle_M \end{cases} \tag{3.15b}$$

$$\mathrm{tr}(\rho_{AB\cdots M}) = 1, \qquad \mathrm{tr}(\rho^2_{AB\cdots M}) < 1 \tag{3.15c}$$

纯态是这里当 $\rho_{AB\cdots M}$ 求和式中只有一项的特殊情况，这时有 $\mathrm{tr}(\rho^2_{AB\cdots M})=1$，这正是 $\rho_{AB\cdots M}$ 为纯态的标志。

ii) 两粒子混态区分为三类，分别为：未关联态、可分离态、混态纠缠态。注意，混态可分离态的表达式(3.3)容许对求和式中每一项的 A 和 B 都各自单独引入任意不同相因子而不改变状态。也即，当两体系统处于可分离态时，对态中所含非相干的不同成分态引入不同的任意相位差，而不会改变这个可分离态。这有着深刻的含义[9](也参见§4.2)。

可分离纯态有很直观的物理含义，而可分离混态可由可分离纯态仅仅通过各体系局部的量子操作和经典的信息传递而得到。这里局部的含义是各体系内部的意思，局部的量子操作包含局部的幺正变换，局部的测量，某体系附加一个体系，某体系对其中子体系的测量等等。经典的信息传递是指各体系之间可以通过经典途径交换经典信息。

事实上，绝大多数量子态是纠缠态，而纠缠态中纠缠混态又占绝大多数。

iii) Gleason 定理[18,19]

就包括纯态和混态的一般情况而言，从实验测量观点看，量子理论的任务应当是对全部可能的测量概率去设定一个态，这个态将能对全部观测结果给出自洽一致的统计平均解释。或者说，量子系统的一个态应当是一组映射，它将每个(由测量造成的)投影算符 E_i

$$\begin{cases} E_i^2 = E_i, \qquad E_i^\dagger = E_i, \qquad \forall i \\ \sum_i E_i = I \end{cases}$$

映射到一个非负的实数 $p(E_i)$

$$E_i \rightarrow p(E_i), \qquad 0 \leqslant p(E_i) \leqslant 1$$

这个能对全部观测结果给出自洽解释的量子态在什么条件下是存在的？如果存在它具有什么形式？Gleason(1957)根据很一般性的公理性假设，证明了这个态存在，并且可以用密度矩阵表示[18]。

Gleason 定理 当量子系统 Hilbert 空间的维数大于 2 时，如果这组映射满足以下三条性质：

a) $p(0)=0$；

b) $p(I)=1$；

c) 若 $E_1E_2=0$，则有 $p(E_1+E_2)=p(E_1)+p(E_2)$

则必定存在一个厄米、正定、迹为 1 的算符 ρ，使得对所有映射有

$$p_i(E_i) = \mathrm{tr}(\rho E_i), \qquad \forall i$$

在证明这个定理之前注意三点：其一，单位算符 I 可以有无穷多种正交投影分解，即有无穷多个序列$\{E_i, \forall i\}$，各个序列内投影算符的个数也不一定相等。这相应于对系统进行无穷多不同种类的测量。其二，已知两个相互正交投影算符之和仍为投影算符。其三，第三条性质虽然是说相互正交的投影其概率是可加的，但这决不是明显的平庸的提法：因为当维数$\geqslant 2$ 时，单位 I 的投影分解有无穷多种，而这条是说对每一种分解内的相互正交投影，映射概率都是可加的。这必定导致任意测量结果对态为线性的！

为证明这一定理，先引入关于“框架函数”的定义：

定义 对于任一组正交归一完备基$\{|e_m\rangle\}$，指定一组数值为非负的数$p(|e_m\rangle)$，使得有$\sum_m p(|e_m\rangle) = 1$。则这组数值就构成一个关于这组正交归一完备基的框架函数。

框架函数的物理意义很明显：$p(|e_m\rangle)$表示发现一个给定的量子系统处在状态$|e_m\rangle$上的概率。而且，当正交归一完备基$\{|e_m\rangle\}$任意选择时，框架函数取值之和保持不变，总等于 1。

证明 证明思路简述如下：先假设状态空间为三维实矢量空间，在单位球面上的任一状态矢量对应球面上一点，可用角(θ,φ)来表示。于是可以将框架函数写为$p(\theta,\varphi)$，并将它用球谐函数展开

$$p(\theta,\varphi) = \sum_{lm} c_{lm} \mathrm{Y}_{lm}(\theta,\varphi)$$

可以取任意三个相互正交方向$\{(\theta\varphi),(\theta'\varphi'),(\theta''\varphi'')\}$，利用三维空间转动办法容易看出：既然 $p(\theta,\varphi)+p(\theta',\varphi')+p(\theta'',\varphi'')=1$，则将三者的展开式(包含从$(\theta\varphi)\to(\theta'\varphi')$和$(\theta\varphi)\to(\theta''\varphi'')$的两个转动 D 函数)代入此和式即知，和式中的每一个 l 分量本身也是一个框架函数。即所有相同 l 的系数取值非负且总和为 1。于是按此结论，只需针对任一固定 l 值来考察下面表达式是框架函数的条件即可

$$p_l(\theta,\varphi)=\sum_{m=-l}^{l}c_m P_l^{|m|}(\cos\theta)e^{im\varphi}$$

显然,这里 l 不能取奇数。因为空间反演下 $Y_{lm}(\theta,\varphi)$ 的宇称是 $(-1)^l=-1$,于是当一个或多个奇数 l 基反号时(它们仍旧是态的正交归一基),框架函数将取负值,但框架函数不允许取负值。对于偶数 l 情况,只需考虑 $x-y-z$ 三个相互正交方向 $\theta=0,\theta'=\frac{\pi}{2}(\varphi'=0),\theta''=\frac{\pi}{2}\left(\varphi''=\frac{\pi}{2}\right)$ 简单情况即可。由于 $P_l^{|m|}(1)=\delta_{0,m}$, $p_l(0,\varphi)=c_0$ 是个常数。由此进一步得到

$$p_l\left(\frac{\pi}{2},\varphi\right)+p_l\left(\frac{\pi}{2},\varphi+\frac{\pi}{2}\right)=\sum_{m=-l}^{l}c_m P_l^{|m|}(0)e^{im\varphi}(1+i^m)$$

如果要这三个 p_l 构成一个框架函数,此式应当与 φ 无关。于是,其中奇数 m 应当无贡献,因为 l 是偶的,$l+m$ 的奇偶性由 m 决定,而 $P_l^{|m|}(0)=0$, $\forall\, l+m=$ 奇数。于是只需要考虑偶数 m。这样,若要上式右边为常数,就要防止出现 $m=\pm4,\pm8,\cdots$。就是说,除了 $l=0,2$ 之外,现在需要排除其余所有的 l 值。为此注意,转动群的 l 阶球谐表示是不可约的。于是,对任何 $l\geqslant4$ 情况,要求在每一个基(相应于极轴的每一种选择)中 $c_4=0$,这等于要求 $c_m=0$, $\forall\, m$。事实上,通过选择 $(2l+1)$ 个不同的极轴,我们可以得到 c_4 的 $(2l+1)$ 个线性无关表达式。若要它们全为零,当也只当每一个 $c_m=0$ 才行。

于是最后只剩下 $l=0,2$ 这两阶球谐函数。这样,三维空间的框架函数总可以写成单位矢量 $\boldsymbol{E}$ 的 Cartesian 分量 E_m 双线性组合的形式。就是说,任何框架函数都有如下形式

$$p(E)=\sum_{mn}\rho_{mn}E_mE_n$$

这里,ρ 是迹为 1 的非负实对称矩阵。

任何高维复矢量空间总可分解为若干个三维实空间。在每一个三维实子空间中框架函数都是如上形式,显然,在大空间里必定有

$$p(E)=\sum_{mn}\rho_{mn}E_mE_n$$

证明过程的粗略叙述到此结束。详细可见原始文献[18]。

总之,任一量子系统的任何状态(纯态或混态),总可以用一个厄米的、本征值非负的、迹为 1 的密度矩阵来表示。由这个密度矩阵可以统一协调对系统的一切测量数据。从测量观点看,这已经足够了。至于混态情况下这个起统一协调作用的密度矩阵虽然具有下面叙述的含混性、甚至于它是否含有非物理的成分,已经并不十分重要。

如前面所说,由于混态密度矩阵至少含有两个非相干纯态的混合(如果不能直接由所给表达式看出这点,最好对这个态做 Schmidt 分解,所得项数必定≥2),所以混态密度矩阵的平方再求迹肯定小于 1;而纯态的这个数仍为 1。

3.3.4 约化密度矩阵

约化密度矩阵的一般表达式为

$$\rho_A = \mathrm{tr}^{(B)}(\rho_{AB}) = \sum_{j=1}^{M} {}_B\langle j \mid \rho_{AB} \mid j\rangle_B, \qquad \left(\sum_{j=1}^{M} \mid j\rangle_{B\,B}\langle j \mid = I_B\right)$$

$$\rho_B = \mathrm{tr}^{(A)}(\rho_{AB}) = \sum_{i=1}^{N} {}_A\langle i \mid \rho_{AB} \mid i\rangle_A, \qquad \left(\sum_{i=1}^{N} \mid i\rangle_{A\,A}\langle i \mid = I_A\right) \quad (3.16)$$

约化密度矩阵表示，如果只对一个大系统中的一部分——它的某个子系统感兴趣，就应当对这个大系统的其余部分求平均——对其余部分求迹。这样便用统计平均的方式排除了其余部分对此子系统的影响。如此便得到这个子系统的约化密度矩阵。这里值得强调指出，部分求迹操作时，比如对 B 做部分求迹时，只需局限于该问题中所涉及的 B 的部分子空间，而不必动不动就是对 B 做全空间的求迹。这时 B 粒子的完备性条件也只需理解为是这个子空间的单位矩阵的分解。

§3.4 混态系综解释的含糊性

3.4.1 密度矩阵集合的凸性

注意，一个 N 维厄米矩阵共有 $\frac{1}{2}(2N^2-2N)+N=N^2$ 个独立变数。而在半正定厄米矩阵集合中，密度矩阵由于迹为 1，自由度为 (N^2-1)。

定义 1 一个矢量空间的子集被说成是凸的，如果连结子集中任何两点的直线段也包含在这个子集中。

定理 在 N 维 Hilbert 空间 H 中，所有密度矩阵构成 $N\times N$ 厄米半正定矩阵的 N^2 维空间中的一个 (N^2-1) 维凸集。

证明 设 ρ_1,ρ_2 是两个密度矩阵，就是说满足前述三个条件（厄米、半正定、迹为 1）。则它们的任意凸性和（表现为 λ 是 $[0,1]$ 中的任意数）

$$\rho(\lambda) = \lambda\rho_1 + (1-\lambda)\rho_2 \quad (3.17)$$

也满足密度矩阵三个条件。其实只须证明对任意态满足半正定就够了。事实确实如此，因为

$$\langle \Psi \mid \rho(\lambda) \mid \Psi\rangle = \lambda\langle \Psi \mid \rho_1 \mid \Psi\rangle + (1-\lambda)\langle \Psi \mid \rho_2 \mid \Psi\rangle \geqslant 0$$

证毕。

定义 2 在凸集中不能表达为其他元素的线性组合的元素称为凸集的端点（极点）。

定理 不可能将一个纯态密度矩阵表示为另两个密度矩阵的凸性和。就是

说，纯态密度矩阵必是密度矩阵集合的端点。

证明　用反证法。假设 $\rho=|\Psi\rangle\langle\Psi|=\lambda\rho_1+(1-\lambda)\rho_2$，记与 $|\Psi\rangle$ 态正交的任一态矢为 $|\Psi^{\perp}\rangle$，即 $\langle\Psi|\Psi^{\perp}\rangle$。于是有

$$0=\langle\Psi^{\perp}|\rho|\Psi^{\perp}\rangle=\lambda\langle\Psi^{\perp}|\rho_1|\Psi^{\perp}\rangle+(1-\lambda)\langle\Psi^{\perp}|\rho_2|\Psi^{\perp}\rangle$$

由于右边两项都是非负的，总和为零必要求它俩分别为零。如设 $\lambda\neq0,1$，则要求 ρ_1,ρ_2 均垂直于 $|\Psi^{\perp}\rangle$。但 $|\Psi^{\perp}\rangle$ 为垂直于 $|\Psi\rangle$ 的任意态矢，即 ρ_1,ρ_2 垂直于和 $|\Psi\rangle$ 垂直的任意态矢，就是说 $\rho_1=\rho_2=\rho$。　　证毕。

但反之不一定：不能说只有纯态是密度矩阵的端点。事实上，当 $N>2$ 时，端点已不一定是纯态。因为 $N>2$ 时，不等于零的本征值的个数可能超过 1，从而是个混态。虽然混态必定是一些纯态的凸性和（混态密度矩阵写成谱表示为 $\rho=\sum_i p_i|i\rangle\langle i|$，这里求和项数 不会少于两项），但却可能是一个更高维凸集的端点 —— 假如此处的混态已经有了零本征值的话。因为密度矩阵凸集的边界是由这样一些矩阵组成的，它们至少具有一个零本征值 —— 于是它的附近将有负本征值的矩阵 —— 超出密度矩阵凸集合的元素存在。简单些说，端点处的混态是这一类混态，它们的某一个或几个本征值开始要变成负值了。

其实，在 Bloch 球情况里已经碰到这种结构了。双态系统所有的纯态和混态密度矩阵集合是 2×2 厄米非负单位迹的矩阵的一个三维集合，这个集合构成一个单位球。球是凸性的，它的端点是球面上的点——对应一个纯态，而球内每点对应一个混态。

3.4.2　三谈混态概念

现在来分析系综制备和混态解释的含糊性问题。

虽然任何经典的概率分布总可以唯一的分解为一些极端分部的凸性和；然而量子理论中，任一混态虽然可以分解为一系列纯态的凸性和，但分解和制备方法却不是唯一的。事实上，对任何混态 ρ，虽然只有一种正交分解——本征分解（假定本征值是无简并的），但却有无穷多种方式将其表示为某些非正交纯态 ρ_i 的凸性组合。如果将混态解释为按一定概率支配下制备出的非相干混合着的纯态序列，也即，对混态做“纯态序列系综”解释（因而也是制备），那么这类解释（和制备）将是含糊的、远不是唯一的[6]。就是说，虽然纯态的制备方法是唯一的、确定的，但混态的分解与制备方法远不是唯一的。原则上有无穷多种手段可用于制备任一给定的混态 ρ_A。而且，制备出的这些 ρ_A

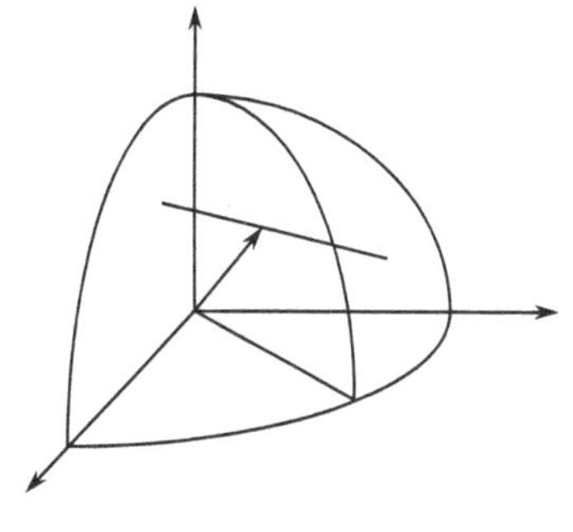

图 3.1

(仅就 A 中所做的)对任何观察的测量结果将完全相同。

真正物理的东西不应当是含糊的,不应公说公有理婆说婆有理的,不唯一的。再说,观察任何单个微观体系,它们总是处在纯态上,甚至可以处在含时的叠加纯态上,但决不可能观察到任何单个微观粒子处在某个混态上。即使在每单次测量的随机坍缩中,也总是向某个纯态坍缩。这两点理由使我们可以说,混态概念并非是物理真实的,并不是一个在自然界中真实存在着的物理实在的状态,它仅仅是等效的人造事物,用于统计计算的有用数学工具。而 Gleason 定理则表明了这个使全部测量数据逻辑自洽的数学工具的存在性。显然,将混态概念用到单个微观粒子上的提法仅仅是就归一化意义上说的。显然,混态纯粹是系综的概念,不是单个微观粒子的概念,正如同温度概念属于平衡态统计系综的,而不属于单个空气分子一样。但是,由于混态在实验解释上的含糊和多义,它甚至还不及平衡态统计系综的温度概念。

从纯态序列系综来看一个给定的混态,就是将这些纯态密度矩阵按给定的概率非相干相加,成为一个单一的混态的密度矩阵。正是在这种相加合并过程中,产生了结果的简并,丧失了如何组成这个混态、如何制备这个混态的信息,含糊性也就由此产生。反过来也可以说,给定一个混态密度矩阵,虽然它的正交分解是唯一的,但非正交分解却可以有无穷多种。所以,每个混态密度矩阵其实都是代表了如此一类纯态序列系综,这类系综在统计行为上完全相同,因而是统计地不可区分的。甚至,由于量子测量坍缩的相干分解和随机性,一般地说也无法由各个系综里的单个态的测量来区分这些不同系综。总之,混态密度矩阵正是对这类纯态序列系综的、就统计行为而言是等效的人造事物。简而言之,如其说混态是物理的真实,毋宁说它是关于一类(物理真实的)纯态序列的等效的人为概括。

§3.5 两体量子系统纠缠度计算

3.5.1 两体相对熵计算的定理 1 及应用[13]

相对熵纠缠度在量子信息领域起着很重要的作用,对于两体纯态,它等于部分熵纠缠度、形成纠缠度、可提纯纠缠度等;对于两体混态,它是可提纯纠缠度的上限,但它的计算却比较困难。我们在这里推广了只针对纯态情况的 Vedral-Plenio 定理[11]——相对熵纠缠度就等于部分熵纠缠度。下面叙述对该定理的推广,从而能够求出一大类两体量子态相对熵纠缠度的数值。

相对熵计算定理 1[12,13]

对可以表示为 $\rho_{AB}=\sum_{n_1n_2}a_{n_1n_2}\mid\phi_{n_1}\Psi_{n_1}\rangle_{AB}\langle\phi_{n_2}\Psi_{n_2}\mid$ 形式的两体量子态,其相对熵纠缠度由下式给出

$$E_r(\rho_{AB}) = -\sum_n a_{nn}\ln a_{nn} - S(\rho_{AB}) \tag{3.18a}$$

而且使 E_r 取最小值的可分离态为

$$\sigma_{AB}^* = \sum_n a_{nn} \mid \phi_n \Psi_n \rangle_{AB} \langle \phi_n \Psi_n \mid \tag{3.18b}$$

其中，$\{|\phi_n\rangle_A\}\{|\Psi_n\rangle_B\}$为 A 和 B 体系的一组正交归一基。$S(\rho_{AB}) = -\mathrm{tr}\{\rho_{AB}\log\rho_{AB}\}$是 ρ_{AB} 的 von Neumann 熵。

证明 此定理的证明类似于文献[11]中定理 3 的证明。既然有了 σ_{AB}^* 的一个猜测，现在需要证明它是使 $E_r(\rho_{AB})$取最小值的可分离态。为此，一方面，下面证明对任意可分离态 σ_{AB}，微商

$$\frac{\mathrm{d}}{\mathrm{d}x}S(\rho_{AB} \parallel (1-x)\sigma_{AB}^* + x\sigma_{AB})\Big|_{x=0} \geqslant 0$$

另一方面，如果对应 σ_{AB}^* 的不是最小点，那么这个微商将是严格负的。由此即证得定理。

作为第一步，现证明对任意可分离态 σ_{AB}，上面微商总是非负的。

令 $f(x,\sigma_{AB}) \equiv S(\rho_{AB} \parallel (1-x)\sigma_{AB}^* + x\sigma_{AB})$，利用等式

$$\ln A = \int_0^\infty \frac{(At-1)\mathrm{d}t}{(A+t)(1+t^2)}$$

我们可以得到

$$\frac{\partial f}{\partial x}(0,\sigma_{AB}) = 1 - \int_0^\infty \mathrm{tr}[(\sigma_{AB}^* + t)^{-1}\rho_{AB}(\sigma_{AB}^* + t)^{-1}\sigma_{AB}]\mathrm{d}t$$

既然

$$\sigma_{AB}^* = \sum_n a_{nn} \mid \phi_n \Psi_n \rangle_{AB\ AB} \langle \phi_n \Psi_n \mid$$

不难得到

$$(\sigma_{AB}^* + t)^{-1}\rho_{AB}(\sigma_{AB}^* + t)^{-1} = \sum_{mn'} (a_{nn} + t)^{-1} \cdot a_{nn'} \cdot (a_{n'n'} + t)^{-1} \mid \phi_n \Psi_n \rangle \langle \phi_{n'} \Psi_{n'} \mid$$

令 $g(n,n') \equiv a_{nn'} \cdot \int_0^\infty (a_{nn} + t)^{-1} \cdot (a_{n'n'} + t)^{-1}\mathrm{d}t$，很显然有 $g(n,n) = 1$。当 $n \neq n'$ 时

$$g(n,n') = a_{nn'}\frac{\ln a_{nn} - \ln a_{n'n'}}{a_{nn} - a_{n'n'}}$$

引理 $|g(n,n')| \leqslant 1$ 利用

$$(p+t)(q+t) = pq + t(p+q) + t^2 \geqslant pq + 2t\sqrt{pq} + t^2 = (\sqrt{pq} + t)^2$$

以及

$$\sqrt{pq}\int_0^{\infty}(p+t)^{-1}(q+t)^{-1}\mathrm{d}t=\frac{\sqrt{pq}}{p-q}\ln\frac{p}{q}$$

可得

$$0\leqslant\sqrt{pq}\,\frac{\ln p-\ln q}{p-q}\leqslant 1$$

即

$$0\leqslant\sqrt{a_{nn}a_{n'n'}}\,\frac{\ln a_{nn}-\ln a_{n'n'}}{a_{nn}-a_{n'n'}}\leqslant 1$$

于是，现在只需证明$|a_{nn'}|\leqslant\sqrt{a_{nn}a_{n'n'}}$，就证明了这个引理。令

$$|\Psi\rangle_{AB}=a|\phi_n\Psi_n\rangle+b|\phi_{n'}\Psi_{n'}\rangle$$

这里，a 和 b 为任意复数。既然 ρ_{AB} 是一个量子态，于是对任意 a 和 b 有

$${}_{AB}\langle\Psi|\rho_{AB}|\Psi\rangle_{AB}\geqslant 0$$

因此有

$$a_{nn}a_{n'n'}-a_{nn'}a_{n'n'}=a_{nn}a_{n'n'}-|a_{nn'}|^2\geqslant 0$$

于是得$|g(n,n')|\leqslant 1$，引理得证。

现令 $\sigma_{AB}=|\alpha\rangle_{A\,A}\langle\alpha|\otimes|\beta\rangle_{B\,B}\langle\beta|$。其中，$|\alpha\rangle_A=\sum_n a_n|\phi_n\rangle_A$ 和 $|\beta\rangle_B=\sum_{n'}b_{n'}|\Psi_{n'}\rangle_B$ 为归一化态矢。不难得到

$$\frac{\partial f}{\partial x}(0,\sigma_{AB})-1=-\sum_{n_1n_2}g(n_1,n_2)\cdot a_{n_2}b_{n_2}a_{n_1}^*b_{n_1}^*$$

于是

$$\begin{aligned}\left|\frac{\partial f}{\partial x}(0,\sigma_{AB})-1\right|&\leqslant\sum_{n_1n_2}|g(n_1,n_2)|\cdot|a_{n_2}|\cdot|b_{n_2}|\cdot|a_{n_1}^*|\cdot|b_{n_1}^*|\\&\leqslant\sum_{n_1n_2}|a_{n_2}|\cdot|b_{n_2}|\cdot|a_{n_1}^*|\cdot|b_{n_1}^*|\\&=\left\{\sum_n|a_n|\cdot|b_n|\right\}^2\leqslant\sum_n|a_n|^2\cdot\sum_n|b_n|^2=1\end{aligned}$$

由此可得

$$\frac{\partial f}{\partial x}(0,|\alpha\beta\rangle\langle\alpha\beta|)\geqslant 0$$

既然任意可分离态 $\sigma_{AB}\in D$ 可写成 $\sigma_{AB}=\sum_i r_i|\alpha^i\beta^i\rangle_{AB\,AB}\langle\alpha^i\beta^i|$ 形式，因此

$$\frac{\partial f}{\partial x}(0,\sigma_{AB})=\sum_i r_i\frac{\partial f}{\partial x}(0,|\alpha^i\beta^i\rangle\langle\alpha^i\beta^i|)\geqslant 0$$

现在我们来证明，对任意 $\sigma_{AB}\in D$，都有

$$S(\rho_{AB}\parallel\sigma_{AB})\geqslant S(\rho_{AB}\parallel\sigma_{AB}^{*})$$

反证法：假定对某个 $\sigma_{AB}\in D$ 有

$$S(\rho_{AB}\parallel\sigma_{AB})<S(\rho_{AB}\parallel\sigma_{AB}^{*})$$

于是对任意 $0<x\leqslant 1$，有

$$\begin{aligned}f(x,\sigma_{AB})&=S(\rho_{AB}\parallel(1-x)\sigma_{AB}^{*}+x\sigma_{AB})\\&\leqslant(1-x)S(\rho_{AB}\parallel\sigma_{AB}^{*})+xS(\rho_{AB}\parallel\sigma_{AB})\\&=(1-x)f(0,\sigma_{AB})+xf(1,\sigma_{AB})\end{aligned}$$

这意味着

$$\frac{f(x,\sigma_{AB})-f(0,\sigma_{AB})}{x}\leqslant f(1,\sigma_{AB})-f(0,\sigma_{AB})<0$$

当 $x\to 0$ 时，这与上面已得到的结论

$$\frac{\partial f}{\partial x}(0,\sigma_{AB})\geqslant 0$$

矛盾。因此对任意 $\sigma_{AB}\in D$ 总有

$$S(\rho_{AB}\parallel\sigma_{AB})\geqslant S(\rho_{AB}\parallel\sigma_{AB}^{*})$$

即态 $\sigma_{AB}^{*}=\sum_{n}a_{nn}\mid\phi_n\Psi_n\rangle\langle\phi_n\Psi_n\mid$ 是使 $E_{\mathrm{r}}(\rho_{AB})$ 取极值的点。最后得到

$$E_{\mathrm{r}}(\rho_{AB})=\mathrm{tr}\mid\rho_{AB}(\log\rho_{AB}-\log\sigma_{AB}^{*})\mid=-\sum_{n}a_{nn}\log a_{nn}-S(\rho_{AB})$$

定理 1 证毕。

定理特例　如果 ρ_{AB} 是纯态，则有 $a_{n_1n_2}=\sqrt{p_{n1}p_{n2}}$，此处定理即简化为针对纯态的 Vedral-Plenio 定理。

定理 1 将 Vedral-Plenio 定理推广到更一般情况之后，可以用来计算一大类两体量子态的相对熵。本节所得的结论对于计算形如

$$\rho_{AB}=\sum_{n_1n_2}a_{n_1n_2}\mid\phi_{n_1}\Psi_{n_1}\rangle\langle\phi_{n_2}\Psi_{n_2}\mid\tag{3.19}$$

量子态的相对熵纠缠度是非常有用的。比如，对最简单的双 qubit 体系的量子态

$$\rho_{AB}=x\mid 00\rangle\langle 00\mid+(1-x)\mid 11\rangle\langle 11\mid+\alpha\mid 00\rangle\langle 11\mid+\alpha^{*}\mid 11\rangle\langle 00\mid$$

其相对熵纠缠度可由定理直接给出为

$$E_{\mathrm{r}}(\rho_{AB})=-x\log x-(1-x)\log(1-x)+\lambda\log\lambda+(1-\lambda)\log(1-\lambda)$$

其中

$$\lambda=\frac{1}{2}\{1+\sqrt{1-4[x(1-x)-\mid\alpha\mid^{2}]}\}$$

3.5.2 两体相对熵计算的定理2及应用[12,13]

定理2 体系 A,B,C 处于三体纯态 $|\Psi\rangle_{ABC}$，假如这里一共三个两体密度矩阵 $\rho_{AB},\rho_{AC},\rho_{BC}$ 中，至少有两个是可分离态，那么有等式

$$S(\rho_A)+E_r(B,C)=S(\rho_B)+E_r(A,C)=S(\rho_C)+E_r(A,B) \tag{3.20}$$

证明 不失一般性，设 ρ_{AB},ρ_{BC} 为可分离态。其中 ρ_{BC} 可写为

$$\rho_{BC}=\sum_{i=1}^{M}p_i\,|\Psi_i^B\rangle\langle\Psi_i^B|\otimes|\phi_i^C\rangle\langle\phi_i^C|$$

其中，$\varepsilon=\{p_i,|\Psi_i^B\phi_i^C\rangle,i=1,2,\cdots,M\}$ 是实现 ρ_{BC} 所需成员态最少的一个系综。

让我们首先来证明这里 ρ_{BC} 中的态 $|\phi_i^C\rangle$ 总可以取成是相互正交的。

Alice 附加一个附加体系 A_1，并对此扩大了的体系做一幺正变换，使 Alice 总体系的量子态由 $|\Psi\rangle_{ABC}\otimes|0\rangle_{A1}$ 变成

$$|\tilde{\Psi}\rangle_{ABC}=\sum_{i=1}^{M}\sqrt{p_i}\,|i^A\Psi_i^B\phi_i^C\rangle$$

其中，$|i^A\rangle$ 是 Alice 扩大了的体系 $(A+A_1)$ 的一组正交归一基矢，Hughston-Joza-Wootters 的定理[14]保证这总是可实现的。

既然局域的幺正变换不改变纠缠度，Alice 和 Bob 总体系所处的量子态

$$\tilde{\rho}_{AB}=\mathrm{tr}^{(C)}(|\tilde{\Psi}\rangle_{ABC}\langle\tilde{\Psi}|)=\sum_{i,j=1}^{M}\sqrt{p_ip_j}\langle\phi_j^C|\phi_i^C\rangle\cdot|i^A\rangle\langle j^A|\otimes|\Psi_i^B\rangle\langle\Psi_j^B|$$

仍是可分离态，于是 $\tilde{\rho}_{AB}$ 可写为

$$\tilde{\rho}_{AB}=\sum_k p_k\cdot\rho_k^A\otimes\rho_k^B$$

设 P_A 为 Alice 扩大了的体系的 Hilbert 空间的一个投影算子，很显然量子态

$$\rho_P=(P_A\otimes I_B)\tilde{\rho}_{AB}(P_A\otimes I_B)$$

仍是一个可分离态(除了一个归一化因子)。令 $P_A=|m^A\rangle\langle m^A|+|n^A\rangle\langle n^A|$，可得

$$\begin{aligned}\rho_P=&\,p_m|m^A\rangle\langle m^A|\otimes|\Psi_m^B\rangle\langle\Psi_m^B|+p_n|n^A\rangle\langle n^A|\otimes|\Psi_n^B\rangle\langle\Psi_n^B|\\&+\sqrt{p_mp_n}\langle\phi_m^C|\phi_n^C\rangle\cdot|n^A\rangle\langle m^A|\otimes|\Psi_n^B\rangle\langle\Psi_m^B|\\&+\sqrt{p_mp_n}\langle\phi_n^C|\phi_m^C\rangle\cdot|m^A\rangle\langle n^A|\otimes|\Psi_m^B\rangle\langle\Psi_n^B|\end{aligned}$$

记 $|\Psi_n\rangle=\alpha|\Psi_m\rangle+\beta|\Psi_{1/m}\rangle$，其中 $\beta|\Psi_{1/m}\rangle=(|\Psi_n\rangle-\langle\Psi_m|\Psi_n\rangle\cdot|\Psi_m\rangle)$ 与 $|\Psi_m\rangle$ 正交。我们选取 $|\Psi_m\rangle$，$|\Psi_{1/m}\rangle$ 作为体系 B 的基矢，把 ρ_P 部分转置得

$$(\rho_P)^{T_B}=\begin{pmatrix}p_m & 0 & K\alpha & 0\\ 0 & 0 & K\beta & 0\\ K^*\alpha^* & K^*\beta^* & p_n|\alpha|^2 & p_n\alpha\beta^*\\ 0 & 0 & p_n\alpha^*\beta & p_n|\beta|^2\end{pmatrix}$$

其中，$K=\sqrt{p_n p_m}\langle\phi_n^C|\phi_m^C\rangle$。因为 ρ_P 可分离，所以 $(\rho_P)^{T_B}$ 正定，这就要求有

$$\langle\phi_n^C \mid \phi_m^C\rangle = 0$$

或者

$$\beta = 0$$

这就是说，对任意 $i\neq j$，有

$$|\phi_j^C\rangle \perp |\phi_i^C\rangle$$

或者

$$|\Psi_j^B\rangle = |\Psi_i^B\rangle$$

如果 $|\Psi_j^B\rangle\neq|\Psi_i^B\rangle$，那么 $|\phi_j^C\rangle\perp|\phi_i^C\rangle$。如果 $|\Psi_j^B\rangle=|\Psi_i^B\rangle\neq|\Psi_k^B\rangle$，则总有

$$p_i\,|\phi_i^C\rangle\langle\phi_i^C| + p_j\,|\phi_j^C\rangle\langle\phi_j^C| = p_i'\,|\phi_i'^C\rangle\langle\phi_i'^C| + p_j'\,|\phi_j'^C\rangle\langle\phi_j'^C|$$

其中，$p_i'+p_j'=p_i+p_j$，且 $|\phi_i'^C\rangle\perp|\phi_j'^C\rangle$。既然量子态 $|\phi_j'^C\rangle$ 和 $|\phi_i'^C\rangle$ 都是 $|\phi_j^C\rangle$ 和 $|\phi_i^C\rangle$ 的线性叠加，于是 $|\phi_j'^C\rangle$ 和 $|\phi_i'^C\rangle$ 也与 $|\Psi_k^B\rangle$ 正交。这就是说，ρ_{BC} 可以重新写为

$$\rho_{BC} = \sum_{i=1}^{M} p_i'\,|\Psi_i^B\rangle\langle\Psi_i^B| \otimes |\phi_i'^C\rangle\langle\phi_i'^C|$$

其中，$|\phi_i'^C\rangle$ 为体系 C 的一组正交归一基矢。于是我们就证明了，前面 ρ_{BC} 写为可分离形式时，其中的态 $|\phi_i^C\rangle$ 总是可以取成相互正交的。

Alice 通过附加体系和局域的幺正变换可以将态 $|\Psi\rangle_{ABC}$ 变成

$$|\tilde{\tilde{\Psi}}\rangle_{ABC} = \sum_{i=1}^{M}\sqrt{p_i'}\,|i^A\Psi_i^B i^C\rangle$$

这里，$\sum_i p_i' = 1$，且 $|i^A\rangle$ 和 $|i^C\rangle\equiv|\phi_i'^C\rangle$ 分别是体系 A 和 C 的一组正交归一态矢，而 $|\Psi_i^B\rangle$ 为体系 B 的一组归一态矢，但不一定相互正交。

这时，Alice 和 Claire 总体系的量子态为

$$\rho_{AC}' = \mathrm{tr}^{(B)}(|\tilde{\tilde{\Psi}}\rangle_{ABC}\langle\tilde{\tilde{\Psi}}|) = \sum_{i,j}\sqrt{p_i' p_j'}\langle\Psi_j^B \mid \Psi_i^B\rangle\cdot|i^A i^C\rangle\langle j^A j^C|$$

考虑到局域的幺正变换不改变相对熵纠缠度和 von Neumann 熵，由定理 1，可得

$$\begin{aligned} E_{\mathrm{r}}(A,C) &= E_{\mathrm{r}}(\rho_{AC}) = E_{\mathrm{r}}(\rho_{AC}') = -\sum_i p_i'\log p_i' - S(\rho_{AC}) \\ &= H(\{p_i'\}) - S(\rho_B) \end{aligned}$$

其中，$H(\{p_i'\}) = -\sum_i p_i'\log_2 p_i'$。因为 ρ_{AB} 和 ρ_{BC} 都是可分离态，所以

$$E_{\mathrm{r}}(A,B) = E_{\mathrm{r}}(B,C) = 0$$

同时有

$$\rho_A' = \mathrm{tr}^{(C)}(\rho_{AC}') = \sum_i p_i' \cdot | i^A\rangle\langle i^A |$$

$$\rho_C' = \mathrm{tr}^{(A)}(\rho_{AC}') = \sum_i p_i' \cdot | i^C\rangle\langle i^C |$$

$$S(\rho_A) = S(\rho_A') = -\sum_i p_i' \log_2 p_i' \equiv H(\{p_i'\})$$

$$S(\rho_A) = S(\rho_C) = H(\{p_i'\})$$

这样我们得到

$$S(\rho_A) + E_r(B,C) = S(\rho_B) + E_r(A,C) = S(\rho_C) + E_r(A,B) = H(\{p_i'\})$$

这就证明了定理 2。

由定理 2 可直接得如下推论：

推论 如果两体量子态 ρ_{AB} 可以被纯化为三体纯态 $|\Psi_{ABC}\rangle$[我们说两体量子态 ρ_{AB} 可以被纯化为三体纯态 $\langle\Psi_{ABC}|$ 是指 $\rho_{AB}=\mathrm{tr}^{(C)}(|\Psi_{ABC}\rangle\langle\Psi_{ABC}|)$]，而约化的两体密度矩阵 ρ_{AC} 和 ρ_{BC} 是可分离态，则 ρ_{AB} 的相对熵纠缠度由下式给出

$$E_r(\rho_{AB}) = S(\rho_A) - S(\rho_C) = S(\rho_B) - S(\rho_C) \tag{3.21}$$

其中，$\rho_{\alpha\beta}$ 为两体系 α 和 $\beta(\alpha,\beta=A,B,C,\alpha\neq\beta)$ 的约化密度矩阵，而 ρ_α 为体系 α 的约化密度矩阵。很显然这时有 $S(\rho_A)=S(\rho_B)$。

例如，两体量子态

$$\rho_{AB} = \frac{1}{3}\{2\,|\,01\rangle\langle 01\,| + |\,10\rangle\langle 10\,| + |\,01\rangle\langle 10\,| + |\,10\rangle\langle 01\,|\}$$

可以被纯化为三体纯态

$$|\,\Psi_{ABC}\rangle = \frac{1}{\sqrt{3}}\{|\,100\rangle + |\,011\rangle + |\,010\rangle\}$$

而 ρ_{AC} 和 ρ_{BC} 是可分离态，由上述结论即得

$$E_r(\rho_{AB}) = S(\rho_A) - S(\rho_C) = H\left(\frac{2}{3}\right) - H\left(\frac{1}{2} + \frac{\sqrt{5}}{6}\right)$$

这里，$H(p) = -p\ln p - (1-p)\ln(1-p)$，是 Shannon 熵(见第十三章)。

3.5.3 两体连续变量量子态纠缠度计算方法[15]

关于连续变量纠缠度计算问题，Parker 等[16] 在这方面迈出了重要的一步，他们利用积分本征值方程方法给出了针对两体情况的纠缠度计算公式。但在一般情况下，对该积分方程只能用数值方法去求得其本征值数列，而给出其函数解族的计算更为繁重。所以实际操作计算不但繁重，而且还难于给出约化密度算符。下面介绍在此工作基础上我们所发展的，Fock 空间中高斯纠缠纯态纠缠度的解析计算公式。这一方法的优点是操作十分方便，即便不知道约化密度算符的本征值，利用

公式也可以非常容易直接求出结果。

设$|Z\rangle=|z_1\rangle\otimes|z_2\rangle$为双模相干态，则对任意玻色算符$\Omega$已知有如下对角表示公式

$$\Omega=:\exp\left\{(a_1^+,a_2^+)\begin{pmatrix}\partial_{z_1^*}\\ \partial_{z_2^*}\end{pmatrix}+(\partial_{z_1},\partial_{z_2})\begin{pmatrix}a_1\\ a_2\end{pmatrix}\right\}:\langle Z|\Omega|Z\rangle|_{z_1=z_2=0}\quad(3.22)$$

这里，$:\cdots:$表示正规乘积符号。由此可将任意两体密度算符表示为

$$\rho_{12}=:\exp\left\{(a_1^+,a_2^+)\begin{pmatrix}\partial_{z_1^*}\\ \partial_{z_2^*}\end{pmatrix}+(\partial_{z_1},\partial_{z_2})\begin{pmatrix}a_1\\ a_2\end{pmatrix}\right\}:\langle Z|\rho_{12}|Z\rangle|_{z_1=z_2=0}\quad(3.23)$$

为求得约化密度算符$\rho_1=\mathrm{tr}^{(2)}\rho_{12}$，对上式求部分迹并插入相干态完备性条件，得

$$\begin{aligned}\rho_1&=\mathrm{tr}^{(2)}\rho_{12}=\mathrm{tr}^{(2)}\int\frac{\mathrm{d}^2z_2'}{\pi}|z_2'\rangle\langle z_2'|:\exp\left\{(a_1^+,a_2^+)\begin{pmatrix}\partial_{z_1^*}\\ \partial_{z_2^*}\end{pmatrix}+(\partial_{z_1},\partial_{z_2})\begin{pmatrix}a_1\\ a_2\end{pmatrix}\right\}:\\&\quad\times\langle Z|\rho_{12}|Z\rangle|_{z_1=z_2=0}\\&=\int\frac{\mathrm{d}^2z_2'}{\pi}:\exp(a_1^+\partial_{z_1^*}+\partial_{z_1}a_1):\\&\quad\times\exp(z_2'\partial_{z_2^*}+\partial_{z_2}z_2')\langle Z|\rho_{12}|Z\rangle|_{z_1=z_2=0}\end{aligned}\quad(3.24)$$

式(3.24)是任意两体连续变量纠缠纯态的部分求迹的一般公式。因此对于给定的任意两体连续变量纠缠纯态，可以方便地由此式求得该体系的约化密度算符。

作为一个例算，下面对任意两体高斯纠缠纯态做具体计算。任意两体高斯纠缠纯态的一般形式为

$$\rho_{12}=A_0:\exp\left\{\frac{1}{2}\left[(a_1^+,a_1)M_1\begin{pmatrix}a_1^+\\ a_1\end{pmatrix}+(a_2^+,a_2)M_2\begin{pmatrix}a_2^+\\ a_2\end{pmatrix}+2(a_1^+,a_1)M_{12}\begin{pmatrix}a_2^+\\ a_2\end{pmatrix}\right]\right\}:\quad(3.25)$$

其中，M_1,M_2为厄米矩阵；M_{12}为对称矩阵$M_{12}=\begin{pmatrix}e&0\\0&e^*\end{pmatrix}$，矩阵元$e$是任意复数。由于指数上含$a^+,a$一次的线性项对纠缠度没有贡献，所以在此处$\rho_{12}$表达式中没有考虑它们。可以算出它在相干态中的对角矩阵元为

$$\begin{aligned}\langle Z|\rho_{12}|Z\rangle=A_0:\exp\left\{\frac{1}{2}\left[(z_1^*,z_1)M_1\begin{pmatrix}z_1^*\\ z_1\end{pmatrix}+(z_2^*,z_2)M_2\begin{pmatrix}z_2^*\\ z_2\end{pmatrix}\right.\right.\\\left.\left.+2(z_1^*,z_1)M_{12}\begin{pmatrix}z_2^*\\ z_2\end{pmatrix}\right]\right\}:\end{aligned}\quad(3.26)$$

利用高斯积分公式

$$\int \frac{d^2 z}{\pi} \exp\left\{-\frac{1}{2}(z^*, z)Q\begin{pmatrix} z^* \\ z \end{pmatrix} + (u, v)\begin{pmatrix} z^* \\ z \end{pmatrix}\right\} = \frac{1}{\sqrt{-\det Q}} \exp\left\{\frac{1}{2}(u, v)Q^{-1}\begin{pmatrix} u \\ v \end{pmatrix}\right\} \tag{3.27}$$

这里，对称矩阵 $Q=\tilde{Q}$ 为非奇异的，u 和 v 是任意复数。将式(3.26)代入式(3.24)后进行积分，即得

$$\rho_1 = \frac{A_0}{\sqrt{-\det M_2}} \colon \exp\left\{\frac{1}{2}\left[(a_1^+, a_1)(M_1 - M_{12}M_2^{-1}\widetilde{M}_{12})\begin{pmatrix} a_1^+ \\ a_1 \end{pmatrix}\right]\right\} \colon \tag{3.28}$$

按我们的量子变换理论[17]，容易脱去此式正规乘积符号，遂成为

$$\rho_1 = A_0 \sqrt{\frac{c}{-\det M_2}} \exp\left\{\frac{1}{2}(a_1^+, a_1) N \Sigma_B \begin{pmatrix} a_1^+ \\ a_1 \end{pmatrix}\right\} \tag{3.29}$$

这里

$$\begin{cases} (M_1 - M_{12}M_2^{-1}\widetilde{M}_{12})\Sigma_B^{-1} \equiv \begin{pmatrix} c^{-1} - 1 & c^{-1}d \\ c^{-1}b & 1 - c^{-1} \end{pmatrix} \\ M \equiv \begin{pmatrix} a & d \\ b & c \end{pmatrix}, \qquad N \equiv \ln M, \qquad \Sigma_B \equiv \begin{pmatrix} 0 & 1 \\ -1 & 0 \end{pmatrix} \end{cases} \tag{3.30}$$

其中，N 为所谓“负厄米矩阵”，它满足在负厄米操作下不变，即有 $N^- = N$。负厄米操作是，对于任意偶阶 $2n \times 2n$ 复矩阵 $M = \begin{pmatrix} \alpha & \delta \\ \beta & \gamma \end{pmatrix}$，$\alpha, \beta, \gamma, \delta$ 为 4 个任意复 n 维方阵，负厄米操作定义如下

$$M^- \equiv \begin{pmatrix} \alpha^+ & -\beta^+ \\ -\delta^+ & \gamma^+ \end{pmatrix} \tag{3.31}$$

最后即得 von Neumann 熵，也即此两体的部分熵纠缠度为[详细计算见式(13.46)]

$$S(\rho) = -\frac{1}{2}\left\{\ln |\det(e^{-N} - 1)| - \mathrm{tr}\, \frac{N}{1 - e^N}\right\} \tag{3.32}$$

从此式可知，对于两体情况，利用已有的配分函数公式，可以非常容易地、并且在不知道密度算符本征值的情况下，直接求出混态的纠缠度。对于多模高斯混态情况，其约化密度算符是式(3.30)的直接推广，因此多模高斯混态 von Neumann 熵计算公式和式(3.32)相同。详见第 § 13.2。

练　习　题

3.1　证明：四维态矢空间中的 EPR 态

$$|\Psi^-\rangle_{AB} = \frac{1}{\sqrt{2}}(|0\rangle_A |1\rangle_B - |1\rangle_A |0\rangle_B) = \frac{1}{\sqrt{2}}(|01\rangle_{AB} - |10\rangle_{AB})$$

不可能写成 AB 两体态的直积形式，即，它是不可分离的。

3.2　证明：所谓 robuster 态 $|W\rangle_{ABC}=\frac{1}{\sqrt{3}}(|100\rangle_{ABC}+|010\rangle_{ABC}+|001\rangle_{ABC})$ [也见式(4.3)]其实是用三个 $\frac{1}{2}$ 自旋粒子构造出的自旋角动量为 $\frac{3}{2}$ 的态 $|S,m_S\rangle=|\frac{3}{2},-\frac{1}{2}\rangle$。另外几个是

$$|\frac{3}{2},\frac{3}{2}\rangle=|111\rangle,\qquad |\frac{3}{2},\frac{1}{2}\rangle=\frac{1}{\sqrt{3}}(|011\rangle+|101\rangle+|110\rangle)$$

$$|\frac{3}{2},-\frac{3}{2}\rangle=|000\rangle$$

3.3　给定完全非极化态 $\rho=\frac{1}{2}(|0\rangle\langle 0|+|1\rangle\langle 1|)$，按照算符 σ_{n_A}，σ_{n_B} 和 σ_{n_C} 执行一系列过滤操作。计算下列结果的概率：

i) 测量 σ_{n_A} 并得到 $+1$，接着测 σ_{n_B} 得到 $+1$，再测 σ_{n_C} 得到 $+1$。

ii) 测量 σ_{n_A} 并得到 $+1$，接着测 σ_{n_B} 得到 $+1$ 或 -1，再测 σ_{n_C} 得到 $+1$。

iii) 测量 σ_{n_A} 并得到 $+1$，接着测 σ_{n_C} 得到 $+1$。

3.4　考虑下述粒子数 $N\gg 1$ 的 5 个量子系综：

i) S_1 由在态 $|0\rangle$ 和 $|1\rangle$ 中随机分布的粒子所组成；

ii) S_2 由在态 $\frac{1}{2}(|0\rangle+|1\rangle)$ 和 $\frac{1}{2}(|0\rangle-|1\rangle)$ 中随机分布的粒子所组成；

iii) S_3 由在态 $\frac{1}{2}(|0\rangle-\mathrm{i}|1\rangle)$ 和 $\frac{1}{2}(|0\rangle+\mathrm{i}|1\rangle)$ 中随机分布的粒子所组成；

iv) S_4 由在态 $\sin\left(\frac{\theta}{2}\right)|0\rangle+\cos\left(\frac{\theta}{2}\right)\mathrm{e}^{\mathrm{i}\phi}|1\rangle$ 的粒子所组成，这里 θ 和 ϕ 是两个常数分布的随机变数；

v) S_5 由在态 $\sin\left(\frac{\theta}{2}\right)|0\rangle+\cos\left(\frac{\theta}{2}\right)|1\rangle$ 的粒子所组成，这里 θ 是一个常数分布的随机变数；

试问：有可能去设计一些测量来区分粒子是哪组的吗？

3.5　考虑一个初始处在 $|0\rangle$ 态上的粒子。我们执行 N 次关于算符 $\sigma_k\equiv\boldsymbol{n}_k\cdot\boldsymbol{\sigma}$ 的过滤测量，这里 $n_k=\left[\sin\left(\frac{k\pi}{2N}\right),0,\cos\left(\frac{k\pi}{2N}\right)\right](k=1,2,\cdots,N)$。计算全部测量结果都是 $+1$ 的概率。当 $N\to\infty$ 时出现什么？

3.6　在 Ramsey 谱学中一个有兴趣的问题是测量如下 Hamiltonian 中的频率 Δ

$$H=-\frac{\Delta}{2}\sigma_z$$

为此，制备一个两能级系统在$\frac{1}{\sqrt{2}}(|0\rangle+|1\rangle)$态上，并让它按这个 H 演化一个固定的时间 T。在之后测量算符 σ_z，

i) 计算得到+1 的概率；

ii) 如果重复 N 次实验，计算得到 n 次为+1 的概率；

iii) 计算得到+1 结果的平均次数，以及它的方均差；

iv) 证明 Δ 的测量误差是 $\delta\Delta=\frac{1}{T\sqrt{N}}$；

3.7 对于有退相干情况，考虑上面问题。即，假定在 T 期间退相干将密度算符非对角项$|0\rangle\langle 1|$，$|1\rangle\langle 0|$衰减一个因子 $e^{-\gamma T}$。计算 Δ 测量中的误差。

3.8 考虑 n 个两能级系统，它们每一个都由 Hamiltonian $H=-\frac{\Delta}{2}\sigma_z$ 所描述并执行如下 Ramsey 类型的实验 N 次：制备高纠缠态

$$|\Psi\rangle=\frac{1}{2}\{|00\cdots00\rangle+|11\cdots11\rangle\}$$

让它演化 T 时间，接着执行态$|\Psi^{\pm}\rangle$的测量

$$|\Psi^{\pm}\rangle=\frac{1}{2}\{|00\cdots00\rangle\pm|11\cdots11\rangle\}$$

如果执行 N 次这样的测量，计算 Δ 的测量误差。将这里的结果和上面 Ramsey 谱学的标准测量办法相比较。

3.9 将纯态纠缠态$|\Psi\rangle_{AB}=(\sqrt{\beta_1}|1\rangle_A|1'\rangle_B+\sqrt{\beta_2}|2\rangle_A|2'\rangle_B)$与相对应的混态可分离态式(3.3)，代入 $\mathrm{tr}(\rho_{AB}\Omega_{AB})$计算，比较在不同项之间有无交叉项。

3.10 设 $|\Phi\rangle_{AB}=\frac{1}{\sqrt{2}}|\uparrow\rangle_A\left(\frac{1}{2}|\uparrow\rangle_B+\frac{\sqrt{3}}{2}|\downarrow\rangle_B\right)+\frac{1}{\sqrt{2}}|\downarrow\rangle_A\left(\frac{\sqrt{3}}{2}|\uparrow\rangle_B+\frac{1}{2}|\downarrow\rangle_B\right)$，做此态的 Schmidt 分解。

3.11 试简明论证：任意三粒子纯态不一定能做 Schmidt 分解。

3.12 按上面定理的推论式(3.20)，具体算出下述两体量子态

$$\rho_{AB}=\frac{1}{3}\{2|01\rangle\langle 01|+|10\rangle\langle 10|+|01\rangle\langle 10|+|10\rangle\langle 01|\}$$

的相对熵纠缠度 $E_r(\rho_{AB})$。

参考文献

1 E Schrödinger, Die Gegenwartige Situation in der Quanten-Mechanik. Naturwissenschaften.

1935,23: 807～812

2 张永德. 量子力学. 第二版. 科学出版社,2003

3 S Popescu and D Rohrlich. Phys Rev A,1997,56: R3319

4 A V Thapliyal. Phys Rev A,1999,59: 3336

5 S J Wu, X M Chen and Y D Zhang. Phys Lett A,2000,275: 244

6 J Preskill. Lecture Notes for Physics 299: Quantum Information and Quantum Computation. CIT, 1998

7 张永德,吴盛俊,侯广,黄民信. 量子信息,物理原理和某些进展. 华中师范大学出版社,2002

8 V Vedral, M A Rippin and P L Knight. PRL, 1997,78: 2275

9 A Peres, PRL, 1996, 77:1413

10 M Horodecki, et al. PRL, 1998,80: 5239

11 V Vedral and M B Plenio. Phys Rev A,1998,57: 1619

12 S J Wu,Qian Wu and Y D Zhang. Chin Phys Lett,2001,Vol 18: 160

13 吴盛俊. 量子纠缠若干理论问题的研究. 中国科学技术大学硕士学位论文,2000;也见文献[12],或文献[5]

14 L P Hughston, R Jozsa and W K Wootters. Phys Lett, A,1993,183: 14

15 逯怀新. 连续变量量子信息论的若干问题. 中国科学技术大学博士学位论文,2003

16 S Parker, S Bose and M B Plenio. Phys Rev A. 2000,61: 032305

17 关于量子变换理论的文章主要有:

基本理论框架的:

Y D Zhang and Z Tang. J Math Phys, 1993,34: 5639; Y D Zhang and Z Tang. Nuovo Cimento, B,1994,109: 387; Sixia Yu, Yongde Zhang. Commun Theor Phys, 1995,Vol 24: 185; Lei Ma and Yongde Zhang. Nuovo Cimento B, 1995,110:1103; Sixia Yu, H Rauch and Yongde Zhang. Phys Rev A, 1995,Vol52, No4: 2585; Yongde Zhang, Lei Ma, Xianbin Wang, Jianwei Pan. Two applications of linear quantum transformation theory in multi-mode Fock space. Commun Theor Phys, 1996 Vol 26, No 2: 203;Jianwei Pan, Yongde Zhang, Xianbin Wang and Lei Ma. Some addenda about the general formula of normal product calculation for boson exponential quadratic operators. Commun Theor Phys, 1996,Vol 26: 479; Xianbin Wang, Yongde Zhang and Jianwei Pan, General approach to antinormally ordering Boson exponential quadratic operators and its applications. Chin Phys Lett, 1996,13, No 6: 401;Xu Xiuwei and Yongde Zhang. Two Theorems Re-ordering the multimode-boson exponential quadratic operators. Chin Phys Lett,1997, Vol 14, No 11:812;Jianwei Pan, Sixia Yu, Yongde Zhang and Gueigu Siu. Quantum statistics for general quantum quadratic system. Commun Theor Phys, 1999 Vol 31, No 1: 121;Xiuwei Xu and Yongde Zhang. Various Reordering expressions of general exponential quadratic operators in multimode boson systems. Commun Theor Phys,1999, Vol 31, No 2: 227; Huaixin Lu, Yongde Zhang. Eigenvalue and eigenfunction of n-mode boson quadratic hamiltonian. International Journal of Theoretical Physics. 2000, Vol 39: 447;Huaixin Lu, Yongde Zhang. Exact solution for super

Jaynes-Cummings model. Chin Phys(oversea edition), 2000, Vol 9: 325; Huaixin Lu, Yongde Zhang. Energy Spectrum and Wave Function for Multimode Coupled Non-identical harmonic oscillators. Chin Phys, 2000, Vol 9: 5; X B Wang, S X Yu and Y D Zhang. J Phys A: Math Gen, 1994, 27, 6563; 马雷. 多模 Fock 空间量子变换理论若干问题的研究. 中国科学技术大学博士学位论文, 1995;

任意矩阵元计算方法的: J W Pan, Q X Dong, Y D Zhang, G Hou and X B Wang. Phys Rev E, 1997, 56: 2553;

量子场分立对称变换的: Y D Zhang and L Ma. Commun Theor Phys, 1997, Vol 27: 87;

配分函数计算的: J W Pan, Y D Zhang and G G Siu, Chin Phys Lett 1997, 14: 241; H X Lu, Z B Chen. L Ma and Y D Zhang. Mod Phys Lett B, 2002, 16, 241

18 A M Gleason. J Math Mech, 1957, 6: 885

19 A Peres. Quantum Theory: Conceptions and Methods. Kluwer Academic Publishers, 1993

第四章　量子纠缠分析与判断

§4.1　量子纠缠结构一般分析

4.1.1　引言

一般情况下，判断一个给定多体量子态是否为纠缠态，以及是个怎样的纠缠态，是一个比较复杂的问题。如果再涉及多体量子态纠缠结构全貌的研究，诸如多体量子态中所含纠缠的基本类型、纠缠结构、纠缠层次等——这些问题可以统称之为纠缠分析(entanglement analysis)问题，情况相当复杂。再进一步，考虑到大部分量子态是下面说的混态(mixed state)和部分混态，研究现状和结果都颇为混乱。

对于两体纯态这一最简单情况，纠缠分析的局面是基本清楚的。比如，前面的Schmidt分解就已经对问题做了回答(Schmidt数>1即为两体纠缠态的充要条件)。人们已经知道，在渐近的局域操作和经典通信(local quantum operations & classical communication asymptotically，$\mathrm{LOCC_a}$)意义下[1,5]，两体纯态量子纠缠的基本模式可以归结为一种(EPR对)。并且，根据渐近可逆LOCC操作下纠缠度应当不变的假设，仿照热力学第二定律的证明可得[3]：两体纯态的纠缠度是唯一的。

4.1.2　量子纠缠与可分离性

从物理上看，在$A+B$两体的关联测量中若表现为空间定域的性质(locality)，必蕴示该量子态的可分离性(separability)，反之也是。量子态的可分离性必体现为关联测量的空间定域性。如果A和B处于可分离态，则在任何(类空、类时)间隔下对它们测量时，它们各自发生的事件应相互独立，也即下面条件概率是独立的，因而是相乘的[2]

$$P(AB \mid C) = P(A \mid C) \cdot P(B \mid C) \tag{4.1}$$

其中，$P(A|C)$，$P(B|C)$分别为出现事件C(与两个子系统都相关的某事件)条件下发生事件A或B的概率，而$P(AB|C)$则为出现事件C条件下同时发生A和B的概率。两体所有事件条件概率的独立性将充要地导致它们量子态是可分离的。因为这时做任意关联测量都不会显现出任何非经典意义下的关联函数。如果两体间存在量子纠缠，那么即便在类空间隔下进行的关联测量，也会表现出两体间某种非经典意义下的关联(不过，由于各种Bell型不等式都存在各自的局限性，这种关联并

不总能为某个特定 Bell 型不等式所觉察!)。这方面的进一步分析见文献[2]。

4.1.3 多体纯态纠缠结构分析

如上所说,对多体纯态情况,纠缠分析领域还有许多基本性课题未能明确解决。比如,多体量子态的量子纠缠到底有多少种基本模式?再比如,原先有人猜测[4]:在 $\mathrm{LOCC_a}$ 等价的意义下,任意数目 N 的 N 体 GHZ(Greenberger-Horne-Zeilinger)态,例如三体 GHZ 态为

$$|\mathrm{GHZ}\rangle=\frac{1}{\sqrt{2}}(|0\rangle_A|0\rangle_B|0\rangle_C-|1\rangle_A|1\rangle_B|1\rangle_C)=\frac{1}{\sqrt{2}}(|000\rangle-|111\rangle) \tag{4.2}$$

全体构成基本纠缠模式集合。于是曾经有人猜测,一个 N 体的任意纯态将可以被分解为 N 体及若干个 N 体以下各体的 GHZ 态的直积。这个猜测被我们证明是错误的。以四体为例可以证明:即便在 $\mathrm{LOCC_a}$ 意义下,也不是所有四体纯态都是 GHZ 可约的。换句话说,采用渐近等价意义下的局域操作和经典通信,也不可能将所有四体纯态都分解成若干个二体,三体和四体 GHZ 态的直积形式(详见文献[5],[6])。甚至三体情况也找到了反例。

另外,还有一类基本问题,这就是,即便对三体同样为最大纠缠度的纠缠态,GHZ 态的量子纠缠比较“脆弱”:只要对其中任一粒子做部分求迹运算,剩下两体态就瓦解成了可分离的;但也有另一类纠缠态,它们量子纠缠比较“强壮”:对其中任一粒子部分求迹的结果,剩下两体态仍然是纠缠的。比如 W 态(robuster entangled-states)

$$|W\rangle_{ABC}=\frac{1}{\sqrt{3}}(|100\rangle_{ABC}+|010\rangle_{ABC}+|001\rangle_{ABC}) \tag{4.3}$$

现来考虑其中任何两体约化密度矩阵。由于此态对三个粒子为对称的,不失一般性,可选对 C 粒子做部分求迹,有

$$\begin{aligned}\rho_{AB}(W)&=\mathrm{tr}^{(C)}\rho_{ABC}(W)={}_C\langle 0|W\rangle_{ABC}\langle W|0\rangle_C+{}_C\langle 1|W\rangle_{ABC}\langle W|1\rangle_C\\&=\frac{1}{3}\left\{\begin{matrix}|1\rangle_A\langle 1|\otimes|0\rangle_B\langle 0|+|1\rangle_A\langle 0|\otimes|0\rangle_B\langle 1|+|0\rangle_A\langle 1|\otimes|1\rangle_B\langle 0|\\+|0\rangle_A\langle 0|\otimes|1\rangle_B\langle 1|\oplus|0\rangle_A\langle 0|\otimes|0\rangle_B\langle 0|\end{matrix}\right\}\end{aligned}$$

这时对 B 粒子做部分转置运算,得到如下矩阵

$$\begin{aligned}\rho_{AB}^{T_B}(W)&=\frac{1}{3}\left\{\begin{matrix}|1\rangle_A\langle 1|\otimes|0\rangle_B\langle 0|+|1\rangle_A\langle 0|\otimes|1\rangle_B\langle 0|+|0\rangle_A\langle 1|\otimes|0\rangle_B\langle 1|\\+|0\rangle_A\langle 0|\otimes|1\rangle_B\langle 1|\oplus|0\rangle_A\langle 0|\otimes|0\rangle_B\langle 0|\end{matrix}\right\}\\&=\frac{1}{3}\begin{pmatrix}1&0&0&0\\0&1&0&0\\0&0&1&1\\0&0&1&0\end{pmatrix}\end{aligned}$$

这个矩阵包含负本征值，因而不是密度矩阵。按§4.2 Peres 判据，经过(对 C 粒子部分求迹)约化后所得两体密度矩阵 $\rho_{AB}(W)$ 仍然表示 A 和 B 两个粒子处于纠缠态。所以说，在三体两能级系统状态空间中，W 态是一类比 GHZ 态在纠缠上要"强壮"的纠缠态。

定义　N 个粒子体系的第 n 阶($n\leqslant N-1$)W_n^N 态是这样的 N 个粒子纠缠态，它在连续经受最少为 n 次的单粒子求迹后，剩下的粒子态将成为可分离态。

于是，N 个粒子的 GHZ 态将作为特例包括进来，写为 W_1^N。这样，按照目前我们的认识，可以合理地猜测如下定理：

纠缠结构定理　N 个粒子体系的一般性的"纠缠结构"为：N 个粒子所有可能分组 $\boldsymbol{k}=\{N_1,\cdots,N_m\}\left(\sum_{i=1}^{m}N_i=N\right)$ 构形之下，各分组内的各阶 $\{W_{n_i}^{N_i};i=1,\cdots,m\}$ 态。于是，N 个粒子体系的任何具体纠缠态都是实现这种一般结构的特例。

至此，纠缠分析的难度还远不止于多体和多能级这两个因素上，更在于混态纠缠态(以及"部分混态"的纠缠态)情况。

§4.2　量子纠缠判断

4.2.1　两体态可分离性的部分转置正定判据——Peres 判据*[1,5]

Peres 可分离判据　两体双态系统密度矩阵 ρ_{AB} 是可分离态的充要条件为：对其任一体做部分转置运算后所得矩阵 $\rho_{AB}^{T_A}$(或 $\rho_{AB}^{T_B}$)仍是半正定的(即不出现负本征值)。也即，对两体中任一体做部分转置后得到的矩阵仍然是个密度矩阵。

比如对 A 做部分转置 T_A，其含义是

$$\begin{cases}\rho_{AB}={}_A\langle 0|\rho_{AB}|0\rangle_A\,|0\rangle_A\langle 0|+{}_{AA}\langle 1|\rho_{AB}|1\rangle_A\,|1\rangle_A\langle 1|\\ \qquad +{}_A\langle 0|\rho_{AB}|1\rangle_A\,|0\rangle_A\langle 1|+{}_A\langle 1|\rho_{AB}|0\rangle_A\,|1\rangle_A\langle 0|\\ \rho_{AB}^{T_A}={}_A\langle 0|\rho_{AB}|0\rangle_A\,|0\rangle_A\langle 0|+{}_A\langle 1|\rho_{AB}|1\rangle_A\,|1\rangle_A\langle 1|\\ \qquad +{}_A\langle 0|\rho_{AB}|1\rangle_A\,|1\rangle_A\langle 0|+{}_A\langle 1|\rho_{AB}|0\rangle_A\,|0\rangle_A\langle 1|\end{cases}\tag{4.4}$$

显然，这等价于在前面展开式中做变换 $\sigma_y^A\rightarrow-\sigma_y^A$。这由 $\sigma_y^A=\begin{pmatrix}0&-\mathrm{i}\\ \mathrm{i}&0\end{pmatrix}_A$ 经转置出负号即知。

证明　这个判据的必要性是显然的，既然已设为可分离的

$$\rho_{AB}=\sum_i p_i\rho_A^i\otimes\rho_B^i$$

* Peres 判据——PPT(positive partial transposition)判据。

则经部分转置操作

$$\rho_{AB}^{T_B} = \sum_i p_i \rho_A^i \otimes (\rho_B^i)^{T_B}$$

必定仍然是一个密度矩阵，即仍然是半正定的、迹为 1 的厄米矩阵。而判据的充分性则按 16 个基的展开式讨论。

4.2.2 Peres 判据讨论

i) 注意，从物理本质上看，Peres 判据等价于只对两体中任一单体做部分时间反演操作。因为单体的时间反演算符（比如对 A）为 $\hat{T}_A = -\mathrm{i}\sigma_y^A K$（$\hat{T}_A^{-1} = \mathrm{i}\sigma_y^A K$，$\hat{T}_A^2 = -1$），由于 ρ_{AB} 厄米，它对 16 个基的展开系数均是实的，由于 $\hat{T}_A$ 变换使所有 $(\sigma_x^A, \sigma_y^A, \sigma_z^A)$ 反号，显然这等价于变换 $\sigma_y^A \to -\sigma_y^A$。因为只要再做一个物理的绕 Y 轴转 π 角的转动 $\mathrm{e}^{-\mathrm{i}\pi\sigma_y/2}$ 即可。

ii) 对不是双态的一般两体情况，部分转置操作含义是（例如对 B）

$$\rho_{AB}^{T_B} = \sum_{i,j} \langle i_B \mid \rho_{AB} \mid j_B \rangle \cdot \mid j_B \rangle \langle i_B \mid \tag{4.5}$$

这里，$\{\mid i_B \rangle\}$ 为 B 体系任一组正交归一完备基。由此再经部分转置 T_B 操作即还原 $(\rho_{AB}^{T_B})^{T_B} = \rho_{AB}$。

iii) 需要说明，对于 2×2 或 2×3 情况（后者即 A 体态空间维数是 2，B 体态空间维数是 3 的情况），此判据是充分必要的。但对其他情况，此判据只是可分离性的必要但不是充分的条件。

例如 Horodecki 引用一个 3×3 情况的例子[7]

$$\rho_{AB} = \frac{1}{1+8a}\left\{\begin{array}{l} a(\mid 00\rangle\langle 00 \mid + \mid 01\rangle\langle 01 \mid + \mid 02\rangle\langle 02 \mid + \mid 10\rangle\langle 10 \mid + \mid 11\rangle\langle 11 \mid \\ + \mid 12\rangle\langle 12 \mid + \mid 21\rangle\langle 21 \mid) + a(\mid 00\rangle\langle 11 \mid + \mid 11\rangle\langle 00 \mid \\ + \mid 00\rangle\langle 22 \mid + \mid 22\rangle\langle 00 \mid + \mid 11\rangle\langle 22 \mid + \mid 22\rangle\langle 11 \mid) + \\ \dfrac{1+a}{2}(\mid 20\rangle\langle 20 \mid + \mid 22\rangle\langle 22 \mid) + \dfrac{\sqrt{1-a^2}}{2}(\mid 20\rangle\langle 22 \mid + \mid 22\rangle\langle 20 \mid) \end{array}\right\}$$

（其中 $a \neq 0, 1$）。以及一个 2×4 的例子

$$\rho'_{AB} = \frac{1}{1+7b}\left\{\begin{array}{l} b(\mid 00\rangle\langle 00 \mid + \mid 01\rangle\langle 01 \mid + \mid 02\rangle\langle 02 \mid + \mid 03\rangle\langle 03 \mid + \mid 11\rangle\langle 11 \mid \\ + \mid 12\rangle\langle 12 \mid) + b(\mid 00\rangle\langle 11 \mid + \mid 11\rangle\langle 00 \mid + \mid 01\rangle\langle 12 \mid \\ + \mid 12\rangle\langle 01 \mid + \mid 02\rangle\langle 13 \mid + \mid 13\rangle\langle 02 \mid) + \dfrac{1+b}{2}(\mid 10\rangle\langle 10 \mid \\ + \mid 13\rangle\langle 13 \mid) + \dfrac{\sqrt{1-b^2}}{2}(\mid 10\rangle\langle 13 \mid + \mid 13\rangle\langle 10 \mid) \end{array}\right\}$$

它们部分转置矩阵都是半正定的，但却都是纠缠态，不是可分离态。

iv) 例算：$\rho_{AB} = \mid \Psi^+ \rangle_{AB\,AB}\langle \Psi^+ \mid$，其实已知是纠缠态，现用 Peres 判据检验。经

展开、部分转置，再在$\{|00\rangle_{AB},|01\rangle_{AB},|10\rangle_{AB},|11\rangle_{AB}\}$基中给出它俩的矩阵表示

$$\begin{cases}\rho_{AB}=\frac{1}{2}\{|01\rangle_{AB}\langle 01|+|01\rangle_{AB}\langle 10|+|10\rangle_{AB}\langle 01|+|10\rangle_{AB}\langle 10|\}\\ \quad=\frac{1}{2}\begin{pmatrix}0&0&0&0\\0&1&1&0\\0&1&1&0\\0&0&0&0\end{pmatrix}\\ \rho_{AB}^{T_A}=\frac{1}{2}\{|01\rangle_{AB}\langle 01|+|11\rangle_{AB}\langle 00|+|00\rangle_{AB}\langle 11|+|10\rangle_{AB}\langle 10|\}\\ \quad=\frac{1}{2}\begin{pmatrix}0&0&0&1\\0&1&0&0\\0&0&1&0\\1&0&0&0\end{pmatrix}\end{cases}$$

此处ρ本征值为(1,0,0,0)，是纯态谱；而$\rho_{AB}^{T_A}$为$\left(\frac{1}{2},\frac{1}{2},\frac{1}{2},-\frac{1}{2}\right)$，虽为厄米，但由其谱可知，不是密度矩阵——按 Peres 判据，说明原先是纠缠态。

v) 对于不是双态体系的一般情况，有的纠缠态遵守 Peres 判据，而有的纠缠态却不遵守 Peres 判据。于是按照遵守 Peres 判据与否，可以将纠缠态区分为两类。这种区分和进行纠缠提纯操作有一定程度的关联。详见 4.2.6 小节。

4.2.3　两体协方差关联张量 $C_{ij}(A,B)$及其判别法

设单粒子 A 的态空间维数为 n。则作用其上的全体 $n\times n$ 幺正矩阵共有 $s=n^2-1$ 个独立参数，于是也就有 s 个独立生成元。记 SU(n)群这 s 个独立的厄米生成元为 $\Lambda_j(j=1,2,\cdots,s)$。它们有下面对易关系

$$[\Lambda_i,\Lambda_j]=2\mathrm{i}\sum_{k=1}^{s}f_{ij}^{k}\Lambda_k,\qquad \mathrm{tr}\Lambda_j=0,\qquad \mathrm{tr}(\Lambda_i\Lambda_j)=2\delta_{ij}\tag{4.6}$$

这里，系数 f_{ij}^k 为 SU(n)群的群结构常数。同时，按照 Racah 定理，将有($n-1$)个与这些生成元 $\Lambda_j(j=1,2,\cdots,s)$都对易的 Casimir 算符，其中群结构常数 f_{ij}^k 对两个脚标(ij)是反对称的。就是说，给定 k 值下的全体(f_{ij}^k)组成全反对称 $s\times s$ 矩阵。对 SU(2)，群结构常数 f_{ij}^k 集合简化为反对称张量ε_{ijk}。

于是由这 s 个厄米生成元 $\Lambda_j(j=1,2,\cdots,s)$加上一个单位矩阵，就可以构成 n 维全体矩阵集合中的一组“正交归一”基

$$\left\{Q_0=\frac{1}{\sqrt{n}}I,\quad \hat{Q}_j=\hat{Q}_j^{+}=\frac{1}{\sqrt{2}}\Lambda_j,\quad j=1,2,\cdots,n^2-1\right\}\tag{4.7a}$$

这些基元之间的正交性和各自的归一性分别体现为

$$\mathrm{tr}Q_iQ_j = 0, \qquad \forall i \neq j; \qquad \mathrm{tr}Q_i^2 = 1, \qquad \forall i \tag{4.7b}$$

它们虽然彼此非对易,但都是厄米的,可以代表一组力学量。这组力学量是完备的,可以用它们构成或者展开此 n 维态空间中的任意算符。或者说,表示此空间中的任何操作。即

$$\Omega_A = \frac{1}{n}\omega_0 I + \frac{1}{2}\sum_{j=1}^{s}\omega_j\Lambda_j \tag{4.7c}$$

这里,$\omega_0=\mathrm{tr}(\Omega_A)$,$\omega_j=\mathrm{tr}(\Omega_A\Lambda_j)$。于是$\{\omega_0,\omega_1,\cdots,\omega_j,\cdots,\omega_s\}$这组矢量就唯一地决定了算符 Ω_A。

当然,按照这里 SU(n)生成元展开的表达式,可以组合成($n-1$)个相互可对易的厄米算符,连同单位算符,形成一个可对易力学量完备组。

于是,此粒子体系的任一态 ρ_A 可表示为

$$\rho_A = \frac{1}{n}I + \frac{1}{2}\sum_{j=1}^{s}\lambda_j\Lambda_j, \qquad \lambda_j = \langle\Lambda_j\rangle = \mathrm{tr}(\rho_A\Lambda_j) \tag{4.7d}$$

这里,λ_j 均为实数。

对于两个粒子 $A+B$ 情况,可将上面单粒子叙述予以简单推广。设两个粒子态空间的维数分别为 n_A,n_B,可令

$$\begin{cases} Q_{00} = \dfrac{1}{\sqrt{n_An_B}}I_A \otimes I_B = \dfrac{1}{\sqrt{n_An_B}}I_{AB} \\ Q_{j0} = \dfrac{1}{\sqrt{2}}\Lambda_j(A) \otimes \dfrac{1}{\sqrt{n_B}}I_B, \qquad Q_{0k} = \dfrac{1}{\sqrt{n_A}}I_A \otimes \dfrac{1}{\sqrt{2}}\Lambda_k(B) \\ Q_{jk} = \dfrac{1}{2}\Lambda_j(A) \otimes \Lambda_k(B) \end{cases} \tag{4.8}$$

这里,基的数目为

$$\begin{aligned} 1 + s_A + s_B + s_As_B &= 1 + (n_A^2 - 1) + (n_B^2 - 1) + (n_A^2 - 1)(n_B^2 - 1) \\ &= n_A^2n_B^2 \equiv n_{AB}^2 \end{aligned}$$

但是,由于这时出现了量子纠缠,产生了丰富多彩的新现象。这时密度矩阵展开式为

$$\begin{aligned} \rho_{AB} = {} & \frac{1}{n_An_B}I_{AB} + \frac{1}{2n_B}\sum_{j=1}^{s_A}\lambda_j(A)[\Lambda_j(A) \otimes I_B] + \frac{1}{2n_A}\sum_{k=1}^{s_B}\lambda_k(B)[I_A \otimes \Lambda_k(B)] \\ & + \frac{1}{4}\sum_{j,k=1}^{s_A,s_B}K_{jk}(A,B)[\Lambda_j(A) \otimes \Lambda_k(B)] \end{aligned} \tag{4.9a}$$

于是有

$$\lambda_j(A) = \langle \Lambda_j(A) \rangle = \mathrm{tr}(\rho_{AB}\Lambda_j(A) \otimes I_B)$$
$$\lambda_k(B) = \langle \Lambda_k(B) \rangle = \mathrm{tr}(\rho_{AB} I_A \otimes \Lambda_k(B)) \tag{4.9b}$$

这里所有期望值都是实数。其中关联张量 $K_{jk}(A,B)$为

$$K_{jk}(A,B) = \langle \Lambda_j(A)\Lambda_k(B) \rangle = \mathrm{tr}\{\rho_{AB}\Lambda_j(A) \otimes \Lambda_k(B)\} \tag{4.9c}$$

特别地，当两粒子处于直积态时，有

$$K_{jk}(A,B) = \langle \Lambda_j(A)\Lambda_k(B) \rangle = \lambda_j(A)\lambda_k(B), \qquad \forall j,k$$

这种情况下，上述关联张量 $K_{jk}(A,B)$将不会提供任何新信息。这时 $K_{jk}(A,B)$全体成为：两个独立事件乘积的条件概率等于每个事件条件概率的乘积——独立事件的概率乘法定理(这正是称它为关联张量的缘故)。所以更方便的是引入**协方差关联张量** $C_{jk}(A,B)$**(CCT)**[8]

$$C_{jk}(A,B) = \langle (\Lambda_j(A) - \lambda_j(A))(\Lambda_k(B) - \lambda_k(B)) \rangle \tag{4.10a}$$

即

$$C_{jk}(A,B) = K_{jk}(A,B) - \lambda_j(A)\lambda_k(B) \tag{4.10b}$$

对直积态它们全体为零，所以用它们全体集合是否为零来判断一个纯态是否为纠缠态或直积态——存在量子纠缠的协方差关联张量判据

$$C_{jk}(A,B) = 0, \qquad \forall j \in s_A, k \in s_B \tag{4.11}$$

但是，还需要讨论混态可分离态(一些不一定相互正交的直积态的非相干叠加)情况。混态可分离态为

$$\rho_{AB} = \sum_{i=1}^{N} p_i \rho_A^{(i)} \otimes \rho_B^{(i)}, \qquad \sum_{i=1}^{N} p_i = 1$$

只要知道这个混态可分离态是由哪 N 个态混合而成的，即可为将上面判据推广，引入对 $\rho_A^{(i)} \otimes \rho_B^{(i)}$ 态的协方差关联张量 $C_{jk}^{(i)}(A,B)$

$$\lambda_j^{(i)}(A) = \mathrm{tr}(\rho_A^{(i)}\Lambda_j(A)), \qquad \lambda_k^{(i)}(B) = \mathrm{tr}(\rho_B^{(i)}\Lambda_k(B))$$
$$K_{jk}^{(i)}(A,B) = \langle \Lambda_j(A)\Lambda_k(B) \rangle_i = \mathrm{tr}\{\rho_{AB}^{(i)}\Lambda_j(A) \otimes \Lambda_k(B)\} \tag{4.9d}$$
$$i = 1,2,\cdots,N$$

$$C_{jk}^{(i)}(A,B) = K_{jk}^{(i)}(A,B) - \lambda_j^{(i)}(A)\lambda_k^{(i)}(B), \qquad i = 1,2,\cdots,N \tag{4.10c}$$

于是，区别量子纠缠和可分离态(包括可分离混态)的充要判据为

$$C_{jk}^{(i)}(A,B) = 0, \qquad \forall j \in s_A, k \in s_B, i \in N \tag{4.12}$$

证明　这时，对可分离混态中每一成分 $\rho_{AB}^{(i)} = \rho_A^{(i)} \otimes \rho_B^{(i)}$，分别都是上面直积态的情况。于是平均的协方差关联张量

$$C_{jk}(A,B) = \sum_{i=1}^{n} p_i \langle (\Lambda_j(A) - \lambda_j^{(i)}(A))(\Lambda_k(B) - \lambda_k^{(i)}(B)) \rangle_i$$

$$= \sum_{i=1}^{n} p_i \langle (\Lambda_j(A) - \lambda_j^{(i)}(A))(\Lambda_k(B) - \lambda_k^{(i)}(B)) \rangle_i$$

$$= \sum_{i=1}^{n} p_i \cdot \mathrm{tr}^{(A)}[\rho_A^{(i)}(\Lambda_j(A) - \lambda_j^{(i)}(A))] \cdot \mathrm{tr}^{(B)}[\rho_B^{(i)}(\Lambda_k(B) - \lambda_k^{(i)}(B))]$$

$$= \sum_{i=1}^{n} p_i [\lambda_j^{(i)}(A) - \lambda_j^{(i)}(A)] \cdot [\lambda_k^{(i)}(B) - \lambda_k^{(i)}(B)] = 0 \tag{4.13}$$

注意,$C_{jk}(A,B)=0$ 已与混态可分离态中概率分布$\{p_i\}$无关。于是得到[8]:

当且仅当协变方差关联张量 $C_{jk}^{(i)}(A,B)=0, \forall j,k,i$ 时,两体量子态不存在量子关联,而为直积态或可分离混态。

这是一个两体量子态可分离性的充要判据。由于

$$\{I_{AB}, \Lambda_j(A)I_B, I_A\Lambda_k(B), \Lambda_j(A)\Lambda_k(B), \qquad \forall j = 1,\cdots,n_A, k = 1,\cdots,n_B\}$$

作为基是完备的,它们的集合将能穷尽(或表达)所有的关联测量。于是,$C_{jk}(A,B)=0$ 是两体态不存在量子关联的充要条件。至少,由于存在这些生成元乘积取迹的正交归一关系式,它们可以分解任何乘积算符,表达任何测量投影,所以对任何统计平均关联测量是如此。

4.2.4 两体量子态可分离性的 W-Z 充要判据

两体量子态可分离性的判据,连同“虽为充要却很难操作的”、“可操作但仅是必要的”,一共提出 10 多个。近来,我们所提的一个要稍好一些[5]。因为第一,这个判据是充要的;第二,在多数情况下不难操作;第三,对多体可分离态同样具有实用性。下面叙述这个判据。

前面已经叙述过,混态 ρ_{AB} 的可分离性的定义是说它可以写成

$$\rho_{AB} = \sum_{i=1}^{r} p_i \mid \Psi_i^A \varphi_i^B \rangle \langle \Psi_i^A \varphi_i^B \mid \tag{4.14a}$$

其中,$\sum_{i=1}^{r} p_i = 1, p_i > 0$,共 r 个,$\mid \Psi_i^A \rangle$ 和 $\mid \varphi_i^B \rangle$ 分别为 A 和 B 体系的归一化(不一定正交) 态矢。虽然一般地说,总可以按标准程序将任一密度矩阵 ρ_{AB} 分解为它的谱表示

$$\rho_{AB} = \sum_{i=1}^{k} \lambda_i \mid \phi_i^{AB} \rangle \langle \phi_i^{AB} \mid \tag{4.14b}$$

这里,$\mid \phi_i^{AB} \rangle$ 为 ρ_{AB} 的正交归一化本征态,λ_i 为非零的本征值,设有 k 个,$\sum_{i=1}^{k} \lambda_i = 1$, $\lambda_i > 0$。注意,由于式(4.14a) 可能含有相互不正交态的项存在,其项数总会大于或等于正交分解的式(4.14b) 的项数,即有 $r \geqslant k$。或者说,因为式(4.14b) 所表示的

ρ_{AB} 的非零本征值个数 k 不会超过其原来不一定相互正交态的数目 r。一般而言，这些相互正交的本征态也常常为两体量子纠缠态，不一定都是可分离的。因此即使求出 ρ_{AB} 的本征值和本征态，也无法判断 ρ_{AB} 是否为可分离。这也就是可分离态判断起来困难的原因。

在给出我们可分离性充要判据之前，先证明如下引理。

引理[5] 对于上面定义的可分离态 ρ_{AB}，存在 $r\times k(r\geqslant k)$ 的左幺正矩阵 $M_{r\times k}$，即

$$M^{+}M=I_{k\times k} \tag{4.15a}$$

使得

$$\begin{pmatrix}\sqrt{p_1}\mid\Psi_1^A\varphi_1^B\rangle\\ \sqrt{p_2}\mid\Psi_2^A\varphi_2^B\rangle\\ \vdots\\ \sqrt{p_r}\mid\Psi_r^A\varphi_r^B\rangle\end{pmatrix}=M_{r\times k}\begin{pmatrix}\sqrt{\lambda_1}\mid\phi_1^{AB}\rangle\\ \sqrt{\lambda_2}\mid\phi_2^{AB}\rangle\\ \vdots\\ \sqrt{\lambda_k}\mid\phi_k^{AB}\rangle\end{pmatrix} \tag{4.15b}$$

证明 既然有式(4.14a) 和(4.14b)，而$\{|\phi_i^{AB}\rangle\}$是 ρ_{AB} 的正交归一且本征值非零的本征态，因此态矢$\{|\Psi_i^A\varphi_i^B\rangle\}$必然是$\{|\phi_i^{AB}\rangle\}$的线性叠加，即存在 $r\times k$ 的矩阵 M，使得有

$$\begin{pmatrix}\sqrt{p_1}\mid\Psi_1^A\varphi_1^B\rangle\\ \sqrt{p_2}\mid\Psi_2^A\varphi_2^B\rangle\\ \vdots\\ \sqrt{p_r}\mid\Psi_r^A\varphi_r^B\rangle\end{pmatrix}=M_{r\times k}\begin{pmatrix}\sqrt{\lambda_1}\mid\phi_1^{AB}\rangle\\ \sqrt{\lambda_2}\mid\phi_2^{AB}\rangle\\ \vdots\\ \sqrt{\lambda_k}\mid\phi_k^{AB}\rangle\end{pmatrix} \tag{4.16}$$

于是

$$\rho_{AB}=(\sqrt{p_1}\mid\Psi_1^A\varphi_1^B\rangle,\ \sqrt{p_2}\mid\Psi_2^A\varphi_2^B\rangle,\cdots,\sqrt{p_r}\mid\Psi_r^A\varphi_r^B\rangle)\begin{pmatrix}\sqrt{p_1}\langle\Psi_1^A\varphi_1^B\mid\\ \sqrt{p_2}\langle\Psi_2^A\varphi_2^B\mid\\ \vdots\\ \sqrt{p_r}\langle\Psi_r^A\varphi_r^B\mid\end{pmatrix}$$

$$=(\sqrt{\lambda_1}\mid\phi_1^{AB}\rangle,\sqrt{\lambda_2}\mid\phi_2^{AB}\rangle,\cdots,\sqrt{\lambda_k}\mid\phi_k^{AB}\rangle)\widetilde{M}\widetilde{M}^{+}\begin{pmatrix}\sqrt{\lambda_1}\langle\phi_1^{AB}\mid\\ \sqrt{\lambda_2}\langle\phi_2^{AB}\mid\\ \vdots\\ \sqrt{\lambda_k}\langle\phi_k^{AB}\mid\end{pmatrix}$$

$$= (\sqrt{\lambda_1}\mid\phi_1^{AB}\rangle, \sqrt{\lambda_2}\mid\phi_2^{AB}\rangle, \cdots, \sqrt{\lambda_k}\mid\phi_k^{AB}\rangle)\begin{pmatrix}\sqrt{\lambda_1}\langle\phi_1^{AB}\mid\\ \sqrt{\lambda_2}\langle\phi_2^{AB}\mid\\ \vdots\\ \sqrt{\lambda_k}\langle\phi_k^{AB}\mid\end{pmatrix} \tag{4.17}$$

因此得 $\widetilde{M}\widetilde{M}^{+}=I_{k\times k}$，即

$$M^{+}M = I_{k\times k} \tag{4.18}$$

以上证明了，对于按式(4.14a)和(4.14b)展开的可分离态 ρ_{AB}，总存在满足式(4.15a)和(4.15b)的左幺正的矩阵 $M_{r\times k}$。引理得证。

接着，记矩阵 M 的第 l 行($1\leqslant l\leqslant r$)为 $\boldsymbol{x}^l=(x_1^l,x_2^l,\cdots,x_k^l)$，并记

$$\boldsymbol{y}^l = (y_1^l, y_2^l, \cdots, y_k^l) = \left(\sqrt{\frac{\lambda_1}{p_l}}x_1^l,\ \sqrt{\frac{\lambda_2}{p_l}}x_2^l, \cdots,\ \sqrt{\frac{\lambda_k}{p_l}}x_k^l\right) \tag{4.19}$$

由式(4.15)得

$$\mid\Psi_l^A\varphi_l^B\rangle = y_1^l\mid\phi_1^{AB}\rangle + y_2^l\mid\phi_2^{AB}\rangle + \cdots + y_k^l\mid\phi_k^{AB}\rangle \tag{4.20}$$

其中，矢量 $\boldsymbol{y}^l$ 满足归一化条件 $|y_1^l|^2+|y_2^l|^2+\cdots+|y_k^l|^2=1$，不同矢量 $\boldsymbol{y}^l$ 间互相独立。由于 $|\Psi_l^A\varphi_l^B\rangle$ 态是可分离纯态，其部分熵为零。

基于引理及这个结论，就得到下面比较易于操作的两体量子态可分离性充要判据。

W-Z 定理[5] 任意两体量子态 ρ_{AB} 为可分离的充分必要条件是如下方程

$$\begin{cases}\mid\Psi\rangle = y_1\mid\phi_1^{AB}\rangle + y_2\mid\phi_2^{AB}\rangle + \cdots + y_k\mid\phi_k^{AB}\rangle\\ \mid y_1\mid^2 + \mid y_2\mid^2 + \cdots + \mid y_k\mid^2 = 1\\ S_A(\mid\Psi\rangle) = 0 \qquad (\text{or } \mid\rho_A - I\mid = 0)\end{cases} \tag{4.21}$$

存在 $r(r\geqslant k)$ 个独立的解矢量 $\{\boldsymbol{y}^1,\boldsymbol{y}^2,\cdots,\boldsymbol{y}^r\}$，并且存在一组正实数 $p_i(\sum_{i=1}^{r}p_i=1)$，使得矩阵 M

$$M_{ij} = \sqrt{\frac{p_i}{\lambda_j}}y_j^i \tag{4.22}$$

为左幺正 $M^{+}M=I_{k\times k}$。

这里我们说两个矢量 $\boldsymbol{y}^1,\boldsymbol{y}^2$ 不同是指不存在非零因子 K 使得关系式 $\boldsymbol{y}^1=K\boldsymbol{y}^2$ 成立，并非一定要相互正交。由式(4.20)可知，总可取矩阵 M 的第一列($y_1^l,l=1,\cdots,r$)为非负实数。态 $|\Psi\rangle$ 的部分熵 $S_A(|\Psi\rangle)$ 定义为 $S_A(|\Psi\rangle)=-\mathrm{tr}\{\rho_A\log\rho_A\}$，$\rho_A$ 为体系 A 的约化密度矩阵。条件 $S_A(|\Psi\rangle)=0$ 和条件 $|\rho_A-I|=0$ 是等价的，这由 ρ_A 半正定且迹为 1 可以直接看出。

如果 ρ_{AB} 有很多非零本征值(即 k 较大),则方程(4.20)的求解比较繁琐,定理使用受到较大的限制;但对于 ρ_{AB} 非零本征值较少时(即 k 较小),方程(4.20)的求解一般都比较简单,此时定理非常有用。如果非零本征值很多,则计算较繁。

然而,如果结合上节叙述的协变关联张量为零 $M_{jk}(A,B)=0$ 的判据,则情况将有很大改观(参见§4.3 例 2)。另一点值得强调的是,上述定理给出的是充分必要条件,它对体系态空间维数并没有限制,而且原则上总是可操作的;此判据的另一个好处是,在判定的同时它给出了可分离态的具体显式形式。

最后,强调指出,这里给出的判据对任意 N 体量子态的可分离判定也是成立的。这时,只要将 $S_A(|\Psi\rangle)=0$ 改成 $S_\alpha(|\Psi\rangle)=0$ 即可,其中 $\alpha=A,B,C,\cdots,N$。就是说,可以将上面定理推广为 N 体的情况。

N 体 W-Z 定理　设 $\rho_{AB\cdots N}$ 为给定的 N 体量子态,而 $|\phi_i^{AB\cdots N}\rangle$ 则是它的第 i 个非零本征值 $\lambda_i(i=1,2,\cdots,k)$ 的本征态。定义如下纯态

$$|\Psi^{AB\cdots N}\rangle \equiv \sum_{i=1}^{k} y_i |\phi_i^{AB\cdots N}\rangle$$

这里,k 个分量的矢量 $\boldsymbol{y}\equiv\{y_1,y_2,\cdots,y_k\}$ 是未知待求的。再定义

$$\sigma_\alpha \equiv \mathrm{tr}^{(\bar{\alpha})}(|\Psi^{AB\cdots N}\rangle\langle\Psi^{AB\cdots N}|)$$

这里,$\alpha=A,B,\cdots,N$ 标记 N 中的一体,而 $\bar{\alpha}$ 则标记对应剩下的$(N-1)$体。则我们可以用以下办法来判别给定态 $\rho_{AB\cdots N}$ 是否为可分离或纠缠的。

首先,看如下方程组是否有解

$$\begin{cases} |y_1|^2+|y_2|^2+\cdots+|y_k|^2=1 \\ \det(\sigma_\alpha - I)=0, \quad \forall\alpha\in A,B,\cdots,N \end{cases}$$

假如解不存在或是彼此线性无关的解的个数少于 k 个,则给定态 $\rho_{AB\cdots N}$ 是纠缠的。而假如线性无关解的个数等于或多于 k 个,则记第 l 个解为 $\boldsymbol{y}^{(l)}(l=1,2,\cdots,r\geqslant k)$。如果有一组正数$\{p_i\}\left(\sum_{i=1}^{r}p_i=1\right)$,使得

$$\begin{cases} M_{ij}\equiv\sqrt{\dfrac{p_i}{\lambda_j}}y_j^{(i)} \\ M^+M=I_{k\times k} \end{cases}$$

假如这组正数存在,则态 $\rho_{AB\cdots N}$ 是可分离的,否则即为纠缠的。进一步,若态 $\rho_{AB\cdots N}$ 是可分离的,就可以写为以下可分离纯态的混态形式

$$\rho_{AB\cdots N}=\sum_{i=1}^{r}p_i|\Psi_i^A\Psi_i^B\cdots\Psi_i^N\rangle\langle\Psi_i^A\Psi_i^B\cdots\Psi_i^N|$$

事实上,总可以将矩阵 M 的第一列(即 $y_1^{(l)}$)选作非负的实数。并且很显然,N 个方程 $\det(\sigma_\alpha-I)=0(\alpha=A,B,\cdots,N)$中只有$(N-1)$个是独立的。

4.2.5 W-Z 判据及 $C_{jk}(A,B)=0$ 判据的应用

下面只用上述定理算一个具体例子,其余例题见练习题。

例 1 判断下面态在什么情况下是可分离的

$$\rho_{AB}=\lambda|\phi^{+}\rangle\langle\phi^{+}|+(1-\lambda)|\phi^{-}\rangle\langle\phi^{-}| \tag{4.23}$$

解 按定理所给方法,令

$$|\Psi\rangle=y_1|\phi^{+}\rangle+y_2|\phi^{-}\rangle=\frac{y_1+y_2}{\sqrt{2}}|00\rangle+\frac{y_1-y_2}{\sqrt{2}}|11\rangle$$

直接计算可得 A 的约化密度矩阵

$$\rho_A=\frac{|y_1+y_2|^2}{2}|0\rangle\langle 0|+\frac{|y_1-y_2|^2}{2}|1\rangle\langle 1|$$

由 $S_A=0$ 得 $y_1=\pm y_2$,考虑到 $|y_1|^2+|y_2|^2=1$,于是得到两个(而且只有两个)不同的解矢量

$$\begin{cases}\boldsymbol{y}_1^{(1)}=\left(\dfrac{1}{\sqrt{2}},\dfrac{1}{\sqrt{2}}\right)\\[2ex]\boldsymbol{y}_2^{(2)}=\left(\dfrac{1}{\sqrt{2}},-\dfrac{1}{\sqrt{2}}\right)\end{cases}$$

令

$$M=\begin{pmatrix}\dfrac{1}{\sqrt{2}}\sqrt{\dfrac{p}{\lambda}}, & \dfrac{1}{\sqrt{2}}\sqrt{\dfrac{p}{1-\lambda}}\\[2ex]\dfrac{1}{\sqrt{2}}\sqrt{\dfrac{1-p}{\lambda}}, & -\dfrac{1}{\sqrt{2}}\sqrt{\dfrac{1-p}{1-\lambda}}\end{pmatrix}$$

由条件 $M^{+}M=I_{2\times 2}$ 可得

$$\lambda=1-\lambda=\frac{1}{2}$$

$$p=1-p=\frac{1}{2}$$

因此

$$\frac{1}{\sqrt{2}}\begin{pmatrix}1 & 1\\1 & -1\end{pmatrix}\begin{pmatrix}\dfrac{1}{\sqrt{2}}|\phi^{+}\rangle\\[2ex]\dfrac{1}{\sqrt{2}}|\phi^{-}\rangle\end{pmatrix}=\begin{pmatrix}\dfrac{1}{\sqrt{2}}|00\rangle\\[2ex]\dfrac{1}{\sqrt{2}}|11\rangle\end{pmatrix}$$

于是得到结论,$\lambda=\frac{1}{2}$时,ρ_{AB}是可分离态 $\rho_{AB}=\frac{1}{2}(|00\rangle\langle 00|+|11\rangle\langle 11|)$;当 $\lambda\neq\frac{1}{2}$

时，ρ_{AB}不可分离，是纠缠态。其他算例详见文献[6]。

由此可以看到，即使 A，B 均为多维体系，只要量子态的非零本征值不多，仍然可用上述判据方便地进行可分离态的判定。

例 2　上面说过，如果 ρ_{AB} 有很多非零本征值(即 k 较大)，则方程(4.20)的求解比较繁琐，定理使用受到较大的限制。下面按文献[9]给出先利用协变关联张量判据 $C_{jk}(A,B)=0$ 求解式(4.20)，然后再利用 W-Z 定理判据的例子。设给定一个混态

$$\rho_{AB}=\frac{1}{4}\mid \Phi_1\rangle_{AB\ AB}\langle\Phi_1\mid+\frac{3}{4}\mid \Phi_2\rangle_{AB\ AB}\langle\Phi_2\mid$$

$$\mid\Phi_1\rangle_{AB}=\frac{1}{\sqrt{2}}(\mid\varphi^+\rangle_{AB}-\mathrm{i}\mid\Psi^+\rangle_{AB})$$

$$\mid\Phi_2\rangle_{AB}=\frac{1}{2\sqrt{3}}(-3\mathrm{i}\mid++\rangle_{AB}+\mathrm{i}\mid--\rangle_{AB}+\mid+-\rangle_{AB}+\mid-+\rangle_{AB})$$

$$\mid\varphi^+\rangle_{AB}=\frac{1}{\sqrt{2}}(\mid++\rangle_{AB}+\mid--\rangle_{AB})$$

$$\mid\Psi^+\rangle_{AB}=\frac{1}{\sqrt{2}}(\mid+-\rangle_{AB}+\mid-+\rangle_{AB})$$

这里最下面的两个态是两个 Bell 基，其中 $\mid+\rangle=\mid\uparrow\rangle=\begin{pmatrix}1\\0\end{pmatrix}$，$\mid-\rangle=\mid\downarrow\rangle=\begin{pmatrix}0\\1\end{pmatrix}$。现在来判断这个混态 ρ_{AB} 的可分离性。

按 W-Z 判据，可设为

$$\mid\Psi^i\rangle_{AB}=y_1^i\mid\Phi_1\rangle_{AB}+y_2^i\mid\Phi_2\rangle_{AB}$$

为方便计算，可设 $y_1^i=r_1^i$，$y_2^i=r_2^i\exp(\mathrm{i}\theta^i)$这里$(r_1^i)^2+(r_2^i)^2=1$，顶标 i 为求得独立解的编号。将$\mid\Phi_j\rangle_{AB}$，$j=1,2$ 和这里的系数 r_j^i 代入$\mid\Psi^i\rangle_{AB}$中，得

$$\mid\Psi^i\rangle_{AB}=c_1^i\mid--\rangle_{AB}+c_2^i\mid-+\rangle_{AB}+c_3^i\mid+-\rangle_{AB}+c_4^i\mid++\rangle_{AB}$$

$$\begin{cases}c_1^i=\dfrac{1}{2}r_1^i+\dfrac{\mathrm{i}}{2\sqrt{3}}r_2^i\exp(\mathrm{i}\theta^i)\\[2ex] c_2^i=c_3^i=-\dfrac{\mathrm{i}}{2}r_1^i+\dfrac{1}{2\sqrt{3}}r_2^i\exp(\mathrm{i}\theta^i)\\[2ex] c_4^i=\dfrac{1}{2}r_1^i-\dfrac{\mathrm{i}\sqrt{3}}{2}r_2^i\exp(\mathrm{i}\theta^i)\end{cases}$$

为求得 CCT 张量 $C_{jk}(A,B)$，应先求得 $\lambda_j(A)$，$\lambda_k(B)$，$K_{jk}(A,B)$。为此注意，现在是 SU(2)，$s=n^2-1=3$，所以每个粒子都有三个生成元

$$\Lambda_j(A),\Lambda_k(B),\quad \forall j,k=1,2,3$$

加上单位算符，它们分别是($\alpha=A,B$)

$$I(\alpha)=\sigma_0=|-\rangle_{\alpha\alpha}\langle-|+|+\rangle_{\alpha\alpha}\langle+|$$

$$\Lambda_1(\alpha)=\sigma_1=|-\rangle_{\alpha\alpha}\langle+|+|+\rangle_{\alpha\alpha}\langle-|$$

$$\Lambda_2(\alpha)=\sigma_2=\{\mathrm{i}\,|-\rangle_{\alpha\alpha}\langle+|-\mathrm{i}\,|+\rangle_{\alpha\alpha}\langle-|\}$$

$$\Lambda_3(\alpha)=\sigma_3=-|-\rangle_{\alpha\alpha}\langle-|+|+\rangle_{\alpha\alpha}\langle+|$$

于是，按式(4.10)和(4.11)，有

$$\lambda_1(A)={}_{AB}\langle\Psi\mid\sigma_1(A)\otimes I_B\mid\Psi\rangle_{AB}=2\mathrm{Re}(c_1c_3^*+c_2c_4^*)$$

$$\lambda_2(A)={}_{AB}\langle\Psi\mid\sigma_2(A)\otimes I_B\mid\Psi\rangle_{AB}=-2\mathrm{Im}(c_1c_3^*+c_2c_4^*)$$

$$\lambda_3(A)={}_{AB}\langle\Psi\mid\sigma_3(A)\otimes I_B\mid\Psi\rangle_{AB}=-|c_1|^2-|c_2|^2+|c_3|^2+|c_4|^2$$

$$\lambda_1(B)={}_{AB}\langle\Psi\mid I_A\otimes\sigma_1(B)\mid\Psi\rangle_{AB}=2\mathrm{Re}(c_1c_2^*+c_3c_4^*)$$

$$\lambda_2(B)={}_{AB}\langle\Psi\mid I_A\otimes\sigma_2(B)\mid\Psi\rangle_{AB}=-2\mathrm{Im}(c_1c_2^*+c_3c_4^*)$$

$$\lambda_3(B)={}_{AB}\langle\Psi\mid I_A\otimes\sigma_3(B)\mid\Psi\rangle_{AB}=-|c_1|^2-|c_3|^2+|c_2|^2+|c_4|^2$$

于是将系数 c_1^i 等表达式代入，得

$$\lambda_1(A)=\lambda_1(B)=\frac{2}{\sqrt{3}}r_1^ir_2^i\cos\theta^i$$

$$\lambda_2(A)=\lambda_2(B)=\frac{2}{\sqrt{3}}r_1^ir_2^i\sin\theta^i-\frac{2}{3}(r_2^i)^2$$

$$\lambda_3(A)=\lambda_3(B)=-\frac{2}{\sqrt{3}}r_1^ir_2^i\sin\theta^i-\frac{2}{3}(r_2^i)^2$$

接着由 $K_{jk}=\langle\Lambda_j(A)\Lambda_k(B)\rangle=\mathrm{tr}\{\rho_{AB}\Lambda_j(A)\otimes\Lambda_k(B)\}$ 定义，将系数 c_1^i 代入得

$$K_{jk}=0,\qquad\forall j\neq k$$

$$K_{11}=c_1c_4^*+c_4c_1^*+c_2c_3^*+c_3c_2^*=(r_1^i)^2-\frac{1}{3}(r_2^i)^2$$

$$K_{22}=-c_1c_4^*-c_4c_1^*+c_2c_3^*+c_3c_2^*=\frac{2}{3}(r_2^i)^2-\frac{2}{\sqrt{3}}r_1^ir_2^i\sin\theta^i$$

$$K_{33}=|c_1|^2-|c_2|^2-|c_3|^2+|c_4|^2=\frac{2}{3}(r_2^i)^2+\frac{2}{\sqrt{3}}r_1^ir_2^i\sin\theta^i$$

由这些结果代入 CCT 矩阵判别条件$(C_{jk}(A,B))=0$，以找到非零的第 i 组解$\{c_1^i,c_2^i,c_3^i,c_4^i\}$，也即定出第 i 组解$\{r_1^i,r_2^i,\theta^i\}$。事实上得到两组解($i=1,2$)，它们为

$$(r_1^{(1)}, r_2^{(1)}, \theta^{(1)}) = \left(\frac{1}{2}, \frac{\sqrt{3}}{2}, \frac{\pi}{2}\right), \qquad (r_1^{(2)}, r_2^{(2)}, \theta^{(2)}) = \left(\frac{1}{2}, \frac{\sqrt{3}}{2}, -\frac{\pi}{2}\right)$$

于是得到两组解向量

$$\boldsymbol{y}^{(1)} = (y_1^{(1)}, y_2^{(1)}) = \left(\frac{1}{2}, \frac{\sqrt{3}}{2}\mathrm{i}\right), \qquad \boldsymbol{y}^{(2)} = (y_1^{(2)}, y_2^{(2)}) = \left(\frac{1}{2}, -\frac{\sqrt{3}}{2}\mathrm{i}\right)$$

它们分别产生$|\Psi^{(1)}\rangle_{AB}$，$|\Psi^{(2)}\rangle_{AB}$。这时，按照 W-Z 定理中的式(4.22)，为了保证(M_{ij})为左幺正的，可得 $p^{(1)} = p^{(2)} = \frac{1}{2}$。最后得到

$$\rho_{AB} = \frac{1}{2}[|+\rangle_{AA}\langle+|] \otimes [|+\rangle_{BB}\langle+|] + \frac{1}{2}\left[\frac{1}{\sqrt{2}}(|+\rangle_A + \mathrm{i}\,|-\rangle_A)({}_A\langle+| - \mathrm{i}_A\langle+|)\right] \otimes \left[\frac{1}{\sqrt{2}}(|+\rangle_B + \mathrm{i}\,|-\rangle_B)({}_B\langle+| - \mathrm{i}_B\langle+|)\right]$$

可知这是一个可分离的混态。

4.2.6 Peres 判据与 Free 和 Bound 两类纠缠态[10]

前面已将 PPT 判据应用于双 qubit 体系的混态可分离性判别。即可分离态必遵守此判据，纠缠态必破坏此判据。但对一般高维体系混态，有的纠缠态破坏此判据，有的纠缠态仍遵守此判据。应当说，可提纯纠缠本质上是一种双 qubit 纠缠。通常将这类能提纯 EPR 纠缠对的纠缠态称为 Free 纠缠态。但可以证明：从遵守 PPT 判据的纠缠态中必定不能用 LOCC 提纯 EPR 型纠缠对。此类纠缠态称为 Bound 纠缠态。由此，破坏 PPT 判据成了判断纠缠态为 Free 纠缠态的必要条件。但迄今不知道它在一般情况下是否又为充分条件。

总之，一般地说，遵守 PPT 判据的是可分离态或 Bound 纠缠态，不遵守 PPT 判据的是 Free 纠缠态或 Bound 纠缠态；在 $2\otimes2$，$2\otimes3$ 维情况下，则无 Bound 纠缠问题。

§4.3　存储器量子态纠缠分析

4.3.1 复合双态系统的纯态

考虑两个(有时会更多个)双态系统，它们的 Hilbert 空间是个直积空间 $H_4 = H_2 \otimes H_2$。基为

$$|0\rangle_A \otimes |0\rangle_B, \qquad |0\rangle_A \otimes |1\rangle_B, \qquad |1\rangle_A \otimes |0\rangle_B, \qquad |1\rangle_A \otimes |1\rangle_B \tag{4.24}$$

A 和 B 可以是两个原子、两个电子、两个模等等。注意，复合系统的量子状态大部分都是纠缠的(它们在状态空间中是稠密的)。

N 个 qubit 的 GHZ 态

$$|\Psi\rangle = \frac{1}{\sqrt{2}}(|0\rangle|0\rangle\cdots|0\rangle - |1\rangle|1\rangle\cdots|1\rangle) \tag{4.25}$$

以及对其中部分 qubit 做局域幺正变换所得到的态，都是纠缠程度最高的纠缠态——GHZ 型态。但应指出，N 个 qubit 体系中纠缠程度最高的纠缠态并不全是 GHZ 型态。

最近，文献[12] 采用 Bell 不等式递推的方法，针对 $N\otimes 2$ 维态空间，也就是 N-qubit 量子存储器这一重要情况，对其全体量子态做了一个比较全面的纠缠分析。下面介绍这一方法，分为两部分。

4.3.2 纠缠指数[12]

首先，引入"纠缠指数"(entanglement index)的概念。这个概念很方便于对全体量子纯态进行分级和分类。它的定义是

$$\text{纠缠指数 } S_N(\boldsymbol{n}) = N - 2L - K + 3 \tag{4.26}$$

这里，$\boldsymbol{n} = (n_1, n_2, \cdots, n_N)$ 是对存储器 N 个 qubit 按纠缠与否所做的一种分组序列，每个 n_i 表示这一组 n_i 个 qubit 相互完全纠缠着，它们满足 $\sum_{i=1}^{N} n_i = N$ 和 $N \geqslant n_1 \geqslant n_2 \geqslant \cdots \geqslant n_N \geqslant 0$。这组数也是 N 个元素置换群全部不可约表示的数目。L 表示含有完全纠缠的组数(即数值大于或等于 2 的 n_i 的个数)，K 为 N 个 qubit 中可分离的单个 qubit 的数目。显然，对 N-qubit 系统，其纠缠指数满足 $3 \leqslant S_N \leqslant N+1$，就是说总共有$(N-2)$个可能数值，最大的纠缠指数是当 N 全纠缠时得到的，即 $\mathrm{Max}S_N = S_N(N) = N+1$。由下面所列定理可知，较大的纠缠指数 $S_N(\boldsymbol{n})$ 将对应较大的 Bell 不等式破坏。

举 $N = 4$ 为例。这时共有 5 种划分方式，分别为：

i) 4 个 qubit 全部纠缠$(\boldsymbol{n}) = (4)$，于是 $L = 1, K = 0, S_4(4) = 5$；

ii) 只有一个 qubit 是分离的，$(\boldsymbol{n}) = (3,1), L = 1, K = 1, S_4(3,1) = 4$；

iii) 4 个 qubit 两两纠缠，$(\boldsymbol{n}) = (2,2), L = 2, K = 0, S_4(2,2) = 3$；

iv) 有两个 qubit 是分离的，$(\boldsymbol{n}) = (2,1,1) = (2,1_2), L = 1, K = 2, S_4(2,1_2) = 3$；

v) 4 个 qubit 全是分离的，$(\boldsymbol{n}) = (1,1,1,1) = (1_4), L = 0, K = 4, S_4(1_4) = 3$。

4.3.3 N-qubit 系统量子态的纠缠分类定理

根据上面定义的纠缠指数，利用 Mermin-Klyshko 递推多项式，证明了 N 个 qubit 系统纯态有如下纠缠指数分类定理[12]：

对纠缠类型由分组 $\boldsymbol{n}$ 和纠缠指数 $S_N(\boldsymbol{n})$ 所表征的纠缠纯态，有如下二次型不等式形式的区域分类

$$\langle F_N\rangle_\rho^2+\langle F'_N\rangle_\rho^2\leqslant 2^{S_N(\boldsymbol{n})},\qquad \rho\in(\boldsymbol{n}) \tag{4.27}$$

这里,F_N,F'_N 是第 N 级 Mermin-Klyshko 多项式,其定义、递推关系,以及此式的证明均见下。由式(4.27)可知,纠缠指数越大对相应的二次型不等式的破坏也越大。

证明　用归纳法证。

事实上,对 $N=1,2$ 的情况,已经有了比此处定理的不等式更好的估计。设第一体为 A,$\boldsymbol{\sigma}_A$ 为其自旋矢量,$\boldsymbol{a}$,$\boldsymbol{a}'$为两个模长都不大于 1 的任意三维实矢量,记

$$\begin{cases}F_1=A=\boldsymbol{a}\cdot\boldsymbol{\sigma}_A\\ F'_1=A'=\boldsymbol{a}'\cdot\boldsymbol{\sigma}_A\end{cases} \tag{4.28}$$

按式(4.26)得 $S_1(1)=3$。显然可得对单粒子 A 的任意态 ρ_A 有

$$\mathrm{Max}\{|\langle F_1\rangle_\rho|,|\langle F'_1\rangle_\rho|\}\leqslant 1,\qquad \langle F_1\rangle_\rho^2+\langle F'_1\rangle_\rho^2\leqslant 2,\qquad \rho\in A \tag{4.29}$$

再添加第二个粒子 B,构造 Mermin-Klyshko[13,14] 多项式并记

$$\begin{cases}F_2=\dfrac{1}{2}(F_1+F'_1)B+\dfrac{1}{2}(F_1-F'_1)B'=\dfrac{1}{2}(AB'+A'B+AB-A'B')\\ \quad\equiv\dfrac{1}{2}(X+Y)\\ F'_2=\dfrac{1}{2}(F_1+F'_1)B'-\dfrac{1}{2}(F_1-F'_1)B=\dfrac{1}{2}(AB'+A'B-AB+A'B')\\ \quad\equiv\dfrac{1}{2}(X-Y)\end{cases} \tag{4.30a}$$

可以发现,对 AB 为可分离$(\boldsymbol{n})=(1,1)$和完全纠缠$(\boldsymbol{n})=(2)$两种情况,均有 $S_2(1,1)=S_2(2)=3$。另外,由 Bell-CHSH 不等式,得

$$\langle AB+AB'+A'B-A'B'\rangle_\rho\leqslant 2 \tag{4.31}$$

得知

$$\text{对全体可分离态:}\mathrm{Max}\{|\langle F_2\rangle_\rho|,|\langle F'_2\rangle_\rho|\}\leqslant 1,\qquad \rho\in A\otimes B \tag{4.32a}$$

同时,对 AB 系统所有态,总有下面二次型形式的 Bell 不等式

$$\langle X\rangle_\rho^2+\langle Y\rangle_\rho^2\leqslant 4 \tag{4.33}$$

由此又得到

$$\text{对全体 }AB\text{ 态:}\langle F_2\rangle_\rho^2+\langle F'_2\rangle_\rho^2\leqslant 2,\qquad \rho\in\text{所有的 }AB\text{ 态} \tag{4.32b}$$

总合式(4.32a)和(4.32b),即画出可分离态及全部量子态的区分图如图 4.1:纵-横坐标分别为$\langle F_1\rangle_\rho-\langle F'_1\rangle_\rho$,$\langle F_2\rangle_\rho-\langle F'_2\rangle_\rho$。全部可分离态位于方形中,每边总长 $2\sqrt{2}$,全部量子态位于圆形中,其半径为 2。这很像中国的一枚古钱币(王莽时代的五铢钱——被剪去了一圈边,如图 4.1)。

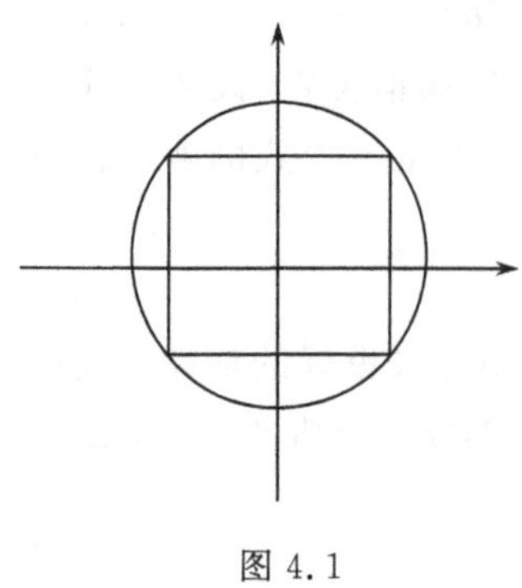
图 4.1

容易看到，对 $N=1,2$ 时，$S_1(1)=S_2(2)=S_2(1,1)=3$，$2^{S_1}=2^{S_2}=8$，定理不等式(4.27)已被更严格的不等式(4.29)和(4.32b)所替代。

所以现主要是看 $N=3$ 情况。添加第三个粒子 C，相应有 $S_3(3)=4$，$S_3(2,1)=3$，$S_3(1_3)=3$。记 Mermin-Klyshko 多项式

$$\begin{cases} F_3 = \frac{1}{2}(F_2+F_2')C+\frac{1}{2}(F_2-F_2')C' = XC+YC' \\ F_3' = \frac{1}{2}(F_2+F_2')C'-\frac{1}{2}(F_2-F_2')C = XC'-YC \end{cases} \tag{4.34}$$

对全可分离态$(\boldsymbol{n})=(1_3)$，Bell-Klyshko 不等式给出$\langle F_3\rangle_\rho$，$\langle F_3'\rangle_\rho$ 的上限为

$$\mathrm{Max}\{|\langle F_3\rangle_\rho|, |\langle F_3'\rangle_\rho|\} \leqslant 2, \qquad \rho\in A\otimes B\otimes C=(1_3) \tag{4.35a}$$

破坏此不等式的必定是纠缠态(注意，逆过来不可以说)。而对所有其余两种纠缠态有[15]

$$\begin{aligned} \langle F_3\rangle_\rho^2+\langle F_3'\rangle_\rho^2 \leqslant 8, \qquad \rho\in AB\otimes C=(2,1) \\ \langle F_3\rangle_\rho^2+\langle F_3'\rangle_\rho^2 \leqslant 16, \qquad \rho\in ABC=(3) \end{aligned} \tag{4.35b}$$

可以看到，定理不等式(4.27)被满足。3-qubit 完全可分离态必定位于中心方块区域，单边总长 4。所有(2,1)类型纠缠态则位于半径为 $2\sqrt{2}$的小圆内。此小圆与半径为 4 的大圆之间则是 3-qubit 完全纠缠态的区域(如前一样，逆过来不能说)。图形很像一枚康熙铜钱(如图 4.2)。

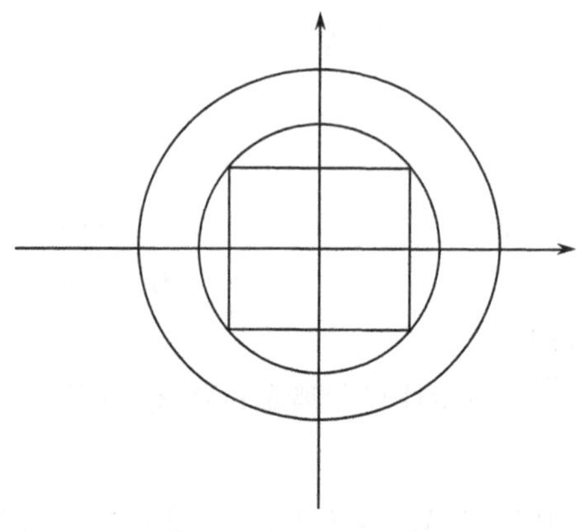
图 4.2

现在开始结合纠缠分类来做归纳法的一般性证明。

设定理的不等式(4.27)当$(N-1)$时成立，并记 $S_{N-1}(\boldsymbol{n}_{N-1})=(N-1)-2L_{N-1}-K_{N-1}+3$。现证：添加第 N 个粒子 D 到这个$(N-1)$粒子系统时，该不等式仍成立，且有 $S_N(\boldsymbol{n}_N)=N-2L_N-K_N+3$。按 Mermin-Klyshko 多项式的递推关系，有

$$\begin{cases} F_N = \frac{1}{2}(F_{N-1}+F_{N-1}')D_N+\frac{1}{2}(F_{N-1}-F_{N-1}')D_N' \\ F_N' = \frac{1}{2}(F_{N-1}+F_{N-1}')D_N'-\frac{1}{2}(F_{N-1}-F_{N-1}')D_N \end{cases} \tag{4.36a}$$

或写成

$$\begin{cases} F_N = \frac{1}{2}(D_N + D'_N)F_{N-1} + \frac{1}{2}(D_N - D'_N)F'_{N-1} \\ F'_N = \frac{1}{2}(D_N + D'_N)F'_{N-1} - \frac{1}{2}(D_N - D'_N)F_{N-1} \end{cases} \tag{4.36b}$$

这时,对完全可分离态$(\boldsymbol{n}_N)=(1_N)$,Bell-Klyshko 不等式将给出上限为

$$\text{Max}\{|\langle F_N\rangle_\rho|, |\langle F'_N\rangle_\rho|\} \leqslant 2, \qquad \rho \in A \otimes B \otimes C\cdots \otimes D = (1_N) \tag{4.37}$$

以下推导中,为了简单,记

$$\Lambda_N(\boldsymbol{n}) = \langle F_N\rangle_\rho^2 + \langle F'_N\rangle_\rho^2$$

首先研究,添加的这个 qubit 是可分离的。由于 Mermin-Klyshko 多项式在 qubit 的置换下是对称的,所以不妨假定添加的是第 N 个 qubit,于是有$(\boldsymbol{n}_N)=(\boldsymbol{n}_{N-1},1)$。这时有

$$\begin{aligned} S_{N-1}(\boldsymbol{n}_{N-1}) &= N_{N-1} - 2L_{N-1} - K_{N-1} + 3 = (N_{N-1} + 1) - 2L_{N-1} - K_{N-1} - 1 + 3 \\ &= N - 2L_N - K_N + 3 = S_N(\boldsymbol{n}) \end{aligned} \tag{4.38}$$

另一方面,由 F_N 的递推关系可得

$$\Lambda_N(\boldsymbol{n}_N) = \Lambda_N(\boldsymbol{n}_{N-1},1) = \frac{1}{2}\{\langle D_N\rangle_\rho^2 + \langle D'_N\rangle_\rho^2\}\Lambda_{N-1}(\boldsymbol{n}_{N-1}) \leqslant \Lambda_{N-1}(\boldsymbol{n}_{N-1}) \tag{4.39}$$

式(4.38)和(4.39)相结合可知,定理不等式在增加一个分离粒子情况下是成立的。其实,由 S_N 定义式可以看出,增加任意数目单个分离粒子,S_N 均不改变,而且由式(4.39)知,定理不等式总成立。

其次,假设添加的第 N 个与原有$(N-1)$中某一个粒子是纠缠的,即分组排列为$(\boldsymbol{n})=(\boldsymbol{n}_{N-2},2)$。不失一般性可以假定是第 N 和第$(N-1)$两者纠缠,它俩与其余$(N-2)$个 qubit 可分离。一方面,这时可以重写 Mermin-Klyshko 多项式为

$$F_N = \frac{1}{2}\{(D_N D'_{N-1} + D'_N D_{N-1})F_{N-2} + (D_N D_{N-1} - D'_N D'_{N-1})F'_{N-2}\} \tag{4.40}$$

另一方面,这时有

$$\begin{aligned} S_N(\boldsymbol{n}) = S_N(\boldsymbol{n}_{N-2},2) &= (N-2+2) - 2(L_{N-2}+1) - (K_{N-1}-1) + 3 \\ &= (N-2) - 2L_{N-2} - K_{N-2} + 3 = S_{N-2}(\boldsymbol{n}_{N-2}) \end{aligned} \tag{4.41a}$$

这里,D_{N-1}是第$(N-1)$个 qubit 的可观察量。于是有

$$\begin{aligned} \Lambda_N(\boldsymbol{n}_{N-2},2) = \frac{1}{4}\{&\langle D_N D'_{N-1} + D'_N D_{N-1}\rangle_\rho^2 + \langle D_N D_{N-1} - D'_N D'_{N-1}\rangle_\rho^2\} \\ &\times \Lambda_{N-2}(\boldsymbol{n}_{N-2}) \leqslant \Lambda_{N-2}(\boldsymbol{n}_{N-2}) \end{aligned} \tag{4.41b}$$

将式(4.41a)和(4.41b)相结合，显然定理不等式在这种情况下成立。注意，这里以最低阶作为出发点的 F_2,F'_2 为 $F_2=\frac{1}{2}(X+Y),F'_2=\frac{1}{2}(X-Y)$。反推至开始，由于 $N=2$ 成立，所以定理不等式对 $N=4$ 也成立。

最后，假定添加的第 N 个粒子，使原来 $(N-1)$ 个粒子的 $(\boldsymbol{n}_{N-1})$ 分组排列发生了改变：产生了 k 个粒子的完全的或部分的纠缠，假定分组一般性的变化成为 $(\boldsymbol{n}_{N-1}+1)\rightarrow(\boldsymbol{n}_{N-k},\boldsymbol{n}_k)$，$k\geqslant 3$ 的类型[这里，两组 $\boldsymbol{n}_{N-k},\boldsymbol{n}_k$ 各自排序。如将两组 $\boldsymbol{n}_{N-k},\boldsymbol{n}_k$ 合并，重新按大小排序，即成为不同于原先分组 $(\boldsymbol{n}_N)$ 的新的分组 $(\boldsymbol{n}'_N)$]。不失一般性，设是最后 k 个 qubit，并且它们与前面其余 qubit 可分离。这时，一方面，可以重写 Mermin-Klyshko 多项式为[16]

$$F_N=\frac{1}{4}\{F_{N-K}(F_k+F'_K)+F'_{N-K}(F_k-F'_K)\} \tag{4.42a}$$

于是有

$$\Lambda_N(\boldsymbol{n}_{N-k},\boldsymbol{n}_k)=\frac{1}{8}\Lambda_{N-k}(\boldsymbol{n}_{N-k})\cdot\Lambda_k(\boldsymbol{n}_k) \tag{4.42b}$$

另一方面，这时有

$$\begin{aligned}S_N(\boldsymbol{n}_{N-k})+S_N(\boldsymbol{n}_k)&=\{(N-k)-2L_{N-k}-K_{N-k}+3\}+\{k-2L_k-K_k+3\}\\&=N-2(L_{N-k}+L_k)-(K_{N-k}+K_k)+6\end{aligned} \tag{4.43a}$$

于是得

$$\begin{aligned}\Lambda_N(\boldsymbol{n}_{N-k},\boldsymbol{n}_k)&=\frac{1}{8}\Lambda_k(\boldsymbol{n}_k)\Lambda_{N-k}(\boldsymbol{n}_{N-k})\leqslant 2^{N-2(L_{N-k}+L_k)-(K_{N-k}+K_k)+3}\\&=2^{S_N(\boldsymbol{n}_{N-k},\boldsymbol{n}_k)}=2^{S_N(\boldsymbol{n}'_N)}\end{aligned} \tag{4.43b}$$

由式(4.43b)即知，定理不等式正确。　　证毕。

练　习　题

4.1　应用 Peres 判据，求转置后矩阵的本征值，判断 λ 为何值时，态 $\rho=\lambda|\phi^+\rangle\langle\phi^+|+(1-\lambda)|\Psi^+\rangle\langle\Psi^+|(0\leqslant\lambda\leqslant 1)$ 是可分离的(结合下题)。

4.2　根据书中可分离充要判据定理，再次分析下面态是否可分离

$$\rho_{AB}=\lambda\mid\phi^+\rangle\langle\phi^+\mid+(1-\lambda)\mid\Psi^+\rangle\langle\Psi^+\mid$$

4.3　根据可分离充要判据定理，设

$$\begin{aligned}\rho_{AB}=&\frac{1}{4}\left[\frac{1}{\sqrt{2}}(\mid\phi^+\rangle-\mathrm{i}\mid\Psi^+\rangle)\right]\left[\frac{1}{\sqrt{2}}(\langle\phi^+\mid+\mathrm{i}\langle\Psi^+\mid)\right]\\&+\frac{3}{4}\left[\frac{1}{2\sqrt{3}}(-3\mathrm{i}\mid 00\rangle+\mathrm{i}\mid 11\rangle+\mid 01\rangle+\mid 10\rangle)\right]\end{aligned}$$

$$\times\left[\frac{1}{2\sqrt{3}}(3\mathrm{i}\langle 00| - \mathrm{i}\langle 11| + \langle 01| + \langle 10|)\right]$$

判断它是否可分离。

4.4 分析 A,B 两体系均为三维的下述态是否为可分离的

$$\rho_{AB} = \lambda\left[\frac{1}{\sqrt{3}}(|00\rangle + |11\rangle + |22\rangle)\right]\left[\frac{1}{\sqrt{3}}(\langle 00| + \langle 11| + \langle 22|)\right] + (1-\lambda)\left[\frac{1}{\sqrt{3}}(|01\rangle + |12\rangle + |20\rangle)\right]\left[\frac{1}{\sqrt{3}}(\langle 01| + \langle 12| + \langle 20|)\right]$$

4.5 确定使下述态成为不可分离态的 F 数值

$$\rho_1 = (1-F)|\Psi^-\rangle\langle\Psi^-| + F|11\rangle\langle 11|$$

$$\rho_2 = F|\Psi^-\rangle\langle\Psi^-| + \frac{1-F}{3}|\Psi^+\rangle\langle\Psi^+| + \frac{1-F}{3}|\phi^-\rangle\langle\phi^-| + \frac{1-F}{3}|\phi^+\rangle\langle\phi^+|$$

参考文献

1 J Preskill. Lecture Notes for Physics 299: Quantum Information and Quantum Computation. CIT, 1998

2 见第 13 章,量子纠缠与 Bell 型空间非定域性

3 S Popescu and D Rohrlich. Phys Rev A,1997,56: R3319

4 A V Thapliyal. Phys Rev A,1999,59: 3336

5 S J Wu, X M Chen and Y D Zhang. Phys Lett A,2000,275: 244;吴盛俊. 量子纠缠理论的若干研究. 中国科学技术大学近代物理系硕士论文,2000

6 张永德,吴盛俊,侯广,黄民信. 量子信息,物理原理和某些进展. 武汉:华中师范大学出版社,2002

7 M Horodecki, et al. Phys Rev A,1999, 59: 4206

8 G Mahler and V A Weberruss. Quantum Networks, Dynamics of Open Nanostructures. Second. Revised and Entarged Edition. Springer, 1998

9 Gu Zhiyu and Qian Shangwu. Commun Theor Phys (Beijing, China). 2003,Vol 39: 421

10 M Horodecki, et al. PRL, 1998,80: 5239

11 A Peres. Phys Rev Lett. 1996. 77:1413

12 Sixia Yu, Zengbing Chen, Jianwei Pan, and Yongde Zhang. Phys Rev Lett, 2003, 90: 080401(1~4)

13 N D Mermin. Phys Rev Lett, 1990,65: 1838

14 D N Klyshko. Phys Lett A,1993,172:399

15 J Uffink. Phys Rev Lett,2002, 88: 230406

16 N Gisin, H Bechmann Pasquinucci Phys Lett A,1998,246: 1

17 G Alber et al. Quantum Information, An Introduction to Basic Theoretical Concepts and Experiments. Springer-Verlag, 2001:178~182

第五章　量子纠缠与 Bell 型空间非定域性

§5.1　Bell-CHSH-GHZ-Hardy-Cabello 路线综述

5.1.1　EPR 佯谬引发的 Bell 不等式路线

i) EPR 佯谬和量子理论的完备性

Einstein 与 Bohr 就量子力学(实际上,以下论述的基本观念对非相对论量子力学到相对论量子场论都适用,所以下面简称为量子理论,QT)基本观念的完备性问题长期争论之后,于 1935 年和 Podolsky 及 Rosen 共同发表了一篇重要文章[1]。文章基本思想认为,借助理想实验的逻辑论证方法,可以表明 QT 不能给出对于微观系统的完备的描述。通常称他们的论证为 **EPR 佯谬**或称 **Einstein 定域实在论**[1]。他们认为:

一个完备的物理理论应当满足下列两个条件:其一,物理实在的每一个要素在一个完备的理论中都应当有其对应物;其二,如果不以任何方式干扰系统,而能肯定预言一个物理量的数值,那就意味着存在一个与此物理量对应的实在要素。这个常说的**定域实在论**包含两个要素:**物理实在论**和**相对论性定域因果律**[10]。详细说即是

a) 定域因果性观点。如果两次测量(或一般说,两个事件)之间的四维时空间隔是类空的,则两个事件之间将不存在因果性关系。

b) 物理实在要素的观点。任一可观测的物理量,作为物理实在的一个要素,它必定在客观上以确定的方式存在着。反映在一个完备的物理理论中就是:如果没有扰动一个系统,此系统的任何可观测物理量客观上应当具有确定的数值。

由此得出,对 A,B 两个子系统两次可观测量的测量,如间隔是类空的,则测量值彼此无关,并且数值是确定的。就是说,如果 QT 是完备的物理理论的话,对 A 所做的测量必须不影响类空间隔下对 B 的描述。反之也是。这就是 EPR 佯谬的核心思想。

下面分析 Bohm 后来提出的 EPR 佯谬的翻版——更容易实现的电子自旋纠缠方案。1951 年 Bohm [2] 提议:考虑总自旋为零的两个 $\frac{\hbar}{2}$ 自旋粒子,比如产生的正负电子对 A 和 B,处于自旋纠缠态 $|\Psi^-\rangle_{AB}$ 上

$$|\Psi^-\rangle_{AB}=\frac{1}{\sqrt{2}}(|\uparrow\rangle_A|\downarrow\rangle_B-|\downarrow\rangle_A|\uparrow\rangle_B) \tag{5.1}$$

假定它们反向飞行足够远，彼此空间距离拉开足够大，使得有足够精度说两个粒子的空间波包不再交叠，同时，对它们分别做独立测量的两个时刻又足够靠近，于是这两次测量所构成的两个事件将为类空间隔。依据相对论性定域因果律，对电子 A 的测量应当不会对正电子 B 造成任何影响。

首先，考虑可观测量 σ_z。若对 A 测得 $\sigma_z^A=+1$，可以肯定地推断 B 处于 $\sigma_z^B=-1$；反之若测得 $\sigma_z^A=-1$，则知 $\sigma_z^B=+1$。总之，一旦对 A 做了 σ_z 的测量，则 B 的 σ_z 值便在客观上是确定的。现在，测量时间与距离所构成的间隔是类空的，所以对 A 的测量将不影响 B 的状态。按定域实在论的观点，σ_z^B 应当是一个物理实在的要素，就是说，不论人们是否对 B 做测量，σ_z^B 的数值在客观上将是确定地存在着。

其次，考虑可观测量 σ_x。若对 A 测得 $\sigma_x^A=+1$，应可推知 $\sigma_x^B=-1$。因为这时

$$\begin{aligned}{}_A\langle\sigma_x=+1|\Psi\rangle_{AB}&=\frac{1}{\sqrt{2}}({}_A\langle\uparrow|+{}_A\langle\downarrow|)|\Psi\rangle_{AB}\\&=\frac{1}{2}(|\downarrow\rangle_B-|\uparrow\rangle_B)=\frac{1}{\sqrt{2}}|\sigma_x=-1\rangle_B\end{aligned} \tag{5.2}$$

同样，若测得 $\sigma_x^A=-1$，则知 $\sigma_x^B=+1$。总之，对 A 做了 σ_x 测量，便能肯定地知道 σ_x^B 数值而又不会扰动 B 粒子的状态。

再次，关于 σ_y 的情况也类似。即 σ_y^B 也是一个物理实在的要素，客观上确定地存在着。

总之，σ_x^B，σ_y^B，σ_z^B 都是物理实在要素，它们在（对 B 粒子）测量之前客观上都同时具有确定值。

然而，按照 QT 的观点，由于 B 粒子的三个自旋算符彼此不对易，它们本来客观上就是不能同时具有确定值的。QT 甚至认为，A，B 两个粒子自旋指向都是不确定的，每个粒子自旋指向都因对方取向不定而不定，虽然两粒子总自旋处于数值为零的确定状态。所以说，它俩自旋取向因纠缠而处于一种不确定的状态。

这就是 EPR 佯谬。Einstein 说，这个佯谬表明：① 要么 QT 中波函数的描述方式是不完备的；② 要么，两个子系统即便处于类空间隔，它们的实际状态也可以是不独立的。根据定域实在论观点，Einstein 对第二条持绝对的否定态度。于是他们认为，这个理想实验表明了：纠缠态在测量中所表现的不确定性是 QT 波函数描述不完备的体现。

Einstein 认为，QT 对单次测量结果只能做统计性预言，这和抛掷钱币时人们对字（花）的结果只能做统计性预言的情况相似，表明人们对量子测量过程认识和描述的不完备。这导致后来许多人猜测 QT 之外有隐变数存在。

总括起来，EPR 佯谬的有关观点是：其一，QT 中的或然性到底是隐变数所导

致的或然,因此仅仅是表观上的或然——即所谓“人玩掷骰子”?还是无隐变数的或然,从而是本质性的或然——即所谓“上帝玩掷骰子”?他们不相信后者,所以形象地说“上帝是不玩掷骰子的”;其二,他们主张:作为衡量测量影响是否存在的必要条件的相对论性定域因果律,以及可观测量总具有客观的确定性,这两方面内容结合就是 Einstein 的**定域实在理论**。显然,EPR 这两点主张相互协调,思想一致。

Bohm 不怀疑**定域因果律**,但怀疑其中的**物理实在论**。Bohm 认为:EPR 判据暗含了两个假定:其一,世界能正确分解成一个个独立存在的“实在要素”;其二,每个要素在一个完备理论中都应当对应有一个精确确定的数学量。

事实上,现在看来,EPR 主张的实质——Einstein 的**定域实在论**是一种企图通过引入定域的物理实在的信念,将 QT 纳入定域的经典统计理论的认知模式,并将 QT 中的或然性用某种未知隐变数来解释。这都是标准的经典物理的思维模式。

但是,迄今为止的全部实验结果(包括最近 5 光子符合实验[16])和理论研究[9,11,17],以及不少新近研究结果[16]都表明:

a) QT 的态叠加原理预言是正确的:量子纠缠能够造成可观测量(即便不受干扰)在客观上就是不确定的。

b) 迄今实验未能揭示也未能否定隐变数的存在。目前为止还不能肯定 QT 的描述是否完备。也即,还不清楚纠缠叠加中所包含的、单次测量坍缩中所表现的或然性的本质。就是说,迄今还不能肯定“上帝是玩、还是不玩掷骰子”。

c) 自旋态的构造以及自旋态的坍缩都是非定域的,不是定域的。实验一再明确支持:整个 QT 在状态叠加、量子纠缠与测量中所体现的或然性,以及坍缩与关联坍缩中的空间非定域性。

考虑到隐变数存在与否尚未定论,EPR 佯谬中成问题的只是在相对论性定域因果律统罩之下的定域实在论(部分参见文献[14])。或者更谨慎地说为:迄今实验一直否定定域形式下的实在论观点。QT 认为,虽然两个测量事件是类空间隔,但作为子系统的 B 粒子本身已不独立,它的自旋 $\sigma_{x,y,z}^{B}$ 取值和 A 的自旋 $\sigma_{x,y,z}^{A}$ 取值紧密关联,形成统一系统的一个统一状态。因此对 A 的测量将影响(而不是如 Einstein 所认为的“不会影响”)B 的取值。QT 还主张,不同的测量会使量子态产生不同的坍缩,得到不同的结果。所以对 A 的三组测量将分别对 B 的自旋取值造成不同的影响。而且,这里 B 的 $\sigma_{x,y,z}^{B}$ 三者同时具有物理实在性的观点也和 QT 原理相违背,是一种客观上不成立的主观推断。

这里,根本分歧产生于 Einstein 等未能理解:第一,QT 中自旋态的构造(以及坍缩与关联坍缩)是非定域的,这种非定域性已经将两个子系统联结成为一个不可分割的统一系统。事实上,测量之前两个子系统的自旋都相互依赖对方,而处于客观上就是不确定的状态。第二,如果对同一个态进行不同的测量,将会造成不同的坍缩,就会得到不同的结果,给人以不同的形象。

所以 Einstein 定域实在论的错误共计为：其一，将物理量的客观实在性简单化地理解为物理量的客观单值所确定。从而要求任何状态下微观粒子的可观测量都必须客观上为定域单值所确定。不承认量子纠缠所造成的客观不确定性（回顾§2.1），不承认相干叠加造成测量坍缩的不确定性。其二，不承认量子态内禀的空间非定域性，对测量坍缩持定域的观念，否认纠缠在量子测量的坍缩——关联坍缩中的空间非定域作用。其三，不理解同一量子态经过不同种类的测量会有不同样的分解坍缩，并显现出不同样的测量结果。

ii) Bell 不等式及其破坏

1964 年，Bell 从① Einstein 的定域实在论，② 有隐变数存在这两点出发，推导出一个不等式[3]。不等式指出，基于隐变数和定域实在论的任何理论都会遵守这个不等式，而 QT 的有些预言却可以破坏这个不等式。

Bell 想法的关键是考虑 A 和 B 两处测量之间的关联。他的思路是研究一种有隐变数下的定域决定论式的关联，考虑由这种关联理论框架所带来的限制：假定有 QT 之外的某个隐变数理论，在这个理论中，测量结果是决定论的，只是由于某些隐藏的自由度而表观上呈现出随机的行为。比如，对于 QT 中一个自旋朝向 z 轴的纯态 $|\uparrow_z\rangle$，一个"更深层次的隐变数理论"认为它应当为 $|\uparrow_z,\lambda\rangle$。这里 λ 是一个不能为现时实验技术所控制的隐变数。不失一般性，可以假设 $0\leqslant\lambda\leqslant 1$ 并按照人们目前尚未知道的某种概率分布 $\rho(\lambda)$ 在 $[0,1]$ 中取值。

考虑 A,B 两个粒子的自旋纠缠态

$$|\Psi^-\rangle_{AB}=\frac{1}{\sqrt{2}}(|\uparrow\rangle_A|\downarrow\rangle_B-|\downarrow\rangle_A|\uparrow\rangle_B)$$

现在，Alice 沿 $\boldsymbol{a}$ 方向测量她手中 A 粒子的自旋，而在类空间隔上 Bob 沿 $\boldsymbol{b}$ 方向测量他手中 B 粒子的自旋。设各自测量结果分别为 $A(\boldsymbol{a},\lambda)$（为简便，设数值为 $+1$ 或 -1）和 $B(\boldsymbol{b},\lambda)$（$+1$ 或 -1）。将测量结果对应相乘。由于 $|\Psi\rangle$ 中 A,B 自旋反向关联的特性，当 $\boldsymbol{a}=\boldsymbol{b}$ 时，应当有

$$A(\boldsymbol{a},\lambda)B(\boldsymbol{b},\lambda)=-1 \tag{5.3}$$

假如对多个样品进行多次这样的测量，所得平均结果应当是对随机变化隐变量 λ 的积分平均。于是在 $\boldsymbol{a},\boldsymbol{b}$ 两个方向测量结果的关联函数为

$$P(\boldsymbol{a},\boldsymbol{b})=\int \mathrm{d}\lambda\rho(\lambda)A(\boldsymbol{a},\lambda)B(\boldsymbol{b},\lambda) \tag{5.4}$$

同样地，如果沿 $\boldsymbol{a},\boldsymbol{c}$ 两个方向进行第二组实验，以及沿 $\boldsymbol{b},\boldsymbol{c}$ 进行第三组实验，将分别得到 $P(\boldsymbol{a},\boldsymbol{c})$ 和 $P(\boldsymbol{b},\boldsymbol{c})$。于是

$$|P(\boldsymbol{a},\boldsymbol{b})-P(\boldsymbol{a},\boldsymbol{c})|=\left|\int \mathrm{d}\lambda\rho(\lambda)[A(\boldsymbol{a},\lambda)B(\boldsymbol{b},\lambda)-A(\boldsymbol{a},\lambda)B(\boldsymbol{c},\lambda)]\right|$$

$$\leqslant \int d\lambda\rho(\lambda) \mid A(\boldsymbol{a},\lambda)B(\boldsymbol{b},\lambda) - A(\boldsymbol{a},\lambda)B(\boldsymbol{c},\lambda) \mid$$

由 $A(\boldsymbol{b},\lambda)B(\boldsymbol{b},\lambda)=-1$ 和 $A(\boldsymbol{b},\lambda)^2=1$，得 $B(\boldsymbol{b},\lambda)=-A(\boldsymbol{b},\lambda)$，一并代入上式右边，得

$$\begin{aligned}\text{上式右边} &= \int d\lambda\rho(\lambda) \mid A(\boldsymbol{a},\lambda)A(\boldsymbol{b},\lambda)[-1-A(\boldsymbol{b},\lambda)B(\boldsymbol{c},\lambda)] \mid \\ &= \int d\lambda\rho(\lambda) \mid A(\boldsymbol{a},\lambda)A(\boldsymbol{b},\lambda) \mid \cdot \mid 1+A(\boldsymbol{b},\lambda)B(\boldsymbol{c},\lambda) \mid\end{aligned}$$

所以

$$\begin{aligned}\mid P(\boldsymbol{a},\boldsymbol{b}) - P(\boldsymbol{a},\boldsymbol{c}) \mid &\leqslant \int d\lambda\rho(\lambda) \cdot \mid 1+A(\boldsymbol{b},\lambda)B(\boldsymbol{c},\lambda) \mid \\ &= \int d\lambda\rho(\lambda)[1+A(\boldsymbol{b},\lambda)B(\boldsymbol{c},\lambda)]\end{aligned}$$

这里已利用 $|A(\boldsymbol{a},\lambda)A(\boldsymbol{b},\lambda)|=1$，并考虑到 $|A(\boldsymbol{b},\lambda)B(\boldsymbol{c},\lambda)|\leqslant 1$ 而省去了绝对值符号。最后得到 Bell 不等式

$$\mid P(\boldsymbol{a},\boldsymbol{b}) - P(\boldsymbol{a},\boldsymbol{c}) \mid \leqslant 1 + P(\boldsymbol{b},\boldsymbol{c}) \tag{5.5}$$

这说明，对于任何定域实在论的隐变数理论，在三组[$(\boldsymbol{a},\boldsymbol{b})$，$(\boldsymbol{a},\boldsymbol{c})$ 和 $(\boldsymbol{b},\boldsymbol{c})$]实验统计平均数据[$P(\boldsymbol{a},\boldsymbol{b})$，$P(\boldsymbol{a},\boldsymbol{c})$ 和 $P(\boldsymbol{b},\boldsymbol{c})$]之间，应当满足不等式(5.5)。

但按照 QT，A，B 两个粒子组成一个统一的纠缠态，对 A 粒子沿 $\boldsymbol{a}$ 方向和 B 粒子沿 $\boldsymbol{b}$ 方向的测量所得的平均值为

$$P(\boldsymbol{a},\boldsymbol{b}) = {}_{AB}\langle \Psi^- \mid (\boldsymbol{\sigma}_A \cdot \boldsymbol{a})(\boldsymbol{\sigma}_B \cdot \boldsymbol{b}) \mid \Psi^- \rangle_{AB} = -\cos(\widehat{\boldsymbol{a},\boldsymbol{b}}) \tag{5.6}$$

将这些 QT 结果代入 Bell 不等式(5.5)，不等式就成为

$$\mid \cos(\widehat{\boldsymbol{a},\boldsymbol{b}}) - \cos(\widehat{\boldsymbol{a},\boldsymbol{c}}) \mid \leqslant 1 - \cos(\widehat{\boldsymbol{b},\boldsymbol{c}}) \tag{5.7}$$

这很容易被破坏。比如，取三矢量共面，夹角为 $\angle(\widehat{\boldsymbol{a},\boldsymbol{b}})=\angle(\widehat{\boldsymbol{b},\boldsymbol{c}})=\frac{\pi}{3}$，$\angle(\widehat{\boldsymbol{a},\boldsymbol{c}})=\frac{2\pi}{3}$，于是按 QT 计算，不等式(5.7)成了 $1<\frac{1}{2}$。实际上，可以证明，EPR 态是对 Bell 不等式造成最大破坏的态[4]。

现在，很容易用实验检验谁是谁非了。迄今所做的 10 多个实验都证明了 Bell 不等式可以被破坏，即都反对基于定域因果律和物理实在论上的定域实在论[10]。也即表明，EPR 的“定域实在论”是不正确的，QT 描述符合实验测量结果，并明确支持 QT 所表现出的(按经典理论难以理解的)空间非定域性质。

iii) Bell 不等式意义分析

深入分析上面推导可以发现，Bell 结论实际上并不依赖于隐变数的解释，随机隐变数 λ 仅是一种数学表述的形式上的东西(参见 5.1.2 小节 GHZ 定理证明中的

式(5.14)。其实,应当强调指出,只有当主张隐变数的人能够说出隐变数的物理根源和某种可观测性质时,隐变数理论才是值得认真对待的)。就实质概念而言,Bell 结论只需要定域实在论(Einstein 用以反对量子理论非定域性的)就够了。实际上,对任意两体纠缠纯态,可以证明:只要有量子纠缠,总能找到这样一组可观测量和适当的关联函数,使某种 Bell 型不等式遭到破坏。

本小节最后应当指出两点:其一,Bell 不等式对经典和量子的划分是不清晰、不彻底的。破坏不等式只是存在量子纠缠的充分条件,而非必要条件。因为的确存在部分纠缠混态,它们有纠缠但却遵守 Bell 不等式。只有对于纯态,Bell 不等式的划分才是充要的。其二,EPR 佯谬和 Bell 不等式的意义在于,开辟了一条考证和检验 QT 空间非定域性和或然性的本质的实验研究途径,形成 Bell-CHSH-GHZ-Hardy-Cabello 一条持续数十年的理论研究路线。近年来更是出现了不少重要的实验检验工作。迄今一系列相关实验检验全都证实了 QT 的空间非定域性质,但仍未能否定隐变数的存在,也即尚未判明 QT 或然性的本质。

5.1.2　CHSH 不等式及其最大破坏

i) CHSH 不等式

Bell 不等式有多种著名的推广。其中最初一个是 CHSH 不等式(Clauser-Horne-Shimony-Holt)[5]。CHSH 不等式在推广 Bell 不等式中,考虑到这类关联测量实验中的一些失误或误差因素。比如,对 $A(B)$ 测量中仪器设备有时可能失效,这时按实验规定,仪器装置给出对 $A(B)$ 的测量值为零;再比如,制备出的 EPR 对可能不纯,因此同时沿同一方向测量 A 和 B 的自旋关联并不严格相反等等。

这样,便只能得知

$$-1 \leqslant A(\boldsymbol{a},\lambda)B(\boldsymbol{b},\lambda) \leqslant 1, \qquad (\text{对任意 } \boldsymbol{a},\boldsymbol{b}) \tag{5.8}$$

于是关联函数

$$P(\boldsymbol{a},\boldsymbol{b}) = \int \mathrm{d}\lambda \rho(\lambda) A(\boldsymbol{a},\lambda) B(\boldsymbol{b},\lambda) \tag{5.9}$$

这里只规定 $|A|$, $|B| \leqslant 1$。设 $\boldsymbol{a},\boldsymbol{d}$ 和 $\boldsymbol{b},\boldsymbol{c}$ 分别是 A 和 B 的两个任选的测量方向,于是

$$\begin{aligned}
P(\boldsymbol{a},\boldsymbol{b}) - P(\boldsymbol{a},\boldsymbol{c}) &= \int \mathrm{d}\lambda \rho(\lambda) [A(\boldsymbol{a},\lambda)B(\boldsymbol{b},\lambda) - A(\boldsymbol{a},\lambda)B(\boldsymbol{c},\lambda)] \\
&= \int \mathrm{d}\lambda \rho(\lambda) [A(\boldsymbol{a},\lambda)B(\boldsymbol{b},\lambda)][1 \pm A(\boldsymbol{d},\lambda)B(\boldsymbol{c},\lambda)] \\
&\quad - \int \mathrm{d}\lambda \rho(\lambda) [A(\boldsymbol{a},\lambda)B(\boldsymbol{c},\lambda)][1 \pm A(\boldsymbol{d},\lambda)B(\boldsymbol{b},\lambda)]
\end{aligned}$$

所以

$$
\begin{aligned}
|P(\boldsymbol{a},\boldsymbol{b})-P(\boldsymbol{a},\boldsymbol{c})| &\leqslant \int d\lambda\rho(\lambda)\,|A(\boldsymbol{a},\lambda)B(\boldsymbol{b},\lambda)|\cdot|1\pm A(\boldsymbol{d},\lambda)B(\boldsymbol{c},\lambda)| \\
&\quad + \int d\lambda\rho(\lambda)\,|A(\boldsymbol{a},\lambda)B(\boldsymbol{c},\lambda)|\cdot|1\pm A(\boldsymbol{d},\lambda)B(\boldsymbol{b},\lambda)| \\
&\leqslant \int d\lambda\rho(\lambda)\,|1\pm A(\boldsymbol{d},\lambda)B(\boldsymbol{c},\lambda)| + \int d\lambda\rho(\lambda)\,|1\pm A(\boldsymbol{d},\lambda)B(\boldsymbol{b},\lambda)| \\
&= 2\pm[P(\boldsymbol{d},\boldsymbol{c})+P(\boldsymbol{d},\boldsymbol{b})]
\end{aligned}
$$

写成稍为对称的形式(CHSH 不等式)

$$
|P(\boldsymbol{a},\boldsymbol{b})-P(\boldsymbol{a},\boldsymbol{c})|+|P(\boldsymbol{d},\boldsymbol{c})+P(\boldsymbol{d},\boldsymbol{b})|\leqslant 2 \tag{5.10}
$$

这里并未假设体系的总自旋为零。如果体系总自旋为零,即理想的反向关联 $P(\boldsymbol{c},\boldsymbol{c})=-1$,并且选取特殊情况 $\boldsymbol{d}=\boldsymbol{c}$,就化简为 Bell 不等式。

和 Bell 不等式相似,CHSH 不等式在量子力学中也极易受到破坏。比如,取 4 个矢量共面,并且 $\angle(\boldsymbol{a},\boldsymbol{b})=\angle(\boldsymbol{b},\boldsymbol{d})=\angle(\boldsymbol{d},\boldsymbol{c})=\frac{\pi}{4}$,于是 $\angle(\boldsymbol{a},\boldsymbol{c})=\frac{3\pi}{4}$,将量子力学结果代入,即得 $P(\boldsymbol{a},\boldsymbol{b})=P(\boldsymbol{b},\boldsymbol{d})=P(\boldsymbol{d},\boldsymbol{b})=P(\boldsymbol{d},\boldsymbol{c})=-\frac{1}{\sqrt{2}}$,$P(\boldsymbol{a},\boldsymbol{c})=\frac{1}{\sqrt{2}}$,代入式(5.10)成为 $2\sqrt{2}\leqslant 2$。

ii) CHSH 不等式的最大破坏[5,10]

现在来给出 CHSH 不等式的最大破坏。按照 QT,CHSH 不等式的破坏有一上限:$2\sqrt{2}$。这是由于

$$
\begin{cases}
(\boldsymbol{\sigma}_A\cdot\boldsymbol{a})^2=(\boldsymbol{\sigma}_B\cdot\boldsymbol{b})^2=(\boldsymbol{\sigma}_A\cdot\boldsymbol{d})^2=(\boldsymbol{\sigma}_B\cdot\boldsymbol{c})^2=I \\
[\boldsymbol{\sigma}_A\cdot\boldsymbol{a},\boldsymbol{\sigma}_B\cdot\boldsymbol{b}]=[\boldsymbol{\sigma}_A\cdot\boldsymbol{a},\boldsymbol{\sigma}_B\cdot\boldsymbol{c}]=[\boldsymbol{\sigma}_A\cdot\boldsymbol{d},\boldsymbol{\sigma}_B\cdot\boldsymbol{c}]=[\boldsymbol{\sigma}_A\cdot\boldsymbol{d},\boldsymbol{\sigma}_B\cdot\boldsymbol{b}]=0
\end{cases}
$$

令

$$
\Omega=(\boldsymbol{\sigma}_A\cdot\boldsymbol{a})(\boldsymbol{\sigma}_B\cdot\boldsymbol{b})+(\boldsymbol{\sigma}_A\cdot\boldsymbol{d})(\boldsymbol{\sigma}_B\cdot\boldsymbol{b})+(\boldsymbol{\sigma}_A\cdot\boldsymbol{d})(\boldsymbol{\sigma}_B\cdot\boldsymbol{c})-(\boldsymbol{\sigma}_A\cdot\boldsymbol{a})(\boldsymbol{\sigma}_B\cdot\boldsymbol{c})
$$

$$
\begin{aligned}
\Omega^2 &= 4+[(\boldsymbol{\sigma}_A\cdot\boldsymbol{a}),(\boldsymbol{\sigma}_A\cdot\boldsymbol{d})][(\boldsymbol{\sigma}_B\cdot\boldsymbol{b}),(\boldsymbol{\sigma}_B\cdot\boldsymbol{c})] \\
&= 4-4[(\boldsymbol{a}\times\boldsymbol{d})\cdot\boldsymbol{\sigma}_A][(\boldsymbol{b}\times\boldsymbol{c})\cdot\boldsymbol{\sigma}_B]
\end{aligned}
$$

因此有

$$
\langle\Psi|\Omega^2|\Psi\rangle=4-4\sin(\boldsymbol{a},\boldsymbol{d})\sin(\boldsymbol{b},\boldsymbol{c})P(\boldsymbol{a}\times\boldsymbol{d},\boldsymbol{b}\times\boldsymbol{c})\leqslant 4+4=8
$$

这里,$P(\boldsymbol{a}\times\boldsymbol{d},\boldsymbol{b}\times\boldsymbol{c})$是 A 和 B 分别在 $\boldsymbol{a}\times\boldsymbol{d}$ 及 $\boldsymbol{b}\times\boldsymbol{c}$ 方向测量自旋取向的关联函数,其模值不超过 1。考虑到$\{\langle\Psi|\Omega|\Psi\rangle\}^2\leqslant\langle\Psi|\Omega^2|\Psi\rangle$,最后得到

$$
\langle\Psi|\Omega|\Psi\rangle\leqslant 2\sqrt{2} \tag{5.11}
$$

这里,$|\Psi\rangle$为任意态。这说明数值 $2\sqrt{2}$是 CHSH 关联测量中的上限。

5.1.3　GHZ 定理及其实验检验

上面两小节都是借助对各种不等式的破坏来揭示量子态的空间非定域性质，以后我们称它作为“关联非定域性”。由于实验中测量的关联函数均为态中的平均值，因此，关于破坏与否的论断都是以统计方式做出的。事实上，也可以找到无不等式的 Bell 定理，使得人们可以用一种确定的、非统计的方式来揭示量子态的这种非定域性。从本小节开始，介绍这条思路上最主要的几个无不等式的 Bell 定理。

i) GHZ 定理及意义[6]

对于三粒子 GHZ 态，存在一组相互对易的可观测量，对于这组力学量的测量，QT 将以确定的、非统计的方式给出与经典定域实在论不相容的结果。

论证：设三个$\frac{1}{2}$自旋粒子体系处于 GHZ 态上

$$|\Psi\rangle_{ABC}=\frac{1}{\sqrt{2}}(|0\rangle_A|0\rangle_B|0\rangle_C-|1\rangle_A|1\rangle_B|1\rangle_C) \tag{5.12}$$

由 QT 知 $\sigma_x^A|0\rangle_A=|1\rangle_A$ 等公式，于是得知，体系的这个状态是以下 4 个对易力学量组的共同本征态，相应的本征值和本征方程分别为

$$\begin{cases}\sigma_x^A\sigma_y^B\sigma_y^C|\Psi\rangle_{ABC}=|\Psi\rangle_{ABC}\\ \sigma_y^A\sigma_x^B\sigma_y^C|\Psi\rangle_{ABC}=|\Psi\rangle_{ABC}\\ \sigma_y^A\sigma_y^B\sigma_x^C|\Psi\rangle_{ABC}=|\Psi\rangle_{ABC}\\ \sigma_x^A\sigma_x^B\sigma_x^C|\Psi\rangle_{ABC}=-|\Psi\rangle_{ABC}\end{cases} \tag{5.13}$$

现在，试用定域实在论的观点来理解。首先考虑可观测量 σ_x^A。由态$|\Psi\rangle_{ABC}$知道，如果对 B,C 测量得到 $\sigma_y^B\sigma_y^C=+1$，那就可以肯定地推断 A 处于 $\sigma_x^A=+1$ 的状态；反之如果测量得出 $\sigma_y^B\sigma_y^C=-1$，就知道 $\sigma_x^A=-1$。因此，不管对 B,C 测量结果如何，只要对它们做了 $\sigma_y^B\sigma_y^C$ 测量，那么 A 的 σ_x^A 值就是客观确定了的。考虑对三个粒子的测量均彼此以类空间隔分开。由相对论性定域因果律得知，对 B,C 粒子做测量不会干扰 A 粒子的 σ_x^A，按照定域实在论观点，σ_x^A 就应该是一个客观存在的物理实在元素，客观上它应当有一个确定值，为 m_x^A（$+1$ 或者 -1）。接着考虑其他如 σ_y^B 等，论证类同。于是，按经典的定域实在论观点，客观上应当存在一组数（$+1$ 或 -1），能使方程组(5.13)成立

$$\begin{cases}1)\ m_x^Am_y^Bm_y^C=1\\ 2)\ m_y^Am_x^Bm_y^C=1\\ 3)\ m_y^Am_y^Bm_x^C=1\\ 4)\ m_x^Am_x^Bm_x^C=-1\end{cases} \tag{5.14}$$

但很显然,按定域实在论的理解所得的方程组(5.14)含有内在矛盾,无法同时成立。比如,将前三个方程相乘便得到

$$m_x^A m_x^B m_x^C = 1 \tag{5.15}$$

这和第 4 个方程相矛盾。 证毕。

定理的意义:定理及其证明的过程说明,QT 方程组(5.13)是无法用经典的定域实在论观点来理解的。值得注意的是,GHZ 定理是第一个无不等式的 Bell 定理,通过对三个粒子自旋本征值在类空间隔下的关联测量,此定理以等式的形式——一种确定的非统计性的方式暴露出 QT 与定域实在论之间的不相容性。

ii) GHZ 定理的实验检验

GHZ 定理的首次实验检验已经由潘建伟等用三光子极化纠缠 GHZ 态予以实现[7]。

5.1.4 Hardy 定理

上面 GHZ 定理又称作无不等式的 Bell 定理。它揭示了三个$\frac{1}{2}$自旋粒子组成的 GHZ 态的一种量子纠缠性质——涉及三个观察者、实际只有两个独立的时空间隔这一类空间非定域性。但未涉及两个粒子纠缠,此时是两个观察者、一个独立时空间隔的情况。1993 年 Hardy 针对两粒子纠缠态提出了另一种无不等式但却是概率的 Bell 型定理。他的工作之后,各种版本的 Hardy 定理陆续出现。这里只介绍后来 Goldstein[8]更简洁的 Hardy 定理:

对两体双态系统的正交归一基($|\alpha\rangle_i, |\beta\rangle_i, {}_i\langle\alpha|\beta\rangle_i = 0, i = A, B$),有所谓 Hardy 态$|\Psi\rangle_{AB} = a|\alpha\rangle_A|\alpha\rangle_B + b|\beta\rangle_A|\alpha\rangle_B + c|\alpha\rangle_A|\beta\rangle_B$,($abc \neq 0$)。对于这个态,存在一组力学量,通过对这组力学量的测量,按无不等式形式,以非零概率给出(QT 与经典定域实在论)互不相容的结果。

定理的简要说明:可设计一组共 4 个力学量,它们为 U_A, U_B, W_A, W_B

$$U_i = |\beta\rangle_{ii}\langle\beta|, \qquad \hat{W}_i = |\omega\rangle_{ii}\langle\omega|, \qquad |\omega\rangle_i = \frac{(a|\alpha\rangle_i + d_i|\beta\rangle_i)}{\sqrt{|a|^2 + |d_i|^2}},$$
$$i = A, B \tag{5.16}$$

这里,$d_A = b, d_B = c$。对 A, B 两粒子体系的这个量子态,测量这 4 个厄米算符所代表的力学量。QT 给出:若 $abc \neq 0$,则

同时测量 W_A 和 W_B,同为零的概率不为零; (5.17a)

但是,按经典的定域实在论来理解

同时测量 W_A 和 W_B,不能同时为零。 (5.17b)

于是,此定理以“无不等式但却是(非零)概率的方式”,暴露出 QT 与定域实在论之间的矛盾。

证明 QT 直接计算即知,4 个算符对 $|\Psi\rangle_{AB}$ 态的作用分别为

$$\begin{cases}1)U_AU_B = 0\\ 2)U_A = 0 \rightarrow W_B = 1\\ 3)U_B = 0 \rightarrow W_A = 1\\ 4)P(W_A = W_B = 0) \neq 0,\ abc \neq 0\end{cases} \tag{5.17c}$$

不论被测态 $|\Psi\rangle_{AB}$ 中系数 a,b,c 如何,第 1 式恒成立;出现第 2 式 $U_A|\Psi\rangle_{AB}=0$ 的情况表明态中系数 $b=0$,这时 W_B 使态 $|\Psi\rangle_{AB}$ 不变;出现第 3 式 $U_B|\Psi\rangle_{AB}=0$ 时态中系数 $c=0$,这时 W_A 使态 $|\Psi\rangle_{AB}$ 不变;特别是,最后第 4 式中算符 W_AW_B 对态作用结果为

$$W_AW_B|\Psi\rangle_{AB} \propto a^*(|a|^2+|b|^2+|c|^2)(a|\alpha\rangle_A+b|\beta\rangle_A)(a|\alpha\rangle_B+c|\beta\rangle_B)$$

于是,若 $abc\neq0$,则对 $|\Psi\rangle_{AB}$ 态同时测量 W_A 和 W_B 的数值(它俩彼此对易,可同时测量),出现两者结果均为零的概率将不为零。

再说仔细些,因为 W_A 和 W_B 均是投影算符,各有两个本征值 1 和 0,各自相应于两个态

$$\begin{cases}|\omega\rangle_A = (a|\alpha\rangle_A + b|\beta\rangle_A)\Big/\sqrt{|a|^2+|b|^2}\\ |\omega^\perp\rangle_A = (b^*|\alpha\rangle_A - a^*|\beta\rangle_A)\Big/\sqrt{|a|^2+|b|^2}\\ |\omega\rangle_B = (a|\alpha\rangle_B + c|\beta\rangle_B)\Big/\sqrt{|a|^2+|c|^2}\\ |\omega^\perp\rangle_B = (c^*|\alpha\rangle_B - a^*|\beta\rangle_B)\Big/\sqrt{|a|^2+|c|^2}\end{cases} \tag{5.17d}$$

当对 $|\Psi\rangle_{AB}$ 做 W_A 测量时,$|\Psi\rangle_{AB}$ 将有非零概率坍缩到 $|\omega^\perp\rangle_A$ 态上,相应得到 W_A 的零本征值。测量后 B 粒子将因关联坍缩而处于 ${}_A\langle\omega^\perp|\Psi\rangle_{AB}\rangle\equiv|\varphi\rangle_B\propto bc|\beta\rangle_B$ 上。这时再对这个 $|\varphi\rangle_B$ 态做 W_B 测量,并将其投影到 $|\omega^\perp\rangle_B$ 态上(即测得 W_B 值也为零)的概率显然正比于 $|{}_B\langle\omega^\perp|\varphi\rangle_B|^2\propto|abc|^2\neq0$。

但另一方面,按定域实在论,根据(5.17c)的前三个方程,第 4 式结果不可能出现。因为,无论 $U_A=0$,或 $U_B=0$,或同时为零,W_A 和 W_B 总有一个为 1。就是说,对态 $|\Psi\rangle_{AB}$ 测量 W_A 和 W_B,定域实在论认为不可能同时为零。

值得指出,注意 $|\Psi\rangle_{AB}$ 表达式中只缺少 $|\beta\rangle_A|\beta\rangle_B$ 项,可以说如此形式的 $|\Psi\rangle_{AB}$ 含盖了两体双态系统的大部分状态,有较好的普遍性。

5.1.5 Cabello 定理

i) Cabello 定理

在 GHZ 定理和 Hardy 定理二者的基础上,Cabello 提出了一个更为理想的无不等式的 Bell 定理——Cabello 定理。Cabello 方案兼有两者的优点:方案中使用

两个 Bell 基,观测者只有两个,这与 Hardy 定理相同,但独立的间隔一般应当是两个而不是一个(结合下面实验说明);实验中以确定的方式暴露出 QT 与定域实在论之间的矛盾,这又继承了 GHZ 定理的优点。

Cabello 定理[9] 对于由两个 Bell 基构成的最大纠缠态,存在一组力学量,对这组力学量的测量,QT 将以确定的方式给出与经典定域实在论不相容的结果。

定理论证 设 Alice 有粒子 1 和 3,Bob 有粒子 2 和 4,在他们操作之间构成类空间隔。整个 4 粒子系统处于直积态

$$|\Psi\rangle_{1234}=|\Psi^-\rangle_{12}\otimes|\Psi^-\rangle_{34} \tag{5.18}$$

$|\Psi^-\rangle_{ij}=\frac{1}{\sqrt{2}}(|01\rangle_{ij}-|10\rangle_{ij})$。为方便记 Alice 粒子为 $A_i=\sigma_z^i, a_i=\sigma_x^i, i=1,3$;Bob 粒子为 $B_j=\sigma_z^j, b_j=\sigma_x^j, j=2,4$。这些算符的取值为±1。

QT 表明,$|\Psi\rangle_{1234}$满足如下性质

$$\begin{cases}P_\Psi(A_1=B_2)=0, & P_\Psi(a_1=b_2)=0\\ P_\Psi(A_3=B_4)=0, & P_\Psi(a_3=b_4)=0\end{cases} \tag{5.19a}$$

$$\begin{cases}P_\Psi(B_2=B_4\mid A_1A_3=1)=1, & P_\Psi(b_2=b_4\mid a_1a_3=1)=1\\ P_\Psi(A_1=a_3\mid B_2b_4=1)=1, & P_\Psi(a_1=-A_3\mid b_2B_4=-1)=1\end{cases} \tag{5.19b}$$

$$P_\Psi(A_1A_3=1,a_1a_3=1,B_2b_4=1,b_2B_4=-1)=\frac{1}{8} \tag{5.19c}$$

这里,$P_\Psi(A_1=B_2)$表示对态$|\Psi\rangle$测量算符 A_1 和 B_2 得到相同结果的概率,而 $P_\Psi(B_2=B_4|A_1A_3=1)$表示在 $A_1A_3=1$ 的条件下对 B_2 和 B_4 测量得到相同结果的概率。

下面用定域实在论观点来看待上面这几个方程。由方程组(5.19a)的第 1 式,当 Alice 对粒子 1 测量 A_1 时,可以肯定地推断出 Bob 手中粒子 2 的 B_2 值(例如若 $A_1=1$ 可推断 $B_2=-1$)。由于粒子 1 和 2 的测量是类空间隔分开的,因此按定域实在论观点,对 A_1 的测量不但不会影响对 B_2 的测量结果;而且不论是否对 B_2 做测量,B_2 的取值是客观确定的。即有相应于 B_2 的实在元素 $U(B_2)$,它应当是客观确定的某个数(+1 或 −1)。对于 A_3,同样有相应的实在元素 $U(A_3)$,等等。这样,按定域实在论观点,应当存在一组数使 QT 方程组(5.19a)变成为

$$\begin{cases}U(A_1)=-U(B_2)\\ U(a_1)=-U(b_2)\\ U(A_3)=-U(B_4)\\ U(a_3)=-U(b_4)\end{cases} \tag{5.20}$$

接着,再按定域实在论的观点去理解方程组(5.19b)的第 1 式,若 Alice 测得 $A_1A_3=1$,就能推断出:如 Bob 测量 B_2 和 B_4,他将肯定得到 $B_2=B_4$。按定域实在

论，Alice 对粒子 1 和 3 的测量不会影响 B_2 和 B_4，它们的数值是客观确定的。对方程组(5.19b)其余三个等式的理解类似。再次，由于 $\sigma_z^1\sigma_z^3$，$\sigma_x^1\sigma_x^3$，$\sigma_z^2\sigma_x^4$，$\sigma_x^2\sigma_z^4$ 相互对易，所以按 QT 的式(5.19c)可得，式(5.19b)中所含 4 个条件($A_1A_3=1$，$a_1a_3=1$，$B_2b_4=1$，$b_2B_4=-1$)可以同时发生。因此，在 Alice 测得 $A_1A_3=1$，$a_1a_3=1$，Bob 测得 $B_2b_4=1$，$b_2B_4=-1$ 的条件下，按定域实在论理解，式(5.19b)应当为以下结果

$$\begin{cases} U(B_2)=U(B_4) \\ U(b_2)=U(b_4) \\ U(A_1)=U(a_3) \\ U(a_1)=-U(A_3) \end{cases} \tag{5.21}$$

然而，立刻可以发现，无法找到一组数能使方程组(5.20)和(5.21)都成立。因为将它们相结合后，直接导致如下矛盾方程

$$U(B_2)U(b_2)U(A_3)U(a_3)=-U(B_2)U(b_2)U(A_3)U(a_3) \tag{5.22}$$

所以"(5.19a)+(5.19b) + (5.19c)联立方程"的 QT 结果是不可能用定域实在论的"(5.20)+(5.21)联立方程"来解释的。 证毕。

ii) 定理的实验验证[20]

采用两个光子，通过 PBS 之后，这两个光子的极化模以及空间模(从两个出口中哪个口出去的"路径模"，注意这两个模在空间上不交叠，也就相互正交，实际可看作光子的另一个二维自由度)。于是，虽然是两个光子，却总共能有 4 个独立的自由度！可以代表 4 个独立光子，组成两个 Bell 基，进行 Cabello 方案的验证。由于实际参与的光子数目较少(是 2 个，而不是 4 个，所以类空间隔只有一个)实验实现的难度降低，精度很高。理论工作已发表[17]

$$|\Psi\rangle_{12}=\frac{1}{2}(|H\rangle_1|V\rangle_2-|V\rangle_1|H\rangle_2)\cdot(|u\rangle_1|d\rangle_2-|d\rangle_1|u\rangle_2) \tag{5.23}$$

这里，脚标表示两个光子的人为编号。d 和 u 是光子入射到半透片上发生透射或反射的两个出口，对同一光子，相应的这两个态是正交的。H 和 V 表示光子的极化沿水平和垂直方向。由此出发，按 Cabello 的类似办法推导，容易得到对定域实在论的决定论式的肯定或否定。相应的实验验证也已完成，实验结论是支持 QT 的。

5.1.6 连续变量系统的 Bell 不等式

i) 光场|NOPA⟩态和宇旋算符[11]

众所周知，双模压缩真空态为

$$|\mathrm{NOPA}\rangle = \exp\{\gamma(a_1^+ a_2^+ - a_1 a_2)\} \mid 00\rangle = \frac{1}{\cosh\gamma}\sum_{n=0}^{\infty}(\tanh\gamma)^n \mid n\, n\rangle \tag{5.24}$$

其中，$\gamma>0$ 是压缩参量。引入单模光场光子的“准自旋”算符[11,12]

$$\begin{cases} \boldsymbol{s} = (s_x, s_y, s_z), \qquad s_\pm = \dfrac{1}{2}(s_x \pm \mathrm{i} s_y) \\ [s_z, s_\pm] = \pm 2s_\pm, \qquad [s_+, s_-] = s_z \\ s_z = \displaystyle\sum_{n=0}^{\infty}\{|\, 2n\rangle\langle 2n\,| - |\, 2n+1\rangle\langle 2n+1\,|\} = (-1)^N \\ s_+ = \displaystyle\sum_{n=0}^{\infty} |\, 2n\rangle\langle 2n+1\,| = (s_-)^+ \end{cases} \tag{5.25}$$

ii) 连续变量光场 Bell 不等式及其最大破坏[11,12]

现在对此两模光场定义如下 Bell 算符

$$B_{\mathrm{CHSH}} = (\boldsymbol{a}\cdot\boldsymbol{s}_1)(\boldsymbol{b}\cdot\boldsymbol{s}_2) + (\boldsymbol{a}'\cdot\boldsymbol{s}_1)(\boldsymbol{b}\cdot\boldsymbol{s}_2) + (\boldsymbol{a}\cdot\boldsymbol{s}_1)(\boldsymbol{b}'\cdot\boldsymbol{s}_2) - (\boldsymbol{a}'\cdot\boldsymbol{s}_1)(\boldsymbol{b}'\cdot\boldsymbol{s}_2) \tag{5.26}$$

其中，$\boldsymbol{a},\boldsymbol{b},\boldsymbol{a}',\boldsymbol{b}'$是 4 个模长为 1 的矢量，可分别用它们在球坐标中各自一对辐角来表示。比如，有

$$\begin{cases} \boldsymbol{a}\cdot\boldsymbol{s} = s_z\cos\theta_a + \sin\theta_a(\mathrm{e}^{\mathrm{i}\varphi_a}s_- + \mathrm{e}^{-\mathrm{i}\varphi_a}s_+) \\ (\boldsymbol{a}\cdot\boldsymbol{s})^2 = I \end{cases} \tag{5.27}$$

在定域实在论假设下，按 CHSH 不等式(5.10)的类似论证，对任意态可得

$$|\langle B_{\mathrm{CHSH}}\rangle| \leqslant 2 \tag{5.28}$$

但由于

$$B_{\mathrm{CHSH}}^2 = 4I + 4\{(\boldsymbol{a}\times\boldsymbol{a}')\cdot\boldsymbol{s}_1\}\otimes\{(\boldsymbol{b}\times\boldsymbol{b}')\cdot\boldsymbol{s}_2\}$$

于是有$\langle B_{\mathrm{CHSH}}^2\rangle \leqslant 4+4=8$，所以量子力学预言不等式破坏的上限为

$$|\langle B_{\mathrm{CHSH}}\rangle| \leqslant 2\sqrt{2} \tag{5.29}$$

因此可以选择 4 个矢量来证实违反式(5.28)但却遵守式(5.29)。

iii) $|\mathrm{NOPA}\rangle$态的空间非定域度[11,12]

容易计算$|\mathrm{NOPA}\rangle$态的如下关联函数

$$\begin{aligned} E(\theta_a,\theta_b) &= \langle\mathrm{NOPA}\mid S_{\theta_a}^{(1)}\otimes S_{\theta_b}^{(2)}\mid\mathrm{NOPA}\rangle \\ &= \cos\theta_a\cos\theta_b + K\sin\theta_a\sin\theta_b \end{aligned} \tag{5.30}$$

其中，$S_{\theta_a}^{(j)} = s_{jz}\cos\theta_a + s_{jx}\sin\theta_a\,(j=1,2)$。而只依赖于压缩参数 γ 的常数 K 可称为非定域度

$$K = \tanh(2\gamma) \leqslant 1 \tag{5.31}$$

如果选取 $\theta_a=0, \theta_{a'}=\frac{\pi}{2}, \theta_b=-\theta_{b'}$，就得到

$$\langle B_{\mathrm{CHSH}}\rangle=\langle \mathrm{NOPA}\mid B_{\mathrm{CHSH}}\mid \mathrm{NOPA}\rangle=2(\cos\theta_b+K\sin\theta_b)$$

进一步，当取 $\theta_b=\arctan K$ 时，此平均值达最大值

$$\langle B_{\mathrm{CHSH}}\rangle_{\mathrm{Max}}=2\sqrt{1+K^2} \tag{5.32}$$

可知只要 $K\neq 0$，就显示了 $|\mathrm{NOPA}\rangle$ 态的空间非定域性。在无限压缩下，这里的结果将还原为原先 EPR 态的最大破坏。因为当 $\gamma\to\infty$ 时，$K\to 1$，$|\mathrm{NOPA}\rangle\to|\mathrm{EPR}\rangle$，所以有

$$\langle \mathrm{NOPA}\mid B_{\mathrm{CHSH}}\mid \mathrm{NOPA}\rangle_{\mathrm{Max}}\xrightarrow{\gamma\to\infty}\langle \mathrm{EPR}\mid B_{\mathrm{CHSH}}\mid \mathrm{EPR}\rangle_{\mathrm{Max}}=2\sqrt{2} \tag{5.33}$$

最后，值得强调指出：目前人们总是企图简单地用一个标量——“空间非定域性指数”来准确而全面地描述一个量子态的空间非定域性质。我觉得这种思路可能只是一个简单化的奢望。

§5.2　量子纠缠与 Bell 型空间非定域性关联分析

5.2.1　“定域实在论”与量子纠缠

i) 量子纠缠的本质和精髓[21]

a) 客观实在性并不等价于客观单值确定性

由于全体量子理论都遵守量子态的叠加原理，而这个原理明确主张：量子系统可以处在各种叠加态上。这时量子系统相应的力学量将不可能具有单一值。于是量子理论主张：客观实在性并不等价于客观单值确定性。

b) 量子纠缠的本质和精髓

量子纠缠的本质，从不同角度来看有不同的提法：①按量子信息论角度，其本质是关联中的量子信息；②按实验观测角度，纠缠的本质是关联坍缩；③从理论分析角度，纠缠的精髓是和关联空间非定域性（见下）的等价性；④从隐变数角度，两体系统存在纠缠的充要条件是：两粒子间不容许存在任意相对相位差而不改变系统的状态。换一种等价提法，对两体系统的某个状态，如能存在一种表示，在这种表示下，在两粒子间引入任意相对相位差而不会改变这个状态，此状态必定是可分离的。此时显然能够容忍定域性隐变数存在。

ii) 态叠加原理及纠缠与“定域实在论”相矛盾

QT 中所包含的两点：其一，对单粒子或多粒子体系都适用的态叠加原理；其二，只针对多粒子体系的量子纠缠，这两者都明显和“物理实在论”相矛盾。其实，

即便在经典领域，也有因为相互依赖而违背“物理实在论”观点的情况。这是因为，“物理实在论”过于肯定客观的单值确定性。就是说，将客观实在性简单化理解成了客观单值确定性。

比如，在第八章的开目标 Teleportation 实验中，通过操作最后将信息系数 α,β 转化到分别处于三个地方的三个光子纠缠态上

$$\alpha \mid 000\rangle_{123} + \beta \mid 111\rangle_{123}$$

这就是说，信息 α,β 已经按照空间非定域的方式被联合存储于三个地方，共同掌管。这就具体地表明了量子纠缠和空间非定域性的关联。

iii) QT 为非定域隐变量理论所包容

应该指出，整个 QT 能为含有“非定域”“隐变量”的经典理论所包容(见 Bohm 稳变量理论)。换句话说，假如存在某种尚未知道的非定域性的“隐变量”，原则上可以构造这样的经典理论，使它含有这种“非定域性”的“隐变量”，从而不但能以客观确定论的经典方式解释叠加态在测量坍缩中的随机性，而且能以客观确定论的经典方式解释量子纠缠中关联坍缩的非定域性和随机性。考虑及此，就不能说迄今所有实验也已否定了非定域类型的隐变量。就是说，至今仍然难以确定上帝玩不玩掷骰子！假定在非定域隐变量的理论框架中看问题的话，不仅关联坍缩是遵守定域因果律的，而且所有坍缩中的随机现象，其性质将是经典的：上帝是不玩掷骰子的！

量子纠缠及空间关联实验所表现出的与定域实在论的矛盾只说明 QT 是非定域的，不能用任何定域理论(即便含隐变量的定域理论)所包容。然而，只当主张非定域隐变量理论的人能够说出非定域隐变量的物理根源，以及指出它们的任何可观测效应，否则即便是非定域的隐变量理论也是不值得认真对待的。

5.2.2 QT 的空间非定域性

i) QT 的空间非定域性概述

一个物理量，或是一种相互作用，如果它的数值或进行过程不仅依赖于时空变数，并且只和当时当地的时空变数(至多包含该点的无限小邻域)有关，就称它为定域的量，或是定域的相互作用。这表明它不但是一个在时空中进行的过程，而且是一个体现着局域作用的定域过程。

与此相对照，一个物理量，或是一种相互作用，如果它的数值或进行过程不仅依赖于当时当地的时空变数，而且还以一定方式依赖于别时别地的时空变数，就称它为(就时间而言是非 Markovian)非定域的量，或是非定域作用过程。这表明，它不但是个在时空中进行的过程，而且是体现着(在时空域中的)非局域作用的非定域过程。

例如，电磁场推迟势、EPR 态关联、纠缠测量的坍缩与关联坍缩；不同商品的价格(局部或非局部地方)；混态演化与主方程推导(延时反馈，这是时域中的“非定

域过程",非 Markovian)等等。

尽管和经典理论一样,QT(从非相对论量子力学到相对论量子场论)仍然采用了定域描述方法,但 QT 最重要特征之一是:全面地表现出了各种奇妙的空间非定域性质,而且这些非定域性质已经并继续经受住了越来越多的实验检验。

不可否认,这些空间非定域性质有着不同的根源。有的来自基本相互作用的内在性质(即非定域型相互作用,比如某时空点的相互作用并不只和该点上各场量或它们导数有关);有的来自微观粒子的内禀性质——波粒二象性;有的又来自具体拉氏量中参数空间的拓扑性质;有的则来自我们所处空间可能具有的整体拓扑性质(宇宙有限无界、无限无界等)。由于根源不相同,它们所显示的现象以及出现的范畴也不尽相同。有些非定域性质体现在局部空间无法察觉的、只依赖于空间整体拓扑性质的现象上(比如各种拓扑相因子);有的则在坍缩——关联坍缩之间显示出一种超空间的关联现象(参见 Teleportation 和 Swapping 实验);有的仍然遵守相对论性定域因果律,有的则表现出令人困惑的似乎与这个基本规律的不相容性(也参见文献[14])等等。正是由于空间非定域性有不同来源,因而就有不同种类,并有着不同的物理表现。

就本质而言,无论非相对论量子力学还是相对论量子场论,都是在定域描述外衣下的空间非定域理论[10,14,15]。可以发现这主要体现在以下几个方面:

a) Feynman 公设。此公设对整个 QT 普遍适用,已广泛用于近代量子场论。对非相对论量子力学来说,所有路径可区分为两类:遵守相对论性定域因果律的;不遵守相对论性定域因果律的。注意,后者是稠密的,而前者(遵守经典力学或经典场方程的经典路径及其附近)测度几乎为零。就是说,Feynman 公设中包含着大量不遵守定域因果律的显示量子涨落的路径。正是这些量子涨落成分导致了 QT 的空间非定域性。进一步,就相对论量子场的情况来说,这时生成泛函虽然是对场量的积分,但被积函数指数上拉氏量密度对时空变数积分是 4 重独立的壳外积分。以最简单的旋量 QED 为例,此耦合体系的 Green 函数生成泛函为

$$\begin{cases} Z[\bar{\eta},\eta,J] = \dfrac{1}{N}\displaystyle\int \mathrm{D}\bar{\Psi}\mathrm{D}\Psi \prod_{\mu} \mathrm{D}A_{\mu} \exp\left\{ \mathrm{i}\int \mathrm{d}^4 x (l_{\text{eff}} + \bar{\eta}\Psi + \bar{\Psi}\eta + J_{\mu}A_{\mu}) \right\} \\ l_{\text{eff}} = -\bar{\Psi}(\gamma_{\mu}\partial_{\mu} + m)\Psi - \dfrac{1}{4}(F_{\mu\nu})^2 - \dfrac{1}{2\xi}(\partial_{\mu}A_{\mu})^2 + \mathrm{i}e\bar{\Psi}\gamma_{\mu}\Psi A_{\mu} \end{cases}$$

(l_{eff}为体系有效拉氏量密度,其中修正项由规范约束泛函 σ 函数转来)。其中任意可微函数 $\eta,\bar{\eta},J_{\mu}$ 分别为 Fermi 性外源和 Boson 性矢量外源。此时泛函积分变数虽然不是时空变量,而是场量,但其中提供生成泛函量子涨落的指数积分相因子却是 4 重壳外积分,如果用路径积分观点来看待这个 4 重壳外积分,将积分求和各项分解并连接成一条条随时间前进的折线路径,就可以再次证实上面的分析。而且,无论对 $m\neq0$ 的粒子或光子,泛函被积函数中通常引入的是各类规范约束条件,从

未直接引入过以光锥为界面的单侧定域因果性的约束。

b) 量子测量导致的状态坍缩都是非定域的，无论是空间波函数坍缩或是自旋波函数坍缩。例如，“广义杨氏双缝”中向相干叠加的两个不同态（两条缝、两种态、两条路径、两种极化、透射反射、死与活——有些已涉及广义的空间非定域性）之一的坍缩。

c) 多粒子体系空间波函数或自旋波函数的“坍缩——关联坍缩”。多粒子体系的量子纠缠——关联测量——各类 Bell 型空间非定域性。

d) 自旋态的内禀性质是空间非定域的。

e) 所有本征值、平均值的决定方式是非定域的。

f) 本质上说，微观粒子波粒二象性的内禀性质就和空间定域描述方式不兼容。这表现在：不确定性关系、全同性原理——全对称或全反对称的量子纠缠、不可能精确定位（$\Delta x \geqslant \lambda_{\text{compton}}$）等等。

g) 相对论量子场论的众多发散正凸显出 QT 空间非定域性质与所用定域描述方法之间的矛盾。

ii) 空间定域描述方法

采用时空变数 $x=(\boldsymbol{x},t)$ 所做的描述，称为定域描述。比如，电磁波波包在时空中的传播就是一个定域的物理过程，对它在时空传播过程的描述就是定域的描述。

再比如，按场论观点，两个粒子 a 与 b 的相互作用，可以是正比于和粒子相联系的场 $A(x)$ 和 $B(x)$（或其导数）的乘积。这样一来，在时空点 x 的相互作用就只依赖于该点处的场量 $A(x)$ 与 $B(x)$ 及其导数（涉及点 x 的无限小邻域），而与其他时空点 x' 的场量 $A(x')$ 与 $B(x')$ 无关。这就是一个定域的相互作用过程。相应的描述也是一种定域的描述。这也包括，将粒子 a 的量子场写为 $A(x)$，使得有资格说“粒子 a 在 x 点处的场量 $A(x)$”等等，这本身也是定域的描述方法。

在物理学中，包括在 QT 中，几乎都是定域的描述。那么，有没有非定域的描述呢？有。

通常对某种性质的非定域描述，区分为三层不同的含义：

其一，不违背定域因果律的定域弥散性描述。对过程的描述还是借助时空变数进行，只是此时的描述具有时空变数描述下的某种弥散（比如，有某种积分核的时空积分，如推迟的 Green 函数等），使得任一点处的相互作用也以一定方式依赖于别点处的场量；特别是，这种弥散积分只局限于满足相对论性定域因果律的光锥内部或锥体上。这是一类披着定域描述外衣、并遵守相对论性定域因果律的非定域理论（甚至仍是定域理论）。

其二，违背定域因果律的定域弥散性描述。过程描述还是借助某种弥散的时空变数进行，只是实施这种弥散的积分不局限于光锥内和锥体上，还扩及到不满足定域因果律的锥外部分。这是一类披着定域描述外衣的违反相对论性定域因果律的非定域理论。应当说这是真正的非定域理论。

其三，拓扑性描述。在势场中，粒子所受的力常常以势场的各类微分量来表示，微分量的计算总是在局域范围内进行的，只会涉及场的局域性质；但这个势场也许还有非平庸的整体性质——一类难以用定域描述方式表达的整体拓扑性质。

例如，双缝干涉实验中，若缝屏后面放置一根细磁弦，其作用是改变屏后空间矢势场的整体拓扑性质：矢势场从曲面单连通区域变成曲面多连通区域（见 Young 双缝的 AB 效应）。使得相位因子只依赖于从磁弦的上方还是下方绕过，而不依赖于上方或下方路径的各种具体变形。因为在磁场强度为零的区域，路径可以连续变形而不影响相位。这将出现不可积的相因子。

还比如，粒子自旋态。它只依赖于旋量方程的旋量结构，并不直接依赖于时空变数，是一种非定域的性质——某种未知的拓扑性质，可以简单直接地说是某种超空间的性质。再比如，磁单极子奇异弦的起因和球面覆盖问题，我们所处空间的整体性质，等等。

iii）自旋态及其坍缩的非定域性质

构成自旋 EPR 对的两个反方向飞行的粒子，经过足够长时间之后，它们空间波包肯定已不再交叠，但它们的自旋态依然彼此关联：各自的自旋取向均依赖于对方而处于一种不确定状态。这种关联是一种不依赖于空间变数的关联，一种非定域的关联，一种超空间的关联。一旦对其中一个粒子做自旋取向测量，使其产生坍缩，比如向上，则另一粒子虽然处于遥远而未知的地方，也将瞬间同时发生自旋态朝下的坍缩。注意，这里不存在什么“自旋态坍缩波”的“空间传播”，而是发生一种瞬时的、不受相对论性定域因果律约束的、不可从中阻断的关联坍缩。简单明了地说就是，这里发生着一种：超空间性质的关联坍缩。

最近的实验结果应当解释为：坍缩与关联坍缩之间，性质上不是因果的关系。而只是同一系统（纠缠态）坍缩这件事的两个相互依存的内容。这种自旋 EPR 对的非定域的关联坍缩揭示出自旋态的拓扑性质。指明自旋态是该粒子量子场的一种整体拓扑性质，是不能以定域方式加以描述和理解的。从空间定域描述的观点来看，坍缩时就好像空间的广延性不存在了。量子 Teleportation 和 Swapping 的出色实验就很清楚地显示了这种难以理解的现象。

iv）空间波函数坍缩的非定域性质

如果说自旋态及其坍缩的空间非定域性质早已为人们所注意的话，那么，空间波函数坍缩的非定域性质还远未引起人们的重视。

事实是，当人们对一个粒子的空间波函数进行某种测量时，测量坍缩将导致其空间波函数的改变。比如

$$\varphi(x) \rightarrow \Psi(x)$$

显然,这是涉及整个空间分布的改变,而不是局域的变化和局域变化在空间中的传播。就是说,这里同样也不存在局域发生的空间波函数的坍缩波的空间传播,而是一种全空间的、瞬时的、不可阻断的的突变。这也是一种不受相对论性定域因果律支配的、超空间的突变。总之可以说:空间波函数的坍缩同样具有非定域的性质。

v) 各类 which way 实验的广义空间非定域性

所有单粒子或复合粒子的杨氏双缝、中子干涉量度学、光学半波片、各种 which way、各类 Schrödinger cat,它们本质都是类似的,都是各种类型的"Yes-No"双态系统的相干叠加、测量中的随机坍缩、不同测量导致不同坍缩。可统称之为"广义杨氏双缝实验"。自由度多了、退相干快了就成了猫态的情况。

对于一类彼此空间相距为宏观距离的"Yes-No"双态 ,这种相干叠加以及随后测量中的随机坍缩就更加明显地表现出空间非定域性:在瞬间就实现了全空间状态分布的更迭。这时并没有坍缩波以及坍缩波在空间中的传播。所以说这种更迭是一种非定域的、超空间的过程——如果可以称作物理过程的话。

至于其他类型"距离"的"Yes-No"双态的更迭将是一些别种类型的非局域过程,比如,时间演化中的"非定域"——非瞬时反馈的,即有记忆效应的过程就是一些非 Markovian 过程。

这里指出,除自旋本性尚未清楚之外,量子理论空间非定域性质的物理根源应当归结为微观粒子的内禀性质——波粒二象性。

vi) 讨论

量子理论空间非定域性的可能来源与类型:

a) 测量坍缩中的非定域性(注意,即便是单个粒子的测量坍缩也有此空间非定域性);

b) 关联型空间非定域性(多粒子体系中,与关联测量相关的空间非定域性,等价于量子纠缠);

c) 与自旋本质相联系的空间非定域性;

d) 与基本相互作用性质有关的空间非定域性;

e) 与空间拓扑性质有关的非定域性——来自我们所处三维空间(也许具有的)非平庸的拓扑性质。

§5.3 对 Bell-CHSH-GHZ-Hardy-Cabello 路线评论

5.3.1 Bell 空间非定域性本质评论之一

i) Bell 非定域性——关联非定域性及其局限性

在 QT 的诸多奇妙的空间非定域性质中,有一种与多粒子量子纠缠现象密切相关的空间非定域性——“Bell 非定域性”。

沿着上述 Bell-CHSH-Hardy-GHZ-Cabello 一系列不等式和等式形式的空间非定域性研究路线，提出了大量具体的 Bell 算符，以及与之配套的量子态和关联测量方案，由此暴露出各种纠缠态下各种空间非定域性质。总起来说，这条研究路线主要通过对处于空间不同点的纠缠态上的多粒子体系做类空间隔的关联测量，来暴露(与经典力学所理解的定域实在论不同的)QT 的一类空间非定域性质。QT 的这一类各色形式的空间非定域性质可统称为“Bell 非定域性”，或是“关联非定域性”。

然而，正因为每一种 Bell 型算符、相关配套的态以及关联测量方案都是具体的算符、具体的态和具体的方案，因此它们各自在彰显量子态这种空间非定域性质的同时，总难免带有各自的特殊性，都不可避免地存在着各自的局限性和片面性。于是，每一种具体的 Bell 算符和配套态及关联测量方案都只能显示“Bell 非定域性”在各种具体情况下的各个侧面，难以完整体现 QT 的这种非定域性，也未必能显示出所用量子态的全部纠缠性质。

于是就不难理解，在具体情况下某个 Bell 非定域性和量子纠缠这两种度量之间出现不一致性，或不等价性现象：量子态的下限情况都相同——非定域度为零对应于态可分离，即没有纠缠就不会出现关联测量中的相关性；但有这样一些态，它们的上限常有不同——使 Bell 型不等式达到最大破坏的态，即该态的 Bell 非定域度最大时，它的量子纠缠度却不是最大。比如，对两体四能级系统

$$|\Psi\rangle=\frac{1}{2}\{|00\rangle+|11\rangle+|22\rangle+|33\rangle\},\qquad|\varphi\rangle=\frac{1}{\sqrt{2}}\{|00\rangle+|11\rangle\}$$

可以验证，它们对 Bell 不等式都构成最大破坏，但其中，$|\varphi\rangle$态可使 Gisin-Peres 方案中 Bell 空间非定域度 $K=1$ 达最大值，但却不使两体纠缠度达最大值。这方面的详细叙述可见文献[12]中的§5.4。

为了能完备地表达出一个给定态在关联测量意义下的空间非定域性质，引入如下定义：

某个多体量子态对“所有可能 Bell 型算符 + 所有可行的关联测量”的全体集合下所体现出的空间非定域性称为一般关联测量意义下的“关联型非定域性”或“Bell 型非定域性”。

所以，全体可能的 Bell 型不等式和等式的 Bell 方案的集合才能完整体现这种因纠缠而产生的空间非定域性——在类空间隔下多粒子关联测量中所表现的量子态的超空间关联性。它简称作“关联非定域性”、“Bell 非定域性”或“纠缠非定域性”。追究这类非定域性的本质，它们来自微观粒子的内禀性质——波粒二象性；而在实验测量中，则表现为坍缩与关联坍缩之间一种奇妙的超空间的关联。尽管这个非定域性让人迷惑不解，但正在广泛用于量子信息论领域。

ii）关联型空间非定域性与量子纠缠的等价性[12,26]

a）A,B 两个子系统的任意可分离量子态被定义为

$$\rho_{AB}=\sum_{C}p_{C}\rho_{A}^{C}\otimes\rho_{B}^{C},\qquad \sum_{C}p_{C}=1 \tag{5.34}$$

这里，C 是与两个子系统都相关的某个物理量或事件。按此定义式又可以说，两体量子态可分离性等价于在任一体（按 C 分解）态上添加任意相因子而不会改变这个态。

b）类空间隔关联测量意义下的空间定域性

如果在条件 C 下的事件 A 和 B 相互独立，这种相互无关性质可以用下面条件概率的乘积分解来定义

$$P(AB\mid C)=P(A\mid C)\cdot P(B\mid C) \tag{5.35a}$$

其中，$P(A|C)$，$P(B|C)$ 分别为出现事件 C（与两个子系统都相关的某事件，它是 A 粒子事件 A 及 B 粒子的事件 B 的共同的"因"）的条件下事件 A 或 B 发生的概率，而 $P(AB|C)$ 则为事件 C 条件下 A 和 B 同时发生的概率。

c）可以证明：两体态的可分离性与类空间隔关联测量意义下的空间定域性是等价的。

定理 对于多体量子系统，基于类空间隔下关联测量的空间定域性等价于量子态的可分离性。换句话说，关联型空间非定域性与量子纠缠本质上等价[26,12]。

证明 只考虑两体情况，但论证方法对多体情况同样适用。

这里讨论的关联测量是针对类空间隔下的关联测量。这时空间定域性的含义应当是定域因果律。它体现为：处于类空间隔下的两个子系统 A 和 B 中各自发生的事件相互独立。这时可用上面"两个相互独立事件乘积的条件概率等于两个事件分别条件概率的乘积"来表达

$$P(AB\mid C)=P(A\mid B)\cdot P(B\mid C) \tag{5.35b}$$

此式的思想可以表示为"类空间隔下不存在非定域的相关性"，或者说是"类空间隔下的定域独立性"，其实它们都是已有的"定域因果律"的等价表述。容易得出，如用 $\hat{A}$ 和 $\hat{B}$ 分别表示两个子系统的两个任意算符，那么它们期望值将满足下面的关系

$$E(\hat{A}\hat{B}\mid C)=E(\hat{A}\mid C)\cdot E(\hat{B}\mid C) \tag{5.36}$$

令 P_C 为事件 C 发生的概率，这种情况下 $\hat{A}\hat{B}$ 期望值就可以表示为

$$\begin{cases} E(\hat{A}\hat{B})=\mathrm{tr}_{AB}(\rho_{AB}\hat{A}\hat{B}) \\ E(\hat{A}\hat{B})=\sum\limits_{C}P_{C}E(\hat{A}\hat{B}\mid C)=\sum\limits_{C}P_{C}E(\hat{A}\mid C)\cdot E(\hat{B}\mid C) \\ \qquad =\sum\limits_{C}P_{C}\mathrm{tr}_{A}(\rho_{A}^{C}\hat{A})\cdot\mathrm{tr}_{B}(\rho_{B}^{C}\hat{B})=\sum\limits_{C}P_{C}\mathrm{tr}_{AB}[\rho_{A}^{C}\otimes\rho_{B}^{C}\hat{A}\hat{B}] \\ \qquad =\mathrm{tr}_{AB}\left\{\left[\sum\limits_{C}P_{C}\rho_{A}^{C}\otimes\rho_{B}^{C}\right]\hat{A}\hat{B}\right\} \end{cases} \tag{5.37}$$

考虑到算符 $\hat{A},\hat{B}$ 的任意性，于是即得

$$\rho_{AB}=\sum_C p_C\rho_A^C\otimes\rho_B^C,\qquad \sum_C p_C=1$$

这正是 AB 两体系统量子态是可分离态的定义式(5.34)。这就是说，基于类空间隔下关联测量的空间定域性蕴含量子态的可分离性。注意，推导是可逆的，因此逆过来也对。即量子态的可分离性必蕴含类空间隔关联测量的空间定域性。定理得证。

从定理可知，量子态的可分离性和类空间隔下关联测量的空间定域性具有相同的本质，逆过来也对。所以，量子纠缠和上述意义下的空间非定域性——关联型非定域性本质上是一回事。这也是上面称它们为纠缠非定域性的缘故。这就是说，基于两体系统类空间隔下关联测量的空间定域性[含义见式(5.35b)条件概率乘积形式]本身就蕴含了该量子态的可分离性，反之亦然。所以说，两者本质上等价。

由以上分析可知，自 EPR 开始，历经 Bell-GHZ-Hardy-Cabello 这条长期以来曾经大量吸纳过并正在大量吸纳着关于空间非定域性研究工作的路线，其实他们所研究的空间非定域性与多体量子态的量子纠缠性是相互等价的，并且仅只涉及了(本质是空间非定域的)量子理论的多种类型空间非定域性质中一种特定的类型——关联非定域性，或称为纠缠非定域性。

总之，近 40 年来，Bell 型理论和实验都有不小的进展。不但提出了各色各样的判别准则，用于判断量子力学描述是否完备，它们之中最主要的几个已在前面做了系统地阐述，而且实验检验工作也有了众多的成果，现在已很少人怀疑在量子理论与定域实在论之间实验支持谁的问题了；目前文献中的工作则更进了一步，正在利用各种 Bell 型不等式作为实验检验量子纠缠存在与否的判别准则，或者说，将它作为多粒子量子态纠缠分析的物理和数学工具[18,19,22～25]。

这分为几点：ⓐ“关联型空间非定域性”另一种定义：两体系统，在类空间隔下进行任一种关联测量时，都不存在条件概率的乘积分解，便称此两体系统具有(在类空间隔关联测量意义下的)“关联型空间非定域性”，简称为“关联非定域性”；ⓑ两体任意态的量子纠缠性与其关联非定域性是等价的，这个提法是具有充要性的 $2c$ 定理的逆否定理，当然正确；ⓒ“关联非定域性”两种定义的等价性。这条可用反证法：如两体系统是可分离的，则所有条件概率都应可以乘积分解。现在按设定，有一种关联测量，它们中有不可以乘积分解的，因此这个两体系统必存在关联型空间非定域性，反之亦是。

iii) 量子纠缠与 Bell 非定域性关系分析小结

a) 任一 Bell 非定域性均有局限性。这种局限性来源于具体的 Bell 算符、关联测量方案和所选的态。

b) Bell 非定域性和量子纠缠一般来说并不完全等价。这表现为：两体可分离态没有 Bell 非定域性——两者下限相符；但 Bell 非定域性破坏最大的态有时不一定是最大纠缠态——两者上限不同。

c) 两体系统只要存在一种分解，在这种分解中可以添加任意相对相位而不改变状态，则系统必定是可分离态，就是说不存在量子纠缠；反之也可以说，两体系统若恒不允许添加任意相对相位而不改变状态，则系统必定不是一个可分离态——存在量子纠缠。

d) 两体量子纠缠等价于“关联型空间非定域性”。正如同两体可分离态等价于“关联型空间定域性”，此处必须澄清一个如下误会：最近有文献提出“无纠缠的非局域性”，这种提法中说，可举例表明一组乘积态不能用 LOCC 来局域区分（原先举的例子是一组 9 个态，后又举出 4⊗4 的一组 16 个态）。这实际只是揭示了 LOCC 操作的局限性，这对量子信息论是有意义的，但并不是这里所讨论的物理学意义上的空间非定域性。

e) 单粒子态不存在纠缠，但在测量坍缩中仍然表现出了空间非定域性质。实际上，正如以前所说，整个量子理论就是披着定域描述外衣的空间非定域理论。空间非定域性问题有着更深刻、更多样、更普遍的含义。显然，量子理论空间非定域性的一般性质已超出了“关联型空间非定域性”这一特殊类型的范围。

5.3.2 Bell 型理论的局限性评论之二

尽管 40 余年来，Bell 型理论有了众多的发展而实验检验也开始有了不小的进展，但仔细分析还是可以发现，沿这条研究路线（这类判别办法）所做的工作都存在以下共同的局限性：

其一，对于检验区分纠缠态与可分离态而言，这些不等式或等式都不是充分而又必要的；

其二，它们都只限于研究“关联型非定域性”（即“纠缠非定域性”）这一特定类型的空间非定域性；

其三，迄今未能对这种“纠缠非定域性”的程度给出普适、定量、完善的刻画方法；

其四，迄今未能成功地给出隐变数究竟存在与否的理论性判据和明确地实验检验；

其五，所有工作都回避了量子纠缠非定域性与相对论性定域因果律之间究竟是否协调这个根本性的疑问。

5.3.3 Bell 型理论的发展评论之三

关于纠缠分析和空间非定域性方面，最近我们提出了一些新的观点和理论。

它们有些在第四章中说过了，有些则在本章前面谈过。这里简单叙述我们另一个观点：目前所有实验只是支持了QT的空间非定域性质，但仍然未能否定隐变数的存在。

前面说过，QT空间非定域性不仅仅表现在自旋态和EPR对等明显问题上，而且整个QT(从非相对论量子力学到相对论量子场论)的本质特性之一就是它的空间非定域性质。可以认为，引进否定粒子概念、表现波动性的“非对易规则”，或者更恰当地说，引进“概率幅的路径积分”，就意味着引入了Bell型的空间非定域性，以及量子涨落的不确定性。当然也应当意识到，Bell型的空间非定域性只是QT空间非定域性中的一种。

由于可以证明含隐变数非定域经典理论(非定域的实在论 realistic theories, RT)含盖了量子力学的全部预言，所以目前还不能说实验已否定隐变数理论，而只能将到目前为止的实验证实限制在支持QT的空间非定域性质，否定定域实在论(local realistic theories)上[26]。论证思想简述如下：

在力学量实际测量中，被测数值所表现出的或然性也可以用一组隐变量(记为λ)来确定

$$A(\boldsymbol{a},\lambda),\qquad B(\boldsymbol{b},\lambda),\qquad \Gamma(\boldsymbol{a},\boldsymbol{b},\lambda)\equiv A(\boldsymbol{a},\boldsymbol{b},\lambda)B(\boldsymbol{b},\boldsymbol{a},\lambda) \tag{5.38}$$

于是，按照定域的、实在论的、量子的三种不同观点，按这三种要素组合，可以构造四种可能的理论(realistic theories, RT; quantum mechanics, QM; local realistic theories, LRT; local quantum mechanics, LQM)。按这四种理论，对$A+B$两体系统的关联函数期望值的统计平均分别应表示为($\hat{a}=\boldsymbol{a}\cdot\boldsymbol{\sigma}_A$, $\hat{b}=\boldsymbol{b}\cdot\boldsymbol{\sigma}_B$)

$$\begin{cases} E_{\mathrm{QM}}=(\boldsymbol{a},\boldsymbol{b})=\mathrm{tr}(\rho_{AB}\hat{a}\hat{b}) & (5.39\mathrm{a})\\ E_{\mathrm{LRT}}=\int\mathrm{d}\lambda\cdot p(\lambda)A(\boldsymbol{a},\lambda)\cdot B(\boldsymbol{b},\lambda) & (5.39\mathrm{b})\\ E_{\mathrm{RT}}(\boldsymbol{a},\boldsymbol{b})=\int\mathrm{d}\lambda\cdot\omega(\lambda)\Gamma(\boldsymbol{a},\boldsymbol{b};\lambda) & (5.39\mathrm{c})\\ E_{\mathrm{LQT}}=(\boldsymbol{a},\boldsymbol{b})=\sum_{\mu}\lambda_{\mu}\mathrm{tr}(\rho_{A\mu}\hat{a})\cdot\mathrm{tr}(\rho_{B\mu}\hat{b}) & (5.39\mathrm{d})\end{cases}$$

这里不妨假设$0\leqslant\lambda\leqslant1$，$0\leqslant p(\lambda)\leqslant1$，$0\leqslant\omega(\lambda)\leqslant1$，$\sum_{\mu}\lambda_{\mu}=1$。其中$\rho_{A\mu}$，$\rho_{B\mu}$是由同一个“$\mu$”所导致的$A$粒子和$B$粒子的局域性的密度矩阵。

现在有必要分析比较一下这4个式子：式(5.39a)是量子的、非定域的；和式(5.39a)相比较，式(5.39d)是定域观点下的量子的，是否定非定域量子关联的结果，但两个粒子各自还是量子的；式(5.39c)是非定域的，其中的Γ没有因式化为A，B粒子各自的测量值相乘$A(\boldsymbol{a},\lambda)B(\boldsymbol{b},\lambda)$，这意味不施加定域性的假设，而仅仅是经典的、含隐变数的实在论的结果，其经典性质和式(5.39a)的量子性质成为对

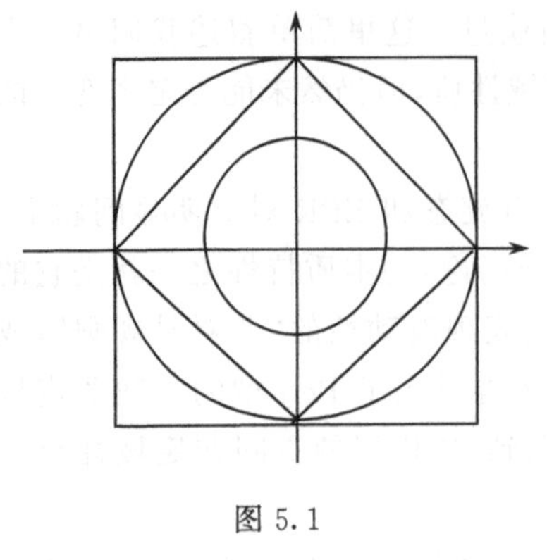

图 5.1

照;式(5.39b)和(5.39c)的差别仅仅在于添加了定域的假设,所以是定域的、经典的、含隐变数的实在论的结果。

按 Bell 不等式理论类似的计算,可以得到这四种理论的含盖范围有如下从属关系[26]

$$\mathrm{LQT} \in \mathrm{LRT} \in \mathrm{QM} \in \mathrm{RT} \quad (5.40)$$

于是,由于 QM 的预言范围整个被含括在 RT 范围之内,从 QM 的角度已很难否定 RT 的合理性(而只有 RT 能否定 QM 合理性)。这就是为什么前面说,迄今实验无法否定含隐变数的实在论的缘故。

练　习　题

5.1　分析:Mach-Zehnder 干涉仪中的延迟选择实验和光子在空间传播中的非定域性。

5.2　分析:条件概率的独立性——乘积分解和量子态的空间定域性。

5.3　解说 EPR 佯谬的物理思想。从量子力学的角度来看,为什么它与实验不符合。

5.4　证明:EPR 态是对 Bell 不等式造成最大破坏的态。

5.5　到目前为止,关于 Bell 不等式问题上,什么是实验支持了的? 什么是还没能搞清楚的?

5.6　量子理论的空间非定域性质是一种什么性质?

5.7　详细推导 Hardy 定理的全部证明。

5.8　写出 Bell 不等式、CHSH 不等式、GHZ 定理、Hardy 定理、Cabello 定理,说明它们各自的特点,它们之间的共同点和不同点

5.9　说明 Bell 不等式、CHSH 不等式、GHZ 定理、Hardy 定理、Cabello 定理所共有的局限性。

参 考 文 献

1 A Einstein, B Podolsky, N Rosen. Can quantum mechanics description of physical reality be considered complete. Phys Rev:1935, 47, 777

2 D Bohm. 量子理论. 侯德彭译. 北京:商务印书馆,1982

3 J S Bell. Physics, 1964,1:195

4 S L Braunstein, A Mann and M Revzen. PRL,1992,68:3259

5 J F Clauser, M A Horne, A Shimony, R A Holt. PRL, 1969,23: 880

6 Jianwei Pan. Quantum Teleportation and Multi-photon Entanglement, the dissertation for

PhD. Institute for Experimental Physics, University of Vienna, 1998

7 J W Pan, et al. Nature, 2000,403: 515

8 L Hordy. PRL,1993,71:1665;S Goldstein. PRL, 1994,72: 1951

9 A Cabello. PRL, 2001,87: 010403

10 张永德. 量子力学. 北京:科学出版社,2003

11 Z B Chen, J W Pan,G Hou and Y D Zhang, PRL,2002, 88: 040406

12 侯广. 量子纠缠与非定域性及二者之间的联系. 中国科学技术大学博士论文,2003

13 J D 比约肯,S D 德雷尔. 相对论量子场. 北京:科学出版社,1984,238,292

14 A Stefanov, H Zbinden and N Gisin. Quantum correlations with spacelike separated beam splitters in motion: experimental test of multisimultaneity. PRL, 2002,88: 120404

15 J S Bell. Speakable and unspeakable in Quantum Mechanics. Cambridge University Press, 1987, 55,100.

16 潘建伟等人用 4 光子符合测量检验量子理论非定域性的实验(PRL,86, 4435(2001));以及赵志、潘建伟等人 5 光子符合纠缠测量和开目标 Teleportation 实验(Nature,430, July, 2004.)

17 Z B Chen,J W Pan,Y D Zhang,C Brukner,A Zetlinger. PRL,2003,90:160408

18 Sixia Yu, Zengbing Chen, Jianwei Pan and Yongde Zhang. Classifying N-qubit Entanglement via Bell Inequalities. PRL,2003,90:080401

19 Sixia Yu, Jianwei Pan, Zengbing Chen and Yongde Zhang. Comprehensive test of entanglement for two level systems via indeterminacy relationship, PRL, 2003,91; 217903(1～4)

20 T Yang,et al. quant-ph/0502085

21 量子纠缠问题可参阅文献[10]和下面文献:A Peres. Phys Rev Lett, 1996,77:1413 J Preskill. Lecture Notes for Physics 299: Quantum Information and Quantum Computation. CIT,1998; S J Wu, X M Chen and Y D Zhang. Phys Lett A. 2000,275: 244;吴盛俊. 量子纠缠理论的若干研究. 硕士论文,2000:张永德,吴盛俊,侯广,黄民信. 量子信息,物理原理和某些进展. 华中师范大学出版社.

22 N D Mermin. Phys Rev Lett,1990, 65: 1838

23 D N Klyshko. Phys Lett A,1993,172:399

24 J Uffink. Phys Rev Lett,2002, 88: 230406

25 N Gisin, H Bechmann-Pasquinucci. Phys Lett A,1998,246: 1

26 Z B Chen, et al. quant-ph/0308102,0307143

第六章　开放系统演化与退相干

一个孤立的微观体系 A，描写其状态的一定是某个纯态。但如果考虑它和外界 B 的相互影响，便会产生 A 和 B 状态之间的量子纠缠。这时，要么是根本无法将 B 考虑进来，要么是人们对 B 没有兴趣，为了简化对此复合问题 $A \oplus B$（或 $A \otimes B$）的研究，只能以统计平均的方式考虑到 B 对 A 的影响，在这种统计平均近似背景之下，再来单独地研究子系统 A。显然，这是一种不得已而为之的、对子系统 A 的局部性和统计性的研究。

这种对子系统所做的局部观测和统计性研究，导致量子理论在以下三个方面的重大改变或者说发展：其一，产生了和纯态概念完全不同的混态概念；其二，纯态遵守 Schrödinger 方程，演化为幺正的；与此鲜明对照，混态演化方程通常称作主方程(master equation)，演化一般不再是幺正和可逆的；其三，测量过程一般不再是正交投影，而是非正交投影。由于在量子态描述、状态演化方程、测量坍缩三个重要问题上的这些发展变化，量子理论表现出了崭新的面貌，进入了一个更加接近实际、实施人为操控的崭新阶段。

本章主要涉及系统混态随时间的演化规律。如果说，引起（作为列矢量的）量子纯态变换、确定量子纯态演化或映射的操作，称为算符的话，那么，描述混态密度算符这类特定算符变换、确定这类算符随时间演化或映射的操作就应当称为超算符了。下面主要讲述超算符映射的性质，以及决定混态密度算符随时间演化规律的主方程及其求解。

§6.1　混态演化之一——Kraus 定理

6.1.1　密度矩阵的映射——超算符方法

i) 密度矩阵演化（Ⅰ）——时间演化方程

简略回顾一下孤立系的量子理论。设孤立量子体系的哈密顿量为 H，求密度矩阵的时间导数。将态矢 Schrödinger 方程，转化为时间演化算符 $U(t)$ 的方程，即得密度矩阵演化方程 $\rho(t)=U(t)\rho(0)U^{+}(t)$，于是有关于体系密度矩阵的量子 Liouville 方程

$$\mathrm{i}\hbar \frac{\mathrm{d}\rho(t)}{\mathrm{d}t} = [H(t),\rho(t)] \tag{6.1}$$

如果 H 不显含时间，可以形式上将此方程积分，即得

$$\begin{cases}\rho(t) = U(t)\,\rho(0)U^{-1}(t)\\ U(t) = \mathrm{e}^{-\mathrm{i}Ht}\end{cases} \tag{6.2a}$$

为了便于专致计算相互作用的影响，转入相互作用图像。为此将 H 中感兴趣的部分 H_i 分出，即 $H=H_0+H_i$，接着做幺正变换 $U_0(t)=\mathrm{e}^{\mathrm{i}H_0t}$，记

$$\rho_I(t) = U_0(t)\,\rho(t)U_0^{-1}(t) \tag{6.2b}$$

对此式求时间导数，即得

$$\begin{cases}\mathrm{i}\hbar\,\dfrac{\mathrm{d}\,\rho_I(t)}{\mathrm{d}t} = [H_i^{(I)}(t),\rho_I(t)]\\ H_i^{(I)}(t) = U_0(t)H_iU_0^{-1}(t)\end{cases} \tag{6.2c}$$

通常便是由此出发转入积分方程形式，用逐级迭代法近似求解。

ii) 期望值的演化方程

已知对算符 Ω，有 $\bar{\Omega}(t)=\mathrm{tr}\{\rho(t)\Omega\}$。于是

$$\mathrm{i}\hbar\,\frac{\partial}{\partial t}\bar{\Omega}(t) = \mathrm{i}\hbar\,\mathrm{tr}\left\{\rho(t)\,\frac{\partial\Omega(t)}{\partial t}\right\} + \mathrm{i}\hbar\,\mathrm{tr}\left\{\frac{\partial\,\rho(t)}{\partial t}\Omega(t)\right\} \tag{6.3a}$$

由于

$$\mathrm{tr}\left\{\rho(t)\,\frac{\partial\Omega(t)}{\partial t}\right\} = \overline{\frac{\partial\Omega(t)}{\partial t}}$$

于是有

$$\mathrm{i}\hbar\,\frac{\partial}{\partial t}\bar{\Omega}(t) = \mathrm{i}\hbar\,\overline{\frac{\partial\Omega(t)}{\partial t}} + \mathrm{tr}\{[H(t),\rho(t)]\Omega(t)\} \tag{6.3b}$$

由此，当已知 $H(t)$，$\rho(t)$时，便可以计算算符 Ω 平均值随时间的变化。

iii) 密度矩阵演化(Ⅱ)——超算符的映射

上面是对孤立量子体系说的。若从信息论的角度，将量子体系 A 与环境 E 区分开，并且片面地(局部地)只是对 A 观测，这时量子体系 A 的密度矩阵ρ_A 将如何演化呢?

设环境处于基态$|0\rangle_E$。由于体系 A 与环境 E 一般会有各种不可控制或无法精确考虑(甚或人为控制)的多因素相互作用，它们会造成 A 的态与 E 的态的量子纠缠，不可能指望 $A+E$ 这个孤立量子体系的时间演化算符 $U_{AE}(t)$可以因子分离，即 $U_{AE}(t)\neq U_A(t)\otimes U_E(t)$。这时若初态为$\rho_A(0)\otimes|0\rangle_{EE}\langle 0|$，则经 t 时间演化之后，将成为

$$\rho_{AE}(t) = U_{AE}(t)\{\rho_A(0)\otimes|\,0\rangle_{EE}\langle 0\,|\}U_{AE}^{+}(t) \tag{6.4}$$

为了统计性地排除环境的影响，需要执行对环境的部分求迹，以得到子体系 A 的

约化密度矩阵 $\rho_A(t)$

$$\begin{aligned}\rho_A(t) &= \mathrm{tr}_E\{U_{AE}(t)[\rho_A(0)\otimes|0\rangle_{EE}\langle 0|]U_{AE}^+(t)\} \\ &= \sum_\mu {}_E\langle\mu|\{U_{AE}(t)[\rho_A(0)\otimes|0\rangle_{EE}\langle 0|]U_{AE}^+(t)\}|\mu\rangle_E\end{aligned}$$

这里,$\{|\mu\rangle_E\}$是环境哈密顿量 H_E 的一组正交归一基。令

$${}_E\langle\mu|U_{AE}(t)|0\rangle_E = M_\mu(t) \tag{6.5}$$

这里,$M_\mu(t)$是一组作用在子体系 A 上的算符。它们表示在系统 A 与环境 E 相互作用下,环境 E 由基态向$|\mu\rangle_E$ 的跳变对系统 A 状态的影响。它们由演化算符 $U_{AE}(t)$中的相互作用、环境 E 的一组基$\{|\mu\rangle_E\}$以及所取基态$|0\rangle_E$ 所共同决定。利用式(6.5)定义,可以将 A 任一初始混态$\rho_A(0)$演化为$\rho_A(t)$的过程表示为

$$\rho_A(t) \equiv \$(\rho_A(0)) = \sum_\mu M_\mu(t)\,\rho_A(0)M_\mu^+(t) \tag{6.6}$$

这里,由 $U_{AE}(t)$的幺正性,立即可得

$$\begin{aligned}\sum_\mu M_\mu^+(t)M_\mu(t) &= \sum_\mu {}_E\langle 0|U_{AE}^+(t)|\mu\rangle_{EE}\langle\mu|U_{AE}(t)|0\rangle_E \\ &= {}_E\langle 0|U_{AE}^+(t)U_{AE}(t)|0\rangle_E = 1\end{aligned} \tag{6.7}$$

式(6.6)的时间演化定义了一个超算符 \$,它把子系统 A 初始时刻密度矩阵$\rho_A(0)$线性地映射为 t 时刻密度矩阵$\rho_A(t)$。表达式(6.6)称为超算符 \$ 的算符求和表示,或称作超算符 \$ 的 Kraus 表示。确实,$\rho_A(t)$仍是密度矩阵,因为:

第一,$\rho_A(t)$是厄米的;

第二,$\rho_A(t)$是单位迹的

$$\begin{aligned}\mathrm{tr}_A\,\rho_A(t) &= \sum_\mu \mathrm{tr}_A\{M_\mu(t)\,\rho_A(0)M_\mu^+(t)\} \\ &= \sum_\mu \mathrm{tr}_A\{M_\mu^+(t)M_\mu(t)\,\rho_A(0)\} \\ &= \mathrm{tr}_A\Big\{\sum_\mu\{M_\mu^+(t)M_\mu(t)\}\,\rho_A(0)\Big\} \\ &= \mathrm{tr}_A\,\rho_A(0) = 1\end{aligned}$$

第三,$\rho_A(t)$是半正定的。由于$\rho_A(0)$是半正定的,即对 A 的任意态$|\varphi\rangle_A$,有${}_A\langle\varphi|\rho_A(0)|\varphi\rangle_A\geqslant 0$,于是有

$${}_A\langle\varphi|\rho_A(t)|\varphi\rangle_A = \sum_\mu[{}_A\langle\varphi|M_\mu(t)]\,\rho_A(0)[M_\mu^+(t)|\varphi\rangle_A]\geqslant 0$$

这里可将 $M_\mu^+(t)|\varphi\rangle_A$ 看作是 A 的某个态。这三点表明,$\rho_A(t)$是一个密度矩阵。

超算符 \$ 是子系统密度矩阵的时间映射算符,它为我们提供了密度矩阵演化

的一个普遍描述。包括从纯态到混态的演化——退相干过程、混态到混态(甚至混态到基态——向纯态衰变)的演化过程。

例如,退相干过程(详细见§6.4):如果 \$ 求和表示算符 M_μ 中至少有两个是线性无关的,那么在 U_{AE} 演化作用下,即使初态是 A 的一个纯态,经过演化也会与 E 发生纠缠(为此 E 的态空间维数要大于 1),并在对 E 取迹之后成为混态。除非环境 E 态空间维数等于 1;或者是,算符序列 $\{M_\mu\}$ 中只有一个是独立的那些过程,否则总会存在上述不可逆的情况。就是说,这时系统 ρ_A 演化一般不再是可逆的,超算符 \$ 也就不一定总是幺正的。

超算符 \$ 求和表示的特例是等时映射的 von Neumann 正交投影测量和 POVM 广义测量。它们分别是

$$\rho_A \to \rho'_A = \sum_i E_i \rho_A E_i, \qquad \sum_i E_i = 1 \tag{6.8a}$$

$$\rho_A \to \rho''_A = \sum_\mu \sqrt{F_\mu}\rho_A\sqrt{F_\mu}, \qquad \sum_\mu F_\mu = 1 \tag{6.8b}$$

6.1.2 超算符的性质,Kraus 定理

i) 超算符的几个性质。由于超算符代表系统随时间的演化,可以乘起来串接着演化,但它们又是不可逆的。于是总结列举它有以下几个重要性质:

所有超算符只构成动力学半群。

超算符必定保持内积,即超算符必为等距算符(后者见习题 6.2);

超算符若可逆必为幺正,反之也是。这和算子理论中"等距算符有逆算符必为幺正算符,反之也是"的论断相对应。关于"超算符为幺正算符的充要条件"也可以换些提法:一种是上面已经涉及的

$$\{M_\mu\}\ \text{中只有一个是线性独立的并且有逆存在} \tag{6.9a}$$

另一种提法是(习题 6.3)

$$M_\mu M_\nu^+ = C_{\mu\nu}\ \text{是常数}, \qquad \text{且}\ \mathrm{tr}C = 1 \tag{6.9b}$$

ii) Kraus 定理

以上表明了,大系统随时间幺正演化的结果,在子系统中必定表现为超算符的算符求和形式。现在反过来,证明下述论断:

设 \$ 为子系统中对密度矩阵的某个映射。如果它满足以下 4 个条件:①线性的,②保持厄米性的,③保迹的,④完全正的,就必定可以将它表示为上述算符求和形式。

这就是 Kraus 算符求和定理。

在证明此定理之前需要预先解释:第④条里"\$ 是完全正的"含义是:"用添加另外任意子空间 B 的办法,对空间 A 进行直积推广时,算子 $\$_A$ 的推广 $\$_A \otimes I_B$ 仍

然总保持为正的。"这条要求表面上看起来有点多余,但在物理上是合理的,只有在这样限制下的映射才能确保子系统密度矩阵映射后还是另一个密度矩阵。因为,当我们研究系统 A 演化时,确实不能否定我们未觉察到的与 A 完全不耦合的其他子系统 B 的存在。这个要求正是说当 A 演化而 B 不演化时,组合系统的任何初始密度矩阵仍旧演化为另一个密度矩阵。注意,一个算符是正的并不总能保证它是完全正的。比如,转置运算虽是正的但却不是完全正的(习题 6.4)。于是,这就明确宣示转置运算不在超算符映射之列。

证明 分两步[2],首先叙述"亲属态方法"。

设伴随空间 H_B 的维数不小于所研究空间的维数,即 $\dim H_B \geqslant \dim H_A = N$。已给定 H_A 中任一算符 M_A。现在打算通过描述算符 $M_A \otimes I_B$ 如何对直积空间 $H_A \otimes H_B$ 中一个最大纠缠纯态的作用,来完全表征算符 M_A 在 H_A 中的作用。考虑最大纠缠态

$$|\Psi\rangle_{AB} = \sum_{i=1}^{N} |i\rangle_A |i'\rangle_B \tag{6.10}$$

这里,$\{|i\rangle_A\}$和$\{|i'\rangle_B\}$分别是 H_A 和 H_B 中的正交归一基,而$|\Psi\rangle_{AB}$未归一。注意,从最大纠缠态$|\Psi\rangle_{AB}$出发,用如下"部分内积"办法,总可以将 H_A 中任一纯态 $|\varphi\rangle_A = \sum_i \alpha_i |i\rangle_A$ (求和项数$\leqslant N$)映射到 H_B 中相应纯态

$$|\varphi\rangle_A = {}_B\langle\varphi^* | \Psi\rangle_{AB}, \qquad |\varphi^*\rangle_B = \sum_i \alpha_i^* |i'\rangle_B \tag{6.11}$$

通常称$|\varphi^*\rangle_B$为指标态(index state),$|\varphi\rangle_A$是亲属态(relative state)。这里有映射

$$|\varphi\rangle_A \leftrightarrow |\varphi^*\rangle_B \tag{6.12}$$

这种映射显然是反线性的幺正映射——反幺正映射。并且一般可能只涉及 H_B 某个子空间($n \geqslant N$)。将算符 $M_A \otimes I_B$ 作用在态$|\Psi\rangle_{AB}$上给出

$$(M_A \otimes I_B)|\Psi\rangle_{AB} = \sum_i M_A |i\rangle_A \otimes |i'\rangle_B$$

利用这种办法,可得算符 M_A 对亲属态作用的下述表示

$$M_A |\varphi\rangle_A = {}_B\langle\varphi^* | (M_A \otimes I_B) |\Psi\rangle_{AB} \tag{6.13}$$

这种亲属态方法可用以下说法来解释:通过 $H_A \otimes H_B$ 中对一个最大纠缠态进行测量,可以实现 H_A 中的一个纯态系综——当 H_B 中测量结果为$|\varphi^*\rangle_B$时,便在 H_A 中制备了态$|\varphi\rangle_A$。由于 A 和 B 是两个可能处于不同地点的子系统,对这个两体最大纠缠态的操作,是先施加算符再制备态[式(6.13)右侧],还是先制备态再施加算符[式(6.13)左侧],只要是类空间隔就没有差别。这如同坍缩和关联坍缩的关系一样,并无绝对不变(即与观察者无关)的意义。

其次,将上述亲属态方法应用于满足题设 4 个条件的超算符 $\$_A$(注意不是用

于算符,而是超算符)。由于 $\$_A$ 是完全正的,所以 $\$_A\otimes I_B$ 是正的。将 $\$_A\otimes I_B$ 作用于已知的最大纠缠态密度矩阵 $\rho_{AB}=\frac{1}{N}|\Psi\rangle_{AB}\langle\Psi|$,结果是 $H_A\otimes H_B$ 中的另一个密度矩阵 ρ'_{AB}。和通常密度矩阵一样,ρ'_{AB} 可以展开为一个纯态系综,即

$$(\$_A\otimes I_B)\left(\frac{1}{N}\mid\Psi\rangle_{AB}\langle\Psi\mid\right)=\sum_\mu q_\mu\mid\Phi_\mu\rangle_{AB}\langle\Phi_\mu\mid \tag{6.14}$$

这里,$q_\mu>0$, $\sum_\mu q_\mu=1$,$\langle\Phi_\mu\mid\Phi_\mu\rangle=1$。于是,借助亲属态方法,有

$$\begin{aligned}\$_A(\mid\varphi\rangle_A\langle\varphi\mid)&=(\$_A\otimes I_B)[{}_B\langle\varphi^*\mid\Psi\rangle_{AB}\langle\Psi\mid\varphi^*\rangle_B]\\&={}_B\langle\varphi^*\mid(\$_A\otimes I_B)(\mid\Psi\rangle_{AB}\langle\Psi\mid)\mid\varphi^*\rangle_B\\&=N\sum_\mu q_{\mu B}\langle\varphi^*\mid\Phi_\mu\rangle_{AB}\langle\Phi_\mu\mid\varphi^*\rangle_B\\&\equiv\sum_\mu M_\mu\mid\varphi\rangle_A\langle\varphi\mid M_\mu^+\end{aligned} \tag{6.15}$$

由于 $\$$ 的作用,式(6.14)中 $|\Phi_\mu\rangle_{AB}$ 并不正比于最大纠缠态,所以 ${}_B\langle\varphi^*|\Phi_\mu\rangle_{AB}$ 一般也不再正比于 $|\varphi\rangle_A$,并和脚标 μ 有关。于是式(6.15)中的恒等号就定义了 H_A 上的一个算符系列 M_μ

$$M_\mu:\mid\varphi\rangle_A\to\sqrt{q_\mu N}\,{}_B\langle\varphi^*\mid\Phi_\mu\rangle_{AB}\equiv M_\mu\mid\varphi\rangle_A \tag{6.16}$$

于是可知

i) 由式(6.16),M_μ 关于 $|\varphi\rangle_A$ 为线性的(注意,$|\Phi_\mu\rangle_{AB}$ 与 $|\varphi\rangle_A$ 无关。尽管 $|\varphi\rangle_A\to|\varphi^*\rangle_B$ 是反线性的)。

ii) 由式(6.15),$\$_A(\mid\varphi\rangle_A\langle\varphi\mid)=\sum_\mu M_\mu\mid\varphi\rangle_A\langle\varphi\mid M_\mu^+$;$\forall\mid\varphi\rangle_A\in H_A$。

iii) 此时对任意混态 ρ_A 有 $\$_A(\rho_A)=\sum_\mu M_\mu\rho_A M_\mu^+$;$\forall\,\rho_A\in H_A$。因为,任意 ρ_A 可展开为一个纯态系综,而 $\$_A$ 又是线性的。于是

$$\begin{aligned}\rho_A=\sum_i p_i\mid\varphi_i\rangle_A\langle\varphi_i\mid&\Rightarrow\$_A(\rho_A)=\sum_i p_i\$(\mid\varphi_i\rangle_A\langle\varphi_i\mid)\\&=\sum_i p_i M_\mu\mid\varphi_i\rangle_A\langle\varphi_i\mid M_\mu^+=\sum_\mu M_\mu\rho_A M_\mu^+\end{aligned}$$

iv) $\sum_\mu M_\mu^+M_\mu=1$。因为 $\$_A$ 对任何 ρ_A 是保迹的(这由原来假定 $\$_A$ 为超算符而来,只是当时不知它有没有求和表示)。

简单总结,论证如下:因为 $\$_A$ 是完全正的,$\$_A\otimes I_B$ 将 $H_A\otimes H_B$ 上的一个最大纠缠态的密度矩阵变为另一个密度矩阵。这个密度矩阵能表达成一个纯态系综。在 $H_A\otimes H_B$ 中这些纯态中的每个态都关联着(借助亲属态方法)算符求和表示中的每一项。

讨论：

其实，借助上面亲属态构造方法，在超算符 $\$_A$ 的对最大纠缠纯态密度矩阵变换的系综表示[式(6.14)]与其算符求和表示[式(6.15)]之间可以建立起相互对应关系。

上面已经明确描述了，怎样从系综表示进行到算符求和表示。其实也能很清楚地逆向进行。如果

$$\$_A(|i\rangle_A\langle j|) = \sum_\mu M_\mu |i\rangle_A\langle j| M_\mu^+$$

$$\begin{aligned}(\$_A\otimes I_B)\left(\frac{1}{N}|\Psi\rangle_{AB}\langle\Psi|\right) &= (\$_A\otimes I_B)\frac{1}{N}\sum_{i,j}|i\rangle_A|i'\rangle_B\langle j'|_A\langle j| \\ &= \sum_{i,j,\mu}M_\mu|i\rangle_A|i'\rangle_B\langle j'|_A\langle j|M_\mu^+ \\ &= \sum_\mu\sum_{i,j}(M_\mu|i\rangle_A|i'\rangle_B)({}_B\langle j'|_A\langle j|M_\mu^+) \\ &= \sum_\mu q_\mu|\Phi_\mu\rangle_{AB}\langle\Phi_\mu|\end{aligned}$$

这就导出了相应的系综表示。这里 $\sum_i M_\mu|i\rangle_A|i'\rangle_B\equiv\sqrt{q_\mu}|\Phi_\mu\rangle_{AB}$。(由于所涉及的$\{|i\rangle_A\}$和$\{|i'\rangle_B\}$未见得将基矢全都用上了，所以它们不一定是完备的。于是此式只是对相应 M_μ 的定义。注意，q_μ 的数值也由左边决定。)

§6.2 混态演化之二——主方程方法

6.2.1 密度矩阵的演化——主方程的导出

i) Markov 近似

定义 凡是所研究量子体系 A 之外并与体系有相互作用的全部自由度，统称之为环境 E。这些被称为环境的自由度，有些是属于另一些体系的，但也可能属于所研究体系本身而为我们所不感兴趣或是难以计入的另外方面的自由度。如果 E 的自由度数目远大于 A 本身正对之进行研究的自由度数目，使得可以近似认为 E 不受 A 的影响，就可以将这种环境 E 称之为热库 R。

当体系 A 在任一时刻状态 $\rho_A(t)$ 的变化 $\mathrm{d}\rho_A(t)/\mathrm{d}t$ 仅仅只决定于这一时刻体系状态 $\rho_A(t)$ 和同一时刻有关物理量 $\hat{A}_i(t)$，$(i=1,2,\cdots)$，才能存在某种微分方程描写体系的动力学演化过程(此处未考虑空间变数)

$$\frac{\mathrm{d}\rho_A(t)}{\mathrm{d}t} = f(\rho_A(t),\hat{A}_i(t),\cdots) \tag{6.17}$$

这里,算符 $\hat{A}_i$ 是一些 A 自身原有的,以及 A 和 E 相互作用后经过对 E 平均折算而出现的 A 的某些算符。但要注意两点:其一,即使从大系统 $H_A \otimes H_E$ 来看,总体动力学演化遵守微分方程——Schrödinger 方程,也不能保证在 H_A 中$\rho_A(t)$的演化可以用某个微分方程来描述。因为,一个处在与热库 R 相互作用中的体系 A,其信息可以通过相互作用流向热库,但也必定有另一些信息从热库流向 A。双方信息的往返,从单纯观察 A 的角度来看,就会呈现出体系 A 的涨落和耗散,并且还出现一般说来不能以微分方程形式描写的体系的动力学演化过程。这是因为热库 R 可以保留和记忆从 A 流过来的信息,并在将来的某个时刻再以某种形式返还给 A 以影响 A 将来的状态,而现在时刻 A 的状态则受到过去某些时刻 A 和 R 相互作用的影响。除非在信息反馈中,R 的记忆与反馈时间尺度 $\tau_{记忆}$ 与 A 演化时间尺度 $\tau_{演化}$ 相比十分短暂,才有可能找到适当的微分方程描写 A 的动力学演化过程。这就是完全忽略热库记忆(累积)效应的最低阶 Markov 近似——认为热库 R 对信息的衰减和反馈均是瞬时的。其二,由于 R 中还包含着体系 A 本身被忽略掉的自由度。这种忽略就像是在时间轴上对体系的演化进行间隔采样,是一种抹去高频振荡的(或者说作高频过滤的)关于时间的粗粒化过程。如果这种近似采样能够成立,就要求粗粒化时间间隔 $\tau_{粗粒}$ 不仅很小于体系演化衰减的时间尺度 $\tau_{演化}$,而且应当很大于热库记忆的时间尺度 $\tau_{记忆}$。于是,通常情况下,一种有效的描述应当满足[1]

$$\tau_{演化} \gg \tau_{粗粒} \gg \tau_{记忆} \tag{6.18}$$

这是下面推导和应用主方程的时候,应注意保证满足的制约条件。

ii) 混态的演化方程——主方程推导

上面叙述说明,给定初条件的混态演化基本方程——主方程应当被理解为,它是决定量子体系子系统(有时也称该子系统为开放系统)的约化密度算符在环境或热库影响下随时间演化规律的方程。一般应当是一个不等时(按因果规律应当具有各种程度的时间延迟)的积分微分方程,仅在完全忽略累积效应的最低阶 Markov 近似下才简化为一个(等时的)微分方程。

推导子系统约化密度矩阵演化主方程的办法主要有:源自 1928 年 Pauli 工作的 Pauli-Zwanzig 方法、Louisell 方法、超算符方法。Pauli-Zwanzig 方法主要参见文献[8]~[11];Louisell 方法主要参见文献[12]。其实 Louisell 方法可以看作 Zwanzig 方法的一种特殊的情况,即投影算符为对热库的求迹运算,并加上 Markov 近似。下面选择最简单的超算符方法——从 Kraus 表示出发来导出它[1]。

如果体系 A 为孤立系,幺正演化下其密度矩阵的时间演化为

$$\frac{\mathrm{d}\rho_A(t)}{\mathrm{d}t} = \mathrm{e}^{-\mathrm{i}Ht/\hbar}\rho_A(0)\mathrm{e}^{\mathrm{i}Ht/\hbar}$$

将它推广到 Markov 近似下开放系统的非幺正演化过程。这时假定

$$\frac{\mathrm{d}\rho_A(t)}{\mathrm{d}t}=\mathrm{tr}^{(E)}\{U_{EA}(t)\rho_A(0)\otimes\rho_E(0)U_{EA}^{+}(t)\}:\equiv L(t)[\rho_A(0)] \tag{6.19}$$

这里，线性超算符 $L(t)$ 被称作 Lindblad 算符（也见文献[1]或文献[14]中的 p.386）。它将初始时刻的$\rho_A(0)$映射为 t 时刻$\rho_A(t)$的导数。如果要求它不仅是线性的，而且是完全正的、保迹的和强连续的，就可以从体系 A 与环境 E 相耦合的 Kraus 方程出发，来揭示它的作用。考虑 $0\to\mathrm{d}t$ 的演化，得

$$\begin{cases}\rho_A(\mathrm{d}t)\equiv\$(\rho_A(0))=\sum\limits_{\mu}M_\mu(\mathrm{d}t)\rho_A(0)M_\mu^{+}(\mathrm{d}t)\\ M_\mu(\mathrm{d}t)={}_E\langle\mu\mid U_{AE}(\mathrm{d}t)\mid 0\rangle_E\end{cases} \tag{6.20}$$

令

$$\begin{cases}U_{AE}(\mathrm{d}t)=I_{AE}-\frac{\mathrm{i}}{\hbar}H\,\mathrm{d}t\\ M_0(\mathrm{d}t)={}_E\langle 0\mid U_{AE}(\mathrm{d}t)\mid 0\rangle_E=I_A+\left(-\frac{\mathrm{i}}{\hbar}H_A+K_A\right)\mathrm{d}t\\ M_\mu(\mathrm{d}t)={}_E\langle\mu\mid U_{AE}(\mathrm{d}t)\mid 0\rangle_E=-\mathrm{i}L_{A,\mu}\sqrt{\mathrm{d}t}\end{cases} \tag{6.21}$$

这里，$U(\mathrm{d}t)$中含 $\mathrm{d}t$ 部分的 $H=H_A+H_E+H_{AE}$是耦合系统的 Hamilton 量，H_A 项是 A 体系的 Hamilton 量。第二个方程的小实部 K_A 表示相互作用 H_{AE}在经受环境 E 基态平均后，环境对体系 A 状态的耗散。就是说，实部 $\mathrm{Re}\{M_0(\mathrm{d}t)\}=\mathrm{Re}\{{}_E\langle 0|U_{AE}(\mathrm{d}t)|0\rangle_E\}\neq I_A$ 表示，当环境由$|0\rangle_E\to|0\rangle_E$ 的同时，体系 A 并不仍然全部留在原来状态上，而是以一定概率（因相互作用纠缠而产生）向 A 其他状态的跃迁。这种现象，单从对 A 的观察而言，相当于是 A 原来状态的一种耗散。式(6.21)中第三个方程是针对 $\mu>0$ 的，这是（不像 M_0 的情况）环境状态有跃迁的一种中介过程。这里$\sqrt{\mathrm{d}t}$表示是考虑到 Kraus 表示关于 M_μ 为双线性的。这从下面推导中可以看得清楚。将式(6.21)代入式(6.20)，得

$$\begin{aligned}\rho_A(\mathrm{d}t)&=M_0(\mathrm{d}t)\rho_A(0)M_0^{+}(\mathrm{d}t)+\sum_{\mu>0}M_\mu(\mathrm{d}t)\rho_A(0)M_\mu^{+}(\mathrm{d}t)\\&=\left[1+\left(-\frac{\mathrm{i}}{\hbar}H_A+K_A\right)\mathrm{d}t\right]\rho_A(0)\left[1+\left(\frac{\mathrm{i}}{\hbar}H_A+K_A\right)\mathrm{d}t\right]\\&\quad+\sum_{\mu>0}(-\mathrm{i}L_{A,\mu}\sqrt{\mathrm{d}t})\rho_A(0)(\mathrm{i}L_{A,\mu}^{+}\sqrt{\mathrm{d}t})\\&\cong\rho_A(0)+\left(-\frac{\mathrm{i}}{\hbar}H_A+K_A\right)\rho_A(0)\mathrm{d}t+\rho_A(0)\left(\frac{\mathrm{i}}{\hbar}H_A+K_A\right)\mathrm{d}t\\&\quad+\sum_{\mu>0}L_{A,\mu}\rho_A(0)L_{A,\mu}^{+}\mathrm{d}t\end{aligned}$$

即

$$\left.\frac{\mathrm{d}\rho_A(t)}{\mathrm{d}t}\right|_{t=0}=\left(-\frac{\mathrm{i}}{\hbar}H_A+K_A\right)\rho_A(0)+\rho_A(0)\left(\frac{\mathrm{i}}{\hbar}H_A+K_A\right)+\sum_{\mu>0}L_{A,\mu}\rho_A(0)L_{A,\mu}^{+}$$

将此方程的时间原点改变为 t，得

$$\frac{\mathrm{d}\rho_A(t)}{\mathrm{d}t}=-\frac{\mathrm{i}}{\hbar}[H_A,\rho_A(t)]+K_A\rho_A(t)+\rho_A(t)K_A+\sum_{\mu>0}L_{A,\mu}\rho_A(t)L_{A,\mu}^{+} \tag{6.22}$$

为了求出 K_A 与 $L_{A,\mu}$ 的关系，注意到

$$\begin{aligned}I_A&=\sum_{\mu=0}M_\mu^{+}(\mathrm{d}t)M_\mu(\mathrm{d}t)\\&=\left[I_A+\left(\frac{\mathrm{i}}{\hbar}H_A+K_A\right)\mathrm{d}t\right]\left[I_A+\left(-\frac{\mathrm{i}}{\hbar}H_A+K_A\right)\mathrm{d}t\right]+\sum_{\mu>0}L_{A,\mu}^{+}L_{A,\mu}\mathrm{d}t\\&=I_A+2K_A\mathrm{d}t+\sum_{\mu>0}L_{A,\mu}^{+}L_{A,\mu}\mathrm{d}t\end{aligned}$$

于是有

$$K_A=-\frac{1}{2}\sum_{\mu>0}L_{A,\mu}^{+}L_{A,\mu} \tag{6.23}$$

这里，算符$\{L_\mu\}$称为 Lindblad 算符或量子跳变算符。它们体现前面所说的，体系 A 与环境 E 相互作用导致的对 A 状态的耗散部分。将式(6.23)代入式(6.22)，略去脚标 A，即得 Lindblad 方程

$$\frac{\mathrm{d}\rho(t)}{\mathrm{d}t}=-\frac{\mathrm{i}}{\hbar}[H,\rho(t)]+\sum_{\mu>0}\left\{L_\mu\rho(t)L_\mu^{+}-\frac{1}{2}L_\mu^{+}L_\mu\rho(t)-\frac{1}{2}\rho(t)L_\mu^{+}L_\mu\right\} \tag{6.24}$$

方程(6.24)是子体系(或开放体系)密度矩阵演化主方程的最常见形式。注意，由于$\rho(t)$是密度矩阵，$\rho(t+\mathrm{d}t)$也是密度矩阵。事实上，主方程中 $\mathrm{d}\rho/\mathrm{d}t$ 是厄米的，并且是保迹的 $\mathrm{tr}(\mathrm{d}\rho/\mathrm{d}t)=0$(注意，求和号中第二、第三两项的作用)，这意味着计入耗散之后概率守恒。只有保持正定性这一条不明显。但从推导的出发点 Kraus 表示可以知道，只要$\rho(0)$是正的，由式(6.24)决定的$\rho(t)$也一定是正的。

6.2.2　主方程的物理分析

方程(6.24)在混态演化中的地位几乎接近于 Schrödinger 方程在纯态演化中的地位。其中第一项是通常的 Schrödinger 方程项，它生成幺正演化。其余项描述了体系和环境相互作用使体系经受的可能的跃迁、耗散和退相干。含有量子跳变算符$\{L_\mu\}$的求和项共有三个：第一个求和中的每一项 $L_\mu\rho(t)L_\mu^{+}$ 诱导一种量子跃迁；后两项是为了在无跃迁情况下归一化所需要的，也就是说，是方程保迹所需

要的。

在上面推导中,Markov 近似表现在方程(6.21)上。A 体系 Kraus 求和中,表示相互作用结果是环境从 $|0\rangle_E \to |\mu\rangle_E$ 跃迁的 M_μ 算符,已经近似转化为 A 体系的等时即瞬间的量子跳变算符 $L_{A,\mu}$;E 和 A 之间量子态纠缠也同时瞬间转化为 A 状态的耗散。因此,Kraus 求和方法与主方程方法——两种常用的关于混态变化的计算方法相比较,Kraus 求和方法要更普遍些,因为它只涉及密度矩阵的改变而不是连续演化,并未使用 Markov 近似。

§6.3 主方程的求解

6.3.1 主方程求解方法(Ⅰ)——概述

主方程求解有不少方法,这要看所研究问题的各种主方程的形式以及求解的具体目标而定。它们大体分为两类:

i) 各种 C 数等效方法[3]。包括对稳态情况在粒子数表象中的 C 数方程法;求算符期望值的 C 数方程法;P 表象、Q 表象、Wigner 函数表象下 Fokker-Planck 方程方法等等。这些方法的共同点和实质都是将算符方程转化为普通函数方程,或是算符的矩阵元方程,成为联立方程组,适当将其截断再用代数方法求解。此类方法在量子光学和凝聚态物理中常有介绍,详细可见文献[3],这里不再复述。

ii) 超算符求解方法

这里叙述[4]中最初提出的超算符方法。对单模腔场中辐射场的主方程情况,若用 Liouville 空间方法求解,很难从已知初态求得密度算符的解析表达式,因此提出了下面超算符求解方法。

单模腔场中辐射场的主方程为

$$\dot{\rho}(t) = k(N_r+1)(2a\rho a^+ - a^+ a\rho - \rho a^+ a) + kN_r(2a^+\rho a - aa^+\rho - \rho aa^+) \tag{6.25}$$

为了解析地求解上式,可定义如下三个超算符

$$J_1\rho = 2\gamma a\rho a^+, \qquad J_2\rho = 2\beta a^+\rho a, \qquad L\rho = -(\gamma+\beta)(a^+ a\rho + \rho a^+ a) \tag{6.26}$$

式中的常数 $\gamma = k(N_r+1)$,$\beta = kN_r$。由玻色算符的对易关系容易证明上面定义的超算符满足如下对易关系

$$\begin{cases} [J_2, J_1]\rho = \dfrac{4\beta\gamma}{\beta+\gamma}L\rho - 4\beta\gamma\rho \\ [J_1, L]\rho = -2(\beta+\gamma)J_1\rho \\ [J_2, L]\rho = 2(\beta+\gamma)J_2\rho \end{cases} \tag{6.27}$$

于是式(6.25)便可写成

$$\dot{\rho}(t)=(J_1+J_2+L-2\beta)\rho \tag{6.28}$$

此式的形式解为

$$\rho(t)=\exp(-2\beta t)\exp\{(J_1+J_2+L)t\}\rho(0) \tag{6.29}$$

可以分拆式(6.29),文献[4]中得出如下表达式

$$\rho(t)=\exp(-2\beta t)\exp[f_3(t)]\exp[f_2(t)J_2]\exp[f_0(t)L]\exp[f_1(t)J_1]\rho(0) \tag{6.30}$$

对此式微分并利用式(6.27)和(6.28),可得式(6.30)中各系数函数所满足的微分方程

$$\begin{cases}\dfrac{\mathrm{d}f_0}{\mathrm{d}t}+\dfrac{4\beta\gamma}{\beta+\gamma}f_2=1\\[2ex]\dfrac{\mathrm{d}f_1}{\mathrm{d}t}=\mathrm{e}^{-2(\beta+\gamma)f_0}\\[2ex]\dfrac{\mathrm{d}f_2}{\mathrm{d}t}+2(\beta+\gamma)\dfrac{\mathrm{d}f_0}{\mathrm{d}t}f_2+4\beta\gamma f_2^2=1\\[2ex]\dfrac{\mathrm{d}f_3}{\mathrm{d}t}=4\beta\gamma f_2\end{cases}$$

解这组微分方程可得各系数为

$$\begin{cases}f_0=\dfrac{\gamma-\beta}{\gamma+\beta}t+\dfrac{1}{\gamma+\beta}\ln\left(\dfrac{\beta\mathrm{e}^{2(\beta-\gamma)t}-\gamma}{\beta-\gamma}\right)\\[2ex]f_1=f_2=\dfrac{1}{2}\dfrac{\mathrm{e}^{2(\beta-\gamma)t}-1}{\beta\mathrm{e}^{2(\beta-\gamma)t}-\gamma}\\[2ex]f_3=2\beta t-\ln\dfrac{\beta\mathrm{e}^{2(\beta-\gamma)t}-\gamma}{\beta-\gamma}\end{cases} \tag{6.31}$$

于是对于任意初态,将其代入式(6.30)后,利用式(6.31),即可得出$\rho(t)$的解析表达式。

例如,取初态为相干态$\rho(0)=|\alpha\rangle\langle\alpha|$,经过一些计算可得

$$\rho(t)=\frac{\exp\{-N(t)\mid\tilde{\alpha}(t)\mid^2\}}{1+N(t)}\sum_{n=0}^{\infty}\frac{1}{n!}\left(\frac{N(t)}{1+N(t)}\right)^n \times\sum_{k=0}^{\infty}\sum_{m=0}^{\infty}\binom{n}{k}\binom{n}{m}\sqrt{k!m!}\tilde{\alpha}^*(t)^{n-k}\tilde{\alpha}(t)^{n-m}\mid\tilde{\alpha}(t),k\rangle\langle\tilde{\alpha}(t),m\mid$$

其中

$$N(t)=N_r(1-\mathrm{e}^{-2kt}),\qquad \tilde{\alpha}(t)=\frac{\alpha\mathrm{e}^{-kt}}{1+N(t)},\qquad \mid\tilde{\alpha}(t),k\rangle=D[\tilde{\alpha}(t)]\mid k\rangle$$

这里，$D[\tilde{\alpha}(t)]$为位移算符。当 $t\to\infty$时，由于 $\tilde{\alpha}(t)\to 0, N(t)\to N_r$，所以$\rho(t)$将变为热态，即

$$\rho(t\to\infty)=\frac{1}{1+N_r}\sum_{n=0}^{\infty}\left(\frac{N_r}{1+N_r}\right)^n \mid n\rangle\langle n\mid \tag{6.32}$$

由上面叙述可知，此方法优点是，依据初态便可以通过求解系数微分方程办法给出$\rho(t)$的解析表达式。

6.3.2 主方程求解方法(Ⅱ)——超算符 Lie 代数方法

上面超算符方法有不足之处。这就是该方法未曾考查主方程中可能含有的 Lie 代数对称结构，当然也就没有融入 Lie 代数的对易关系考虑。其后果是：仍需求解联立的微分方程组来确定分拆系数函数。但在量子光学和量子信息论中许多主方程超算符具有这类结构。利用这些对称结构，我们发展了求解主方程的超算符 Lie 代数方法，无需求解微分方程组便可确定分拆系数函数。此方法可以求解一大类量子体系的主方程。下面叙述这一方法：

近年来，我们将以往创立的对算符的量子变换理论用到密度算符上，拓展成为各种超算符变换，发展成为用超算符 Lie 代数求解主方程的方法[5~7]，也即求解主方程的量子变换方法。比如说，当主方程中含有超算符的 SU(1,1)，SU(2)结构时，此类主方程可以用代数方法严格求解[6,7]。

简略地说，将方程(6.24)转入相互作用图像，除去的第一项，仍借用原先记号，有

$$\frac{\mathrm{d}\rho(t)}{\mathrm{d}t}=\sum_{\mu>0}\left\{L_\mu\rho(t)L_\mu^+-\frac{1}{2}L_\mu^+L_\mu\rho(t)-\frac{1}{2}\rho(t)L_\mu^+L_\mu\right\} \tag{6.33}$$

如果此方程的结构中含有超算符的 SU(1,1)，SU(2)对称结构，也即如果存在超算符 $K_\pm, K_0$，可以将右边量子跳变算符求和表示重新整理成为如下标准形式

$$\begin{aligned}\frac{\mathrm{d}\rho(t)}{\mathrm{d}t}&=\sum_{\mu>0}\left(L_\mu\rho(t)L_\mu^+-\frac{1}{2}L_\mu^+L_\mu\rho(t)-\frac{1}{2}\rho(t)L_\mu^+L_\mu\right)\\&=[W_+K_++W_-K_-+W_0K_0]\rho(t)\end{aligned} \tag{6.34a}$$

这里，$\{K_\pm, K_0\}$为超算符，它们满足如下对易关系

$$[K_-,K_+]\rho(t)=2\varepsilon K_0\rho(t),\qquad [K_0,K_\pm]\rho(t)=\pm K_\pm\rho(t) \tag{6.34b}$$

当 $\varepsilon=+1$ 时，它们为 SU(1,1)Lie 代数的超算符生成元；当 $\varepsilon=-1$ 时，为 SU(2)的超算符生成元。$W_\pm, W_0$ 是不显含时间的参数。

于是主方程便可以形式地积出来，表示成为

$$\rho(t)=\exp\{(W_+K_++W_-K_-+W_0K_0)t\}\rho(0) \tag{6.35}$$

现在的任务是分解式(6.35)中指数和形式的超算符，使其成为单项指数超算符连乘的形式，便于从$\rho(0)$得到$\rho(t)$的显式表达式。由于对易规则式(6.34b)是封闭的，按 Baker-Hausdorff 公式容易验证有如下两种解——由降算符⟶升算符的乘积分解(升序乘积解)，和由升算符⟶降算符的乘积分解(降序乘积解)

$$\exp\{(W_+K_+ + W_-K_- + W_0K_0)t\} = \exp(x_+(t)K_+)\exp(K_0\ln x_0(t))\exp(x_-(t)K_-) \tag{6.36a}$$

$$\exp\{(W_+K_+ + W_-K_- + W_0K_0)t\} = \exp(y_-(t)K_-)\exp(K_0\ln y_0(t))\exp(y_+(t)K_+) \tag{6.36b}$$

这里，$(W_+t, W_-t, W_0t)\sim(x_+(t), x_-(t), x_0(t))$和$(W_+t, W_-t, W_0t)\sim(y_+(t), y_-(t), y_0(t))$两组系数之间关系可由式(6.34)确定。具体地说，根据 Lie 代数表示论，SU(1,1)/SU(2)超算符生成元$K_\pm$，K_0可用2×2的矩阵来表示为

$$K_+ = \begin{pmatrix}0 & 1\\ 0 & 0\end{pmatrix},\qquad K_- = \begin{pmatrix}0 & 0\\ -\varepsilon & 0\end{pmatrix},\qquad K_0 = \frac{1}{2}\begin{pmatrix}1 & 0\\ 0 & -1\end{pmatrix}$$

现用此2×2表示展开式(6.36a)和(6.36b)。首先，式(6.36a)和(6.36b)左边均为

$$\begin{aligned}
&\exp\{(W_+K_+ + W_-K_- + W_0K_0)t\}\\
&= \exp\begin{pmatrix}\frac{1}{2}W_0t & W_+t\\ -\varepsilon W_-t & -\frac{1}{2}W_0t\end{pmatrix}\\
&= \frac{\mathrm{sh}(\gamma t)}{\gamma t}\begin{pmatrix}\frac{1}{2}W_0t & W_+t\\ -\varepsilon W_-t & -\frac{1}{2}W_0t\end{pmatrix} + \mathrm{ch}(\gamma t)I\\
&= \begin{pmatrix}\mathrm{ch}(\gamma t) + \frac{W_0}{2\gamma}\mathrm{sh}(\gamma t) & \frac{W_+}{\gamma}\mathrm{sh}(\gamma t)\\ -\varepsilon\frac{W_-}{\gamma}\mathrm{sh}(\gamma t) & \mathrm{ch}(\gamma t) - \frac{W_0}{2\gamma}\mathrm{sh}(\gamma t)\end{pmatrix}
\end{aligned}$$

这里，中间参量$\gamma=\sqrt{\frac{1}{4}W_0^2-\varepsilon W_+W_-}$。右边则按升降两种顺序，分为两种结果

$$\begin{cases}
\mathrm{e}^{x_+(t)K_+}\mathrm{e}^{K_0\ln x_0(t)}\mathrm{e}^{x_-(t)K_-} = \dfrac{1}{\sqrt{x_0(t)}}\begin{pmatrix}x_0(t)-\varepsilon x_+(t)x_-(t) & x_+(t)\\ -\varepsilon x_-(t) & 1\end{pmatrix}\\
\mathrm{e}^{y_-(t)K_-}\mathrm{e}^{K_0\ln y_0(t)}\mathrm{e}^{y_+(t)K_+} = \sqrt{y_0(t)}\begin{pmatrix}1 & y_+(t)\\ -\varepsilon y_-(t) & y_0(t)^{-1}-\varepsilon y_+(t)y_-(t)\end{pmatrix}
\end{cases}$$

由此，上述两种分解式内的展开系数分别由下式决定[6]

$$\begin{pmatrix} \mathrm{ch}(\gamma t) + \dfrac{W_0}{2\gamma}\mathrm{sh}(\gamma t) & \dfrac{W_+}{\gamma}\mathrm{sh}(\gamma t) \\ -\varepsilon\dfrac{W_-}{\gamma}\mathrm{sh}(\gamma t) & \mathrm{ch}(\gamma t) - \dfrac{W_0}{2\gamma}\mathrm{sh}(\gamma t) \end{pmatrix}$$

$$= \frac{1}{\sqrt{x_0(t)}}\begin{pmatrix} x_0(t) - \varepsilon x_+(t)x_-(t) & x_+(t) \\ -\varepsilon x_-(t) & 1 \end{pmatrix}$$

$$= \sqrt{y_0(t)}\begin{pmatrix} 1 & y_+(t) \\ -\varepsilon y_-(t) & y_0(t)^{-1} - \varepsilon y_+(t)y_-(t) \end{pmatrix} \tag{6.37a}$$

令等式两边的矩阵元对应相等,即得时间相关的分解系数表达式。

最后,式(6.35)的解,既可以通过分解表示为升序乘积的形式

$$\rho(t) = \mathrm{e}^{x_+(t)K_+}\mathrm{e}^{K_0\ln x_0(t)}\mathrm{e}^{x_-(t)K_-}\rho(0) \tag{6.37b}$$

也可以通过分解表示为降序乘积的形式

$$\rho(t) = \mathrm{e}^{y_-(t)K_-}\mathrm{e}^{K_0\ln y_0(t)}\mathrm{e}^{y_+(t)K_+}\rho(0) \tag{6.37c}$$

因此,当主方程具有这些对称结构时,利用(6.36)和(6.37)两式,便能普遍地解决它的含时解问题。当然,也许在得到式(6.34)这种标准形式之前,可能还需要预先做适当的变换,如同文献[6]和下面例解中所做的那样。

与文献[4]中的方法相比,这里的方法不但给出了这一类主方程解的一般显示表达式,而且求其系数也无需去解微分方程。由于许多开放体系的主方程都可归结为这两类形式,此处方法具有一定的普遍性。

6.3.3 例算(Ⅰ):简单主方程的求解

i) 与电磁场相互作用的衰减振子问题[1]

考虑一个谐振子 $H_0=\hbar\omega a^+ a$,它和电磁场的相互作用为

$$H' = \sum_i \lambda_i(ab_i^+ + a^+ b_i) \tag{6.37}$$

这里,(a,a^+)是当谐振子由第一激发态$(n=1)$向下跃迁到基态$(n=0)$时的光量子,并设这种跃迁在单位时间内的概率为 Γ。对于量子数 n 大于 1 的高激发态,可认为是光子占有数为 n 的态,这些光子各自独立衰变。而作为热库的电磁场为无相互作用的多自由度系统 $\sum_i \hbar\omega_i b_i^+ b_i$ 。假定热库处于零度,振子可以级联的单光子辐射衰减直至基态,但振子不吸收光子。这时只有一个量子跳变算符 $L_1=\sqrt{\Gamma}a$ 。Lindblad 方程

$$\frac{\mathrm{d}\rho(t)}{\mathrm{d}t} = -\frac{\mathrm{i}}{\hbar}[H_0,\rho] + \Gamma\left\{a\rho a^+ - \frac{1}{2}a^+ a\rho - \frac{1}{2}\rho a^+ a\right\} \tag{6.38}$$

这里，量子跳变项表示振子发射光子而衰减。此处模型也可以理解为一个与电磁涨落真空态相耦合的两能级原子，于是原子由激发态自发辐射衰变到基态。这正是（以后要讲的关于单个 qubit 的）退相干三种基本模式中的"振幅阻尼模式"。这由下面计算结果也可知道。为化简方程(6.38)，消去右边第 1 项，将其引入相互作用图像，即做变换

$$\begin{cases}\rho_I(t) = \mathrm{e}^{\mathrm{i}H_0 t/\hbar}\rho(t)\mathrm{e}^{-\mathrm{i}H_0 t/\hbar} \\ a_I(t) = \mathrm{e}^{\mathrm{i}H_0 t/\hbar}\rho(t)\mathrm{e}^{-\mathrm{i}H_0 t/\hbar}\end{cases} \tag{6.39}$$

得到［有公式：$\exp(\gamma a^+ a)f(a,a^+)\exp(-\gamma a^+ a) = f(a\mathrm{e}^{-\gamma}, a^+\mathrm{e}^{\gamma})$］

$$\frac{\mathrm{d}\rho_I(t)}{\mathrm{d}t} = \Gamma\left\{a_I\rho_I a_I^+ - \frac{1}{2}a_I^+ a_I\rho_I - \frac{1}{2}\rho_I a_I^+ a_I\right\},\quad a_I(t) = a\mathrm{e}^{-\mathrm{i}\omega t} \tag{6.40a}$$

注意，这里算符(a,a^+)本身不显含时间（如同 x 和 p 一样）。于是有

$$\frac{\mathrm{d}\rho_I}{\mathrm{d}t} = \Gamma\left\{a\rho_I a^+ - \frac{1}{2}a^+ a\rho_I - \frac{1}{2}\rho_I a^+ a\right\} \tag{6.40b}$$

现在比如，求给定初值后光子占有数平均值$\langle n\rangle$的变化。按式(6.7a)

$$\begin{aligned}\frac{\mathrm{d}}{\mathrm{d}t}\langle n\rangle &= \frac{\mathrm{d}}{\mathrm{d}t}\langle a^+ a\rangle = \mathrm{tr}\left(a^+ a\frac{\mathrm{d}\rho_I}{\mathrm{d}t}\right) \\ &= \Gamma\mathrm{tr}\left\{a^+ aa\rho_I a^+ - \frac{1}{2}a^+ aa^+ a\rho_I - \frac{1}{2}a^+ a\rho_I a^+ a\right\} \\ &= \Gamma\mathrm{tr}\{a^+ aa\rho_I a^+ - a^+ aa^+ a\rho_I\} = \Gamma\mathrm{tr}\{a^+[a^+, a]a\rho_I\} \\ &= -\Gamma\mathrm{tr}\{a^+ a\rho_I\} = -\Gamma\langle n\rangle\end{aligned} \tag{6.41}$$

于是积分即得

$$\langle n(t)\rangle = \langle n(0)\rangle\exp(-\Gamma t) \tag{6.42}$$

ii）振子的相位衰减[1]

振子(a^+, a)和热库$(b_i^+, b_i, i=1,\cdots)$耦合问题。相互作用设为

$$H_I = \left(\sum_i \lambda_i b_i^+ b_i\right)a^+ a \tag{6.43}$$

只有一个 Lindblad 算符 $L_\mu = L_\mu^+ = a^+ a$，在相互作用图像中主方程为

$$\frac{\mathrm{d}\rho_I}{\mathrm{d}t} = \Gamma\left[a^+ a\rho_I a^+ a - \frac{1}{2}(a^+ a)^2\rho_I - \frac{1}{2}\rho_I(a^+ a)^2\right] \tag{6.44}$$

这里，常数 Γ 解释为，当振子被单个量子占据时，热库光子被振子散射的散射率。如假定振子的占有量子数是 n，则散射率就是 Γn^2。因子 n^2 是由于振子在$|n\rangle$态上时，这 n 个量子对热库光子散射的散射振幅是相干叠加的，散射振幅将正比于 n，所以散射率就正比于 n^2 了。

对于式(6.44)形式的主方程,很容易在粒子数表象中求解它:方程两边用振子的数态$\langle n|$,$|m\rangle$夹积,并令$\langle n|\rho_I|m\rangle=\rho_{nm}$,即得主方程的矩阵元形式为

$$\begin{aligned}\frac{\mathrm{d}\rho_{nm}}{\mathrm{d}t}&=\Gamma\left(nm-\frac{1}{2}n^2-\frac{1}{2}m^2\right)\rho_{nm}\\&=-\frac{\Gamma}{2}(n-m)^2\rho_{nm}\end{aligned}\tag{6.45}$$

对时间积分,即得

$$\rho_{nm}(t)=\rho_{nm}(0)\exp\left[-\frac{1}{2}(n-m)^2\Gamma t\right]\tag{6.46}$$

模型讨论:这是一个典型的相位退相干模型。凡是$n\neq m$的非对角项,在足够长时间后都将衰减掉。只剩下全部对角项并保持为初始数值。现假定,初始时刻制备了一个猫态

$$|\,\mathrm{cat}\rangle=\frac{1}{\sqrt{2}}(|\,n_1\rangle+|\,n_2\rangle)$$

$$\rho_{\mathrm{cat}}(0)=\frac{1}{\sqrt{2}}\{|\,n_1\rangle_A\langle n_1\,|+|\,n_2\rangle_A\langle n_2\,|+|\,n_1\rangle_A\langle n_2\,|+|\,n_2\rangle_A\langle n_1\,|\}\tag{6.47}$$

这是两个占有数本征态的相干叠加纯态。由于假定它是猫态,这两个占有数应当相差很大$|n_1-n_2|\gg1$。于是演化结果,非对角项十分迅速地衰减掉了即$\exp\left(-\frac{1}{2}(n_1-n_2)^2\Gamma t\right)\to0$。

由此可以解释“Schrödinger-cat 佯谬”——人们从来看不到“死”“活”两个状态是相干叠加着的猫。那是因为:不仅由于猫是宏观物体,自由度十分巨大,量子纠缠庞杂;而且它的死、活两个状态所涉及的自由度也十分巨大,量子纠缠的差别也十分巨大。因此,即便初始制备出了这种相干叠加态,按此处相位退相干模型计算结果,其退相干速度也会非常快速,以致就此问题进行实验观察是不切实际的。

6.3.4 例算(Ⅱ):主方程的超算符求解

i) 压缩热库情况下的阻尼谐振子[6]

这时主方程为

$$\begin{aligned}\dot{\rho}(t)=&\frac{r}{2}(N+1)(2a\rho a^+-a^+a\rho-\rho a^+a)+\frac{r}{2}N(2a^+\rho a-aa^+\rho-\rho aa^+)\\&+\frac{r}{2}M(2a^+\rho a-(a^+)^2\rho-\rho(a^+)^2)+\frac{r}{2}M^*(2a\rho a-a^2\rho-\rho a^2)\end{aligned}\tag{6.48}$$

式中,N是热库平均光子数,r是衰减速率,M是与压缩热库有关的参数。上式表面看来并不是所说的标准形式。需要通过适当的量子变换使其转化为所要的标准

形式，以便暴露方程中隐含的超算符 Lie 代数结构。通常采用平移变换来消除主方程中的一次项，而用压缩变换消除含 M,M^* 项。现在采用压缩算符 $S(\varsigma)=\exp\left[\frac{1}{2}(\varsigma^* a^2-\varsigma(a^+)^2)\right]$进行变换

$$a'\equiv S^+(\varsigma)aS(\varsigma),\qquad \rho'\equiv S^+(\varsigma)\rho S(\varsigma) \tag{6.49}$$

这里，ς为不含时间的待定参数。简单计算可得

$$\begin{cases}a'=\text{ch}(|\varsigma|)a-\dfrac{\varsigma}{|\varsigma|}\text{sh}(|\varsigma|)a^+\\ a'^+=\text{ch}(|\varsigma|)a^+-\dfrac{\varsigma}{|\varsigma|}\text{sh}(|\varsigma|)a\end{cases} \tag{6.50}$$

将变换式(6.49)代入式(6.48)并注意式(6.50)，经过简单整理即得

$$\dot{\rho}'(t)=\left[\alpha K_++\beta K_-+(\alpha+\beta)K_0+\frac{r}{2}\right]\rho'(t) \tag{6.51}$$

其中，系数为

$$\begin{cases}\alpha=rN\text{ch}(2|\varsigma|)+r\text{ch}^2(|\varsigma|)-\dfrac{r}{2|\varsigma|}\text{sh}(2|\varsigma|)(M\varsigma^*+M^*\varsigma)\\ \beta=rN\text{ch}(2|\varsigma|)+r\text{sh}^2(|\varsigma|)-\dfrac{r}{2|\varsigma|}\text{sh}(2|\varsigma|)(M\varsigma^*+M^*\varsigma)\end{cases} \tag{6.52a}$$

让其中 ς 由下式决定

$$\frac{|\varsigma|}{\varsigma}M\text{cth}(|\varsigma|)+\frac{|\varsigma|}{\varsigma}M^*\text{th}(|\varsigma|)=2N+1 \tag{6.52b}$$

于是定义如下超算符

$$\begin{cases}K_-\rho'=a^+\rho' a\\ K_+\rho'=a\rho' a^+\\ K_0\rho'=-\dfrac{1}{2}(a^+a\rho'+\rho' a^+a+\rho')\end{cases} \tag{6.53}$$

利用玻色对易关系可以证明，它们满足 SU(1,1)Lie 代数对易关系，即

$$\begin{cases}[K_-,K_+]\rho'=2K_0\rho'\\ [K_0,K_\pm]\rho'=\pm K_0\rho'\end{cases} \tag{6.54}$$

于是可以直接写出式(6.51)两种形式的解。比如，降序乘积解为

$$\rho'(t)=e^{rt/2}\exp(y_-K_-)\exp(K_0\ln y_0)\exp(y_+K_+)\rho'(0) \tag{6.55a}$$

并有分解系数

$$y_-=\frac{\beta(e^{-rt}-1)}{\beta e^{-rt}-\alpha},\qquad y_+=\frac{\alpha(e^{-rt}-1)}{\beta e^{-rt}-\alpha},\qquad y_0=\left(\frac{(\alpha e^{rt/2}-\beta e^{-rt/2})}{r}\right)^2 \tag{6.55b}$$

最后求得解为

$$\begin{aligned}\rho(t) &= S(\varsigma)\rho'(t)S^{+}(\varsigma)\\ &= e^{\pi/2}S(\varsigma)\exp(y_{-}K_{-})\exp(K_0\ln y_0)\exp(y_{+}K_{+})S^{+}(\varsigma)\rho(0)\end{aligned} \tag{6.56}$$

至此,再取定初态,即可将此计算进行到底。文献[6]中不失一般性的取了初态为压缩相干态,继续做完了计算。此处不再叙述。

ii) 带驱动项的阻尼谐振子[6]

这时主方程为

$$\begin{aligned}\dot{\rho}(t) =& -\mathrm{i}[H_{\mathrm{D}},\rho] + \frac{r}{2}(N+1)(2a\rho a^{+} - a^{+}a\rho - \rho a^{+}a)\\ &+ \frac{r}{2}N(2a^{+}\rho a - aa^{+}\rho - \rho aa^{+})\\ &+ \frac{r}{2}M(2a^{+}\rho a^{+} - (a^{+})^2\rho - \rho(a^{+})^2)\\ &+ \frac{r}{2}M^{*}(2a\rho a - (a)^2\rho - \rho(a)^2)\end{aligned} \tag{6.57a}$$

这里,线性驱动项 H_{D} 为

$$H_{\mathrm{D}} = \varepsilon(t)a^{+} + \varepsilon^{*}(t)a \tag{6.57b}$$

为消去式(6.57a)的线性项,将其化为标准形式,可预先做简单平移变换

$$\rho'(t) = D^{+}(\alpha)\rho(t)D(\alpha),\quad D(\alpha) = \exp[\alpha(t)a^{+} - \alpha^{*}(t)a] \tag{6.58}$$

其中,$\alpha(t)$为待定参数。在此变换下,主方程成为

$$\begin{aligned}\dot{\rho}' =& \left(-\mathrm{i}\varepsilon - \frac{r}{2}\alpha - \dot{\alpha}\right)(a^{+}\rho' - \rho' a) - \left(-\mathrm{i}\varepsilon - \frac{r}{2}\alpha - \dot{\alpha}\right)^{*}(a\rho' - \rho' a^{+})\\ &+ \frac{r}{2}(N+1)(2a\rho' a^{+} - a^{+}a\rho' - \rho' a^{+}a)\\ &+ \frac{r}{2}N(2a^{+}\rho' a - aa^{+}\rho' - \rho' aa^{+})\\ &+ \frac{r}{2}M(2a^{+}\rho' a^{+} - (a^{+})^2\rho' - \rho'(a^{+})^2)\\ &+ \frac{r}{2}M^{*}(2a\rho' a - (a)^2\rho' - \rho'(a)^2)\end{aligned}$$

现在,选择函数 $\alpha(t)$满足

$$\dot{\alpha}(t) + \frac{r}{2}\alpha(t) + \mathrm{i}\varepsilon = 0 \tag{6.59}$$

则上面方程变为

$$\begin{aligned}\dot{\rho}' = &\frac{r}{2}(N+1)(2a\rho' a^{+} - a^{+}a\rho' - \rho' a^{+}a) \\ &+ \frac{r}{2}N(2a^{+}\rho' a - aa^{+}\rho' - \rho' aa^{+}) \\ &+ \frac{r}{2}M(2a^{+}\rho' a^{+} - (a^{+})^{2}\rho' - \rho'(a^{+})^{2}) \\ &+ \frac{r}{2}M^{*}(2a\rho' a - (a)^{2}\rho' - \rho'(a)^{2})\end{aligned} \tag{6.60}$$

接着按上面所说的求解程序，不难将计算进行下去。最后即得最一般阻尼谐振子的解。

iii) 热库中的两能级原子体系

在相互作用图像中此时主方程为

$$\begin{aligned}\dot{\rho}(t) = &\frac{r}{2}(N+1)(2\sigma_{-}\rho\sigma_{+} - \sigma_{+}\sigma_{-}\rho - \rho\sigma_{+}\sigma_{-}) \\ &+ \frac{r}{2}N(2\sigma_{+}\rho\sigma_{-} - \sigma_{-}\sigma_{+}\rho - \rho\sigma_{-}\sigma_{+})\end{aligned} \tag{6.61}$$

为求解此主方程，定义如下超算符

$$K_{-}\rho = \sigma_{-}\rho\sigma_{+}, \qquad K_{+}\rho = \sigma_{+}\rho\sigma_{-}, \qquad K_{0}\rho = \frac{1}{2}(\sigma_{+}\sigma_{-}\rho + \rho\sigma_{+}\sigma_{-} - \rho) \tag{6.62}$$

可以证明它们满足 SU(2)Lie 代数对易关系，即

$$\begin{cases}[K_{-}, K_{+}]\rho = -2K_{0}\rho \\ [K_{0}, K_{\pm}]\rho = \pm K_{\pm}\rho\end{cases} \tag{6.63}$$

于是，方程(6.61)可通过它们表示为标准形式

$$\begin{gathered}\dot{\rho}(t) = \left\{\beta K_{+} + \alpha K_{-} + (\beta - \alpha)K_{0} - \frac{1}{2}(\alpha - \beta)\right\}\rho(t) \\ \alpha = r(N+1), \quad \beta = rN\end{gathered} \tag{6.64}$$

所以可得此主方程密度算符的升序乘积和降序乘积两种解

$$\begin{cases}\rho(t) = \exp\left(-\dfrac{1}{2}(\alpha+\beta)t\right)\exp(x_{+}K_{+})\exp(K_{0}\ln x_{0})\exp(x_{-}K_{-})\rho(0) \\ \rho(t) = \exp\left(-\dfrac{1}{2}(\alpha+\beta)t\right)\exp(y_{-}K_{-})\exp(K_{0}\ln y_{0})\exp(y_{+}K_{+})\rho(0)\end{cases} \tag{6.65}$$

其中，系数为

$$
\begin{cases}
x_0 = \left(\dfrac{\alpha e^{(\alpha+\beta)t/2} + \beta e^{-(\alpha+\beta)t/2}}{\alpha+\beta}\right)^{-2} \\
x_+ = \dfrac{\beta(e^{(\alpha+\beta)t} - 1)}{\alpha e^{(\alpha+\beta)t} + \beta}, \qquad x_- = \dfrac{\alpha(e^{(\alpha+\beta)t} - 1)}{\alpha e^{(\alpha+\beta)t} + \beta} \\
y_0 = \left(\dfrac{\beta e^{(\alpha+\beta)t/2} + \alpha e^{-(\alpha+\beta)t/2}}{\alpha+\beta}\right)^{2} \\
y_+ = \dfrac{\beta(e^{(\alpha+\beta)t} - 1)}{\beta e^{(\alpha+\beta)t} + \alpha}, \qquad y_- = \dfrac{\alpha(e^{(\alpha+\beta)t} - 1)}{\beta e^{(\alpha+\beta)t} + \alpha}
\end{cases} \tag{6.66}
$$

iv) 场与原子在热库中的主方程问题

这时主方程为

$$
\dot{\rho}(t) = \frac{r}{2}(2\sigma_- \rho\sigma_+ - \sigma_+ \sigma_- \rho - \rho\sigma_+ \sigma_-) + \frac{k}{2}(2a\rho a^+ - a^+ a\rho - \rho a^+ a) \tag{6.67}
$$

这里的开放体系是指辐射场与原子，ρ为辐射场与原子的密度算符。定义如下超算符

$$
\begin{aligned}
&K_-\rho = a^+\rho a, \qquad K_+\rho = a\rho a^+, \qquad K_0\rho = -\frac{1}{2}(a^+ a\rho + \rho a^+ a + \rho) \\
&J_-\rho = \sigma_-\rho\sigma_+, \qquad J_+\rho = \sigma_+\rho\sigma_-, \qquad J_0\rho = \frac{1}{2}(\sigma_+\sigma_-\rho + \rho\sigma_+\sigma_- - \rho)
\end{aligned} \tag{6.68}
$$

可以检验$\{K_\pm, K_0\}$，$\{J_\pm, J_0\}$分别满足 SU(1,1)和 SU(2) Lie 代数对易关系。并且$\{K_\pm, K_0\}$和$\{J_\pm, J_0\}$相互对易。所以解可写为

$$
\rho(t) = \exp\left(\frac{(k-r)t}{2}\right)\exp[(J_- - J_0)rt]\exp[(K_+ + K_0)kt]\rho(0) \tag{6.69}
$$

然后再按上面的分解办法对式(6.69)进行分解，便得到初值的解析解。

v) 减小的或放大的非线性谐振子问题

这两个主方程分别为

$$
\begin{cases}
\dot{\rho}(t) = -i\chi[(a^+ a)^2, \rho] + \dfrac{r}{2}(N+1)(2a\rho a^+ - a^+ a\rho - \rho a^+ a) \\
\qquad + \dfrac{r}{2}N(2a^+ \rho a - aa^+ \rho - \rho aa^+) \\
\dot{\rho}(t) = -i\chi[(a^+ a)^2, \rho] + \dfrac{r}{2}(N+1)(2a^+ \rho a - aa^+ \rho - \rho aa^+) \\
\qquad + \dfrac{r}{2}N(2a\rho a^+ - a^+ a\rho - \rho a^+ a)
\end{cases} \tag{6.70}
$$

下面给出它们的解。为此定义如下超算符

$$\begin{cases}K_- \rho = a^+ \rho a, \qquad K_+ \rho = a \rho a^+ \\ K_0 \rho = -\dfrac{1}{2}(a^+ a \rho + \rho a^+ a + \rho) \\ K_3 \rho = a^+ a \rho - \rho a^+ a\end{cases} \tag{6.71a}$$

容易检验它们满足以下对易关系

$$[K_-, K_+]\rho = 2K_0 \rho, \qquad [K_0, K_\pm]\rho = \pm K_\pm \rho$$
$$[K_3, K_\pm] = [K_3, K_0] = 0 \tag{6.71b}$$

于是方程(6.70)可改写为

$$\dot{\rho}(t) = \left(w_+ K_+ + w_- K_- + w_0 K_0 + \mathrm{i}\chi K_3 + \frac{r}{2}\right)\rho \tag{6.72}$$

注意，这里系数 $w_0 = w_0(K_3)$ 是超算符 K_3 的函数。总共有

$$w_+ = r(N+1), \qquad w_- = rN, \qquad w_0 = 2rN + 2\mathrm{i}\chi K_3 + 1 \tag{6.73}$$

虽然主方程(6.72)中的系数不是常数，但由于 K_3 与 $K_\pm$，K_0 都对易，因此解可写为

$$\rho(t) = \exp\{(w_+ K_+ + w_- K_- + w_0 K_0)t\}\exp(\mathrm{i}\chi K_3 t)\rho(0) \tag{6.74}$$

例用前面方法即得升序乘积和降序乘积两种解

$$\rho(t) = \mathrm{e}^{rt/2+\mathrm{i}\chi K_3 t}\exp[x_+(K_3,t)K_+]\exp[\ln x_0(K_3,t)K_0]\exp[x_-(K_3,t)K_-]\rho(0)$$
$$\rho(t) = \mathrm{e}^{rt/2+\mathrm{i}\chi K_3 t}\exp[y_-(K_3,t)K_-]\exp[\ln y_0(K_3,t)K_0]\exp[y_+(K_3,t)K_+]\rho(0) \tag{6.75}$$

系数为

$$x_\pm(K_3,t) = \frac{2w_\pm \operatorname{sh}\varphi}{2\varphi\operatorname{ch}\varphi - w_0\operatorname{sh}\varphi}, \qquad x_0(K_3,t) = \left(\frac{2\varphi}{2\varphi\operatorname{ch}\varphi - w_0\operatorname{sh}\varphi}\right)^2$$
$$y_\pm(K_3,t) = \frac{2w_\pm \operatorname{sh}\varphi}{2\varphi\operatorname{ch}\varphi + w_0\operatorname{sh}\varphi}, \qquad y_0(K_3,t) = \left(\frac{2\varphi}{2\varphi\operatorname{ch}\varphi + w_0\operatorname{sh}\varphi}\right)^{-2}$$
$$\varphi(K_3,t) = \left(\frac{1}{4}w_0^2 - w_+ w_-\right)^{1/2} t \tag{6.76}$$

如设初态为相干态 $\rho(0) = |\alpha\rangle\langle\alpha|$，进一步计算表明这里的 Lie 代数方法仍具有很大的方便性。计算时只要注意到根据式(6.71a)有

$$\mathrm{e}^{f(K_3)}\ |\alpha\rangle\langle\alpha| = \mathrm{e}^{f(0)}\ |\alpha\rangle\langle\alpha|$$

这里，$f(K_3)$ 是超算符 K_3 的任意含数。进一步详细计算可见文献[5]。

由本节的几个例算可知，所阐述的超算符 Lie 代数方法确实具有较大的普遍性。而且它的优点还在于，能给出初条件下解的解析表达式。于是，有了密度算符

的解析表达式,就可以方便地研究量子态的非定域性动力学、纠缠特性、退相干过程等。

§6.4 量子退相干问题初步分析

6.4.1 退相干的物理起源

i) 与环境耦合造成的退相干

能造成所研究系统退相干的环境,不仅必须和系统有相互作用,而且至少应当具有两个线性无关的量子态。只有一个单态的环境即便能影响系统的状态,也只当作外场来处理,影响系统状态的演化,不会产生系统状态和环境状态之间的量子纠缠,也就不会由此产生系统状态的退相干。

与环境耦合造成的退相干有众多模式。就对双态系统而言,典型的有三种。详细见 6.4.2 小节关于退相干基本模式的叙述。

ii) 由量子测量造成的退相干

被测物体与测量仪器相互作用→量子纠缠模型:

单次测量取值造成仪器态坍缩,导致被测物体态关联坍缩→被测物体某个纯态;对仪器或环境全部有关态的等权平均→被测物体系综的混态。

详细分析除第一章量子测量有关内容外,见 6.4.4,6.4.5 两小节。

iii) 量子信息的衰减——退相干

目前的量子力学中存在两类基本过程:

$$\begin{cases}\text{动力学演化过程(}U\text{ 过程):这是可逆的、决定论的、保持相干性的过程;}\\ \text{量子测量过程(}R\text{ 过程):这是不可逆的、随机坍缩的、切断相干性的过程。}\end{cases}$$

鉴于这两类过程如此基本而又如此相悖,确实难免时常引起人们对量子力学的质疑:量子力学目前的描述虽然是完备的,但是否为最恰当的、最经济的?因为,物理理论的最终目标不仅在于去说清物质世界,而且还在于(以逻辑一贯的方式)用尽可能简单的原则去说清物质世界。就是说,如果仅仅只需一个幺正演化就够的话,就不必主张两种基本过程。

因此如前面所说的可以合理地主张,只要把所观察的系统取得足够大或者足够完备,就能以足够的精确度将系统看作是一个封闭的系统。而一个封闭系统的演化总是幺正的。这就是说,可以合理地主张:“系统+测量仪器+足够的环境”的演化总是幺正的,也即,此时是可逆的、确定的、保持相干性的。

但是,实际上我们永远不可能对全部微观自由度进行观测,我们能做的任何观测只能是针对局部对象进行的——人们所能进行的观测永远是部分的、片面的、局部的观测,只能是某种“局部化”或“粗粒化”的观测,是由对许多未观测(甚至难以观测)的变数求平均而得的观测。就是说,必须忽略一个更大系统的某些自由度。这使我们所研究的系统永远不可能是一个真正封闭的系统,而总是一个或多或少为开放的系统;是一个对其余已被我们略去的部分求迹之后的系统;是一个既有纯态也有混态存在的系统。也就是说,所关心的系统 A 必定不可避免地、或强或弱地与周围环境 E(或别的系统 B)发生相互作用,导致 A 中态和 $E(B)$态的量子纠缠,这导致 A 中纯态的相干性的衰减。因为,对 $E(B)$自由度取平均将使 A 的叠加态之间的相对相位信息丧失,从而变为某种混态。

这样一来,A 原先的一个相干叠加态,因为与环境的量子纠缠,而丧失了各叠加成分之间的相对相因子的确定性,使各叠加成分的内部相位差的随机性增加。于是寄托在这种内部相干性上的量子信息就会衰减。最终会变成一个等概率分布的完全随机的混态(或是衰变成一个优先的纯态),成为一个不含任何量子信息的毫无价值的东西。这种很难避免的退相干过程是量子信息处理过程(尤其在保存过程)中需要克服的主要障碍。

iv) 各种器件退相干的具体物理根源简述

文献[13]中全面而简明地罗列了各种器件退相干的具体物理根源。对液体NMR有:外部的随机场;同一分子内自旋之间全空间偶极子作用的调制;通过依赖于分子对外场取向和转动扩散,单个自旋化学移动的调制;四极-电场梯度耦合调制。对固体 NMR 有:非均匀样品中的化学移动-偶极子的耦合色散;通过与近邻耦合偶极子造成的自旋纠缠;自发声子辐射和 Raman 自旋,高温时的声子相互作用;由于其他核成分和磁杂质的谱扩散。对离子阱有:离子的自发辐射;由于激光束非理想聚焦导致离子寻址中的串位;由于阱的非谐和性招致模-模耦合;杂散射频场导致离子加热;离子的外部热振动耦合进了它的内部态;向其他原子能级的泄露损失;电离作用;读出中的无效力。对中性原子有:光子从激光俘获场的散射;单个 qubit 跃迁时光子从 Raman 激光场的散射;在 Rydberg 门工作时 Rydberg 态的自发辐射;本底气体碰撞;俘获位势的涨落;本底磁场;光晶格势中的振动激发——原子加热;在技术上算基外的原子态散射。对腔 QED 有:阱涨落和环境噪声带来的运动退相干;在门操作时驱动场噪声带来的运动退相干;未臻强耦合状态或运行中走气时光子 qubit 退相干;光学俘获场的不同 Stark 移动;离子和中性原子的自发发射、本底气体碰撞、光子散射和其他退相干来源等等。

6.4.2　单 qubit 信息衰减模式分析——退相干基本模式

在最简单的单 qubit 量子信息处理过程中,量子信息衰减的典型方式有三种,即相位阻尼方式,退极化方式,振幅阻尼方式。它们也正是单 qubit 系统超算符的三种模式。它们又称为量子信道,因为量子信息正是以这三种方式在处理着、传递着和衰减着。

i) 相位阻尼方式

这个量子信道的作用可用一个作用在 A 和 E 的直积空间 $H_A \otimes H_E$（维数 $=2\times 3=6$）的幺正算符表示

$$U_{AE}:\begin{cases}|0\rangle_A\,|0\rangle_E \rightarrow \sqrt{1-p}\,|0\rangle_A\,|0\rangle_E+\sqrt{p}\,|0\rangle_A\,|1\rangle_E\\|1\rangle_A\,|0\rangle_E \rightarrow \sqrt{1-p}\,|1\rangle_A\,|0\rangle_E+\sqrt{p}\,|1\rangle_A\,|2\rangle_E\end{cases}\tag{6.77a}$$

这里，$p>0$ 为一小正数。此处 U_{AE} 表示：系统 A 将以 p 的概率与环境量子纠缠，使环境状态发生改变，而系统 A 态空间 H_A 的两个基是稳定的，不发生各种误翻转（参考下面退极化方式的叙述）。

在环境基 $\{|0\rangle_E,|1\rangle_E,|2\rangle_E\}$ 中求超算符 \$ 的三个算符 $M_\mu={}_E\langle\mu|U_{AE}|0\rangle_E$（$\mu=0,1,2$）。它们都是 2×2 矩阵，作用在两维 H_A 上。计算 M_μ 的办法是：对 M_μ，由 U_{AE} 的表达式，在盯住 ${}_E\langle\mu|\leftarrow|0\rangle_E$ 的前提下，寻找 H_A 两个基的 4 个变换矩阵元，并将其排列成矩阵。即

$$M_\mu=\left.\begin{pmatrix}{}_A\langle 0|\leftarrow|0\rangle_A & {}_A\langle 0|\leftarrow|1\rangle_A\\{}_A\langle 1|\leftarrow|0\rangle_A & {}_A\langle 1|\leftarrow|1\rangle_A\end{pmatrix}\right|_{{}_E\langle\mu|\leftarrow|0\rangle_E}$$

结果为

$$M_0=\sqrt{1-p}\begin{pmatrix}1&0\\0&1\end{pmatrix},\qquad M_1=\sqrt{p}\begin{pmatrix}1&0\\0&0\end{pmatrix},\qquad M_2=\sqrt{p}\begin{pmatrix}0&0\\0&1\end{pmatrix}\tag{6.77b}$$

于是对 A 的初始化密度矩阵 $\rho_A=\begin{pmatrix}\rho_{00}&\rho_{01}\\\rho_{10}&\rho_{11}\end{pmatrix}$ 演化为

$$\begin{aligned}\rho_A\rightarrow\rho'_A&\equiv \$(\rho_A)=M_0\,\rho_A M_0+M_1\,\rho_A M_1+M_2\,\rho_A M_2\\&=\begin{pmatrix}\rho_{00}&(1-p)\,\rho_{01}\\(1-p)\,\rho_{10}&\rho_{11}\end{pmatrix}\end{aligned}\tag{6.77c}$$

这表明，即使 A 的状态不发生改变，但由于和超过一维（现为三维，有三个 M_μ）的环境 E 的量子纠缠，在保持 ρ_A 的对角元素不变的同时，使 ρ_A 的非对角元素衰减。

假设 p 是由某种散射事件造成的，并设单位时间内发生散射的概率为 Γ，则对应 Δt 的 p 为 $\Delta p=\Gamma\Delta t$。到 $t=n\Delta t$ 时刻，A 的演化将为 $\$^n$。于是 ρ_A 中的非对角项将衰减为

$$(1-\Delta p)^n=\left(1-\Gamma\frac{t}{n}\right)^n\rightarrow \mathrm{e}^{-\Gamma t}$$

因此在 $t\gg\Gamma^{-1}$ 之后，A 系统的一个属于纯态的初态

$$|\Psi\rangle_A=\alpha\,|0\rangle+\beta\,|1\rangle,\quad \rho_A=\begin{pmatrix}|\alpha|^2&\alpha^*\beta\\\alpha\beta^*&|\beta|^2\end{pmatrix}$$

将因相位衰减而成为一个混态

$$\rho'_A = |\alpha|^2 \ |0\rangle_{AA}\langle 0| + |\beta|^2 \ |1\rangle_{BB}\langle 1| = \begin{pmatrix} |\alpha|^2 & 0 \\ 0 & |\beta|^2 \end{pmatrix}$$

以上说明,即使在 H_A 的一组稳定基中也会发生 qubit 的退相干。

若用极化矢量表示,则由初始的

$$\rho_A = \frac{1}{2}(1 + \boldsymbol{P}_{极化} \cdot \boldsymbol{\sigma})$$

$$\boldsymbol{P}_{极化} = \{\rho_{01} + \rho_{10}, \mathrm{i}(\rho_{01} - \rho_{10}), \rho_{00} - \rho_{11}\} \equiv \{P_x, P_y, P_z\}$$

演化为

$$\boldsymbol{\rho}_A = \frac{1}{2}(1 + \boldsymbol{P}'_{极化} \cdot \boldsymbol{\sigma}) \tag{6.77d}$$

$$\begin{aligned} \boldsymbol{P}'_{极化} &= \{(1-p)(\rho_{01} + \rho_{10}), \mathrm{i}(1-p)(\rho_{01} - \rho_{10}), \rho_{00} - \rho_{11}\} \\ &= \{(1-p)P_x, (1-p)P_y, P_z\} \end{aligned} \tag{6.77e}$$

一个例子是星际空间中光子气体背景(称为 E)下的尘埃粒子(称为 A)。设粒子初始制备在位置本征态的一个“猫态”上 $|\Psi\rangle = \frac{1}{\sqrt{2}}(|x\rangle + |-x\rangle)$,粒子的量子态用对光子自由度求迹所得的密度矩阵来描述。于是上面分析表明,当 $t \gg \Gamma^{-1}$ 后,粒子原先的位置本征态叠加的相干性将完全丧失。由于尘埃粒子比光子惯性大得多,它的动量和能量因光子散射而减少得很慢。于是,一个重物体的宏观可区分的相干叠加态,其退相干速度将远大于其运动衰减速度。而且与环境的这种退相干将倾向定域的基矢。

ii) 退极化方式

此时,单 qubit 的两个基并不绝对的稳定,它们有三种基本的误翻转类型:

位翻转误差:$|\Psi\rangle \to \sigma_1|\Psi\rangle$,(即以一定的概率发生着 $|0\rangle \to |1\rangle$ 和 $|1\rangle \to |0\rangle$);

相位翻转误差:$|\Psi\rangle \to \sigma_3|\Psi\rangle$,(即在保持 $|0\rangle \to |0\rangle$ 的同时,以一定的概率发生着 $|1\rangle \to |-1\rangle$);

混合型误差:$|\Psi\rangle \to \sigma_2|\Psi\rangle$,(即以一定的概率发生着 $|0\rangle \to \mathrm{i}|1\rangle$ 和 $|1\rangle \to -\mathrm{i}|0\rangle$)。

它们都会造成量子信息处理中的误差。

下面假定这三种误差以相等的概率发生着。这就构成了退极化量子信道。用一个作用在 $H_A \otimes H_E$(维数为 $2\times4=8$)上的幺正算符来表示,即为

$$\begin{aligned} U_{AE}: |\Psi\rangle_A \otimes |0\rangle_E &\to \sqrt{1-p}\ |\Psi\rangle_A \otimes |0\rangle_E \\ &+ \sqrt{\frac{p}{3}}[\sigma_1 |\Psi\rangle_A \otimes |1\rangle_E + \sigma_2 |\Psi\rangle_A \otimes |2\rangle_E + \sigma_3 |\Psi\rangle_A \otimes |3\rangle_E] \end{aligned} \tag{6.78a}$$

现在环境基$\{|\mu\rangle_E,\mu=0,1,2,3\}$中求超算符 \$ 的M_μ。和上面计算思想类似,可得

$$M_0=\sqrt{1-p}\sigma_0, \quad M_1=\sqrt{\frac{p}{3}}\sigma_1, \quad M_2=\sqrt{\frac{p}{3}}\sigma_2, \quad M_3=\sqrt{\frac{p}{3}}\sigma_3 \tag{6.78b}$$

于是一个一般的ρ_A 将演化为

$$\begin{aligned}\rho_A \rightarrow \rho'_A \equiv \$(\rho_A) &= (1-p)\rho_A+\frac{p}{3}(\sigma_1\rho_A\sigma_1+\sigma_2\rho_A\sigma_2+\sigma_3\rho_A\sigma_3)\\ &=\begin{pmatrix}\left(1-\frac{2p}{3}\right)\rho_{00}+\frac{2p}{3}\rho_{11} & \left(1-\frac{4p}{3}\right)\rho_{01}\\ \left(1-\frac{4p}{3}\right)\rho_{10} & \left(1-\frac{2p}{3}\right)\rho_{11}+\frac{2p}{3}\rho_{00}\end{pmatrix}\end{aligned} \tag{6.78c}$$

如果用极化矢量表示,则有

$$\boldsymbol{P}_{极化}=\operatorname{tr}(\rho_A\boldsymbol{\sigma}) \rightarrow \boldsymbol{P}'_{极化}=\operatorname{tr}(\rho'_A\boldsymbol{\sigma})$$

于是

$$\begin{aligned}\boldsymbol{P}'_{极化} &= \operatorname{tr}\left\{(1-p)\rho_A\boldsymbol{\sigma}+\frac{p}{3}\sum_{j=1}^{3}\sigma_j\rho_A\sigma_j\boldsymbol{\sigma}\right\}\\ &=\operatorname{tr}\left\{\left(1-\frac{4}{3}p\right)\rho_A\boldsymbol{\sigma}+\frac{p}{3}\sum_{j=0}^{3}\sigma_j\rho_A\sigma_j\boldsymbol{\sigma}\right\}\\ &=\left(1-\frac{4}{3}p\right)\boldsymbol{P}_{极化}+\frac{p}{3}\operatorname{tr}\left(\rho_A\sum_{j=0}^{3}\sigma_j\boldsymbol{\sigma}\sigma_j\right)\\ &=\left(1-\frac{4}{3}p\right)\boldsymbol{P}_{极化}\end{aligned} \tag{6.78d}$$

这里最后一步利用了恒等式$\sigma_0\boldsymbol{\sigma}\sigma_0+\sigma_1\boldsymbol{\sigma}\sigma_1+\sigma_2\boldsymbol{\sigma}\sigma_2+\sigma_3\boldsymbol{\sigma}\sigma_3=0$。于是在退极化量子信道中,粒子的自旋极化矢量要收缩一个因子$\left(1-\frac{4}{3}p\right)$,就是说,若原来的态为纯态,$|\boldsymbol{P}|=1$,则$|\boldsymbol{P}'|=1-\frac{4}{3}p<1$,此时自旋以$\frac{4}{3}p$ 的概率被随机化。这正是这个量子信道名称的由来。

iii) 振幅阻尼方式

这是一个双能级原子激发态的自发衰变的简化模型。记原子的基态为$|0\rangle_A$,激发态为$|1\rangle_A$;环境为电磁场,初始它为$|0\rangle_E$,等了一会儿之后,激发态有一个概率p 衰变到基态并发射一个光子,使环境态跃迁到$|1\rangle_E$ 态上。原子和环境的这个演化可用以下幺正变换描述

$$U_{AE}:\begin{cases}|0\rangle_A|0\rangle_E \rightarrow |0\rangle_A|0\rangle_E\\ |1\rangle_A|0\rangle_E \rightarrow \sqrt{1-p}\,|1\rangle_A|0\rangle_E+\sqrt{p}\,|0\rangle_A|1\rangle_E\end{cases} \tag{6.79a}$$

这时超算符 $ 的两个 M_μ 为

$$M_0=\begin{pmatrix}1 & 0\\ 0 & \sqrt{1-p}\end{pmatrix},\qquad M_1=\begin{pmatrix}0 & \sqrt{p}\\ 0 & 0\end{pmatrix} \tag{6.79b}$$

这里，M_1 诱导一个 $|1\rangle_A$ 到 $|0\rangle_A$ 的量子跃变，而 M_0 则描述无此跃变时态的演化。于是

$$\rho_A\rightarrow\rho'_A=\$(\rho_A)=M_0\,\rho_A M_0^+ + M_1\,\rho_A M_1^+=\begin{pmatrix}\rho_{00}+p\,\rho_{11} & \sqrt{1-p}\,\rho_{01}\\ \sqrt{1-p}\,\rho_{10} & (1-p)\,\rho_{11}\end{pmatrix} \tag{6.79c}$$

如果时间增长，即接连使用这个量子信道 n 次（每次 $p=\Gamma\Delta t, t=n\Delta t$），则有

$$\begin{aligned}\rho'_A=&\begin{pmatrix}\rho_{00}+np\,\rho_{11} & (1-p)^{n/2}\,\rho_{01}\\ (1-p)^{n/2}\,\rho_{10} & (1-p)^n\,\rho_{11}\end{pmatrix}\\ \rightarrow&\begin{pmatrix}\rho_{00}+(1-e^{-\Gamma t})\,\rho_{11} & e^{-\frac{\Gamma}{2}t}\,\rho_{01}\\ e^{-\frac{\Gamma}{2}t}\,\rho_{10} & e^{-\Gamma t}\,\rho_{11}\end{pmatrix}\rightarrow\begin{pmatrix}\rho_{00}+\rho_{11} & 0\\ 0 & 0\end{pmatrix}=\begin{pmatrix}1 & 0\\ 0 & 0\end{pmatrix}\end{aligned} \tag{6.79d}$$

即原子终结在它的基态上。

上面是针对单个 qubit 的具有不同类型噪声的三种量子信道模型，显示单个 qubit 中量子信息消减的三种典型过程。由它们可以知道，退相干过程有着不同的模式，密度矩阵中非对角项衰减的方式也有所不同，但它们的共同点是：非对角项都要衰减。这种衰减使单 qubit 态的相干性逐渐减少，直至变成一个混态。第三种振幅阻尼模式有所不同，它的对角项也衰减，以致最后成为一个优先的纯态——仍然丧失了全部量子信息的没用的东西。前两种模型的极化矢量模长要减小。即，单 qubit 的极化矢量从纯态的 $|\boldsymbol{P}_{极}|=1$ 到混态的 $|\boldsymbol{P}'_{极}|<1$。如果将单 qubit 的 $\boldsymbol{P}_{极}$（和 $\boldsymbol{P}'_{极}$）集合画为 Bloch 球体，则每一个纯态将对应 Bloch 球面上某一点，而每一个混态必对应 Bloch 球内某一点。于是，前两种模型中单 qubit 的退相干使极化矢量从 Bloch 球面缩向球内。第三种模式中单 qubit 的极化矢量虽然仍位于 Block 球面上，但趋于已知的固定点。

6.4.3　系统与环境耦合造成的退相干

i）量子系统与环境的相互作用

量子系统决不可能是完全孤立的，和所关心系统有相互作用的其他自由度统称之为环境。这些相互作用的效应是双重的：一方面，系统演化不再是想像中的那样，甚至不是幺正的了；另一方面，系统的态变得不纯了，出现了退相干现象——系统逐步丧失了能够产生干涉现象的能力，即逐步丧失了原先具有的相干性。

考虑一个和环境耦合着的两能级系统。一般地说,用$|E\rangle$记环境的初态,系统和环境的相互作用由下面状态改变来确定

$$\begin{cases}|0\rangle\otimes|E\rangle\rightarrow|0\rangle\otimes|E_{00}\rangle+|1\rangle\otimes|E_{01}\rangle\\|1\rangle\otimes|E\rangle\rightarrow|0\rangle\otimes|E_{10}\rangle+|1\rangle\otimes|E_{11}\rangle\end{cases}\tag{6.80}$$

这里,$|E_{ij}\rangle$是环境的一些未归一化态。相互作用的幺正性意味着

$$\begin{cases}\langle E_{00}|E_{00}\rangle+\langle E_{01}|E_{10}\rangle=1\\\langle E_{10}|E_{10}\rangle+\langle E_{11}|E_{11}\rangle=1\\\langle E_{00}|E_{10}\rangle+\langle E_{01}|E_{11}\rangle=0\end{cases}\tag{6.81}$$

ii) 量子系统的约化密度矩阵

a) 约化密度矩阵

由于我们不可能度量环境的全部自由度,这时系统的全部信息只能由对环境自由度取迹之后的约化密度矩阵来决定。如系统的初态为

$$|\Psi_0\rangle=c_0|0\rangle+c_1|1\rangle$$

在同环境相互作用之后,它将变成

$$\begin{aligned}|\Psi\rangle&=c_0[|0\rangle\otimes|E_{00}\rangle+|1\rangle\otimes|E_{01}\rangle]+c_1[|0\rangle\otimes|E_{10}\rangle+|1\rangle\otimes|E_{11}\rangle]\\&=|0\rangle[c_0|E_{00}\rangle+c_1|E_{10}\rangle]+|1\rangle[c_0|E_{01}\rangle+c_1|E_{11}\rangle]\end{aligned}\tag{6.82}$$

对环境取迹之后,得到在系统的态中将出现总共如下各种成分

$$\begin{cases}\langle 0|\rho|0\rangle=|c_0|^2\langle E_{00}|E_{00}\rangle+|c_1|^2\langle E_{01}|E_{01}\rangle\\\qquad\qquad+c_0^*c_1\langle E_{00}|E_{01}\rangle+c_1^*c_0\langle E_{01}|E_{00}\rangle\\\langle 0|\rho|1\rangle=|c_0|^2\langle E_{01}|E_{00}\rangle+|c_1|^2\langle E_{11}|E_{10}\rangle\\\qquad\qquad+c_0^*c_1\langle E_{01}|E_{10}\rangle+c_1^*c_0\langle E_{11}|E_{00}\rangle\end{cases}\tag{6.83}$$

此外还有$\langle 1|\rho|1\rangle=1-\langle 0|\rho|0\rangle$;$\langle 1|\rho|0\rangle=\langle 0|\rho|1\rangle^*$。因此系统的态由于和环境的耦合而改变了。

b) 量子系统态的纯度

一般说系统态不是纯的了。系统的约化密度矩阵($c_1=c_0=\frac{1}{\sqrt{2}}$)

$$\begin{aligned}\rho&=\mathrm{tr}_{环境}\,\rho_{总}=\mathrm{tr}\,|\Psi\rangle\langle\Psi|\\&=\frac{1}{2}\{\mathrm{tr}_{环境}\}\{|0\rangle|E_{00}\rangle+|1\rangle|E_{11}\rangle\}\{\langle 0|\langle E_{00}|+\langle 1|\langle E_{11}|\}\\&=\frac{1}{2}\{|0\rangle\langle 0|+|1\rangle\langle 1|+|0\rangle\langle 1|\langle E_{11}|E_{00}\rangle+|1\rangle\langle 0|\langle E_{00}|E_{11}\rangle\}\end{aligned}\tag{6.84}$$

如果$\langle E_{11}|E_{00}\rangle\propto e^{-\gamma t}$,则在$\tau_c\approx\frac{1}{\gamma}$之后,量子相干性将消失。时间$\tau_c$称作退相干

时间。

iii）量子存储器与环境相互作用的初步计算

现在有 n 个 qubit。为了简单，假定它们各自和自己的环境相耦合

$$\begin{cases} |0\rangle_i \, |E\rangle_i \to |0\rangle_i \, |E_{00}\rangle_i + |1\rangle_i \, |E_{01}\rangle_i \\ |1\rangle_i \, |E\rangle_i \to |0\rangle_i \, |E_{10}\rangle_i + |1\rangle_i \, |E_{11}\rangle_i \end{cases} \tag{6.85}$$

这里，$|E_{jk}\rangle_i$ 是环境的未归一化的态，表示当第 i 个 qubit 有状态跃迁 $j \to k(j,k=0,1)$时，环境对应所处的状态。一般说来，与这个变换对应的算符可以写为

$$U_i \approx \alpha_{i0} I_i \otimes U_{i0} + \varepsilon_{ix}\sigma_{ix} \otimes U_{ix} + \varepsilon_{iy}\sigma_{iy} \otimes U_{iy} + \varepsilon_{iz}\sigma_{iz} \otimes U_{iz} \tag{6.86}$$

这里，U_{ix}，U_{iy}，U_{iz} 都是只对环境作用的算符，而 α_i 和 ε_{ix} 等是常数。如果所考虑的时间十分短，则有 $\alpha_i \sim 1$，$\varepsilon_{ix,y,z} \ll 1$。

于是，在短相互作用时间之后，近似到一阶小量，所有 qubit 的状态可以写为

$$\begin{aligned} U\,|\Psi\rangle\,|E\rangle \approx & \prod_{i=1}^{n} U_i \,|\Psi\rangle\,|E\rangle \\ = & \Big\{ \prod_{i=1}^{n} \alpha_{i0} I_i \otimes U_{i0} + \sum_{j=1}^{n} \varepsilon_{jx}\sigma_{jx} \otimes U_{jx} \prod_{i\neq j}^{n} \alpha_{i0} I_i \otimes U_{i0} \\ & + \sum_{j=1}^{n} \varepsilon_{jy}\sigma_{jy} \otimes U_{jy} \prod_{i\neq j}^{n} \alpha_{i0} I_i \otimes U_{i0} \\ & + \sum_{j=1}^{n} \varepsilon_{jz}\sigma_{jz} \otimes U_{jz} \prod_{i\neq j}^{n} \alpha_{i0} I_i \otimes U_{i0} + O(\varepsilon^2) \Big\} \,|\Psi\rangle\,|E\rangle \end{aligned} \tag{6.87}$$

这里，对于不同 qubit 之间交叉乘积的影响只考虑到一阶项。

在误差纠正计算中，将把这个态只投影到展开式各项中的某一项上，环境态就这样被因式化了。接下去，以前所做的分析，包括下节系统与测量仪器耦合造成的退相干分析，就都适用了。

6.4.4　测量造成退相干（Ⅰ）——Kraus 退相干模型

由超算符 \$ 所产生的映射 $\$: \rho(0) \to \rho(t)$，为

$$\$[\rho(0)] = \sum_{\mu} M_{\mu}(t)\, \rho(t) M_{\mu}^{+}(t) \tag{6.88}$$

这里，$\{M_{\mu}(t)\}$决定于被测体系与测量仪器的相互作用，对被测体系的量子跃迁算符系列

$$M_{\mu}(t) = {}_B\langle \mu \,|\, U_{AB}(t) \,|\, 0\rangle_B \tag{6.89}$$

当算符系列$\{M_{\mu}(t)\}$中至少有两个是彼此线性无关的情况下，某些纯态将会演化为混态[14]。比如，设 M_1，M_2 彼此线性无关，则必定存在一个纯态$|\varphi\rangle_A$，使

$|\tilde{\varphi}_1\rangle_A = M_1|\varphi\rangle_A$ 和 $|\tilde{\varphi}_2\rangle_A = M_2|\varphi\rangle_A$ 是线性无关的。这使得态矢

$$|\Phi\rangle_{AB} = |\tilde{\varphi}_1\rangle_A|1\rangle_B + |\tilde{\varphi}_2\rangle_A|2\rangle_B + \cdots$$

的 Schmidt 数大于 1。于是，A 和 B 在这种纠缠演化之下，使 A 的纯态 $\rho_A = |\varphi\rangle_{AA}\langle\varphi|$ 演化成了混态ρ'_A。这就是说，只要仪器（环境）的每个粒子存在至少两个独立的态，即便被测体系的初态是个纯态，经过和仪器（环境）相互作用产生了量子纠缠，就可能变成混态。这时主方程中也就至少包含两个线性无关的 Lindblad 算符。并非任何$|\varphi\rangle_A$ 都会演化为混态。比如使 $M_2|\varphi\rangle_2 = 0$ 的态$|\varphi\rangle_A$ 就不会。

6.4.5 测量造成退相干(Ⅱ)——近独立全同粒子测量退相干模型

借鉴上面式(6.87)以及文献[15]～[17]的思路，可以建立一个比较普适的宏观极限测量模型。设被测体系 A 的基矢、Hamilton 量和初态分别为

$$\{|\omega_i\rangle_A\};H_A;T\to-\infty:|\varphi_{\text{in}}\rangle_A = \sum_i \alpha_i|\omega_i\rangle_A \tag{6.90}$$

设测量仪器 B 对体系 A 进行力学量 $\hat{\Omega}_A$ 的观测。仪器 B 是由 N 个处在基态、近独立的全同粒子集合组成。仪器 B 的 Hamilton 量、单粒子自由态基矢、一般态、初态分别为

$$H_B = \sum_{j=1}^N H_B^{(j)}$$

$$\{|b_l^{(j)}\rangle_B, l = 0,1,\cdots,M; j = 1,\cdots,N\}$$

$$|b_{[k]}\rangle_B \equiv \prod_{j=1}^N |b_{l_j}^{(j)}\rangle_B, \qquad (0 \leqslant l_j \in [k] \leqslant [M])$$

$$\rho_B(-\infty) = |b_{[0]}\rangle_B\langle b_{[0]}| = \prod_{j=1}^N |b_0^{(j)}\rangle_B\langle b_0^{(j)}|$$

$$T\to-\infty:|\varphi_{\text{in}}\rangle_A = \sum_i \alpha_i|\omega_i\rangle_A \tag{6.91}$$

这里，指标$[k]$是以仪器单粒子态编号的 N 个自然数的一个数列，标记测量仪器的一个状态。

$A+B$ 总系统的 Hamilton 量、A 和 B 的相互作用、初态、演化算符分别为

$$H = H_A + H_B + H_{AB}, \qquad H_{AB} = \sum_{j=1}^N H_{AB}^{(j)}$$

$$\rho_{AB}(-\infty) \equiv \rho_A(-\infty)\otimes\rho_B(-\infty) = \sum_{i,j}\alpha_i\alpha_j^*|\omega_i\rangle_A\langle\omega_j|\otimes\prod_{j=1}^N|b_0^{(j)}\rangle_B\langle b_0^{(j)}| \tag{6.92}$$

测量在$(-\infty,+\infty)$时区内完成，但实际的时间是十分短暂的，可设为$(-\delta,+\delta)$。

这里

$$\begin{cases} U_{AB}(t;t_0) = T\exp\{-\mathrm{i}H_\varepsilon(t)(t-t_0)/\hbar\} \\ H_\varepsilon(t) = H_A + H_B + \mathrm{e}^{-\varepsilon|t-t_0|}H_{AB}, \varepsilon > 0 \end{cases} \tag{6.93}$$

在仪器 B 测量之后，A 的状态将演化成为广义 Kraus 求和的形式。具体如下(下面乘积的极限已用极限的乘积代入)

$$\begin{aligned} \rho_A(+\infty) &= \lim_{T\to+\infty}\mathrm{tr}^{(B)}\,\rho_{AB}(T) = \lim_{T\to+\infty}\mathrm{tr}^{(B)}\{U_{AB}(T;-T)\rho_{AB}(-T)U_{AB}^{+}(T;-T)\} \\ &= \lim_{T\to+\infty}\sum_{[k]}^{M^N}{}_B\langle B_{[k]}(T)\mid U_{AB}(T;-T)\rho_{AB}(-T)U_{AB}(-T;T)\mid B_{[k]}(T)\rangle_B \\ &= \lim_{T\to+\infty}\sum_{i,j=1}^{N}\sum_{[k]}^{M^N}\alpha_i\alpha_j^*{}_B\langle B_{[k]}(T)\mid U_{AB}(T;-T)\mid b_{[0]}\rangle_B\mid\omega_i\rangle_A \\ &\quad\times{}_A\langle\omega_j\mid{}_B\langle b_{[0]}\mid U_{AB}(-T;T)\mid B_{[k]}(T)\rangle_B \end{aligned} \tag{6.94}$$

这里，含时态 $|B_{[k]}(\pm T)\rangle_B$ 的渐近自由态为 $|b_{[k]}\rangle_B$。现在定义只对 A 粒子作用的 Lindblad 算符系列

$$M_{[k]} = \lim_{T\to\infty}{}_B\langle B_{[k]}(T)\mid U_{AB}(T;-T)\mid b_{[0]}\rangle_B \tag{6.95}$$

于是在测量后，A 所处的状态可写成为

$$\rho_A(+\infty) = \sum_{i,j}\sum_{[k]}^{M^N}\alpha_i\alpha_j^* M_{[k]}\mid\omega_i\rangle_A\langle\omega_j\mid M_{[k]}^{+} \tag{6.96}$$

由于这是超算符映射，概率守恒要求如下等距性条件

$$\sum_{[k]}^{M^N}M_{[k]}^{+}M_{[k]} = I_A \tag{6.97}$$

现在算 Lindblad 算符系列 $\{M_{[k]}\}$。AB 系统时间演化算符 $U_{AB}(T;-T)$ 的指数上关于 B 粒子的求和是对称的。而且按设定，B 粒子之间无相互作用。于是只要具备以下几条理由之一，$A+B$ 系统的时间演化算符就可以对 B 粒子做因式化分解：

i) 测量相互作用过程时间 δ 十分短暂。

ii) 由于 B 粒子数量为宏观的，A 粒子对它们中每一个状态的影响都微不足道。

由这两条均可得，就测量对每个 B 粒子的影响而言，有

$$\left(\Delta E_j\cdot\frac{\delta}{\hbar}\right)\sim\left(\frac{\Delta E}{N}\cdot\frac{\delta}{\hbar}\right)\ll 1,\qquad j=1,\cdots,N$$

这里，ΔE 是被测粒子能量变化。于是，演化算符指数上，作为各个 B 粒子间不对易成分的展开式中高于一阶的各项将因含有高阶无穷小而可以略去。环境态就因

式化了,从而$\{M_{[k]}\}$就乘积化了。

比如,若可以将 A 看成一个 qubit, 如同式(6.86)和(6.87)那样,当对 AB 系统时间演化算符近似到一阶小量时,可以对这个 qubit 的算符做展开,略去交叉项,有

$$U_{ABj}^{s} = I^{A} \otimes \alpha_{j0} U_{j0}^{B} + \sigma_{x}^{A} \otimes \varepsilon_{jx} U_{jx}^{B} + \sigma_{y}^{A} \otimes \varepsilon_{jy} U_{jy}^{B} + \sigma_{z}^{A} \otimes \varepsilon_{jz} U_{jz}^{B}$$

这里,$\alpha_{i0} \approx 1, \varepsilon_{i,x,y,z} \approx 0$。于是保留到 ε 的一阶项,有

$$\begin{aligned} U_{AB} \mid \Psi\rangle_{A} \mid E\rangle_{B} &= \prod_{j=1}^{N} U_{ABj} \mid \Psi\rangle_{A} \mid E\rangle_{B} \\ &= \Big\{ I^{A} \otimes \prod_{j=1}^{N} \alpha_{j0} U_{j0}^{B} + \sigma_{x}^{A} \otimes \sum_{i=1}^{N} \prod_{j\neq i}^{N} \alpha_{j0} \varepsilon_{ix} U_{j0}^{B} U_{ix}^{B} \\ &\quad + \sigma_{y}^{A} \otimes \sum_{i=1}^{N} \prod_{j\neq i}^{N} \alpha_{j0} \varepsilon_{iy} U_{j0}^{B} U_{iy}^{B} + \sigma_{z}^{A} \otimes \sum_{i=1}^{N} \prod_{j\neq i}^{N} \alpha_{j0} \varepsilon_{iz} U_{j0}^{B} U_{iz}^{B} \Big\} \mid \Psi\rangle_{A} \mid E\rangle_{B} \end{aligned}$$

沿某个方向的自旋测量将把这个态只投影到展开式 4 项中的某一项上,环境态也就又被因式化了。

iii) 还可以构造一些特别的模型,以显示可将 U_{AB} 因式化。

综述以上情况可得 Lindblad 算符系列$\{M_{[k]}\}$的因式化形式

$$\begin{aligned} M_{[k]} &= \lim_{T\to\infty} {}_{B}\langle B_{[k]}(T) \mid U_{AB}(T; -T) \mid b_{[0]}\rangle_{B} \\ &= \lim_{T\to\infty} \prod_{j}^{N} {}_{B}\langle B_{l_{[k]}}^{(j)}(T) \mid U_{AB}^{(j)}(T; -T) \mid b_{0}^{(j)}\rangle_{B} \equiv \lim_{T\to\infty} \prod_{j}^{N} M_{l_{[k]}}^{(j)}(T) \end{aligned} \tag{6.98}$$

代入上面等距性条件中,得

$$\begin{cases} \lim\limits_{T\to\infty} \sum\limits_{[k]}^{M^{N}} \prod\limits_{j=1}^{N} M_{l_{[k]}}^{(j)+}(T) M_{l_{[k]}}^{(j)}(T) = I_{A} \\ M_{l_{[k]}}^{(j)}(T) = {}_{B}\langle B_{l_{[k]}}^{(j)}(T) \mid U_{AB}^{(j)}(T; -T) \mid b_{0}^{(j)}\rangle_{B} \end{cases} \tag{6.99}$$

考虑到 $T\to\infty$时相互作用将完全撤除,于是 $M_{l_{[k]}}^{(j)}$ 将只剩下 $l_{[k]}=0$ 的各项。或者稍细致些说,由算符的幺正性可知,当 $l_{[k]}\neq 0$ 时(对 A 作用的)算符系列 $M_{l_{[k]}}^{(j)}$ 的范数均小于 1。由于 $N\to\infty$,对入射 A 粒子的测量过程只能使有限数量 B 粒子改变状态,不可能改变大量 B 粒子的状态。因为大量范数小于 1 的算符 $M_{l_{[k]}}^{(j)}$ 连乘结果,将使发生这种情况的概率趋于零。

于是,量子测量总是这样类型的物理过程:按式(6.96)说就是要求该过程的 $M_{[k]}\neq 0$。现在,这等于说,要么在测量结束之后,仪器所有粒子都将恢复原来的状态(比如,用板上小孔观测入射粒子的位置);要么在测量结束之后,只有有限数目仪器粒子改变原来状态,实验就是通过对这些粒子状态的改变来观察入射的被测粒子(这比如,借助各种相互作用产生纠缠,或是通过测量造成干扰发生量子数转

移等等来探测入射粒子)。无论哪种情况,测量之后仪器粒子绝大多数还是恢复到原来的状态,A 对大量 B 粒子的影响总是可忽略的。

仔细分析可知,第二种情况不过是影响测量效率、测量方式和对最后结果的修正,不影响原理分析。为叙述简明,下面只针对较理想的第一种情况——仪器粒子全部还原。这时 $M_{[k]}$ 可直接计算为

$$
\begin{aligned}
M_{[k]} &= \lim_{T\to\infty}\prod_{j=1}^{N} M^{(j)}_{l_{[k]}}(T) \\
&= \lim_{T\to\infty} {}_B\langle B_{[k]}(T) \mid b_{[0]}\rangle_B \exp\left(-\mathrm{i}H_A 2T/\hbar - \mathrm{i}\sum_{j=1}^{N} E^{(0)}_{Bj} 2T/\hbar\right) \\
&= \lim_{T\to\infty} \mathrm{e}^{-\mathrm{i}H_A 2T/\hbar - \mathrm{i}\sum_{j=1}^{N} E^{(0)}_{Bj} 2T/\hbar}\delta_{[k][0]}
\end{aligned} \tag{6.100}
$$

这里考虑了 $T\to\infty$ 时,相互作用将完全撤除。并且乘积的极限已部分地用极限的乘积替换。

总之,由上面叙述,当取宏观极限 $N\to\infty$ 时,$M_{[k]}$ 将成为

$$
M_{[k]} \xrightarrow{N\to\infty} \lim_{T\to\infty}\exp\left[-2\,\frac{\mathrm{i}}{\hbar}\left(H_A + \sum_j E^{(0)}_{Bj}\right)T\right]\cdot \delta_{[k][0]} \tag{6.101}
$$

注意,对分立变量 x,y 求和应有 $\mathrm{e}^{\mathrm{i}\beta(x-y)} \xrightarrow{\beta\to\infty} \delta_{xy}$,即得到 Kronecker-$\delta$ 函数。于是最后得到,对 A 测量 $\hat{\Omega}_A$ 结果,原先相干叠加的纯态变成如下混态

$$
\begin{aligned}
\rho_A(+\infty) &= \lim_{T\to\infty}\sum_{m,n}\alpha_m\alpha_n^* \mid \omega_m\rangle_A\langle\omega_n \mid \mathrm{e}^{-2\mathrm{i}(E_{Am}-E_{An})T/\hbar} \\
&= \sum_{m,n}\alpha_m\alpha_n^* \mid \omega_m\rangle_A\langle\omega_n \mid\cdot\delta_{mn} \\
&= \sum_m \mid \alpha_m\mid^2 \mid \omega_m\rangle_A\langle\omega_m \mid
\end{aligned} \tag{6.102}
$$

最后再次指出,如果考虑仪器部分粒子受到激发,这里结果将要做部分相应修改,结果并没有现在这样整齐,但定性结果并不改变。另外,如考虑全同粒子对(反)称化,以上分析也无实质性的改变。以上推导表明了:

只要测量仪器大量粒子之间的相互影响可忽略,被测粒子和测量仪器粒子时间演化算符可以因子化。这时考虑宏观极限,即测量仪器分子数 $N\to\infty$,使得系统的非对角项所相应的跃迁概率幅的乘积项消失。其结果就是,在对任一被测纯态做某个力学量测量的过程中,被测纯态将肯定会转变为一个混态(除非原来就是此力学量的本征态)——向被测力学量本征函数族做系列投影,成为一个纯态系综。系综中取每个本征函数的概率是原先被测态用此本征函数族展开时展开式系数的模平方——这正是量子力学的测量公设。

注意,上面关于测量导致波包坍缩的理论推导只是一个唯象模型,并没有解决

测量坍缩空间非定域性等的物理本质问题。但这却是一个相当普遍的模型:和被测的力学量无关、和被测粒子与测量仪器相互作用无关。只需设定仪器是由大量近独立的全同粒子所组成的即可。

关于量子测量理论内容、实质和地位的持续讨论,Bell 有一段话。他的原话是(文献[15]p. 51):

***The continuing dispute about quantum measurement theory is not between people who disagree on the results of simple mathematical manipulations, nor is it between people with different ideas about the actual practicality of measuring arbitrarily complicated observables. It is between people who view with different degrees of concern or complacency the following fact: so long as the wave packet reduction is an essential component, and so long as we do not know exactly when and how it takes over from the Schrödinger equation, we do not have an exact and unambiguous formulation of our most fundamental physical theory*。**

这些话虽有进展,但难说它透彻,并且由此还引发(包括上面叙述的)许多对量子测量的模型性质的、唯象的研究。这样说是因为,这类研究即便解决了测量过程与 Shrödinger 方程的关系问题,也无助于从根本上解释含在 Shrödinger 方程中的量子态在测量坍缩中的或然性——究竟是否存在隐变数,空间非定域性,以及是否违背相对论性定域因果律等根本问题。这里用得上 Bell 本人的另一句话来剖析这一类研究(文献[14]p. 112):

***What is proved by impossibility proofs is lack of imagination*。**

正如 Dirac 等许多人所说的,对量子理论坍缩过程和空间非定域性的研究很可能需要深刻变革迄今保持的某些很基本的观念,而不是依靠建模方式进行的唯象性质的研究。虽然后者也许有助于对事物现象的归纳,但无助于对事物本质的洞察和理解,也难于呈现想像力和美感。

6.4.6 一个例算[5]

现在考虑压缩热库情况下,两能级原子密度算符的演化问题。描述这一过程的主方程为

$$
\begin{aligned}
\dot{\rho}(t) = & \frac{1}{2}r(N+1)(2\sigma_- \rho\sigma_+ - \sigma_+ \sigma_- \rho - \rho\sigma_+ \sigma_-) \\
& + \frac{1}{2}rN(2\sigma_+ \rho\sigma_- - \sigma_- \sigma_+ \rho - \rho\sigma_- \sigma_+) - rM\sigma_+ \rho\sigma_+ - rM^* \sigma_- \rho\sigma_- \\
& |M|^2 \leqslant N(N+1) \qquad (6.103)
\end{aligned}
$$

其中,r 为衰减速率,N 为粒子数平均值,M 为与压缩热库有关的参数。定义如下超算符

$$\begin{cases}K_- \rho = \sigma_- \rho\sigma_+, K_+ \rho = \sigma_+ \rho\sigma_- \\ K_0 \rho = \dfrac{1}{2}(\sigma_+ \sigma_- \rho + \rho\sigma_+ \sigma_- - \rho) \\ J_- \rho = \sigma_- \rho\sigma_-, J_+ \rho = \sigma_+ \rho\sigma_+ \\ J_0 \rho = \dfrac{1}{2}(\sigma_+ \sigma_- \rho - \rho\sigma_+ \sigma_-)\end{cases} \tag{6.104}$$

容易验证超算符 $K_{\pm,0}$ 和 $J_{\pm,0}$ 满足 SU(2)对易关系，而且 $K_{\pm,0}$ 和 $J_{\pm,0}$ 相互对易。容易得到下面解

$$\rho(t) = \mathrm{e}^{-(\alpha+\beta)t/2}\mathrm{e}^{x_+ K_+}\mathrm{e}^{K_0 \ln x_0}\mathrm{e}^{x_- K_-}\mathrm{e}^{x'_+ J_+}\mathrm{e}^{J_0 \ln x'_0}\mathrm{e}^{x'_- J_-}\rho(0) \tag{6.105a}$$

其中，系数可仿照前节主方程求解例算得知

$$\begin{cases}x_0 = \left(\dfrac{\alpha\mathrm{e}^{(\alpha+\beta)t/2} + \beta\mathrm{e}^{-(\alpha+\beta)t/2}}{\alpha+\beta}\right)^{-2},\ x_+ = \dfrac{\beta[\mathrm{e}^{(\alpha+\beta)t} - 1]}{\alpha\mathrm{e}^{(\alpha+\beta)t} + \beta},\ x_- = \dfrac{\alpha[\mathrm{e}^{(\alpha+\beta)t} - 1]}{\alpha\mathrm{e}^{(\alpha+\beta)t} + \beta} \\ x'_0 = [\mathrm{ch}(|\delta| t)]^{-2}, x'_+ = -\dfrac{\delta}{|\delta|}\mathrm{th}(|\delta| t), x'_- = -\dfrac{\delta^*}{|\delta|}\mathrm{th}(|\delta| t)\end{cases} \tag{6.105b}$$

这里，$\alpha=\gamma(N+1)$，$\beta=\gamma N$，$\delta=-\gamma M$。如考虑初态为两能级纯态

$$|\varphi\rangle = a|-\rangle + b|+\rangle \tag{6.106}$$

式中，$|-\rangle$，$|+\rangle$分别代表原子基态和激发态，a,b 满足 $a^2+b^2=1$ 均为实数。将 $\rho(0)=|\varphi\rangle\langle\varphi|$代入解表达式，经计算得

$$\rho(t) = A_1(t)|-\rangle\langle-| + A_2(t)|-\rangle\langle+| + A_3(t)|+\rangle\langle-| + A_4(t)|+\rangle\langle+| \tag{6.107a}$$

其中

$$\begin{cases}A_1(t) = \dfrac{a^2\alpha + b^2\beta + (a^2-b^2)\beta\mathrm{e}^{-(\alpha+\beta)t}}{\alpha+\beta} \\ A_2(t) = \dfrac{ab\,\mathrm{e}^{-(\alpha+\beta)t/2}}{2}\left\{\left(1-\dfrac{\delta^*}{|\delta|}\right)\mathrm{e}^{|\delta|t} + \left(1+\dfrac{\delta^*}{|\delta|}\right)\mathrm{e}^{-|\delta|t}\right\} \\ A_3(t) = A_2(t)\left\{\dfrac{\beta[1-\mathrm{e}^{-(\alpha+\beta)t}]}{\alpha+\beta\mathrm{e}^{-(\alpha+\beta)t}} - \dfrac{\delta(1-\mathrm{e}^{-2|\delta|t})}{|\delta|(1+\mathrm{e}^{-2|\delta|t})}\right\} + \dfrac{2ab\,\mathrm{e}^{-(\alpha+\beta+2|\delta|)t/2}}{1+\mathrm{e}^{-2|\delta|t}} \\ A_4(t) = A_1(t)\dfrac{\beta[1-\mathrm{e}^{-(\alpha+\beta)t}]}{\alpha+\beta\mathrm{e}^{-(\alpha+\beta)t}} + \dfrac{b^2(\alpha+\beta)\mathrm{e}^{-(\alpha+\beta)t}}{\alpha+\beta\mathrm{e}^{-(\alpha+\beta)t}}\end{cases} \tag{6.107b}$$

由此显然可知退相干的情况。例如，在无压缩情况下，可知退相干的速率为$(\alpha+\beta)$；而当 $t\to\infty$时，其密度矩阵即成为所期望的完全混态

$$\rho(t=\infty)=A_1(t=\infty)\ |-\rangle\langle-|+A_4(t\to\infty)\ |+\rangle\langle+| \qquad (6.108)$$

用 Bloch 球极化矢量退化图像来看就是，开始初态的极化矢量位于球面上直角坐标为$\{2ab,0,b^2-a^2\}$点，随着时间演化，逐步退相干过程表现为极化矢量由球面上该点逐渐收缩，一直到最后位于球内离球心距离为 $d=A_4(\infty)-A_1(\infty)$ 的 Z 轴上。

练　习　题

6.1　如果将一般的超算符 $\$:\rho\to\rho'$ 用参数化来表示，需用多少个实参数？这里ρ是 N 维 Hilbert 空间中的一个密度矩阵。

（提示：利用 $\$$ 的映射性质）。

6.2　定义 Fock 空间一个算符 $\hat{\Omega}:|n\rangle\to|n+1\rangle,n=0,1,2,\cdots$。证明这是一个等距算子。就是说，它满足 $\Omega^+\Omega=I,\Omega\Omega^+\neq I$。求出第二个表达式等于什么。

（提示：利用算符 $\hat{\Omega}$ 的谱表示——并矢表示式）。

6.3　证明：超算符为幺正算符(或可逆算符)的充分必要条件是：

$$M_\mu M_\nu^\dagger=C_{\mu\nu}\ \text{是常数，且}\ \mathrm{tr}C=1$$

6.4　定义：如果 H_A 上一个算符 Ω_A 没有负本征值，就称其为正算符；如果将它推广成任何张量积 $\Omega_A\otimes I_B$ 的形式，也都不出现负本征值，就称它是完全正的算符。这里 I_B 是某一任意 B 系统状态空间中的单位算符。证明：H_A 上的转置算符 $T_A:\rho_A\to\rho_A^T$ 是个正算符，但不是一个完全正的算符。

（提示：只需令 B 维数和 A 相同，选纠缠态 $|\Phi\rangle_{AB}=\frac{1}{\sqrt{N}}\sum_{i=1}^{N}|i\rangle_A\otimes|i'\rangle_B$，将 $T_A\otimes I_B$ 作用在$\rho_{AB}=|\Phi\rangle_{AB}\langle\Phi|$上。表明作用后的$\rho'_{AB}=T_A\otimes I_B\,\rho_{AB}$是一个这样的算符，以致 $N\rho'_{AB}$ 是将 A 态和 B 态交换的交换算符。它有正负两个本征值，对应于交换为对称和反对称的两种态。所以ρ'_{AB} 有负本征值。)

6.5　证明：Kraus 定理。

（提示：利用上题纠缠态$|\Phi\rangle_{AB}$以及所谓"亲属态"方法。即对 H_A 中任一态——称作亲属态 $|\varphi\rangle_A=\sum_i\alpha_i\,|i\rangle_A$，则 H_B 中对应有一个"指标态" $|\varphi^*\rangle_B=\sum_i\alpha_i^*\,|i\rangle_B$，使得$|\varphi\rangle_A={}_B\langle\varphi^*|\Phi\rangle_{AB}$。再利用 $\$$ 的完全正的性质，将 $\$\otimes I_B$ 作用于$\rho_{AB}=|\Phi\rangle_{AB}\langle\Phi|$上。)

6.6　为了再次具体地说明主方程方法和 Kraus 求和框架之间的关联，将下面两个主方程[式(6.40b)和(6.44)]

$$\frac{\mathrm{d}\rho_I}{\mathrm{d}t}=\Gamma\{a\rho_Ia^+-\frac{1}{2}a^+a\rho_I-\frac{1}{2}\rho_Ia^+a\}$$

$$\frac{\mathrm{d}\rho_I}{\mathrm{d}t}=\Gamma\left(a^+ a\rho_I a^+ a-\frac{1}{2}(a^+ a)^2\rho_I-\frac{1}{2}\rho_I(a^+ a)^2\right)$$

等效表示为 Kraus 求和的形式。即给出两个 Kraus 算符$\{M_0, M_1\}$的 2×2 矩阵表示。

参考文献

1 J Preskill. Lecture Notes for Physics 229: Quantum Information and Computation. CIT, 1998

2 B Schumacher. quant-ph/9604023, appendix

3 杨洁.量子主方程及其求解的若干方法.中国科学技术大学硕士学位论文.2003;Yang Jie et al. Chin Phys Lett, 2003,20:796

4 L M Arevalo-Aguilar and H Moya-Cessa. Quantum Semiclass Opt, 1998, 10:671

5 逯怀新.连续变量量子信息论的若干研究——量子变换理论的应用,中国科学技术大学博士学位论文.2003

6 H X Lu, J Yang, Y D Zhang and Z B Chen. PRA,2003, 67:024101

7 H X Lu, Z B Chen and Y D Zhang. Mod Phys Lett B, 2002,16:595

8 W Pauli. Probleme der Modernen Physik. Arnold Sommerfeld zum 60, Geburtsage Gewidmet von Seinen Schulern, volume 1, 1928. Hirzel Verlag

9 R Zwanzig. Statistical Mechanics of Irreversibility, 1961,volume 3, New York:Interscience, 1961

10 I Prigogine. Non-equilibrium Statistical Mechanics. New York:Interscience, 1962

11 G S Agarwal. Progress in Optics, volume 11, Amsterdam:North-Holland, 1973

12 W H Louisell. Quantum Statistical Proporties of Radiation. 陈水,于熙令译. 北京:科学出版社,1982

13 A Quantum Information Science and Technology Roadmap, Part 1: Quantum Computation, Section 6.9, §6.3, LA-UR-04-1778, 2004

14 M A Nielsen and I L Chuang. Quantum Computation and Quantum Information. Cambridge:Cambridge University Press, 2000

15 J S Bell. Speakable and Unspeakable in Quantum Mechanics. Cambridge: Cambridge University Press, 1987

16 K Hepp. Hev Phys Acta, 1972,Vol45:237

17 孙昌璞,衣学喜,周端陆,郁司夏. 量子退相干问题,见:量子力学新进展第一辑. 北京:北京大学出版社,2000

第七章　混态纯化与相干性的恢复

§7.1　量子态纯化

在量子通信与量子计算过程中，预先约定的量子纠缠纯态是一种原始资源。在长程量子通信中，总要依靠事先建立的、空间分离的两体“理想”纠缠纯态，它们是量子通信的必需资源。比如两粒子EPR对、两粒子的4个Bell基、三粒子的GHZ态等。

但是，现实环境对观察系统有无所不在、不可避免地相互作用，这会使系统和环境的量子态产生不希望的量子纠缠，出现系统相干性逐步消退的退相干过程。这种退相干过程将使系统所具有的纠缠模式逐渐丧失，使过程中信噪比下降，最终导致过程失败。在量子致密编码、量子态超空间传送、量子密码学等量子通信中，只要超过几公里的长程距离，将会产生两方面的问题。其一，光子在传送通道中的吸收衰减。这可以用加大输送强度来解决，但防止这种大衰减措施难于避免窃听的措施。其二，由于量子信道和量子计算过程中不可避免的噪声，两粒子之间的纯态纠缠模式逐步杂化，纠缠态品质随量子信道长度增长呈指数下降，常会由单一种类纠缠纯态逐渐演变为某种混态。这些混态很难再继续用于量子编码远程通信和有效的量子计算。

于是，纠缠纯化过程——从纠缠纯度较低的量子系综中精炼出纠缠纯度较高的子系综就显得十分必要。比如，如果我们有很多对量子纠缠态，其中不少已经是不同程度的部分混态，现在纯化任务是从原来已被污染的量子系综中，精选分离出一个子系综，这个子系综是所需要的纯度较高的纠缠态。纯化操作所用的手段是采用适当的局域操作和经典通信(LOCC)。

7.1.1　采用局域POVM方法来纯化[2]

i) 由纯态系综 $\rho_{AB}=|\Psi^-\rangle_{AB}\langle\Psi^-|$ 退相干而来的混态系综 $\rho_{AB}=(1-x)|\Psi^-\rangle_{AB}\langle\Psi^-|+x|11\rangle_{AB}\langle 11|$

设想原有许多纯EPR对态所构成的系综

$$\rho_{AB}=|\Psi^-\rangle_{AB}\langle\Psi^-| \tag{7.1a}$$

这里，每一对中的两个粒子 A 和 B 分别属于空间分离的Alice和Bob。现在，也许由于振幅阻尼式的退相干，结果是混入了优先态 $|11\rangle$，系综不纯了，变成为如下的

纠缠混态

$$\rho_{AB} = (1-x) \mid \Psi^- \rangle_{AB} \langle \Psi^- \mid + x \mid 11 \rangle_{AB} \langle 11 \mid, \quad x \in [0,1) \qquad (7.1b)$$

初始时刻对应 $x=0$。当然，远不能等事情发展到 $x=1$，因为那样 EPR 对的纯态系综就已完全消失，全部转成了一个毫无信息可言的优先的纯态 $|11\rangle_{AB}$ 系综。附带地，通过验算可知

$$\begin{aligned}
\mathrm{tr}\rho_{AB} &= \mathrm{tr}\left\{(1-x)\frac{1}{2}(\mid 01\rangle - \mid 10\rangle)(\langle 01 \mid - \langle 10 \mid) + X \mid 11\rangle\langle 11 \mid\right\} \\
&= \mathrm{tr}\left\{(1-x)\frac{1}{2}(\mid 01\rangle\langle 01 \mid - \mid 10\rangle\langle 01 \mid - \mid 01\rangle\langle 10 \mid\right. \\
&\quad \left. + \mid 10\rangle\langle 10 \mid) + x \mid 11\rangle\langle 11 \mid\right\} \\
&= (1-x) + x = 1 \\
\mathrm{tr}\rho_{AB}^2 &= \mathrm{tr}\left\{\frac{(1-x)^2}{4}(P_{01} + P_{10} + P_{01} + P_{10}) + xP_{11}\right\} = (1-x)^2 + x^2 \\
&= 1 - 2x + 2x^2 \leqslant 1
\end{aligned}$$

这里，$P_{01} = |01\rangle\langle 01| = |0\rangle_A\langle 0| \cdot |1\rangle_B\langle 1| = P_0^A P_1^B$ 等。当 $x=\frac{1}{2}$ 时 $\mathrm{tr}\rho_{AB}^2 = \frac{1}{2}$ 最小。

现在来看看 x 从 0 增加到什么值时，这个混态还能够破坏 CHSH 不等式，也就是说，还肯定具有量子关联。由于这个态是由两种成分的非相干混合，于是对 CHSH 不等式有

$$\begin{cases} S \equiv \left| E(\boldsymbol{a},\boldsymbol{b}) - E(\boldsymbol{a},\boldsymbol{c}) \right| + \left| E(\boldsymbol{d},\boldsymbol{b}) - E(\boldsymbol{d},\boldsymbol{c}) \right| & (7.2a) \\ S = (1-x)S_{\Psi^-} + xS_{11} & (7.2b) \end{cases}$$

这里，S_{Ψ^-} 是用 $|\Psi^-\rangle$ 代入式(7.2a)计算的值，而 S_{11} 则用 $|11\rangle$ 态代入的结果。如果选 $\boldsymbol{a},\boldsymbol{b},\boldsymbol{c},\boldsymbol{d}$ 这 4 个矢量在同一平面上，并具有角度 $\angle(\boldsymbol{ab}) = \angle(\boldsymbol{bd}) = \angle(\boldsymbol{dc}) = \frac{\pi}{4}$，代入得 $S_{\Psi^-} = 2\sqrt{2}$，以及 $S_{11} = \sqrt{2}$。由此有 $S = 2\sqrt{2} - x\sqrt{2}$。CHSH 不等式破坏的范围是 $2 < S \leqslant 2\sqrt{2}$。于是得知，只要

$$0 \leqslant x < (2 - \sqrt{2}) \qquad (7.3)$$

即式(7.1b)中 $|11\rangle$ 项不超过此上限，CHSH 不等式是被破坏的。

ii) 用 POVM 测量的纯化分析

对 Alice、Bob 手中粒子分别实施同一组 POVM 测量

$$A_1^i = \alpha^2 \mid 0\rangle_i\langle 0 \mid + \beta^2 \mid 1\rangle_i\langle 1 \mid, \quad A_2^i = \beta^2 \mid 0\rangle_i\langle 0 \mid + \alpha^2 \mid 1\rangle_i\langle 1 \mid, \quad i = A, B \qquad (7.4)$$

这里，$\alpha^2 + \beta^2 = 1$，$\alpha,\beta \in (0,1)$ 并且有 $\sqrt{A_1^i} = \alpha|0\rangle_i\langle 0| + \beta|1\rangle_i\langle 1|$ 等。

现在规定一种通过测量来决定取舍，以便对这个系综进行纯化的办法：当两地双方做此 POVM 测量时都得到了 A_1 的结果，就保留这对粒子；否则就弃去它。

测量并选择之后，系综状态成为（记 $P_{01}=|0\rangle_A\langle 0|\cdot|1\rangle_B\langle 1|$，等）

$$\begin{aligned}
\rho_{AB}^{(s)} &= \frac{\sqrt{A_1^A}\ \sqrt{A_1^B}\rho_{AB}\ \sqrt{A_1^B}\ \sqrt{A_1^A}}{\mathrm{tr}(\sqrt{A_1^A}\ \sqrt{A_1^B}\rho_{AB}\ \sqrt{A_1^B}\ \sqrt{A_1^A})} \\
&= \frac{1}{\beta^2\{(1-x)\alpha^2+x\beta^2\}}\cdot\{\alpha^2P_{00}+\alpha\beta P_{01}+\beta\alpha P_{10}+\beta^2P_{11}\}. \\
&\quad\times\left\{\frac{1}{2}(1-x)[(|01\rangle-|10\rangle)(\langle 01|-\langle 10|)]+x|11\rangle\langle 11|\right\} \\
&\quad\times\{\alpha^2P_{00}+\alpha\beta P_{01}+\beta\alpha P_{10}+\beta^2P_{11}\} \\
&= \frac{\{(1-x)\alpha^2|\Psi^-\rangle_{AB}\langle\Psi^-|+x\beta^2|11\rangle_{AB}\langle 11|\}}{(1-x)\alpha^2+x\beta^2}
\end{aligned} \tag{7.5}$$

于是，如果 α 值越大，在选择性测量之后，状态就会越如我们所期望的那样趋于更纯些的 $|\Psi^-\rangle$ 态。于是纯化操作的效率越高。但这时成功的概率则为

$$\begin{aligned}
P &= \mathrm{tr}\left(\sqrt{A_1^A}\ \sqrt{A_1^B}\rho_{AB}\ \sqrt{A_1^B}\ \sqrt{A_1^A}\right)=\mathrm{tr}\{A_1^AA_1^B\rho_{AB}\} \\
&= \mathrm{tr}\{(\alpha^2|0\rangle_A\langle 0|+\beta^2|1\rangle_A\langle 1|)(\alpha^2|0\rangle_B\langle 0|+\beta^2|1\rangle_B\langle 1|) \\
&\quad\times[(1-x)|\Psi^-\rangle_{AB}\langle\Psi^-|+x|11\rangle_{AB}\langle 11|]\} \\
&= \mathrm{tr}\{(1-x)[\alpha^2\beta^2P_{01}+\beta^2\alpha^2P_{10}]|\Psi^-\rangle_{AB}\langle\Psi^-|+x\beta^4P_{11}|11\rangle_{AB}\langle 11|\} \\
&= \beta^2\{(1-x)\alpha^2+x\beta^2\}
\end{aligned} \tag{7.6}$$

显然当 $\alpha\to 1$ 时成功概率 $P\to 0$。就是说，纯化操作设计效率越高，成功概率就越低。不难按实际情况找出一个最佳决策。

7.1.2 采用局域 CNOT 操作来纯化[1~5]

i) 思想与初态

作为一个例子，设开始时混杂有许多杂态的两体（两地分离）$|\Psi^-\rangle_{AB}$ 态系综。由于不纯，此系综对 $|\Psi^-\rangle_{AB}$ 态置信度为

$$F={}_{AB}\langle\Psi^-|\rho_{AB}|\Psi^-\rangle_{AB}>\frac{1}{2} \tag{7.7}$$

说明系综中 $|\Psi^-\rangle_{AB}$ 态还是多数。现在执行一个局域的含有控制非运算的纯化操作，目的是从中选出一个子系综，此子系综关于 $|\Psi^-\rangle_{AB}$ 态的置信度更大一些。

ii) 双边随机转动

这时退极化的情况相当于：Alice 和 Bob 对己方处于态 $|\Psi^-\rangle_{AB}$ 的粒子分别施加相同的局域单粒子转动，但对不同 $|\Psi^-\rangle_{AB}$ 粒子对施加的转动是随机变化的。本来，单态 $|\Psi^-\rangle_{AB}$ 中任一粒子的自旋平均（极化矢量）为零，总极化矢量也为零

$$\boldsymbol{P}_A = \mathrm{tr}^{(A)}(\rho_A \boldsymbol{\sigma}_A) = \mathrm{tr}^{(A)}\{\mathrm{tr}^{(B)}(|\Psi^-\rangle_{AB}\langle\Psi^-|)\boldsymbol{\sigma}_A\}$$
$$= {}_{AB}\langle\Psi^-|\boldsymbol{\sigma}_A \otimes I_B|\Psi^-\rangle_{AB} = 0 \tag{7.8a}$$
$$\boldsymbol{P} = \mathrm{tr}^{(AB)}\{\rho_{AB}(\boldsymbol{\sigma}_A + \boldsymbol{\sigma}_B)\} = \mathrm{tr}^{(AB)}\{\rho_{AB}(\boldsymbol{\sigma}_A \otimes I_B + \boldsymbol{\sigma}_B \otimes I_A)\}$$
$$= {}_{AB}\langle\Psi^-|(\boldsymbol{\sigma}_A \otimes I_B + \boldsymbol{\sigma}_B \otimes I_A)|\Psi^-\rangle_{AB} = \boldsymbol{P}_A + \boldsymbol{P}_B = 0 \tag{7.8b}$$

所以单态$|\Psi^-\rangle_{AB}$在双边相同的局域转动下是不变的。接着，在此四维空间中，对纯态系综$|\Psi^-\rangle_{AB}$做使置信度为F的单、双边完全随机的转动。这样所造成的退相干结果相当于：以F份额留下原先纯态系综$\rho_{AB}=|\Psi\rangle_{AB}^-\langle\Psi^-|$；与此同时，系综的其余$(1-F)$份额，变成和$|\Psi^-\rangle_{AB}$态相垂直的三维子空间中各向同性的完全非极化的混态。最后得到一个如下混态系综

$$\rho_{AB} = |\Psi^-\rangle_{AB}\langle\Psi^-| \to \rho_{AB}^{\mathrm{mix}} = F|\Psi^-\rangle_{AB}\left\langle\Psi^-\right| + \frac{1-F}{3}\left|\Psi^+\right\rangle_{AB}\left\langle\Psi^+\right|$$
$$+ \frac{1-F}{3}\left|\phi^-\right\rangle_{AB}\left\langle\phi^-\right| + \frac{1-F}{3}\left|\phi^+\right\rangle_{AB}\langle\phi^+| \tag{7.9}$$

不论F值为何，式(7.9)类型的态被称为Werner态。注意，其一，F大于未受随机转动的份额；其二，人们总能以这种方式产生这态；其三，这类态是否可分离要看F的数值而定。

iii)单边Pauli转动

这时，观察者之一对他的粒子施以σ_y变换。这个变换使

$$\sigma_y: |\Psi^\pm| \leftrightarrow |\phi^\mp\rangle \tag{7.10}$$

在这样转动之后，上面混态系综变为

$$\rho_{AB}^{\mathrm{mix}\phi^+} = F|\phi^+\rangle_{AB}\left\langle\phi^+\right| + \frac{1-F}{3}\left|\phi^-\right\rangle_{AB}\langle\phi^-|$$
$$+ \frac{1-F}{3}\Psi^+\Big\rangle_{AB}\left\langle\Psi^+\right| + \frac{1-F}{3}\left|\Psi^-\right\rangle_{AB}\langle\Psi^-| \tag{7.11}$$

这就使变换前以单重态$|\Psi^-\rangle$为主要成分，成为变换后以三重态之一的$|\phi^+\rangle$为主要成分了。

iv) 双边控制非操作[3]

观察者们取两对粒子$A(A_1,A_2$成对)和$B(B_1,B_2$成对)，并且对他们手中两个粒子局域地实施控制非操作。粒子对A_1,A_2的混态纠缠态为式(7.11)，B_1,B_2也如此。这两对粒子的态为

$$\rho = \rho_{A_1A_2}^{\phi^+}\rho_{B_1B_2}^{\phi^+} \tag{7.12}$$

下面称A_1,B_1为源粒子(控制位)，称另两个粒子A_2,B_2为靶粒子(靶位)。于是控制非操作为

$$\begin{cases}|0\rangle_{A_1}|0\rangle_{A_2}\to|0\rangle_{A_1}|0\rangle_{A_2}\\ |0\rangle_{A_1}|1\rangle_{A_2}\to|0\rangle_{A_1}|1\rangle_{A_2}\\ |1\rangle_{A_1}|0\rangle_{A_2}\to|1\rangle_{A_1}|1\rangle_{A_2}\\ |1\rangle_{A_1}|1\rangle_{A_2}\to|1\rangle_{A_1}|0\rangle_{A_2}\end{cases} \tag{7.13a}$$

类似有对 B_1,B_2 的式(7.13b)。在此处操作的前和后,这两对粒子态的变化见表 7.1。

表 7.1

CNOT 前的初态		CNOT 后的末态	
源(A_1 或 B_1)	目标(A_2 或 B_2)	源	目标
$\|\phi^{\pm}\rangle$	$\|\phi^{+}\rangle$	$\|\phi^{\pm}\rangle$	$\|\phi^{+}\rangle$
$\|\phi^{\pm}\rangle$	$\|\phi^{-}\rangle$	$\|\phi^{\mp}\rangle$	$\|\phi^{-}\rangle$
$\|\Psi^{\pm}\rangle$	$\|\Psi^{+}\rangle$	$\|\Psi^{\pm}\rangle$	$\|\phi^{+}\rangle$
$\|\Psi^{\pm}\rangle$	$\|\Psi^{-}\rangle$	$\|\Psi^{\mp}\rangle$	$\|\phi^{-}\rangle$
$\|\phi^{\pm}\rangle$	$\|\Psi^{+}\rangle$	$\|\phi^{\pm}\rangle$	$\|\Psi^{+}\rangle$
$\|\phi^{\pm}\rangle$	$\|\Psi^{-}\rangle$	$\|\phi^{\mp}\rangle$	$\|\Psi^{-}\rangle$
$\|\Psi^{\pm}\rangle$	$\|\phi^{+}\rangle$	$\|\Psi^{\pm}\rangle$	$\|\Psi^{+}\rangle$
$\|\Psi^{\pm}\rangle$	$\|\phi^{-}\rangle$	$\|\Psi^{\mp}\rangle$	$\|\Psi^{-}\rangle$

比如,验证第二行

$$|\phi^{\pm}\rangle_{A_1B_1}\otimes|\phi^{-}\rangle_{A_2B_2}=\frac{1}{\sqrt{2}}\{|0\rangle_{A_1}|0\rangle_{B_1}\pm|1\rangle_{A_1}|1\rangle_{B_1}\}$$

$$\otimes\frac{1}{\sqrt{2}}\{|0\rangle_{A_2}|0\rangle_{B_2}-|1\rangle_{A_2}|1\rangle_{B_2}\}$$

$$\xrightarrow{\text{CNOT}}$$

$$\frac{1}{2}\{|0\rangle_{A_1}|0\rangle_{B_1}[|0\rangle_{A_2}|0\rangle_{B_2}-|1\rangle_{A_2}|1\rangle_{B_2}]$$

$$\mp|1\rangle_{A_1}|1\rangle_{B_1}[|0\rangle_{A_2}|0\rangle_{B_2}-|1\rangle_{A_2}|1\rangle_{B_2}]\}$$

$$=\frac{1}{2}\{|0\rangle_{A_1}|0\rangle_{B_1}\mp|1\rangle_{A_1}|1\rangle_{B_1}\}\otimes\{|0\rangle_{A_2}|0\rangle_{B_2}-|1\rangle_{A_2}|1\rangle_{B_2}\}$$

$$=|\phi^{\mp}\rangle\otimes|\phi^{-}\rangle$$

再如,验证最后一行

$$|\Psi^{\pm}\rangle_{A_1B_1}\otimes|\phi^{-}\rangle_{A_2B_2}=\frac{1}{\sqrt{2}}\{|01\rangle_{A_1B_1}\pm|10\rangle_{A_1B_1}\}\otimes\frac{1}{\sqrt{2}}\{|00\rangle_{A_2B_2}-|11\rangle_{A_2B_2}\}$$

$$\xrightarrow{\text{CNOT}}$$

$$\frac{1}{2}\{|01\rangle_{A_1B_1}[|01\rangle_{A_2B_2}-|10\rangle_{A_2B_2}]\pm|10\rangle_{A_1B_1}[|10\rangle_{A_2B_2}-|01\rangle_{A_2B_2}]\}$$

$$=|\Psi^{\mp}\rangle_{A_1B_1}\otimes|\Psi^{-}\rangle_{A_2B_2}$$

v）测量与筛选[1,2,3]

以下是 Bennett 的基本思想[2,3]：

做了这些操作得到末态之后，现在 A 和 B 测量他们手上靶粒子(A_2,B_2)在 z 方向自旋 $\sigma_z^{A_2}$ 和 $\sigma_z^{B_2}$，并用经典通信核对他们结果（显然，他们对$|\phi^{\pm}\rangle_{A_2B_2}$测量的结果必相同，对$|\Psi^{\pm}\rangle_{A_2B_2}$测量的结果必相反，见图 7.1）。现在，组成整个纯化方案的重要环节是：

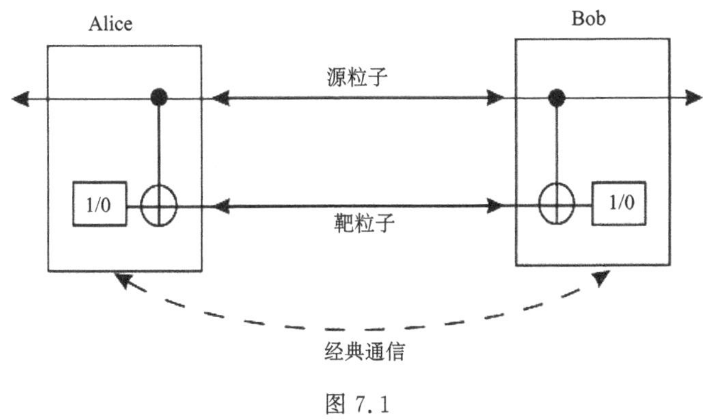

图 7.1

他们商议确定“测量筛选原则”是：假如测量结果相同，就保留控制位粒子（源粒子），如测得结果相反就抛弃掉它们。

这样就只剩下前面 4 行。因为经 CNOT 之后，这 4 种情况靶粒子态均为$|\phi^{\pm}\rangle$。根据上面表格可知，这种筛选等价于将 CNOT 之前的初态投影向这样的子空间，在此子空间中初态的源粒子和靶粒子两者要么都处于 Ψ 态，要么都处于 ϕ 态。

现在来分析成功的概率，从而得出纯化结果的置信度。分为前 4 行共计 8 种情况的概率。由式(7.11)和上面表格知：

a）初态在$|\phi^{+}\rangle_{A_1B_1}\cdot|\phi^{+}\rangle_{A_2B_2}$态上的概率是 F^2。这时末态中控制位态也是$|\phi^{\pm}\rangle_{A_1B_1}$态——是所希望的态。

b）初态在$|\phi^{-}\rangle_{A_1B_1}\cdot|\phi^{-}\rangle_{A_2B_2}$态上的概率是$(1-F)^2/9$。这时末态中控制位态也是$|\phi^{+}\rangle_{A_1B_1}$态——是所希望的态。

c）初态在$|\phi^{-}\rangle_{A_1B_1}\cdot|\phi^{+}\rangle_{A_2B_2}$态上的概率是 $F(1-F)/3$。而初态在$|\phi^{+}\rangle_{A_1B_1}\cdot|\phi^{-}\rangle_{A_2B_2}$态上的概率同样是 $F(1-F)/3$。这两种情况下，末态中控制位都不在所希望的$|\phi^{+}\rangle_{A_1B_1}$态上，而在$|\phi^{-}\rangle_{A_1B_1}$态上。

d) 另外 4 种可能的初态都是由 $|\Psi^{\pm}\rangle_{A_1B_1}$ 和 $|\Psi^{\pm}\rangle_{A_2B_2}$ 相乘而成(见第 3 行和第 4 行),每种的概率都是 $(1-F)^2/9$。它们末态中控制位态也都不是所希望的 $|\phi^+\rangle_{A_1B_1}$ 态。

综上所述,在纯化过程结束时,源粒子态处在所希望的 $|\phi^+\rangle_{A_1B_1}$ 态上的概率——纯化后的置信度是

$$F' = \frac{F^2+(1-F)^2/9}{F^2+2F(1-F)/3+5(1-F)^2/9} = \frac{10F^2-2F+1}{8F^2-4F+5} \tag{7.14}$$

当 $1>F>1/2$ 时,可得 $F'>F$。于是纯化操作成立(比如,可以检验:$F=\frac{1}{2}$:$F'=\frac{1}{2}$;$F=1$:$F'=1$;$F=\frac{3}{4}$:$F'=\frac{41}{52}>\frac{3}{4}$)。

vi) 对含 CNOT 运算的纯化方案的评述

以往所有用于一般混合纠缠态的纯化方案都是基于 CNOT 运算或是类似的量子逻辑运算。但目前还未实现能用于长程量子通信的 CNOT 门。实验上要实现这些运算十分困难、精度不理想。这不能不限制了这类纯化方案的使用。

7.1.3 用线性光学器件对光子极化纠缠混态的纯化[6,7]

i) 理论方案特例概述

以往的纯化方案多含有 CNOT 运算,但目前还没有实现能够达到误差不超过百分之几的能用于长程量子通信的 CNOT 运算。现在叙述文献[6]所提供的只利用线性光学器件并且不用 CNOT 操作,就可以对一般混合态进行纯化的普遍方法。

为了简明地说明这个方案,先讨论一个特例。然后再论证方案的普遍性。假设 Alice 和 Bob 分享一对纠缠态粒子(a 在 Alice 处,b 在 Bob 处)

$$|\Phi^+\rangle_{ab} = \frac{1}{\sqrt{2}}(|H\rangle_a|H\rangle_b+|V\rangle_a|V\rangle_b) \tag{7.15}$$

特例之处是假定在纯化前,他们分享的全是如下的混合态

$$\rho_{ab} = F|\Phi^+\rangle_{ab}\langle\Phi^+|+(1-F)|\Psi^+\rangle_{ab}\langle\Psi^+| \tag{7.16}$$

这里,$|\Psi^+\rangle_{ab}=\left(\frac{1}{\sqrt{2}}\right)(|H\rangle_a|V\rangle_b+|V\rangle_a|H\rangle_b)$。就是说,他们所分享的态中混合着不希望的 $|\Psi^+\rangle_{ab}$ 态。注意,$|\Phi^+\rangle_{ab}$ 态中 a,b 粒子极化取向相同,而 $|\Psi^+\rangle_{ab}$ 态中 a,b 粒子极化取向相反。

方案很类似于 Bennett 等的方案,也是同时对两对粒子进行操作。但主要差别是:现在利用 PBS(极化分束器)的几乎完全反射垂直偏振,而透射平行偏振的入射光子的性质,采用两个 PBS 代替了他们方案中的两个 CNOT 门。现在的方案

共有 4 个空间输出口,可以称它们作为 4 个空间模。一个实质性的步骤是去选择这样一些事例,这些事例中是在每个空间出口处有也只有一个空间模出现。根据 PBS 的性质,这样分别在 4 个出口做 4 重符合计数实验,相当于将输出态投影到这样一个子空间:Alice 和 Bob 实验装置中各自的两个光子(a_1,a_2)和(b_1,b_2)的极化是相同的。因此,比如对 Alice,只有极化相同的两路光子从正反两面入射到她的 PBS 后,两个光子才会分别出现在她这边的两个出口处。其余都被删去。具体见下面分析。

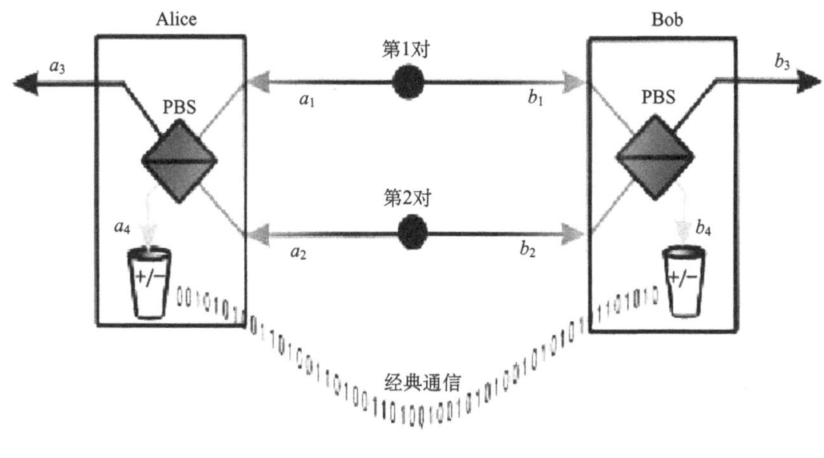

图 7.2

从式(7.16)可知,第 1 对(a_1,b_1)和第 2 对(a_2,b_2)共计 4 个光子可以看作是 4 个如下纯态的非相干混合:

a) 以 F^2 的概率,处在$|\Phi^+\rangle_{a_1b_1}\cdot|\Phi^+\rangle_{a_2b_2}$态上;

b) 以 $F(1-F)$的相等概率,处在$|\Phi^+\rangle_{a_1b_1}\cdot|\Psi^+\rangle_{a_2b_2}$态和$|\Psi^+\rangle_{a_1b_1}\cdot|\Phi^+\rangle_{a_2b_2}$态上;

c) 以$(1-F)^2$ 的概率,处在$|\Psi^+\rangle_{a_1b_1}\cdot|\Psi^+\rangle_{a_2b_2}$态上。

这里,交叉组合的两种态$|\Psi^+\rangle_{a_1b_1}\cdot|\Phi^+\rangle_{a_2b_2}$和$|\Phi^+\rangle_{a_1b_1}\cdot|\Psi^+\rangle_{a_2b_2}$决不会导致上述 4 个空间模同时出现的情况。因为在 ii) 的两种情况下,总是只有三个光子在相同的极化状态上:$|\Phi^+\rangle_{ab}$态的两个光子极化相同,而$|\Psi^+\rangle_{ab}$态的两个光子极化相反。假如在 Alice 这边两个光子极化相同,在 Bob 那边两个光子的极化必定相反,反之亦然。这就被排除在 4 重符合计数之外。所以,通过只选择在 4 个出口有 4 个空间模出现的 4 重符合计数,消除了交叉项的贡献——也就消除了$|\Psi^+\rangle$的单 bit 翻转误差。这就是这一纯化方案的基本原理。

现在考虑剩下的两种组合$|\Phi^+\rangle_{a_1b_1}\cdot|\Phi^+\rangle_{a_2b_2}$和$|\Psi^+\rangle_{a_1b_1}\cdot|\Psi^+\rangle_{a_2b_2}$。先说

$|\Phi^+\rangle_{a_1b_1}\cdot|\Phi^+\rangle_{a_2b_2}$情况。由图 7.2 表明在此方案中，Alice 或 Bob 只要选择在 4 个输出口的每个输出口都测到光子(这有 50%的概率，因为这时直积态$|\Phi^+\rangle_{a_1b_1}\cdot|\Phi^+\rangle_{a_2b_2}$乘开来共计 4 项)，于是在($a_3$，$b_3$)出口处就得到了$|\Phi^+\rangle_{a_3b_3}$态。

对于$|\Psi^+\rangle_{a_1b_1}\cdot|\Psi^+\rangle_{a_2b_2}$态情况，按同样的手续，他们也将以 50%的概率把余下的两个光子 a_3 和 b_3 投影向$|\Psi^+\rangle_{a_3b_3}$态。

由于$|\Phi^+\rangle_{a_1b_1}\cdot|\Phi^+\rangle_{a_2b_2}$和$|\Psi^+\rangle_{a_1b_1}\cdot|\Psi^+\rangle_{a_2b_2}$态的概率分别为 F^2 和$(1-F)^2$，所以在执行纯化测量之后，Alice 和 Bob 将以 $F^2/2$ 的概率得到$|\Phi^+\rangle_{a_3b_3}$态；以$(1-F)^2/2$ 的概率得到$|\Psi^+\rangle_{a_3b_3}$态。总之，他们通过这种纯化测量手续，创造了一个新量子系综

$$\rho'_{ab} = F'\,|\Phi^+\rangle_{ab}\langle\Phi^+| + (1-F')\,|\Psi^+\rangle_{ab}\langle\Psi^+| \tag{7.17a}$$

这里

$$F' = F^2/[F^2+(1-F)^2] > F \qquad (\text{当 } F > 1/2) \tag{7.17b}$$

于是当 $F>\frac{1}{2}$时，这种纯化方案能将方程(7.16)形式的混态系综中的$|\Phi^+\rangle_{ab}$成分由 F 上升到 F'。

由于采用这种纯化方案可以改正(删掉)单 bit 翻转误差，于是对相位误差可用 45°极化旋转将其转化成单 bit 翻转误差，然后在一个接替的这种纯化过程步骤里再加以处理。

ii) 方案普遍性的理论论证[6]

为了论证这个方案对一般混态也能提纯，先在文献[6] 方案和 Bennett 的 CNOT 门方案[3]之间做个比较。这两个方案其实有着更紧密的形式上的对应。与后继测量一起，实际上 Bennett 方案中 CNOT 门所起的作用与现在方案中 PBS 的作用是相同的：它们都是被 Alice 和 Bob 用于判定在他们所在装置中的两个量子位是处于相同还是相反的状态。由 CNOT 门的逻辑表可知，当原来两个粒子都处在相同态时，经此操作之后靶粒子(第二个粒子)将处在 0 态。假如原来处在相反态，操作后靶粒子就处在 1 态。而前面已说过，在 Bennett 方案中，Alice 和 Bob 双方已约定：用 CNOT 操作测量了他们的靶粒子后，若两边的靶粒子都在 0 态或是都在 1 态，就留下源粒子对。这意味着，源粒子对在两种情况下将被保留下来：其一，当 Alice 这边的两个粒子都于相同态，并且 Bob 的两个粒子也是处于相同态时(这相当于双方的靶粒子都处在 0 态)；其二，当 Alice 的两个粒子处在相反态，并且 Bob 的两个粒子也处于相反态时(这相当于双方的靶粒子都处在 1 态)。这两种情况下源粒子对的状态将比以前的态有较高的纠缠度。

在文献[6]的方案中，两个 PBS 之后的 4 模情况的选择正好相应于上面的第一种情况：在一个 PBS 之后的符合意味着(Alice 和 Bob 每一边)两个输入光子极化相同。两个方案在形式上完全等价，除了一件事不同：在现在方案中不能利用上

面的第二种情况。这意味着对于全同的输入，在成功的情况下两种方案将导致全同的输出。但是在现在方案中成功的概率只是文献[3]中的一半。两种方案在形式上的等价性也意味着，为了纯化操作能成功所需最低置信度对两者也是相同的，即为 $F=\frac{1}{2}$。进而，现在就清楚了，一般混态输入态在现在方案中也可以纯化，只须也采取文献[3]中所用的对单个对实行附加的双边局域操作。注意，这个方案也可以用来实现文献[4]对文献[3]的改进。以获得比文献[3]更有效的纯化。再注意，现在这种方案仅仅只需要一种宇称操作(向对称的 $|\Phi^+\rangle$，$|\Psi^+\rangle$ 投影)，这种操作对所要的结果($|\Phi^+\rangle$)是非破坏性的。

iii) 实验测量结果[7]

典型实验结果是：由每对置信度为 75%的两对纠缠光子对，可以得到每对置信度为 92%的纠缠光子对。现在这个实验结果表明，可以发展这样的技术，在长程量子通信中，将退相干克服到使量子转发器(量子中继器)的误差达到可以容忍的程度。实验结果也表明，在容错量子计算里，对高精度逻辑操作的要求可以显著地放宽。

一个紫外激光脉冲两次经过 BBO 晶体，产生两对极化纠缠光子对(见图7.3)。对 1 为(a_1,b_1)，对 2 为(a_2,b_2)。紫外激光的中心波长为 394nm，宽度 200fs，重复频率 76MHz。4 个补偿器是用来抵偿在参数下转换期间由 BBO 晶体的双折射所造成的程差效应。实验中平均泵浦功率是 500mW，每秒内可以观察到大约 1.7×10^4 对纠缠光子对。两个光子对原来是制备在 $|\Phi^+\rangle_{ab}$ 态上，信噪比较高为 30∶1。每对中有一个成员[光子(a_1,b_2)]被进一步送往经过半波片。为了制备混合态式(7.16)，半波片的角度随机地放置在 $\pm\delta(\delta=14^\circ)$上。这里，为求得两对$(a_1-b_1)$和$(a_2-b_2)$有个基本相同的双重符合，已经仔细地选择了 4 个探测器，它们具有几乎相等的探测效率。这种安排保证了在整个测量中，两对(a_1-b_1)和(a_2-b_2)之间的双重符合率的差别都在 5%以内。这些特色容许实验者对纯化方案的精度做一个精确的分析。接下来就是，送两对这样的对通过 PBS 去执行纠缠纯化。通过调整延迟镜 Δ_1 和 Δ_2 的位置，能够使光子同时达到它们各自的 PBS。这里已经采取数种办法使得在同一个 PBS 处的两个光子在空间和时间上有很好的重叠，以便消除它们之间的可分辨性历史，使它们不可分辨。在 4 个出口处(a_3,a_4,b_3,b_4)的每一个出口处，经过 45°方向偏振器之后都测到了光子(也仅仅一个)，就能证实纯化方案的成功。在这种测量选择下[也就是(a_4-b_4)模两个出口处的每个口探测到一个也仅只一个处在$\frac{1}{\sqrt{2}}(|V\rangle\mp|H\rangle)$基中之一上的光子]，当 4 个光子通过两个 PBS 之后，在对(a_3-b_3)模上的两个光子有更高一些的概率处于所希望的 $|\Phi^+\rangle_{ab}$ 态上。这里，由于缺少单光子探测器，现在还必须探测在(a_3-b_3)模上的光子，以

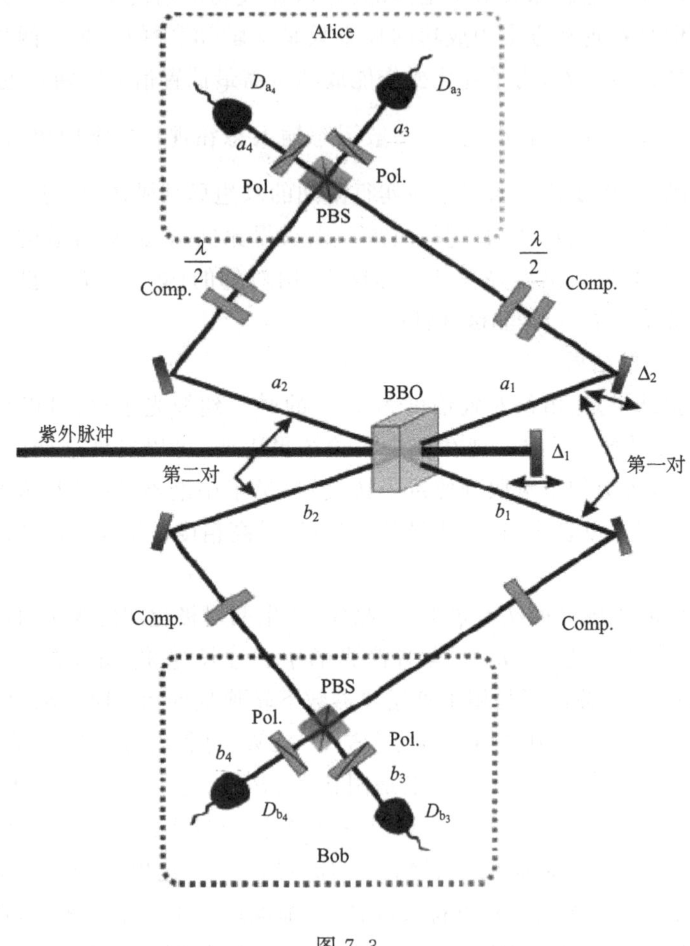

图 7.3

便保证是一个 4 重符合的事件。

§ 7.2 量子擦洗与相干性恢复技术

这里所讲的擦洗(erase)并不是删除(delete)。后者是对粒子任意量子态的删除或清洗,一般是将其变换(或投影)为某一固定的标准态,有时也即置零;擦洗不是量子态的清洗,而是将某个粒子(或多个全同粒子)的两个(或多个)态(或非相干的混合成分)之间的差别(可用来区分它们的所定域的空间、历史、路径、出口,总之一切可供鉴别的痕迹——**广义好量子数**)设法用各种办法将这些差别擦洗或抹掉,使这些量子态之间再次成为原则上不可区分的。具体说有三类方式:对单个粒子态，可利用其不同组分之间不可区分的准则；对全同粒子，则利用全同性原理；而对于普遍情况，则是利用纯化加测量的手段，即通过添加一个粒子使原来彼此非相干的混态成分扩充成为一个纠缠纯态，再对这个新添加的粒子进行适当的测量。这三类方式都能使原先这些已失去量子相干性的态或组分之间重新恢复相干性。简单地说，量子擦洗就是通过 LOCC 操作使量子态之间的相干性得到恢复。

量子擦洗现象在各种不同的场合都有表现和应用。一般说，应当区分单粒子组分的量子态擦洗和多粒子量子态擦洗两种情况。

从概念分析来看，“相干性恢复”比“量子擦洗”更为普遍。因为，擦洗的手段主要是 GHJW 定理，其目的正是为了恢复相干性；而恢复相干性的手段并不限于 GHJW 定理这一种，还可以使用不确定性关系、全同性原理等。而且恢复相干性的目的也不仅为了复原相干性，甚至有更广泛的目标（比如，利用全同性原理，通过交换效应和符合测量产生新的纠缠态——就像在 Bell 基 $|\Psi^-\rangle_{12}$ 测量中那样，等等）。虽然以往在量子信息论中还没有广泛明确地提出过相干性恢复的概念，当然也就谈不上区分相干性恢复和量子擦洗在概念上的差别。但从实验的角度，确实有必要强调“相干性恢复”这一重要概念，以及把量子擦洗和相干性恢复这两种并不相同的概念区分开来，并且以更高的“相干性恢复技术”的高度来看待“量子擦洗”的概念。

与上面三类恢复方式相对应，其一，对于单粒子两个组分态之间相干性的恢复，并不涉及全同性原理的对称化或反称化问题，只涉及同一粒子所处不同态之间是否相干问题——等价于可不可以观测这两个态之间的相对相位差；其二，对全同多粒子态之间相干性的恢复，则一定涉及全同性原理的应用；其三，对于不同的多粒子态之间相干性的恢复，则是 GHJW 定理应用的范畴。

量子擦洗或相干性恢复中常用的技术是：不确定性原理，正交投影分解，纯态化后正交关联测量（GHJW 定理），全同性原理等。

7.2.1　不确定性原理和波包交叠——单粒子态的量子擦洗——相干性恢复技术(I)

按广义杨氏双缝的叙述，只有原则上无法知道 A 处在 $|\pm z\rangle_A$ 中哪一个上，这两个态之间才具有相干性。这一问题参见广义杨氏双缝和 Schrödinger 猫的叙述，这里不再多述，只简单地补充一点：为了延长一个粒子的空间相干长度，以便恢复或增加其两个态间的相干性（比如，分束器后两路再会合），主要的办法是按坐标——动量不确定性关系，将这个粒子束做动量单色化过滤，以增加空间波包交叠的区域，或者说增加空间相干长度；而想增加时间相干性，主要办法则是按能量-时间不确定性关系，将这个粒子束做能量单色化过滤，以增加波包相互会合的时间间隔。在中子干涉量度学实验[4]，以及用量子光学实验技术所做的量子信息实验[2,5]

中，都经常采用这些基本实验技巧。这类基于不确定性原理上的单粒子相干性恢复技术，可称之为“单色化量子擦洗”技术。显然，这种“单色化量子擦洗”技术同样也适用于多个同类粒子的多路干涉实验、符合计数实验。

7.2.2 正交投影——单粒子不同组分态的量子擦洗——相干性恢复技术(II)

除上面这种“单色化量子擦洗”之外，还有另一类单粒子相干性恢复技术：为了抹去光子路径的信息可以使用半透片的办法；而为了抹去自旋取向的信息，可以使用正交再分解的实验手续。前一种半透片办法见下面半透镜分析；后一种正交再分解办法的例子是，一束电子(氢原子)射向(非均匀)磁场沿 Z 轴的 Stern-Gerlach 装置，这时电子束的自旋状态被相干分解成为 $|+z\rangle_A$ 和 $|-z\rangle_A$，并与 S-G 装置的 Z 方向位置可区分态产生纠缠(见《量子测量 I》讲中的 von Neumann 模型)。虽然 $|+z\rangle_A$ 和 $|-z\rangle_A$ 暂时还是相干叠加着，但由于已经和仪器态纠缠起来了，按通常说法，单就电子这一方来看，此时 $|+z\rangle_A$ 和 $|-z\rangle_A$ 之间就已经失去了相干性。而一旦测取数据，就会发生在这两个状态之间的二择一坍缩，两个态就将是非相干的混合。但是，如果不观察不取数据，就不会发生这种坍缩(这里应当预先指出，即使坍缩成了混态，也可以用 7.2.3 小节关于混态的 GHJW 定理，用量子擦洗的办法使这些非相干成分之间恢复相干性)。这时再仔细重新将束聚焦，并使之再通过一个磁场沿 X 轴 Stern-Gerlach 装置。在测量并发生坍缩之后，得到 $|+x\rangle$ 和 $|-x\rangle$ 态的混合系综。这样就抹去了自旋朝向 $\pm Z$ 轴的信息，使得在这个系综里，$|+z\rangle_A$ 和 $|-z\rangle_A$ 恢复了相干叠加关系。这就是单粒子态通过“正交再分解”的量子擦洗技术。

思 考 题

电子(氢原子)级联地经过几个相互正交 Stern-Gerlach 装置。比如，

[电子源] → [Z] → [X] → [Y] → ⋯ → [X]

中间过程不做任何记录，最后结果如何？若在中间某一步做测量，取出数据，造成坍缩，最后结果如何？又若在每个装置之后都扔掉(比如负方向)一半成分，使每次输入都是正向极化的，最后结果又如何？

7.2.3 GHJW 定理——混态的纠缠纯化与广义量子擦洗——相干性恢复技术(III)

i) 特殊情况：$|\phi^+\rangle_{AB}$ 态

现在讨论两个和多个不同粒子的量子擦洗。再次说明“正交再分解量子擦洗”的概念。Alice 的 A 粒子和 Bob 的 B 粒子处于纠缠态

$$|\phi^+\rangle_{AB} = \frac{1}{\sqrt{2}}(|+z\rangle_A\,|+z\rangle_B + |-z\rangle_A\,|-z\rangle_B) \tag{7.18}$$

现在，与 B 粒子的纠缠摧毁了 A 粒子两个组分态 $|\pm z\rangle_A$ 之间的相干性。纠缠之所以摧毁相干性也是由于：现在只要对 B 粒子沿 Z 方向做自旋取向测量，原则上就能掌握（区分）A 是在哪个态上的信息。但是，如果 Bob 不企图知道手中 B 粒子朝向 $|\pm z\rangle_B$ 哪一种，而是仔细地抹去这一信息，情况就有所不同。为此所用的办法是，对 B 粒子做 X（而不是 Z）方向自旋取向的测量，这时 Alice 的 A 粒子就将处在

$$|\pm x\rangle_A = \frac{1}{\sqrt{2}}(|+z\rangle_A \pm |-z\rangle_A)$$

两态之一上。注意，此时 A 粒子在其两个组分态 $|\pm z\rangle_A$ 之间的相干性已经得到恢复。这一类通过对 B 方进行适当操作，使 A 方原本已经彼此非相干的量子态之间恢复相干性的现象称为“关联正交分解”的量子擦洗技术。实际上，在多光子符合测量的许多干涉实验中，都使用了这种技术以提高相干性，增加符合计数率[2,5]。

ii）从量子系综观点看量子擦洗现象

设 Alice 和 Bob 共有许多式(7.1)的纠缠态所组成的量子系综，这对 Alice 而言，她等于有了一个量子系综 $\rho_A = \frac{1}{2}I_A$。这个系综使她无法观测 $|\pm z\rangle_A$ 态之间的干涉。即便 Bob 沿 X 方向测量，（他通过 LO）制备了一个特殊的系综。单只这一点仍不能使 Alice 察觉，因为她手中的量子系综仍是 $\rho_A = \frac{1}{2}I_A$。但是，当 Alice 收到 Bob 每次测量结果的电话（经典通信 CC）之后，她就可以选择她手中系综的一个子集合——比方 A 粒子的自旋都在 $|+x\rangle_A$ 态上。这就是说，Bob 所做的局域测量与经典通信（LOCC），允许 Alice 从一个最混乱无序的系综中选出一个纯态系综，并且在这个系综中两个态 $|\pm z\rangle_A$ 恢复了相干性。这就是从系综观点来看的量子擦洗现象。这也说明，Alice 不知道自己手中每个粒子自旋朝上还是朝下的系综，和 Alice 知道自己手中每个粒子自旋朝上还是朝下的系综，是不同的物理态（尽管两种情况系综的总体描述都为 $\rho_A = \frac{1}{2}I_A$）。由于在后面情况下，Alice 掌握了信息，她手上的量子态从根本上是不同于以前的了。这就是为什么人们说“信息是物理的”缘故。

iii）量子擦洗与延迟选择[1]

当 Alice 和 Bob 各自的局域操作是类空间隔时，他们之间谁先测量（因而是“坍缩”）谁后测量（因而是“关联坍缩”），按狭义相对论观点，是没有绝对意义的，因为这会由于参考系选择改变而改变。最近的实验证实了这一点[3]。事实上，相干性恢复这件事可以造成“延迟选择”的效果。比如，先是 Alice 在今天（星期二）对她手中的全部粒子沿 X 方向做了测量（这样一来，$|\pm x\rangle_A$ 两个态已失去了相干性）。在这之后下个星期二，Bob 才决定如何测量（比如说他才决定沿 $\boldsymbol{n}(\theta,\phi)$ 方向

测量)。这时 Bob 能够以延迟的方式“制备”出 Alice 的粒子在 $\boldsymbol{n}(\theta,\phi)$方向(这就是 Bob 对 Alice 粒子态的“延迟选择”)。因为,Bob 在测量并取得结果之后告诉 Alice,你的哪些粒子的自旋沿正 $\boldsymbol{n}(\theta,\phi)$方向。这时已是事后 Alice 检验她的测量记录,的确能证实

$$
{}_A\langle \boldsymbol{n}(\theta,\phi) \mid \sigma_x^A \mid \boldsymbol{n}(\theta,\phi)\rangle_A = \boldsymbol{n}(\theta,\phi)\cdot \boldsymbol{e}_x \tag{7.19}
$$

这样一来,在这些态里原先两个$|\pm x\rangle_A$ 态已恢复了相干性。事实是,不论在 Alice 测量之前、之后,Bob 是否“制备”了自旋,结果式(7.19)都是一样的。因为:

a) 如 Alice 和 Bob 各自都不做自旋测量实验,则 Alice 有态

$$
\begin{aligned}
\rho_A &= \mathrm{tr}^{(B)}\{|\Psi^+\rangle_{AB}\langle\Psi^+|\} = \frac{1}{2}\{|+z\rangle_A\langle +z| + |-z\rangle_A\langle -z|\} \\
&= \frac{1}{2}\{|+y\rangle_A\langle +y| + |-y\rangle_A\langle -y|\} \\
&= \frac{1}{2}\{|+x\rangle_A\langle +x| + |-x\rangle_A\langle -x|\} \\
&= \frac{1}{2}\{|+\boldsymbol{n}\rangle_A\langle +n| + |-\boldsymbol{n}\rangle_A\langle -\boldsymbol{n}|\} = \frac{1}{2}I_A
\end{aligned} \tag{7.20}
$$

这时如果 Alice 沿 $\boldsymbol{n}(\theta,\phi)$方向测量 σ_x,必得式(7.19)结果;

b) 如果 Alice 和 Bob[分别沿 X 和 $\boldsymbol{n}(\theta,\phi)$ 方向]都做自旋测量实验,则因 ${}_A\langle \pm x|\Psi^+\rangle_{AB} = \frac{1}{\sqrt{2}}|\pm x\rangle_B$,在 Alice 测量前后,系综态分别为

$$
\begin{aligned}
|\Psi^+\rangle_{AB}\langle\Psi^+| \rightarrow \frac{1}{2}\{&(|+x\rangle_A\langle +x|\cdot|+x\rangle_B\langle +x|) \\
&+(|-x\rangle_A\langle -x|\cdot|-x\rangle_B\langle -x|)\}
\end{aligned} \tag{7.21}
$$

这时 Alice 粒子态和 Bob 的相同,均为 $\rho = \frac{1}{2}\{|+x\rangle\langle +x| + |-x\rangle\langle -x|\} = \frac{1}{2}I$。如果接着,Bob 再沿 $\boldsymbol{n}(\theta,\phi)$方向制备他的态,则有

$$
\rho_B = \frac{1}{2}\{|\boldsymbol{n}(\theta,\phi)\rangle_B\langle \boldsymbol{n}(\theta,\phi)| + |-\boldsymbol{n}(\theta,\phi)\rangle_B\langle -\boldsymbol{n}(\theta,\phi)|\} \tag{7.22}
$$

而此时 Alice 手中粒子态也是如此。因此平均值仍然是式(7.19)。其余情况照此分析。总之,这里只涉及 $\rho_A = \frac{1}{2}I_A$ 态以等概率正交态分解所表现的擦洗现象。下面就用现在这种添加 B 粒子到 A 粒子上,使 A 粒子的混态扩大变成纯态,再做适当测量的方法,来推广这里的擦洗——相干性恢复的讨论。

iv) 一般情况:GHJW 定理

a) 添加粒子纠缠将混态予以纯态化

已经知道,任何量子系统的任意混态可以用无数不同方式作为一系列纯态的

一个系综来实现(因为仅就直观简单情况就可以说,一个混态 ρ 可以有各种各样的非正交分解)。现在考虑一个密度矩阵 ρ_A 实现为下述纯态系综

$$\rho_A = \sum_i p_i \mid \varphi_i\rangle_A\langle\varphi_i \mid, \sum_i p_i = 1 \tag{7.23}$$

这里,$\{\mid\varphi_i\rangle\}$是归一的,但不必是相互正交的。显然,对任何这样的 ρ_A,可以构造它的一个"纯化"——扩充组成一个双粒子的纯态

$$\mid \Phi\rangle_{AB} = \sum_i \sqrt{p_i} \mid \varphi_i\rangle_A \mid \alpha_i\rangle_B \tag{7.24}$$

这里,$|\alpha_i\rangle_B \in H_B$,${}_B\langle\alpha_i|\alpha_j\rangle_B = \delta_{ij}$。显然,这里只要求 H_B 的维数不小于这个混态系综中的项数,不涉及所用到的$\{|\alpha_i\rangle_B\}$是否完备。于是有

$$\rho_A = \mathrm{tr}^{(B)}(\mid \Phi\rangle_{AB}\langle\Phi \mid) \tag{7.25}$$

这就是说,设想对 B 做与$\{|\alpha_i\rangle_B\}$相联系的力学量组测量,纯态式(7.24)将以概率 p_i 投影到$|\alpha_i\rangle_B$。相应地,A 在关联坍缩中得到$|\varphi_i\rangle_A$。于是就实现了这个给定的混态——给定概率分布的一系列纯态组成的系综

$$\rho_A = \{p_i, \mid \varphi_i\rangle_A, i = 1,2,\cdots\} \tag{7.26}$$

总之,将给定的混态 ρ_A 再添加一个粒子予以"纯化"($|\Phi\rangle_{AB}$),便可以在 B 中执行适当的测量,以实现作为系综的混态 ρ_A。

b) 推广的擦洗技术——GHJW(Gisin-Hughston-Jozsa-Wootters)定理

如上所说,一个混态可以实现为各种纯态系综,比如有两种

$$\rho_A = \sum_i p_i \mid \varphi_i\rangle_A\langle\varphi_i \mid = \sum_\mu q_\mu \mid \Psi_\mu\rangle_A\langle\Psi_\mu \mid \tag{7.27}$$

对后一种表示,同样也有一个相应的纯态化结果

$$\mid \Psi\rangle_{AB} = \sum_\mu \sqrt{q_\mu} \mid \Psi_\mu\rangle_A \mid \beta_\mu\rangle_B \tag{7.28}$$

这里,$\{|\beta_\mu\rangle_B\}$的情况和上面$\{|\alpha_i\rangle_B\}$的类似。接着在 B 中执行选定的系列测量,得到以 q_μ 概率将 B 正交投影到$|\beta_\mu\rangle_B$,相应得到 A 的表示为这个系列纯态的同一混态 ρ_A。

现在问:表示 A 同一个混态的两个纯化态$|\Phi\rangle_{AB}$和$|\Psi\rangle_{AB}$之间是什么关系呢?

由于要满足

$$\rho_A = \mathrm{tr}^{(B)}(\mid \Phi\rangle_{AB}\langle\Phi \mid) = \mathrm{tr}^{(B)}(\mid \Psi\rangle_{AB}\langle\Psi \mid) \tag{7.29a}$$

所以这两个纯化态$|\Phi\rangle_{AB}$和$|\Psi\rangle_{AB}$之间差别仅仅在于:在 H_B 空间中的一个幺正变换 U_B,$U_B^\dagger = U_B^{-1}$。就是说,有

$$\mid \Psi\rangle_{AB} = (I_A \otimes U_B) \mid \Phi\rangle_{AB} \tag{7.29b}$$

或者写成

$$U_B : \{\mid \alpha_i\rangle_B\} \rightarrow \{\mid \beta_\mu\rangle_B\} \tag{7.29c}$$

与此同时,求和式(7.24)中各$|\varphi_i\rangle_A$项也就拆解合并成为求和式(7.28)中$|\Psi_\mu\rangle_A$各项。

这些论述表明,对于同一个纯化态$|\Phi\rangle_{AB}$,只要在B中选择合适的局域变换和测量,便可以实现A的要么是系综$\{p_i,|\varphi_i\rangle_A\}$,要么是系综$\{q_\mu,|\Psi_\mu\rangle\}$。在前一系综中,各个$|\varphi_i\rangle$之间是非相干的,但从后面系综看来,它们之间的相干性是恢复了。

类似地,可以考虑全都实现同一个ρ_A的许多系综的情况。这就导致:

GHJW 定理[1] 考虑全都实现同一个ρ_A的许多纯态系综,并设在各系综中所含纯态的最大数目是n。于是总可以选择一个n维系统H_B和找到一个纯态$|\Phi\rangle_{AB}\in H_A\otimes H_B$,使得任何(实现$\rho_A$的)系综都能通过$B$中适当的局域测量予以实现。

由下面分析可知,此定理以最一般的形式表达了量子擦洗现象。

c) GHJW 定理分析

事实上,GHJW 定理是 Schmidt 分解的一个平凡推论。因为,两个纯化态$|\Phi\rangle_{AB}$和$|\Psi\rangle_{AB}$,都有自己的 Schmidt 分解,并在对B取迹后产生同一个$\rho_A=\sum_k\lambda_k|k\rangle_A\langle k|$,于是这两个分解必须有如下形式

$$\begin{cases}|\Phi\rangle_{AB}=\sum_k\sqrt{\lambda_k}\,|k\rangle_A\,|k'\rangle_B\\[2ex]|\Psi\rangle_{AB}=\sum_k\sqrt{\lambda_k}\,|k\rangle_A\,|k''\rangle_B\end{cases}\tag{7.30}$$

这里,λ_k是ρ_A的本征值,而$|k\rangle_A$是相应的本征矢量。但因为$\{|k'\rangle_B\}$,$\{|k''\rangle_B\}$是H_B的两组正交归一基(可能都是各自其中一部分,但在两个表达式中用到这两组基的个数相等),所以存在一个幺正变换U_B,使得

$$U_B:\{|k''\rangle_B\}\rightarrow\{|k'\rangle_B\}\tag{7.31}$$

由此即得前面$|\Phi\rangle_{AB}$和$|\Psi\rangle_{AB}$的关系。

在ρ_A表述为一些纯态的系综的时候,这些纯态是非相干叠加的(一个在A中的观察者是不可能观察到这些纯态之间的相对相位的)。但令人深思的是,这些纯态不能彼此干涉的理由是:在原则上,通过对B执行一种测量,将其投影到正交基$\{|\alpha_i\rangle_B\}$上就能发现(或鉴别出)A的这些纯态。然而,若是换为另一种测量,投影到$\{|\beta_\mu\rangle_B\}$基上,并将测量结果信息传送给A,人们就能从系综中抽出纯态中的一个(比如$|\Psi_\mu\rangle_A$),即使这个态会是一些$|\varphi_i\rangle_A$态的相干叠加态!

事实上,在$\{|\beta_\mu\rangle_B\}$基中测B,将“抹去”A在“哪条路”的信息(A在$|\varphi_i\rangle_A$还是在$|\varphi_j\rangle_A$上的信息)。这就是为什么说 GHJW 定理以最一般的形式表达了量子擦洗现象。这同时也意味着“信息是物理的”。因为测量B所获得的信息一旦传给了A,便改变了对A态的描述——借助在B中的测量并将结果告诉A,A就能从混态中抽出一个所选的纯态。就是说,信息可以加工并改变混态,甚至使其成为纯

态。如前面所说，表面上就这种情况来看，或许可以说“信息是物理的”。但在第三章中已经分析过：为什么事实并非如此。其中最根本理由是，混态概念本身是非物理的人为的统计数学工具。

v) GHJW 定理的一个算例

GHJW 定理是说，从另一种表示来看，前一种非相干混合着的两个态是相干叠加的、是有相干性的，仿佛是经过擦洗，恢复了它俩的相干性；反过来说也如此。这就是为什么说 GHJW 定理表示了广义的擦洗现象。不仅如此，定理还说明了如何得到这些表达式。办法是通过添加另一个粒子，将原先的非相干叠加的混态 ρ，经过与添加粒子的量子纠缠，总体系就变成了一个纯态，然后再对添加粒子做测量，使之坍缩得到混态 ρ。

比如说，回想§2.5 中关于混态系综解释含糊性的例算，可以知道，同一个混态可以理解为不同的纯态系综。于是对那里的三种系综表示，通过添加 B 粒子，可以分别得到三种纯态

$$\begin{cases}|\Psi\rangle_{AB}=\dfrac{1}{\sqrt{2}}|+z\rangle_A|+x\rangle_B+\dfrac{1}{\sqrt{2}}|+\boldsymbol{n}\rangle_A|-x\rangle_B\\|\varphi\rangle_{AB}=\lambda_+|+\boldsymbol{n}\rangle_A|+y\rangle_B+\lambda_-|-\boldsymbol{n}\rangle_A|-y\rangle_B\\|\chi\rangle_{AB}=\delta_+|\boldsymbol{p}_1\rangle_A|z\rangle_B+\delta_-|\boldsymbol{p}_2\rangle_A|-z\rangle_B\end{cases}$$

第一种方案测量的是 B 粒子的 σ_x；第二种测量 B 粒子的 σ_y；第三种测量 B 粒子 σ_z。坍缩结果都能得到 A 粒子的上述同一个混态 ρ。

甚至可以说，只要在子空间 B 中针对各种不同基矢做不同的测量，产生 B 粒子态的各种不同坍缩，将能得到 A 粒子的任何纯态系综表示。A 粒子这些不同系综表示之间，只相差 B 空间的一个幺正变换——B 中的基矢变换。这种变换计算，如果从 A 粒子已知态 ρ 的谱表示和 AB 粒子的 Schmidt 表示式来理解，道理将十分明显，甚至明显到很平庸。然而这种广义擦洗的相干性恢复技术在实际中却十分有用。

vi) 考虑 POVM 的 GHJW 定理

讨论 GHJW 定理时已经看到，借助于制备态

$$|\Phi\rangle_{AB}=\sum_\mu\sqrt{q_\mu}\,|\Psi_\mu\rangle_A|\beta_\mu\rangle_B \tag{7.32}$$

人们能够采用 H_B 上的正交测量$\{E_\mu=|\beta_\mu\rangle\langle\beta_\mu|\}$来实现 A 粒子的系综

$$\rho_A=\sum_\mu q_\mu|\Psi_\mu\rangle_A\langle\Psi_\mu| \tag{7.33}$$

而且，假如 H_B 维数为 n，即便对这单个纯态 $|\Phi\rangle_{AB}$，通过在 H_B 中测量一个合适的可观测量的办法，能够制备彼此不相干的任何最多为 $\boldsymbol{n}$ 个纯态的纯态系综 ρ_A。办法是假定 H_B 中这个可观测量的本征态是$\{{}_B\langle\eta_v|\}$，则

$$|\varphi_v\rangle_A = {}_B\langle\eta_v|\Phi\rangle_{AB} = \sum_\mu \sqrt{q_{\mu B}}\langle\eta_v|\beta_\mu\rangle_B|\Psi_\mu\rangle_A \equiv \sum_\mu \gamma_{v\mu}|\Psi_\mu\rangle_A \tag{7.34}$$

即可实现系综 ρ_A 的一个纯态系列$\{|\varphi_v\rangle\}$。或反过来，用已知的 A 的态对纯化态去做内积，找出 B 中的态和它们所对应的力学量。但此做法未见得方便，因为从内积所得 B 态不一定彼此正交。

但利用 POVM 概念，就能看到，如果我们要是在 H_B 上做 POVM，而不单单只是正交测量。那么，即便对于 H_B 的维数为 $N<n$，我们也可以通过在 H_B 的子空间中适当选择一组 POVM 来实现任何 ρ_A 的制备。我们于是可以重写$|\Phi\rangle_{AB}$为

$$|\Phi\rangle_{AB} = \sum_\mu \sqrt{q_\mu}|\Psi_\mu\rangle_A|\tilde{\beta}_\mu\rangle_B \tag{7.35}$$

这里，$|\tilde{\beta}_\mu\rangle_B$ 是将$|\beta_\mu\rangle_B$ 向 ρ_B 的支集做正交投影的结果。现在可以在 ρ_B 的支集上用$F_\mu=|\tilde{\beta}_\mu\rangle_B\langle\tilde{\beta}_\mu|$执行 POVM。于是也就以概率 q_μ 制备了态$|\Psi_\mu\rangle_A$。

7.2.4 Swapping——遥控相干性恢复技术(IV)

作为说明的例子，考虑两个已经失去相干性的粒子(比如 A 和 B)。只要它俩分别都和别的粒子(比如 C 和 D，即 A-C、B-D 之间)存在最大纠缠，不仅可以用遥控的方式在它们之间建立起具有最大纠缠度的量子纠缠关系，而且也可以恢复 A 和 B 之间的量子相干性。办法是采用 Quantum Swapping 技术，对 C 和 D 做关联性的向 Bell 基投影的量子测量。注意，这不但是以遥控的方式，而且是在不同粒子之间建立或恢复相干性。

当然，如果上面 GHJW 定理中的 A 和 B 相互之间是空间分隔的，那就也可以通过对 B 的适当测量来遥控恢复 A 粒子的已经失去相干性的某些态之间的相干性。

7.2.5 全同性原理应用——全同多粒子态的相干性恢复技术(V)

i) 全同性原理及其分析(详细见文献[6])

由于微观粒子具有波动性，两个或多个全同的微观粒子存在置换对称性，呈现出交换效应这种特殊相干性。这种置换对称性常常陈述为微观粒子全同性原理。此原理不仅是非相对论量子力学的第五公设，实际上贯穿并适用于全部量子理论。

全同性原理为：

系统中的全同粒子因实验表现相同而无法分辨。就是说，如果设想交换系统中任意两个全同粒子所处的状态和地位，将不会表现出任何可以观察的物理效应。

简单说就是，微观粒子全同性原理便是全同粒子的无法分辨性。这里强调“原理上”，意思是说永远的，非技术性的。这里简单分析原理的核心内容；如何理解这

种不可分辨性的性质；全同粒子在什么情况下可以分辨；全同性原理在恢复相干性问题上的应用等等。

全同粒子体系中各粒子的编号都是以外来方式人为强加的，既然按全同性原理各个全同粒子在“原理上”彼此不能分辨，那么它们之间任何编号顺序的改变都不应当导致可观察的物理效应。就是说，任何实验观测结果都必须对编号的置换为对称的！

量子体系的可观测量分为两类：力学量的数值以及概率。于是得出结论：全同粒子体系的力学量算符（包括系统的哈密顿量）和体系所有可观察概率，对于任何一对粒子编号交换都必须为对称的。这正是上面强调的“原理上”不可分辨这一论断的深刻含义和严重后果，也说明它正是全同粒子置换对称性的物理概括。

总之，从全同性原理可以得到关于全同粒子体系的如下两条重要结论：

a）体系的全部可观察量算符对于粒子间的置换完全对称；

b）体系所有可能的总波函数对于粒子间的置换要么全对称，要么全反对称，不存在其他类型的状态。

即有

$$\hat{P}\hat{\Omega} = \hat{\Omega}, \qquad \hat{P}\Psi = \pm \Psi \tag{7.36}$$

究竟什么粒子的全同粒子体系用全对称波函数，什么粒子的全同粒子体系用全反对称波函数呢？QED 中，Pauli 依据 Lorentz 变换和定域因果性原理，证明了 Pauli 定理：具有整数自旋粒子必须服从对易规则，它们所组成的全同粒子体系的总波函数对于粒子间置换必是对称的，体系遵从 Bose-Einstein 统计，这些粒子统称为玻色子；具有半整数自旋粒子必须服从反对易规则，它们所组成的全同粒子体系总波函数对于粒子间置换必是反对称的，体系遵从 Fermi-Dirac 统计，这些粒子统称为费米子。

由此可以导出 Pauli **不相容原理**：组成一个体系的两个全同费米子不能处于相同的状态上。因为这样一来，反称化将使体系的总波函数为零。

ii）全同粒子体系显现交换相干性的条件

全同性原理是微观世界的普遍规律，它导致一种纯量子效应——交换效应。这是一种由于波函数对称化或反称化所造成的可观察的物理效应（见下面例子）。经典力学中原则上不存在（完全相同的）全同粒子。并且，由于宏观粒子的 de Broglie 波波长极短，即便存在“全同”的宏观粒子，原理上也可以对它们进行分辨和追踪，交换效应并不存在。但在量子力学中，两个全同粒子——比如两个电子的情况完全不同。由于电子具有波粒二象性，特别是它的波动性，导致不确定性关系，使得轨道概念失效，在波包的重叠区内极容易造成在原理上就无法分辨的测量结果：无法知晓测量坍缩中所得粒子谁是谁。并且重叠区域越大，以后时刻也越不容易分辨和追踪它们。设想在某个时刻对两个相邻的全同粒子进行测量定位、鉴别编号,但在无限接近的后来时刻,它们的坐标还是不再具有确定值。就是说,由于不确定性关系和轨道概念的失效,由于 de Broglie 波波包演化中的重叠,某个时刻的定位对追踪并无帮助。这些说明,微观世界里的全同粒子,一旦它们波包有重叠而又没有守恒的内禀量子数可供鉴别,粒子的波动性质将肯定使它们失去"个性"和"可分辨性",出现交换效应。

原则上对任何全同粒子体系都应当做对称(反对称)化,但常常由于各种原因,交换效应不存在或不显著,而不必做这种对称(反称)化。于是判断交换效应何时存在何时不存在,对澄清物理概念和简化计算都很重要。特别当末态测量方案复杂多变时尤须如此。

下面对原理的应用做一些补充分析。为讨论方便,先暂分为三种情况:

第一,两个全同粒子的空间波函数在演化中从不重叠。这时两个全同的粒子原理上可以区分,不存在交换效应,有否对称化(或反称化)结果一样。

第二,不论在重叠区内(分束器情况)或走出重叠区之后(全同粒子散射情况),即便全同粒子原先处于不同的量子态或不同的内能状态,如果在过程中没有守恒的相异量子数可资鉴别,就无法分辨它们谁是谁。如果在过程中有守恒的相异量子数可资鉴别,也要看最后如何观测而定:①如果观测过程所测力学量与守恒量子数的力学量对易,测量并不干扰这些量子数的守恒,最终就可以用这些量子数来鉴别。例如,除了关于电子自旋的守恒分析之外,内部激发能级不同的复合粒子,若过程的相互作用和最后的观测都不影响复合粒子的内部状态,就可以用它们内能状态的不同来区分它们。还例如,下面的光子分束器,如果实验观测方案不是符合测量而是观测光子的极化状态,观测中两个光子的极化取值将全不受干扰,就可以用两个光子的极化取值来区分它们。②如果测量过程所测力学量与守恒量子数的力学量不对易,这一类末态测量将干扰这个量子数的守恒(经相干分解之后再坍缩),已不能用这个量子数作为鉴别,经测量之后两个粒子已不可区分,将表现出交换效应的相干性。这在电子散射的自旋和下面极化光子分束器的等观测实验中都可以说明。也可以换一种说法,如果它们内禀量子数都相同,或是其中有些原先不同但经过相互作用已不再守恒(也许总量还守恒),或是在相互作用中虽然守恒但由于最后实验观测的干扰而不守恒,则不论在重叠区内还是走出重叠区之后,都是不能够区分它们谁是谁。内部状态不同的复合粒子,如果在散射中或是在测量中有涉及内能变化的相互作用,就必须当全同粒子看待,否则不必当全同粒子看待。

第三,演化出了重叠区之后经某种实验安排又再次相遇。这时产生相干性的充要条件依然是它们具有不可分辨性,也就是它们经过的路径和内部状态都不再能够区分。

总而言之,如果不考虑空间波函数从不重叠这个平庸情况,(无论在重叠区内和走出重叠区外)可以分辨两个全同粒子的充要条件是:全过程中一直存在着某种不变的东西可用于区分和标记，特别是这种不变的东西不被最后的实验观测所干扰。否则原理上是无法分辨它们谁是谁的。由于全同性原理，这种不可分辨性必定导致交换作用的相干性；而一旦具有了可分辨性，交换作用的相干性就将消失。这种提法从计算角度来看更为简单明确：全同性原理的相干效应是否存在，完全决定于做末态分解之后那些交换矩阵元是否为零

$$\text{交换矩阵元} \propto \langle f \mid \Omega \mid i \rangle \tag{7.37}$$

它们不仅和初态$|i\rangle$有关、和相互作用$\Omega(1,2,\cdots)$有关，而且和向之投影的测量末态$|f\rangle$有关。而$|f\rangle$则与想要观测的内容——测量方案有关。只当两粒子存在某种取值不同的量子数或特征，这种量子数或特征所相应的力学量能从$|i\rangle$态穿过Ω到$|f\rangle$态的全过程保持守恒情况下，交换矩阵元才为零，交换效应才消失。与此同时，两个粒子当然也已经可以分辨。倒过来说也如此。这些论述在上面例子以及全同粒子散射中均可以得到佐证。另外附带指出，将矩阵元对称（反对称）化时，只需对初（末）态之一进行，不要对两者都做，否则将还原。

如果为叙述简单而不考虑有内禀量子数可供区分的情况，仅就空间波函数这一种角度来说：依照空间波函数有完全重叠（或基本重叠）、部分重叠，不重叠等各种情况，自然界一体包容了：从微观粒子的“原理上不可能区分”，到宏观粒子的“原理上能够区分”这两个相互排斥的论断，成为哑铃的两端，和谐统一于整个自然界中。或者说，微观世界的前者全部包容了宏观世界的后者作为自己的特例。但如果将这个简单化的结论绝对化并陈述为“粒子的不可分辨性密切关联于粒子的非定域化”就粗糙了。因为上面分析已表明，第一，即便这种非定域化是过去的事，现在粒子之间已经很好的定域化，以致可认为它们是彼此分离的（如全同粒子散射后），也未见得就一定可以分辨；第二，即便两个粒子的波包如此好的重叠，以致可认为是很好非定域化的，但如果从给定的初态一直到（依赖于测量方案的）末态存在守恒量子数，则仍然可以区分。

这里再指出两点。第一，不同种类微观粒子之间不存在干涉，因为不同种类微观粒子的波函数是不能相加减的；第二，Dirac 的提法“每个光子只与它自己发生干涉，从来不会出现两个不同光子之间的干涉[7]”并不正确。全同性原理就主张，两个或多个全同粒子之间也能发生干涉。原理主张，一旦它们由于直接或间接相互作用而发生量子纠缠，或是空间波包因演化而发生重叠，使总波函数对称化或反称化，加之在包括观测过程在内的全过程中不存在可分辨的某种东西，这种对称化或反称化就会在这类观测中表现出来，导致交换作用的相干效应。这就是根源于全同性原理的全同粒子之间的量子干涉效应。比如在全同粒子散射中，这一原理便导致这种特有的干涉效应。通常情况下，两个自旋指向相同的中子很不容易产生干涉，除了它们之间不确定的相位差之外，是由于它们的 de Broglie 波波长很短，加之中子束的单色性难以做得很好，以致它们空间波包十分狭窄，难于“相遇” 重

叠的原故。假如将(前进方向相同、横断面内波包有交叠的)两个中子的动量很好的单色化,就展宽了它们在行进方向上的波包尺度,就增加了它们空间相干长度,使波包有较好的空间重叠,理论上应当能够让两个中子发生相干叠加。这一思想由 H. Rauch 首先提出并在中子干涉量度学实验中实现[4]。后来又被潘建伟、Bouwmeester、Zeilinger 等用于光子情况,形成多光子符合技术,完成了著名的 Teleportation 实验和 Swapping 实验[5]。

如前所说,全同性原理的物理根源是微观粒子的波粒二象性。特别是,它和微观粒子的波动性有深刻的内在联系。可以说,微观粒子的波动性,反映在单个粒子身上就表现为(一对正则共轭量之间的)不确定性关系;反映在全同粒子之间的关系上就是全同性原理,就是全同性原理所主张的全对称或全反对称的量子纠缠。若只就空间波函数而言,如波动性越明显,波函数的空间延展越大,来源于交换作用的干涉效应就越显著;若粒子性越明显,波函数的空间延展越小,这种干涉效应就越小。正因为全同性原理深深植根于微观粒子的内禀属性,它对全部量子理论都是正确的。

iii) 对相干性恢复的应用

从初态、过程相互作用性质、以及选择投影末态这三个环节,仔细最终抹去一切可辨认的“广义好量子数”,让全同性原理起作用,这是恢复全同粒子体系量子态相干性的核心思想。普遍地说,即便过程中两粒子有取值不同并且守恒的量子数作为标记,这时两粒子究竟是否可分辨,最终还要看如何进行测量和坍缩,即选择何种末态而定。总之,粒子不可分辨性和交换效应相干性两者紧密关联,同时存在。

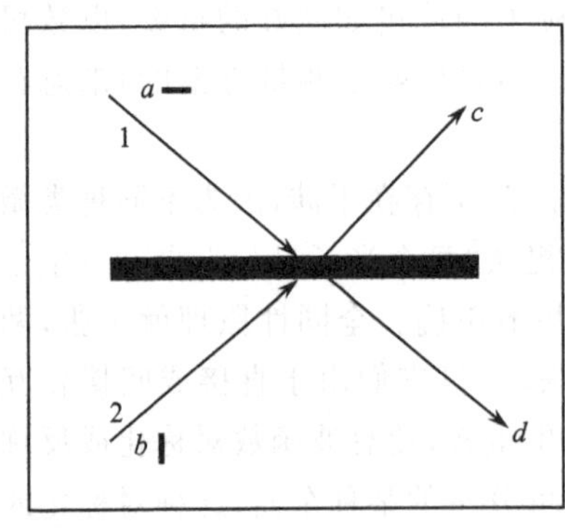

图 7.4

例子:分析双光子的分束器。如图 7.4,有一块半透镜,水平极化光子 1 从左上方 a 入射,透镜将其相干分解,部分反射向 c,部分透射向 d;垂直极化光子 2 从左下入射,相干分解后,反射向 d,透射向 c。由 a 入射的称 a 空间模,向 c 出射的称为 c 空间模等。此时两个光子的输入态为

$$|\Psi_i\rangle_{12} = |\leftrightarrow\rangle_1 \otimes |a\rangle_1 \cdot |\updownarrow\rangle_2 \otimes |b\rangle_2 \tag{7.38}$$

这里,水平和垂直箭头分别表示光子的两种极化方向,相应的两种极化状态彼此正交。经过分束器之后,反射束应附加$\frac{\pi}{2}$相位跃变而透射束则无相位跃变;同时,分束器不改变入射光子的极化状态,出射态为

$$|\Psi_f\rangle_{12}=|\leftrightarrow\rangle_1\otimes\frac{1}{\sqrt{2}}(\mathrm{i}\,|c\rangle_1+|d\rangle_1)\cdot|\updownarrow\rangle_2\otimes\frac{1}{\sqrt{2}}(|c\rangle_2+\mathrm{i}\,|d\rangle_2)\tag{7.39}$$

如果两个光子足够单色化，使波列的空间相干长度很大于光子波包的宽度和程差之和，这时它们将同时（或几乎同时）到达分束器，出射态光子的空间模将会重叠，这就必须考虑两个光子按全同性原理所产生的相干性。这时出射态应该是交换对称的，正确写法应为

$$\begin{aligned}|\Psi_f\rangle&=\frac{1}{\sqrt{2}}(|\Psi_f\rangle_{12}+|\Psi_f\rangle_{21})\\&=\frac{1}{2}\{i\,|\Psi^+\rangle_{12}(|c\rangle_1|c\rangle_2+|d\rangle_1|d\rangle_2)\\&\quad+|\Psi^-\rangle_{12}(|d\rangle_1|c\rangle_2-|c\rangle_1|d\rangle_2)\}\end{aligned}\tag{7.40}$$

注意，出射态第二项的空间模不同于第一项。为了探测这个模，可在分束器出射方向 c 和 d 两处分别放置两个探测器，对两处光子探测作符合计数。此式表明这种实验安排将有$\frac{1}{2}$概率得到符合计数（探测到出射态坍缩为第二项）。最后便有$\frac{1}{2}$概率得到双光子极化纠缠态$|\Psi^-\rangle_{12}$

$$|\Psi^-\rangle_{12}=\frac{1}{\sqrt{2}}\{|\updownarrow\rangle_1|\leftrightarrow\rangle_2-|\leftrightarrow\rangle_1|\updownarrow\rangle_2\}\tag{7.41}$$

这样一来，尽管两个光子之间（以及分束器中）并不存在可以令光子极化状态发生改变的相互作用，但全同性原理的交换作用和测量坍缩还是使两个光子的极化状态发生了变化。就是说，如此的测量造成了这般的坍缩，使得两个光子中每一个的极化矢量都不再守恒（尽管表面上看来并不存在改变入射光子极化状态的作用）。现在的两个光子已经因为不可分辨而相互干涉。这是由于这种末态投影测量实验造成的。说明这种符合测量的坍缩末态和光子极化本征态是不兼容的。如果设想换另外一种测量实验：采用极化灵敏的探测器测量出射光子的极化本征态。则由于分束器过程和测量过程中极化矢量一直守恒，在这种测量实验中两个光子就可以用它们极化状态来分辨，也就不存在交换效应。这个例子换了个角度再次说明，此时两个光子究竟是否可分辨（或说可否相干），还要看如何测量——末态如何选择而定。

附带指出，杨氏双缝实验中，如果入射电子束很强，就必须考虑两个电子同时到达时波包重叠，穿过双缝振幅的反称化问题。

练　习　题

7.1　考虑由两个全同粒子组成的体系。设可能的单粒子态为 ϕ_1,ϕ_2,ϕ_3，求

体系的可能态的数目：(1) 两粒子为玻色子；(2)两粒子为费米子；(3)两粒子为经典粒子。

7.2 设光子分束器入射光子的极化状态更为一般，即输入态式(7.38)改为

$$|\Psi_i\rangle_{12}=(\alpha|\leftrightarrow\rangle_1+\beta|\updownarrow\rangle_1)\otimes|a\rangle_1\cdot(\gamma|\leftrightarrow\rangle_2+\delta|\updownarrow\rangle_2)\otimes|b\rangle_2$$

写出相应的式(7.39)和(7.40)。

参考文献

1 J Preskill. Lecture Notes for Physics 229：Quantum Information and Computation. CIT，1998，68～73

2 D Bouwmeester，A Ekert and A Zeilinger（Eds). The Physics of Quantum Information. 2000，202～203

3 H Zbinden et al. PRA. 2001，Vol 63：022111

4 H Rauch and S A Werner. Neutron Interferometry—Lessons in Experimental Quantum Mechanics. Oxford Science Publications，2000，139～141

5 J W Pan，et al. Experimental entanglement purification of arbitrary unknown states. Nature，2003，Vol 423，417～422

6 张永德. 量子力学. 北京：科学出版社，2003，189～197

7 P A M 狄拉克. 量子力学原理. 北京：科学出版社，1965，9

第八章　量子态的非克隆定理与量子 Zeno 效应

§8.1　量子态的克隆问题

8.1.1　量子态非克隆定理(Non-Cloning theorem)[1,2]

定理　由于量子力学的态叠加原理，量子系统的任意未知量子态，不可能在不遭破坏的前提下，以确定成功的概率被克隆到另一量子体系上。

证明 1　假设存在理想克隆机，必至少有两个接口：A 为进来“原稿”粒子，它处于任意的未知态 $|\Psi\rangle$；B 为“拷入”的粒子，它在拷入“原稿”态之前处于标准态 $|S\rangle$。此理想克隆机的幺正变换为 U。拷贝机的初态为 $|\Psi\rangle_A \otimes |S\rangle_B$，并且有

$$|\Psi\rangle_A \otimes |S\rangle_B \xrightarrow{U} U(|\Psi\rangle_A \otimes |S\rangle_B) = |\Psi\rangle_A \otimes |\Psi\rangle_B \tag{8.1}$$

假定对某两个特殊纯态 $|\Psi\rangle$ 和 $|\varphi\rangle$ 分别进行拷贝过程，则应当有

$$U(|\Psi\rangle_A \otimes |S\rangle_B) \Rightarrow |\Psi\rangle_A \otimes |\Psi\rangle_B, \qquad U(|\varphi\rangle_A \otimes |S\rangle_B) \Rightarrow |\varphi\rangle_A \otimes |\varphi\rangle_B \tag{8.2}$$

取这两个方程的内积，得

$$\langle\Psi|\varphi\rangle = \{\langle\Psi|\varphi\rangle\}^2 \tag{8.3}$$

但是 $x=x^2$ 方程只有两个解：$x=0,1$。所以

$$\text{要么}\langle\Psi|\varphi\rangle = 0; \qquad \text{要么}\langle\Psi|\varphi\rangle = 1 \tag{8.4}$$

这就是说，要么被拷贝的态 $|\Psi\rangle_A$ 和 $|\varphi\rangle_A$ 相同，这对拷贝来说是平庸的；要么被拷贝的态 $|\Psi\rangle_A$ 和 $|\varphi\rangle_A$ 相互正交。于是，一架以幺正变换的方式，即概率守恒的、也即以不含测量环节的方式运行的克隆机，只能克隆相互正交的量子态。肯定成功、绝对准确并概率守恒的任意态克隆机是不存在的。

注意，任何已知态都可以被克隆——只是原来制备方法的重复；所有基矢相互正交，可以被克隆；但两个非正交 qubit 态

$$|\Psi\rangle_A = |0\rangle_A, \qquad |\varphi\rangle_A = \frac{1}{\sqrt{2}}(|0\rangle_A + |1\rangle_A) \tag{8.5}$$

若不是已知的，就不能被克隆。究其根本原因是态叠加原理——对量子态运算的线性性质和概率守恒要求，导致了不可克隆。这从 AB 体系在拷贝过程的逆过程(也应是幺正变换)中不保持幺正性这一点也可以看出。

证明 2 对两能级两体 AB 系统的任意态，态的理想克隆应为

$$|s\rangle=\alpha|s_1\rangle+\beta|s_2\rangle,\text{总有}\ |s\lambda\rangle|A_0\rangle\Rightarrow|ss\rangle|A_s\rangle \tag{8.6}$$

α 和 β 为事先并不知道的两个任意复常数，$|A_0\rangle$ 和 $|A_s\rangle$ 分别表示克隆机在对 $|s\rangle$ 态克隆前后所处的状态，$|s_1\rangle$ 和 $|s_2\rangle$ 为两个已知的彼此正交的基矢态（比如光子的两个相互垂直的极化态），$|s\lambda\rangle\equiv|s\rangle|\lambda\rangle$。其中 $|\lambda\rangle$ 为备份系统 B 的一个标准态或置零态。

特别是，就两个基矢态 $|s_1\rangle$ 和 $|s_2\rangle$ 而言，也应当有

$$|s_1\lambda\rangle|A_0\rangle\Rightarrow|s_1s_1\rangle|A_{s1}\rangle,\qquad |s_2\lambda\rangle|A_0\rangle\Rightarrow|s_2s_2\rangle|A_{s2}\rangle \tag{8.7}$$

然而，对以上克隆过程有两种理解：

第一种：按态叠加原理有

$$|s\lambda\rangle|A_0\rangle=(\alpha|s_1\lambda\rangle+\beta|s_2\lambda\rangle)|A_0\rangle\Rightarrow\alpha|s_1s_1\rangle|A_{s1}\rangle+\beta|s_2s_2\rangle|A_{s2}\rangle \tag{8.8a}$$

第二种：若任意态可克隆，有

$$\begin{aligned}|s\lambda\rangle|A_0\rangle&\Rightarrow|ss\rangle|A_s\rangle\\&=\frac{1}{\sqrt{N}}(\alpha|s_1\rangle_A+\beta|s_2\rangle_A)\cdot(\alpha|s_1\rangle_B+\beta|s_2\rangle_B)|A_s\rangle\\&=\frac{1}{\sqrt{N}}(\alpha^2|s_1s_1\rangle+2\alpha\beta|s_1s_2\rangle+\beta^2|s_2s_2\rangle)|A_s\rangle\end{aligned} \tag{8.8b}$$

如仪器的 $|A_{s1}\rangle$ 和 $|A_{s2}\rangle$ 不同，式(8.8a)右边出来的应是混态；假如相同，将是纯态 $\alpha|s_1s_1\rangle+\beta|s_2s_2\rangle$。与此对照，式(8.8b)右边出来总是个纯态。何况式(8.8b)中的 $|s_1s_2\rangle$ 项是式(8.8a)中所没有的。此外，式(8.8a)和(8.8b)两种结果对原先态中系数 α 和 β 的依赖关系分别为线性的和非线性的，也不相同。

所以式(8.8a)和(8.8b)两种结果是相互矛盾的。但式(8.8a)所体现的过程是可实现的（态叠加原理成立、基矢可克隆），于是式(8.8b)所表示的过程是不可实现的。就是说，由于态叠加原理——量子态运算的线性性质，任意量子态不可以被精确的克隆。

8.1.2 量子态不可克隆和生物大分子可以克隆的对比[3]

生物克隆——生物大分子克隆是原子（分子）空间排列顺序的克隆，相当于硬件克隆。所以是可以进行的经典的克隆。

量子克隆——这是软、硬件全部信息的克隆。量子克隆的不可能就意味着，试图复制出不仅外貌、体征相同（到此还仅仅是经典克隆），而且连知识、记忆、思想、性格等全都相同的人，这是量子理论原理所不允许的。

附带指出，这里应当消除一个误会：以为由量子态操作的线性或态空间的线性

性质，说明量子理论是线性的。其实非克隆定理证明只要求状态空间具有线性性质，并未要求量子理论本身必须为线性的。事实上，整个量子理论包括相互作用量子场论，本质上是非线性的理论，仅仅它们的状态空间具有线性叠加性质。

8.1.3　概率克隆[4]、近似克隆与最可信克隆

i）概率克隆

注意测量所导致的坍缩必定是不可逆的、随机的，不会是决定论的。因此，假如克隆过程中不含测量环节，那么这种过程必定是某个幺正变换，此时克隆过程是决定论式的、可逆的；而当克隆过程中，除幺正变换之外，还存在预选式的测量环节，这时的克隆就会是非决定论的——概率的、不可逆的过程。按此观点分析非克隆定理的证明过程，可以得到非克隆定理的两种略有不同的提法：

其一，第一种证明说明，对一组非正交态，以决定论方式即不含测量的精确克隆是不可能的。因为，线性无关态经历任何幺正演化都不可能变成同样态！

其二，按第二种证明，不论克隆过程中是否包含测量(即不论是决定论的或是概率的)，以肯定成功的方式对任意未知态做精确克隆都是不可能的。

两种提法暗示有两种可能性：在克隆过程中加入测量，就可以有准确的但非幺正的克隆——对线性无关态进行包含有预选式测量的概率克隆是可能的；或者，不含测量，即幺正的但不准确的克隆也是可能的。前者就是下面定理：

概率克隆定理　当且仅当集合 $S=\{|\Psi_1\rangle,\cdots,|\Psi_n\rangle\}$ 中的各态线性无关时，从它们当中秘密任选的一些态，可以用概率克隆方式予以克隆。

证明　如果 $\{|\Psi_1\rangle,|\Psi_2\rangle,\cdots,|\Psi_n\rangle\}$ 是系统 A 的 n 个线性无关态，则必存在对 A 和 B 的幺正操作 U 和测量 M，以非零概率产生如下过程

$$|\Psi_i\rangle|\Sigma\rangle\xrightarrow{U+M}|\Psi_i\rangle|\Psi_i\rangle,\qquad(i=1,2,\cdots,n)\tag{8.9}$$

这里，$|\Sigma\rangle$ 是伴随系统 B 的初态。设系统 A,B 态空间都是 N 维($N\geqslant n$)。

为了证明这里的论断，引入辅助系统 C，其态空间维数 $N_C\geqslant n+1$。并设 $\{|C_0\rangle,|C_1\rangle,\cdots,|C_n\rangle\}$ 是 C 的一组正交态。于是，假如存在一个幺正操作 U，使得有

$$U\{|\Psi_i\rangle_A|\Sigma\rangle_B|C_0\rangle_C\}=\sqrt{\gamma_i}|\Psi_i\rangle_A|\Psi_i\rangle_B|C_0\rangle_C+\sum_{j=1}^{n}c_{ij}|\Phi_j\rangle_{AB}|C_j\rangle_C$$
$$(i=1,2,\cdots,n)\tag{8.10}$$

这里，$|\Phi_j\rangle_{AB}$ 是复合体系 AB 的 n 个不一定正交但归一的态。在演化后，测量 C，如果要概率克隆成功，只能当测量 C 时坍缩向第一项，即所测值是 C_0，相应成功的概率是 γ_i——克隆系数。

若要概率克隆成功，则对任意态，应当 U 必存在且有 $\gamma_i>0$。文献[4]中进一

步证明：只要这些态线性无关，情况确实如此。

ii) 近似克隆与最佳克隆[5]

近似克隆的过程是幺正的、可逆的。这时应讲究"最佳克隆"：使克隆后输出态与输入态的内积模方——可信度(fidelity)达到最大

$$F = |\langle \Psi_{in} | \Psi_{out} \rangle|^2 = \mathrm{Max} \to 1 \tag{8.11}$$

就一架最佳近似普适克隆机而言，其可信度定义为：对任意输入自旋态$|\chi(\theta,\varphi)\rangle$与其相应克隆输出态$\rho_{out}(\theta,\varphi)$在球面上积分值尽量接近1

$$F = \int \mathrm{d}\Omega \langle \chi(\theta,\varphi) | \rho_{out}(\theta,\varphi) | \chi(\theta,\varphi) \rangle \to 1 \tag{8.12}$$

§ 8.2 量子态的不可删除定理

8.2.1 量子态的"不可删除定理"[6]

大家已经知道，按非克隆定理，一个任意极化状态的光子不可以在仍保持原样下又被精确地复制出来。但是，可不可以将一个任意量子态的副本(比如，是原先的信息态，现作为副本存于某量子位中)真正删除呢？也即，保留信息态量子位并使副本的量子位"置零"？

答案是：不可能。

不可删除定理(no-deleting principle) 由于量子态空间的线性性质，不容许人们理想地、真正地删除任意量子态的副本。

证明 想删掉一个未知量子态，理想的实现办法是去定义一个和标准量子态做交换的交换操作(a swap operation)。而理想的量子删除机应当是这种采用交换操作来实现删除的线性量子变换：当两个相同任意态输入时，留下一个而让另一个转为标准("置零")态 。就是说一方面，对任意信息态$|s\rangle$和它的副本，总有

$$|s\rangle|s\rangle|A\rangle \to |s\rangle|\Sigma\rangle|A_s\rangle \tag{8.13}$$

这里，$|\Sigma\rangle$是某个标准态，可将其看成是"置零态"；$|A\rangle$是删除机的初态；$|A_s\rangle$是它的末态，一般说这个末态会依赖于输入信息态(假如此过程是幺正的，那这就是拷贝过程简单的时间反演)。另一方面，如两个输入态不相同，删除机就让它们通过。于是，删除机的工作变换应为

$$\begin{cases} |H\rangle|H\rangle|A\rangle \to |H\rangle|\Sigma\rangle|A_H\rangle \\ |V\rangle|V\rangle|A\rangle \to |V\rangle|\Sigma\rangle|A_V\rangle \end{cases}, \quad \begin{cases} |H\rangle|V\rangle|A\rangle \to |H\rangle|V\rangle|A\rangle \\ |V\rangle|H\rangle|A\rangle \to |V\rangle|H\rangle|A\rangle \end{cases} \tag{8.14}$$

注意，式(8.14)所定义的删除机中，也规定了输入态可以为两个不同态，所以总的来说，现在的删除机并不是克隆机简单的时间反演。

现在假定任意输入态——信息态为

$$|\Psi\rangle = \alpha|H\rangle + \beta|V\rangle, \quad |\alpha|^2 + |\beta|^2 = 1$$

然而对上面删除过程可有两种理解：一方面，由式(8.14)和态叠加原理有

$$\begin{aligned}|\Psi\rangle|\Psi\rangle|A\rangle &= \{\alpha^2|HH\rangle + \beta^2|VV\rangle + \alpha\beta[|HV\rangle + |VH\rangle]\}\cdot|A\rangle \\ &\to \alpha^2|H\rangle|\Sigma\rangle|A_H\rangle + \beta^2|V\rangle|\Sigma\rangle|A_V\rangle \\ &\quad + \alpha\beta[|HV\rangle + |VH\rangle]|A\rangle = |\Psi_{\text{out}}\rangle \end{aligned} \tag{8.15}$$

另一方面，直接由式(8.13)又得到下面表达式

$$|\Psi\rangle|\Psi\rangle|A\rangle \to [\alpha|H\rangle + \beta|V\rangle]|\Sigma\rangle|A_\Psi\rangle = |\varphi_{\text{out}}\rangle \tag{8.16}$$

方程(8.15)和(8.16)完全不同，相互矛盾。因为，其一，对$|\Sigma\rangle$态的依赖关系不同，式(8.15)中第三项与$|\Sigma\rangle$无关，而式(8.16)则是整体和它直积；其二，系数α,β是任意的，但现在关于它们的依赖关系也不同。由于这两种不同的依赖关系，真正意义上的删除是不可能的。

式(8.16)需要说明。式子两边若要关于任意系数α,β均为二次幂是能实现的，它们必定线性地转入了$|A_\Psi\rangle$态中。可以导出，一种可能结果是

$$|A_\Psi\rangle = \alpha|A_H\rangle + \beta|A_V\rangle \tag{8.17}$$

这也说明，式(8.13)本来就不是真正意义上的信息删除，它只是信息的挪动——将副本信息交换到删除机的两维子空间中去了(这会影响删除机下一次工作)。这表明由于态空间线性性质，删除信息态副本是不可能的。

思　考　题

为什么说幺正性也不允许完全地删除两个非正交态？

8.2.2　纠缠不可克隆定理

最近，有人提出**纠缠不可克隆定理**[7]：

纠缠不可能被理想地克隆。就是说，假如发现一个量子操作能够理想地拷贝所有最大纠缠态的纠缠。那么，它必定不能保持可分离性，以致某些原本是可分离态在克隆之后变成了纠缠态。

简单地说就是，对纠缠的克隆不可能保持原有的可分离性。

§8.3　量子 *Zeno* 效应和有关问题

8.3.1　量子 Zeno 佯谬成了量子 Zeno 效应

i) 古希腊哲学家 Zeno 的“Zeno 佯谬”

“古希腊神话中的飞毛腿阿基里斯(Achilles)永远追不上乌龟”。Zeno 佯谬是这样论证的：

在赛跑的时候,一个跑得最快的永远追不上一个跑得最慢的。因为追跑者必须首先跑到被追跑者的出发点。这时,那个跑得慢的人又跑出了一段路。如此一次次的追,所以跑得慢的人总是领先一段路*。

时钟计时总是依赖于一种重复性的过程。Zeno 佯谬中使用的时钟是阿基里斯每一次追上乌龟上一次位置——将每个循环取作一个时间单位用以计时。当阿基里斯第 n 次到达乌龟上一次的位置时,Zeno 时为 $t'=n$。

设阿基里斯和乌龟的奔跑速度分别为 V_1 和 V_2,开始时乌龟领先距离为 L。其实按普通时钟的计时为

$$t=\frac{L}{V_1}+\frac{L}{V_1}\frac{V_2}{V_1}+\frac{L}{V_1}\left(\frac{V_2}{V_1}\right)^2+\cdots=\frac{L}{V_1}\frac{1-\left(\frac{V_2}{V_1}\right)^n}{1-\frac{V_2}{V_1}} \tag{8.18}$$

解出上式中的 Zeno 时——Zeno 变换

$$t'=\frac{1}{\ln(V_2/V_1)}\ln\left[1-\left(\frac{V_1-V_2}{L}\right)t\right] \tag{8.19}$$

Zeno 变换的特点是当 $t=L/(V_1-V_2)$时,t'达到无限。即 $t'=[0,+\infty)$只覆盖了 t 的一个有限区间 $t=[0,L/(V_1-V_2)]$。这正是佯谬中“谬”的来源。

ii) 原以为是量子 Zeno 佯谬,初始以为是个量子力学的佯谬——Zeno 佯谬[8]。

iii) 量子 Zeno 效应——量子水壶效应,现为一个地道的纯量子效应——量子 Zeno 效应[8,9]

理论研究发现,频繁地对一个不稳定系统进行量子测量会抑制或阻止它的衰变(跃迁)。极端而言,连续的量子测量将使不稳定系统稳定的保持在他的初态上,完全不发生衰变或跃迁。这种不稳定初态的存活概率随测量频度的增加而增加的现象就是量子 Zeno 效应。这就是常说的:量子水壶效应——越看越烧不开的“量子水壶”。

8.3.2 量子 Zeno 效应存在性的理论论证[10]

i) 分两步的理论证明

含时量子系统问题的 类型和相关计算尽管都很复杂,但却有一个共同的结论。含时系统问题可普遍化地提为

$$\begin{cases}\mathrm{i}\,\dfrac{\mathrm{d}\mid\Psi(t)\rangle}{\mathrm{d}t}=H(t)\mid\Psi(t)\rangle\\[2ex]\mid\Psi(t)\rangle\Big|_{t=0}=\mid\Psi(0)\rangle\end{cases} \tag{8.20}$$

---

* 亚里士多德.物理学.张竹明译.商务印书馆.1982,191

定义　任意不稳定量子系统，演化到 t 时刻，初态仍存活着而不衰变(不跃迁)的概率为

$$P(t)=|\langle\Psi(0)|\Psi(t)\rangle|^2 \tag{8.21}$$

命题　任何不稳定量子系统的初始衰变(跃迁)速率必定为零。

第一步，证上面这个命题。由于

$$\frac{\mathrm{d}|\Psi(t)\rangle}{\mathrm{d}t}=\frac{1}{\mathrm{i}}H(t)|\Psi(t)\rangle,\qquad \frac{\mathrm{d}\langle\Psi(t)|}{\mathrm{d}t}=-\langle\Psi(t)|\frac{1}{\mathrm{i}}H(t)$$

于是

$$\begin{aligned}\frac{\mathrm{d}P(t)}{\mathrm{d}t}&=\langle\Psi(0)|\left\{\frac{\mathrm{d}}{\mathrm{d}t}|\Psi(t)\rangle\right\}\langle\Psi(t)|\Psi(0)\rangle+h.c.\\&=\frac{1}{\mathrm{i}}\langle\Psi(0)|H(t)|\Psi(t)\rangle\langle\Psi(t)|\Psi(0)\rangle\\&\quad-\frac{1}{\mathrm{i}}\langle\Psi(0)|\Psi(t)\rangle\langle\Psi(t)|H(t)|\Psi(0)\rangle\end{aligned}$$

令 $t\to0$，取极限，即得

$$\left.\frac{\mathrm{d}P(t)}{\mathrm{d}t}\right|_{t=0}=0 \tag{8.22}$$

这是量子力学中具有普遍性的结论之一，当然也是各类含时微扰论的共同特征。

第二步，证明用到测量公设中测量必将制备初态。

设一个含时量子系统初态为 $|\Psi(0)\rangle$。由一般分析可以知道，随着这个不稳定系统的演化，其初态的存活概率将越来越小

$$P(t)=|\langle\Psi(0)|\Psi(t)\rangle|^2\to0 \tag{8.23}$$

当然，这个 $P(t)$ 按其物理含义应当只适用于：自 $t=0$ 开始演化之后，直到 t 时刻才执行初态存活与否的量子测量(假设测量是理想的瞬间完成的，以下同此)，在 $[0,t]$ 时间间隔内不再另行插入这类测量。

现在问：如果在 $[0,t]$ 之间再插入 N 次这类量子测量，相应的初态存活概率 $P_N(t)$ 实测值会不会发生变化？下面根据量子测量理论所做的分析表明：$P_N(t)$ 的数值随 N 增加而增加。

将 $[0,t]$ 区间等分成 N 份，在每一时刻 $t_n=nt/N$ 进行一次量子测量，只确认体系是否仍在 $|\Psi(0)\rangle$ 上。按上面关于 $P(t)$ 含义的叙述，在 t/N 时刻的第一次测量时，初态存活概率为 $P(t/N)$，为减少测量对被测不稳定系统的影响，可用非破坏测量或如同误差纠正中的投影测量：只证认中子是否衰变的测量

$$|n\rangle\langle n|,\qquad (|p\rangle+|e\rangle)(\langle p|+\langle e|)$$

$$|n\rangle\langle n|+(|p\rangle+|e\rangle)(\langle p|+\langle e|)=I \tag{8.24}$$

按测量理论，除衰变或跃迁的已经不予记入了以外，剩下的这 $P(t/N)$ 部分将坍缩成为初态 $|\Psi(0)\rangle$，并以此时刻 t/N 为初始时刻，再次重新开始演化。演化到 $\frac{2t}{N}$时刻，再次做类似测量。于是，经上一次测量后，到$\frac{2t}{N}$时刻又做第二次测量时，初态存活概率为 $P^2\left(\frac{t}{N}\right)$。如此继续，在$[0,t]$内经受$(N-1)$次测量后，到 t 时刻做第 N 次测量时，初态 $|\Psi(0)\rangle$ 的存活概率将成为

$$P_N(t) = [P(t/N)]^N$$

当 N 足够大时$\frac{t}{N}$足够小，可将 $P_N(t)$展开

$$P\left(\frac{t}{N}\right) = P(0) + P'(0)\frac{t}{N} + \cdots = 1 + P'(0)\frac{t}{N} + \cdots \tag{8.25}$$

令 $N\to\infty$，就过渡到在$[0,t]$内连续测量极限情况——理想的连续测量情况。设这时存活概率为 P_C

$$P_C = \lim_{N\to\infty}\left(1 + P'(0)\frac{t}{N} + \cdots\right)^N = e^{P'(0)t} \tag{8.26}$$

注意，$P'(0)=0$，最后得到

$$P_C=1 \tag{8.27}$$

即：当不稳定体系经受连续量子测量时，将会一直呆在它的初态上而不发生(本应发生的)衰变或跃迁。

当然，尽管连续测量在原则上是存在的，但实验上常常不易实现，因此用实验来检验这一效应是否存在，只需做到：对于给定的区间$[0,t]$，用实验检验存活概率的如下不等式即可

$$P_{N_2}(t) > P_{N_1}(t), \qquad N_2 > N_1 \tag{8.28}$$

综合以上两部分推导，最后可得结论：含时量子力学中确实存在这种纯量子现象。

ii) 证明分析：以上证明既简单又普适。除了对初态存活概率使用了两个态内积模方的概率解释之外，只使用了两个公设：Schrödinger 公设和测量公设。所以，Zeno 效应其实就是这两个公设的一个推论。

图 8.1 QZE 的“表演”

应当强调指出，这里的量子测量是完整意义下的量子测量，也即前面论述的那一类

可分解为:纠缠分解、随机坍缩和初态演化三个阶段的量子测量。

图 8.1 以宏观方式形象地“演示”了量子 Zeno 效应:演员虽然处于不稳定的状态,但他有两条原因使他不至于倒下来。其一,自初态——他的垂直位置开始倒下的初速度为零,这是因为这个初始分力为零;其二,演员通过扭动腰肢不断地回到初态——他的垂直位置。

8.3.3 量子 Zeno 效应的本质

以上关于量子测量及相关的讨论当然是理想化的、概念性的。尽管如此,上面叙述还是足以令人相信:量子 Zeno 效应揭示

量子测量过程中系统的演化时间停滞了[11]!

就是说

测量导致量子系统演化时间的坍缩!

这一深邃而难以捉摸的现象竟然直接蕴含在量子理论的公设,特别是第三、第四这两个公设中,这是让人兴奋而又令人费解的。

8.3.4 $\left.\frac{dp(t)}{dt}\right|_{t=0}=0$ 与负指数衰变规律并不矛盾

这里关键词是:存活年龄,纯粹系综,统计系综

表面上看,这里的量子力学结论

$$\left.\frac{\mathrm{d}p(t)}{\mathrm{d}t}\right|_{t=0} = 0$$

和放射源负指数衰变的统计规律

$$p(t) = \mathrm{e}^{-\lambda t} \rightarrow \left.\frac{\mathrm{d}p(t)}{\mathrm{d}t}\right|_{t=0} = -\lambda$$

相互抵触。然而后者描述的是具有各种不同存活年龄的不稳定粒子系综,处于统计平衡状态下的衰变数,它必定正比于当时的粒子数,并且可以统计地认为比例系数与时间无关。于是对时间积分,自然就得到负指数的统计衰变规律;而这里的量子力学结论是指“在同一时刻”被制备出的、因而具有相同存活年龄的不稳定粒子系综的衰变规律。两者所研究的量子系综不同,并不互相矛盾。

8.3.5 量子 Zeno 效应的某些应用

i) 众所周知,自由飞行中子很快会衰变($\tau_{\frac{1}{2}}=11.3'$),而稳定原子核中的中子是稳定的。除了 $\pi^{(0,\pm)}$ 的交换可以增加中子的动态稳定性之外,可以推测,Zeno 效应是核内中子不按自由中子衰变的原因之一。至少,看不出有理由排除这个因素。

ii) 在量子信息论中,正尝试用此效应保存量子信息态,用它克服退相干效应,纠正误差。

纠正误差的主要方法是基于“冗余码”(redundent code)的办法(详见第十二章)。比如,用 3 个 qubit 联合起来,共同表示“0” qubit 和 “1”qubit。即

$$|0\rangle_L = |0\rangle_1 \otimes |0\rangle_2 \otimes |0\rangle_3, \qquad |1\rangle_L = |1\rangle_1 \otimes |1\rangle_2 \otimes |1\rangle_3$$

于是每个“逻辑位”(logical qubit)——称作码符(code word),实际上是由 3 个 qubit 联合构成的。

对任一逻辑位信息,存储时间 τ 之后,发生误差概率为 $P(\tau)$。发生 1 位(1 个 qubit)误差,比如原先是 000, 后来误成 100 或 010 或 001 中的任一种,其概率为 $3P(\tau)[1-P(\tau)]^2$,发生 2 位(2 个 qubit)误差,比如原先是 000, 后来是 110,011, 101 中的任一种,其概率为 $3P(\tau)^2[1-P(\tau)]$。发生 3 位——3 个 qubit 全发生误差的概率为 $P(\tau)^3$。这时原先是 000, 后来是 111。

误差纠正由如下测量所组成:假如 3 个 qubit 全在同一状态上,就不做操作;假如它们在不同态上,我们就采用多数表决的原则去翻转、纠正那个处于少数的不同状态的 qubit。这些纠正为:010→000、110→111 等。纠正以后 τ 时刻,我们得到维持在正确状态的概率为

$$P(\tau)_C = [1-P(\tau)]^3 + 3P(\tau)[1-P(\tau)]^2 = 1 - 3P(\tau)^2 + 2P(\tau)^3 \tag{8.29}$$

若要求 $P(\tau)_C \geqslant 1-P(\tau)$ 则要求 $P(\tau)<1/2$。于是,如果已经是完全随机的,这种“添加冗余位并用多数表决”办法是行不通的。

假如要求将态保持一个长的时间,就必须执行足够频繁的测量。设在时间 t 内测量次数 N 足够大,以致间隔 $\tau=\frac{t}{N}$ 足够短,可设 $P(\tau)\approx\gamma\tau$。于是在执行纠正之后的时刻,保有正确态的概率将是

$$P_N^C(t) = \left[1 - 3\left(\frac{\gamma t}{N}\right)^2 + 2\left(\frac{\gamma t}{N}\right)^3\right]^N \xrightarrow{N\to\infty} 1 \tag{8.30}$$

这里,正是由于用三个量子位来标志一个逻辑位,并实行多数表决的纠错原则,所以含 N^{-1} 阶的项消失,只剩下负幂次最大的 N^{-2} 阶项。只要 $N \gg \gamma t$ 足够大,这个概率可以与 1 接近到所要求的程度。这就是利用量子 Zeno 效应所得的结果。

8.3.6 量子反 Zeno 效应又成了“佯谬”?

i) 以上全部论述当然正确,但仔细分析可以发现,论述有一个前提假设:测量时间可以无限分割。现换个角度——如不是投影测量,再看待此种分割,显然这时有测量干扰问题。根据能量-时间不确定性关系,如此频繁(也就如此短促)地测量,必将带给被测的不稳定系统以很大的能量干扰。这种能量干扰更多的是加速而不是减缓不稳定系统的衰变。

ii) 最近文献[12]表明,如果测量频度在一定范围内,也可以产生反量子 Zeno

效应——加速衰变的效应，具体依赖系统的性质，即衰变曲线的形状而定。

iii）文献[13]讨论了连续测量，并得出反效应的佯谬。

iv）但上面推导已经表明：不论衰变曲线的形状如何，即便反量子 Zeno 效应出现，只要测量的频度足够密，反量子 Zeno 效应影响将减小，最终还将转化而归结于量子 Zeno 效应。当然，随着测量频度加大，按不确定性关系，能量的不确定性将增大。但这在通常条件下应当不影响对衰变粒子的“证认”。

练　习　题

8.1　CNOT 门是映射 $|i\rangle|j\rangle\rightarrow|i\rangle|i\oplus j\rangle, i\oplus j \bmod 2$，表明它可以克隆一个 bit 的信息——即克隆一个量子位的两个基矢，而不是任意叠加态。

8.2　令 A 和 B 是两个 qubit，$|\Psi\rangle=\alpha|0\rangle+\beta|1\rangle$，$|\alpha|^2+|\beta|^2=1$ 是任意未知态。我们似乎可以设计一个算符 $\Omega_{AB}=I_A\otimes|0\rangle_{BB}\langle 0|$，将下面 B 粒子副本态予以删除：$|\Psi\rangle_A|\Psi\rangle_B\rightarrow|\Psi\rangle_A|0\rangle_B$，真可以吗？

8.3　已知不能克隆任意未知量子态。就是说，无法实验地得到

$$|\varphi\rangle_A\ |0\rangle_B\rightarrow|\varphi\rangle_A\ |\varphi\rangle_B$$

但可否设计操作，得到某种近似的克隆呢？

参 考 文 献

1　W K Wooters, et al. Nature. 1982, 299:802

2　M A Nielsen and I L Chuang. Quantum Computation and Quantum Information. Cambridge University Press, 2000, 532

3　张永德. 量子力学. 北京：科学出版社，375

4　Luming Duan, et al. Probabilistic cloning and identification of linearly independent quantum states. PRL, 1998, 80:4999

5　N Gisin and S Massar. Optimal quantum cloning machines. PRL, 1977, 79:2153

6　A K Pati, S L Braunstein. Impossibility of deleting an unknown quantum state. Nature, 2000, 404:164

7　L P Lamoureux, et al. PRA, 2004, 69:040301(R)

8　B Misra and E C G Sudarshan. J Math Phys, 1977, 18:756

9　W M Itano, et al. PRA, 1990, 41:2295

10　Y D Zhang, et al. Some studies about quantum Zeno effects, included in Fundamental Problems in Quantum Theory. edited by D M Greenberger and A Zeilinger. Annals of the New York Academy of Sciences, 1995, Vol 755: 353；也参见文献[3]中 § 11.1

11　彼得·柯文尼等. 时间之箭. 长沙：湖南科学技术出版社，1995，130

12　A G Kofman & G Kurizki. Nature, 2000, Vol 405:546～550

13　A P Halachandran and S M Roy. PRL, 2000, Vol 84, 4019～4022

第九章 量子态的超空间转移

§ 9.1 第一代量子态超空间转移——*Quantum Teleportation*

9.1.1 实验前状况

甲和乙分开一段距离。甲有粒子 1,2;乙有粒子 3。粒子 1 处于信息态

$$|\varphi\rangle_1 = \alpha|0\rangle_1 + \beta|1\rangle_1 \tag{9.1}$$

其中,α,β 为两个任意的、未知的复系数($|\alpha|^2+|\beta|^2=1$)——要传送的信息。而粒子 2 与粒子 3 构成 Bell 基,是一个完全纠缠态。正是它预先构了成甲-乙之间的量子通道

$$|\Psi^-\rangle_{23} = \frac{1}{\sqrt{2}}(|0\rangle_2|1\rangle_3 - |1\rangle_2|0\rangle_3) \tag{9.2}$$

于是,这三个粒子所组成的体系的总状态为

$$\begin{aligned}|\Psi\rangle_{123} = &\frac{\alpha}{\sqrt{2}}(|0\rangle_1|0\rangle_2|1\rangle_3 - |0\rangle_1|1\rangle_2|0\rangle_3)\\ &+\frac{\beta}{\sqrt{2}}(|1\rangle_1|0\rangle_2|1\rangle_3 - |1\rangle_1|1\rangle_2|0\rangle_3)\end{aligned} \tag{9.3a}$$

考虑到粒子 1 和 2 的 4 个 Bell 基为

$$\begin{aligned}|\Psi^\pm\rangle_{12} &= \frac{1}{\sqrt{2}}(|0\rangle_1|1\rangle_2 \pm |1\rangle_1|0\rangle_2)\\ |\phi^\pm\rangle_{12} &= \frac{1}{\sqrt{2}}(|0\rangle_1|0\rangle_2 \pm |1\rangle_1|1\rangle_2)\end{aligned} \tag{9.4}$$

现用它们对粒子 1 和粒子 2 的状态进行展开,得到对$|\Psi\rangle_{123}$的另一等价的表达式

$$\begin{aligned}|\Psi\rangle_{123} = &\frac{1}{\sqrt{2}}[|\Psi^-\rangle_{12}(-\alpha|0\rangle_3 - \beta|1\rangle_3) + |\Psi^+\rangle_{12}(-\alpha|0\rangle_3 + \beta|1\rangle_3)]\\ &+\frac{1}{\sqrt{2}}[|\phi^-\rangle_{12}(\alpha|1\rangle_3 + \beta|0\rangle_3) + |\phi^+\rangle_{12}(\alpha|1\rangle_3 - \beta|0\rangle_3)]\end{aligned} \tag{9.3b}$$

9.1.2 实验任务

甲将手中粒子 1 的$|\varphi\rangle_1$信息态(实际即α,β)传送给乙手中的粒子 3,使之成为$|\varphi\rangle_3$。于是便将作为信息的系数α,β从粒子 1 传送给了粒子 3。

9.1.3 原则性操作

i) 甲对粒子 1 和 2 做 Bell 基测量(相应一组力学量测量);

ii) 甲用经典办法广播所得的测量结果;

iii) 乙根据甲广播,决定对粒子 3 应做的幺正变换,实现

$$|\varphi_1\rangle \rightarrow |\varphi_3\rangle$$

9.1.4 具体操作

i) 若甲宣布测得$|\Psi^-\rangle_{12}$(即$|\Psi\rangle_{123}$坍缩到展开式第一项),与此相应,乙手上粒子 3 的态将相应坍缩成$\alpha|0\rangle_3+\beta|1\rangle_3$,乙不必做任何操作即可获得(甲手上粒子 1 原先所处的)信息态。

ii) 若甲宣布测得$|\Psi^+\rangle_{12}$(即$|\Psi\rangle_{123}$坍缩到展开式第二项),粒子 3 态为$-\alpha|0\rangle_3+\beta|1\rangle_3$,这时乙只要对粒子 3 施以$\sigma_z$变换即得信息态

$$\sigma_z(-\alpha|0\rangle_3+\beta|1\rangle_3)=\begin{pmatrix}1 & 0\\ 0 & -1\end{pmatrix}\begin{pmatrix}\alpha\\ -\beta\end{pmatrix}=\alpha|0\rangle_3+\beta|1\rangle_3$$

iii) 若甲测得$|\varphi^-\rangle_{12}$(即$|\Psi\rangle_{123}$坍缩到展开式第三项),粒子 3 态为$\alpha|1\rangle_3+\beta|0\rangle_3$,这时乙对粒子 3 施以$\sigma_x$变换即得信息态

$$\sigma_x(\alpha|1\rangle_3+\beta|0\rangle_3)=\begin{pmatrix}0 & 1\\ 1 & 0\end{pmatrix}\begin{pmatrix}\alpha\\ \beta\end{pmatrix}=\alpha|0\rangle_3+\beta|1\rangle_3$$

iv) 若甲测得$|\varphi^+\rangle_{12}$($|\Psi\rangle_{123}$坍缩到展开式第四项),粒子 3 态为$\alpha|1\rangle_3-\beta|0\rangle_3$,这时乙对粒子 3 施以$\sigma_y$变换即得信息态

$$\sigma_y(\alpha|1\rangle_3-\beta|0\rangle_3)=\begin{pmatrix}0 & -\mathrm{i}\\ \mathrm{i} & 0\end{pmatrix}\begin{pmatrix}\alpha\\ -\beta\end{pmatrix}=\mathrm{i}(\alpha|0\rangle_3+\beta|1\rangle_3)$$

9.1.5 几点分析

图 9.1 实验原理简单介绍:紫外激光脉冲入射,经 BBO 晶体产生 1～4 纠缠光子对,透过后返回入射又产生 2～3 纠缠光子对。Alice 用分束器 BS 所做的 Bell 基测量(f_1,f_2),详细分析见文献[2]中 p.199 习题 18。

Bob 的 PBS 测量(d_1,d_2探测器)是检验光子 3 是否处于光子 1 初态。光子 4 是为检测光子 1 的存在,f_1,f_2符合计数(除探测空间反对称 Bell 基外)也用于检

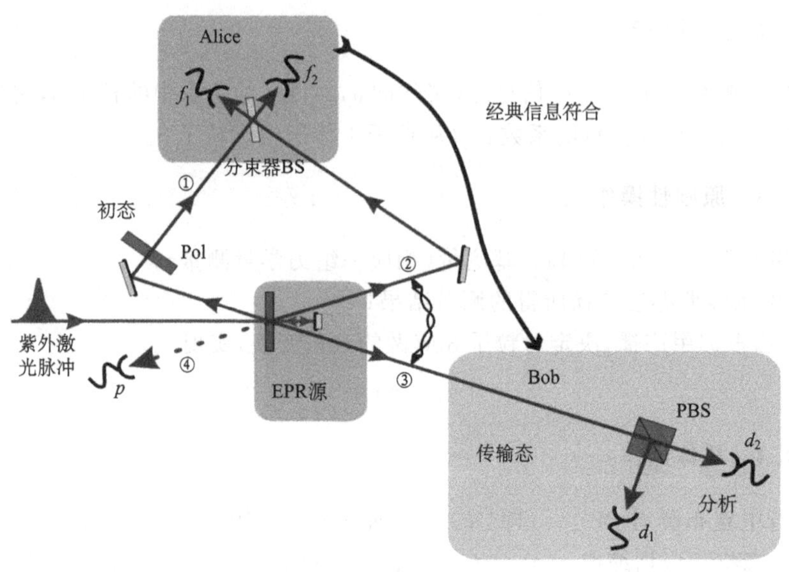

图 9.1

测光子 3 的存在。

实验需要预先建立远程的量子纠缠(即预先要建起“量子通道”)。实验主要操作是 Bell 基测量：Hadamard 门加 CNOT 操作。实验主要困难是提高(f_1，f_2，p 三个测器)三重符合计数。

此过程不违背非克隆定理。甲手中粒子 1 在测量后已不处于原来状态。过程只是信息态转移(1 态→3 态)，不是信息态的复制。

实验于 1997 年 9 月首次实现[3]，该成果入选 Nature 1999 年增刊“A Celebration of Physics”(其中甄选了 Nature 一百年来最重要的 21 篇经典工作)。

不存在信息的瞬间传递。乙必须等候收听甲测量的结果，所以没有违背狭义相对论原理。

这一过程中信息分为两部分：量子信息(瞬时的超空间的转移)和经典信息(不大于光速)。最终信息传递速度不大于光速。

注意，乙在收听之前，甚至不知道甲做了测量与否，更谈不上知道甲的测量结果(以及自己手中粒子的状态)如何。

可以普遍证明：从经典物理学，或是量子统计平均来说，任何过程中的任何物理信息都不能以超光速进行传递。但由于量子理论的空间非定域性质，量子涨落过程应当除外(见第五章)。

§9.2　第二代量子 *Teleportation*——量子 *Swapping*（量子纠缠的超空间制造）[5]

1998 年，量子交换实验——量子纠缠的超空间转移实验也首次实现[5]。由于任意态只有两类主要特征：**叠加系数**和**纠缠模式**。这两个实验的完成表明：任意量子态的超空间转移原理上可以实现。

9.2.1　理论方案

设实验开始前 1，2 光子处于纠缠态 $|\Psi^-\rangle_{12}$；3，4 光子处于另一纠缠态 $|\Psi^-\rangle_{34}$。此时两对光子之间并无任何纠缠。其中 2 光子和 3 光子在 Alice 手中，1 和 4 光子在 Bob 手中。这样，在 Alice 和 Bob 之间已有两条量子通道：1～2 以及 3～4之间的最大量子纠缠态。整个系统处于初态

$$|\Psi\rangle_{1234}=\frac{1}{2}\{|H\rangle_1|V\rangle_2-|V\rangle_1|H\rangle_2\}\otimes\{|H\rangle_3|V\rangle_4-|V\rangle_3|H\rangle_4\} \tag{9.5a}$$

实验开始，Alice 对手中 2，3 光子做 Bell 测量，产生相应纠缠分解和坍缩。这相当于用 4 个 Bell 基对这 4 个粒子系统上述态重新做等价地分解

$$\begin{aligned}|\Psi\rangle_{1234}=\frac{1}{2}\{&|\Psi^+\rangle_{14}|\Psi^+\rangle_{23}-|\Psi^-\rangle_{14}|\Psi^-\rangle_{23}\\&-|\phi^+\rangle_{14}|\phi^+\rangle_{23}+|\phi^-\rangle_{14}|\phi^-\rangle_{23}\}\end{aligned} \tag{9.5b}$$

经 Alice 做上述测量后，这个态将等概率随机地坍缩到四项中的任一项。比如，在某单次测量中，Alice 测得结果为第一项 $|\Psi^+\rangle_{23}$，接着她用经典通信告诉 Bob，Bob 就知道自己手中 1 和 4 两光子不但已经通过关联坍缩而纠缠起来，并已处在 $|\Psi^+\rangle_{14}$ 态上。

注意，这里 1 和 4 光子之间并没有直接的相互作用，而是当 Alice 对 2 和 3 光子做 Bell 测量时，通过 2 和 3 两光子纠缠，以间接方式纠缠起来的。

9.2.2　实验进行

紫外激光脉冲自左方入射，经过 BBO 晶体，由参量下转换产生第一对红光纠缠光子对 1 和 4，穿过晶体后，经反射镜反射再进入晶体，又产生一对红光纠缠光子对 2 和 3。其中 1 光子经过随意放置的偏振片，形成初始的信息态。1 和 2 两个光子进入图 9.2 中上方分束器 BS 后进入 D_2，D_3 探测器。4 光子进入 D_4。当探测器 D_2，D_3，D_4 同时有计数，即有三重符合计数时，3 光子即为 teleported 光子。它具有光子 1 的极化状态。

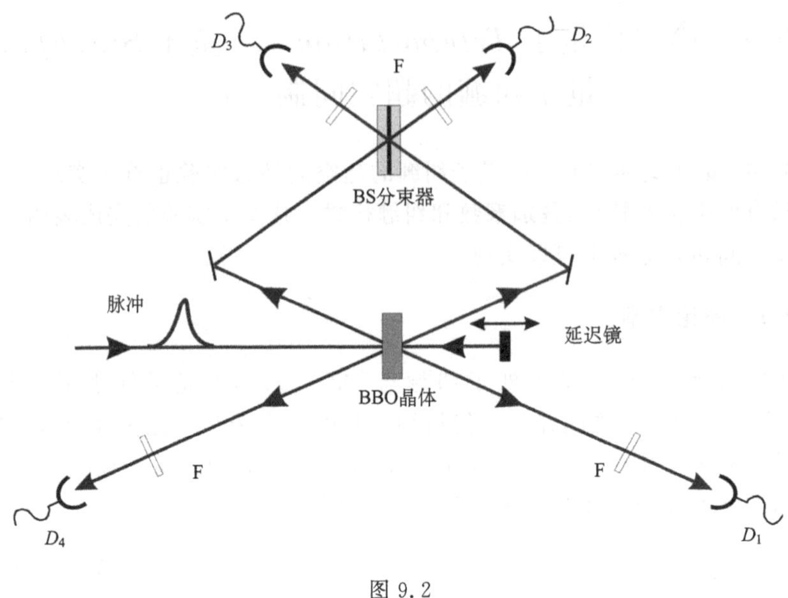

图 9.2

§ 9.3 *Teleportation* 实验分析改进与自由飞行 *qubit*

9.3.1 对首次实验的评论

Innsbruck 小组于 1997 年 12 月首次实现 Quantum Teleportation 后，1998 年

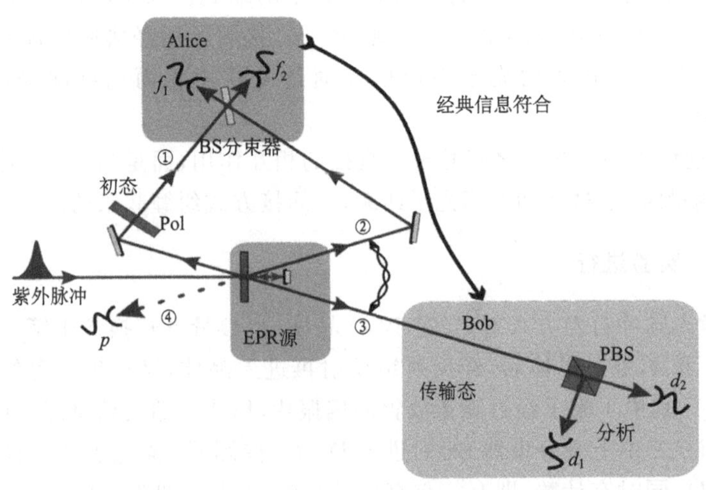

图 9.3

8月，受到 Braunstein 和 Kimble 的批评[8]，说这个实验是“a priori” teleportation。

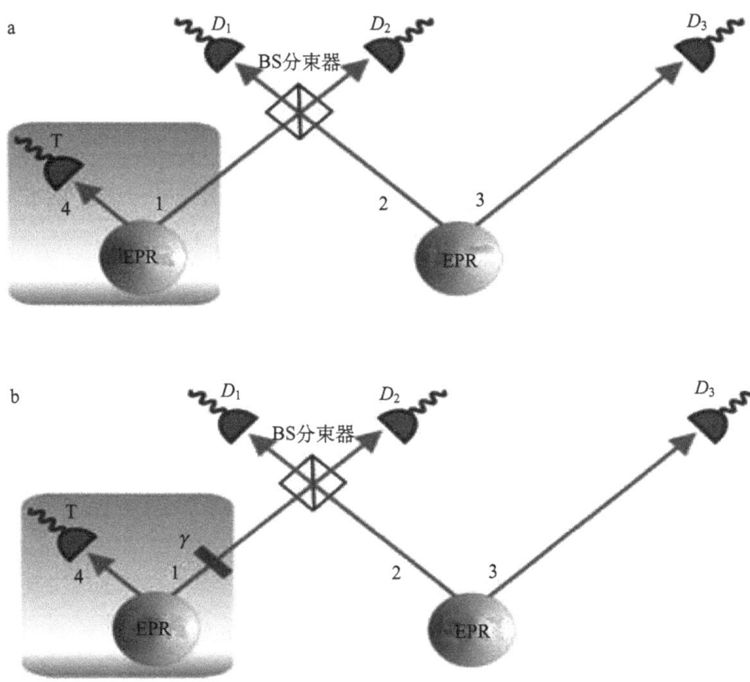

图 9.4

因为，产生光子对的波包实际是$(A_0|0\rangle_{14}+A_1|\Psi^-\rangle_{14}+A_2|\chi\rangle_{14}+\cdots, A_1\propto\sqrt{p}; A_2\propto p; p\ll 1)$，现在的实验只选择了第二项。这就会产生两方面的问题：

i)(2,3)这边根本没有 teleported 光子 3；

ii)(1,4)边会产生两对光子，即便 4-1-2 有三重符合计数也不能保证有 3 的 teleportation，若知有无，需对 3 测量，这就破坏了光子 3 的 teleported 状态。

9.3.2　Innsbruck 小组的回复(从略)

9.3.3　后来 Innsbruck 小组的自由传播的 teleported qubits[9]

In our previous teleportation experiment, the teleported qubit had to be detected (and thus destroyed) to verify the success of the procedure. Here we report a teleportation experiment that results in freely propagating individual qubits.

现在“freely propagating individual qubit”是指飞行中的光子 3 处在如下态上

$$|e\rangle_3=\alpha|H\rangle_3+\beta|V\rangle_3 \tag{9.6}$$

这里，方案中添加衰减片 γ 的作用是：相对地降低虚假三重符合计数。于是，无 teleported qubit 输出的虚假的三重符合计数与有 teleported qubit 输出的虚假的三重符合计数的比值为

$$\frac{(\gamma p)^2}{\gamma p^2} = \gamma \ll 1。 \tag{9.7}$$

§ 9.4 第三代量子 *Teleportation*——多目标共享量子 *Teleportation*[12]

9.4.1 理论方案

设光子 1 处于未知的信息态

$$\frac{1}{\sqrt{2}}(\alpha \mid H\rangle_1 + \beta \mid V\rangle_1) \tag{9.8}$$

而光子 2,3,4,5 则事先制备在 4 光子的 GHZ 态上

$$\mid \phi\rangle_{2345} = \frac{1}{\sqrt{2}}\{\mid H\rangle_2 \mid H\rangle_3 \mid H\rangle_4 \mid H\rangle_5 + \mid V\rangle_2 \mid V\rangle_3 \mid V\rangle_4 \mid V\rangle_5\} \tag{9.9}$$

然后对光子 1 和 2 做 Bell 基测量，这意味着先对此态做分解

$$\begin{aligned}
\mid \Phi\rangle_{12345} &= \mid \Psi\rangle_1 \mid \Phi\rangle_{2345} \\
&= \frac{1}{2}\{\mid \varphi^+\rangle_{12}[\alpha \mid H\rangle_3 \mid H\rangle_4 \mid H\rangle_5 + \beta \mid V\rangle_3 \mid V\rangle_4 \mid V\rangle_5] \\
&\quad + \mid \varphi^-\rangle_{12}[\alpha \mid H\rangle_3 \mid H\rangle_4 \mid H\rangle_5 - \beta \mid V\rangle_3 \mid V\rangle_4 \mid V\rangle_5] \\
&\quad + \mid \Psi^+\rangle_{12}[\alpha \mid V\rangle_3 \mid V\rangle_4 \mid V\rangle_5 + \beta \mid H\rangle_3 \mid H\rangle_4 \mid H\rangle_5] \\
&\quad + \mid \Psi^-\rangle_{12}[\alpha \mid V\rangle_3 \mid V\rangle_4 \mid V\rangle_5 - \beta \mid H\rangle_3 \mid H\rangle_4 \mid H\rangle_5]\}
\end{aligned} \tag{9.10}$$

接着类似于 Teleportation 实验做法，根据 Alice 对光子 1 和 2 的 Bell 测量结果，Bob(1 个人或 3 个人)可设计与$\mid\Psi\rangle_1$ 无关的幺正操作，将光子 3,4,5 转换成

$$\mid \Psi\rangle_{345} = \frac{1}{\sqrt{2}}\{\alpha \mid H\rangle_3 \mid H\rangle_4 \mid H\rangle_5 + \beta \mid V\rangle_3 \mid V\rangle_4 \mid V\rangle_5\} \tag{9.11}$$

完成开目标的 Teleportation

$$\begin{aligned}
\mid \Psi\rangle_1 &= \frac{1}{\sqrt{2}}\{\alpha \mid H\rangle_1 + \beta \mid V\rangle_1\} \rightarrow \\
&\qquad \mid \Psi\rangle_{345} = \frac{1}{\sqrt{2}}\{\alpha \mid H\rangle_3 \mid H\rangle_4 \mid H\rangle_5 + \beta \mid V\rangle_3 \mid V\rangle_4 \mid V\rangle_5\}
\end{aligned} \tag{9.12}$$

注意,这时信息 α,β 含在三个光子(3,4,5)态上,由三人共同掌握。就是说,α,β 以非定域的方式联合储存在三个不同的空间位置上。这是量子理论空间非定域性的明显体现。

9.4.2　实验进行[12]

首先要制备 4 光子(第 2,3,4,5)的 GHZ 态。为此先从两对光子对 2～3,4～5 开始,它们分别处于

$$\begin{cases} |\Psi^{\pm}\rangle_{ij} = \dfrac{1}{\sqrt{2}}(|H\rangle_i|V\rangle_j \pm |V\rangle_i|H\rangle_j) \\ |\varphi^{\pm}\rangle_{ij} = \dfrac{1}{\sqrt{2}}(|H\rangle_i|H\rangle_j \pm |V\rangle_i|V\rangle_j) \end{cases} \tag{9.13}$$

这里,i,j 标志光子的空间模。接着将 3 和 4 光子在一个极化分束器(PBS)上交叠。就可以得到上面 4 光子 GHZ 态[11]。

当然,态 $|\Psi\rangle_{345}$ 是带有冗余位的信息码,也正可以用于量子纠错。

§ 9.5　量子态超空间转移的普遍理论方案

9.5.1　超算符观点处理量子态 Teleportation

无论纯态或混态,任何量子态之间任一映射总是一个相应的超算符运算 \$。而 \$ 只要满足为"完全正的",按 Kraus 定理,对这个超算符 \$ 肯定存在一个通过量子跃变算符序列 $\{L_\mu\}$ 求和表示——超算符映射方法的 Kraus 求和表示

$$\rho'_A = \$[\rho_A] = \sum_\mu L_\mu \rho_A L_\mu^+ \tag{9.14}$$

这一量子态变化的普遍描述,当然也可用于 Teleportation 过程。

现用此方法来表达超空间转移过程——当然也是一个密度矩阵映射过程——一个超算符作用的过程

$$\$[|\Psi\rangle_{2323}\langle\Psi| \otimes |\phi\rangle_{11}\langle\phi|] = |\phi\rangle_{33}\langle\phi| \otimes \frac{I_{12}}{4} \tag{9.15}$$

此时核心问题是去寻找这些量子跃变算符序列 $\{L_\mu\}$,使得可以把给定的超空间转移用 Kraus 求和来表示

$$\sum_\mu L_\mu[|\Psi\rangle_{2323}\langle\Psi| \otimes |\phi\rangle_{11}\langle\phi|]L_\mu^+ = |\phi\rangle_{33}\langle\phi| \frac{I_{12}}{4} \tag{9.16}$$

解　设被转移的态为 $|\phi\rangle_1 = \alpha|0\rangle_1 + \beta|1\rangle_1$。不失一般性,可设 2,3 粒子处在下述最大纠缠态上

$$|\Psi^-\rangle_{23}=\frac{1}{\sqrt{2}}(|0\rangle_2|1\rangle_3-|1\rangle_2|0\rangle_3)$$

则$|\phi\rangle_1|\Psi^-\rangle_{23}$按照$|\Phi_\mu\rangle_{12}$展开有

$$|\phi\rangle_1|\Psi^-\rangle_{23}=\frac{1}{\sqrt{2}}\sum_\mu|\Phi_\mu\rangle_{12}u_\mu|\phi\rangle_3$$

其中

$$\begin{cases}|\Phi_0\rangle_{12}=\dfrac{1}{\sqrt{2}}(|0\rangle_1|1\rangle_2-|1\rangle_1|0\rangle_2)\\|\Phi_1\rangle_{12}=\dfrac{1}{\sqrt{2}}(|0\rangle_1|0\rangle_2-|1\rangle_1|1\rangle_2)\\|\Phi_2\rangle_{12}=\dfrac{1}{\sqrt{2}}(|0\rangle_1|0\rangle_2+|1\rangle_1|1\rangle_2)\\|\Phi_3\rangle_{12}=\dfrac{1}{\sqrt{2}}(|0\rangle_1|1\rangle_2+|1\rangle_1|0\rangle_2)\end{cases};u_0=-1,u_1=\sigma_1,u_2=\mathrm{i}\sigma_2,u_3=\sigma_3$$

于是定义$L_\mu=u_\mu^+\otimes|\Phi_\mu\rangle_{1212}\langle\Phi_\mu|$,即求得所要的展式。

当然可以不用$|\Psi^-\rangle_{23}$,而用其他最大纠缠态建立量子通道,那样相应的u_μ将有所变化。

9.5.2 S 能级任意态 Teleportation 的理论方案

首先指出,对有限维量子系统的量子态进行普遍形式超空间转移的充要条件是:传接双方事先建立的量子通道是最大纠缠态,传送者进行测量所坍缩的联合基也是最大纠缠态。而坍缩至哪个联合基是等概率的[4]。

为叙述具体一些,考虑L个两能级的 EPR 对来传送一个S能级($L\geqslant\log S$)粒子态的理论方案。方案设计如下[4]:设 Alice 和 Bob 拥有作为量子通道的L个两能级的 EPR 对

$$\{|\Phi\rangle_{A_kB_k},k=0,1,\cdots,L-1\}\tag{9.17}$$

为简明起见,记任意十进制数$n=2^{L-1}n_{L-1}+\cdots+2^1n_1+2^0n_0\equiv(n_{L-1}\cdots n_1n_0)$。于是,这$L$个两能级 EPR 对可以看成分别是 Alice 和 Bob 所拥有、并相互量子关联的两个L位量子存储器。记

$$|n\rangle\!\rangle_A\equiv|n_{L-1}\cdots n_1n_0\rangle_A\text{ 或 }|n\rangle\!\rangle_B\equiv|n_{L-1}\cdots n_1n_0\rangle_B\tag{9.18}$$

利用新符号,Alice 和 Bob 的量子通道的总量子态为

$$|\Phi\rangle_{AB}=\prod_{k=0}^{L-1}\frac{1}{\sqrt{2}}(|0\rangle_{A_k}|0\rangle_{B_k}+|1\rangle_{A_k}|1\rangle_{B_k})$$

$$= \frac{1}{\sqrt{N}} \sum_{n=0}^{N-1} |n\rangle\rangle_A |n\rangle\rangle_B, \quad N = 2^L \tag{9.19}$$

由$|\Phi\rangle_{AB}$的这种形式可知，它和两个 N 能级粒子的最大纠缠态的形式是一样的。另外，假设需要传送的 S 能级的 C 粒子量子态为

$$|\Psi\rangle_C = \sum_{m=0}^{S-1} \alpha_m |m\rangle_C \tag{9.20}$$

这里，$\sum_{m=0}^{S-1} |\alpha_m|^2 = 1$，而$\{|0\rangle_C, |1\rangle_C, \cdots, |S-1\rangle_C\}$是 C 粒子的 S 个正交归一量子态。于是 ABC 量子体系的总状态为

$$|\Psi_0\rangle_{ABC} = |\Psi\rangle_C |\Phi\rangle_{AB} = \frac{1}{\sqrt{N}} \sum_{m=0}^{S-1} \sum_{n=0}^{N-1} \alpha_m |m\rangle_C |n\rangle\rangle_A |n\rangle\rangle_B \tag{9.21}$$

现在，Alice 需要构造并进行如下局域关联的幺正变换 U_{AC}[4]

$$U_{AC}: |m\rangle_C |n\rangle\rangle_A \rightarrow \frac{1}{\sqrt{S}} \sum_{j=0}^{S-1} \mathrm{e}^{\mathrm{i}2mj\pi/S} |j\rangle_C |f^{(n)}(j,m)\rangle\rangle_A \tag{9.22}$$

其中，$f^{(n)}(j,m)$是由 n,j,m 所决定的十进制数。若将它们写成二进制

$$\begin{cases} j = (j_{L-1} \cdots j_1 j_0) \\ m = (m_{L-1} \cdots m_1 m_0) \\ f^{(n)}(j,m) = (f_{L-1}^{(n)}(j,m) \cdots f_1^{(n)}(j,m) f_0^{(n)}(j,m)) \\ j_k, m_k, f_k^{(n)}(j,m) = 0,1; k = 0,1,\cdots,L-1 \end{cases} \tag{9.23a}$$

则 $f^{(n)}(j,m)$将由下面关于 $f_k^{(n)}(j,m)$表达式决定

$$f_k^{(n)}(j,m) = n_k \oplus j_k \oplus m_k \tag{9.23b}$$

这里，"$\oplus$"为 mod2 的加法（即逢 2 舍弃的加法）。可以证明，U_{AC}是幺正的。另外，如果三个指标 n,j,m 中任意固定两个，则态$|f^{(n)}(j,m)\rangle$关于剩下的一个指标是正交归一的。例如，固定 n,j，则有

$$\langle\langle f^{(n)}(j,m') | f^{(n)}(j,m)\rangle\rangle = \delta_{m'm} \tag{9.24}$$

其中，$m,m'=0,1,\cdots,S-1$。

经过 U_{AC}作用之后，ABC 体系的量子态将变为

$$\begin{aligned} |\Psi\rangle_{AB} = U_{AC} |\Psi_0\rangle_{ABC} &= \frac{1}{\sqrt{N}} \sum_{m=0}^{S-1} \sum_{n=0}^{N-1} \alpha_m [U_{AC} |m\rangle_C |n\rangle\rangle_A] \cdot |n\rangle\rangle_B \\ &= \frac{1}{\sqrt{N}} \sum_{m=0}^{S-1} \sum_{n=0}^{N-1} \alpha_m \left[\frac{1}{\sqrt{S}} \sum_{j=0}^{S-1} \mathrm{e}^{\mathrm{j}2mj\pi/S} |j\rangle_C |f^{(n)}(j,m)\rangle\rangle_A \right] \cdot |n\rangle\rangle_B \\ &= \frac{1}{\sqrt{S}} \sum_{j=0}^{S-1} \left[|j\rangle_C \frac{1}{\sqrt{N}} \sum_{n=0}^{N-1} \left(|n\rangle\rangle_A \sum_{m=0}^{S-1} \alpha_m \mathrm{e}^{\mathrm{i}2mj\pi/S} \middle| f^{(n)}(j,m)\rangle\rangle_B \right) \right] \end{aligned} \tag{9.25}$$

最后一步等号是因为，注意到 $f_k^{(n)}(j,m)\oplus j_k\oplus m_k=n_k\oplus 2j_k\oplus 2m_k=n_k$，如果记 $f_k^{(n)}(j,m)\equiv f$，则有 $n_k=f_k^{(f)}(j,m)$，因此

$$|f^{(n)}(j,m)\rangle\rangle_A\ |n\rangle\rangle_B=|f\rangle\rangle_A\ |f^{(f)}(j,m)\rangle\rangle_B \tag{9.26}$$

而前面已经指出，j,m 不变时，$|f^{(n)}(j,m)\rangle\rangle$ 对不同 n 为相互正交的，所以当 n 无重复地取遍从 0 到 $(S-1)$ 共 S 个值时，$f^{(n)}(j,m)$ 也将按不同顺序取遍这 S 个值。从而对 n 的求和可以转化为对 f 的求和。因此有

$$\begin{aligned}\sum_{n=0}^{N-1}|f^{(n)}(j,m)\rangle\rangle_A\ |n\rangle\rangle_B&=\sum_{f=0}^{N-1}|f\rangle\rangle_A\ |f^{(f)}(j,m)\rangle\rangle_B\\&=\sum_{n=0}^{N-1}|n\rangle\rangle_A\ |f^{(n)}(j,m)\rangle\rangle_B\end{aligned} \tag{9.27}$$

经过 U_{AC} 的变换，ABC 体系的量子态就成了所有 $(2L+1)$ 个粒子的某种纠缠态。

下一步是 Alice 对 $C,A_0,A_1,\cdots,A_{L-1}$ 进行单粒子的能级测量，这导致 AC 系统波函数以 $\frac{1}{NS}$ 的概率坍缩至任一能量本征态 $|j\rangle_C|n\rangle\rangle_A$，这里 $(j=0,1,\cdots,S-1;\ n=0,1,\cdots,N-1)$。从而破坏了 ABC 体系的量子纠缠，而使 B 粒子波函数坍缩至

$$|\Psi^{(n)}(f)\rangle_B=\sum_{m=0}^{S-1}\alpha_m \mathrm{e}^{\mathrm{i}2mj\pi/S}\ |f^{(n)}(j,m)\rangle\rangle_B \tag{9.28}$$

基于 $\{|f^{(n)}(j,m)\rangle\rangle\}$ 的正交归一性，所以

$$\{|m\rangle'_B\equiv \mathrm{e}^{\mathrm{i}2jm\pi/S}\ |f^{(n)}(j,m)\rangle\rangle,\quad m=0,1,\cdots,S-1\} \tag{9.29}$$

也构成了 B 粒子系统 Hilbert 空间的 S 个基矢。于是

$$|\Psi^{(n)}(f)\rangle_B=\sum_{m=0}^{S-1}\alpha_m\ |m\rangle_B{}' \tag{9.30}$$

因此它和需要传送的态 $|\Psi\rangle_C$ 在物理上是等价的。

有必要再次指出，$|m\rangle'_B$ 依赖于 j,n，因而仍然必需 Alice 和 Bob 之间的经典信息交流。只当 Alice 将测量导致的随机坍缩中的 j,n 信息通知 Bob，Bob 才会确切地了解基 $|m\rangle'_B$ 的含义，从而才完全获得了量子态 $|\Psi\rangle_B$。

至于这个高维幺正矩阵 U_{AC} 如何分解成为作用在普适量子门上的低维矩阵乘积的问题，详见 10.2.3 小节。那里这种分解是 Deutsch 分解定理的一个应用。

最后，对于 n 个粒子，每个粒子有 s 个能级的情况，以及受控的 Teleportation 方案均有拟定。

9.5.3 连续态 Teleportation 的理论方案

选取两粒子依赖于连续变量 $\lambda=(\lambda_1,\lambda_2)$，$\lambda_1,\lambda_2\in R$ 的正交归一基 $|\Phi(\lambda)\rangle_{12}$。这里由于要使 $\{|\Phi(\lambda)\rangle_{12}\}$ 完备，λ 应当是一个二维的向量。当然也可以采用复数的

描述方法。这时归一化和完备性条件分别为

$$
\begin{aligned}
&{}_{12}\langle \Phi(\lambda_1,\lambda_2) \mid \Phi(\lambda_1{}',\lambda_2{}')\rangle_{12} = \delta(\lambda_1-\lambda_1{}')\delta(\lambda_2-\lambda_2{}') \\
&\int \mathrm{d}(\lambda_1\lambda_2) \mid \Phi(\lambda_1,\lambda_2)\rangle_{12\,12}\langle \Phi(\lambda_1,\lambda_2) \mid = 1
\end{aligned}
\tag{9.31}
$$

在连续变量情况下，我们仍然可以认为，两粒子最大纠缠态之间可以通过局域幺正变换相互转化。因此可以合理的假设测量基为

$$
\mid \Phi(\lambda_1,\lambda_2)\rangle_{12} = [U_1(\lambda_1)\otimes U_2(\lambda_2)]\frac{1}{C}\int \mathrm{d}q \mid q\rangle_1 \mid q\rangle_2 \tag{9.32}
$$

其中，$U_1(\lambda_1)$，$U_2(\lambda_2)$ 是分别作用于粒子 1，2 上的局域幺正变换，而$\frac{1}{C}\int \mathrm{d}q \mid q\rangle_1 \mid q\rangle_2$ 是连续变量情况的两粒子的一个最大纠缠态，常数 C 是归一化因子。应当指出，对有限能级情况，测量基的正交归一条件满足时，完备性条件自动得到满足；但对连续能级无限多基的情况，测量基的正交归一条件满足时，完备性条件能否也满足，需要另行证明。

下面举例子说明按这种方式构造测量基的可行性。取力学量为一维空间位置算符 $\hat{x}$，则有

$$
\hat{x} \mid x\rangle = x \mid x\rangle,\ \langle x \mid x'\rangle = \delta(x-x'),\ \int \mathrm{d}x \mid x\rangle\langle x \mid = 1 \tag{9.33}
$$

可以利用位置算符 $\hat{x}$ 和动量算符 $\hat{p}$ 来构造幺正变换 $U_1(\lambda_1)$，$U_2(\lambda_2)$。取 $\lambda_1=x$，$\lambda_2=p$，则这两个变换为

$$
U_1(x) = \mathrm{e}^{-\mathrm{i}\hat{p}_1 x}, \qquad U_2(p) = \mathrm{e}^{\mathrm{i}\hat{x}_2 p} \tag{9.34}
$$

其中，$\hat{p}_1$ 为粒子 1 的动量算符，$\hat{x}_2$ 为粒子 2 的位置算符。按上面叙述，测量基为

$$
\mid \Phi(x,p)\rangle_{12} = \mathrm{e}^{-\mathrm{i}\hat{p}_1 x}\mathrm{e}^{\mathrm{i}\hat{x}_2 p}\frac{1}{C}\int \mathrm{d}x' \mid x'\rangle_1 \mid x'\rangle_2 \tag{9.35}
$$

可证它们满足正交归一条件

$$
\begin{aligned}
{}_{12}\langle \Phi(x,p) \mid \Phi(x',p')\rangle_{12} &= \frac{1}{|C|^2}\left(\int \mathrm{d}x''\,{}_1\langle x'' \mid {}_2\langle x'' \mid \mathrm{e}^{-\mathrm{i}\hat{x}_2 p}\mathrm{e}^{\mathrm{i}\hat{p}_1 x}\right) \\
&\quad\times\left(\mathrm{e}^{-\mathrm{i}\hat{p}_1 x'}\mathrm{e}^{\mathrm{i}\hat{x}_2 p'}\int \mathrm{d}x''' \mid x'''\rangle_1 \mid x'''\rangle_2\right) \\
&= \frac{1}{|C|^2}\int \mathrm{d}(x''x''')\mathrm{e}^{-\mathrm{i}x''(p-p')}\,{}_1\langle x'' \mid \mathrm{e}^{\mathrm{i}\hat{p}_1 x}\mathrm{e}^{-\mathrm{i}\hat{p}_1 x'} \mid x'''\rangle_1\delta(x''-x''') \\
&= \frac{1}{|C|^2}\int \mathrm{d}x''\mathrm{e}^{-\mathrm{i}x''(p-p')}\,{}_1\langle x''+x \mid x''+x'\rangle_1 \\
&= \frac{2\pi}{|C|^2}\delta(x-x')\delta(p-p')
\end{aligned}
\tag{9.36}
$$

可知常数 $C=\sqrt{2\pi}$。同时可证它们还满足完备性条件

$$
\begin{aligned}
&\int \mathrm{d}(xp) \mid \Phi(x,p)\rangle_{12\,12}\langle \Phi(x,p) \mid \\
&= \frac{1}{2\pi}\int \mathrm{d}(xx'x''p)\mathrm{e}^{\mathrm{i}x'p}\mathrm{e}^{-\mathrm{i}x''p}(\mathrm{e}^{-\mathrm{i}\hat{p}_1 x)} \mid x'\rangle_1\langle x' \mid \mathrm{e}^{\mathrm{i}\hat{p}_1 x})(\mid x''\rangle_2\langle x'' \mid) \\
&= \frac{1}{2\pi}\int \mathrm{d}(xx'x'')2\pi\delta(x'-x'')(\mathrm{e}^{-\mathrm{i}\hat{p}_1 x} \mid x'\rangle_1\langle x' \mid \mathrm{e}^{\mathrm{i}\hat{p}_1 x})(\mid x''\rangle_2\langle x'' \mid) \\
&= \int \mathrm{d}(xx')(\mathrm{e}^{-\mathrm{i}\hat{p}_1 x} \mid x'\rangle_1\langle x' \mid \mathrm{e}^{\mathrm{i}\hat{p}_1 x})(\mid x'\rangle_2\langle x' \mid) \\
&= \int \mathrm{d}(xx')(\mid x'+x\rangle_1\langle x'+x \mid)(\mid x'\rangle_2\langle x' \mid) \\
&= \int \mathrm{d}(x')(\mid x'\rangle_2\langle x' \mid) = 1
\end{aligned}
\tag{9.37}
$$

总之选择$\{\mid\Phi(x,p)\rangle_{12}\}$作测量基是合理的。

接着说明,用$\{\mid\Phi(x,p)\rangle_{12}\}$可作为连续变量量子态超空间转移的测量基。和以前相同,Alice 和 Bob 之间需要预先建立起量子通道。可以选择如下连续量子态作为量子通道

$$
\mid \Phi\rangle_{12} = \frac{1}{\sqrt{2\pi}}\int \mathrm{d}x \mid x\rangle_1 \mid x+L\rangle_2 \tag{9.38}
$$

其中,粒子 1,2 分别为 Alice、Bob 所拥有。容易看出这些$\mid\Phi\rangle_{12}$态是连续变量情况下的一种最大纠缠态。因为

$$
\mid \Phi\rangle_{12} = \frac{1}{\sqrt{2\pi}}\int \mathrm{d}x \mid x\rangle_1 \mid x+L\rangle_2 = \mathrm{e}^{-\mathrm{i}\hat{p}_2 L}\frac{1}{\sqrt{2\pi}}\int \mathrm{d}x \mid x\rangle_1 \mid x\rangle_2 \tag{9.39}
$$

这说明,$\mid\Phi\rangle_{12}$是通过对最大纠缠态$\frac{1}{\sqrt{2\pi}}\int \mathrm{d}x \mid x\rangle_1 \mid x\rangle_2$做粒子 2 的局域幺正变化$\mathrm{e}^{-\mathrm{i}\hat{p}_2 L}$所得到的。按现在观点,它们仍然是最大纠缠态,可以用作量子通道。

现在 Alice 拥有的粒子 3 处于连续变量的任意未知态

$$
\mid \Psi\rangle_3 = \int \mathrm{d}x \mid x\rangle_3\langle x \mid \Psi\rangle = \int \mathrm{d}x\Psi(x) \mid x\rangle_3 \tag{9.40}
$$

因此 1,2,3 三个粒子系统的总量子态为

$$
\mid \Psi\rangle_{123} = \mid \Phi\rangle_{12} \mid \Psi\rangle_3 = \frac{1}{\sqrt{2\pi}}\int \mathrm{d}(x'x'')\Psi(x'') \mid x'\rangle_1 \mid x'+L\rangle_2 \mid x''\rangle_3 \tag{9.41}
$$

同样可以将其中的 2,3 粒子的量子态按 2,3 粒子的测量基$\mid\Phi(x_1,p)\rangle_{23}$展开

$$
\begin{aligned}
|x'+L\rangle_2|x''\rangle_3 &= \int \mathrm{d}(xp)|\Phi(x,p)\rangle_{23}\langle\Phi(x,p)|(|x'+L\rangle_2|x''\rangle_3) \\
&= \frac{1}{\sqrt{2\pi}}\int \mathrm{d}(xp)|\Phi(x,p)\rangle_{23}\int \mathrm{d}x'''{}_2\langle x'''|\mathrm{e}^{\mathrm{i}\hat{p}_2 x}|x'+L\rangle_{23} \\
&\quad \times {}_3\langle x'''|\mathrm{e}^{-\mathrm{i}\hat{x}_3 p}|x''\rangle_3 \\
&= \frac{1}{\sqrt{2\pi}}\int \mathrm{d}(xp)|\Phi(x,p)\rangle_{23}\int \mathrm{d}x'''\delta \\
&\quad \times (x'''+x-x'-L)\delta(x'''-x'')\mathrm{e}^{-\mathrm{i}x''p} \\
&= \frac{1}{\sqrt{2\pi}}\int \mathrm{d}(xp)|\Phi(x,p)\rangle_{23}\delta(x''+x-x'-L)\mathrm{e}^{-\mathrm{i}x''p} \qquad (9.42)
\end{aligned}
$$

将此式代入总量子态表达式,得

$$
\begin{aligned}
|\Psi\rangle_{123} &= \frac{1}{2\pi}\int \mathrm{d}(xx''p)\mathrm{e}^{-\mathrm{i}x''p}\Psi(x'')|x''+x-L\rangle_1|\Phi(x,p)\rangle_{23} \\
&= \frac{1}{2\pi}\int \mathrm{d}(xx''p)_1\langle x''|\mathrm{e}^{-\mathrm{i}\hat{x}_1 p}|\Psi\rangle_1\mathrm{e}^{-\mathrm{i}\hat{p}_1(x-L)}|x''\rangle_1|\Phi(x,p)\rangle_{23} \\
&= \frac{1}{2\pi}\int \mathrm{d}(xp)_1\mathrm{e}^{-\mathrm{i}\hat{p}_1(x-L)}\mathrm{e}^{-\mathrm{i}\hat{x}_1 p}|\Psi\rangle_1|\Phi(x,p)\rangle_{23} \qquad (9.43)
\end{aligned}
$$

当 Alice 对粒子 2,3 进行联合测量时,粒子 2,3 态矢将坍缩至某个测量基 $|\Phi(x,p)\rangle_{23}$上,而 Bob 拥有的粒子 1,其态矢将相应地坍缩至

$$
\mathrm{e}^{-\mathrm{i}\hat{p}_1(x-L)}\mathrm{e}^{-\mathrm{i}\hat{x}_1 p}|\Psi\rangle_1 \qquad (9.44)
$$

态上。在从经典通道获知 Alice 的测量结果之后,Bob 通过对粒子 1 做相应的幺正变换 $\mathrm{e}^{\mathrm{i}\hat{x}_1 p}\mathrm{e}^{\mathrm{i}\hat{p}_1(x-L)}$,即可使粒子 1 处于原先粒子 3 所处的状态,从而完成连续变量 Teleportation 的任务。

最后应当指出三点。其一,容易检验,上面所用的测量基$\{|\Phi(x,p)\rangle_{12}\}$是相互对易的两粒子位置差算符($\hat{x}_{12}=\hat{x}_1-\hat{x}_2$)与动量和算符($\hat{p}_{12}=\hat{p}_1+\hat{p}_2$)的共同本征态。本征值分别为 x,p。而作为量子通道的连续量子态

$$
|\Phi\rangle_{12} = \frac{1}{\sqrt{2\pi}}\int \mathrm{d}x|x\rangle_1|x+L\rangle_2 \qquad (9.45)
$$

则是其中对应本征值$(-L,0)$的共同本征态。物理上可以将之理解为,相距 L 并同向同速前进的正反粒子对;其二,这里叙述的仅仅是一个理论性方案,方案还很多,如落实到实验,还必须有物理实现是否容易等诸多现实考虑;其三,前面说过,也可以用复变量形式来描述连续变量情况下的测量基。举例来说,下面量子态

$$
|\eta\rangle_{12} = \exp\left\{-\frac{|\eta|^2}{2}+\eta a_1^{+}-\eta^{*}a_2^{+}\right\}\left[\frac{1}{\sqrt{\pi}}\exp(a_1^{+}a_2^{+})|0\rangle_1|0\rangle_2\right] \qquad (9.46)
$$

则描述了另一类两粒子的最大纠缠态,也可用它们作为测量基。

9.5.4 混态的 Teleportation

见文献[10]p. 229,不再复述。

§9.6 量子态超空间转移的奇异性质

不考虑信息中经典部分的传递,单单就信息中量子部分的传送——量子态的关联坍缩而言,不论上面叙述的转移复系数的 Teleportation 实验,还是转移纠缠模式的 Swapping 实验,都有以下三个共同特征:

转移是瞬间实现的;

转移时无需预先知道对方在哪里;

转移过程不会为任何障碍所阻隔。

根据这三点,我们有理由说

量子态的转移是一种“超空间”的物理现象。

最近已有实验表明:量子态的坍缩速度大于 10^7c[6],而且不涉及多重同时性的问题[7]。但由于涉及不同空间点上物理态的“同时变化”的事实,导致出现

量子理论与相对论性定域因果律究竟是否协调

的问题(详细可见第五章或文献[13])。

练　习　题

9.1 寻找一个实现量子纠缠交换(swapping)操作的 Hamiltonian。

解 参照 8.6 解答中的交换算符,并利用 $v=\mathrm{e}^{-\mathrm{i}h\Delta t}$,可形式上反解得出我们所需要的 Hamiltonian。

9.2 寻找变换 $|\Psi\rangle_A|0\rangle_B\rightarrow|\Psi'\rangle_{AB}$。它们能执行将一个双态系统 A 的一个态“良好”地“拷贝”到另一个双态系统 B 上。所谓变换能“良好”地拷贝是指可信度

$$F=\mathrm{tr}_A\left[{}_B\langle\Psi\mid\Psi'\rangle_{AB}\langle\Psi'\mid\Psi\rangle_B\right]$$

对所有可能给定的态 $|\Psi\rangle_A$ 都必须是尽可能的大。

9.3 任何量子过程都可以用超算符来实现,量子态超空间传送也不例外。试用超算符实现量子态的超空间传送。即找出描述量子态超空间传送

$$\$(|\Psi\rangle_{2323}\langle\Psi|\otimes|\phi\rangle_{11}\langle\phi|)=|\phi\rangle_{33}\langle\phi|\otimes\frac{I_{12}}{4}$$

的超算符 \$ 的和表示。这里 $|\Psi\rangle_{23}$ 是某个最大纠缠态,$|\phi\rangle_1$ 是任一给定态。也即找出量子跃变算符序列 $\{L_\mu\}$,使得有

$$\begin{cases}\sum_\mu L_\mu(|\Psi\rangle_{2323}\langle\Psi|\otimes|\phi\rangle_{11}\langle\phi|)L_\mu^+ = |\phi\rangle_{33}\langle\phi|\otimes\frac{I_{12}}{4}\\ \sum_\mu L_\mu L_\mu^+ = 1\end{cases}$$

9.4　考虑连续变量 teleportation 情况：在 Alice 和 Bob 之间已建有一条连续变量纠缠态的量子通道（他俩分别掌握粒子 A 和 B）

$$|Q,P\rangle_{AB} = \frac{1}{\sqrt{2\pi}}\int \mathrm{d}q\mathrm{e}^{\mathrm{i}Pq}\,|q\rangle_A\otimes|q+Q\rangle_B$$

这里，$Q=q_A-q_B$，$P=p_A+p_B$ 分别是两个粒子相对位置和总动量算符（它俩对易，有共同本征态）的本征值。现 Alice 有波包 $|\Psi\rangle_C=\int\mathrm{d}q\,|q\rangle_C\langle q|\Psi\rangle_C$ 需要传给 Bob。为达此目的，他俩如何制定与所送波包无关的操作？

9.5　再考虑连续变量 teleportation 情况：设在 Alice 和 Bob 之间已建有如下一条（由 A 和 B 粒子荷载的）纠缠相干态的量子通道

$$|\Psi\rangle_{AB} = \int\frac{\mathrm{d}^2 z}{\pi}\,|z\rangle_A\,|z^*\rangle_B$$

这又是一个连续变量的最大纠缠态。现在 Alice 有一个需要传送的态 $|\varphi\rangle_C$。问他俩如何联合操作，以与 $|\varphi\rangle_C$ 无关的操作将它传送给 Bob？

9.6　能够有 swapping 操作将两个不同的任意相干态相交换吗？也即，能有幺正变换——swap operator 实施：$U_{swap}\{|\alpha\rangle_A|\beta\rangle_B\}=|\beta\rangle_A|\alpha\rangle_B$ 吗？

参考文献

1　C H Bennett，G Brassard，C Crepeau，R Jozsa，A Peres and W Wootters. Teleporting an unknown quantum state via dual classical and EPR channels. PRL，1993，70：1895

2　张永德. 量子力学. 北京：科学出版社，2003

3　D Bouwmeester，J W Pan，M Daniell，H Weinfurter and Zeilinger. Nature，1997，390：575；A Celebration of Physics Nature 增刊. 2000；Nielsen，Chuang. Quantum Computation and Quantum Information

4　J D Zhou，Guang Hou and Y D Zhang. PRA，2001，64，2301；周锦东. 量子态超空间传送方案的理论研究. 中国科学技术大学硕士论文，2000

5　J W Pan，D Bouwmeester，H Weinfurter and A Zeilinger. PRL，1998，80：3891

6　H Zbinden，J Brendel，N Gisin and W Tittel. PRA，2001，63：022111

7　A Stefanov，H Zbinden，N Gisin and A Suarez. PRL，2002，88：120404

8　Comment：S L Braunstein and H J Kimble. Nature，1998，394：840；Reply：Nature，1998，394：841

9　J W Pan，et al. Nature，2003，421：721

10　J Preskill. Lecture Notes for Physics 229：Quantum Information and Computation. CIT，

1998
11 J W Pan, et al. PRL, 2001,86:4435
12 Z Zhao, et al. Experimental demonstration of five-photon entanglement and open-destination teleportation. Nature,2004,430
13 张永德. 量子"天龙八部". 见:量子力学朝花夕拾. 北京:科学出版社,2004

第十章 量子门与简单量子网络

§10.1 量子逻辑门的构成与运行

一个纯量子态中各叠加成分的系数模值、内部相因子和纠缠模式都可以荷载人们设定的信息。不少混态也可以用来作为信息的载体。于是，对量子态的制备、操控、存储和传送，就开辟了量子信息论这一新领域。

量子信息论中用到量子系统许多特殊的不同于宏观系统的性质。它们包括：叠加性质——作为量子计算机细胞的量子位可以处于经典布尔态的任意复系数的线性组合态上

$$\alpha \mid \text{true}\rangle + \beta \mid \text{false}\rangle \tag{10.1}$$

并且，此叠加态的两个组分都能按同一个幺正变换进行演化，这就形成了并行的计算路径；相干性质——这种叠加是相干叠加；坍缩性质——如果对这一叠加态进行测量，将出现向两个组分之一坍缩，这类坍缩是概率的、非定域的、不可逆的、切断相干性的；不可克隆性质——未知的量子信息态不可能以 100% 成功的概率被精确克隆，并且观测时必定引入扰动；纠缠性质——例如，当整个存储器处于一个确定的量子态时，其中某些量子位可以各自都不处于确定的量子态上。其中有些性质前面已叙述过，有些下面将阐述。

10.1.1 量子态的存储——量子位与量子存储器

i）量子位的实现和转动

表 10.1 bit 和 qubit 对比

	bit	qubit
构成	双稳态电子线路	光子极化状态、电子（或原子核）自旋状态
可取的状态	$\|0\rangle$或$\|1\rangle$	$\|0\rangle$，$\|1\rangle$和 $C_1\|0\rangle+C_2\|1\rangle$
测量影响	不受测量（读出）影响	若处于叠加态，受测量（读出）影响

qubit 物理实现举例

例 1 qubit＝静磁场（$-B_0\boldsymbol{e}_z$）下原子核磁矩状态。调控手段则是 X-Y 平面内射频磁场脉冲 $\boldsymbol{B}(t)$。这里有两个磁场：弱静磁场用于定义两个布尔态，它所产生的演化称自由演化；射频磁场脉冲则是调控状态的手段。

定义 1 核磁矩顺静磁场取向状态为$|\downarrow\rangle=|0\rangle=\begin{pmatrix}0\\1\end{pmatrix}$；逆静磁场取向状态为$|\uparrow\rangle=|1\rangle=\begin{pmatrix}1\\0\end{pmatrix}$。(注意：$H=-\boldsymbol{\mu}\cdot\boldsymbol{B}_0$)。

定义 2 平均自旋矢量——极化矢量$\boldsymbol{P}=\langle\varphi|\boldsymbol{\sigma}|\varphi\rangle$。它在外磁场中的进动运动符合经典图像。$\boldsymbol{\sigma}$的本征态及相应$\boldsymbol{P}$为

$$\begin{cases}\dfrac{1}{\sqrt{2}}(|1\rangle\pm|0\rangle), & \boldsymbol{P}=(\pm1,0,0)\\ \dfrac{1}{\sqrt{2}}(|1\rangle\pm\mathrm{i}|0\rangle), & \boldsymbol{P}=(0,\pm1,0)\\ |0\rangle\text{和}|1\rangle, & \boldsymbol{P}=(0,0,\pm1)\end{cases}\tag{10.2}$$

常常对单个 qubit 进行各种转动操作。这类转动操作的物理基础也各不相同。其中比如，自旋(磁矩)在外磁场中的进动。

转动操作举例

设转动前自旋状态为$|0\rangle=\begin{pmatrix}0\\1\end{pmatrix}$，经受转动

$$R\left(-\frac{\pi}{2}\boldsymbol{e}_y\right)=\exp\{\mathrm{i}(\pi/4)\sigma_y\}=\frac{1}{\sqrt{2}}\begin{pmatrix}1&1\\-1&1\end{pmatrix}\tag{10.3}$$

所以

$$|\varphi\rangle_{\text{转后}}=\frac{1}{\sqrt{2}}\begin{pmatrix}1&1\\-1&1\end{pmatrix}\begin{pmatrix}0\\1\end{pmatrix}=\frac{1}{\sqrt{2}}(|0\rangle+|1\rangle)\tag{10.4}$$

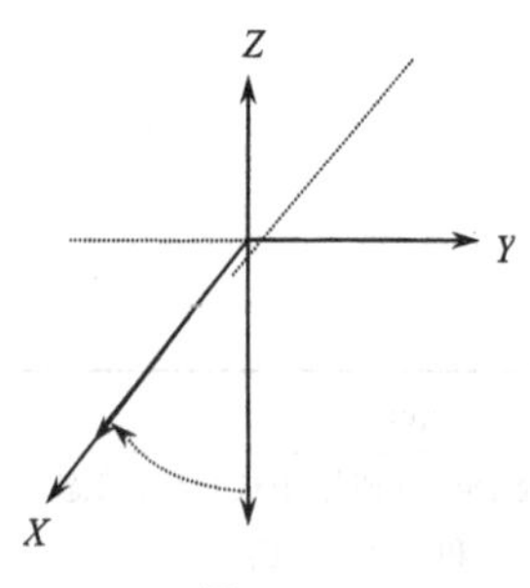

图 10.1

成为叠加态，它在进行自旋分量测量时，将以相等的概率随机坍缩到$|0\rangle$或$|1\rangle$态。

ii) 量子存储器及其置零态与初始态

设有 L 个 qubit，组成一个量子存储器。于是，一个数的二进制表示为

$$|a_0\rangle\otimes|a_1\rangle\otimes\cdots\otimes|a_{L-1}\rangle=|a_0,a_1,\cdots,a_{L-1}\rangle$$
$$(a_i=0\text{ 或 }1,\quad i=0,1,\cdots,L-1)\tag{10.5a}$$

若以十进制数表示，这个态可记为

$$|a\rangle\!\rangle,\qquad\left(a=\sum_{i=0}^{L-1}a_i2^i\right)\tag{10.5b}$$

“置零态”为

$$|0\rangle\!\rangle=|0\rangle\otimes|0\rangle\otimes\cdots\otimes|0\rangle\tag{10.5c}$$

现对存储器(L 个 qubit)实行如下的旋转操作

$$|0\rangle\rangle=|0\rangle\otimes|0\rangle\otimes\cdots\otimes|0\rangle\xrightarrow{R\left(-\frac{\pi}{2}e_y\right)}$$

$$\frac{1}{\sqrt{2}}(|0\rangle+|1\rangle)\otimes\frac{1}{\sqrt{2}}(|0\rangle+|1\rangle)\otimes\cdots\otimes\frac{1}{\sqrt{2}}(|0\rangle+|1\rangle)$$

$$=\frac{1}{\sqrt{q}}\{|0\rangle\rangle+|1\rangle\rangle+|2\rangle\rangle+|3\rangle\rangle+\cdots+|q-1\rangle\rangle\}=\frac{1}{\sqrt{q}}\sum_{n=0}^{q-1}|n\rangle\rangle,(q=2^L)$$

$$|\text{初态}\rangle\rangle=\frac{1}{\sqrt{q}}\sum_{n=0}^{q-1}|n\rangle\rangle=\frac{1}{\sqrt{q}}\{|0\rangle\rangle+|1\rangle\rangle+|2\rangle\rangle+|3\rangle\rangle+\cdots+|q-1\rangle\rangle\}$$

(10.6)

这就是开始运算时存储器的“初始状态”或“基准状态”。

这里预先指出，此处式(10.6)已清楚地表明了量子计算的高度并行性。设有一个需要做的算法 f，它对应到量子逻辑网络上，翻译成对量子逻辑门的一系列幺正变换的乘积，最后总并为一个幺正变换 $U(f)$。于是有

$$\begin{aligned}U(f)|\text{初态}\rangle\rangle&=U(f)\frac{1}{\sqrt{q}}\sum_{n=0}^{q-1}|n\rangle\rangle=\frac{1}{\sqrt{q}}\{U(f)|0\rangle\rangle+U(f)|1\rangle\rangle\\&+\cdots+U(f)|2^L-1\rangle\rangle\}=\frac{1}{\sqrt{q}}\{f(0)|0\rangle\rangle\\&+f(1)|1\rangle\rangle+\cdots+f(2^L-1)|2^L-1\rangle\rangle\}\end{aligned}\tag{10.7}$$

这就是说，由于量子态的线性叠加性质，算符对计算机中全部可能的自变数态，一次性的将对应函数值全部都计算了出来，只不过是相干叠加着的，一旦测量便会坍缩到其中某一个函数值。所以真正要取出全部计算数据需要宏观数目的这类同样的计算机同时工作。

10.1.2　量子态的操控

量子态的操控是通过各种量子逻辑门来实现的。量子逻辑门可用多种物理系统的多种物理过程来实现。比如，核磁共振(NMR)、量子点、离子阱、半导体硅基、Josephson 结等。下面用 NMR 方法来说明。

i) 单 qubit 量子门——$U(\alpha,\phi)$门(见表 10.2)

表 10.2　$U(\alpha,\phi)$门

输入	输出
$\|0\rangle$	$\cos\alpha\|0\rangle-\mathrm{i}e^{\mathrm{i}\phi}\sin\alpha\|1\rangle$
$\|1\rangle$	$\cos\alpha\|1\rangle-\mathrm{i}e^{-\mathrm{i}\phi}\sin\alpha\|0\rangle$

物理实现：在 X-Y 面内有一个 τ 时间间隔内存在的脉冲磁场：$\boldsymbol{B}=|\boldsymbol{B}|(\cos\phi,\sin\phi,0)$，招致自旋绕磁场方向进动一定角度。设 $\boldsymbol{e}_B=\boldsymbol{B}/|\boldsymbol{B}|$，$\omega_L=\frac{2}{\hbar}|\boldsymbol{\mu}_n||\boldsymbol{B}|$ 为拉摩进动频率，$\omega_L\tau$ 为进动转过的角度，$\alpha=\frac{\omega_L\tau}{2}$，这个脉冲磁场使自旋态产生的转动幺正变换为

$$\exp\left\{-\frac{i}{2}\boldsymbol{\sigma}\cdot\boldsymbol{e}_B\omega_L\tau\right\}\equiv\exp\{-i\alpha\boldsymbol{\sigma}\cdot\boldsymbol{e}_B\}=\exp\{-i\alpha(\sigma_x\cos\phi+\sigma_y\sin\phi)\}$$

$$=\begin{pmatrix}\cos\alpha & -i\sin\alpha e^{i\phi}\\ -i\sin\alpha e^{-i\phi} & \cos\alpha\end{pmatrix}\tag{10.8}$$

特例 1 非门 $U\left(\alpha=\frac{\pi}{2},\phi=0\right)=\sigma_x=\begin{pmatrix}0&1\\1&0\end{pmatrix}$。

特例 2 Hadamard 门为执行以下转动的单个 qubit 门

$$\begin{cases}|0\rangle\to\frac{1}{\sqrt{2}}(|0\rangle+|1\rangle)\\ |1\rangle\to\frac{1}{\sqrt{2}}(-|0\rangle+|1\rangle)\end{cases}\tag{10.9}$$

这相当于 $U\left(\frac{\pi}{4},\frac{\pi}{2}\right)=\frac{1}{\sqrt{2}}\begin{pmatrix}1&1\\-1&1\end{pmatrix}$。回忆第一章叙述可知，这个门也可以用半透片或者相移器来实现。

特例 3 两个特别的 $U(\alpha,\phi)$ 相乘：一个非门乘一个 $U\left(\frac{\pi}{2},\phi\right)$，便可以构成相位门 $-i\begin{pmatrix}\exp(-i\phi)&0\\0&\exp(i\phi)\end{pmatrix}$。

ii) 双 qubit 量子门——CNOT 可控非门(见表 10.3)

表 10.3 CNOT 可控非门

输入		输出(mod2)	
控制 qubit	工作 qubit	控制 qubit	工作 qubit
$\|0\rangle$	$\|0\rangle$	$\|0\rangle$	$\|0\rangle$
$\|0\rangle$	$\|1\rangle$	$\|0\rangle$	$\|1\rangle$
$\|1\rangle$	$\|0\rangle$	$\|1\rangle$	$\|1\rangle$
$\|1\rangle$	$\|1\rangle$	$\|1\rangle$	$\|0\rangle$

由此真值表可知，CNOT 门实际上是个 mod2 的加法门(即工作位的输出是两个输入量子位数值的相加，再逢 2 舍去——modulo2=mod2)。

物理实现：NMR。三氯甲烷 $CHCl_3$。$\boldsymbol{B}_0=-|\boldsymbol{B}_0|\boldsymbol{e}_z$。控制 qubit ($A$)为 $\boldsymbol{B}_0$ 下的^1H 原子核自旋 $\hat{I}_{zA}$；工作 qubit (B)为 $\boldsymbol{B}_0$ 下的^{13}C 原子核自旋 $\hat{I}_{zB}$；这个系统的 Hamilton 量为

$$\hat{H}=\omega_A\hat{I}_{zA}+\omega_B\hat{I}_{zB}+2\pi J\hat{I}_{zA}\hat{I}_{zB} \tag{10.10}$$

在说明如何施加脉冲磁场对原子核自旋进行调控，以达到运算的目的之前，先分析一下这个 Hamilton 量。当外加交变磁场脉冲的频率正好等于某个原子核的固有频率时，该原子核的自旋就将绕这个磁场方向做进动运动。进动频率就是拉摩频率(受磁场大小决定)，进动的时间就是该磁场脉冲存留的时间。这就是以共振方式所做的进动运动。在此磁场脉冲期间，别的原子核自旋将不进动。为说明方便，我们平移一下能量的原点：当 I_{zA}，I_{zB} 向下时，将它们量子数算为零，相应附加能量为零，而朝上取向时，量子数算作 1，相应附加能分别为 $\hbar\omega_A$，$\hbar\omega_B$。

现在，当控制位 A 原子自旋为零时，工作位 B 原子进动频率是 ω_B；而当 A 位的自旋为 1 时，B 位自旋进动的频率加快了，成为 $\omega_B+2\pi J$。这就是下面所做分析

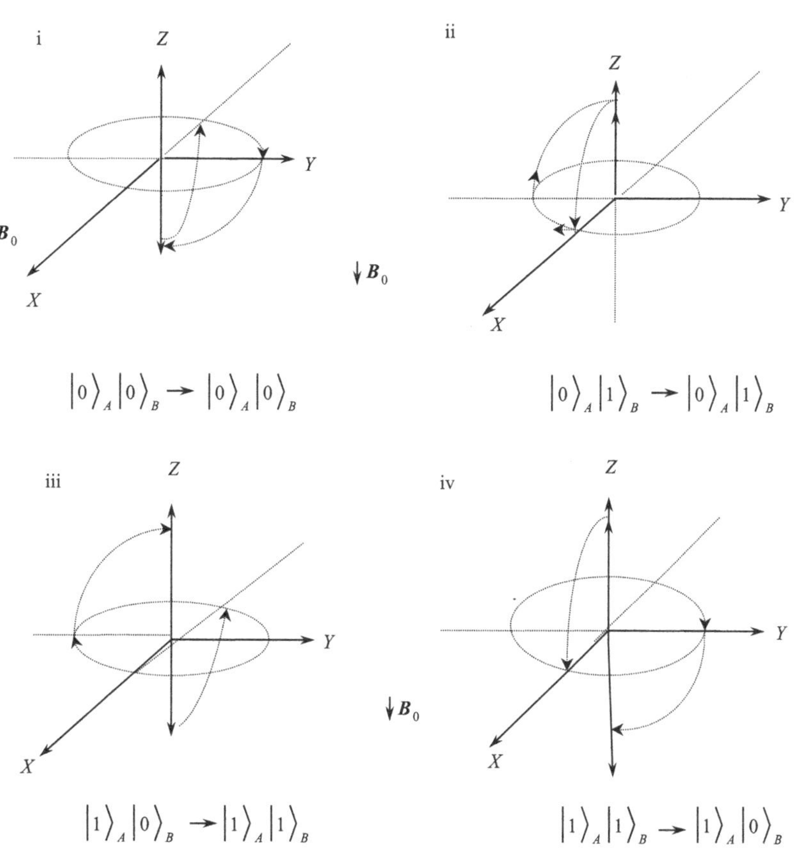

图 10.2

的关键所在。

现在来研究在“$Y\left(\frac{\pi}{2}\right)-\tau$ 进动 $-X\left(-\frac{\pi}{2}\right)$”系列脉冲操作下 B 核自旋的运动，这些运动使工作位 B 核承当着 CNOT 门的计算任务。

这里应当说明，图 10.2 中这些操控图解只具有原理演示性质。因为这种图解叙述并未考虑这种 CNOT 门工作中的误差问题和抗干扰问题。比如，始终存在的恒定磁场对极化矢量进动一直有影响；分子热运动的影响；而当 NMR 技术中利用几何相——Berry 相位工作时，未表明如何划分几何相因子和动力学相因子，以及如何消除后者影响等问题。详细可见有关文献。比如，国内就有不少很好的工作[6~9]，可供参考。其中除文献[6]是关于离子阱双量子门的理论工作外，都是关于几何相量子门的理论或实验工作。

§10.2 量子门简单组合及量子网络分解

10.2.1 量子门的简单组合

i) 逻辑门的作用与记号（为确定，约定表述按 σ_z 本征态进行）

非门——单输入单输出 NOT 门

$$\begin{cases}|x\rangle_{\text{in}} \rightarrow |\bar{x}\rangle_{\text{out}} \\ \alpha|0\rangle_{\text{in}}+\beta|1\rangle_{\text{in}} \rightarrow \alpha|1\rangle_{\text{out}}+\beta|0\rangle_{\text{out}}\end{cases}$$

与门——两输入单输出 AND 门

$$\begin{cases}|x\rangle_1 \otimes |y\rangle_2 \rightarrow |x\rangle_1 \otimes |xy\rangle_2 \\ (\alpha|0\rangle_1+\beta|1\rangle_1)\otimes|y\rangle_2 \rightarrow (\alpha|0\rangle_1\otimes|0\rangle_2+\beta|1\rangle_1\otimes|y\rangle_2)\end{cases}$$

非与门——两输入单输出 NAND 门

$$\begin{cases}|x\rangle_1 \otimes |y\rangle_2 \rightarrow |x\rangle_1 \otimes |\overline{xy}\rangle_2 \\ (\alpha|0\rangle_1+\beta|1\rangle_1)\otimes|y\rangle_2 \rightarrow (\alpha|0\rangle_1\otimes|1\rangle_2+\beta|1\rangle_1\otimes|\bar{y}\rangle_2)\end{cases}$$

或门——两输入单输出 OR 门

$$\begin{cases}|x\rangle_1 \otimes |y\rangle_2 \rightarrow |x\rangle_1 \otimes |\overline{\bar{x}\cdot\bar{y}}\rangle_2 \\ (\alpha|0\rangle_1+\beta|1\rangle_1)\otimes|y\rangle_2 \rightarrow (\alpha|0\rangle_1\otimes|y\rangle_2+\beta|1\rangle_1\otimes|1\rangle_2)\end{cases}$$

非或门——两输入单输出 NOR 门

$$\begin{cases}|x\rangle_1 \otimes |y\rangle_2 \rightarrow |x\rangle_1 \otimes |\bar{x}\cdot\bar{y}\rangle_2 \\ (\alpha|0\rangle_1+\beta|1\rangle_1)\otimes|y\rangle_2 \rightarrow (\alpha|0\rangle_1\otimes|\bar{y}\rangle_2+\beta|1\rangle_1\otimes|0\rangle_2)\end{cases}$$

控制非门——两输入单输出 XOR 门

$$\begin{cases} |x\rangle_1 \otimes |y\rangle_2 \to |x\rangle_1 \otimes |(x+y)\mathrm{mod}2\rangle_2 \\ (\alpha|0\rangle_1 + \beta|1\rangle_1) \otimes |y\rangle_2 \to (\alpha|0\rangle_1 \otimes |y\rangle_2 + \beta|1\rangle_1 \otimes |\bar{y}\rangle_2) \end{cases}$$

以图解表示为(注意,加法都是 mod2 的):

▲例如 XOR

$$|x\rangle_1 |y\rangle_2 \to |x\rangle_1 |(x \oplus y)\mathrm{mod}2\rangle_2$$

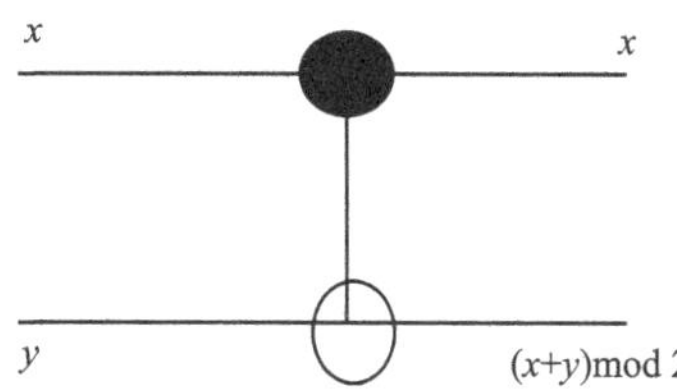

其平方等于恒等变换

$$|x\rangle_1 |y\rangle_2 \to |x\rangle_1 |(x \oplus y)\mathrm{mod}2\rangle_2 \to |x\rangle_1 |y\rangle_2$$

变换中包括:$|x\rangle_1|0\rangle_2 \to |x\rangle_1|x\rangle_2$。

▲再比如三个门联合作用:也可记为

$$(x,y) \to (x, x\oplus y) \to (y, x\oplus y) \to (y,x)$$

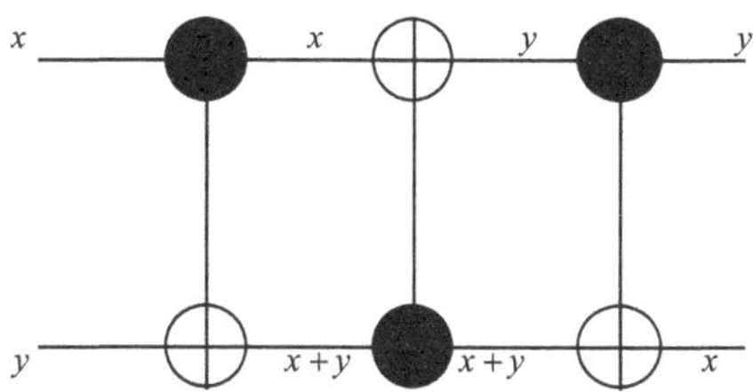

▲Toffoli 门——双可控非门

$$\theta^{(3)}:(x,y,z) \to (x,y,z\oplus xy)$$

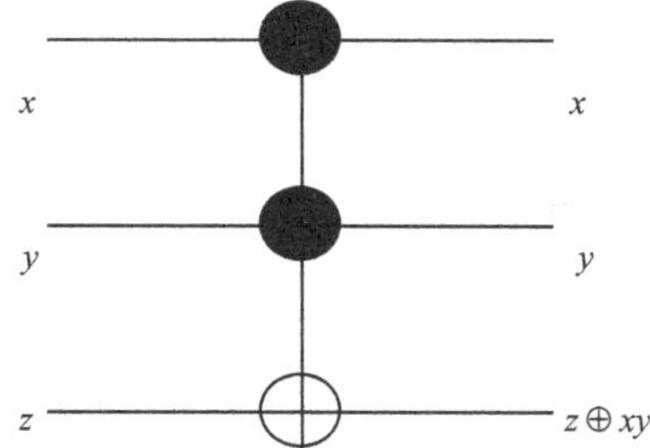

这里，x 位和 y 位是两个控制位，而 z 位是靶位。两个控制位输出总不变。当也只当 x 和 y 都有信号输入时，靶位将信号 z 反转为 $\bar{z}$ 输出。可以分析证实，如果将这个门的 z 端固定为 1，就成为上面的非与门 NAND。

ii) 可逆两 bit 门与线性运算

为了构建通用的可逆的计算，单 bit、两 bit 的可逆逻辑门是不够的，至少需要三个 bit。为弄清这一点，注意到：其一，所有这些门都是线性的；其二，每个可逆两 bit 门，其作用都不外乎是如下的形式

$$\begin{pmatrix} x \\ y \end{pmatrix} \to \begin{pmatrix} x' \\ y' \end{pmatrix} = M \begin{pmatrix} x \\ y \end{pmatrix} + \begin{pmatrix} a \\ b \end{pmatrix} \tag{10.11a}$$

这里，常数 $\begin{pmatrix} a \\ b \end{pmatrix}$ 取四种可能中的一种，而 M 共有以下 6 种可逆矩阵

$$M = \begin{pmatrix} 1 & 0 \\ 0 & 1 \end{pmatrix}, \begin{pmatrix} 0 & 1 \\ 1 & 0 \end{pmatrix}, \begin{pmatrix} 1 & 0 \\ 1 & 1 \end{pmatrix}, \begin{pmatrix} 1 & 1 \\ 0 & 1 \end{pmatrix}, \begin{pmatrix} 1 & 1 \\ 1 & 0 \end{pmatrix}, \begin{pmatrix} 0 & 1 \\ 1 & 1 \end{pmatrix} \tag{10.11b}$$

这 6 个 M 和 4 个 $\begin{pmatrix} a \\ b \end{pmatrix}$ 选择搭配，共组成 24 个不同的门（这里所有加法都执行 mod2 的运算）。这些 24 种搭配已穷尽了所有可逆的 2→2 门的运算。这些全都是线性变换。而接连实行的线性变换，其结果仍旧是个线性变换。所以 24 种组合相乘最后一定还是个线性变换。因此由可逆两 bit 门组合的任何回路只能计算线性函数，而不能计算非线性函数。

但是，对于三个或更多个 bit 门组成的回路，可以包含非线性运算。比如 3bit 的 Toffoli 门，它当前两个门都是 1 时，才翻转第 3 个门的输入。它是它自己的逆，这一点如同 CNOT 门。不像可逆的两 bit 门，如果我们能提供固定的输入 bits 并且忽略输出的 bits，Toffoli 门就可以作 Boolean 逻辑运算的普适门。假如 z 初始为 1，于是 $x \uparrow y = 1 - xy$ 就在第 3 个门的输出处出现——这就执行了 NAND 操作。假如我们固定 $x=1$，Toffoli 门的作用就像个 CNOT 门并且可以用它来做拷贝。就下面意义而言，Toffoli 门是普适的：可以只用 Toffoli 门（假定能够固定输入 bits 并且忽略输出 bits）建造回路计算任何可逆的函数。详见文献[2]，[3]。

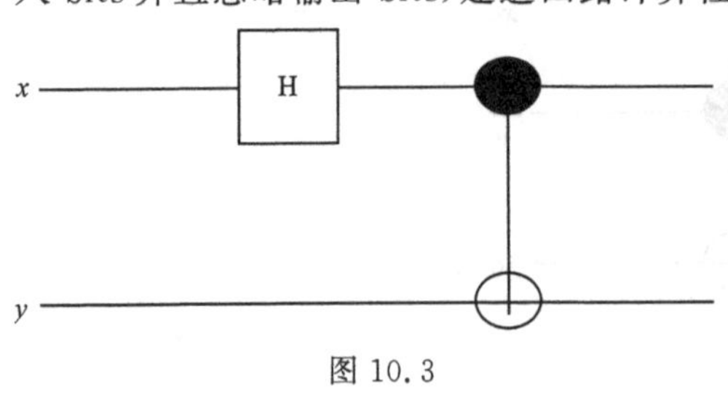

图 10.3

iii) 能制备 4 个 Bell 基的量子回路

一个 Hadamard 门之后紧跟 CNOT 门，这样的组合就能产生 4 个 Bell 基[3]。结果是：如果将输入记为（如图 10.3 所示）

$$|xy\rangle \equiv \frac{1}{\sqrt{2}}(|0y\rangle + (-1)^x |1\bar{y}\rangle)$$

则输入输出的关联为(真值表)

$$\begin{Bmatrix} |00\rangle \\ |10\rangle \\ |01\rangle \\ |11\rangle \end{Bmatrix} \rightarrow \begin{pmatrix} |\varphi^+\rangle = \frac{1}{\sqrt{2}}(|00\rangle + |11\rangle) \\ |\varphi^-\rangle = \frac{1}{\sqrt{2}}(|00\rangle - |11\rangle) \\ |\Psi^+\rangle = \frac{1}{\sqrt{2}}(|01\rangle + |10\rangle) \\ |\Psi^-\rangle = \frac{1}{\sqrt{2}}(|01\rangle - |10\rangle) \end{pmatrix}$$

这是由于 Hadamard 门的变换是

$$H \equiv \frac{1}{\sqrt{2}}\begin{pmatrix} 1 & 1 \\ 1 & -1 \end{pmatrix}$$

这个门的第一列将$|0\rangle \rightarrow \frac{1}{\sqrt{2}}(|0\rangle + |1\rangle)$;而第二列将$|1\rangle \rightarrow \frac{1}{\sqrt{2}}(|0\rangle - |1\rangle)$。其平方为恒等变换 $H^2 = I$。现在,比如$|10\rangle$态输入时($x=1, y=0$),有

$$|xy\rangle = |10\rangle \xrightarrow{H} \frac{1}{\sqrt{2}}(|0\rangle - |1\rangle) \otimes |0\rangle \equiv \frac{1}{\sqrt{2}}(|00\rangle - |10\rangle)$$

$$\xrightarrow{\text{CNOT}} \frac{1}{\sqrt{2}}(|00\rangle - |11\rangle)$$

10.2.2　量子网络的 Deutsch 分解定理

Deutsch 定理(1985)[2]

任意 d 维幺正变换 U 总可以被分解为$(2d^2 - d)$个两维幺正变换的乘积(它们均是分别作用于各自一对基矢所张成的两维子空间,即它们中每个的各自的余空间均不变)。

作用在任一组 qubit 上的任意幺正变换均可以用一系列单 qubit 量子门 $U(\alpha, \phi)$和双 qubit 量子门 CNOT 门依次作用来实现。

证明　取定基矢$\{|e_1\rangle, |e_2\rangle, \cdots, |e_d\rangle\}$所张成的 d 维空间。

首先,可证用$(d-1)$个两维幺正变换将任意给定的 d 维矢量变为

$$\begin{pmatrix} a_1 \\ a_2 \\ \vdots \\ a_d \end{pmatrix} \rightarrow \begin{pmatrix} 1 \\ 0 \\ \vdots \\ 0 \end{pmatrix} \equiv |e_1\rangle \tag{10.12}$$

为此,取两维幺正变换 A_2

$$A_2 = \frac{1}{\sqrt{|a_1|^2+|a_2|^2}}\begin{pmatrix} a_1^* & a_2^* \\ a_2 & -a_1 \end{pmatrix} \tag{10.13a}$$

它仅作用于子空间$\{|e_1\rangle,|e_2\rangle\}$,对相应的余空间为恒等变换,于是有

$$A_2\begin{pmatrix} a_1 \\ a_2 \end{pmatrix} = \begin{pmatrix} \sqrt{|a_1|^2+|a_2|^2} \\ 0 \end{pmatrix} \tag{10.13b}$$

再取两维幺正变换 A_3

$$A_3 = \frac{1}{\sqrt{|a_1|^2+|a_2|^2+|a_3|^2}}\begin{pmatrix} \sqrt{|a_1|^2+|a_2|^2} & a_3^* \\ a_3 & -\sqrt{|a_1|^2+|a_2|^2} \end{pmatrix} \tag{10.14a}$$

它仅对子空间$\{|e_1\rangle,|e_3\rangle\}$作用,对相应的余空间为恒等变换,于是有

$$A_3\begin{pmatrix} \sqrt{|a_1|^2+|a_2|^2} \\ a_3 \end{pmatrix} = \begin{pmatrix} \sqrt{|a_1|^2+|a_2|^2+|a_3|^2} \\ 0 \end{pmatrix} \tag{10.14b}$$

如此继续下去,可得

$$A_d\cdots A_3A_2\begin{pmatrix} a_1 \\ a_2 \\ \vdots \\ a_d \end{pmatrix} = \sqrt{|a_1|^2+|a_2|^2+\cdots|a_d|^2}\begin{pmatrix} 1 \\ 0 \\ \vdots \\ 0 \end{pmatrix} \tag{10.15}$$

其次,令$|\Phi_1\rangle,|\Phi_2\rangle,\cdots,|\Phi_d\rangle$是任意给定的 d 维幺正变换 U 的本征矢量(它们彼此正交),相应本征值分别为:$e^{i\Phi_1},e^{i\Phi_2},\cdots,e^{i\Phi_d}$。

将上面的步骤用于$|\Phi_1\rangle$之后再乘以 $e^{i\Phi_1}$,就是说

$$|\Phi_1\rangle \rightarrow e^{i\Phi_1}|e_1\rangle \tag{10.16}$$

然后将$|e_1\rangle$逆映射为$|\Phi_1\rangle$,于是有

$$(A_2^{(1)})^{-1}\cdots(A_d^{(1)})^{-1}\begin{pmatrix} e^{i\Phi_1} & 0 & & \\ 0 & 1 & & \\ & & \ddots & \\ & & & 1 \end{pmatrix}A_d^{(1)}\cdots A_2^{(1)}|\Phi_1\rangle = e^{i\Phi_1}|\Phi_1\rangle \tag{10.17}$$

这里共有$(d-1)+1+(d-1)=2d-1$ 个两维幺正变换。对每个本征矢量$|\Phi_j\rangle$都重复如此做法,并注意,由于$|\Phi_1\rangle$和$|\Phi_j\rangle(j=2,\cdots,d)$彼此正交,因而

$$(A_2^{(1)})^{-1}\cdots(A_d^{(1)})^{-1}\begin{pmatrix} e^{i\Phi_1} & 0 & & \\ 0 & 1 & & \\ & & \ddots & \\ & & & 1 \end{pmatrix} A_d^{(1)}\cdots A_2^{(1)} \mid \Phi_j\rangle = \mid \Phi_j\rangle,(j=2,\cdots,d) \tag{10.18}$$

这是由于列矢量 $A_d^{(1)}\cdots A_2^{(1)}|\Phi_j\rangle(j\neq1)$中的第一个元素必定为零，而为零则是因为此列矢量必须和 $A_d^{(1)}\cdots A_2^{(1)}|\Phi_1\rangle=|e_1\rangle$正交。于是 U 就被表示成为 $d(2d-1)$个两维幺正变换的乘积。注意，由于 U 被分解为 d 的多项式个运算，按下面说法，U 的这种分解是有效算法。

应当指出，此后在文献[3]中有一个改进证明，表明 U 可以被表示成为 $d(d-1)/2$ 个两维幺正变换的乘积。显然，$d(d-1)/2<d(2d-1)$。由此，作为特例，一个 n 个 qubit 的量子存储器将至多可以被分解为 $2^{n-1}(2^n-1)$个两维幺正矩阵的乘积。当然，对于特殊的矩阵，还可以找到更有效也即更少数目的分解。但分解为两维幺正矩阵乘积个数最少不能少于$(d-1)$个(参见习题 9.1)。

采用所谓相邻 qubit 的 Gray 码，可以证明(参见文献[3])：任何针对单个 qubit 或两个不同 qubit 之间的两维幺正变换，更直接说，任何作用在一组 N 个 qubit 上的两维幺正变换，均可用一系列 $U(\alpha,\phi)$单量子门和 CNOT 双量子门的依序作用来实现。于是，就量子计算而言，这两个逻辑门是普适的。

10.2.3 分解举例

作为一个分解例子，现在分解第九章中 S 能级任意量子态 Teleportation 过程中的幺正变换算符 U_{AC}。

在那里，利用 $L(>\log S)$个两能级 EPR 对进行单个 S 能级粒子态的超空间转移。而算符 U_{AC}是表示 Alice 对她手中的$(L+1)$个粒子所进行的局域联合的幺正变换。而这种变换通过 L 个量子通道，影响着$(2L+1)$个粒子的状态。为了让操作成为可行，需要将对多体操作转化为两体操作，即将 U_{AC}分解为一系列两体幺正变换与单体幺正变换的先后作用。

可以发现，只需两种类型的幺正变换即可实现 U_{AC}的这种分解。第一种是对 S 能级单个粒子 C 量子态的离散 Fourier 变换 DFT_S。根据基$\{|m\rangle_C, m=0,1,\cdots,S-1\}$，此变换可定义为

$$\mathrm{DFT}_S: \mid m\rangle_C \rightarrow \frac{1}{\sqrt{S}}\sum_{j=0}^{S-1} e^{i2mj\pi/S} \mid j\rangle_C, \qquad m=0,1,\cdots,S-1 \tag{10.19}$$

第二种类型的幺正变换 U_{Ck}作用在 C 粒子与 A_k 粒子上，它的定义是

$$U_{Ck}: \mid m\rangle_C \mid n_k\rangle_{A_k} \rightarrow \mid m\rangle_C \mid m_k \oplus n_k\rangle_{A_k}$$

这两种变换的幺正性都是很容易证明的。于是由它们乘积所组成的任一算符也将是幺正的。

下面证明,利用U_{Ck}和DFT_S,可以将U_{AC}分解为

$$U_{AC} = \left(\prod_{k=0}^{L-1} U_{Ck}\right)\cdot \mathrm{DFT}_S \cdot \left(\prod_{k=0}^{L-1} U_{Ck}\right) \tag{10.20}$$

其中,因为$[U_{Ck'},U_{Ck}]=0,(k,k'=0,1,\cdots,L-1)$,所以上式中$U_{Ck}$的连乘积可以不分次序。

证明

$$\begin{aligned}
U_{AC}\,|\,m\rangle_C\,|\,n\,\rangle\!\rangle_A &= \frac{1}{\sqrt{S}}\sum_{j=0}^{S-1} \mathrm{e}^{\mathrm{i}2mj\pi/S}\,|\,j\rangle_C\,|\,f^{(n)}(j,m)\,\rangle\!\rangle_A \\
&= \frac{1}{\sqrt{S}}\sum_{j=0}^{S-1}\left(\mathrm{e}^{\mathrm{i}2mj\pi/S}\,|\,j\rangle_C \prod_{k=0}^{L-1}\,|\,n_k \oplus m_k \oplus j_k\rangle_{A_k}\right) \\
&= \left(\prod_{k=0}^{L-1} U_{Ck}\right)\left\{\left(\frac{1}{\sqrt{S}}\sum_{j=0}^{S-1}\mathrm{e}^{\mathrm{i}2mj\pi/S}\,|\,j\rangle_C\right)\left(\prod_{k=0}^{L-1}\,|\,n_k\oplus m_k\rangle_{A_k}\right)\right\} \\
&= \left(\prod_{k=0}^{L-1} U_{Ck}\right)\left\{(\mathrm{DFT}_S\,|\,m\rangle_C)\left(\prod_{k=0}^{L-1}\,|\,n_k\oplus m_k\rangle_{A_k}\right)\right\} \\
&= \left\{\left(\prod_{k=0}^{L-1} U_{Ck}\right)\cdot \mathrm{DFT}_S\cdot\left(\prod_{k=0}^{L-1} U_{Ck}\right)\right\}(|\,m\rangle_C\,|\,n\,\rangle\!\rangle_A)
\end{aligned}$$

由于$|m\rangle_C|n\,\rangle\!\rangle_A(m=0,1,\cdots,S-1;n=0,1,\cdots,L-1)$构成$A+C$体系的完备基,所有的到上述的$U_{AC}$的分解式。 证毕。

作为特例,当$S=3$时,U_{AC}将依序分解为$U_{C1}U_{C0}\mathrm{DFT}_S U_{C0}U_{C1}$总共5个幺正变换的连乘积。

§10.3 量子计算机及量子网络的DiVincenzo标准

下面分别介绍DiVincenzo关于量子计算机的五条标准,和关于量子网络的两条标准[5]。按照这些标准,便于对各种实验实现方案的潜在能力、现状和预期进展做出客观统一的评价。

10.3.1 关于量子计算机的五条DiVincenzo标准

i) 具有较好特性的量子位和一定规模的量子位体系;

ii) 可将全部量子位初始化为简单同一基准态的能力;

iii) 相对于门的运算时间来说,有长得多的退相干时间;

iv) 量子门彼此可作普适的插接;

v) 对任何特定量子位进行测量的能力。

10.3.2 关于量子计算机的量子网络功能附加的两条必要标准

i) 在飞行量子位和定态量子位之间的转换能力；

ii) 在规定地点之间可信地传送飞行量子位的能力。

练 习 题

10.1 证明：存在一个 $d\times d$ 的幺正矩阵 U，它不能被分解为少于 $(d-1)$ 个二维幺正矩阵的乘积。

10.2 验证：$\frac{1}{2}$ 自旋的 SU(2) 代数可用两模耦合谐振子来表示

$$\begin{cases}\sigma_z \to a^+ a - b^+ b \\ \sigma_x \to a^+ b + ab^+ ; \quad \sigma_+ \to a^+ b \\ \sigma_y \to -\mathrm{i}(a^+ b - ab^+) ; \quad \sigma_- \to ab^+\end{cases}$$

这里，$\sigma_\pm = \left(\frac{\sigma_x \pm \mathrm{i}\sigma_y}{2}\right)$。接着表明：描述反射率为 $R\equiv\cos\theta$ 的量子分束器（beamsplitter）作用的 Hamiltonian 为 $H_{\mathrm{bs}} = \mathrm{i}\theta(ab^+ - a^+ b)$。

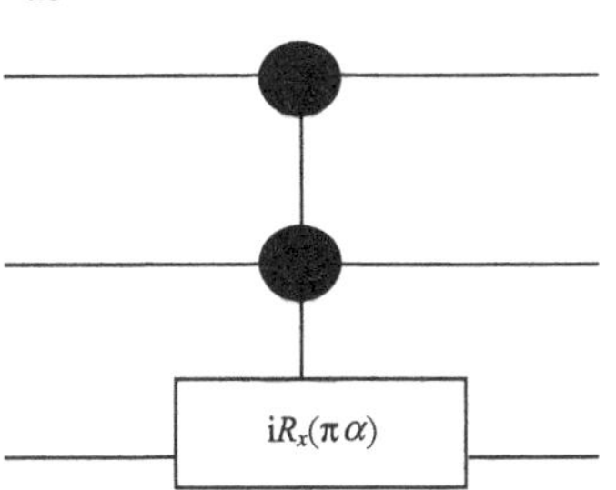

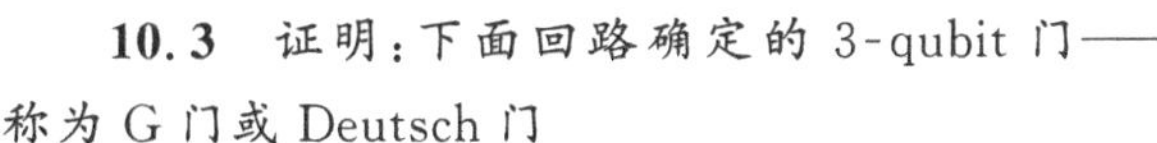

10.3 证明：下面回路确定的 3-qubit 门——称为 G 门或 Deutsch 门

当 α 是无理数时，对量子计算也是普适的。

参 考 文 献

1 A Ekert, et al. Rev Mod Phys, 1996, 68: 733

2 J Preskill. Lecture Notes for Physics 229: Quantum Information and Computation. CIT, 1998, 242～245

3 M A Nielsen and I L Chuang. Quantum Computation and Quantum Information. Cambridge Univ Press, 25～26, 159

4 ibid. 216, 637

5 A Quantum Information Science and Technology Roadmap, Part 1 : Quantum Computation, Appendix A-2, LA-UR-04-1778, 2004

6 S B Zheng, et al. PRL, 2003, 90: 217901

7 L X Cen, et al, PRL, 2003, 90: i47902

8 J F Du, et al. PRL, 2003, 91: 100403

9 S L Zhu, et al. PRL, 2003, 91: 187902

第十一章 量子算法

§11.1 概论——量子算法的基本特征

11.1.1 经典的计算复杂性理论

在数字计算中,某些计算是快的(如乘法)

$$127 \times 229 = ?$$

某些计算则是慢的(因子分解)

$$? \times ? = 29083$$

引入计算复杂性理论的两个术语:

输入规模 $L = \log_2 N$——输入数 N 的二进制码的位数,即为存储它所需 qubit 数。

某算法 Ω 的复杂性 $f_\Omega(L)$——该算法的效果,比如执行该算法所花费的时间 T 或运行步骤数 n。

定义 如果一种算法 Ω 的复杂性 $f_\Omega(L)$ 随着输入规模 L 增加以不快于多项式 Poly(L) 的速度增加,即如果运算步骤 n 满足

$$n \leqslant \text{Poly}(\log_2 N)$$

这里,Poly(x) 为 x 的任一多项式,就称此算法 Ω 为快算法或有效算法。否则称为慢算法或无效率算法。

例 1 大数 N 的质数因式分解

已知某大数是两个质数相乘的结果,求这两个质数因子。若试用 $1 \rightarrow \sqrt{N}$ 去除,这一算法所需步骤的数量级为 $\sqrt{N} = 2^{\frac{1}{2}\log_2 N}$。这是 $\log_2 N$ 的指数函数,不是任何有限阶多项式,因而这一算法不是有效算法。

例 2 海量元素集合中的遍历搜寻。

在元素总数为 N 的不同而又随机排列集合中,寻找某一(或某些)所要的元素。比如,已知某种特征或数据去找相应的人名,或者只知道北京某人的名字,要在北京市电话簿中找他的电话号码等。这类遍历搜寻算法的总步骤也不能表示为 $\log_2 N$ 的有限阶多项式,所以也不是一种有效算法。

实际上,还有许多著名计算问题,按经典计算复杂性理论,都不存在快算法。例如:寻求标准布尔方程解——适定性问题;三维匹配问题;顶点覆盖问题;哈密顿

圈问题;剖分问题;旅行售货员问题;中国邮递员问题;量子系统的经典模拟问题(不可能——费曼)等等。

11.1.2　量子算法的基本特征

众所周知,经典算法理论本身和量子力学毫无关系,也完全不依靠物理学。但现在,量子算法利用量子力学许多基本特性,如相干叠加性、并行性、纠缠性、测量坍缩等,这些纯物理性质为计算效率的提高带来极大帮助,形成一种崭新的计算模式——量子算法。有些问题,依据经典计算复杂性理论,是不存在有效算法的,但在量子算法的框架里却找到了有效算法。本来,物理学和数学发展的历史都是物理学利用和依靠数学,现在则是量子力学的物理原理帮助数学去突破数学理论原有的限制。通过量子计算,物理学第一次在真正意义上帮助、发展和改进了计算数学。由此,经典计算复杂性理论需要做重大修改,以便容纳这种崭新的量子计算理论。

一般地说,量子算法有两个存储器 A 和 B,先将 A 的各个 qubit 转 $\frac{\pi}{2}$,得到存储器的计算初态

$$\underset{A}{|0\rangle\rangle}(\otimes\underset{B}{|0\rangle\rangle})\Rightarrow\frac{1}{\sqrt{q}}\sum_{a=0}^{q-1}\underset{A}{|a\rangle\rangle}(\otimes\underset{B}{|0\rangle\rangle}) \tag{11.1}$$

这时,为实施算法 f 的多重量子逻辑门操作组合成一个总的幺正算符 $U(f)$。它作用于存储器 A 和 B;利用量子算法的并行性,同时对 A 求和式中所有自变数 a 的每一项作用,一次性地算得相应的全部函数值 $f(a)$;接着,利用 U 中的相互作用,迅即存入 B 中各对应的量子态内,造成两个存储器量子态的纠缠

$$U(f)\frac{1}{\sqrt{q}}\sum_{a=0}^{q-1}|a\rangle\rangle|0\rangle\rangle=\frac{1}{\sqrt{q}}\sum_{a=0}^{q-1}U(f)|a\rangle\rangle\otimes|0\rangle\rangle=\frac{1}{\sqrt{q}}\sum_{a=0}^{q-1}|a\rangle\rangle\otimes|f(a)\rangle\rangle \tag{11.2}$$

然后,测量 A(或 B)存储器,造成 A(或 B)的坍缩,带动 B(或 A)的关联坍缩。最后达到相应计算的目的。

§11.2　Deutsch 量子算法

11.2.1　Deutsch 问题

对单个 qubit 变换共有 4 种方式(输入为 $x=0,1$)

$$\left.\begin{aligned}f_1(x)&=x\\f_2(x)&=\bar{x}\end{aligned}\right\}\text{平衡变换型} \tag{11.3a}$$

$$\left.\begin{array}{l} f_3(x)=0 \\ f_4(x)=1 \end{array}\right\} \text{常数变换型} \tag{11.3b}$$

如何用一次计算即可判断一个未知的 $f(x)$属于哪一类型？

Deutsch 问题答案：经典算法必须两次；量子算法只需一次。

11.2.2 Deutsch 量子算法步骤

a) 计算初态 $|0\rangle \otimes |0\rangle \rightarrow \frac{1}{2}\sum_{x=0}^{1} |x\rangle \otimes (|0\rangle - |1\rangle)$

b) 对第一个 qubit$|x\rangle(x=0,1)$两个态执行并行计算 $f(x)$，再利用两个 qubit 之间的相互作用，将结果加入第二个 qubit。形成如下式左边的两个 qubit 的纠缠态

$$\frac{1}{2}\sum_{x=0}^{1} |x\rangle \otimes (|0+f(x)\rangle - |1+f(x)\rangle) = \frac{1}{2}\sum_{x=0}^{1} (-1)^{f(x)} |x\rangle \otimes (|0\rangle - |1\rangle) \tag{11.4}$$

c) 结果：第一个 qubit 的态为

$$\begin{cases} \frac{1}{\sqrt{2}}(|0\rangle + |1\rangle), & \boldsymbol{P} = +\boldsymbol{e}_x, f(x)\text{ 为常数型} \\ \frac{1}{\sqrt{2}}(|0\rangle - |1\rangle), & \boldsymbol{P} = -\boldsymbol{e}_x, f(x)\text{ 为平衡型} \end{cases} \tag{11.5}$$

d) 测 $\boldsymbol{P}$，或对第一个 qubit 执行 $Y\left(\frac{\pi}{2}\right)$，最后即得

$$\begin{cases} |0\rangle \rightarrow f(x)\text{ 常数型} \\ |1\rangle \rightarrow f(x)\text{ 平衡型} \end{cases} \tag{11.6}$$

§11.3 量子分立傅里叶变换 DFT_q[1]

11.3.1 分立傅里叶变换

定义 分离傅里叶变换 DFT_q 是如下 q 维幺正变换（mod q，$q=2^L-1$，L 为 qubit 位数）

$$|a\rangle\!\rangle \Rightarrow \frac{1}{\sqrt{q}}\sum_{c=0}^{q-1} \exp(2\pi \mathrm{i} ac/q) |c\rangle\!\rangle \tag{11.7a}$$

或者更一般地为

$$\sum_a f(a) \mid a \rangle\!\rangle \Rightarrow \begin{cases} \sum_{c=0}^{q-1} \tilde{f}(c) \mid c \rangle\!\rangle \\ \tilde{f}(c) = \dfrac{1}{\sqrt{q}} \sum_{a=0}^{q-1} \exp(2\pi i ac/q) f(a) \end{cases} \tag{11.7b}$$

11.3.2 算法的实施

i) 取下面两种变换

$$\begin{cases} A_j = \dfrac{1}{\sqrt{2}}(\sigma_x^{(j)} - \sigma_z^{(j)}) \\ B_{jk} = e^{i\theta_{jk}\hat{n}_j\hat{n}_k} = 1 + \hat{n}_j\hat{n}_k(e^{i\theta_{jk}} - 1) \end{cases}, \quad \text{对第 } j \text{ 个 qubit} \tag{11.8a}$$

这里，$\theta_{jk}=\pi/2^{k-j}$。A_j 只对第 i 个 qubit 作用，其中 $\sigma_x^{(j)}$ 是无条件的位翻转，$-\sigma_z^{(j)}$ 定义一种相位反转：对 1 态反号，对 0 态不反号。B_{jk} 作用是：当且仅当这两个 qubit 都是 1 时，添一个相因子，对其他情况它相当于是个常数算符。所以，

$$\begin{cases} A_j \mid a_j\rangle = \dfrac{1}{\sqrt{2}} \sum_{b_j=0}^{1} \exp(\pi i a_j b_j) \mid b_j\rangle \\ B_{jk} \mid b_k\rangle \otimes \mid a_j\rangle = \exp(i\theta_{jk} a_j b_k) \mid b_k\rangle \otimes \mid a_j\rangle \end{cases}, \quad (a_j, b_k = 0, 1) \tag{11.8b}$$

ii) 以下面序列作用于输入态

$$(A_0 B_{0,L-1} \cdots B_{0,1}) \cdots (A_j B_{j,L-1} \cdots B_{j,j+1}) \cdots (A_{L-2} B_{L-2,L-1}) A_{L-1} \mid \text{input}\rangle$$

iii) 将结果中所有态矢里二进制码字顺序全部颠倒，便得到最后结果

$$\text{DFT}_q \mid a_{L-1}, a_{L-2}, \cdots, a_0\rangle = (A_0 B_{0,L-1} \cdots B_{0,1}) \cdots A_{L-1} \mid \text{input}\rangle \mid_{\text{调换}} \tag{11.9}$$

以 $|3\rangle\!\rangle = |011\rangle$ 为算例

$$\begin{aligned} A_0 B_{02} B_{01} A_1 B_{12} A_2 \mid 011\rangle = \left(\frac{1}{\sqrt{2}}\right) \{ &\mid 000\rangle - \mid 001\rangle - e^{i\frac{\pi}{2}} \mid 010\rangle + e^{i\frac{\pi}{2}} \mid 011\rangle \\ &+ e^{i\frac{\pi}{4}} \mid 110\rangle - e^{i\frac{\pi}{4}} \mid 111\rangle + e^{i\frac{3\pi}{4}} \mid 100\rangle - e^{i\frac{3\pi}{4}} \mid 101\rangle \} \\ \Rightarrow \text{DFT}_q \mid 011\rangle = \frac{1}{\sqrt{8}} \{ &\mid 000\rangle - \mid 100\rangle - e^{i\frac{\pi}{2}} \mid 010\rangle \\ &+ e^{i\frac{\pi}{2}} \mid 110\rangle + e^{i\frac{\pi}{4}} \mid 011\rangle - e^{i\frac{\pi}{4}} \mid 111\rangle \\ &+ e^{i\frac{3\pi}{4}} \mid 001\rangle - e^{i\frac{3\pi}{4}} \mid 101\rangle \} \end{aligned}$$

可以直接利用 DFT_q 定义检验这一结果。

§11.4 量子 Shor 算法[5]

11.4.1 任务

设有一个很大的奇数 N 为两个质数 n_1 和 n_2 的乘积。现在计算任务是:已知 N,求 n_1 和 n_2。

算法背景:按经典计算复杂性理论,这个问题不存在有效算法,所以是各类加密编码方法最初的理论基础。

11.4.2 Shor 量子算法步骤简单概括

i) 随机取 $y<N$ 并与 N 互质[即它们俩最大公约数——the greatest common divisor,$\gcd(y,N)=1$]。用 Shor 量子算法求下面函数 $F_N(a)$的周期 r

$$F_N(a) = y^a \bmod N \tag{11.10a}$$

这里,mod$N$ 的意思是从数 y^a 中抠去 N 的正数倍,只留下余数。

注意,这个余数将是数 a 的周期函数。因为,设函数 $\phi(N)$的数值是小于给定正整数 N 并和 N 互质的正整数的个数。利用数论中以函数 $\phi(N)$表示的"欧拉定理:$y^{\phi(N)}\equiv 1 \bmod N$ *if* $\gcd(y,N)=1$"[注意,欧拉定理是说,当 $\gcd(y,N)=1$ 时,函数 $\phi(N)$肯定是此余子式的周期,但反之未必。即余子式的周期并不总是函数 $\phi(N)$。]。于是,现在因为有 $\gcd(y,N)=1$,按欧拉定理这个周期 r 一定存在。即有

$$y^{b+r} = y^b \bmod N \Rightarrow y^r = 1 \bmod N \tag{11.10b}$$

ii) 若 r 为奇数,返回 i)重新取 y;若 r 为偶数,取 $y^{\frac{r}{2}}\equiv x$,由上式就得到

$$x^2 = 1 \bmod N \tag{11.11a}$$

iii) 下面去确定 x 与所求 n_1 和 n_2 的关系。由于已知 $N=n_1n_2$,并且 $\gcd(n_1, n_2)=1$,按孙子定理(Chinese remainder theorem),求解方程(11.11a)中的 x 等价于求解下面的同余式方程组(见后)

$$\begin{cases} x_1 - 1 = 0 \bmod n_1 \\ x_1 + 1 = 0 \bmod n_2 \end{cases}, \quad \begin{cases} x_2 - 1 = 0 \bmod n_2 \\ x_2 + 1 = 0 \bmod n_1 \end{cases} \tag{11.11b}$$

iv) 方程(11.11b)说明,$(x-1)$和$(x+1)$可为 n_1 或 n_2 所尽数,也即它们与所求 n_1 或 n_2 是整数倍关系。于是,n_1 和 n_2 必定可以由$(x-1)$及$(x+1)$与 N 的公因子给出,即有

$$\begin{aligned} n_1 &= \gcd(x-1,N) \\ n_2 &= \gcd(x+1,N) \end{aligned} \tag{11.12}$$

现在可以采用“Euclid 算法”(用“余数辗转相除法”来求最大公约数)得到这两个公因子 n_1 和 n_2。最后再经验算 $n_1 \cdot n_2 = N$ 予以确定。

11.4.3 上面步骤中，最关键的是第一步，即求周期 r

按 Shor 量子算法，它被规划为：

i) 将“$y^{a+r}\mathrm{mod}N = y^a\mathrm{mod}N$ 的周期 r”问题等价转化为“$y^r = 1\mathrm{mod}N$”问题。

ii) 用量子逻辑门按算法组合而成的幺正变换去计算 y^a 的余数，存入第二个存储器中

$$\frac{1}{\sqrt{q}}\sum_{a=0}^{q-1} | a \rangle\rangle | 0 \rangle\rangle \xrightarrow[\text{存入第二个存储器}]{\text{计算 } y^a\mathrm{mod}N} \frac{1}{\sqrt{q}}\sum_{a=0}^{q-1} | a \rangle\rangle | y^a\mathrm{mod}N \rangle\rangle \tag{11.13}$$

iii) 对第二个存储器进行测量，设它坍缩到某个 z 值

$$z = y^l\mathrm{mod}N \tag{11.14}$$

注意，对同一个余数值 z，会有多个对应的 l 值，表明求和式(11.13)将会坍缩到许多项之和。详细些说是

$$y^{jr+l}\mathrm{mod}N = y^l\mathrm{mod}N = z \tag{11.15}$$

即对同一个 z，有以下各值(A 是在 $q-l$ 区间内最多能容纳 r 的个数)

$$a = l, l+r, l+2r, \cdots, l+Ar \tag{11.16}$$

$$\left(A < \left[\frac{q-l}{r}\right]\right)$$

在对第二个存储器测量时，第一个存储器的量子态将关联坍缩，成为

$$| \phi_l \rangle\rangle = \frac{1}{\sqrt{A+1}}\sum_{j=0}^{A} | jr+l \rangle\rangle \tag{11.17}$$

这个态是以 r 为周期的一组态(包含 l)的叠加(除两个端部以外。但由于 N 很大，求和项数很多，非常近似于周期函数)。

iv) 为了找出这个周期 r 值，对第一个存储器作快速傅里叶变换 DFT_q

$$\begin{cases}\mathrm{DFT}_q | \phi_l \rangle\rangle = \sum\limits_{c=0}^{q-1} \tilde{f}(c) | c \rangle\rangle \\ \tilde{f}(c) = \dfrac{\sqrt{r}}{q}\sum\limits_{j=0}^{[q/r-1]} \exp[2\pi\mathrm{i}(jr+l)c/q]\end{cases} \tag{11.18}$$

如同平常的傅里叶变换那样，由于 $| \phi_l \rangle\rangle$ 很近似于周期函数，它经受快速傅里叶变换的结果，将使变换后的右边求和式(11.18)中振幅分布呈现明显的集中。这就为下一步对右边此态做测量而产生坍缩时，提供了较好的成功概率。

v) 对第一个存储器做测量

它以 $\mathrm{Prob}(c)=|\tilde{f}(c)|^2$ 的概率坍缩到 $|c\rangle\rangle$ 态。坍缩同时就测得了 c 值，通常它应当落在零值附近如下较小的区间内

$$-\frac{r}{2}\leqslant rc \bmod q\leqslant\frac{r}{2} \tag{11.19}$$

否则 $\tilde{f}(c)$ 中求和式各项相因子的相位差异较大，由于求和项数太多，大量相位差异较大的相因子将会互相抵消。于是向这种 $\tilde{f}(c)$ 坍缩的概率将很小。式(11.19)说明，乘积 rc 的数值大体是 q 值的整数倍，相差数值不大于 r 值。就是说，存在正整数 $c'(0\leqslant c'\leqslant r-1)$，使得 rc 在减去 c' 倍的 q 之后，差值的绝对值将落在 $\frac{r}{2}$ 之内，即应当有

$$|rc-c'q|\leqslant\frac{r}{2}\rightarrow\left|\frac{c}{q}-\frac{c'}{r}\right|\leqslant\frac{1}{2q} \tag{11.20}$$

这里，$c,q(q\geqslant N^2)$ 为已知，r,c' 是未知比值数，但所求比值是两个正整数之比，总是有理数。按照连分数的一个定理，可以将 $\frac{c'}{r}$ 表示为在 $\frac{c}{q}$ 连分数基础上的一个有限阶连分数[1]。

于是，若 c' 和 r 互质，即 $\gcd(c',r)=1$，由连分数定理所得比值 $\frac{c'}{r}$ 可直接获得 r 值。此时将所得 r 值代入 $y^r=1\bmod N$ 式中很容易地检验其正确性。如不互质，就是说它俩有公因子，由于 $0\leqslant c'\leqslant r-1$，此时得出的 r 值将不是真正的 r 值，而是 r 的一个因子。由验算易知是错的(注意，问题本身就是求解答案很难，但检验答案却很容易!)。于是必须返回重新计算(注意，这时有方法，见文献[3]中 p. 231 第三种方法)。

如同所有的量子算法一样，因为涉及量子测量和坍缩，Shor 算法也是一种概率算法。它适用于求解很难，但检验却很容易的场合。

可以证明，上述算法是有效算法。具体地说，考虑到 Shor 算法各步骤的成功概率，对任意给定的一个小正数 ε，总存在(依赖 ε 的)关于输入长度 $\log_2 N$ 的一个多项式 $\mathrm{Poly}(\log_2 N)$ 数目的步骤，使得 Shor 算法在运行这么多步之后，成功给出 N 的因子 n_1 和 n_2 的概率大于 $(1-\varepsilon)$。详细见文献[1]。

11.4.4 量子 Shor 算法的两点注记

i) Shor 量子算法流程图

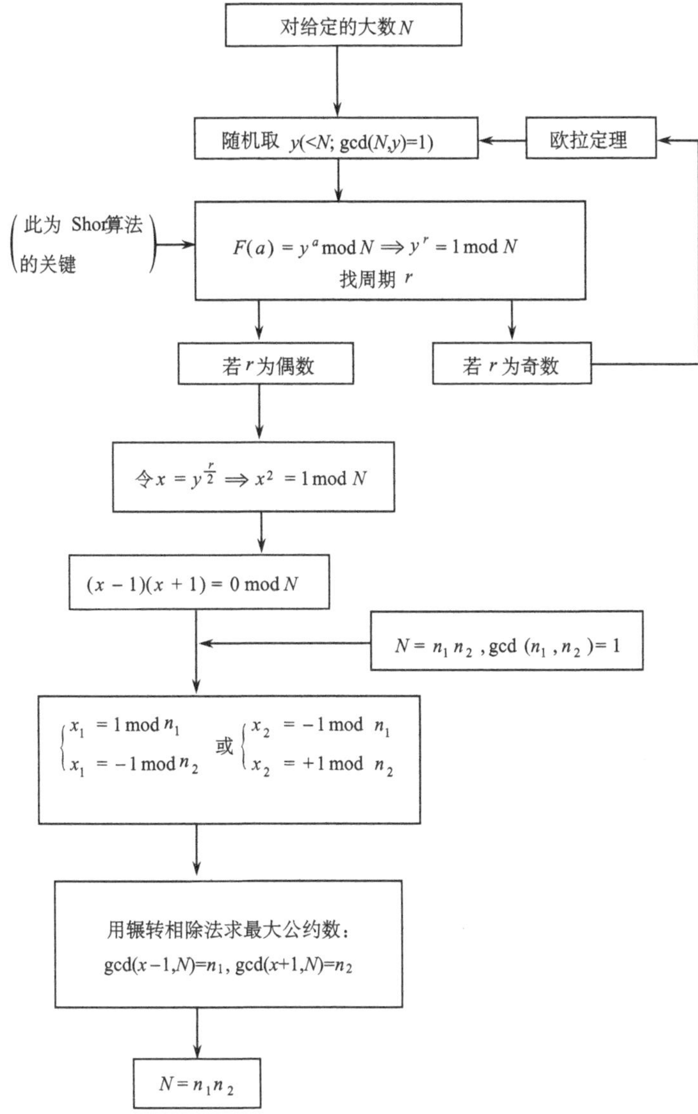

ii）孙子定理[7]

这个定理最初为我国古代《孙子算经》所载，是关于求解同余式方程组的。问题是："今有物不知其数，三三数之剩二，五五数之剩三，七七数之剩二。问物几何？"

答案是23。

求解可用程大位所著《算法统宗》中的歌诀。歌诀为

三人同行七十稀　　(3－70)
五树梅花廿一枝　　(5－21)
七子团圆正半月　　(7－15)
除百零五便得知　　(mod105)

m_i	3	5	7
$M_i=M/m_i$	35	21	15
$N_i=M_i^{-1}(\text{mod}m_i)$	2	1	1

这里，$M=m_1m_2m_3=105$，$\gcd(m_i,M_i)=1$，$N_iM_i=1(\text{mod}m_i)$。根据 m_i 求得 M_i，N_i 之后，设 a_i 为余数，即得

$$\begin{aligned}x &= (a_1N_1M_1+a_2N_2M_2+a_3N_3M_3)(\text{mod}M)\\ &= (2\times70+3\times21+2\times15)(\text{mod}105)=233(\text{mod}105)=23\end{aligned}$$

一般情况的同余式组

$$\begin{cases}x=a_1\text{mod}m_1\\ \qquad\vdots\\ x=a_k\text{mod}m_k\end{cases}\qquad(\gcd(m_im_j)=1)$$

iii) Shor 算法一个简单的例算说明

给定　$N=21$　　$(n_1n_2=3\times7)$

取　$Y=11$

$F(a)=11^a\text{mod}N$：

$F(a+r)=11^{a+r}\text{mod}N=11^a\text{mod}N=F(a)$，$r$ 为周期$(\text{mod}N)$

a	1	2	3	4	5	6	7	8	9	10	11	12
11^a mod 21	11	16	8	4	2	1	11	16	8	4	2	1

$$11^6=1\text{mod}21$$

$$\left\{\Rightarrow 11^{12}=1\text{mod}21\begin{pmatrix}\because 11^{12}-1=(11^6+1)(11^6-1)=(11^6+1)\cdot k\cdot 21\\ =l\cdot 21=0\text{mod}21\end{pmatrix}\right\}$$

$$\therefore\quad r=6$$

$$x=y^{\frac{r}{2}}=11^3=1331\text{mod}21=8\text{mod}21$$

$$x\pm1=9,7$$

$$\gcd(9,21)=3,\qquad \gcd(7,21)=7$$

$$\therefore\quad N(21)=3\times7$$

§11.5　量子 Grover 算法——“量子摇晃”或量子搜寻算法[6]

L K Grover ：

Quantum Mechanics Helps in Searching for a Needle in a Haystack

——***Phys. Rev. Lett.* 1997, *Vol.* 79, *No.* 2**

11.5.1　Grover 算法——遍历搜寻问题的量子算法

遍历搜寻问题的任务是从一个海量元素的无序集合中，找到满足某种要求的元素。要验证给定元素是否满足要求很容易，但反过来查找这些合乎要求的元素则很费事，因为这些元素并没有按要求进行有序的排列，并且数量又很大。在经典算法中，只能按逐个元素试下去，这也正是“遍历搜寻”这一名称的由来。此问题用 Grover 算法解决已经不再需要“遍历”了，但人们仍然沿袭着历史上的称呼。显然，在经典算法中，运算步骤 n 与被搜寻集合中元素数目 N 成正比。若该集合中只有一个元素符合要求，为使搜寻成功率趋于 100%，一般说来步骤数 n 要接近于 N。而在 Grover 算法中，使搜寻成功的运算步骤 n 只与 $\sqrt{N}$ 成正比。由此看来，与经典算法相比，Grover 算法的高效率是一目了然的；而且 N 越大越能显示出 Grover 算法的优越性。

11.5.2　对 Grover 算法具体操作的说明

设被查找的集合为 $\{|i\rangle\} = \{|0\rangle, |1\rangle, \cdots |N-1\rangle\}$；从这类问题的实际意义出发，可以假定 $N \gg 1$。假设所有符合所设条件的元素组成集合 Z。不妨先考虑此集合 Z 中元素是唯一的情况，设此元素为 $|x\rangle$。在开始查找之前要对系统进行初始化（对每一个 qubit 的初态进行 Hadamard 变换），使之处于 $|\varphi_0\rangle = \dfrac{1}{\sqrt{N}}\sum\limits_{i=0}^{N-1}|i\rangle$ 态上。定义算符 $\hat{C}$

$$\hat{C}\,|i\rangle = \begin{cases} |i\rangle, & |i\rangle \neq |x\rangle \\ -|i\rangle, & |i\rangle = |x\rangle \end{cases} \tag{11.21a}$$

这种算符很容易构造，比如令 $\hat{C}=1-2|x\rangle\langle x|$。它的作用是把符合条件态前面的系数变号；而另一个算符为

$$\hat{D} \equiv 2\hat{P} - \hat{I} = \frac{2}{N}\begin{pmatrix} 1 & 1 & \cdots & 1 \\ 1 & 1 & \cdots & 1 \\ 1 & 1 & \cdots & 1 \\ 1 & 1 & \cdots & 1 \end{pmatrix} - \begin{pmatrix} 1 & & & 0 \\ & 1 & & \\ & & \ddots & \\ 0 & & & 1 \end{pmatrix} \tag{11.21b}$$

这里，$\hat{P}$ 是一个对展开式中所有本征数态的系数进行平均的算符，$\hat{I}$ 是单位算符。现把算符 $\hat{D}\hat{C}$ 反复作用在$|\varphi_0\rangle$上，并称一次作用为一次"迭代"。为了研究 n 次迭代

$$|\varphi_n\rangle \equiv (\hat{D}\hat{C})^n |\varphi_0\rangle$$

的表示，先把$|\varphi_0\rangle$写为

$$|\varphi_0\rangle = \frac{1}{\sqrt{N}}|x\rangle + \frac{1}{\sqrt{N}}\sum_{\substack{i=0\\(i\neq x)}}^{N-1}|i\rangle \equiv |\alpha\rangle + |\beta\rangle$$

现将 $\hat{D}\hat{C}$ 分别作用在$|\alpha\rangle$和$|\beta\rangle$上，经计算可得

$$\begin{cases}\hat{D}\hat{C}|\alpha\rangle = \left(1-\dfrac{2}{N}\right)|\alpha\rangle - \dfrac{2}{N}|\beta\rangle \\ \hat{D}\hat{C}|\beta\rangle = \left(2-\dfrac{2}{N}\right)|\alpha\rangle + \left(1-\dfrac{2}{N}\right)|\beta\rangle\end{cases} \tag{11.22}$$

这表明$|\varphi_n\rangle$总是$|\alpha\rangle$和$|\beta\rangle$的线性组合，设为$|\varphi_n\rangle = a_n|\alpha\rangle + b_n|\beta\rangle$。将式(11.22)代入，可得 a_n，b_n 的递推关系及初值条件

$$\begin{pmatrix}a_n\\b_n\end{pmatrix} = \begin{pmatrix}1-\varepsilon, & 2-\varepsilon\\ -\varepsilon, & 1-\varepsilon\end{pmatrix}\begin{pmatrix}a_{n-1}\\b_{n-1}\end{pmatrix}，且 \begin{cases}a_0 = 1\\ b_0 = 1\end{cases} \tag{11.23}$$

这里，$\varepsilon = \dfrac{2}{N}$。由计算可知，考虑 $N \gg 1$ 的近似条件，经过 n 次迭代，有(证明见 11.5.3 小节)

$$\begin{cases}a_n \approx \sqrt{N}\sin\left(\dfrac{2n}{\sqrt{N}}\right)\\ b_n \approx \cos\dfrac{2n}{\sqrt{N}}\end{cases} \tag{11.24}$$

所以

$$|\varphi_n\rangle \approx \sin\left(\frac{2n}{\sqrt{N}}\right)|x\rangle + \frac{\cos\left(\dfrac{2n}{\sqrt{N}}\right)}{\sqrt{N}}\sum_{\substack{i=0\\(i\neq x)}}^{N-1}|i\rangle \tag{11.25}$$

若此时对$|\varphi_n\rangle$进行测量，按量子力学的测量公设，它坍缩到$|x\rangle$态的概率为

$$P|n\rangle = \left|\sin\left(\frac{2n}{\sqrt{N}}\right)\right|^2 \tag{11.26}$$

理想的迭代数次数应能使 $P(n)$尽量接近 1。$P(n)$是 n 的周期函数(因为上面的迭代运算都是幺正的，因而是可逆的，此时则表现为对迭代次数为周期的)；但我们显然应取满足条件的最小正整数 n 值。故取 $n_0 = \left[\dfrac{\pi}{4}\sqrt{N}\right]$，其中符号[ ]代表用四舍

五入法取整数(不是数学中的取不超过原数的整数)。n 为整数这一限制使得 $P(n_0)$ 并非 100%,但由于 $\frac{2n_0}{\sqrt{N}}\in\left[\frac{\pi}{2}-\frac{1}{\sqrt{N}},\frac{\pi}{2}+\frac{1}{\sqrt{N}}\right]$,搜寻失败的概率

$$1-p(n_0)\leqslant\cos^2\left(\frac{\pi}{2}-\frac{1}{\sqrt{N}}\right)=0\left(\frac{1}{N}\right) \tag{11.27}$$

在 $N\gg1$ 时,失败的概率可忽略不计。这样,Grover 算法的每次迭代中用 $\hat{C}$ 算符将符合条件的态 $|x\rangle$ 系数反向,而且在逐次反向过程中,$|x\rangle$ 在 $|\varphi_n\rangle$ 中所占比例越来越大,终于(经量子测量的波包坍缩)脱颖而出。人们把这种算法形象地称为"Grover 量子摇晃"——"量子抽签(Grover's quantum shake)"。

11.5.3　式(11.24)的证明

为了更清楚地看出 a_n,b_n 随 n 变化的趋势,下面求它们的通项公式。由式(11.23)知

$$\begin{pmatrix}a_n\\b_n\end{pmatrix}=\begin{pmatrix}1-\varepsilon, & 2-\varepsilon\\-\varepsilon, & 1-\varepsilon\end{pmatrix}^n\begin{pmatrix}1\\1\end{pmatrix} \tag{11.28}$$

求这个变换矩阵的 n 次幂。为此先求得变换矩阵的本征值,为

$$\lambda_+=1-\varepsilon+\sqrt{\varepsilon(\varepsilon-2)},\qquad \lambda_-=1-\varepsilon-\sqrt{\varepsilon(\varepsilon-2)} \tag{11.29}$$

设矩阵 $\begin{pmatrix}A_{11} & A_{12}\\A_{21} & A_{22}\end{pmatrix}^{-1}$ 可将它对角化,即设

$$\begin{pmatrix}1-\varepsilon & 2-\varepsilon\\-\varepsilon & 1-\varepsilon\end{pmatrix}=\begin{pmatrix}A_{11} & A_{12}\\A_{21} & A_{22}\end{pmatrix}\begin{pmatrix}\lambda_+ & 0\\0 & \lambda_-\end{pmatrix}\begin{pmatrix}A_{11} & A_{12}\\A_{21} & A_{22}\end{pmatrix}^{-1}$$

右乘 $\begin{pmatrix}A_{11} & A_{12}\\A_{21} & A_{22}\end{pmatrix}$,求得

$$\begin{pmatrix}A_{11} & A_{12}\\A_{21} & A_{22}\end{pmatrix}=\begin{pmatrix}\sqrt{\varepsilon-2} & \sqrt{\varepsilon-2}\\-\sqrt{\varepsilon} & \sqrt{\varepsilon}\end{pmatrix}$$

于是

$$\begin{pmatrix}A_{11} & A_{12}\\A_{21} & A_{22}\end{pmatrix}^{-1}=\frac{1}{2}\begin{pmatrix}\frac{1}{\sqrt{\varepsilon-2}} & \frac{-1}{\sqrt{\varepsilon}}\\\frac{1}{\sqrt{\varepsilon-2}} & \frac{1}{\sqrt{\varepsilon}}\end{pmatrix}$$

所以

$$\begin{pmatrix} 1-\varepsilon & 2-\varepsilon \\ -\varepsilon & 1-\varepsilon \end{pmatrix}^n = \begin{pmatrix} \sqrt{\varepsilon-2} & \sqrt{\varepsilon-2} \\ -\sqrt{\varepsilon} & \sqrt{\varepsilon} \end{pmatrix} \begin{pmatrix} \lambda_+^n & 0 \\ 0 & \lambda_-^n \end{pmatrix} \begin{pmatrix} \dfrac{1}{2\sqrt{\varepsilon-2}} & \dfrac{-1}{2\sqrt{\varepsilon}} \\ \dfrac{1}{2\sqrt{\varepsilon-2}} & \dfrac{1}{2\sqrt{\varepsilon}} \end{pmatrix} \tag{11.30}$$

将其代入 a_n, b_n 表达式,得到

$$\begin{pmatrix} a_n \\ b_n \end{pmatrix} = \frac{1}{2} \begin{pmatrix} \lambda_+^n \left(1-\sqrt{\dfrac{\varepsilon-2}{\varepsilon}}\right) + \lambda_-^n \left(1+\sqrt{\dfrac{\varepsilon-2}{\varepsilon}}\right) \\ \lambda_+^n \left(1-\sqrt{\dfrac{\varepsilon}{\varepsilon-2}}\right) + \lambda_-^n \left(1+\sqrt{\dfrac{\varepsilon}{\varepsilon-2}}\right) \end{pmatrix} \tag{11.31a}$$

将 $\lambda_\pm$ 代入此式,再利用 N(和 n)$\gg 1$ 的假定,即近似得到式(11.24)

$$\begin{cases} a_n \approx \dfrac{-\mathrm{i}\sqrt{N}}{2}\left[\left(1+\mathrm{i}\sqrt{\dfrac{\varepsilon}{2}}\right)(1+\mathrm{i}\sqrt{2\varepsilon})^n - \left(1-\mathrm{i}\sqrt{\dfrac{\varepsilon}{2}}\right)(1-\mathrm{i}\sqrt{2\varepsilon})^n\right] \\ \quad \approx \dfrac{\sqrt{N}}{2\mathrm{i}}\left(\mathrm{e}^{\mathrm{i}\frac{2n+1}{\sqrt{N}}} - \mathrm{e}^{-\mathrm{i}\frac{2n+1}{\sqrt{N}}}\right) = \sqrt{N}\sin\left(\dfrac{2n+1}{\sqrt{N}}\right) \approx \sqrt{N}\sin\left(\dfrac{2n}{\sqrt{N}}\right) \\ b_n \approx \dfrac{1}{2}\left[\left(1-\mathrm{i}\sqrt{\dfrac{\varepsilon}{2}}\right)(1+\mathrm{i}\sqrt{2\varepsilon})^n - \left(1+\mathrm{i}\sqrt{\dfrac{\varepsilon}{2}}\right)(1-\mathrm{i}\sqrt{2\varepsilon})^n\right] \\ \quad \approx \dfrac{1}{2}\left(\mathrm{e}^{\mathrm{i}\frac{2n-1}{\sqrt{N}}} + \mathrm{e}^{-\mathrm{i}\frac{2n-1}{\sqrt{N}}}\right) = \cos\left(\dfrac{2n-1}{\sqrt{N}}\right) \approx \cos\left(\dfrac{2n}{\sqrt{N}}\right) \end{cases} \tag{11.31b}$$

11.5.4 Grover 算法的物理实现

为方便起见,通常取 $N=2^l$,l 为正整数。这样,就可以用 l 个量子位按照二进制编码的规则来表示 $|i\rangle\rangle$。按前面第四节叙述,将 l 个量子位的存储器转入运算初态 $|\varphi_0\rangle$

$$\begin{aligned} |\varphi_0\rangle &= \frac{1}{\sqrt{2}}(|0\rangle+|1\rangle) \otimes \frac{1}{\sqrt{2}}(|0\rangle+|1\rangle) \otimes \cdots \otimes \frac{1}{\sqrt{2}}(|0\rangle+|1\rangle) \\ &= \frac{1}{\sqrt{2^l}}(|00\cdots0\rangle+|00\cdots1\rangle+\cdots|11\cdots1\rangle) = \frac{1}{\sqrt{N}}\sum_{i=0}^{N-1}|i\rangle\rangle \end{aligned}$$

定义 $\hat{C}_x$ 为

$$\hat{C}_x|i\rangle\rangle = \begin{cases} |i\rangle\rangle, i\notin X \\ -|i\rangle\rangle, i\in X \end{cases}, \qquad \text{其中 } \hat{C}_0|i\rangle\rangle = \begin{cases} |i\rangle\rangle, i\neq 0 \\ -|i\rangle\rangle, i=0 \end{cases} \tag{11.32}$$

引入 Walsh-Hadamard 变换 $\hat{T}$

$$\hat{T}|i\rangle\rangle = \frac{1}{\sqrt{N}}\sum_{j=0}^{N-1}(-1)^{i\cdot j}|j\rangle\rangle \tag{11.33}$$

其中,“$i\cdot j$”表示 i 与 j 两个数的二进制表示序列逐位相乘并求和,即,如果 $i=(C_{i,l-1},C_{i,l-2}\cdots C_{i,0})$,$j=(C_{j,l-1}C_{j,l-2}\cdots C_{j,0})$(各位的 C 值只能取 0 或 1),则 $i\cdot j\equiv\sum_{k=0}^{l-1}C_{ik}C_{jk}$。

下面证明 Grover 算法中迭代可用乘积算符 $\hat{G}\equiv-\hat{T}\hat{C}_0\hat{T}\hat{C}_x$ 实现[7]:

设 $|\varphi\rangle$ 为 $|0\rangle\rangle$, $|1\rangle\rangle$,$\cdots|N-1\rangle\rangle$ 的任一组合,$|\varphi\rangle=\sum_{j=0}^{N-1}a_j|j\rangle\rangle$;这里已经定义 $|\varphi'\rangle\equiv\hat{C}_x|\varphi\rangle$,$a'_k\equiv\begin{cases}a_k,k\notin X\\-a_k,k\in X\end{cases}$。于是有

$$\begin{aligned}\hat{G}|\varphi\rangle&=-\hat{T}\hat{C}_0\hat{T}|\varphi'\rangle=-\hat{T}\hat{C}_0\frac{1}{\sqrt{N}}\sum_{j=0}^{N-1}\sum_{i=0}^{N-1}(-1)^{i\cdot j}a'_j|i\rangle\rangle\\&=-\hat{T}\frac{1}{\sqrt{N}}\left[-2\left(\sum_{j=0}^{N-1}a'_j|0\rangle\rangle\right)+\sum_{j=0}^{N-1}\sum_{i=0}^{N-1}(-1)^{i\cdot j}a'_j|i\rangle\rangle\right]\\&=\left(\frac{2}{N}\sum_{j=0}^{N-1}a'_j\right)\sum_{k=0}^{N-1}|k\rangle\rangle-\frac{1}{N}\sum_{j=0}^{N-1}\sum_{i=0}^{N-1}\sum_{k=0}^{N-1}(-1)^{i\cdot j}(-1)^{i\cdot k}a'_j|k\rangle\rangle\end{aligned}\tag{11.34}$$

因为

$$\sum_{i=0}^{N-1}(-1)^{i\cdot j}(-1)^{i\cdot k}=N\delta_{jk}\tag{11.35}$$

所以

$$\hat{G}|\varphi\rangle=2\hat{P}|\varphi'\rangle-\sum_{k=0}^{N-1}a'_k|k\rangle\rangle=(2\hat{P}-\hat{I})\hat{C}_x|\varphi\rangle=\hat{D}\hat{C}_x|\varphi\rangle\tag{11.36}$$

以上简略介绍表明,Grover 量子摇晃的确是解决遍历搜寻问题的一种有力工具。它将搜寻次数与搜寻长度的关系由 $N\to\sqrt{N}$。当 N 较大时,它的优越性体现得尤其明显。例如,用 Grover 算法破解通用的 56 位加密标准(DES),只需$\propto2^{28}\approx2.68\times10^8$ 步,而经典算法则约需 $2^{55}\approx3.6\times10^{16}$ 步。若每秒计算十亿次,经典计算需 11 年,而 Grover 算法只需 3 秒钟。详细可见有关文献。另外,可以证明,这里的 Grover 量子摇晃算法是搜寻算法中最快的算法,它比任何可能的量子搜寻算法都要好[2]。

Grover 算法是最能体现量子并行性的算法,这种算法以它在遍历搜寻问题上的应用而著名,但这并不表示它不能用来处理其他问题。事实上,Grover 算法在解决经典算法难题方面的应用要比 Shor 算法较为广泛。从原则上讲,它可以解决诸如“求解困难而验证容易”的经典慢算法问题。但量子计算的实验实现方面仍然

存在一些重要的问题[8]。

练 习 题

11.1 已知文中 $y=11, N=21$ 的 Shor 算法例子里 $r=6$，现在再直接计算 Euler 的函数 $\phi(N)$ 数值，验证文中所说 Euler 定理的充分性。

11.2 检验 $5^r=1\mathrm{mod}21$ 的周期 r 是 6。

11.3 现拟一个应用孙子定理的类似问题："今有物不知其数，三三数之剩二，五五数之剩四，七七数之剩一。问物几何？"利用程大位歌诀给出计算结果。

11.4 验证：$\sum_{s=0}^{q-1}\exp(-2\pi isk/q)=q\delta_{k0}$。

11.5 变换 $\hat{T}|n\rangle=\frac{1}{\sqrt{2}}(|0\rangle+(-1)^n|1\rangle),(n=0,1)$ 是 Walsh-Hadamard 变换式(11.33)的特例。针对双 qubit 回路计算 $(\hat{T}_1\hat{T}_2)\hat{U}_{\mathrm{CNOT}}(\hat{T}_1\hat{T}_2)|j,k\rangle_{12}$。

参 考 文 献

1 A Ekert, et al. Rev Mod Phys, 1996, 68:733

2 J Preskill. Lecture Notes for Physics 229: Quantum Information and Computation. CIT, 1998, 242～245

3 M A Nielsen and I L Chuang. Quantum Computation and Quantum Information. Cambridge: Cambridge Univ Press, 25～26,159

4 ibid 216,637

5 P W Shor. Proc of the 35th Annual Symposium on the Foundations of Computer Science. edited by S Goldwasser. IEEE Computer Science, quantum ph/9508027；也见文献[3]

6 L K Grover. PRL, 1997,79:325; L K Grover. Science, 1998,280: 228; M A Nielsen and I L Chuang. Quantum Computation and Quantum Information. 248

7 陈景润. 初等数论. 北京：科学出版社，1978，83

8 王力军. 量子计算中有待解决的几个基本问题. 见：全国高校量子力学研究会年会上的报告，南京大学，2001

第十二章　量子误差纠正与保真度计算

§12.1　量子误差与纠正

12.1.1　量子误差的来源和类型

i）量子误差及其来源

和经典信息论的情况一样，由于量子位、量子门和量子存储器受环境和别的量子器件的相互作用影响，肯定会发生不希望的量子纠缠，这些纠缠造成所考虑信息的退相干。于是，在任何量子信息计算或存储过程中，总会有一定的概率出现失误。防止这些失误的一种办法是改进硬件，然而这会很费钱费事耗时，并且也不是任何情况下都能办得到。Shannon 为我们指出了这样一种办法，这就是：如其花力气在硬件上避免发生误差，不如花力气在软件上纠正误差会更好一些。纠正误差的基本办法是：当存在发生误差机制的时侯，通过附加某种冗余（redundent）信息的办法，也即，用添加额外的多余位信息的办法，能够正确地解读出所要的信息。

ii）量子误差的类型

从误差发生的部位来区分，误差的种类分为：

存储误差（memory errors）

运算误差（operation errors）

前者发生在所存储的信息上，不管这时有没有进行操作，这一般是静态型的误差；后者是在操作期间发生的，是动态型的误差。

从误差的性质来区分，误差的类型分为：

位翻转误差 ——σ_x 型；

相位翻转误差 ——σ_z 型；

混合型误差 ——σ_y 型。

本章集中讲述存储误差，因为这时相应的纠正手续易于理解。另一方面，它们不仅在量子计算中占据着重要地位，而且在量子通信和量子信息中也如此。只有当人们了解了怎样纠正存储误差之后，做一些与传递过程及时间相关的修改，人们就能了解怎样去纠正操作运行中的动态型误差。下面先简明地说一下经典计算机中纠正误差的最直接的方法，然后再谈量子计算机中怎样做。

另外显然,发生误差的概率和存储的持续时间 τ 有关,记为 $P(\tau)$。通常假定 $P(0)=0$。

12.1.2 简单的经典误差纠正码[1]

i) 码符与纠正前的失误概率

纠正误差的主要方法是基于“冗余码(redundent code)”的办法。比如,用 3 个 bit 联合起来,共同表示“0”位和“1”位。即

$$0_L = 000, \qquad 1_L = 111$$

于是每个“逻辑位(logical bit)”——称作码符(code word),实际上是由 3 个 bit 联合构成的。

于是,对任一逻辑位的信息,在存储 τ 时间之后,无误差的概率为 $[1-P(\tau)]^3$。发生 1 位(1 个 bit)误差,比如原先是 000,后来误成 100 或 010 或 001 中的任一种,其概率为 $3P(\tau)[1-P(\tau)]^2$。发生 2 位(2 个 bit)误差,比如原先是 000,后来是 110,011,101 中的任一种,其概率为 $3P(\tau)^2[1-P(\tau)]$。发生 3 位——3 个 bit 全发生误差的概率为 $3P(\tau)^3$。这时原先是 000,后来是 111。

ii) 误差纠正和纠正后的失误概率,长时间的纠正

误差纠正由如下测量所组成:假如 3 个 bit 全在同一状态上,就不做操作;假如它们在不同态上,我们就采用多数表决的原则去翻转、纠正那个处于少数的不同状态的 bit。例如,这些纠正为:010→000、110→111 等。

现在来看纠正后失误的概率。纠正以后的 τ 时刻,我们得到维持在正确状态的概率为

$$P(\tau)_C = [1-P(\tau)]^3 + 3P(\tau)[1-P(\tau)]^2 = 1-3P(\tau)^2+2P(\tau)^3 \tag{12.1}$$

于是若要求 $P(\tau)_C > 1-P(\tau)$,则须 $P(\tau) < \frac{1}{2}$。于是,如果已经是完全随机的 $P(\tau)=\frac{1}{2}$,这种“添加冗余位并用多数表决”的办法是行不通的。

假如要求将态保持一个长的时间 t,就必须执行足够频密的测量。设在 t 时间内测量次数 N 足够大,以致间隔 $\tau=t/N$ 足够短,这时可设 $P(\tau)\approx c\tau$。于是在执行纠正之后的 t 时刻,保有正确态的概率将是

$$P_N^C(t) = \left[1-3\left(\frac{ct}{N}\right)^2+2\left(\frac{ct}{N}\right)^3\right]^N \xrightarrow{N\to\infty} 1 \tag{12.2}$$

只要 $N \gg ct$ 足够大,这个概率可以与 1 接近到所希望的程度。这就是利用量子 Zeno 效应所得的结果。

iii) 推广

以上叙述可以推广到一般情况:要求存储 k 个逻辑位(比如,对中文方块字编码

时所需要的二进制编码的位数)并容许在 T 时间内有 l 位($l\leqslant t$,t 为设计中最大允许的误差位数)误差。例如,用 5 个 bit(按下面记号为 $n=5$)记录两个逻辑位($k=2$)

$$0_L = 00000, \qquad 1_L = 11111$$

容许有 2 个 bit——不能再多,否则就不是正确的多数位去纠正少数的错误位了。这种情况相应于($l\leqslant t=2$)。等等。

12.1.3 简单的量子误差纠正码——自旋翻转型

i) 自旋翻转误差的纠正与码符

设任务是存储某一单量子位上如下未知态到 T 时刻

$$|\Psi(0)\rangle = c_0|0\rangle + c_1|1\rangle \tag{12.3}$$

称这个 qubit 为一个"逻辑量子位"。假定在 τ 时刻后它有概率 $1-P(\tau)$ 仍保持不变,而有 $P(\tau)$ 的概率变成为

$$|\Psi(\tau)\rangle = c_0|1\rangle + c_1|0\rangle \tag{12.4}$$

这类误差称为自旋翻转误差。它能以 σ_x 作用在量子位态上来表示。

采用冗余码办法可以纠正上面这类误差。例如,可以用 3 个量子位来表示一个逻辑量子位

$$|\bar{0}\rangle_L = |000\rangle, \qquad |\bar{1}\rangle_L = |111\rangle \tag{12.5a}$$

于是上面的态式(12.3)成为

$$|\Psi\rangle_L = c_0|\bar{0}\rangle_L + c_1|\bar{1}\rangle_L = c_0|000\rangle + c_1|111\rangle \tag{12.5b}$$

由式(12.5)中两个态所撑开的子空间称为码符子空间。当然,有许多不同的方式来标记"逻辑零"位和"逻辑 1"位,比如有

$$\begin{cases} |\bar{0}\rangle_L = \left\{\dfrac{1}{\sqrt{2}}(|000\rangle + |111\rangle)\right\}^{\otimes 3} \\ |\bar{1}\rangle_L = \left\{\dfrac{1}{\sqrt{2}}(|000\rangle - |111\rangle)\right\}^{\otimes 3} \end{cases} \tag{12.6}$$

这里,每一个"逻辑"位的基矢态都是 3 重直积的 3 量子位的 Schrödinger 猫态[1]等。

ii) 纠正前后失误的概率

在纠正之前,在 τ 时间后,有:

无误差的概率为 $[1-P(\tau)]^3$(态将仍然是 $|\Psi\rangle_L$);

一位有误差的概率为 $3P(\tau)[1-P(\tau)]^2$(态变为 $\sigma_x^1|\Psi\rangle_L$;$\sigma_x^2|\Psi\rangle_L$;$\sigma_x^3|\Psi\rangle_L$);

两位有误差的概率为 $3P(\tau)^2[1-P(\tau)]$($\sigma_x^1\sigma_x^2|\Psi\rangle_L$;$\sigma_x^1\sigma_x^3|\Psi\rangle_L$;$\sigma_x^2\sigma_x^3|\Psi\rangle_L$);

三位有误差的概率为 $P(\tau)^3$(态变为 $\sigma_x^1\sigma_x^2\sigma_x^3|\Psi\rangle_L$)。

误差纠正——如同经典情况:测量 3 个位是否在同一个态上。如果它们是在

同一个态上,那就什么也不做;如果它们处在不同态上,就按照多数决定的原则去改变那个单独处在不同态上的量子位。

注意,对于现在量子情况,所有这些测量必须以不破坏式(12.3)的相干叠加的方式进行。对于逻辑位为式(12.5b)的情况,用测量发现并纠正某个 qubit 位翻转误差的手续是:首先测量如下投影算符(projector)

$$P_0 = |000\rangle\langle 000| + |111\rangle\langle 111| \tag{12.7}$$

这是个投影算符 $P_0^2 = P_0$,本征值是(0,1)[比如设计力学量 P_0 为 $P_0 = \frac{1}{2^3}(\sigma_z^{(1)} + I^{(1)})(\sigma_z^{(2)} + I^{(2)})(\sigma_z^{(3)} + I^{(3)}) - \frac{1}{2^3}(\sigma_z^{(1)} - I^{(1)})(\sigma_z^{(2)} - I^{(2)})(\sigma_z^{(3)} - I^{(3)})$]。假如得到 1,表明原态式(12.5b)未发生误差,就放下这个量子逻辑位不动;假如得到 0,就对它做下面测量,试探是否发生在第一个 qubit

$$P_1 = |100\rangle\langle 100| + |011\rangle\langle 011|$$

此时若得到 1 就施加局域幺正算符 σ_x^1;若不是,再试探第二个 qubit

$$P_2 = |010\rangle\langle 010| + |101\rangle\langle 101|$$

此时如得到 1 就施加局域幺正算符 σ_x^2;而如果不是 1,就可以直接对第三个 qubit 施加局域幺正变换 σ_x^3,对其进行纠错。注意,此时已不必做测量 $P_3 = |001\rangle\langle 001| + |110\rangle\langle 110|$,但假如还想做,将肯定得到 1。总之,这样手续的结果是,若没有误差或是一位误差,这个量子逻辑位将被纠正;但如果存在两位或多位误差,将不能得到纠正。

在如此纠正之后,失误概率。在纠正之后我们得到正确态的概率为

$$P(\tau)_C = [1 - P(\tau)]^3 + 3P(\tau)[1 - P(\tau)]^2 = 1 - 3P(\tau)^2 + 2P(\tau)^3 \tag{12.8}$$

于是结果和经典情况的式(12.1)一样。

长时间的纠正。人们可以采用量子 Zeno 效应来保持一个量子态不受扰动到任意长的时间。也可以推广到一般情况:有 k 个逻辑位,每个逻辑位由 n 位 qubit 组成,并容许误差为 l 位 qubit。

12.1.4 简单的量子误差纠正码——相位翻转型

相位翻转误差的纠正与码符

设现在发生了相位翻转误差

$$|\Psi\rangle = c_0|0\rangle - c_1|1\rangle \tag{12.9}$$

这个误差也称作自旋翻转误差,因为它可以表示为由 σ_z 作用在 qubit 上所造成的。

这时,方便的做法是用 σ_x 的本征态

$$|\pm\rangle=(|0\rangle\pm|1\rangle)/\sqrt{2} \tag{12.10}$$

来代替$|0\rangle$态和$|1\rangle$态。理由是,这时产生σ_z型相位误差将导致基矢的翻转$|+\rangle\leftrightarrow|-\rangle$。于是问题就等价于前面已经分析过的自旋翻转——基矢翻转。特别是,正确的编码方法现在应当是

$$|0\rangle_L=|+++\rangle,\qquad |1\rangle_L=|---\rangle \tag{12.11}$$

于是不需要再复述。

显然,从这两种情况介绍可以看出,在实际情况中,鉴别这两类误差中究竟哪类误差主要,这一点是重要的。这样才好有针对性地进行编码设计。

12.1.5　量子误差纠正码——一般情况[1]

i) 任意误差

以上讲的是发生单一种类误差情况。下面讲发生任意类型误差。

一般地说,一个量子误差纠正码(quantum error-correcting code,QECC)是在满足一定要求下,将k个qubit向$n(n>k)$个qubit的一种映射。前者态空间的维数是2^k,后者态空间的维数是2^n。这k个qubit是所谓的"逻辑量子位",是需要用编码的办法来保护以防止发生误差丢失的被编码量子位。附加的$(n-k)$个qubit容许我们以冗余的方式去存储这k个逻辑qubit信息,用以增加可靠性来抵抗干扰,使得被编码的信息相对地不易遭受破坏。具体地说,用n个量子位来编码k个量子逻辑位的信息,任务是在T时刻内,使这些n量子位信息中容许最多有l个量子位的任意类型的误差,还能够予以纠正。

下面寻找能够完成这个任务的码符,并说明误差纠正的手续。

所谓任意误差,是指在第j个量子位上发生了相当于施加一个任意算符的变换。注意,作用在第j个qubit两维Hilbert空间上的任意算符,总可以分解为$\{\sigma_0^j,\sigma_x^j,\sigma_y^j,\sigma_z^j\}$的线性组合。因此,相应于发生在以下第$j1,j2,\cdots,jl$位,共$l$个qubit上的一个误差算符$A_l^{j1j2\cdots jl}$可表示为

$$\begin{cases}A_l^{j1j2\cdots jl}=\sum\limits_{\alpha1}\sum\limits_{\alpha2}\cdots\sum\limits_{\alpha l}c_{\alpha1,\alpha2,\cdots,\alpha l}\sigma_{\alpha1}^{j1}\sigma_{\alpha2}^{j2}\cdots\sigma_{\alpha l}^{jl}\equiv\sum\limits_{\alpha1}\sum\limits_{\alpha2}\cdots\sum\limits_{\alpha l}c_{\alpha1,\alpha2,\cdots,\alpha l}E_{\alpha1\alpha2\cdots\alpha l}^{j1j2\cdots jl}\\ E_{\alpha1\alpha2\cdots\alpha l}^{j1j2\cdots jl}\equiv\sigma_{\alpha1}^{j1}\sigma_{\alpha2}^{j2}\cdots\sigma_{\alpha l}^{jl}\end{cases} \tag{12.12}$$

这里,系数c都是些复常数,$\alpha_i=0,x,y,z$。为了简便让$\alpha1=\alpha2=\cdots=\alpha l=0$代表各qubit的单位算符。

ii) 误差纠正

误差纠正方案的思想是:

其一,码符。用n个qubit去对k个逻辑qubit编码。码符的子空间H_L有2^k

维。而全部 n 个 qubit 的 Hilbert 空间 H 维数是 2^n 维。显然，式(12.12)误差算符 $A_l^{j1j2\cdots jl}$ 中的每一项算符 $E_{\alpha1\alpha2\cdots\alpha r}^{j1j2\cdots jr}$ 都将码符子空间 H_L 变换到 H 的下述对应子空间中

$$H_{\alpha1\alpha2\cdots\alpha r}^{j1j2\cdots jr} \in H \tag{12.13}$$

由于算符 E 是幺正的，不会改变作用空间的维数，因此与每一个算符 E 所对应的这个子空间的维数仍然是 2^k，但它的基矢却和码符子空间 H_L 的不尽相同了。于是，误差的作用只是使原先的码符子空间 H_L 的基矢发生了更换。

但是，码符子空间 H_L 必须这样设计，使得在误差作用下所有码符子空间的不同态仍然保持彼此正交。这个条件对所需的 qubit 数目 n 设立了下限。因为所有这些正交子空间都必须镶嵌在整个 H 中。

现来计算 n 的这个下限。为此，先必须数出不同 E 算符的个数，这些 E 全都包含总数不超过 r 个(它们各自作用在 n 个 qubit 中的一部分 qubit 上)Pauli 算符。我们首先计算只包含 l 个 Pauli 算符的那些算符，然后再从 $l=0\to r$ 对它们求和。对于只包含 l 个 Pauli 算符的情况，由于从 n 个 qubit 中选出 l 个 qubit 的组合数为 $n!/[l!(n-l)!]$，在这 l 个 qubit 中的每一个又都有三个可能的 Pauli 算符，所以一共有 $3^l n!/[l!(n-l)!]=3^l\binom{n}{l}$ 个算符。按照量子 Hamming 界限思想，同时也考虑到，这些误差算符作用的结果，态矢虽出了原先的 H_L 空间，但仍然在 H 中，所以必须有

$$2^k\sum_{l=0}^{r}3^l\binom{n}{l} < 2^n \tag{12.14}$$

例如，由此式可知，当 $k=1$ 时，只对 $r=1$，所需最小位数为 $n=5$。只有这样，才能采用多数表决办法来纠正 5 位量子位中任一量子位上出现(包括全部三类误差的)任意类型误差的任意线性叠加。

其二，一般手续。首先，测量向全体子空间式(12.13)的投影(这些子空间是由全部 $E_{\alpha1\alpha2\cdots\alpha r}^{j1j2\cdots jr}$ 作用所造成的)。因为这些子空间已经编码设计为彼此正交，只有一个投影会给出为 1，并且系统的态将被投影到相应的子空间 $H_{\alpha1\alpha2\cdots\alpha r}^{j1j2\cdots jr}$，然后施加幺正变换 $E_{\alpha1\alpha2\cdots\alpha r}^{j1j2\cdots jr}$。手续的第一部分相当于探测误差，而第二部分则相当于纠正。

现在来证明：这样做事实上纠正了式(12.12)形式的所有 $l\leqslant t$ 的误差。

给定码符子空间中的任意态 $|\Psi\rangle$，假如产生了式(12.12)形式的一个误差，态将成为 $A_l|\Psi\rangle$，这是所有子空间式(12.13)的直和。测量将把这个态投影到这些子空间中的一个。使得在测量之后态成为

$$E_{\alpha1\alpha2\cdots\alpha r}^{j1j2\cdots jr}|\Psi\rangle \tag{12.15}$$

由于 $(E_{\alpha1\alpha2\cdots\alpha r}^{j1j2\cdots jr})^2=1$，纠正将会产生正确的态 $|\Psi\rangle$。

总的任务是寻找这样的纠正码,它们能够纠正 n 个 qubit 中有 t 个发生任意误差。这就归结为:寻找正确的 2^k 维码符子空间 H_L,使得 S 以外的所有 E 作用结果仍然保持码符子空间基矢的相互正交性。

iii) 码稳定子

这里主要考虑怎样去构造码符,使得能够用 n 个 qubit 编码 k 个逻辑位(设 n 已满足 Hamming 界限)。

回忆 Pauli 算符的一些性质

$$[\sigma_x^i,\sigma_y^i] = 2\mathrm{i}\sigma_z^i,\qquad \{\sigma_x^i,\sigma_y^i\} = 0$$

$$[\sigma_z^i,\sigma_x^i] = 2\mathrm{i}\sigma_y^i,\qquad \{\sigma_z^i,\sigma_x^i\} = 0$$

$$[\sigma_y^i,\sigma_z^i] = 2\mathrm{i}\sigma_x^i,\qquad \{\sigma_y^i,\sigma_z^i\} = 0$$

一些由 Pauli 算符乘积构成的组合算符的群性质。设 n 个 qubit 的全部 Pauli 算符乘积组成一个集合

$$G_1 = (g_1, g_2, \cdots) \tag{12.16}$$

比如,$g_1=\sigma_x^1\sigma_y^3\sigma_z^4\sigma_x^5$,$g_1=\sigma_y^1\sigma_x^2\sigma_y^3\sigma_y^5$,$g_3=\sigma_z^1\sigma_y^2\sigma_x^3\sigma_x^4\sigma_x^5$,…。这个集合共有 4^n 元素。记 $G_+=G_1\cup(-G_1)$;$G_-=\mathrm{i}G_+$。于是集合

$$G = G_+\cup G_- \tag{12.17}$$

是阶数为 4^{n+1} 的有限群。这些集合有如下性质:

由于$(\sigma_\alpha^i)^2=1$,并且不同 qubit 的 Pauli 算符都对易,所以 G_+ 所有元素的平方均为 1,并且都是厄米的和幺正的。而 G_- 的所有元素的平方均为 -1,并且都是反厄米的和幺正的。

假如 A 和 $B\in G$,于是 $AB=\pm BA$,就是说,要么是$[A,B]=0$,要么是$\{A,B\}=0$。比如

$$g_1g_2 = (\sigma_x^1\sigma_y^1)\sigma_x^2(\sigma_y^3\sigma_y^3)\sigma_z^4(\sigma_x^5\sigma_y^5) = g_2g_1$$

$$g_1g_3 = (\sigma_x^1\sigma_z^1)\sigma_y^2(\sigma_y^3\sigma_x^3)(\sigma_z^4\sigma_x^4)(\sigma_x^5\sigma_x^5) = -g_3g_1$$

当 A 和 B 中每个 qubit 的不同自旋算符出现的总次数都是偶数时,有$[A,B]=0$;当每个 qubit 不同自旋算符出现的总次数是奇数时,有$\{A,B\}=0$。

码符和稳定子(也见文献[3]p. 453)。用 H_L 记码符的 2^k 维子空间,用 S 记 H_L 的稳定子。稳定子 S 的定义是:G 中能保持子空间 H_L 态不变的一组算符

$$S = \{M\in G, M\,|\,\Psi\rangle = |\,\Psi\rangle, \forall\ |\,\Psi\rangle\in H_L\} \tag{12.18}$$

它们由各个量子位的 Pauli 算符乘积所组成。稳定子有以下性质:

群性质。S 是 G 的一个子群。证明很简单,略去。

可对易性。S 是有限且可对易的。就是说,是个有限的阿贝尔群,若 $M,N\in S$,则$[M,N]=0$。

证明也很简单：因为 $M,N\in G$，它俩不是对易就是反对易，将它俩的对易子和反对易子作用到 H_L 的任一态 $|\Psi\rangle$ 上，就知道不可能是反对易的。

S 任一元素的平方必为 1。因为按 G 元素的性质，平方不是 $+1$，就是 -1。现在因为 $M^2|\Psi\rangle=|\Psi\rangle$，所以 $M^2=1$。

和 $(Z_2)^\alpha$ 是同构的。S 是一个元素平方为 1 的 Abelian 群。于是它必定和一个给定正整数 α 的 $(Z_2)^\alpha$ 群同构。这里，Z_2 是在 XOR（等价于 mod(2) 的加法）运算下由元素为 0 和 1 构成的二阶循环群。总之是说，$(Z_2)^\alpha$ 是由 α 个阶数为 2 循环群的直积群。

生成元。给定这个同构之下，存在 S 的一组元素，使得

a) S 的所有元素都可以写成这组元素的乘积；

b) 它们是最少的。就是说，不存在另一组个数较少的元素，也能将 S 所有元素表示成乘积形式。记这组生成元为 $M_1,M_2,\cdots,M_\alpha$。

H_L 的维数。H_L 的维数必定为 $2^{n-\alpha}$，这里 α 是 S 生成元的个数。这可如下看出：所有生成元都对易，并且有本征值 ±1。于是可以将 Hilbert 空间 H 按这些生成元分解成一些正交本征子空间。由于每个子空间都是由全体生成元的本征值所表征，所以必定有 2^α 个子空间，所以每个子空间的维数就是 $2^{n-\alpha}$。其中，对应本征值全为 $+1$ 的子空间就是 H_L。由此还得到（$\dim H_L=2^k$）

$$\alpha=n-k$$

误差。记 E_1 和 E_2 为式(12.12)中的两个任意误差算符。按照上面讨论，应当有："当且仅当对所有 $|\Psi\rangle,|\varphi\rangle\in H_L$，$E_1|\Psi\rangle$ 和 $E_2|\varphi\rangle$ 都相互垂直，误差纠正才是可能的"。

可以证明：如果算符 E_1E_2 和稳定子 S 中至少一个元素 M 反对易，这个条件就将自动满足。

证明如下：

$$\langle\varphi\mid E_1E_2\mid\Psi\rangle=\langle\varphi\mid E_1E_2M\mid\Psi\rangle=-\langle\varphi\mid ME_1E_2\mid\Psi\rangle=-\langle\varphi\mid E_1E_2\mid\Psi\rangle \tag{12.19}$$

这导致 $\langle\varphi|E_1E_2|\Psi\rangle=0$。 证毕。

注意，G 中任一个 E 算符（除了 S 本身元素外）总会和 S 中某个或某些元素反对易。这可以用反证法推知。因为，否则 E 将和 S 所有元素都对易，于是它必定是有限且封闭的 Abelian 群 S 中的一个元素。而这是和原先假设相悖的。 证毕。

于是现在的问题就变成为：寻找一个子空间 H_L 和一个稳定子 S，使得 G 中每一个长度不超过 $2t$（因为每个 E 的长度不超过 t）的非平庸的误差算符和 S 中某一元素反对易。

iv) 纠正手续，怎样确定码稳定子及 H_L

纠正手续。现在问题归结为，寻找一个子空间 H_L 和稳定子 S。而首先必须要找到由 Pauli 算符乘积作为元素所组成的这个阿贝尔群——二阶循环群 S，使得 G 中所有长度直到 $2t$ 的非平庸的误差算符和 S 中某元素反对易。一旦稳定子 S 知道了，就能找到 H_L，也就是说，就能找到码符。

怎样确定码的稳定子。为了确定 $\alpha=n-k$ 个生成元，如下进行：

对于一个给定的生成元 $M\in G$，定义函数 $f_M(N):G\to Z_2$ 如下

$$f_M(N)=\begin{cases}0, & if[M,N]=0\\ 1, & if\{M,N\}=0\end{cases} \tag{12.20}$$

就是说，对于给定的 M，这是自变数 N 的一个函数：规定所有与 M 对易的 N，函数值指定为 0；而对于和 M 反对易的 N，函数值为 1。假定 S 由 $M_1,M_2,\cdots,M_\alpha(\alpha=n-k)$ 所生成，我们定义函数 $f:G\to(Z_2)^\alpha$ 为

$$f(N)=[f_{M_1}(N)f_{M_2}(N)\cdots f_{M_\alpha}(N)] \tag{12.21}$$

下面将把 $f(N)$，也就是式(12.21)的右边写为一个 α 位的二进制序列。例如，$f(I)=00\cdots0$，这里$I=I^1I^2\cdots I^n$ 是单位算符。

我们希望如此挑选 S，以便对长度一直到 $2t$ 的所有 E，$f(E)\neq f(I)$，即总是非零的(于是所有 E 必和某个或某些 M 反对易)。为了保证如此，办法是：记 $E=E_1E_2$，这里 E_1 和 E_2 的长度$\leqslant t$，只需

$$f(E)\neq 0 \quad 当且仅当 \quad f(E_1)\neq f(E_2)$$

这里是说，f 与 E 同态(homomorfism)，$f(AB)=f(A)f(B)$；另一方面，在 Z_2 中操作是 XOR；于是，当且仅当 $f(A)\neq f(B)$时，$f(A)f(B)$不为 $00\cdots0$。这样，我们只需要如此建立起 S，使得 $f(E_i)$对长度不超过 t 的每个 E_i 都相异，就可以了。

实现的具体办法之一是，为长度不超过 t 的每个可能误差 E，选用有 α 位的一组数(不为 0)，就能由此找到生成元。当然，这些数的指定不能完全随意，因为同态结构施加了一些限制条件，例如

$$f(\sigma_y^i)=\mathrm{XOR}[f(\sigma_x^i),f(\sigma_z^i)] \tag{12.22}$$

怎样确定 H_L。一旦知道了生成元，就可以取一个态$|m\rangle$(二进制记号)，并构造态

$$|\Psi\rangle\propto\sum_{M\in S}M|m\rangle \tag{12.23}$$

假如结果不是零，这个态就属于 H_L。因为如果我们对态 $|\Psi\rangle$ 施加任一算符 $M'\in S$，就相应于 重排求和式子(因为 S 是个有限群)。这就是说，求和式$\sum\limits_{M\in S}M$ 所相应的算符对于乘任何 M，$\forall M\in S$ 是不变的。比如有

$$M_1|\Psi\rangle=M_2|\Psi\rangle=|\Psi\rangle$$

于是，人们可以用基$|00\cdots00\rangle$，$|00\cdots01\rangle$等等不同态去尝试，一直到找出全部 k 个正交态为止，它们共同撑开着能够纠正长度不超过 t 的任意误差算符作用的、在稳定子 S 之外任意 E 作用下保持正交性的码符子空间 H_L。

v）例算：单个 qubit 中一种误差的纠正[1]

a）现在的问题和误差。我们考虑 $k=t=1,n=5$ 的情况。于是 $\alpha=n-k=4$。这时误差算符是 16 个：每个 qubit 有 3 个 Pauli 算符，5 个 qubit 共 15 个，再加一个单位算符。

b）α 位数。我们必须对每个 E 算符选一个 4 位数。这些数必须是不同的，并且符合约束条件 $f(\sigma_y^i)=\text{XOR}[f(\sigma_x^i),f(\sigma_z^i)]$（由于是 XOR 运作，相同 i 不同(x,y,z)并位于相同位上的三个数只能是：三个全为 0；一个 0 两个 1；不会有一个 1 或三个 1 的情况。）。例如我们可以选

$$
\begin{array}{lll}
\sigma_x^1:0110, & \sigma_z^1:1000, & \sigma_y^1:1110 \\
\sigma_x^2:0001, & \sigma_z^2:0100, & \sigma_y^2:0101 \\
\sigma_x^3:0111, & \sigma_z^3:1010, & \sigma_y^3:1101 \\
\sigma_x^4:1011, & \sigma_z^4:0010, & \sigma_y^4:1001 \\
\sigma_x^5:0011, & \sigma_z^5:1100, & \sigma_y^5:1111
\end{array}
\tag{12.24}
$$

c）生成元。比如第一行，是 5 个 qubit 中第一个 qubit 的三个物理量 σ_x^1，σ_z^1，σ_y^1。相应有三个 4 位(α 位)数，它们三个第 1 位数合起来决定第 1 个生成元中应含第一个 qubit 的哪个物理量；三个第 2 位数合起来决定第 2 个生成元中应含第一个 qubit 的哪个物理量等。由于 σ_x^1的第 1 位数是 0，按式(12.20)有$[M_1,\sigma_x^1]=0$，与此同时，σ_y^1和 σ_z^1的第 1 位数都是 1，于是它俩和 M_1 反对易。这决定了 M_1 包含 σ_x^1。(也可以简单地说成是，这三个数为 011，决定了 M_1 包含 σ_x^1。)假如第 i 个 qubit 中 σ_x^i，σ_y^i和 σ_z^i的第 r 位三个数字全都为 0，那么第 r 个生成元对第 i 个 qubit 的作用只含单位算符；假如只有一个为 0，它就包含该相应的 σ 算符（由于这三个数是 mod1 加法的关系，不会出现三个数中有两个 0，或是三个都为 1 的情况。）。再比如来决定 M_2：它含第 1 个 qubit 的哪个自旋算符（或不含，那就含 σ_0），要看 σ_x^1，σ_z^1，σ_y^1三个物理量中处于第 2 位的三个数：它们合起来为(101)，这个 0 属于 σ_z^1，于是 M_2 含 σ_z^1；接着看第 2 个量子位的处于第 2 位数上的三个数，它们是(011)，这个 0 属于 σ_x^2，于是 M_2 含 σ_x^2；第 3 个量子位的第 2 位数是(101)，应含 σ_z^3；第 4 个量子位的第 2 位数为(000)，只含单位算符 σ_0^4；第 5 个量子位的第 2 位数是(011)，应含 σ_x^5。汇总起来成为 $M_2=\sigma_z^1\sigma_x^2\sigma_z^3\sigma_x^5$。总之最后为

$$
\begin{aligned}
M_1 &= \sigma_x^1\sigma_x^3\sigma_z^4\sigma_x^5 \\
M_2 &= \sigma_z^1\sigma_x^2\sigma_z^3\sigma_x^5 \\
M_3 &= \sigma_z^1\sigma_y^3\sigma_y^4\sigma_z^5 \\
M_4 &= \sigma_z^2\sigma_z^3\sigma_z^4\sigma_z^5
\end{aligned}
\tag{12.25}
$$

它们全都彼此对易。

d) 码符。从两个种子态之一的$|00000\rangle$态出发，作为方程(12.23)中的$|m\rangle$态，经过式(12.25)的4个生成元算符(以乘积方式)生成S的全部算符的作用并求和，便得到态

$$|0\rangle\!\rangle \equiv |0\rangle_L = |6\rangle + |17\rangle + |23\rangle + |0\rangle - |4\rangle - |11\rangle - |13\rangle - |26\rangle \tag{12.26}$$

这里，S不仅包括4个M_i和单位算符$M_0=\sigma_0^1\sigma_0^2\sigma_0^3\sigma_0^4\sigma_0^5$，还有

$$M_1M_2 = -\sigma_y^1\sigma_x^2\sigma_y^3\sigma_z^4,\quad M_1M_3 = -\sigma_y^1\sigma_z^3\sigma_x^4\sigma_y^5,\quad M_1M_4 = -\sigma_x^1\sigma_z^2\sigma_y^3\sigma_y^5$$

$$M_2M_3 = -\sigma_x^2\sigma_x^3\sigma_y^4\sigma_y^5,\quad M_2M_4 = -\sigma_z^1\sigma_y^2\sigma_z^4\sigma_y^5,\quad M_3M_4 = -\sigma_z^1\sigma_z^2\sigma_x^3\sigma_x^4$$

$$M_1M_2M_3 = -\sigma_x^1\sigma_x^2\sigma_x^4\sigma_z^5,\quad M_1M_2M_4 = -\sigma_y^1\sigma_y^2\sigma_x^3\sigma_z^5$$

$$M_2M_3M_4 = -\sigma_y^2\sigma_y^3\sigma_x^4\sigma_x^5,\quad M_1M_3M_4 = -\sigma_y^1\sigma_z^2\sigma_y^4\sigma_x^5$$

$$M_1M_2M_3M_4 = \sigma_x^1\sigma_y^2\sigma_z^3\sigma_y^4$$

它们共同组成群S，向$|00000\rangle$态作用并求和。态中qubit编号自左往右为第1号量子位到第5号量子位。由于$|0\rangle=\begin{pmatrix}0\\1\end{pmatrix}$，所以每个量子位$\sigma_x$的作用为$|0\rangle\leftrightarrow|1\rangle$，$\sigma_y$为$\sigma_y|0\rangle=-\mathrm{i}|1\rangle$，$\sigma_z|0\rangle=-|0\rangle$等。算得各项并经求和，即得式(12.26)。

与此同时，采用另一个种子态$|11111\rangle$，类似做法又得到表达另一逻辑位的能够抵抗发生单量子位任意误差的表示(别忘了单位元素作用到种子态时将保留种子态，现在它算是$|1\rangle$态)

$$|1\rangle\!\rangle \equiv |1\rangle_L = |1\rangle + |10\rangle + |16\rangle + |20\rangle + |22\rangle + |29\rangle - |7\rangle - |27\rangle \tag{12.27}$$

这样就找到了采用5个量子位编码，能够纠正任一单量子位发生任意误差的一种编码方案。而式(12.26)和(12.27)便是撑开单量子位码符空间H_L的两个逻辑位——能够经受任一单量子位的任意误差而仍保持正交性，因而能做误差纠正的——码符子空间的两个基矢。

§12.2　Bures保真度的计算

12.2.1　Bures保真度定义

保真度是衡量两个量子态接近程度的一种度量。它显然是量子通信和量子计算领域中一个重要的物理度量。本节主要介绍Bures保真度定义[4]，以及最近利用量子变换理论给出的对两个高斯混态的Bures保真度计算的一般公式[5]。这为计算多模热平衡态的Bures保真度提供了方便。但由于文献[5]中所给证明过于

繁琐,下面主要介绍同样也是用量子变换理论给出的一个简化证明[8]。由于Bures 保真度不仅能给出两个混态接近程度及量子距离的测量,而且当量子态为纯态时,它能约化为通常的 Hilbert-Schmidt 保真度[3,6]。它也可以作为纠缠的度量,Wootters 等[7]在用"concurrence"讨论混态的形成熵纠缠度时,其中所涉及的厄米算符就是 Bures 保真度中的厄米算符。所以对 Bures 保真度计算的研究具有更广泛的意义。

众所周知,两个纯态$|\varphi\rangle$,$|\Psi\rangle$之间的差别(或称"距离")可以用它们内积的模平方来定义。即

$$F=|\langle\varphi|\Psi\rangle|^2$$

如果它们完全相同,$F=1$。这就是两个量子态保真度概念的最初来源。

对于两个混态密度矩阵 ρ_1,ρ_2,它们的 Bures 保真度定义[4]为

$$F=\left(\mathrm{tr}\sqrt{\rho_1^{1/2}\rho_2\rho_1^{1/2}}\right)^2 \tag{12.28}$$

显然此定义式中的求迹,由于含有两重根号,完成它一般是困难的。

12.2.2 多模高斯混态 Bures 保真度的一般公式

对于多模高斯混态(热平衡态),其密度算符是指数二次型形式。这时设 $\rho_i=Z(\beta_i)\exp(-\beta_i H_i)$,$(i=1,2)$,于是保真度为

$$F=Z(\beta_1)Z(\beta_2)\left[\mathrm{tr}\sqrt{\exp\left(-\frac{1}{2}\beta_1 H_1\right)\exp(-\beta_2 H_2)\exp\left(-\frac{1}{2}\beta_1 H_1\right)}\right]^2 \tag{12.29a}$$

这里

$$H_i=H(N_i)=\frac{1}{2}\Lambda N_i\tilde{\Lambda}=\frac{1}{2}\Lambda N'_i\Sigma\tilde{\Lambda},\qquad(i=1,2) \tag{12.29b}$$

式中,$\Sigma=\begin{pmatrix}0 & I\\ -I & 0\end{pmatrix}$,$N$ 为 $2n\times 2n$ 阶厄米矩阵。而 $N'=N\Sigma^{-1}$则是 $2n\times 2n$ 阶负厄米矩阵(定义为 $N^-=N$,参见附录 A)。而 $\Lambda=(a_1^+,a_2^+,\cdots,a_n^+,a_1,a_2,\cdots,a_n,)\equiv(a^+,\tilde{a})$是多模玻色子产生、湮灭算符,满足对易规则$[a_i,a_j^+]=\delta_{ij}$。$\tilde{\Lambda}$ 是 Λ 在 $2n$ 维空间中的转置。$Z(\beta_i)=[\mathrm{tr}\ \exp(-\beta_i H_i)]^{-1}$是归一化因子。

式(12.29b)可以用量子变换理论将其对角化(关于量子变换理论详见第三章参考文献[17]),于是文献[5]中得到这种情况下保真度计算的一般公式

$$F=\frac{|\det[\exp(-\beta_1 N_1\Sigma^{-1})-I]\det[\exp(-\beta_2 N_2\Sigma^{-1})-I]|^{\frac{1}{2}}}{|\det[\sqrt{\exp(-\beta_1 N_1\Sigma^{-1}/2)\exp(-\beta_2 N_2\Sigma^{-1})\exp(-\beta_1 N_1\Sigma^{-1}/2)}-I]|} \tag{12.30}$$

12.2.3 小节将给出此公式的一个简单证明。

12.2.3 计算公式(12.30)的简单证明

证明:为方便起见,令

$$U_1 = \exp(-\beta_1 H_1/2), \qquad U_2 = \exp(-\beta_2 H_2)$$

则由量子变换理论知

$$U_1 \Lambda U_1^{-1} = \Lambda M_1 = \Lambda \exp(-\beta_1 N'_1/2), \qquad U_2 \Lambda U_2^{-1} = \Lambda M_2 = \Lambda \exp(-\beta_2 N'_2) \tag{12.31}$$

所以有

$$U_1 U_2 U_1 \Lambda (U_1 U_2 U_1)^{-1} = \Lambda (M_1 M_2 M_1) \equiv \Lambda M \tag{12.32}$$

由此得

$$U_1 U_2 U_1 = \exp\left[\frac{1}{2}\Lambda(\ln M)\Sigma\widetilde{\Lambda}\right] = \exp\left[\frac{1}{2}\Lambda(\ln M_1 M_2 M_1)\Sigma\widetilde{\Lambda}\right] \tag{12.33}$$

对于形如式(12.33)的二次型,按文献[9]中结果直接可得

$$\operatorname{tr} \exp(-\beta_i H_i) = |\det[\exp(\beta_i N'_i) - 1]|^{-1/2}$$

于是可得

$$\begin{aligned} \operatorname{tr}\sqrt{U_1 U_2 U_1} &= \left|\det\left[\frac{1}{\exp(-\beta_1 N'_1/2)\exp(-\beta_2 N'_2)\exp(-\beta_1 N'_1/2)} - 1\right]\right|^{-1/2} \\ &= \left|\det\left[\frac{1}{\exp(-\beta_1 N_1/2\Sigma)\exp(-\beta_2 N_2 \Sigma^{-1})\exp(-\beta_1 N_1/2\Sigma)} - 1\right]\right|^{-1/2} \end{aligned}$$

最后得保真度的解析表达式为

$$\begin{aligned} F &= Z(\beta_1)Z(\beta_2)\left[\operatorname{tr}\sqrt{\exp(-\beta_1 H_1/2)\exp(-\beta_2 H_2)\exp(-\beta_1 H_1/2)}\right]^2 \\ &= \frac{|\det[\exp(-\beta_1 N_1 \Sigma^{-1}) - 1]\det[\exp(-\beta_2 N_2 \Sigma^{-1}) - 1]|^{1/2}}{|\det[\sqrt{\exp(-\beta_1 N_1/2\Sigma)\exp(-\beta_2 N_2 \Sigma^{-1})\exp(-\beta_1 N_1/2\Sigma)} - 1]|} \end{aligned}$$

这就是式(12.30)。 证毕。

§12.3 Bures 保真度计算举例

例 1 首先考虑双模压缩热态。其密度算符为

$$\rho_i = Z(\beta_i) S_i T_i S_i^+ \tag{12.34}$$

其中

$$S_i = \exp[(\zeta_i^* a_1^+ a_2^+ - \zeta_i a_1 a_2)], \qquad T_i = \exp\left[-\frac{\beta_i}{2}\sum_{j=1}^{2}(a_j^+ a_j + a_j a_j^+)\right]$$

由量子变换理论不难得到

$$N_i = M(S_i)\begin{pmatrix} 0 & -\beta_i I \\ -\beta_i I & 0 \end{pmatrix}\widetilde{M}(S_i) \tag{12.35a}$$

其中

$$M(S_i) = \begin{pmatrix} \cosh(r_i I) & -\mathrm{e}^{\mathrm{i}\theta}\sinh(r_i\sigma) \\ -\mathrm{e}^{-\mathrm{i}\theta}\sinh(r_i\sigma) & \cosh(r_i I) \end{pmatrix}, I = \begin{pmatrix} 1 & 0 \\ 0 & 1 \end{pmatrix}, \sigma = \begin{pmatrix} 0 & 1 \\ 1 & 0 \end{pmatrix} \tag{12.35b}$$

$\zeta_i = |\zeta_i|\mathrm{e}^{\mathrm{i}\theta_i} = r_i\mathrm{e}^{\mathrm{i}\theta_i}$。将上面结果代入式(12.30)中，即得

$$F = \left(\frac{2\mathrm{sh}\,\frac{\beta_1}{2}\mathrm{sh}\,\frac{\beta_2}{2}}{\mathrm{ch}\,\frac{\beta_3}{3} - 1}\right)^2 \tag{12.36}$$

此式中的 β_3 由下式决定

$$\begin{aligned}\mathrm{ch}\beta_3 = {} & \mathrm{ch}(\beta_1 + \beta_2)\left\{\mathrm{ch}^2(r_1 + r_2)\sin^2\frac{\Delta\theta}{2} + \mathrm{ch}^2(r_2 - r_1)\cos^2\frac{\Delta\theta}{2}\right\} \\ & - \mathrm{ch}(\beta_2 - \beta_1)\left\{\mathrm{sh}^2(r_1 + r_2)\sin^2\frac{\Delta\theta}{2} + \mathrm{sh}^2(r_2 - r_1)\cos^2\frac{\Delta\theta}{2}\right\}\end{aligned}$$

这里，$\Delta\theta = \theta_1 - \theta_2$。

例 2 考虑两维 Jump 谐振子系统 $\tilde{x} = (x_1, x_2)$。

在 $t=0$ 时，体系 Hamiltonian，及相应的密度算符分别

$$H_1 = \frac{1}{2}\tilde{p}p + \frac{1}{2}\tilde{x}x$$

$$\rho_1(t=0) = Z(\beta)\exp(-\beta H_1), \qquad Z(\beta) = \left[2\mathrm{sh}\,\frac{\beta}{2}\right]^2 \tag{12.37a}$$

在 $t>0$ 时，体系的 Hamiltonian 和密度算符为

$$H_2 = \frac{1}{2}\tilde{p}p + \frac{1}{2}\tilde{x}x + \lambda x_1 x_2$$

$$\rho_2(t>0) = \exp(-\mathrm{i}H_2 t)\rho_1\exp(\mathrm{i}H_2 t) \tag{12.37b}$$

这时其保真度的计算公式为

$$F = \left[Z(\beta)\mathrm{tr}\sqrt{\exp\left(-\frac{1}{2}\beta H_1\right)\exp(-\mathrm{i}H_2 t)\exp(-\beta H_1)\exp(\mathrm{i}H_2 t)\exp\left(-\frac{1}{2}\beta H_1\right)}\right]^2$$

同样可用式(12.30)对此表达式进行计算。为此利用量子变换关系

$$(\tilde{q}, \tilde{p}) = (a^+, \tilde{a})\frac{1}{\sqrt{2}}\begin{pmatrix} I & \mathrm{i}I \\ I & -\mathrm{i}I \end{pmatrix} = (a^+, \tilde{a})K$$

可得

$$N_1 = K\begin{pmatrix} I & 0 \\ 0 & I \end{pmatrix}\widetilde{K}, \qquad N_2 = K\begin{pmatrix} 1 & 0 & 0 & 0 \\ 0 & 1 & 0 & 0 \\ 0 & 0 & 1 & \lambda \\ 0 & 0 & \lambda & 1 \end{pmatrix}\widetilde{K}$$

于是得到式(12.30)的保真度为

$$F = \frac{4\mathrm{sh}^4 \dfrac{\beta}{2}}{\left(\mathrm{ch}\,\dfrac{\gamma}{2} - 1\right)^2} \tag{12.38}$$

其中,γ 由下式决定

$$\begin{aligned}\mathrm{ch}\gamma = \frac{1}{16(1-\lambda^2)}\{&-2\lambda^2 + \lambda^2(1+\lambda)\cos(2t\sqrt{1-\lambda}) + \lambda^2(1-\lambda)\cos(2t\sqrt{1+\lambda}) \\ &+ \mathrm{ch}(2\beta)[16 - 14\lambda^2 - \lambda^2(1+\lambda)\cos(2t\sqrt{1-\lambda}) - \lambda^2(1-\lambda)\cos(2t\sqrt{1+\lambda})]\}\end{aligned} \tag{12.39}$$

参 考 文 献

1 The Lecture Notes of Innsbruck University. Innsbruck, Austria,1998

2 J Preskill. Lecture Notes for Physics 229: Quantum Information and Computation. CIT, 2001,Chapter 7

3 M A Nielsen and I L Chuang. Quantum Computation and Quantum Information. Cambridge: Cambridge University Press, 2000

4 R Jozsa. J Mod Opt, 1994,41: 2315

5 X B Wang,et al. J Phys A:Math Gen,2000,33:4925

6 M B Ruskai. Rev Math Phys, 1994,6(5A): 1147

7 W K Wootters. PRL, 1998,80: 2245

8 逯怀新等. 连续变量系统的量子信息处理与非定域性. 见:量子力学新进展,第三集,曾谨言,裴寿镛,龙桂鲁主编.北京:清华大学出版社出版,2000

9 J W Pan, Y D Zhang and G G Siu. Chin Phys Lett, 1997,14: 241

第十三章　量子信息论

§13.1　经典 Shannon 理论简介

13.1.1　Shannon 熵和数据压缩

i) C. Shannon 于 1948 年建立了两个定理：**无噪声编码定理**和**噪声通道编码定理**。前者指：一条信息能被压缩多少？就是说，这条信息有多少冗余？后者指在一个噪声通道上，我们能以多大的速率来可靠地进行传递？就是说，需要添加多少冗余度到信息中去以防止误差？这两个问题都涉及“冗余度”——它是指平均而言，信息的相邻字符有多少是不需要的。Shannon 的关键观点之一是：熵提供了量化冗余度的合适方法。

一条信息是从总共 K 个字符中选出来的 n 个字符的一种序列。这里通常是 10 个阿拉伯数字的序列、2 个二进制数的序列、以及 26 个英文字母序列组成的文章等。比如一条英语新闻报道，其 $K=26$ 字母＋空格＋全部标点符号种类，n 则是这条报导所含字母、空格和标点符号的总数目。现在假定：①在信息中各个字符的出现是彼此统计无关的；②每个字符 $\{a_x, x=1,2,\cdots,K\}$ 以先验的（当然也就是已知的）概率分布 $p(a_x)$ 出现，这里 $\sum_{x=1}^{K} p(a_x) = 1$。比如，双字符中 0 出现的先验概率为 $(1-p)$，$0\leqslant p\leqslant 1$，而 1 出现的先验概率就为 p。

定义　如果序列中各字符均以先验的概率出现，称这种序列为**典型序列**。

考虑一个很长的信息（$n\gg 1$）。现在提一个问题：可以将这个很长的信息压缩为一个较短的（字符序列较短而又实质上传递相同信息的）信息吗？

以 n 个双字符为例。典型序列是这样一类序列，其中 0 的个数为 $n(1-p)$，1 的个数为 np。不同典型序列的数目，它们数量级为二项式系数 $\binom{n}{np}$。当 n 很大时 Stirling 公式 $[\log n! = n\log n - n + O(\log n)]$ 给出

$$
\begin{aligned}
\log\binom{n}{np} &= \log\left(\frac{n!}{(np)!\,[n(1-p)]!}\right) \\
&\approx n\log n - n - [np\log(np) - np] \\
&\quad - \{n(1-p)\log[n(1-p)] - n(1-p)\}
\end{aligned}
$$

$$= n\{-p\log p - (1-p)\log(1-p)\} \equiv nH(p) \quad (13.1)$$

$$H(p) = -p\log p - (1-p)\log(1-p) \quad (13.2)$$

这里,为了给二进制编码提供方便,规定对数 log 以 2 为底。$H(p)$称为 Shannon 熵函数。它满足 $0 \leqslant H(p) \leqslant 1$,当 $H(p=\frac{1}{2})=\max=1$。它的图形如图 13.1。

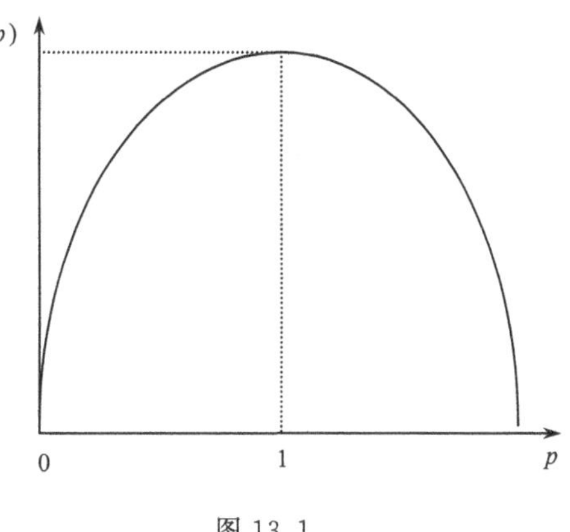

图 13.1

由此,典型序列的数目在量级上是 $2^{nH(p)}$。于是,若只限于考虑字符出现的概率符合先验概率分布的那一类序列,则 n 个字符的序列总数目将大大下降,成为

$$2^n \to 2^{nH(p)} \quad (13.3)$$

为了基本上传递全体(由 n 个二进制位的序列所荷载的)信息,只需要选定一种编码办法(码块),并不需要对全部 n 位序列分别指定一个正整数,只需要对全部典型序列分别指定一个正整数就够了。这类码块有 $2^{nH(p)}$ 个字符(每个字符出现的概率都符合先验概率分布),于是可以用一个长为 $nH(n)$的二进制序列来规定任一给定的长度为 n 字符的信息。由于熵函数 $H(n)$的性质,对任何 $p \neq \frac{1}{2}$ 情况,这类码块的码长都会短于原来的信息。这便是 Shannon 的结果。这里的关键是:人们无须对字符所组成的每个顺序都赋予编码的字码,只需对典型顺序做这种编码。实际信息不是典型序列的这种概率,当 $n \to \infty$ 时将渐近地忽略不计。这正是表明了常说的,信息就是对无知的某种否定。对某个系统的信息,就是对该系统不确定性的认知,同时也是存储该系统熵所需的比特数。例子见下。

ii) 推广到 k 个字符情况

推广到多个字符的情况。设有系综 X:$\{x=(x_1,x_2,\cdots,x_k),p(x)\}$,$p(x)$是出现字符 x 的"先验"概率。在总长为 n 个字符的一个序列中,x 发生的概率是 $np(x)$次。典型序列的数目在量级上为(再次使用 Stirling 公式)

$$\frac{n!}{\prod_x (np(x))!} \approx 2^{nH(x)} \quad (13.4)$$

这里

$$H(x) \equiv \sum_x -p(x)\log p(x) \equiv \langle -\log p(x) \rangle \quad (13.5)$$

这就是系综 X 的 Shannon 熵,或简称为经典系综的经典熵(见习题 1)。选定编码：比如，给每个典型序列指定一个正整数。一个有 n 位字符序列的信息便可以压缩成 $nH(x)$ 位。在这个意义上，系综 X 中所用的一个字符 x 荷载着 $H(x)$ 位信息。

例 1 太阳从东方升起，这是 $p=1,1-p=0$ 的确定分布。此"系统"没有不确定性，熵为零，所需存储比特数 $H(p=1)=0$ 为零。现在你告诉我信息：明天太阳从东方升起。此信息不再减少关于这件事的无知，存储此信息所需比特数也为零。

例 2 向地上抛钱币，这是 $p=1-p=\frac{1}{2}$ 完全随机的分布。此"系统"完全不确定，熵达最大，需用 $H(\frac{1}{2})=1$ 比特来存储关于它的"无知"。现在你告诉我信息：这次是"花"朝上。此猜测消除了 1 比特的不确定性，相应信息含量为 1 比特内容。

例 3 掷骰子中 6 个点数等概率出现。此系综是 $X=\{x_i,p_i=1/6,i=1,2,\cdots,6\}$。按典型序列来考虑，此系综熵为 $H(X)=\log6=2.42$ 比特。即，需用此比特数来存储关于投掷结果的"无知"。现在你猜说：这次结果是个 5。此猜测所提供的信息消除了此比特数的熵，信息含量也是此比特数。

例 4 已知 7 人中有一人要出差，但不知是哪一位。这需用 3 比特来存储此"系统"的无知。你告诉我信息：是张三出差。此信息消除了 3 比特的不确定性，相应的信息量含有 3 比特的内容，需用 3 比特来存储。这些例子说明，为什么熵既是系统不确定性的量度，又是信息含量的量度。

13.1.2 Shannon 无噪声编码定理

i) 上面叙述的另一种等价表述

上面结果也可以用另一种稍稍不同的方式表述。

一个特殊的 n 个字符的信息

$$x_1x_2\cdots x_n; \qquad x\in X\equiv\{x,p(x);k\} \tag{13.6a}$$

在以先验概率

$$\begin{cases}P(x_1x_2\cdots x_n)=p(x_1)p(x_2)\cdots p(x_n)\\ \log P(x_1x_2\cdots x_n)=\sum\limits_{i=1}^{n}\log p(x_i)\end{cases} \tag{13.6b}$$

产生出来之后，证明可以有

$$\lim_{n\to\infty}\left\{-\frac{1}{n}\sum_{i=1}^{n}\log p(x_i)\right\}=\sum_{j=1}^{k}-p(x_j)\log p(x_j)\equiv\langle-\log p(x)\rangle \tag{13.7}$$

证 由于 $n\to\infty$ 时，在 n 个字符中 x_i 出现次数将为 $np(x_i)\equiv n_i$，于是

$$\sum_{i=1}^{n}\log p(x_i)\xrightarrow{n\to\infty}\sum_{j=1}^{k}np(x_j)\log p(x_j)$$

即

$$\lim_{n\to\infty}\left\{-\frac{1}{n}\sum_{i=1}^{n}\log p(x_i)\right\}=\sum_{j=1}^{k}-p(x_j)\log p(x_j)=\langle -\log p(x)\rangle$$

由此得到两条结论：

a）一方面，对单个典型序列，有

$$\lim_{n\to\infty}\left\{-\frac{1}{n}\sum_{i=1}^{n}\log p(x_i)\right\}=H(X) \tag{13.8}$$

假如是足够长而有限的序列，可采用 δ，ε 极限语言，将之精确地提为

$$\left|-\frac{1}{n}\sum_{i=1}^{n}\log p(x_i)-H(X)\right|<\delta \tag{13.9}$$

两边乘 n，取 2 指数，即得

$$2^{-n(H(X)-\delta)}\geqslant P(x_1\cdots x_n)\geqslant 2^{-n(H(X)+\delta)} \tag{13.10}$$

这就是当 n 足够大（δ 就足够小）时，每个典型序列出现的概率范围。

b）另一方面，就所有典型序列总体而言，当 $n\to\infty$ 时典型序列出现的总概率将趋近于 1。由此并结合式(13.10)，可知

n 字符典型序列总概率 $=P(x_1\cdots x_n)\times 2^{nH(X)}=2^{-nH(X)}\times 2^{nH(X)}\Rightarrow 1$。或

$$P(x_1\cdots x_n)=2^{-nH(X)}(1-\varepsilon(n))$$

或者说，n 字符典型序列出现的总概率为 $1-\varepsilon(n)$

$$\sum_{\text{全体典型序列}}P(x_1\cdots x_n)=1-\varepsilon(n) \tag{13.11}$$

ii）Shannon 无噪声编码定理

上面说明了，当信息序列的字符数目 $n\to\infty$ 时，信息序列呈现为非典型序列的概率 $\to 0$，从而只需要考虑此时的典型序列。对每一种典型序列指定一个正整数的编码方案即可应付，而不必对所有序列都进行编码，即不必对非典型序列也编码。这时如此做法所带来的误差不大于 $\varepsilon(n)\xrightarrow{n\to\infty}0$。

下面说明：对任何系综 $X=\{x_i,p_i\}$，每个字符的信息不能被压缩到 $H(X)$ 位以下。因为这时已不能对全部典型序列的每一个典型序列指定唯一的码符。

这就是 Shannon 无噪声编码定理——Shannon 第一定理：如果想进一步将信息中每位字符的信息压缩到 $H-\delta'$，即使 δ' 为任一给定的小量，则当 $n\to\infty$ 时也不能达到足够小的误差 $\varepsilon(n)$。所以最佳码只可以渐近地（当 $n\to\infty$）将每个字符压缩到 $H(X)$ 位。

论证如下：

这时对信息（包括非典型序列信息，添 ε'）成功编码的概率为：$P_{\text{成功}}\leqslant H-\delta'$ 决

定的典型序列总数×每个典型序列出现概率上限

$$+\varepsilon' = 2^{n(H-\delta')} \times 2^{-n(H-\delta)} + \varepsilon' = 2^{-n(\delta'-\delta)} + \varepsilon' \xrightarrow{n\to\infty} 0 \tag{13.12}$$

此式意思是，这时我们能够对 $2^{n(H-\delta')}$ 个典型序列信息进行编码，这里每个典型序列信息出现的概率要小于 $2^{-n(H-\delta)}$[见前面式(13.10)]。添加 ε' 是考虑到有限字符时也需要对非典型序列进行编码($\varepsilon' \xrightarrow{n\to\infty} 0$)。于是，对任一选定的 δ'，尽管它很小，但已选定，所以当 $n\to\infty$ 时 δ 将终会小于所给定的 δ'，这使得成功的概率趋于零。

13.1.3 互信息

在 $n\to\infty$ 的渐近过程中，Shannon 熵表示从系综 X 取出单个字符所传递的平均信息量。因为它告诉我们，为了对那个信息编码需要多少位数。

互信息 $I(X,Y)$ 表示两个信息之间有多少关联。即，我们从所获得的 Y^n 序列信息中，能推知多少关于 X^n 序列信息？

例如，假定从一个传送者发送一条信息给一个接受者。但信道有噪声，以至于收到的信息 y 可能不同于送出的信息 x。噪声通道可以用条件概率 $p(y|x)$(发送 x 时收到 y 的概率)来表征。我们假设，字符 x 将以先验的概率 $p(x)$ 发送。下面来定量研究：当我们收到 y 时能对 x 知道多少，也即获得了多少信息？

如同我们已经看到的，熵 $H(X)$ 表示，所收到的每个字符能消除我们在收到信息之前的无知。就是说，传送者传递 $nH(X)$ 位(不带噪声的)字符给接受者，以完整地表达(渐近地)一个特定的 n 字符的信息。假如了解了这条噪声通道的特性，也即知道条件概率 $p(y|x)$，而先验概率分布也是事先知道的，于是接受者在收到 y 值之后，可以利用条件概率的 Bayes 定理

$$p(x \mid y) = \frac{p(y \mid x)p(x)}{p(y)} \equiv \frac{p(x,y)}{p(y)} \tag{13.13}$$

$p(x,y)$ 是 x,y 的联合概率，假如 x,y 各自独立，则有 $p(x,y)=p(x)p(y)$。按全概率公式(见习题 1)可得 $p(y)$ 如下

$$p(y) = \sum_x p(y \mid x)p(x) \tag{13.14}$$

鉴于已经获得这些知识，比起以前来，现在对 x 的知识是增加了(“无知”减少了些)。假定在收到这些 y 后，现在再采用最理想的码，就可以用每字符如下比特数

$$H(X \mid Y) = \langle -\log p(x \mid y)\rangle = -\sum_{x,y} p(x,y)\log p(x \mid y) \tag{13.15}$$

发送某个 n 字符序列将关于 X 的信息再传给别人。$H(X|Y)$ 称为条件熵。$H(X|Y)$ 的意义是：一旦知道 y 的数值，平均而言的 X 的不确定性；或者说，知道 Y 后，为规定 x 每个字符所需要的附加位数。

还可以定义联合熵

$$H(X,Y)=-\sum_{x,y}p(x,y)\log p(x,y) \tag{13.16}$$

显然,联合熵关于 X 和 Y 为对称的。还可以定义**互熵——互信息**

$$\begin{cases}I(X;Y)=-\sum_{x,y}p(x,y)\log p(x,y)\\ p(x,y)=p(x)p(y)/p(x,y)\end{cases} \tag{13.17}$$

这里,$p(x,y)$为互概率。若 X 和 Y 无关,联合概率独立 $p(x,y)=p(x)p(y)$,得 $p(x,y)=1$,于是 $I(X,Y)=0$。由于互概率$\leqslant 1$,所以 $I(X;Y)\geqslant 0$。$I(X;Y)$的物理意义是:当已知 Y 之后,为确定 X 所需每个字符的位数的减少数。或者说,通过已知 Y 所能获得的关于 X 每个字符的比特数。又可以说,通过测量 Y 所得到的关于 X 的信息。

若有同一字符库的两种概率分布 $p(x)$和 $q(x)$,可以定义 $p(x)$相对于 $q(x)$的相对熵

$$H(p(x)\parallel q(x))=\sum_{x}p(x)\log\frac{p(x)}{q(x)}=-H(X)-\sum_{x}p(x)\log q(x) \tag{13.18}$$

13.1.4　$H(X,Y)$,$H(X|Y)$,$I(X;Y)$性质总结

i) 联合熵的对称性 $H(X,Y)=H(Y,X)$。

ii) 条件熵非负性 $H(X|Y)\geqslant 0$。若 X,Y 相互独立,$H(X|Y)=H(X)$。

iii) 互信息的对称性 $I(X;Y)=I(Y;X)$。互信息的范围

$$0\leqslant I(X;Y)\leqslant \min(H(X),H(Y))$$

证明　由于 $0\leqslant p(x,y)\leqslant p(y)\leqslant 1$,所以

$$\log p(y)-\log p(x,y)\geqslant 0$$

所以

$$\begin{aligned}I(X;Y)&=-\sum_{x,y}p(x,y)\log\frac{p(x)p(y)}{p(x,y)}\\ &=-\sum_{x,y}p(x,y)\{\log p(x)+\log p(y)-\log p(x,y)\}\\ &\leqslant-\sum_{x,y}p(x,y)\log p(x)=-\sum_{x}p(x)\log p(x)=H(X)\end{aligned}$$

同样可得 $I(X;Y)\leqslant H(Y)$。

iv) 条件熵、联合熵、子系统熵的关系

$$\begin{cases}H(X\mid Y)=H(X,Y)-H(Y)\\ H(Y\mid X)=H(X,Y)-H(X)\end{cases}$$

证明：$H(X|Y)=-\sum_{x,y}p(x,y)\log p(x|y)=-\sum_{x,y}p(x,y)\log\frac{p(x,y)}{p(y)}=H(X,Y)-H(Y)$。由于 $0\leqslant p(x,y)\leqslant p(y)$，所以条件熵总是非负的 $H(X|Y)\geqslant 0$。

v) 互熵、联合熵、子系统熵的关系

$$I(X;Y)=H(X)+H(Y)-H(X,Y)$$

vi) 条件熵、互熵、子系统熵的关系

$$H(X)=H(X\mid Y)+I(X;Y),\qquad H(Y)=H(Y\mid X)+I(X;Y)$$

vii) $H(X,Y)=H(X|Y)+H(Y|X)+I(X;Y)$

viii) 经典熵的基本不等式

$$\mathrm{Max}(H(X),H(Y))\leqslant H(X,Y)\leqslant H(X)+H(Y)$$

证明 对于右边不等号 $H(X,Y)\leqslant H(X)+H(Y)$ 是因为，$H(X;Y)\geqslant 0$。对于左边不等号，是因为

$$-\log p(x,y)\geqslant -\log p(x)$$

所以 $-\sum_{x,y}p(x,y)\log p(x,y)\geqslant -\sum_{x,y}p(x,y)\log p(x)=-\sum_{x}p(x)\log p(x)=H(X)$。同样有 $-\sum_{x,y}p(x,y)\log p(x,y)\geqslant H(Y)$。总之左边不等号成立。此式的物理意义：复合系统 $X+Y$ 的熵 $H(X,Y)$ 不可能小于任一子系统 X 或 Y 的熵。$H(X,Y)$ 的上限是子系统 X 和 Y 互相独立；下限相应于子系统 X 和 Y 之间有最大的经典关联。

ix) 相对熵 $H(p(x)\parallel q(x))$ 的数值是非负的。注意对任意正数 X 有 $\ln X\geqslant 1-X^{-1}$，令 $p(x)/q(x)=X$，换成以 2 为底的对数 log，得

$$H(p(x)\parallel q(x))\equiv\sum_{x}p(x)\log\frac{p(x)}{q(x)}\geqslant\frac{1}{(\log e)}\sum_{x}p(x)\left(1-\frac{q(x)}{p(x)}\right)$$

$$=\frac{1}{(\log e)}\sum_{x}(p(x)-q(x))=0$$

等号当且仅当 $p(x)=q(x)\ \forall x$ 时成立。

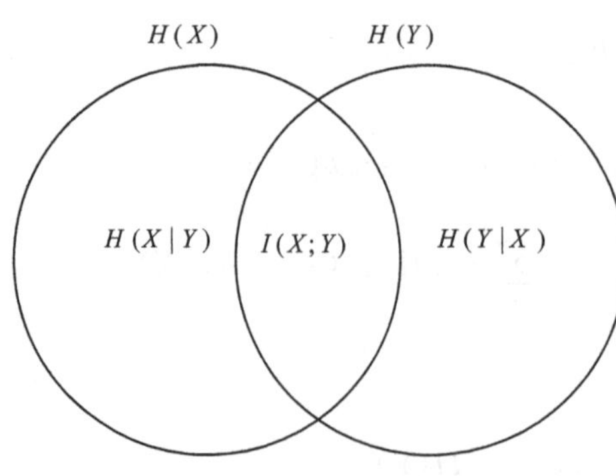

图 13.2 关系示意图

13.1.5 Shannon 噪声信道编码定理

i) 若要在一条噪声信道上传递信息，显然必须采用冗余度来增加传输的可靠性。比如，可以将每个比特多次发送，接收者可以采用多数选定制的办法去解比特等等。

但是，给定一个噪声信道之后，总

能找到一种编码，当 $n\to\infty$ 时确保有任意好的可靠性吗？关于这种编码的比率——每一信息的每个字母需要多少比特的问题，能得出些什么结论呢？

事实上，Shannon 证明了：只要在输入和输出之间有一定的关联，任何信道都可以在一个有限比率之下做任意可靠的通信。此外，他发现了对于能够达到的最佳比率的一个有用表达式。这些结果便是噪声信道编码定理。下面我们分层次地论述，并在最后给出这个定理。

假定采用的是二进制字母表：0 和 1，各以一个先验的概率发生。并且假定，信道是"二进制对称通道"——它对每一个位的作用是独立的：以概率 p 翻转它的值，以 $(1-p)$ 的概率原封不动的保留它的值。就是说，条件概率是

$$p(0\mid 0)=1-p,\quad p(0\mid 1)=p(1\mid 0)=p,\quad p(1\mid 1)=1-p$$

这时 $H(p)=-p\log p-(1-p)\log(1-p)$。现在我们打算针对增加着的块容积 n（因为信息长度在增加着）去构造、寻找各种编码方案，使得解码误差的概率当 $n\to\infty$ 时趋于零。假定编在块中的数据比特数是 $k(<n)$，于是码由 n 比特的 2^n 种可能弦中 2^k 个码符的某种选择所构成（即选择编码——如何用 2^n 弦荷载 2^k 弦，或用 n 位荷载 k 位的各种约定）。定义码的比率 R 等于每传送 1 比特所荷载的数据比特数

$$R=\frac{k}{n}\quad(<1,nR=k)\tag{13.19}$$

k 不能太大，k 上升 $\longrightarrow R$ 上升 $\longrightarrow$ 传送信息的冗余度下降 $\longrightarrow$ 造成误译。

应当这样设计好的码，使得码弦之间彼此尽可能的分开。就是说，对于给定的 R，必须使从一个码符到另一个码符变化时，所必需翻转的位数尽可能的多（这个数被称作两个码符之间的 Hamming 距离）。

对于一条 n 位长的输入弦，一般地说，误差将引起大约 np 位的误翻转——于是这一个输入一般将扩散到大约 $2^{nH(p)}$ 个典型输出弦中的一个。占据着以输入弦为中心的、以 Hamming 距离 np 为半径的一个"球"。所以 $2^k\to 2^k\cdot 2^{nH(p)}$ 个典型序列，每个被编在 n 位中的 k 位码字符都扩散成为"球"。于是，要求各个球之间不重合就必须要求

$$2^k\text{ 个球的总体积}\leqslant 2^n\tag{13.20}$$

为了可靠地解码，就必须选择我们的输入码符，使得两个不同的码符的误差球不产生交叠。否则两个不同的输入会有同样的输出，解码误差就不可避免了。如果要避免这样的解码不确定性，（包含在总数为 2^{nR} 个误差球内的）弦的总数不能超过输出信息总数 2^n。即需要

$$2^{nH(p)} \cdot 2^{nR} \leqslant 2^{n} \tag{13.21}$$

即 2^k 码符数×n 序列压缩为典型序列数≤n 序列总数。或为

$$0 \leqslant R \leqslant 1 - H(p) \equiv C(p) \tag{13.22}$$

(若无噪声,则 $p=0$ 或 $p=1 \to H(p)=0 \to C(0)=C(1)=1$;若最大噪声,$p=\frac{1}{2} \to H\left(\frac{1}{2}\right)=1 \to R=0$,不能传信息)。若要传送是高度可靠的,就不能指望码比率 R 超过 $C(p)$。但比率 $R=C(p)$ 在实际上是否能够渐近地达到的呢?就是说,平均而言,在可靠传送下,当 $n\to\infty$ 时,R 可以 $\to C$ 吗?事实上,以任意接近 C 和任意小误差概率的 R 比率的传送是可能的。也许 Shannon 最富创造性的思想就是说明了:通过考虑在"随机码"上的平均,可以达到 C。显然,随机地选择一个码并不是可能办法中最巧妙的。但结果却让人惊讶:随机编码和任何其他编码方案一样,在大 n 下也能渐近地获得高的比率。由于 C 是数据沿噪声通道可靠传送的最佳比率,所以被称作信道的容量。

假设 2^{nR} 个码符用随机地从系综 X^n 中取样来选定。在传送一个信息(码符中的一个)时,为了解读这个信息码,画出一个围绕着所收到信息的"Hamming 球",这个收到的信息将包含

$$2^{n(H(p)+\delta)}$$

个典型弦。假定包含在这个球中的这样一个码符存在并且是唯一的话,信息就被解码成为这个码符;如果这样的码符不存在,或是码符不唯一,我们就假设发生了一个解码错误。

一个解码错误怎样的呢?多半是我们已经选定解码球足够大,使得出现在球中的一个适当码符错误是非典型的,所以我们只需要关心占据球的多个适当的码符。因为总共存在 2^n 个可能的弦,围绕这个输出,一个 Hamming 球中的典型弦占全部弦中的份额为

$$\left(\frac{2^{n(H(p)+\delta)}}{2^n} = 2^{-n(C(p)-\delta)}\right)$$

于是,2^{nR} 个随机选择码符中的一个码符以偶然的方式占据这个球的概率是

$$2^k \cdot 2^{-n(C(p)-\delta)} = 2^{-n(C(p)-R-\delta)}$$

鉴于可以选择 δ 为任意小,R 可以被选为任意接近 C(但要在 C 的下方),于是这个失误概率当 $n\to\infty$ 时,将仍旧按指数减小。

迄今证明了,平均失误概率是小的。这里我们对所选择的随机码做平均,并且对每一个规定的码做平均,也对全部码做平均。于是必定存在一个具体的编码,这时对此码符平均的失误概率小于 ε。

ii) 进一步,我们愿意有一个更强的结果——失误概率对于每个码符都小。为

了建立起这个更强的结果，令 p_i 表示传送码符 i 时解码失误的概率。我们已经说明存在一个码，使得

$$\frac{1}{2^{nR}}\sum_{i=1}^{2^{nR}} p_i < \varepsilon$$

令 $N_{2\varepsilon}$ 表示 $p_i > 2\varepsilon$ 的码符的数目。于是我们推断

$$\frac{1}{2^{nR}}(N_{2\varepsilon})2\varepsilon < \varepsilon, \text{或 } N_{2\varepsilon} < 2^{nR-1} = 2^{n\left(R-\frac{1}{n}\right)}$$

我们看到，至多能抛弃掉码符的一半，以达到对每一个码符有 $p_i < 2\varepsilon$。我们构造出的新码有比率

$$\text{rate} = R - \frac{1}{n}, \qquad \left(\frac{1}{2}2^k = 2^{nR-1} = 2^{n\left(R-\frac{1}{n}\right)}\right)$$

它当 $n \to \infty$ 时趋于 R。

于是，我们看到了

$$C(p) = 1 - H(p)$$

这是能渐近达到的、有任意小失误概率的最大传输比率。

iii) 现在考虑怎样将这些论证推广到更一般的字符表和噪声道。给定一个由 $p(y|x)$ 等等所规定的通道，并为输入字符规定一个概率分布 $X = \{x, p(x)\}$。我们将发送 n 个字符的一个弦，并假定通道对每个字符独立的作用(一个按如此方式工作的通道称为无记忆通道)。自然，一旦 $p(y|x)$ 和 $X = \{x, p(x)\}$ 给定了，则 $p(x|y)$ 和 $Y = \{y, p(y)\}$ 也就确定了。

为了建立一个可达到的比率，我们再次考虑对随机码的平均。那里码符是以先验概率(由 X^n 支配的)选择的。于是，这些码符将以高的概率从字符弦的典型弦序列中选定。那里大约有 $2^{nH(X)}$ 个这样的典型弦。

对于 Y^n 中一个典型的接受信息，存在着大约 $2^{nH(X|Y)}$ 个能够送出来的信息。我们可以将收到的信息和一个包含 $2^{n(H(X|Y)+\delta)}$ 个可能输入的一个球相联系的办法来解码。如果在这个球中存在唯一的码符，我们就从那个码符中解码出信息。

和前面一样，球中不可能不存在码符，但必须排除多于一个码符的概率。每个解码球包含典型输入的一个份额

$$\frac{2^{n(H(X|Y)+\delta)}}{2^{nH(X)}} = 2^{-n[H(X)-H(X|Y)-\delta]} = 2^{-n[I(X;Y)-\delta]}$$

这里，$I(X;Y) = H(X) - H(X|Y)$ 为前面的互信息。假如存在 2^{nR} 个码符，任一个偶然落入解码球中的概率是

$$2^{nR}2^{-n[I(X;Y)-\delta]} = 2^{-n[I(X;Y)-R-\delta]}$$

由于 δ 可选作任意小，我们可以选择 R 尽量接近 I(但要小于 I)，并仍然使解码失

误概率当 $n\to\infty$ 时呈指数减少。

这个论证表明，当我们对随机码和码符作平均时，一次失误的概率对于任意比率 $R<I$ 来说变得很小。和前面同样的理由，说明对于每个码符以失误概率 $<\varepsilon$ 的一个特殊码的存在性。这是一个满意的结果，因为它与我们对 I 的解释是一致的，我们将 I 解释作为这样的信息：当我们获得信号 Y 时，我们所得到的输入 X 的信息——就是说，I 是我们能够沿通道传送的每个字母的信息。

互信息 $I(X;Y)$ 不仅依赖于信道的条件概率 $p(y|x)$，而且也依赖于字符的先验概率分布 $p(x)$。上面的随机编码论证能应用于 $p(x)$ 的任意选择，所以我们就说明了，对于任何小于

$$C\equiv \underset{\{p(x)\}}{\mathrm{Max}} I(X;Y) \tag{13.23}$$

比率 R 做无失误的传送都是可能的。C 被称作信道的容量，它现在只决定于信道的条件概率 $p(y|x)$。

iv) 至此已经证明了，任何 $R<C$ 的比率是可以达到的。但是，还必须回答：当 R 超过 C 的情况下，当 $n\to\infty$ 时失误概率仍然趋于零吗？在一般情况下 C 是比率 R 的上限的证明，考虑到对不同字符失误概率会有不同，比起利用双对称通道来作的证明看来需要更细致一些，在我们设计码的时候并没有考察这一点，现在推究如下：

假设已选 2^{nR} 个字符的弦作为我们的码符。考虑一个概率分布（记为 $\widetilde{X}^n$），在这个分布中每个码符以等概率（$=2^{-nR}$）发生。显然有

$$H(\widetilde{X}^n)=nR\left(左边=-\sum_{i=1}^{2^{nR}}(2^{-nR})\log(2^{-nR})=\frac{1}{2^{nR}}\cdot nR\cdot 2^{nR}=nR\right)$$

通过信道送出码符时，我们得到输出态的一个概率分布 $\widetilde{Y}^n$。

因为我们假设信道对每个字符的作用是独立的，一条 n 字符的弦的条件概率可以因式化为

$$p(y_1y_2\cdots y_n\mid x_1x_2\cdots x_n)=p(y_1\mid x_1)p(y_2\mid x_2)\cdots p(y_n\mid x_n)$$

于是可得条件熵满足

$$H(\widetilde{Y}^n\mid\widetilde{X}^n)=\langle-\log p(y^n\mid x^n)\rangle=\sum_i\langle-\log p(y_i\mid x_i)\rangle=\sum_i H(\widetilde{Y}_i\mid\widetilde{X}_i)$$

这里 $\widetilde{Y}_i$ 和 $\widetilde{X}_i$ 是我们在码符上的分布所决定的第 i 个字符的边缘概率（marginal probability）分布。回忆起 $H(X,Y)\leqslant H(X)+H(Y)$，或

$$H(\widetilde{Y}^n)\leqslant\sum_i H(\widetilde{Y}_i)$$

可得

$$I(\widetilde{Y}^n;\widetilde{X}^n)=H(\widetilde{Y}^n)-H(\widetilde{Y}^n\mid\widetilde{X}^n)$$

$$= \sum_i \{H(\widetilde{Y}_i) - H(\widetilde{Y}_i \mid \widetilde{X}_i)\}$$

$$= \sum_i I(\widetilde{Y}_i;\widetilde{X}_i) \leqslant nC$$

送出和收到(n 个字母的)一条信息的互信息的上限不超过每个字母的互信息之和;而每个字符的互信息上限不超过容量 C(因为 C 被定义为 $I(X;Y)$的最大值)。

忆及互信息的对称性,我们有

$$I(\widetilde{X}^n;\widetilde{Y}^n) = H(\widetilde{X}^n) - H(\widetilde{X}^n \mid \widetilde{Y}^n) = nR - H(\widetilde{X}^n \mid \widetilde{Y}^n) \leqslant nC$$

现在,如果无失误传送是可能的,也即我们能当 $n\to\infty$时可靠地解码,就意味着,输入的码符完全由所收到的信号所决定,或是每个字符的输入条件熵必定很小

$$\frac{1}{n}H(\widetilde{X}^n \mid \widetilde{Y}^n) \to 0$$

于是由上面 $I(\widetilde{X}^n;\widetilde{Y}^n)$第二式即得

$$R \leqslant C \tag{13.24}$$

等号当 $n\to\infty$极限时成立。比率不能超过容量(回忆起条件熵是不对称的,不像互信息)。实际上,$\frac{1}{n}H(\widetilde{Y}^n|\widetilde{X}^n)$并不变小,因为信道引入了对于将接受的信息的不确定性。但是假如我们能精确地解码,只要信息被接收到了,就不存在关于被传送码符的不确定性。)

到此,我们就证明了 Shannon 噪声信道编码定理——Shannon 第二定理:容量 $C\equiv\max\limits_{\{p(x)\}}I(X;Y)$是通过噪声信道通信时所能达到的最高比率。这时,当信息字符数趋于无穷时,失误概率趋于零。也可以换一种说法:“设有噪声离散无记忆信道,其容量为 C。只要信息传输率 $R<C$,则总存在编码方法,可使译码错误概率渐近地任意小;若 $R>C$,则不存在这样的编码方法”。

自然,上面用以证明 $R=C$ 的方法是在渐近下获得的(沿随机码平均)。这并不是一个十分肯定和积极的证明,因为一个随机码没有结构和形式,编码和解码会是相当笨重和不合用的(显然它需要一本指数增大的码书)。尽管如此,定理是十分重要和有用的。因为它告诉我们:什么是原则上可以达到的,什么是原则上不可能达到的。并且,因为 $I(X;Y)$是 $X=\{x,p(x)\}$($p(y|x)$固定)的一个凸函数(concave function——实际含义为向外凸性,但按数学定义是如此用字)。它有唯一的一个局域极大值。于是对感兴趣的信道,C 是可以算出来的(至少可以数值计算出来)。

§13.2 量子信息中的 von Neumann 熵

13.2.1 von Neumann 熵定义

由上节看到，Shannon 熵 $H(X)$正是每个字符在渐近($n\to\infty$)情况下所荷载信息的不可压缩的比特数。

我们也对信息之间的关联感兴趣。两个字母系综 X 和 Y 之间的关联由条件概率 $p(y|x)$所表征。于是有互信息

$$I(X;Y) = H(X) - H(X \mid Y) = H(Y) - H(Y \mid X) \tag{13.25}$$

它是我们从读出 Y 中所能获得的关于 X 的每个字符的信息比特数(或反过来)。假如 $p(y|x)$等表示一个噪声信道，则 $I(X;Y)$便是通过信道所能传送的每个字符的信息量(给定关于 X 的一个先验的概率分布)。

现在将这些考虑推广到量子信息。让我们想像有一个信息源，它制备 n 个字符的信息，但每个字符都是从一个量子态系综中选取的。信号的字符表由量子态 ρ_x 的一个系列所组成。其中每一个 ρ_x 都是以先验规定的概率分布 p_x 产生出来。

经典情况：$X=\{x,p(x)\}$；　量子情况：$\{\rho_x,p_x\}$，$\rho=\sum\limits_x p_x\rho_x$。

如果观察者关于制备的字符没有任何知识的话，对这个量子系综所做任何测量的任何结果，其概率将完全由下面密度矩阵所描述

$$\rho = \sum_x p_x\rho_x$$

对于 POVM 的$\{F_a\}$的情况，我们有

$$\text{Prob}(a) = \text{tr}(F_a\rho)$$

对于这个(以及任何)密度矩阵，定义：von Neumann 熵为

$$S(\rho) = -\text{tr}(\rho\log\rho) \tag{13.26}$$

可将密度矩阵 ρ 写为谱表示——选取使它对角化的正交基$\{|a\rangle\}$，这时

$$\rho = \sum_a \lambda_a \mid a\rangle\langle a \mid \to f(\rho) = \sum_a f(\lambda_a) \mid a\rangle\langle a \mid$$

所以

$$S(\rho) = -\sum_a \lambda_a\log\lambda_a = H(A) \tag{13.27}$$

这里，系综 $A=\{a,\lambda_a\}$含义是：力学量取 a 值时的概率是 λ_a。所以，将密度矩阵转向谱表示即知，量子系综 $\rho=\{\rho_x,p_x\}$的 von Neumann 熵 S，数值上即等于其对应经典系综 $A=\{a,\lambda_a\}$的 Shannon 熵。

推导式(13.27)的过程也是最常见的计算 von Neumann 熵的办法。在转换到量子态的本征表象，或是在完全退相干到相互正交态之后，情况都将如此。总而言

之，在信号字符表是由相互正交归一纯态组成的情况下，量子信息源就退化为经典信息源：所有信号态都能够理想地可区分开，并且 $S(\rho)=H(X)$。例如，最简单的二维混态——位于 Bloch 球心的信息垃圾态 $\rho=\frac{1}{2}I$，它的 von Neumann 熵 $S\left(\frac{1}{2}I\right)=1$，等于经典 Shannon 熵 $H\left(\frac{1}{2}\right)=1$。再例如，设

$$\rho=\frac{3}{4}\mid 0\rangle\langle 0\mid+\frac{1}{4}\mid 0\rangle\langle 1\mid+\frac{1}{4}\mid 1\rangle\langle 0\mid+\frac{1}{4}\mid 1\rangle\langle 1\mid=\frac{1}{4}\begin{pmatrix}3 & 1\\ 1 & 1\end{pmatrix}$$

可得 ρ 本征值 $\lambda_1=\frac{1}{2}\left(1+\frac{1}{\sqrt{2}}\right)$，$\lambda_2=\frac{1}{2}\left(1-\frac{1}{\sqrt{2}}\right)$，此 ρ 的 von Neumann 熵为

$$S(\rho)=-\lambda_1\log\lambda_1-\lambda_2\log\lambda_2=0.6009$$

但是，使量子信息源更具吸引力的是有这样的情况：信号态 ρ 有非对角项存在，态矢之间并不相互正交。事实上，一个量子态的 von Neumann 熵是缺乏关于这个态的知识的一种度量，是对这个量子态的信息不完备性的量化标志，但却并没有告诉我们这种不完备性的根源。例如，一个 Bell 基

$$\mid\Psi^-\rangle_{AB}=\frac{1}{\sqrt{2}}(\mid\uparrow\rangle_A\mid\downarrow\rangle_B-\mid\downarrow\rangle_A\mid\uparrow\rangle_B)$$

作为两粒子的统一体系而言，纯态的 von Neumann 熵 $S(\rho_{AB})=0$；但是，就 A 或 B 任一个单粒子而言，von Neumann 熵都相同：为最大值 $S(\rho_A)=S(\rho_B)=S\left(\frac{1}{2}\begin{pmatrix}1 & 0\\ 0 & 1\end{pmatrix}\right)=1$。这表明，所有关于这个态的信息完全蕴含在它们相互关联之中，任一单个粒子的状态都是完全不确定的，态的知识都是完全不定的，所以 von Neumann 熵都是最大的。应当注意，这里的“不确定性”是指对态知识的“缺乏”，不应当和 Heisenberg 不确定性相混淆。后者所导致的关于测量预言和测量极限的不确定性，即便对纯态也总是存在的。

下面将说明：当信号态都是纯态的情况下，von Neumann 熵 $S(\rho)$ 正是量子信息源的不可压缩信息内容的量度。正如同 Shannon 熵 $H(X)$ 是经典信息源的不可压缩信息内容的量度一样。

事实上，von Neumann 熵占据着三重地位。它量化了量子系综每个字符的量子信息内容——将信息可靠译码所需要的每个字符的最少比特数；也量化了系综的经典内容——按比特计算的每个字符的最大信息数。这时不是按 qubit 计算，后者是使用可能的最佳测量来制备时所能获得的（参见后面制备熵叙述）；并且看到，von Neumann 熵进入量子信息理论还有第三种方式：量化了一个双粒子纯态的纠缠。于是，量子信息理论紧密关联于 von Neumann 熵的解释和使用。正如同经典信息理论紧密关联于 Shannon 熵的解释和使用一样。

实际上，现在发展量子信息理论的数学工具十分类似于 Shannon 的数学（包括典型序列、随机编码等等）。有时它们是如此相似，以致有可能混淆它们十分不同的概念内涵。但是注意，量子信息理论的中心课题是：不可能理想地区分非正交的量子纯态。这是一种没有经典类比的特征。

13.2.2 von Neumann 熵的数学性质及讨论

$S(\rho)$有一些常用的性质（其中不少很接近 $H(X)$的性质），列举叙述如下。它们大多数的证明并不困难，稍长的证明均已列在习题解答中。其中强次可加性证明最为困难。某些证明可在文献[2]，[4]中找到。

i) von Neumann 熵是非负的，只对纯态为零

$$\begin{cases} S(\rho) \geqslant 0 \\ \rho = |\varphi\rangle\langle\varphi| \Rightarrow S(\rho) = 0 \end{cases} \tag{13.28}$$

关于 $S(\rho)$的非负性质。按 $S(\rho)$定义将 ρ 写为谱表式，按式(13.27)即知。纯态 von Neumann 熵为零是因为，其密度矩阵是个投影算符，非零本征值只有一个为 1。物理上这当然是说，已知的纯态没有任何不确定性，如同经典单个字符完全确定的一样。使用多种不同纯态的集合可以荷载信息，如同使用各种不同阿拉伯数字可以荷载信息一样。

ii) von Neumann 熵在幺正变换下不变

$$S(U\rho U^{-1}) = S(\rho) \tag{13.29}$$

这是因为，$S(\rho)$只依赖于 ρ 的本征值，而幺正变换不改变 ρ 的本征值。

iii) 直积的两体系统的总熵等于两个单体分别熵之和

$$\begin{aligned} S(\rho_{AB}) = S(\rho_A \otimes \rho_B) &= -\mathrm{tr}_{AB}\{(\rho_A \otimes \rho_B)\log(\rho_A \otimes \rho_B)\} \\ &= -\mathrm{tr}_A \mathrm{tr}_B\{\rho_A \otimes \rho_B(\log\rho_A + \log\rho_B)\} = S(\rho_A) + S(\rho_B) \end{aligned}$$

于是，假定系统 A 和环境 E 初始未关联

$$\rho_{AE} = \rho_A \otimes \rho_E$$

它们总熵是相加的

$$S(\rho_{AE}) = S(\rho_A) + S(\rho_E)$$

另外要注意到，对于混态可分离态，由于已经知道的一些关于这个态的制备知识，在混合时合并成单一 ρ_{AB} 中被抹去了，所以两体系统总熵大于两个单体分别熵之和。这根源于熵函数的凸性，证明可借鉴下面第 vi)条。

iv) 假定两体系统 AB 处于一个纯态上，则 $S(\rho_A) = S(\rho_B)$。证明直接采用 Schmidt 分解表达式，再分别对 A 和 B 部分求迹即知。

v) von Neumann 熵的上限。如果 ρ 有 D 个不为零的本征值，于是将有

$$S(\rho) \leqslant \log D \tag{13.30}$$

等号是当所有非零本征值均相等时成立。$D=1$ 即退化为纯态情况。

证明见习题 13.7 解答。

vi) von Neumann 熵的凸性(concavity)

$$S\Big(\sum_{i=1}^{n} p_i\rho_i\Big) \geqslant \sum_{i=1}^{n} p_i S(\rho_i) \tag{13.31}$$

证明见习题 13.8 解答。用图形表示为图 13.3。

这个凸性是对数函数凸性的结果。物理上此式是说,当我们越是知道怎样制备(或构造出)这个态,相应的 von Neumann 熵就越小。

vii) 假设 p_i 是概率,而正交态系列 ρ_i 撑起了态空间。于是有

$$S\Big(\sum_i p_i\rho_i\Big) = H(p_i) + \sum_i p_i S(\rho_i) \tag{13.32}$$

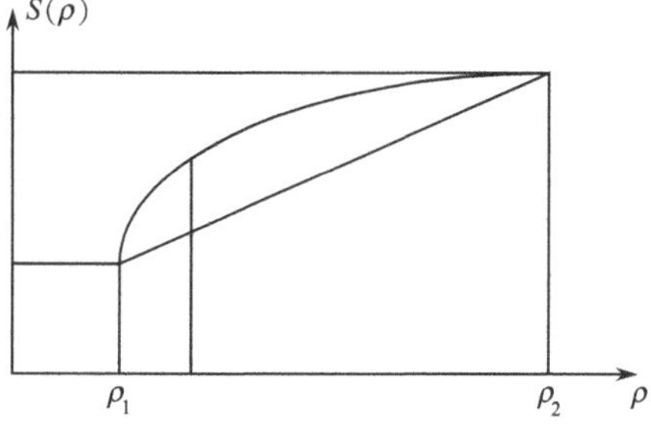

图 13.3

证明很简单,只要假设 ρ_i 的本征值和本征矢量分别为 ω_i^j,$|\omega_i^j\rangle$,则 $p_i\rho_i$ 的本征值和本征矢量就分别是 $p_i\omega_i^j$ 和 $|\omega_i^j\rangle$。于是有

$$\begin{aligned} S\Big(\sum_i p_i\rho_i\Big) &= -\sum_{i,j} p_i\omega_i^j \log(p_i\omega_i^j) = -\sum_i p_i \log p_i - \sum_i p_i \sum_j \omega_i^j \log\omega_i^j \\ &= H(p_i) + \sum_i p_i S(\rho_i) \end{aligned}$$

viii) 联合熵定理:假设系统 A 以概率 p_i 处在相互正交态 $|i\rangle_A$ 上,而 $\rho_B^{(i)}$ 是另一系统 B 的一组任意态。于是有

$$S\Big(\sum_i p_i \mid i\rangle_A\langle i \mid \otimes \rho_B^{(i)}\Big) = H(p_i) + \sum_i p_i S(\rho_B^{(i)}) \tag{13.33}$$

由式(13.32),$\rho_i \to |i\rangle_A\langle i| \otimes \rho_B^i$,态直积时熵相加,及纯态熵为零,即得。

ix) 条件熵(conditional entropy)和互信息(mutual information)

条件熵的定义

$$S(A \mid B) = S(\rho_{AB}) - S(\rho_B) \tag{13.34}$$

互信息的定义

$$\begin{aligned} S(A:B) &= S(\rho_A) + S(\rho_B) - S(\rho_{AB}) \\ &= S(\rho_A) - S(A \mid B) = S(\rho_B) - S(B \mid A) \end{aligned} \tag{13.35}$$

命题 设 ρ_{AB} 是任意两体纯态,证明 ρ_{AB} 有量子纠缠存在的充要条件是条件熵 $S(A|B)<0$(参见习题 13.9 解答)。

证明 直接由定义式(13.34)即知：这时右边第一项对应纯态，熵为零。

x) 量子测量对被测系统熵的影响

假定对态 ρ 测量力学量 A，用 A 的谱表示

$$A = \sum_y \mid a_y \rangle a_y \langle a_y \mid$$

测量结果是，值 a_y 将以概率 $p(a_y) = \langle a_y | \rho | a_y \rangle$ 出现。于是测量所造成的正交投影，其结果是得到经典系综 $Y = \{a_y, p(a_y)\}$，其 Shannon 熵满足

$$H(Y) \geqslant S(\rho) \tag{13.36}$$

等号当只当 A 与 ρ 对易时成立。即除非是本征测量，测量将增加熵。证明见习题13.10解答。

这显示出，若测量的力学量算符 A 和 ρ 有共同的本征矢量，则 $S(\rho) = H(Y)_{\min}$。在物理上，这时是“本征测量”，又称“可对易测量”，属于“非破坏测量”。此时所得 Shannon 熵里未引入附加熵值，测量所引入的对结果的随机影响减至最小($H(Y)$最小为 $S(\rho)$本身)。但假如我们测量的是一个“坏”的力学量，结果的可预计程度就会下降。在数学上，这是说在任何基矢中，用零来代替 ρ 的非对角矩阵元时，$S(\rho)$将增加。这里，在任给力学量 A 的表象$\{|a_y\rangle\}$中

$$\rho = \sum_i \alpha_i \mid i \rangle \langle i \mid \Rightarrow \begin{cases} \rho_{yy} = \langle a_y \mid \rho \mid a_y \rangle \\ \rho_{yy'} = \langle a_y \mid \rho \mid a_{y'} \rangle = \sum_i \alpha_i \langle a_y \mid i \rangle \langle i \mid a_{y'} \rangle \end{cases}$$

于是，若略去 ρ 中的非对角项 $\rho_{yy'}$，只剩下对角项 ρ_{yy}，则

$$S(\rho) \rightarrow -\sum_y p(y) \log p(y) = H(Y)$$

由此题解答的两种证法都可知，无论从熵函数凸性或是相对熵的非负性，表明这里箭头是熵增加(或准确些说是熵不减少)方向。也即，不论在什么基中，略去 ρ 中的非对角项都会使 von Neumann 熵增加，除非是本征测量——已经是对角化的。

xi) 制备熵——制备量子系统后若略去制备知识，熵将增加。如果从系综$\{|\varphi_x\rangle, p_x\}$中随机地抽出纯态，组成密度矩阵

$$\rho = \sum_x p_x \mid \varphi_x \rangle \langle \varphi_x \mid$$

于是($H(X) = -\sum\limits_x p_x \log p_x$)

$$H(X) \geqslant S(\rho) \tag{13.37}$$

等号是当$|\varphi_x\rangle$中各态相互正交时成立。这个结论指出，当我们将非正交纯态随机混合看作为经典系综时，(在随机抽出并混合之前，原来可能具有的)各态之间的量子关联信息被忽略掉了。由经典系综，我们不能完全复原我们以前所制备的非正交态的量子关联信息。如同后面将要讨论的，由执行一个测量所获得的信息增益

不能超过 $S(\rho)$。

说明白些，当我们把非正交的纯态放在一起时，可分辨性就减弱了。注意，这一条和第 vi)条相结合(越是知道怎样制备态，熵越减小)，看问题就全面了。其实它俩是同一结论的两种不同角度的提法。

xii) 次可加性

考虑一个处在态 ρ_{AB} 上的双粒子系统 $A\otimes B$。可证有

$$S(\rho_{AB}) \leqslant S(\rho_A) + S(\rho_B) \tag{13.38}$$

等号当也只当两个子系统无关联时成立。式(13.38)证明见习题 13.11 解答。于是，对不关联的两个系统，它们熵是可加的(第 iii)条)；但若关联，则整个系统的熵将小于两部分熵之和。就是说，量子纠缠(或者说量子关联)使系统的 von Neumann 熵减少。这个性质类似于 Shannon 熵性质

$$H(X,Y) \leqslant H(X) + H(Y)$$

(或 $I(X;Y)\geqslant 0$)。这是因为，关于 XY(或 AB)系统的某些信息已经编码在 X 和 Y(A 和 B)之间的(经典或量子)关联里了。

最简单例子是 Bell 基 $|\Psi^-\rangle_{AB} = \frac{1}{\sqrt{2}}(|01\rangle_{AB} - |10\rangle_{AB})$。它是纯态，所以 $S(\rho_{AB})=0$。但 A 和 B 的约化密度矩阵都是 $\rho_A=\rho_B=\frac{1}{2}\begin{pmatrix}1 & 0\\ 0 & 1\end{pmatrix}$，$S(\rho_A)=S(\rho_B)=H\left(p=\frac{1}{2}\right)=1$。所以次可加性不等式成立。

xiii) 三角不等式(Araki-Lieb 不等式)

$$S(\rho_{AB}) \geqslant |S(\rho_A) - S(\rho_B)| \tag{13.39}$$

这和 Shannon 熵的类似性质有鲜明的对比

$$\begin{cases} H(X,Y) \geqslant H(X),H(Y) \\ H(X|Y),H(Y|X) \geqslant 0 \end{cases}$$

这里是说，经典的双粒子系统的 Shannon 熵超过它的任一部分的 Shannon 熵——整个系统比它任一部分具有更多的信息)。此不等式的证明见习题 13.12 解答。

这里和 Shannon 熵不同的是，若 AB 为纯态，$S(\rho_{AB})=0$，而 $S(\rho_A)=S(\rho_B)\geqslant 0$。虽然双粒子态有一个确定的制备，但如果我们测量子系统的可观测量，测量结果仍将不可避免地随机和不可预计。由于信息是以非定域的量子关联的形式编码，我们不能用分别观测两个子系统的办法去了解态是如何制备的。

经典情况下 Shannon 条件熵的正定性和量子情况下三角不等式的对照，清楚地表征了经典和量子信息之间的一个关键区别：Shannon 条件熵的正定性→联合

Shannon 熵不小于任一部分的 Shannon 熵。而量子情况下，$S(\rho_{AB})$只不小于两部分von Neumann熵之差，而不存在大于它的任一部分的 von Neumann 熵。

xiv) 对任何两个不一定对易的 n 维厄米矩阵 a，b(其中 b 是完全正的)，有如下“广义 Klein 不等式”成立

$$\mathrm{tr}\{f(b)-f(a)\}\leqslant \mathrm{tr}\{(b-a)f'(a)\} \tag{13.40}$$

证明见习题 13.13 解答。

xv) 体系的两个密度矩阵 ρ 和 σ 的相对熵(relative entropy)$S(\rho\parallel\sigma)$定义为

$$S(\rho\parallel\sigma)=\mathrm{tr}\{\rho\log\rho\}-\mathrm{tr}\{\rho\log\sigma\} \tag{13.41}$$

试证：相对熵是非负的。证明见习题13.14解答。

命题　相对熵具有其自变量的联合凹性。

证明　如果定义两个块矩阵

$$A=\begin{pmatrix}\rho & 0\\ 0 & \sigma\end{pmatrix},\qquad X=\begin{pmatrix}0 & 0\\ I & 0\end{pmatrix}$$

我们利用 Lieb 定理(文献[4]中附录 6)，可以证明

$$I(A,X)\equiv \mathrm{tr}\{X^{+}(\log A)XA\}-\mathrm{tr}\{X^{+}X(\log A)A\}$$

是 A 的凸函数。另外，也很容易证明有 $I(A,X)=-S(\rho\parallel\sigma)$。于是相对熵 $S(\rho\parallel\sigma)$的联合凹性就可以从 $I(AX)$关于 A 为凸的性质来得到。详细证明参见文献[4] p520。

xvi) 条件熵是凸性的

证明见习题13.15解答。或如下证明：利用上面 xv 相对熵的凹性。令 d 为系统 A 的维数，则

$$\begin{aligned}S\left(\rho_{AB}\parallel\frac{I}{d}\otimes\rho_B\right)&\equiv -S(\rho_{AB})-\mathrm{tr}\left\{\rho_{AB}\log\left(\frac{I}{d}\otimes\rho_B\right)\right\}\\&=-S(\rho_{AB})-\mathrm{tr}(\rho_B\log\rho_B)+\log d\\&=-S(A\mid B)+\log d\end{aligned}$$

于是

$$S(A\mid B)=\log d-S\left(\rho_{AB}\parallel\frac{I}{d}\otimes\rho_B\right)$$

由此式，条件熵 $S(A|B)$的凸性就可以从相对熵的联合凹性来得到。也见文献[4] p. 520。

xvii) 强次可加性(strong subadditivity)[2,4]

对两个粒子的次可加性和三角不等式可以推广到三个粒子情况。推广结果中最基本的一个就是强次可加性。对于任意三粒子 A，B，C 系统的任何态，有下面

两个等价的不等式成立

$$\begin{cases} S(\rho_A)+S(\rho_B)\leqslant S(\rho_{AC})+S(\rho_{BC}) \\ S(\rho_{ABC})+S(\rho_B)\leqslant S(\rho_{AB})+S(\rho_{BC}) \end{cases} \tag{13.42}$$

式(13.42)称为强次可加性，是由于当 B 是一维时，第二个方程就退化为次可加性式(13.38)。这两个不等式可以互推(可以参考下面证明)。

Shannon 熵的大部分性质证明十分简单，但 von Neumann 熵这个性质的证明却都很复杂[1,2]。下面叙述文献[4]p. 521 中利用条件熵的凸性性质来证明的一个简明方法。

证明第一个不等式：定义一个对 ρ_{ABC} 的如下映射

$$\hat{\Omega}(\rho_{ABC})\equiv S(\rho_A)+S(\rho_B)-S(\rho_{AC})-S(\rho_{BC})=-S(C\mid A)-S(C\mid B)$$

由于条件熵的凸性，所以这个映射是凹的。这时如果取 ρ_{ABC} 的谱表示 $\rho_{ABC}=\sum_i p_i\mid i\rangle_{ABC}\langle i\mid$，根据映射的这个凹性性质，存在如下不等式

$$\hat{\Omega}\Big(\sum_i p_i\mid i\rangle\langle i\mid\Big)\leqslant\sum_i p_i\hat{\Omega}(\mid i\rangle_{ABC}\langle i\mid)=0$$

最后等于零是因为，对三体纯态 $|i\rangle_{ABC}$，有 $S(\rho_{AC})=S(\rho_B)$，$S(\rho_{BC})=S(\rho_A)$。于是即得第一个不等式。

证明第二个不等式：为此引入一个辅助系统 R，将系统 ρ_{ABC} 纯化。接着采用上面刚才证明的第一个不等式，有

$$S(\rho_R)+S(\rho_B)\leqslant S(\rho_{RC})+S(\rho_{BC})$$

由于 ρ_{ABCR} 是个纯态，有 $S(\rho_R)=S(\rho_{ABC})$ 和 $S(\rho_{RC})=S(\rho_{AB})$，代入上式得

$$S(\rho_{ABC})+S(\rho_B)\leqslant S(\rho_{AB})+S(\rho_{BC})$$

这就完成了强次可加性式(13.42)的证明。

用以下办法就容易理解并记住强次可加性不等式：AB 和 BC 能看作是两个交叠的子系统。它们的联合(ABC)熵($S(\rho_{ABC})$)加上它们之间的交叉熵($S(\rho_B)$)不超过子系统(AB 和 BC)熵之和。

下面将看到，强次可加性有着深刻和重要的结论。关于强次可加性的进一步叙述可见文献[4]的附录 6。

下面讨论一下 $S(\rho)$ 数学性质的某些含义。

有两种不同(但是关联)的可能方法，来看待量子统计物理学的基础。第一种，考虑一个孤立(封闭)的量子系统的演化。但在确定热力学变数时，采用某种粗粒化办法。第二种，或许物理上更为刺激的是，考虑一个开放系统，一个和它的环境相接触的量子系综。我们追踪开放系统本身的演化，而不关心、不监测环境如何改变。

对于一个开放的系统，von Neumann 熵的极重要的数学性质是它的次可加

性。由第 iii)条知,若系统 A 和环境 E 初始未关联,$\rho_{AE}=\rho_A\otimes\rho_E$,则它们的熵是相加的$S(\rho_{AE})=S(\rho_A)+S(\rho_E)$。现在假设,这个开放系统演化了一会,演化过程以作用在组合系统 $A+E$ 上的一个幺正算符 U_{AE}所描述

$$\rho_{AE}\rightarrow\rho'_{AE}=U_{AE}\rho_{AE}U_{AE}^{-1}$$

由于幺正演化不改变熵 S,我们得到

$$S(\rho'_{AE})=S(\rho_{AE})$$

最后我们用次可加性到态 ρ'_{AE}上,推得

$$S(\rho_A)+S(\rho_E)=S(\rho'_{AE})\leqslant S(\rho'_A)+S(\rho'_E)$$

当 A 和 E 之间不关联时,等号成立。假如我们定义世界的“总”熵为系统熵和环境熵之和,于是立即得出结论:世界的熵不可能减少。这是热力学第二定律的一种形式。但注意,我们是在假设系统和环境在初始时刻不相关联来推导这个定律的。

一般而言,系统和环境的相互作用将会诱导关联,使得(假如初始时刻不关联)熵实际上将增加。从主方程讨论可知,假定环境“忘记”得很快,也就是说,我们采用的时间分辨率足够粗的话,我们就能够在时间的每一刻把系统和环境认作“初始的、事实上的”互不关联(Markovian 近似)。在这个假设之下,“总”熵将单调地、渐近地趋向于理论的最大值(和所有相关的守恒律——能量、电荷、重子数等相一致的可获得的最大值)。

事实上,暗含在量子统计中的通常假设是系统和环境处在“最可几构形”(the most probable configuration)中。在这时,$S(\rho_A)+S(\rho_E)=\text{Max}$。在这种构型中,所有可以达到的态都是等概率的。

从微观观点来看,初始含在系统中的信息(我们能够将初态和另一些初始正交态区分开来的能力)丧失掉了;它在系统和环境之间拧起来并编码进入量子纠缠中。原理上,信息可以恢复;但实践上,对于局域化的观察者而言是完全做不到的。因此热力学是不可逆的。

自然,我们可以将这个推理用到一个大的封闭系统上(整个宇宙?)。我们可以将系统划分出它的一小部分以及其余(所考虑这一小部分的环境),于是各部分熵的总和将是不减少的。这是粗粒化的一个特别类型。一个封闭系统的一部分行为像是一个开放系统,这说明,为什么统计力学的微正则系综和正则系综对于大系统而言产生相同的预言。

13.2.3 高斯型多模混态的 von Neumann 熵计算

这里将第三章中式(3.28)推广到 n 模的一般情况。令

$$\Lambda=(a_1^+,a_2^+,\cdots,a_n^+;a_1,a_2,\cdots,a_n)\equiv(a^+,\tilde{a})$$

则 n 模高斯混态的密度算符为

$$\rho = e^{\hat{H}(N)} = A\exp\left[\frac{1}{2}\Lambda N\Sigma_B\widetilde{\Lambda}\right] \tag{13.43}$$

记它的迹为

$$Z(\beta)\mid_{\beta=-1} \equiv Z(-1) = \operatorname{tr}\left\{\exp\left[\frac{1}{2}\Lambda N\Sigma_B\widetilde{\Lambda}\right]\right\} \tag{13.44}$$

则由态的归一性知

$$A = \frac{1}{Z(-1)} = \mid \det(e^{-N}-1)\mid^{\frac{1}{2}} \tag{13.45}$$

现在往算 von Neumann 熵。由其定义 $S(\rho)=-\operatorname{tr}(\rho\ln\rho)$，利用我们已有的配分函数计算公式[21]，可知

$$\begin{aligned}
S(\rho) &= -\operatorname{tr}\left\{\frac{1}{Z(\beta)}e^{-\beta\hat{H}(N)}\ln\left[\frac{1}{Z(\beta)}e^{-\beta\hat{H}(N)}\right]\right\}\Bigg|_{\beta=-1}\\
&= \frac{1}{Z(\beta)}\{\ln Z(\beta)\cdot \operatorname{tr}e^{-\beta\hat{H}(N)}+\beta\operatorname{tr}[e^{-\beta\hat{H}(N)}\hat{H}(N)]\}\Bigg|_{\beta=-1}\\
&= \frac{1}{Z(\beta)}\left\{\ln Z(\beta)\cdot Z(\beta)-\beta\frac{dZ(\beta)}{d\beta}\right\}\Bigg|_{\beta=-1}
\end{aligned}$$

利用下面关系式

$$\frac{dZ(\beta)}{d\beta}\Bigg|_{\beta=-1} = -\frac{1}{2}Z(-1)\operatorname{tr}\frac{N}{1-e^N} = -\frac{1}{2\sqrt{\mid\det(e^{-N}-1)\mid}}\operatorname{tr}\frac{N}{1-e^N}$$

最后得 von Neumann 熵为

$$S(\rho) = -\frac{1}{2}\{\ln\mid\det(e^{-N}-1)\mid - \operatorname{tr}\frac{N}{1-e^N}\} \tag{13.46}$$

从此式可知，利用已有的配分函数公式，可以非常容易地、并且在不知道密度算符本征值的情况下，直接求出混态的 von Neumann 熵。对于第二章所述两体高斯纯态纠缠度计算，由于部分求迹后，其约化密度算符也为式(13.43)形式，因此其纠缠度计算公式和式(13.46)相同。

§13.3　量子无噪声编码定理与量子数据压缩

13.3.1　无噪声编码定理的量子模拟

我们考虑一个由 n 个字符组成的长信息。那里每个字符均随机地从纯态系综中选出

$$\{\mid\varphi_x\rangle, p_x\}$$

并且 $\mid\varphi_x\rangle$ 之间不必要是相互正交的。例如，每个 $\mid\varphi_x\rangle$ 可以是单光子的极化态。于

是,每个字符由下面密度矩阵所描述

$$\rho=\sum_x p_x\mid\varphi_x\rangle\langle\varphi_x\mid$$

而整个信息的密度矩阵为

$$\rho^n=\rho\otimes\rho\otimes\cdots\otimes\rho$$

现在我们问,这个量子信息中的冗余度是多少?我们希望去设计一个量子码,使我们能将信息压缩到一个较小的 Hilbert Space,而不损及信息的可信度。例如,或许我们有一个量子记忆器件(一台量子计算机的硬盘?),并且我们知道,被记录的数据的统计性质(就是说,我们知道 ρ)。我们现在打算用压缩数据办法去节省器件的空间。

所能获得的最佳压缩是由 Ben Schumacher 给出的。答案是:能够以渐近方式(当 $n\to\infty$时)得到任意好可信度的最佳压缩是压缩到如此的 Hilbert 空间 H,H 所具有的最低维数为

$$\log(\dim H)=nS(\rho),\qquad 故\ \dim H=2^{nS(\rho)}\tag{13.47}$$

正是在这个意义上,我们说:"von Neumann 熵 $S(\rho)$是信息中每个字符所携带量子信息的 qubit 数"。例如,如果信息是由 n 个极化光子态所组成,我们并不需要 n 个 qubit 来存储这些光子态,而可以压缩到只需要 $nS(\rho)$个 qubit——由于这时 $S(\rho)<1$,压缩总是可能的。除非 $\rho=\frac{1}{2}I$[这时 $\dim H=2^n$,$S(\rho)=1$],才不可能被压缩。这时是说,我们不能压缩随机的 qubit,就像我们不能压缩随机的 bit 一样。

一旦知道并懂了 Shannon 结果,Schumacher 定理的证明并不困难。Schumacher 的重要贡献是问了正确的问题,以致首次建立起 von Neumann 熵的量子信息理论解释。

13.3.2 量子数据压缩举例

在以一般性来充分讨论 Schumacher 量子数据压缩原型之前,考虑一个简单例子是有帮助的。假定我们的字符是从下面系综中选出的单 qubit,也即,信息源发出的量子态是

$$\begin{cases}\mid\uparrow_z\rangle=\begin{pmatrix}1\\0\end{pmatrix}, & p=\dfrac{1}{2}\\ \mid\uparrow_x\rangle=\dfrac{1}{\sqrt{2}}\begin{pmatrix}1\\1\end{pmatrix}, & p=\dfrac{1}{2}\end{cases}$$

以致于每个字符的密度矩阵——信息源的密度矩阵是

$$\rho=\frac{1}{2}\mid\uparrow_z\rangle\langle\uparrow_z\mid+\frac{1}{2}\mid\uparrow_x\rangle\langle\uparrow_x\mid=\frac{1}{2}\begin{pmatrix}1&0\\0&0\end{pmatrix}+\frac{1}{2}\begin{pmatrix}1/2&1/2\\1/2&1/2\end{pmatrix}=\frac{1}{4}\begin{pmatrix}3&1\\1&1\end{pmatrix}$$

为求 ρ 的本征值 $\lambda_{\pm}$ 和本征矢量 $\begin{pmatrix}x\\y\end{pmatrix}$，可将其本征方程写为 $\frac{1}{\sqrt{2}}(\sigma_3+\sigma_1)\cdot\begin{pmatrix}x\\y\end{pmatrix}=2\sqrt{2}\left(\lambda_{\pm}-\frac{1}{2}\right)\cdot\begin{pmatrix}x\\y\end{pmatrix}$，并与 $\boldsymbol{n}\cdot\boldsymbol{\sigma}|\chi(\boldsymbol{n})\rangle=\pm|\chi(\boldsymbol{n})\rangle$ 相比较，得 $\boldsymbol{n}=\frac{1}{\sqrt{2}}(\boldsymbol{e}_z+\boldsymbol{e}_x)$ 和 $2\sqrt{2}\left(\lambda_{\pm}-\frac{1}{2}\right)=\pm1$。于是有

$$\begin{cases}|+\boldsymbol{n}\rangle=|\uparrow_{\boldsymbol{n}}\rangle=|0'\rangle=\begin{pmatrix}\cos\frac{\pi}{8}\\\sin\frac{\pi}{8}\end{pmatrix},\ \lambda_{+}=\frac{1}{2}+\frac{1}{2\sqrt{2}}=\cos^2\frac{\pi}{8}\\|-\boldsymbol{n}\rangle=|\downarrow_{\boldsymbol{n}}\rangle=|1'\rangle=\begin{pmatrix}\sin\frac{\pi}{8}\\-\cos\frac{\pi}{8}\end{pmatrix},\ \lambda_{-}=\frac{1}{2}-\frac{1}{2\sqrt{2}}=\sin^2\frac{\pi}{8}\end{cases}$$

显然，本征态 $|0'\rangle$ 和两个信号态有着较大而又相等的交叠

$$|\langle 0'|\uparrow_z\rangle|^2=|\langle 0'|\uparrow_x\rangle|^2=\cos^2\frac{\pi}{8}=0.8535$$

而另一本征态 $|1'\rangle$ 则有相等而较小的交叠 $\sin^2\frac{\pi}{8}=0.1465$。于是，假如不知道送来的是 $|\uparrow_z\rangle$ 还是 $|\uparrow_x\rangle$，我们能做的最佳猜测是 $|\Psi\rangle=|0'\rangle$。这个猜测在 qubit 所有可能态中有着最大的可信度

$$F=\frac{1}{2}|\langle\Psi|\uparrow_z\rangle|^2+\frac{1}{2}|\langle\Psi|\uparrow_x\rangle|^2=0.8535$$

现在，设想 Alice 需要送三个字符给 Bob，但量子通道十分昂贵，她只能送出两个 qubit，并仍希望 Bob 以最高的可信度重构她的态。

办法之一是，她可以送给 Bob 她三个字符中的两个，并且要求 Bob 对第三个去猜作为 $|0'\rangle$。于是，当 Bob 以 $F=1$ 的可信度收到两个字符时，他有 $F=0.8535$ 的可信度猜对第三个。因此这个三位信息的总体的可信度为 $F=0.8535$。可是，有没有更聪明的办法去达到更高的可信度呢？

还有一个更好的办法。通过把 ρ 对角化，我们将单个 qubit 的 Hilbert 空间分解成一个"似真的"一维子空间（由 $|0'\rangle$ 所撑开）和一个"似假的"一维子空间（由 $|1'\rangle$ 所撑开）。类似地，我们能够将三个 qubit 的 Hilbert 空间分解成"似真的"和"似假的"子空间。假定 $|\Psi\rangle=|\Psi_1\rangle|\Psi_2\rangle|\Psi_3\rangle$ 是任一个信号态（三个 qubit 的每一个分别处在 $|\uparrow_z\rangle$ 或 $|\uparrow_x\rangle$ 态上），这时有

$$
\begin{cases}
|\langle 0'0'0' \mid \Psi\rangle|^2 = \cos^6\left(\frac{\pi}{8}\right) = 0.6219 \\
|\langle 0'0'1' \mid \Psi\rangle|^2 = |\langle 0'1'0' \mid \Psi\rangle|^2 = |\langle 1'0'0' \mid \Psi\rangle|^2 \\
\qquad = \cos^4\left(\frac{\pi}{8}\right)\sin^2\left(\frac{\pi}{8}\right) = 0.1067 \\
|\langle 0'1'1' \mid \Psi\rangle|^2 = |\langle 1'0'1' \mid \Psi\rangle|^2 \\
\qquad = |\langle 1'1'0' \mid \Psi\rangle|^2 = \cos^2\left(\frac{\pi}{8}\right)\sin^4\left(\frac{\pi}{8}\right) = 0.0183 \\
|\langle 1'1'1' \mid \Psi\rangle|^2 = \sin^6\left(\frac{\pi}{8}\right) = 0.0031
\end{cases}
$$

现在,把态空间如此分解为似真子空间 Λ(由 $|0'0'0'\rangle$, $|0'0'1'\rangle$, $|0'1'0'\rangle$, $|1'0'0'\rangle$ 所撑开)以及与之正交的子空间 $\Lambda^{\perp}$ 之后,假如我们做一个"模糊的"测量,它将一个信号态投影到了 Λ 或 $\Lambda^{\perp}$,则投影到似真子空间的概率为

$$P_{似真} = 0.6219 + 3(0.1067) = 0.9419$$

而将其投影到似假子空间的概率则为

$$P_{似假} = 3(0.0183) + 0.0031 = 0.0581$$

为了执行这个模糊测量,Alice(比如说)首先可以采用一个幺正变换 U,它把 4 个高概率的基矢转到 $|\cdot\rangle|\cdot\rangle|0\rangle$ 类型的态上;而把 4 个低概率的基矢转到 $|\cdot\rangle|\cdot\rangle|1\rangle$ 类型的态上。然后 Alice 测量第 3 个 qubit 以完成这个模糊测量。首先,假如她的测量结果是 $|0\rangle$,于是 Alice 自己的输入态实际上已经被投影进了 Λ 空间。这时她把其余 2 个未经测量的 qubit 送给 Bob(注意,现在也是由送 3 个 qubit 的压缩成送 2 个 qubit)。当 Bob 收到这个双 qubit 态 $|\Psi_{\text{comp}}\rangle$ 时,他用添加 $|0\rangle$ 态和应用 U^{-1} 的办法,把它解压缩,遂得到

$$|\Psi'\rangle = U^{-1}(|\Psi_{\text{comp}}\rangle|0\rangle)$$

其次,假如 Alice 测量第 3 个 qubit 的结果是 $|1\rangle$ 态,实际上她就把她的输入态投影到了低概率的子空间 $\Lambda^{\perp}$。发生这种情况时,Alice 能做的最好的事就是把要送出的压缩态转换到能使 Bob 按上述解码办法得到最大态 $|0'0'0'\rangle$——具体地说,这时 Alice 送出的是这样的态 $|\Psi_{\text{comp}}\rangle$,以便使 Bob 经过添加 $|0\rangle$ 态和应用 U^{-1} 的解压缩办法后,能够得到 $|0'0'0'\rangle$ 态

$$|\Psi'\rangle = U^{-1}(|\Psi_{\text{comp}}\rangle|0\rangle) = |0'0'0'\rangle$$

于是,假如 Alice 对 3 个 qubit 的信号态 $|\Psi\rangle$ 进行上述方式的编码,并只送 2 个 qubits 给 Bob,而 Bob 则按照上面所描述的那样来解码,他就得到态 ρ'(E 为向 Λ 的投影算符)

$$|\Psi\rangle\langle\Psi| \to \rho' = E|\Psi\rangle\langle\Psi|E + |0'0'0'\rangle\langle\Psi|(1-E)|\Psi\rangle\langle 0'0'0'|$$

$$= E \mid \Psi\rangle\langle\Psi \mid E + \langle\Psi \mid (1-E) \mid \Psi\rangle \mid 0'0'0'\rangle\langle 0'0'0' \mid$$

这种手续所能达到的可信度将是

$$F = \langle\Psi \mid \rho' \mid \Psi\rangle = [\langle\Psi \mid E \mid \Psi\rangle]^2 + [\langle\Psi \mid 1-E \mid \Psi\rangle] \cdot [\langle\Psi \mid 0'0'0'\rangle]^2$$
$$= (0.9419)^2 + (0.0581)(0.6219) = 0.9234$$

显然，这好于原来的土办法（每次以理想的可信度送 3 个 qubits 中的 2 个，$F=0.8535$）。

如果我们考虑很多字符的长信息，压缩的可信度还会改进。由于单 qubit 系综的 von Neumann 熵是

$$S(\rho) = H\left(\cos^2\frac{\pi}{8}\right) = 0.60088\cdots$$

因此，按照 Schumacher 定理，只要这个 ρ^n 的 n 足够大，就能够将它缩短一个因子 0.6009，并且仍然达到十分好的可信度。有压缩

$$n \to nS(\rho)$$

即平均每个态用 0.6009 个 qubit 就能存储了。

13.3.3　Schumacher 编码——Schumacher 无噪声量子编码定理

Shannon 无噪声编码定理的关键在于我们只需要考虑对典型序列的编码，不必考虑更大量的非典型序列，而不会很大损失可信度。为了量化量子信息的压缩程度，我们将典型序列的思想更进为典型子空间。Schumacher 无噪声量子编码定理的关键在于，我们只需要对典型子空间进行编码，忽略与之正交的互补空间，而不会很大损失可信度。

我们考虑由 n 个字符组成的一条信息，那里每一个字符都是一个量子纯态，它们从量子系综$\{|\varphi_x\rangle, p_x\}$中选出的，使得每一单个字符的密度矩阵是

$$\rho = \sum_x p_x \mid \varphi_x\rangle\langle\varphi_x \mid$$

进一步，每个字符都是独立地从系综中抽出来的，以致于整个信息的密度矩阵是

$$\rho^n = \rho \otimes \rho \otimes \cdots \otimes \rho$$

现在去论证，当 n 越大，这个密度矩阵越接近于信息全部 Hilbert 空间中的一个子空间，这个子空间的维数渐近地趋于 $2^{nS(\rho)}$。

这个结论可以直接从相应的经典提法那里得到支持。这就是：假如我们选取使 ρ 对角化的正交基，我们就可以认为我们所涉及的量子信息源是一个有效地经典的信息源，这个经典信息是以 ρ 的本征态作为弦，弦中每个字符具有通过相应本征值乘积所给定的概率。

现在对于规定的 n 和 δ 定义：典型子空间 Λ 为本征值满足

$$2^{-n(S-\delta)} \geqslant \lambda \geqslant e^{-n(S+\delta)}$$

的 ρ^n 本征矢量所撑开的空间。按经典信息论，此处 λ 应为 $p(x_i)$ 连乘。直接借用 Shannon 理论所得结论是，对于任给的两个正值小量 $\delta, \varepsilon > 0$，只要 n 足够大，服从这个条件的 ρ^n 本征值总和将满足（E 为向典型子空间的投影算符）

$$\mathrm{tr}(\rho^n E) > 1 - \varepsilon$$

并且，这样本征值的维数 $\dim(\Lambda)$ 满足

$$2^{n(S+\delta)} \geqslant \dim(\Lambda) \geqslant (1-\varepsilon)2^{n(S-\delta)} \tag{13.48}$$

我们编码的方针是将态可靠地送进典型子空间。例如，我们可以做一个模糊的测量，它把输入信息或是投射到 Λ 或是 $\Lambda^{\perp}$；结果是 Λ 的概率为 $P_A = \mathrm{tr}(\rho^n E) > 1-\varepsilon$。在那个事件中，投影态被编码并被送出。渐近地，另一些结果的概率变得可以忽略，所以在那种情况下我们做什么就并不重要了。

向 Λ 子空间投影态的编码能以最少数目的 qubit 做到。例如，我们对基实施一个幺正变换 U，它使 Λ 空间的每个态 $|\Psi_{\mathrm{typ}}\rangle$ 变成

$$U|\Psi_{\mathrm{typ}}\rangle = |\Psi_{\mathrm{comp}}\rangle|0_{\mathrm{rest}}\rangle$$

这里，$|\Psi_{\mathrm{typ}}\rangle \in \Lambda$ 并由 $n(S+\delta)$ 个 qubit 组成，$|0_{\mathrm{rest}}\rangle = |0\rangle \otimes \cdots \otimes |0\rangle \in \Lambda^{\perp}$ 由其余 qubit 组成。Alice 把 $|\Psi_{\mathrm{comp}}\rangle$ 送给 Bob，Bob 就用附属的 $|0_{\mathrm{rest}}\rangle$ 施以 U^{-1} 来解码。

假设 $|\varphi_i\rangle = |\varphi_{x1(i)}\rangle \cdots |\varphi_{xn(i)}\rangle$ 表示要送出的 n 个字符纯态信息中的任一个。在编码和传送之后，解码就像刚才说的那样进行。于是 Bob 就重建了一个态

$$|\varphi_i\rangle\langle\varphi_i| \to \rho'_i = E|\varphi_i\rangle\langle\varphi_i|E + \rho_{i,\mathrm{Junk}}\langle\varphi_i|(1-E)|\varphi_i\rangle$$

这里，$\rho_{i,\mathrm{Junk}}$ 是我们选来送出的态，假如模糊测量产生了 $\Lambda^{\perp}$ 的结果。则关于这个手续的可信度我们能够说些什么呢？

与上面的例子相对照，可信度随信息改变而变化。所以我们考虑对可能信息的系综平均后的可信度

$$\begin{aligned} F &= \sum_i p_i \langle\varphi_i|\rho'_i|\varphi_i\rangle \\ &= \sum_i p_i \langle\varphi_i|E|\varphi_i\rangle\langle\varphi_i|E|\varphi_i\rangle + \sum_i p_i \langle\varphi_i|\rho_{i,\mathrm{Junk}}|\varphi_i\rangle\langle\varphi_i|1-E|\varphi_i\rangle \\ &\geqslant \sum_i p_i \| E|\varphi_i\rangle \|^4 \end{aligned}$$

最后不等式成立是因为“Junk”项是非负的。因为任何实数 x 满足

$$(x-1)^2 \geqslant 0, \quad 或 \quad x^2 \geqslant 2x - 1$$

设 $x = \| E|\varphi_i\rangle \|^2$，则有

$$\| E|\varphi_i\rangle \|^4 \geqslant 2\| E|\varphi_i\rangle \|^2 - 1 = 2\langle\varphi_i|E|\varphi_i\rangle - 1$$

于是

$$F \geqslant \sum_i p_i \{2\langle \varphi \mid E \mid \varphi_i \rangle - 1\}$$

$$= 2\mathrm{tr}(\rho^n E) - 1 > 2(1-\varepsilon) - 1 = 1 - 2\varepsilon$$

这里，$\mathrm{tr}(\rho^n E) > 1-\varepsilon$。

于是我们就表明了，当 n 足够大时获得任意好平均可信度的同时，有可能将信息压缩到少于 $n(S+\delta)$ 个 qubit。这也就是说，只要信息足够长，可以在不明显损失可信度的情况下，将信息压缩到任意接近 $S(\rho)$ qubit 每字符的程度。

说到底，Schumacher 的办法就是对本征值较大的本征态多用一些 qubit 来存储，而本征值较小的本征态少用一些 qubit 来存储，以达到节省 qubit 的目的。定理表明，这样做当 n 足够大时失真很小。

还可以再进一步压缩吗？答案是否定的。

假如我们试图将信息压缩到 $(S-\delta)$ 个 qubit 每个字符，那么当 n 足够大时，可信度将不可避免地会恶化。于是，结论是：如果希望 $n \to \infty$ 时有足够好的可信度接收到量子信息，对量子信息的最佳(最大)压缩程度是每个字符 $S(\rho)$ 个 qubit。这就是 Schumacher 的无噪声编码定理。

证明　我们假定 Bob 使用添加量子位 $|0\rangle$ 和幺正变换 U 的办法来对他所收到的压缩信息 $\rho_{\mathrm{comp},i}$ 进行解码(幺正解码)。于是他得到

$$\rho'_i = U^{-1}(\rho_{\mathrm{comp},i} \mid 0\rangle\langle 0 \mid)U$$

假如 ρ_{comp} 已经被压缩到 $n(S-\delta)$ qubit。于是被解码的信息全都包含在 Bob 的 $2^{n(S-\delta)}$ 维 Hilbert 空间的一个子空间 Λ' 里，而和已经被编码的输入信息没有了关系(现在还不假定 Λ' 和典型子空间有什么样的关系)。

假如输入信息是 $|\varphi_i\rangle$ 态，而被 Bob 重构的信息是 ρ'_i 态，这个态可以被对角化为

$$\rho'_i = \sum_{a_i} \mid a_i\rangle \lambda_{ai} \langle a_i \mid$$

这里，这些 $|a_i\rangle$ 态在 Λ' 中是相互正交的。Bob 重构信息的可信度是

$$F_i = \langle \varphi_i \mid \rho'_i \mid \varphi_i \rangle = \sum_{a_i} \lambda_{a_i} \langle \varphi_i \mid a_i \rangle \langle a_i \mid \varphi_i \rangle$$

$$\leqslant \sum_{a_i} \langle \varphi_i \mid a_i \rangle \langle a_i \mid \varphi_i \rangle \leqslant \langle \varphi_i \mid E' \mid \varphi_i \rangle$$

这里，E' 表示向子空间 Λ' 的正交投影。于是平均可信度服从

$$F = \sum_i p_i F_i \leqslant \sum_i p_i \langle \varphi_i \mid E' \mid \varphi_i \rangle = \mathrm{tr}(\rho^n E')$$

但因为 E' 是投影向 $2^{n(S-\delta)}$ 维空间，$\mathrm{tr}(\rho^n E')$ 不会大于 ρ^n 最大本征值的乘 $2^{n(S-\delta)}$。由典型子空间的性质可知，当 n 足够大时，这个乘积会任意小

$$F \leqslant \mathrm{tr}(\rho^n E') < \varepsilon$$

于是我们就证明了，假如我们试图把每个字符压缩到$(S-\delta)$个 qubit，那么，当 n 足够大时，可信度将不可避免地变得很糟糕。

所以结论就证明了 Schumacher 无噪声编码定理。这里的关键点是，$n(S-\delta)$个 qubit 不足以区分全部典型态的序列。

13.3.4 稠密编码(dense coding)概念

如果在量子通信中，发送者和接受者之间不存在量子纠缠。这时 Alice 用光子传信息给 Bob，那么一个光子只能传递 1 bit 的信息。例如他们约定：光子的水平偏振表示“0”，垂直偏振表示“1”。

但如果发送者和接受者之间有量子纠缠(这是经常的)，那么，一个处于纠缠中的光子就能荷载多于 1 bit 的信息。比如，假设 Alice 和 Bob 分享了 EPR 光子对

$$|\varphi^+\rangle_{AB} = \frac{1}{\sqrt{2}}(|0\rangle_A|0\rangle_B + |1\rangle_A|1\rangle_B)$$

Alice 将手中的光子送给 Bob，她可以传递多少 bit 的经典信息呢？答案是 2 bit。

办法是这样的：Alice 可以对她手中的粒子选择(正是这种选择，荷载着信息)做下面 4 种幺正变换之一：

i）单位变换，即 Alice 不做任何变换；

ii）Alice 把$|0\rangle_A \to |0\rangle_A$，$|1\rangle_A \to -|1\rangle_A$；

iii）Alice 把$|0\rangle_A \to |1\rangle_A$，$|1\rangle_A \to |0\rangle_A$；

iv）Alice 把$|0\rangle_A \to |1\rangle_A$，$|1\rangle_A \to -|0\rangle_A$。

于是看到，经过变换，原来的$|\varphi^+\rangle$态变成了下面 4 个相互正交的态

$$\begin{cases} 1)\ |\varphi^+\rangle \\ 2)\ |\varphi^-\rangle = \dfrac{1}{\sqrt{2}}(|0\rangle_A|0\rangle_B - |1\rangle_A|1\rangle_B) \\ 3)\ |\Psi^+\rangle = \dfrac{1}{\sqrt{2}}(|1\rangle_A|0\rangle_B + |0\rangle_A|1\rangle_B) \\ 4)\ |\Psi^-\rangle = \dfrac{1}{\sqrt{2}}(|1\rangle_A|0\rangle_B - |0\rangle_B|1\rangle_B) \end{cases}$$

这样，当 Alice 把她手中的粒子经过变换之后传给 Bob，Bob 通过测量就能确定 Alice 到底做了哪个变换。由于这 4 个态彼此正交，Alice 可以把 2 个 bit 的信息编入这个变换操作。于是，这就使得 Alice 只用一个粒子就传递了 2 个 bit 信息给了 Bob。这就是稠密编码的概念。

现在来考虑一般的情况。这时 Alice 和 Bob 分享的不是 EPR 对，而是一个一

般的纠缠态$|\varphi\rangle_{AB}$，这时 Alice 和 Bob 的粒子态分别为

$$\rho_A = \mathrm{tr}_B(|\varphi\rangle_{AB}\langle\varphi|),\ \rho_B = \mathrm{tr}_A(|\varphi\rangle_{AB}\langle\varphi|)$$

这里，$S(\rho_A)=S(\rho_B)$。可以表明，在纠缠混态情况下，Alice 每粒子平均传递经典信息 bit 数为

$$\log_2 N_A + S(\rho_A)$$

其实，此公式可以用两个极端例子来检验：首先，Alice 和 Bob 的两粒子态是个已分离态，这时 Alice 只能传递 1 位 bit 信息给 Bob；其次，他们具有的是最大纠缠 EPR 态，这时 Alice 送出的每个光子 $N_A=2$，而 $\rho_A=\frac{1}{2}(|0\rangle\langle 0|+|1\rangle\langle 1|)$，于是

$$\log_2 N_A + S(\rho_A) = 1 + 1 = 2$$

下面再举个简单例子说明一下稠密编码定理。设一般纠缠态为

$$|\varphi\rangle_{AB} = \sqrt{a}\,|0\rangle_A\,|0\rangle_B + \sqrt{1-a}\,|1\rangle_A\,|1\rangle_B$$

Alice 各以$\frac{1}{4}$概率做上面所说的这 4 种变换，则 Bob 得到的 4 个态为

$$\begin{cases}1)\ |\varphi_1\rangle_{AB} = \sqrt{a}\,|0\rangle_A\,|0\rangle_B + \sqrt{1-a}\,|1\rangle_A\,|1\rangle_B \\ 2)\ |\varphi_2\rangle_{AB} = \sqrt{a}\,|0\rangle_A\,|0\rangle_B - \sqrt{1-a}\,|1\rangle_A\,|1\rangle_B \\ 3)\ |\varphi_3\rangle_{AB} = \sqrt{a}\,|1\rangle_A\,|0\rangle_B + \sqrt{1-a}\,|0\rangle_A\,|1\rangle_B \\ 4)\ |\varphi_4\rangle_{AB} = \sqrt{a}\,|1\rangle_A\,|0\rangle_B - \sqrt{1-a}\,|0\rangle_A\,|1\rangle_B\end{cases}$$

现来计算 Bob 得到的态 ρ_{AB}

$$\begin{aligned}\rho_{AB} &= \frac{1}{4}\{|\varphi_1\rangle_{AB}\langle\varphi_1| + |\varphi_2\rangle_{AB}\langle\varphi_2| + |\varphi_3\rangle_{AB}\langle\varphi_3| + |\varphi_4\rangle_{AB}\langle\varphi_4|\} \\ &= \left(\frac{1}{2}\,|0\rangle_A\langle 0| + \frac{1}{2}\,|1\rangle_A\langle 1|\right)(a\,|0\rangle_B\langle 0| + (1-a)\,|1\rangle_B\langle 1|)\end{aligned}$$

依据 Schumacher 无噪声编码定理，态 ρ_{AB} 荷载的信息为 $S(\rho_{AB})$个 bit，显然

$$S(\rho_{AB}) = 1 - a\log_2 a - (1-a)\log_2(1-a)$$

同时也看到，由于 $N_A=2$，$\rho_A=\mathrm{tr}_B\{|\varphi\rangle_{AB}\langle\varphi|\}=a|0\rangle_A\langle 0|+(1-a)|1\rangle_A\langle 1|$，得

$$\log_2 N_A + S(\rho_A) = 1 - a\log_2 a - (1-a)\log_2(1-a) = S(\rho_{AB})$$

这样，通过这个例算验证了一般情况下的稠密编码定理。

§ 13.4　混态量子信息压缩的初步讨论

13.4.1　混态编码与压缩问题

Schumacher 定理表征一个纯态系综的可压缩性。但假如字符是从混态系综

中抽取的，事情又将如何呢？这种情况下的可压缩性并不肯定能够存在。这就是现在要研究的事。

容易看到，$S(\rho)$不会是混态情况的答案。这可以用一个平庸例子作为说明。假设以概率 $p_0=1$ 选择一个特殊的混态 ρ_0（它的 $S(\rho_0)\neq 0$）。于是信息总是 $\rho_0\otimes\rho_0\otimes\cdots\otimes\rho_0$，因此并不携带任何信息。Bob 并不需要从 Alice 那里得到任何信息就可以完美地重构出这种信息。因此信息可以被压缩到每个字符为零个 qubit，这个数肯定小于 $S(\rho)>0$。

再构造一个稍为不平庸的例子，回忆起由相互正交纯态组成的一个系综，其 Shannon 熵必等于它的 von Neumann 熵

$$H(X) = S(\rho)$$

以至于经典的和量子的压缩相符合，就像是退化到经典情况一样。这是因为正交态之间是可以理想地被区分开的。事实上，假如 Alice 想要送信息

$$|\varphi_{x1}\rangle|\varphi_{x2}\rangle\cdots|\varphi_{xn}\rangle$$

给 Bob 的话，她可以送经典信息 $x_1x_2\cdots x_n$ 给 Bob，Bob 就可以理想的可信度重构这个量子态。

但现在假定，字符是从一个相互正交的混态系综$\{\rho_x, p_x\}$

$$\mathrm{tr}\rho_x\rho_y = 0, \quad \forall x\neq y$$

中抽出的，就是说，ρ_x 和 ρ_y 支撑着 Hilbert 空间的相互正交的子空间。这些混态也是可以理想地被区分开的，所以它们携带的信息本质上还是经典的。于是还是可以将之压缩到每个字符为 $H(X)$个 qubit。例如，我们能够把字符的 Hilbert 空间 H_A 推广到更大的空间 $H_A\otimes H_B$，并且对每个 ρ_x 选择一个纯化——一个纯态 $|\varphi_x\rangle_{AB}\in H_A\otimes H_B$，使得

$$\mathrm{tr}_B\{|\varphi_x\rangle_{AB\,AB}\langle\varphi_x|\} = (\rho_x)_A$$

这些纯态是相互正交的，系综$\{|\varphi_x\rangle_{AB}, p_x\}$具有 von Neumann 熵 $H(X)$。于是可以使用 Schumacher 定理，将一个信息

$$|\varphi_{x1}\rangle_{AB}|\varphi_{x2}\rangle_{AB}\cdots|\varphi_{xn}\rangle_{AB}$$

（渐近地）压缩到每个字符 $H(X)$个 qubit。在对这个态解压缩之后，Bob 可以执行部分求迹办法甩掉子系统 B，于是就重构出了 Alice 的信息。

13.4.2 Holevo 信息——Holevo 限χ

为了合理地猜测如何表示一个从混态字符表中构造的信息的可压缩性，可以寻找一个公式，由它可以求得一个纯态系综的 $S(\rho)$，以及求得相互正交的混态系综的 $H(X)$。此时可以选择一个基，在其中

$$\rho = \sum_x p_x \rho_x$$

是块对角的，我们得到（记住 $\mathrm{tr}\rho_x = 1, \forall x$）

$$\begin{aligned} S(\rho) &= -\mathrm{tr}\rho\log\rho = -\sum_x \mathrm{tr}\{(p_x\rho_x)\log(p_x\rho_x)\} \\ &= -\sum_x p_x \log p_x - \sum_x p_x \mathrm{tr}\rho_x \log\rho_x \\ &= H(X) + \sum_x p_x S(\rho_x) \end{aligned}$$

可以引入此正交混态系综 $\Gamma = \{\rho_x, p_x\}$ 的 Holevo 信息 $\chi(\Gamma)$

$$\chi(\Gamma) \equiv S(\rho) - \sum_x p_x S(\rho_x) \tag{13.49}$$

对于现在这种任意正交混态系综的特殊情况，$\chi(\Gamma)$ 等于该系统的 Shannon 熵 $\chi(\Gamma) = H(X)$。显然，它不仅取决于密度矩阵 ρ，而且还和把 ρ 实现为怎样一个混态系综有关。由于 $H(X) \geqslant 0$，所以 Holevo 信息 $\chi(\Gamma)$ 是非负的。当将 ρ 制备为某种相互正交混态系综时，$\chi(\Gamma)$ 正是标志这种特定制备方法所带来的量子无序程度的减少，也即特定制备方法所引入的每个字符所含的最大量子信息量。显然，若压缩信息并保持 $n \to \infty$ 时有好的可信度的话，无论对一个纯态系综，还是对一个相互正交的混态系综，Holevo 信息 $\chi(\Gamma)$ 都是每个字符所能获得的最佳 qubit 数。

可以把 Holevo 信息看作是 von Neumann 熵的一个推广，对一个纯态系综第二项中 $S(\rho_x) = 0$，它将简化为 $S(\rho)$。它也十分靠近经典信息论中互信息的性质

$$I(Y;X) = H(Y) - H(Y \mid X)$$

它告诉我们，平均而言，一旦我们知道 X, Y 的 Shannon 熵减少了多少。类似地，Holevo 信息告诉我们，平均而言，一旦知道选择了什么样制备方式之后，一个系综的 von Neumann 熵减少了多少。

现在考查从非正交混态字符表中构造的信息。推广 Holevo 限概念，定义 χ

$$\chi(\Gamma) \equiv S(\rho) - \sum_x p_x S(\rho_x) \tag{13.50}$$

就像经典的互信息一样，Holevo 限总是非负的。这可以从 $S(\rho)$ 的凸性(concavity property，几何区域的向外凸出性[15])得到保证

$$S\Big(\sum_x p_x \rho_x\Big) \geqslant \sum_x p_x S(\rho_x)$$

χ 告诉我们，平均而言当我们知道选择了怎样制备这个混态系综之后，系综的 von Neumann 熵减少了多少。Holevo 限在量子信息压缩中处于中心地位。

为此考察，这时信息的可压缩性与相应 χ 之间的关联。实际可以证明：一般而

言，以高可信度将信息压缩到低于每个字符χ个 qubit 是不可能的。

首先叙述下面证明中所用到的 Lindblad 和 Uhlmann 的关于“χ单调性(monotonicity)”：**一个超算符不能增加** Holevo 信息。这是说，假定某个压缩过程用一个超算符$\$$表示，让它作用在一个给定的混态系综上

$$\$: \Gamma = \{\rho_x, p_x\} \rightarrow \Gamma' = \{\$ (\rho_x), p_x\}$$

于是将有

$$\chi(\Gamma') \equiv \chi(\$ (\Gamma)) \leqslant \chi(\Gamma) \tag{13.51}$$

$\chi(\Gamma)$这种单调性表明，量子系统所含的表示系统如何制备的信息数量在压缩过程(终归是某种超算符所表示的有或没有退相干作用的演化)中将有所减少，至多保持不变。如果无序度增加，所需存储信息的 qubit 数增加。因此不可能以高的可信度将信息压缩到低于每个字符χ个 qubit。下面将对此给以证明。与$\chi(\Gamma)$单调性呈明显对照的是，von Neumann 熵在超算符演化之下，却不是单调变化的。因为一个超算符的退相干作用使一个纯态演化为一个混态，使 $S(\rho)$增加；但另一个超算符的退相干作用会使一个混态衰变到基态，这使初始混态的 von Neumann 熵正值减小为末态的零(但这种情况并不意味着信息的获得。因为接受者已经完全丧失了区别各种不同制备的能力——就荷载的信息而言，基态是个垃圾态)。相应地，向基态的衰变也使 Holevo 信息降为零，这反映我们已经丧失了重构初态的能力。这个论断的详细证明见最后的补充叙述。

现在证明：就平均而言，以高可信度将信息压缩到低于每个字符χ个 qubit 是不可能的。

考虑 n 个字符的一条信息，其中每个字符都是独立地从系综 $\Gamma=\{\rho_x, p_x\}$抽取的，全部这样输入信息所组成的系综记为 $\Gamma^{(n)}$。如此构造一个编码，它可以这样来压缩信息，使得全部信息占据一个 Hilbert 空间 $\widetilde{H}^{(n)}$，被压缩过的信息系综记为 $\widetilde{\Gamma}^{(n)}$。假设这种压缩由超算符$\$$来执行

$$\$: \widetilde{\Gamma}^{(n)} \rightarrow \Gamma'^{(n)}$$

用以得到输出信息的系综 $\Gamma'^{(n)}$。

现在假定这个编码方案有着很高的可信度。为了尽量减少技术性的细节，这里不去详细规定应当如何量化系综 $\Gamma'^{(n)}$ 相对于系综 $\Gamma^{(n)}$ 的可信度。让我们只接受，假如 $\Gamma'^{(n)}$ 有高的可信度，则对于任何 δ，只要 n 足够大

$$\frac{1}{n}\chi(\Gamma^{(n)}) - \delta \leqslant \frac{1}{n}\chi(\Gamma'^{(n)}) \leqslant \frac{1}{n}\chi(\Gamma^{(n)}) + \delta$$

输出信息的每个字符的 Holevo 信息趋近于输入的数值。因为输入信息是乘积态，由 $S(\rho)$的可加性得知

$$\chi(\Gamma^{(n)}) = n\chi(\Gamma)$$

从 Lindblad-Uhlmann 单调性也知道

$$\chi(\Gamma'^{(n)}) \leqslant \chi(\widetilde{\Gamma}^{(n)})$$

将上面三个方程结合起来可得

$$\frac{1}{n}\chi(\widetilde{\Gamma}^{(n)}) \geqslant \chi(\Gamma) - \delta$$

最后注意，$\chi(\widetilde{\Gamma}^{(n)})$的上界是 $S(\tilde{\rho}^{(n)})$，而 $S(\tilde{\rho}^{(n)})$的上界又是 $\log\,\dim\widetilde{H}^{(n)}$。考虑到 δ 可以任意小，我们最后得到：当 $n\to\infty$时，渐近地有

$$\frac{1}{n}\log(\dim\widetilde{H}^{(n)}) \geqslant \chi(\Gamma) \tag{13.52}$$

于是，以高可信度将每个字符压缩到少于$\chi(\Gamma)$个 qubit 是不可能的。　　证毕。

人们推测：对于每个字符为$\chi(\Gamma)$个 qubit 的压缩是渐近得到的。但到现在，未知这个推测是肯定还是否定。

最后返回头去补充证明上面证明中所用的结论：任何完全正的超算符都不能增加 Holevo 信息。并表明它和任何完全正的超算符都不能增加相对熵结论可以相互导出，相互等价。

证明　由后者推出前者。由相对熵表达式

$$S(\rho \mid \sigma) = \mathrm{tr}\rho(\log\rho - \log\sigma)$$

根据任一超算符$\$$（完全正的映射）的作用不可能增加相对熵：记$\$\rho\equiv\rho'$，$\$\sigma\equiv\sigma'$，按设定有 $S(\$\rho|\$\sigma)\equiv S(\rho'|\sigma')\leqslant S(\rho|\sigma)$，即

$$(-S(\rho') - \mathrm{tr}\rho'\log\sigma') \leqslant \{-S(\rho) - \mathrm{tr}\rho\log\sigma\}$$

现选取 $\rho\to\rho_x$，$\sigma\to\rho\equiv\sum_x p_x\rho_x$ 代入此式，再两边乘以 p_x 对 x 求和，得

$$-\sum_x p_x S(\rho'_x) - \mathrm{tr}\Big\{\Big(\sum_x p_x\rho'_x\Big)\log\rho'\Big\} \leqslant -\sum_x p_x S(\rho_x) - \mathrm{tr}\Big\{\Big(\sum_x p_x\rho_x\Big)\log\rho\Big\}$$

由于 $S(\rho)=S\left(\sum_x p_x\rho_x\right)$和 $S(\rho') = S\left(\sum_x p_x\rho'_x\right)$ 以及

$$\begin{cases}\chi(\Gamma) = S\Big(\sum_x p_x\rho_x\Big) - \sum_x p_x S(\rho_x)\\[2ex] \chi(\Gamma') = S\Big(\sum_x p_x\rho'_x\Big) - \sum_x p_x S(\rho'_x)\end{cases}$$

即得

$$\chi(\rho' \equiv \$\rho) \leqslant \chi(\rho) \tag{13.53}$$

进一步，练习题中还可以看到，由 Lindblad-Uhlmann 的单调性可以导出相对熵的单调性，以及 von Neumann 熵的强次可加性[4,15]。

§13.5 可获取的最大信息

13.5.1 可获取信息定义与 Holevo 限

可获取信息的概念。Alice 有一个经典信息，它是从字库 $X=0,1,\cdots,n$ 中分别以概率 $p_0,p_1,\cdots,p_n$ 取出来的。为了发送这条信息给 Bob，她从某个固定的量子态集合 $\rho_0,\cdots,\rho_n$ 中制备一个量子态 ρ_X。现在的任务是，接受者 Bob 尽力以最好的方式去确定 X 值，就是说，他应当利用最恰当的 LOCC 操作，并基于所得结果 Y 去做最恰当的猜测，以求得到对 X 的最佳证认。遗憾的是到目前为止，关于可获取信息量问题还仍然缺乏一般的计算方法。但对于 Bob 能从收到的 X 中获得多少信息的问题，有一个好的度量，那就是在 X 和 Y 之间的互信息 $I(X:Y)$。但由于 $I(X:Y)\leqslant H(X)$，因此 Bob 所能做的是选择测量方案，使得 $I(X:Y)$ 尽可能地接近 $H(X)$。详细些说就是，定义 Bob 的可获取信息为：在他所有可能测量方案中能获得互信息 $I(X:Y)$ 的最大值。这个可获取信息是 Bob 在猜测 Alice 所制备的态时，能够做得如何好的一种度量。表示出来就是，对于系综 $\Gamma=\{\rho_x,p_x\}$，可获取信息为

$$Acc(\Gamma)=\operatorname*{Max}_{\{F_y\}}I(X:Y) \tag{13.54}$$

这里，$\{F_y\}$ 是 Bob 猜测 Alice 所制备态时，在他所能执行的全部可能广义测量中最好的广义测量——一组能获取最多的关于 Alice 如何制备态信息的 POVM。

Holevo 限定理 Holevo 限 χ 是可获取信息的上限

$$Acc(\Gamma)\leqslant\chi\Big(\sum_x p_x\rho_x\Big)\equiv\Big\{S\Big(\sum_x p_x\rho_x\Big)-\sum_x p_xS(\rho_x)\Big\} \tag{13.55}$$

证明 可获取信息的这个上限——Holevo 限可以从强次可加性得到。Alice 从系综 $\Gamma=\{\rho_x,p_x\}$ 制备了一个量子态。接着 Bob 执行广义测量 $\{F_y\}$。于是，控制从 Alice 制备 x 到 Bob 测量结果 y 的联合概率分布是

$$p(x,y)=p_x\operatorname{tr}\{F_y\rho_x\}$$

现在要去证明

$$I(X:Y)\leqslant\chi(\Gamma)$$

因为强次可加性是三个子系统的一个性质，为了应用它我们需要去证认三个系统。我们的办法是去制备一个输入系统 X，它存储如何制备这些态的经典信息；以及制备一个输出系统 Y，它和 x 的经典关联由联合概率分布 $p(x,y)$ 所决定。于是，应用强次可加性到 X 和 Y，以及我们的量子系统 Q 上，就能将 $I(X:Y)$ 和 $\chi(\Gamma)$ 联系起来。

假设系统 XQY 的初态是

$$\rho_{XQY} = \sum_x p_x \mid x\rangle\langle x \mid \otimes \rho_x \otimes \mid 0\rangle\langle 0 \mid$$

这里,$|x\rangle$是输入系统 X 的一些相互正交的纯态,$|0\rangle$是输出系统 Y 的一个特殊纯态。执行部分求迹,将得到

$$\rho_X = \sum_x p_x \mid x\rangle\langle x \mid \to S(\rho_X) = H(X)$$

$$\rho_Q = \sum_x p_x \rho_x \equiv \rho \to S(\rho_{QY}) = S(\rho_Q) = S(\rho)$$

并且因为$|x\rangle$都是相互正交的,我们也有

$$S(\rho_{XQY}) = S(\rho_{XQ}) = -\sum_x \mathrm{tr}(p_x\rho_x \log p_x\rho_x)$$

$$= H(X) + \sum_x p_x S(\rho_x)$$

现在我们执行一个幺正变换,它把 Bob 的测量结果“打印”在输出系统 Y 上。

首先,暂且假定 Bob 执行的是一个正交测量$\{E_y\}(E_yE_z = \delta_{y,z}E_y)$,于是这个作用在 QY 上的幺正变换 U_{QY} 为

$$U_{QY}: \mid \varphi\rangle_Q \otimes \mid 0\rangle_Y = \sum_y E_y \mid \varphi\rangle_Q \otimes \mid y\rangle_Y$$

这里,$|y\rangle$之间是相互正交的。在此变换下,ρ_{XQY} 变为

$$U_{QY}: \rho_{XQY} \to \rho'_{XQY} = \sum_{x,y,y'} p_x \mid x\rangle\langle x \mid \otimes E_y\rho_x E_{y'} \otimes \mid y\rangle\langle y' \mid$$

因为 von Neumann 熵在基矢的幺正变换下是不变的,我们有

$$\begin{cases} S(\rho'_{XQY}) = S(\rho_{XQY}) = H(x) + \sum_x p_x S(\rho_x) \\ S(\rho'_{QY}) = S(\rho_{QY}) = S(\rho) \end{cases}$$

对 ρ'_{XQY} 的 Q 取部分迹,利用 E_y 的正交性,可以发现

$$\rho'_{XY} = \sum_{x,y} p_x \mathrm{tr}(E_y\rho_x) \mid x\rangle\langle x \mid \otimes \mid y\rangle\langle y \mid$$

$$= \sum_{x,y} p(x,y) \mid x,y\rangle\langle x,y \mid \to S(\rho'_{XY}) = H(X,Y)$$

最终得到

$$\rho'_Y = \sum_y p(y) \mid y\rangle\langle y \mid \to S(\rho'_Y) = H(Y)$$

现在我们记起如下形式的强次可加性

$$S(\rho'_{XQY}) + S(\rho'_Y) \leqslant S(\rho'_{XY}) + S(\rho'_{QY})$$

这变成

$$H(X)+\sum_x p_x S(\rho_x)+H(Y)\leqslant H(X,Y)+S(\rho)$$

或者为

$$I(X:Y)=H(X)+H(Y)-H(X,Y)\leqslant S(\rho)-\sum_x p_x S(\rho_x)=\chi(\Gamma)$$

这就是 Holevo 限。

其次,为处理更一般的 POVM 情况,一个办法是通过添加子系统 Z 来扩大系统。于是构造一个幺正变换 U_{QYZ},其作用为

$$U_{QYZ}:|\varphi\rangle_Q\otimes|0\rangle_Y\otimes|0\rangle_Z=\sum_y\sqrt{F_y}\,|\varphi\rangle_Q\otimes|y\rangle_Y\otimes|y\rangle_Z$$

所以

$$\rho'_{XQYZ}=\sum_{x,y,y'}p_x\,|x\rangle\langle x|\otimes\sqrt{F_y}\rho_x\sqrt{F_{y'}}\otimes|y\rangle\langle y'|\otimes|y\rangle\langle y'|$$

于是对 Z 作部分求迹得到

$$\rho'_{XQY}=\sum_{x,y}p_x\,|x\rangle\langle x|\otimes\sqrt{F_y}\rho_x\sqrt{F_y}\otimes|y\rangle\langle y|$$

以及

$$\begin{aligned}\rho'_{XY}&=\sum_{x,y}p_x\operatorname{tr}(F_y\rho_x)\,|x\rangle\langle x|\otimes|y\rangle\langle y|\\&=\sum_{x,y}p(x,y)\,|x,y\rangle\langle x,y|\rightarrow S(\rho'_{XY})=H(X,Y)\end{aligned}$$

至此,其余论证就和前面相同了。

Holevo 限定理的讨论:

对于 Alice 有相互正交态$\{|\varphi_x\rangle\}$系综这种特殊情况,它们之间是完全可分辨的。Bob 正交测量投影 $E_y=|\varphi_y\rangle\langle\varphi_y|$有条件概率

$$P(y\mid x)=\delta_{y,x}$$

于是 $H(X|Y)=0$ 和 $I(X:Y)=H(X)$。很清楚这时的测量是最佳的——制备是完全确定的。于是,对于相互正交的纯态(或混态)系综,有 $Acc(\Gamma)=H(X)=S(\rho)$。

但是,有兴趣得多的问题是当信号态是非正交纯态的情况。这时对 $Acc(\Gamma)$没有一般的公式,但有一个上限

$$Acc(\Gamma)\leqslant S(\rho)$$

这里等号对于正交态信号的情况成立。推广到混态系综的情况,用 Holevo 限χ代替 von Neumann 熵,得到

$$Acc(\Gamma)\leqslant\chi(\Gamma)\tag{13.56}$$

这充分说明了为什么称它作 Holevo 限的缘故。

例如,Alice 送给 Bob 具有各种确定极化状态的 n 个光子。假定噪声对每个光子作用是各自独立的,并且 Alice 送的光子都是未纠缠态。于是$\chi(\Gamma)$就是 Bob

从每个光子中所能获得的最大信息数量。由此

$$\chi(\Gamma) \leqslant S(\rho) \leqslant 1$$

特别是,单个未纠缠光子最多只能携带一个 bit 的经典信息。

最后指出,文献[4]中第 533 页另有一个关于此定理比较简短的证明。

13.5.2　可识别性的改进——Peres-Wootters 方法

为了熟悉可获取信息的概念,这里考虑一个首先由 Peres-Wootters 所指出的单 qubit 的例子。

Alice 按每个态有一个先验概率$\frac{1}{3}$的方式,制备下面三个纯态中的一个

$$|\varphi_1\rangle = |\boldsymbol{n}_1\rangle = \begin{pmatrix}1\\0\end{pmatrix} |\varphi_2\rangle = |\boldsymbol{n}_2\rangle = \begin{pmatrix}-1/2\\ \sqrt{3}/2\end{pmatrix} |\varphi_3\rangle = |\boldsymbol{n}_3\rangle = \begin{pmatrix}-1/2\\ -\sqrt{3}/2\end{pmatrix}$$

这些态表明,它们是一个$\frac{1}{2}$自旋粒子指向 x-z 面内三个方向中的一个(上为 z 分量,下为 x 分量)。显然,Alice 的"信息态"是非正交的。而密度矩阵为

$$\rho = \frac{1}{3}\{|\varphi_1\rangle\langle\varphi_1| + |\varphi_2\rangle\langle\varphi_2| + |\varphi_3\rangle\langle\varphi_3|\} = \frac{1}{2}I$$

这里,$S(\rho)=1$。于是,Holevo 限告诉我们,Alice 的制备和 Bob 的测量结果所能获取的互信息最大不超过 1 bit。

事实上,可获取的信息将远低于由 Holevo 限所定下的 1 个 bit。在现在情况下,Alice 的系综有着足够的对称性,应当不难猜到 Bob 的最佳测量。这个最佳测量是选择有如下三个结局的 POVM

$$F_\alpha = \frac{2}{3}(1 - |\varphi_\alpha\rangle\langle\varphi_\alpha|), \qquad \alpha = 1,2,3$$

可以看到

$$p(\alpha \mid \beta) = \langle\varphi_\beta \mid F_\alpha \mid \varphi_\beta\rangle = \begin{cases} 0, & \alpha = \beta \\ \frac{1}{2}, & \alpha \neq \beta \end{cases}$$

于是,测量结果 α 就排除了 Alice 制备 α 的概率,但留下了先验概率相等$\left(p=\frac{1}{2}\right)$的另外两个态。这时 Bob 所得信息增益是

$$I = H(X) - H(X \mid Y) = \log_2 3 - 1 = 0.58496$$

这个三重$\{F_\alpha\}$POVM 是最佳的。这既可以参照 Davies 定理看出,也可以用明确的计算检验。于是,这就知道了系综 $\Gamma=\left\{|\varphi_\alpha\rangle, p_\alpha=\frac{1}{3}\right\}$有可获取信息

$$Acc(\Gamma) = \log_2\left(\frac{3}{2}\right) = 0.58496$$

这时，Holevo 限没有被饱和。因为

$$\chi(\Gamma) = S\left(\rho = \frac{1}{3}\sum_{\alpha=1}^{3}\rho_\alpha\right) - \sum_{\alpha=1}^{3}\frac{1}{3}S(\rho_\alpha) = S(\rho) = 1$$

现在假定，Alice 有足够资金能送两个 qubit 给 Bob，这里每个 qubit 都是从系综 Γ 中抽取的。显然 Alice 要做的事是以相等概率$\frac{1}{9}$去制备 9 个态中的一个

$$|\varphi_\alpha\rangle|\varphi_\beta\rangle, \qquad \alpha,\beta = 1,2,3$$

于是 Bob 的最佳策略是对两个 qubit 中的每一个去执行上面的 POVM$\{F_\alpha\}$。于是和前面一样，对每一个 qubit 得到 0.58496 个 bit 的互信息。

但是，按 Peres 和 Wootters 的意见，Alice 和 Bob 可以做得更好。他们可以选择不同的策略。按照上面系综 Γ，现在 Alice 以相同的先验概率 $p_\alpha = \frac{1}{3}$ 制备三个"双 qubit"态中的一个

$$|\Phi_\alpha\rangle = |\varphi_\alpha\rangle|\varphi_\alpha\rangle, \qquad \alpha = 1,2,3$$

发送时每次都只当作单 qubit 来考虑。所不同的是，现在她的两个 qubit 有了经典的关联——两者由相同办法所制备。

三个"双 qubit$|\Phi_\alpha\rangle$"是线性无关的，所以撑开双 qubit 的四维 Hilbert 空间的一个三维子空间。作为练习题可以证明，密度矩阵

$$\rho = \frac{1}{3}\left(\sum_{\alpha=1}^{3}|\Phi_\alpha\rangle\langle\Phi_\alpha|\right)$$

(除一个零本征值外)有非零本征值$\frac{1}{2},\frac{1}{4},\frac{1}{4}$，所以

$$S(\rho) = -\frac{1}{2}\log\frac{1}{2} - 2\left(\frac{1}{4}\log\frac{1}{4}\right) = \frac{3}{2}$$

这就是说，Holevo 限要求每个 qubit 的可获取信息应低于$\frac{3}{4}$。于是，通过 9 个态的方法，我们已经能够超过以前的每个 qubit 只有 0.58496 位的限制。显然，假如 Alice 选择传送三个可能态中的一个，而不是 9 个 qubit 中的两个给 Bob，Alice 就不能传递如此多的经典信息给 Bob。这主要是因为，现在的信息可以更易于识别了，因为

$$\langle\Phi_\alpha|\Phi_\beta\rangle = \frac{1}{4}, \qquad \alpha \neq \beta \quad \left(\text{而以前是}\langle\varphi_\alpha|\varphi_\beta\rangle = -\frac{1}{2}, \alpha \neq \beta\right)$$

这时 Bob 发现，更有利的是，每次测量中都执行对双 qubit 作"集体"测量，而不是对单 qubit 测量。这样 Bob 就能在他的测量中利用这种"改进了的可识别性"。

虽然这时 Bob 的最佳测量方案是什么已经不太明确了，但上述方案使 Bob 能够获得，虽然不能保证是最佳的，至少可以是相当好的一种一般性手续。我们称由这种手续所构造的 POVM 为“pretty good measurement(PGM)”(见文献[12]，以下又称作“准正交测量”)。

考虑态矢$\{|\tilde{\Phi}_\alpha\rangle\}$的集合，它们不一定是正交、归一的。我们要去设计一个 POVM，使得可以足够合理好的区分它们。先来构造

$$G=\sum_\alpha|\tilde{\Phi}_\alpha\rangle\langle\tilde{\Phi}_\alpha|$$

这是一个由$\{|\tilde{\Phi}_\alpha\rangle\}$所撑开空间中的一个正算符。于是，在 G 有逆的子空间上，G^{-1}有一个正的方根 $G^{-1/2}$。现在定义

$$F_\alpha=G^{-1/2}|\tilde{\Phi}_\alpha\rangle\langle\tilde{\Phi}_\alpha|G^{-1/2}$$

由此可知，在由$\{|\tilde{\Phi}_\alpha\rangle\}$所撑开的空间中

$$\sum_\alpha F_\alpha=G^{-1/2}\Big(\sum_\alpha|\tilde{\Phi}_\alpha\rangle\langle\tilde{\Phi}_\alpha|\Big)G^{-1/2}=G^{-1/2}GG^{-1/2}=1$$

假如需要，能够表明这些$\{F_\alpha\}$连同一个向$\{|\tilde{\Phi}_\alpha\rangle\}$所撑开空间的补空间投影的算符 F_0，就构造了一个 POVM。这个 POVM 就是针对态矢$\{|\tilde{\Phi}_\alpha\rangle\}$的 PGM。

在$\{|\tilde{\Phi}_\alpha\rangle\}$是正交的特殊情况下，可以将其归一化

$$|\tilde{\Phi}_\alpha\rangle=\sqrt{\lambda_\alpha}|\Phi_\alpha\rangle$$

于是有

$$\begin{aligned}F_\alpha&=\sum_{\alpha,\beta,\gamma}\{|\Phi_\beta\rangle\lambda_\beta^{-1/2}\langle\Phi_\beta|\}\{\lambda_\alpha|\Phi_\alpha\rangle\langle\Phi_\alpha|\}\{|\Phi_\gamma\rangle\lambda_\gamma^{-1/2}\langle\Phi_\gamma|\}\\&=|\Phi_\alpha\rangle\langle\Phi_\alpha|\end{aligned}$$

这就是对$\{|\Phi_\alpha\rangle\}$的正交测量，可以理想地区分它们。很清楚，这是最佳测量。假如$\{|\tilde{\Phi}_\alpha\rangle\}$是线性无关但并不彼此正交，于是 PGM 又是正交测量，因为在 n 维空间中的 n 个一维算符能构成 POVM 的话，那它们必定是相互正交的。但此时测量并不一定是最佳的。

按习题 21.2 所得，对态矢集合$\{|\Phi_\alpha\rangle\}$的 PGM 有($\alpha\neq\beta$)

$$\begin{cases}p(\alpha|\alpha)=\langle\Phi_\alpha|F_\alpha|\Phi_\alpha\rangle=\dfrac{1}{3}\left(1+\dfrac{1}{\sqrt{2}}\right)^2=0.971405\\[2ex]p(\beta|\alpha)=\langle\Phi_\alpha|F_\beta|\Phi_\alpha\rangle=\dfrac{1}{6}\left(1-\dfrac{1}{\sqrt{2}}\right)^2=0.0142977\end{cases}$$

可得输入的条件熵为

$$H(X|Y)=0.215893$$

由于 $H(X)=\log_2 3=1.58496$，信息的增益为

$$I = H(X) - H(X \mid Y) = 1.36907$$

每个 qubit 为 0.684535 bit。于是，Alice 所送出改进了可识别性的信号实际已经得到了报酬——我们已经超过了从单个 qubit 所能提取到的 0.58496 bit 的信息。我们虽然不能达到 Holevo 限(此处为 $I<1.5$)，但比以前更显著地接近了它。

这个由 Peres 和 Wootters 所首先描述的例子告诉我们一些经验。首先，Alice 通过“删节”她的码符，是可以传送更多信息给 Bob 的。比起送出更多但不易识别的信息来，她可以恰当地筛选少一些但更易识别的信息给 Bob。三个字母的所组成的字母表解起码来(所得信息)要多于 9 个字母的字母表的。

其次，假如 Bob 不对每个单 qubit 分别做测量，而是执行一种集体测量，他将能获得更多的信息。他的最佳正交测量将把 Alice 的信息投影到纠缠态的一个基上。

从在任何已知测量里能给出最好的信息增益来看，这里描述的 PGM 是“最佳的”。很可能，这是在任何测量中所能够获得的最高增益，但这没有被证明。

13.5.3 单用户量子信道的经典信息容量

在量子信息论中，一个常常提到的基本问题就是：通过量子信道传送经典信息的速率的上限(也即此量子信道的经典容量)是多少？[7~9] 显然，由于一般量子态的非正交性，量子信道容量与经典信道的情况[1,10,11]有所不同。已经有定理指出：经典信息在量子信道上渐近无错传送(asymptotically error free transmission)的最大可达速率可以精确地由 Holevo 限(Holevo bound)决定[1,12~14]。

现在讨论单个发送者通过量子信道向一个接收者传送经典信息的速率上限问题。将 Holevo 限与可获得的每字符为χ个 bit 结合起来，便得到量子信道的经典信息容量表达式。但是，这个“容量”上限只适用于不使用纠缠码符的情况。

Alice 将制备 n 字符的信息并通过噪声信道送给 Bob。设此信道用超算符 $\$$ 来描述，并假定此信道为无记忆信道，就是说，超算符 $\$$ 对每一个字符的作用彼此独立无关。Bob 执行 POVM 使现有由 Alice 制备送来的信息最佳化。

事实上可以表明，从熵的次可加性，Alice 可以更有效地准备她的纯态信息。Bob 将收到

$$|\varphi_x\rangle\langle\varphi_x| \rightarrow \$(|\varphi_x\rangle\langle\varphi_x|) \equiv \rho_x$$

因此 Alice 送出纯态 $|\varphi_{x1}\rangle\cdots|\varphi_{xn}\rangle$，Bob 将收到混态 $\rho_{x1}\otimes\cdots\otimes\rho_{xn}$。于是，Alice 的码符系综决定了 Bob 所收到的混态系综 $\widetilde{\Gamma}^{(n)}$。由此，Bob 的最佳信息增益就定义为 $Acc(\widetilde{\Gamma}^{(n)})$，它满足 Holevo 限

$$Acc(\widetilde{\Gamma}^{(n)}) \leqslant \chi(\widetilde{\Gamma}^{(n)}) \tag{13.57}$$

现在 Bob 的系综是

$$\{\rho_{x1}\otimes\cdots\otimes\rho_{xn};p(x_1,\cdots,x_n)\}$$

这里，$p(x_1,\cdots,x_n)$是个在 Alice 字符表上完全任意的概率分布。现在来计算这个系综的 Holevo 限χ。注意到

$$\begin{aligned}&\sum_{x_1,\cdots,x_n}p(x_1,\cdots,x_n)S(\rho_{x_1}\otimes\cdots\otimes\rho_{x_n})\\&=\sum_{x_1,\cdots,x_n}p(x_1,\cdots,x_n)[S(\rho_{x_1})+\cdots+S(\rho_{x_n})]\\&=\sum_{x_1}p_1(x_1)S(\rho_{x_1})+\cdots+\sum_{x_n}p_n(x_n)S(\rho_{x_n})\end{aligned}$$

这里，$p_i(x_i)=\sum_{x_1,\cdots,x_n\neq x_i}p(x_1,\cdots,x_n)$，是对于第 i 个字符的剩余概率分布。此外，由次可加性得知

$$S(\tilde{\rho}^{(n)})\leqslant S(\tilde{\rho}_1)+\cdots+S(\tilde{\rho}_n)$$

这里，$\tilde{\rho}_i$ 是对第 i 个字符的约化密度矩阵。将上面两个方程组合起来，我们得到

$$\chi(\tilde{\Gamma}^{(n)})\leqslant\chi(\tilde{\Gamma}_1)+\cdots+\chi(\tilde{\Gamma}_n)\tag{13.58}$$

这里，$\tilde{\Gamma}_i$ 是控制 Bob 收到的第 i 个字符的 marginal 系综。此方程能用于任何乘积态的系综。

现在，对于由超算符$\$$ 所描述的量子信道，我们可以定义乘积态的信道容量

$$C(\$)=\max_{\Gamma}\chi(\$(\Gamma))\tag{13.59}$$

于是，对于上式中的每一项，都有$\chi(\tilde{\Gamma}_i)\leqslant C$，因此

$$\chi(\tilde{\Gamma}^{(n)})\leqslant nC\tag{13.60}$$

这里，$\tilde{\Gamma}^{(n)}$是任何乘积态(纯态或混态的)的系综。特别是，我们从 Holevo 限推断，Bob 所获信息增益的上限是 nC。但是我们已经看到，对于任何 Γ，只要正确的选择编码和可观察量解码测量，总可以渐近地获得每字符$\chi(\$(\Gamma))$bit 的信息。于是，如果 Alice 所制备的信息是乘积态的话，C 就是通过噪声通道送出的每字符的最佳 bit 数，此时当 $n\to\infty$时误差可以忽略。

至此，我们剩下了一个有趣的重要问题。这就是，如果允许 Alice 制备并传送 n 个字符的纠缠态的话，那么，是否存在这样的量子信道，当乘积态通过时，信道容量 $C(\$)$可以超过这里的结果，而有更高的比率。迄今，量子信息论中还有许多未解决的问题，这是其中的一个。

§13.6 量子信道的经典信息容量——多个发送者情况

13.6.1 简介与准备

现在只讨论两个发送者通过量子信道向同一个接收者传送经典信息的速率上

限问题[5]。其余情况参见有关文献[20]。

这一方案可以看作是一个多路访问的量子信道，它对应于经典信息论中的多路访问的经典信道[11]。考虑两个发送者 Alice 和 Bob，他们共同拥有的联合字母表（他们联合发送的信息态集合）是$\{|\Psi_{\alpha\beta}\rangle\}$。在每次发送前，待发送信号态$|\Psi_{\alpha\beta}\rangle$的下标$\alpha$和$\beta$分别由 Alice 和 Bob 从他们各自的字母表$H_A=\{\alpha\}$和$H_B=\{\beta\}$中选取。这个态通过量子信道被发送给接收者 Charlie，后者对其做测量来确定当初 Alice 和 Bob 分别选择的是什么字母。这里应注意，H_A 和 H_B 分别是 Alice 和 Bob 手中的经典字母表；然而，量子的联合字母表$\{|\Psi_{\alpha\beta}\rangle\}$却未必是简单的直积 Hilbert 空间。例如，考虑 Alice 使用字母表$\{A,B\}$，Bob 使用字母表$\{C,D\}$的情况，这时信号态仍有可能处于一个两维 Hilbert 空间中，比如：$|\Psi_{AC}\rangle=|0\rangle$，$|\Psi_{AD}\rangle=|1\rangle$，$|\Psi_{BC}\rangle=\frac{1}{\sqrt{2}}(|0\rangle+|1\rangle)$，$|\Psi_{BD}\rangle=\frac{1}{\sqrt{2}}(|0\rangle-|1\rangle)$。这里还未提到在其中纠缠的用处，在 13.6.5 小节的应用讨论中将对此予以说明。

设 $p_\alpha q_\beta$ 为信号态$|\Psi_{\alpha\beta}\rangle$的乘积概率分布，密度矩阵记为

$$\rho=\sum_{\alpha,\beta}p_\alpha q_\beta\,|\Psi_{\alpha\beta}\rangle\langle\Psi_{\alpha\beta}|$$

$$\rho_\alpha=\sum_{\beta}q_\beta\,|\Psi_{\alpha\beta}\rangle\langle\Psi_{\alpha\beta}|$$

$$\rho_\beta=\sum_{\alpha}p_\alpha\,|\Psi_{\alpha\beta}\rangle\langle\Psi_{\alpha\beta}|$$

我们将条件 von Neumann 熵记作

$$H_A=\sum_{\beta}q_\beta H(\rho_\beta)$$

$$H_B=\sum_{\alpha}q_\alpha H(\rho_\alpha)$$

由 von Neumann 熵的凸性，可得 $H_A,H_B\leqslant H(\rho)$。这样定义一个$[(M,N),l]$码表：给定 M 个 α 字母序列和 N 个 β 字母序列，而且它们的长度均为 l，从中分别选取一个 α 字母序列和 β 字母序列组合起来得到一个码字，因此这个码表中共有 MN 个码字：$\{|S_{ij}\rangle:i=1,\cdots,M;j=1,\cdots,N\}$。我们不妨用前面的例子加以示范，设$l=2$，Alice 选择了两个 α 字母序列$\{AA,AB\}$，Bob 选择的是$\{CD,DD\}$，即 $M=N=2$，那么相应码表中的 4 个码字是：$|S_{11}\rangle=|\Psi_{AC}\rangle\otimes|\Psi_{AD}\rangle$，$|S_{12}\rangle=|\Psi_{AD}\rangle\otimes|\Psi_{AD}\rangle$，$|S_{21}\rangle=|\Psi_{AC}\rangle\otimes|\Psi_{BD}\rangle$，$|S_{22}\rangle=|\Psi_{AD}\rangle\otimes|\Psi_{BD}\rangle$。

我们假定这 MN 个码字出现的概率相同。如果存在一系列的$[(2^{nR_1},2^{nR_2}),n]$码表，使得 Charlie 通过测量解码的出错率 P_E 当 n 趋向无穷大时趋近于 0，那么就称发送率(R_1,R_2)是可达的——指发送者最合理的发送而言，或可获取的——指接受者最合理的接受而言。多路访问信道的容量区域就是可达发送率(R_1,R_2)的集合的包络。下面定理是本节核心结果[5]。

定理　一个多路访问量子信道的容量区域是满足以下条件的所有(R_1, R_2)的凸包的包络

$$R_1 < H_A, R_2 < H_B, R_1 + R_2 < H(\rho) \tag{13.61}$$

不难看出,这里的H_A和H_B是经典的条件互信息的模拟[11]。这一结果给出了条件 von Neumann 熵的在信息理论上的一种解释。

应当指出,这里讨论的问题也曾有人讨论和求解过。最早是由 Allahverdyan 和 Saakian[17]提出,他们讨论了此处的逆定理部分,接着 Winter 给出了多用户有噪声信道的一般公式和处理办法[18],也可参见 Winter 的博士学位论文[19]。然而,他的证明过于抽象,他自己也表示期待更直接的证明,而这正是这里所做的。这里考虑的是两用户无噪声信道的特殊情况。

现在,首先给出一个关于条件 von Neumann 熵的引理。

引理　对固定的乘积概率分布$p_\alpha q_\beta$,有

$$H_A + H_B \geqslant H(\rho) \tag{13.62}$$

证明　设$|i_\alpha\rangle, |i_\beta\rangle$,为辅助 Hilbert 空间$S$和$T$的正交态,记$\rho = \rho^R$,有

$$\rho^{RST} = \sum_{\alpha\beta} p_\alpha q_\beta \mid \Psi_{\alpha\beta}\rangle\langle\Psi_{\alpha\beta} \mid \otimes \mid i_\alpha\rangle\langle i_\alpha \mid \otimes \mid j_\beta\rangle\langle j_\beta \mid$$

$$\rho^{RS} = \sum_{\alpha\beta} p_\alpha q_\beta \mid \Psi_{\alpha\beta}\rangle\langle\Psi_{\alpha\beta} \mid \otimes \mid i_\alpha\rangle\langle i_\alpha \mid$$

$$\rho^{RT} = \sum_{\alpha\beta} p_\alpha q_\beta \mid \Psi_{\alpha\beta}\rangle\langle\Psi_{\alpha\beta} \mid \otimes \mid j_\beta\rangle\langle j_\beta \mid$$

利用 von Neumann 熵的强次可加性,有

$$H(\rho^{RST}) + H(\rho^R) \leqslant H(\rho^{RS}) + H(\rho^{RT})$$

容易看出

$$H(\rho^{RST}) = H(p_\alpha q_\beta) = H(p_\alpha) + H(q_\beta)$$

$$H(\rho^{RS}) = H(p_\alpha) + H_B$$

$$H(\rho^{RT}) = H(q_\beta) + H_A$$

其中,$H(p_\alpha)$,$H(q_\beta)$和$H(p_\alpha q_\beta)$是 Shannon 熵。由此可得

$$H_A + H_B \geqslant H(\rho)$$

引理证毕。

多路访问量子信道的一个重要性质是它的容量区域的凸性。具体地说,如果发送率(R_1, R_2)和(R'_1, R'_2)都是可达的,那么发送率$(\lambda R_1 + (1-\lambda)R'_1, \lambda R_2 + (1-\lambda)R'_2)$也一定是可达的,这里$0 \leqslant \lambda \leqslant 1$。这一性质很容易用分时方案加以证明。在发送前一段$\lambda n$个符号时,使用前一个码表,而发送剩下一段$(1-\lambda)n$个符号时,使用另一个码表。总的可达发送率恰好为$(\lambda R_1 + (1-\lambda)R'_1, \lambda R_2 + (1-\lambda)R'_2)$。

对于固定乘积概率分布 $p_\alpha q_\beta$，由于 $H_A+H_B \geqslant H(\rho) \geqslant H_A$ 或 H_B，考虑到容量区域的凸性，只需证明 $(H(\rho)-H_B, H_B)$ 和 $(H_A, H(\rho)-H_A)$ 是可达的，就足以保证满足(13.61)式的所有发送率都是可达的。在下面两节中将给出这个证明。

下面不等式对限定解码错误很有用。设 $\langle 1|1\rangle \leqslant 1$，$\langle 2|2\rangle \leqslant 1$，$\langle 3|3\rangle = 1$，则

$$
\begin{aligned}
|\langle 1|3\rangle| &\leqslant |\langle 2|3\rangle| + |(\langle 1| - \langle 2|)|3\rangle| \\
&\leqslant |\langle 2|3\rangle| + \sqrt{|\langle 3|3\rangle|}\sqrt{\langle 1|1\rangle + \langle 2|2\rangle - \langle 1|2\rangle - \langle 2|1\rangle} \\
&= |\langle 2|3\rangle| + \sqrt{\langle 1|1\rangle + \langle 2|2\rangle - \langle 1|2\rangle - \langle 2|1\rangle}
\end{aligned}
$$

即

$$
|\langle 2|3\rangle| \geqslant |\langle 1|3\rangle| - \sqrt{\langle 1|1\rangle + \langle 2|2\rangle - \langle 1|2\rangle - \langle 2|1\rangle} \tag{13.63}
$$

从这个不等式可以看出，若 $\langle 1|3\rangle$ 和 $\langle 1|2\rangle$ 接近于 1，则 $\langle 2|3\rangle$ 也接近于 1。

13.6.2 复合测量

如上一节中所说，我们只需证明 $(H(\rho)-H_B, H_B)$ 是可达的发送率即可。下面用拉丁字母 $a, b, \cdots$ 标记 Alice 的字符串，用 $a', b', \cdots$ 标记 Bob 的字符串，假定字符串长度都是 L。记

$$
\rho_a = \sum_{\text{所有字符串}a'} P_{a'} |S_{aa'}\rangle\langle S_{aa'}|
$$

这里 $P_{a'}$ 表示乘积概率(例如，若 $a'=CD$，则 $P_{a'}=q_C q_D$)。求和指标 a' 遍及所有可能的字符串，所以 ρ_a 是一个直积态。例如，若 $a=AB$，则

$$
\rho_a = \rho_A \otimes \rho_B
$$

ρ_a 有一组完备的标准正交本征态，记作 $|t_{ak}\rangle$，相应的本征值为 $p_{k|a}$。任给 $\varepsilon, \delta > 0$，我们总可找到足够长的长度 L，可以保证某些典型条件的成立。注意到量 $H(\rho)-H_B$ 为系综 $\{p_a, \rho_a\}$ 的 Holevo 信息，文献[13]中证明了 Alice 可以选择 $M=2^{L(H(\rho)-H_B-\delta)}$ 个字符串，因此解码方可以使用 POVM 分辨混合态 ρ_a 的本征态。设 $|\tilde{u}_{ak}\rangle\langle\tilde{u}_{ak}|$ 为解码 POVM 的组元。那么对每个字符串 a(M 个字符串中的某一个)，正确猜到的概率为

$$
\sum_k p_{k|a} |\langle\tilde{u}_{ak}|t_{ak}\rangle|^2 > 1-\varepsilon \tag{13.64}
$$

记 $\prod_a$ 为向满足以下条件的矢量 $|t_{ak}\rangle$ 组成的子空间的投影

$$
2^{-L(H_B+\delta)} < p_{k|a} < 2^{-L(H_B-\delta)} \tag{13.65}
$$

因为当 $p_{k|a}$ 不满足上面的不等式时，POVM 组元 $|\tilde{u}_{ak}\rangle = 0$[13]，有 $\langle\tilde{u}_{ak}|\tilde{u}_{ak}\rangle \leqslant 1$，我们得到

$$
\operatorname{tr}\left(\prod_a \rho_a \prod_a\right) = \sum_k p_{k|a} \geqslant \sum_k p_{k|a} |\langle\tilde{u}_{ak}|t_{ak}\rangle|^2 > 1-\varepsilon \tag{13.66}
$$

$$\mathrm{tr}(\prod_a \rho_a^2 \prod_a) \leqslant 2^{-L(H_B-3\delta)} \tag{13.67}$$

我们选择上面所说的 M 个字符串作为 Alice 的信号串，后面我们将用随机编码来选择 Bob 的信号。

解码过程包括两个测量，第一个对 Alice 的信号解码，另一个对 Bob 的信号解码。记

$$A_a = \sum_k | t_{ak} \rangle \langle \tilde{u}_{ak} |$$

容易看出 $\sum_a A_a^+ A_a = \sum_{ak} | \tilde{u}_{ak} \rangle \langle \tilde{u}_{ak} |$，$A_a$ 是一个解码 POVM 组元，对应于解码者的第一次测量。设第一次测量结果为 a，接着的第二次测量将用准正交测量 PGM 来分辨 N 个态 $\{\prod_a |S_{aa'}\rangle\}$，进而确定 a'。设 $|\tilde{\eta}_{a'|a}\rangle\langle\tilde{\eta}_{a'|a}|$ 为 POVM 的组元。这两个测量一起组成了一个复合测量。出错概率为

$$P_E = 1 - \frac{1}{MN} \sum_{aa'} | \langle \tilde{\eta}_{a'|a} | A_a | S_{aa'} \rangle |^2$$

记

$$P_{Ea} = 1 - \frac{1}{N} \sum_{a'} | \langle \tilde{\eta}_{a'|a} | A_a | S_{aa'} \rangle |^2$$

则有

$$P_E = \frac{1}{M} P_{Ea}$$

记随机编码求平均（即对 Bob 的编码平均）的符号为 $\langle\rangle_c$。我们将证明对每个字符串 a 均有 $\langle P_{Ea}\rangle_c < 8\varepsilon$。

13.6.3　随机编码

利用 Schwarz 不等式和式(13.58)，有

$$\begin{aligned}
\sqrt{1 - P_{Ea}} &= \left(\frac{1}{N} \sum_{a'} | \langle \tilde{\eta}_{a'|a} | A_a | S_{aa'} \rangle |^2 \right)^{\frac{1}{2}} \\
&\geqslant \frac{1}{N} \sum_{a'} | \langle \tilde{\eta}_{a'|a} | A_a | S_{aa'} \rangle | \\
&\geqslant \frac{1}{N} \sum_{a'} | \langle \tilde{\eta}_{a'|a} | S_{aa'} \rangle | - \frac{1}{N} \sum_{a'} \sqrt{\langle \tilde{\eta}_{a'|a} | \tilde{\eta}_{a'|a} \rangle} \\
&\quad \times (2 - \langle S_{aa'} | A_a | S_{aa'} \rangle - \langle S_{aa'} | A_a^+ | S_{aa'} \rangle)^{\frac{1}{2}} \\
&\equiv \Omega_1 - \Omega_2
\end{aligned}$$

这里

$$\Omega_1 = \frac{1}{N}\sum_{a'} |\langle \tilde{\eta}_{a'|a} | S_{aa'}\rangle|$$

$$\Omega_2 = \frac{1}{N}\sum_{a'} \sqrt{\langle \tilde{\eta}_{a'|a} | \tilde{\eta}_{a'|a}\rangle}(2 - \langle S_{aa'} | A_a | S_{aa'}\rangle - \langle S_{aa'} | A_a^+ | S_{aa'}\rangle)^{1/2}$$

由 Schwarz 不等式可知

$$\sqrt{\langle 1 - P_{Ea}\rangle_c} \geqslant \langle\sqrt{1 - P_{Ea}}\rangle_c \geqslant \langle\Omega_1\rangle_c - \langle\Omega_2\rangle_c。$$

下面我们分别处理$\langle\Omega_1\rangle_c$和$\langle\Omega_2\rangle_c$。$\langle\Omega_1\rangle_c$的计算与文献[16]中相同，利用式(13.65)，(13.67)得到

$$\langle\Omega_1\rangle_c \geqslant 1 - \varepsilon - N2^{-L(H_B - 3\delta)}$$

接着考虑Ω_2，注意到$|\tilde{\eta}_{a'|a}\rangle\langle\tilde{\eta}_{a'|a}|$为 POVM 的组元，因此$\langle\tilde{\eta}_{a'|a}|\tilde{\eta}_{a'|a}\rangle\leqslant 1$，于是得到

$$\Omega_2 \leqslant \left(\frac{1}{N}\sum_{a'}\langle\tilde{\eta}_{a'|a} | \tilde{\eta}_{a'|a}\rangle\right)\frac{1}{N}\sum_{a'}(2 - \langle S_{aa'} | A_a | S_{aa'}\rangle - \langle S_{aa'} | A_a^+ | S_{aa'}\rangle)$$

$$\leqslant 2 - \frac{1}{N}\sum_{a'}\langle S_{aa'} | (A_a + A_a^+) | S_{aa'}\rangle$$

再对 Bob 的随机编码求平均，有

$$\begin{aligned}\langle\Omega_2\rangle_c &\leqslant 2 - \mathrm{tr}[(A_a + A_a^+)\rho_a] \\ &= 2 - 2\sum_k p_{k|a} |\langle\tilde{u}_{ak} | t_{ak}\rangle| \\ &\leqslant 2\left(1 - \sum_k p_{k|a} |\langle\tilde{u}_{ak} | t_{ak}\rangle|^2\right) \\ &< 2\varepsilon\end{aligned}$$

所以有$\sqrt{\langle 1 - P_{Ea}\rangle_c} > 1 - 3\varepsilon - N2^{-L(H_B - 3\delta)}$，于是我们选$N = 2^{L(H_B - 4\delta)}$。当$L$很大时，我们得到$\sqrt{\langle 1 - P_{Ea}\rangle_c} > 1 - 4\varepsilon$，$\langle P_{Ea}\rangle_c < 8\varepsilon$。因此有

$$\langle P_E\rangle_c = \frac{1}{M}\sum_a \langle P_{Ea}\rangle_c < 8\varepsilon$$

出错的平均概率很小，所以 Bob 总可找到特定的编码使得$P_E < 8\varepsilon$。于是定理的可达性[即满足式(13.66)的发送率均为可达的]得到了证明。

13.6.4 逆定理证明[5]

记E为满足式(13.56)的所有(R_1, R_2)的凸包的包络。假定 Alice 和 Bob 能以发送率(R_1, R_2)向 Charlie 发送信息，我们下面证明一定有$(R_1, R_2) \in E$，这就是逆定理[即可达的发送率必定满足式(13.61)]。考虑一个$[(M = 2^{lR_1}, N = 2^{lR_2}), l]$码表，其中的码字为$|S_{aa'}\rangle$。既然 Charlie 能渐近无错地将信号解码，那么当l足够大时有以下不等式

$$R_1+R_2\leqslant\frac{1}{l}I(\text{Charlie:Alice,Bob})$$

$$R_1\leqslant\frac{1}{l}I(\text{Charlie:Alice}\mid\text{Bob})\tag{13.68}$$

$$R_2\leqslant\frac{1}{l}I(\text{Charlie:Bob}\mid\text{Alice})$$

记

$$\rho_{\text{code}}=\sum_{aa'}\frac{1}{MN}\mid S_{aa'}\rangle\langle S_{aa'}\mid$$

$$\rho^{a}_{\text{code}}=\sum_{a'}\frac{1}{N}\mid S_{aa'}\rangle\langle S_{aa'}\mid$$

$$\rho^{a'}{}_{\text{code}}=\sum_{a}\frac{1}{M}\mid S_{aa'}\rangle\langle S_{aa'}\mid$$

它们的 von Neumann 熵为 H_{code}，H^{a}_{code}，$H^{a'}{}_{\text{code}}$。根据 Holevo 定理[9]，交互信息由 von Neumann 熵限定

$$I(\text{Charlie:Alice,Bob})\leqslant H_{\text{code}}$$

$$I(\text{Charlie:Alice}\mid\text{Bob})\leqslant\sum_{a'}\frac{1}{N}H^{a'}{}_{\text{code}}\tag{13.69}$$

$$I(\text{Charlie:Bob}\mid\text{Alice})\leqslant\sum_{a}\frac{1}{M}H^{a}_{\text{code}}$$

考虑作为码字的第 k 个字母出现的所有字母态的系综，我们得到一个乘积分布，于是定义相应的熵 $H^{(k)}$ 和条件熵 $H^{(k)}_{A}$，$H^{(k)}_{B}$，$k=1,2,\cdots,l$。根据 von Neumann 熵的次可加性，我们得到

$$H_{\text{code}}\leqslant H^{(1)}+\cdots+H^{(l)}$$

$$\sum_{a'}\frac{1}{N}H^{a'}{}_{\text{code}}\leqslant H^{(1)}_{A}+\cdots+H^{(l)}_{A}\tag{13.70}$$

$$\sum_{a}\frac{1}{M}H^{a}_{\text{code}}\leqslant H^{(1)}_{B}+\cdots+H^{(l)}_{B}$$

综合式(13.68)～(13.70)，有

$$R_1+R_2\leqslant\frac{1}{l}(H^{(1)}+\cdots+H^{(l)})\equiv H$$

$$R_1\leqslant\frac{1}{l}(H^{(1)}_{A}+\cdots+H^{(l)}_{A})\equiv H_A\tag{13.71}$$

$$R_2\leqslant\frac{1}{l}(H^{(1)}_{B}+\cdots+H^{(l)}_{B})\equiv H_B$$

因为$(H^{(k)}-H^{(k)}_{B},H^{(k)}_{B})$，$(H^{(k)}_{A},H^{(k)}-H^{(k)}_{A})\in E$，$k=1,2,\cdots,l$ 利用 E 的凸性可知

$(H-H_B,H_B)$和$(H_A,H-H_A)$也在 E 中。根据式(13.62),所有满足式(13.71)的(R_1,R_2)组成一个被切掉一个角的矩形,其中的两个最外侧的顶点就是$(H-H_B,H_B)$和$(H_A,H-H_A)$。由此可知一定有$(R_1,R_2)\in E$。于是逆定理就得到了证明。

13.6.5 应用讨论

上面的定理提供了诱人的量子通信方案,可以看作是推广的超密编码(superdense coding)方案。超密编码方案由 Bennet 和 Wiesner[15] 提出,处理的是两方通信,而这里我们考虑的是三方通信。考虑 Alice 和 Bob 希望用 N 态量子系统向 Charlie 发送经典信息。倘若他们分别独立地发送消息,则发送率为每个系统 $\log_2 N$ 位。但是我们假定他们起初还共享着不少 N 态作为纠缠储备,那么他们怎样借此扩大他们的信道容量呢?注意到 Alice 和 Bob 可能相距很远,因此必须各自独立地用预先定好的码表对消息进行编码。

设 Alice 和 Bob 共享的初态为

$$|\Psi\rangle=\sum_{i=1}^{N}p_i\,|i\rangle_{\text{Alice}}\,|i\rangle_{\text{Bob}}$$

$\rho_0=|\Psi\rangle\langle\Psi|$,于是 Alice 和 Bob 各自部分的密度矩阵为 $\rho_A=\mathrm{tr}_B(\rho_0)$,$\rho_B=\mathrm{tr}_A(\rho_0)$。记 $H_E=S(\rho_A)=S(\rho_B)$,可用来度量 Alice 和 Bob 两部分之间的纠缠。Alice 和 Bob 可以分别对各自的部分做幺正变换,接着再传送给 Charlie。

记$\{T_A\}$,$\{T_B\}$为 Alice 和 Bob 的变换,她们对应与前面讨论过的$\{\alpha\}$,$\{\beta\}$。于是

$$\rho=\sum_{T_AT_B}p_{T_A}q_{T_B}(T_AT_B\rho_0T_A^{+}T_B^{+})$$

在 N^2 维空间中,因而 $H(\rho)\leqslant 2\log_2 N$。下面我们讨论条件熵,注意到

$$\rho_{T_A}=\sum_{T_B}q_{T_B}(T_AT_B\rho_0T_A^{+}T_B^{+})$$

因为 T_B 为 Bob 部分的变换,我们有 $\mathrm{tr}_B(\rho_{T_A})=T_A\rho_AT_A^{+}$,以及 $H(T_A\rho_AT_A^{+})=H(\rho_A)=H_E$。利用 von Neumann 熵的次可加性,我们得到 $H(\rho_{T_A})\leqslant H_E+H(\mathrm{tr}_A(\rho_{T_A}))\leqslant H_E+\log_2 N$。类似地也有 $H(\rho_{T_B})\leqslant H_E+\log_2 N$。

因此若 Alice 和 Bob 可以以发送率(R_1,R_2)发送信息,那么根据我们的定理,一定有

$$\begin{aligned}R_1+R_2&\leqslant 2\log_2 N\\R_1&\leqslant \log_2 N+H_E\\R_2&\leqslant \log_2 N+H_E\end{aligned}\tag{13.72}$$

所有满足上式的(R_1,R_2)都可由 Alice 和 Bob 的各种变换来达到，其中包括初态$|\Psi\rangle$的 Schmidt 基的交换排列，基之间相互相位的旋转，以及两种情况的混合。

尽管在其中发送信息的总量并未增加，这一方案却很有用。因为 Alice 和 Bob 希望发送给 Charlie 的信息量可能不一样，如果 Alice 要发送的信息量比 Bob 多，我们就可以采用一种特定的编码，通过以降低 Bob 的发送率为代价来提高 Alice 的信道容量。这便使我们能够利用纠缠资源来更有效地在用户之间分配信道容量。从(13.72)式可以看出 Alice 最多能以每个系统荷载$(\log_2 N+H_E)$位的发送率发送信息，这时此方案退化为 Alice 和 Bob 之间的两方超密编码方案，Bob 仍能以$(\log_2 N-H_E)$的发送率向 Charlie 发送信息。本方案还可以推广为 Alice、Bob 和 Charlie 三者共享三体纠缠的情况。

练　习　题

13.1　证明：关于条件概率的 Bayes 定理

$$p(A\mid B)p(B)=p(B\mid A)p(A)$$

此公式两边等于积概率$p(A,B)$。

13.2　证明：当系综$\{x_i,p(x_i)\}$中，先验分布是均匀分布$p(x_i)=\dfrac{1}{k}$，即对均匀系综$X_{均匀}$，此系综 Shannon 熵$H(X_{均匀})$的式(13.5)达最大值$\log k$。

13.3　证明：不论初始为纯态或混态，即便经受含时 Schrödinger 方程的演化，其 von Neumann 熵是守恒量。

提示：计算$\dfrac{\mathrm{d}S}{\mathrm{d}t}$并利用 Liouville 方程。

13.4　求出 SU(2)型一般混态的 von Neumann 熵普遍表达式

13.5　证明不等式

$$\mathrm{tr}\{\rho_1\log\rho_1+\rho_2\log\rho_2\}\geqslant\mathrm{tr}\{\rho_1\log\rho_2+\rho_1\log\rho_2\}$$

13.6　对任一给定的乘积概率分布，并设定态

$$\left\{p_\alpha q_\beta,\alpha=1,2,\cdots,n;\beta=1,2,\cdots,m;\sum_\alpha p_\alpha=1,\sum_\beta q_\beta=1\right\}$$

$$\begin{cases}\rho=\displaystyle\sum_{\alpha,\beta}p_\alpha q_\beta\mid\Psi_{\alpha\beta}\rangle\langle\Psi_{\alpha\beta}\mid\\ \rho_\alpha=\displaystyle\sum_\beta q_\beta\mid\Psi_{\alpha\beta}\rangle\langle\Psi_{\alpha\beta}\mid\\ \rho_\beta=\displaystyle\sum_\alpha p_\alpha\mid\Psi_{\alpha\beta}\rangle\langle\Psi_{\alpha\beta}\mid\end{cases}\qquad\begin{cases}H_A=\displaystyle\sum_\beta q_\beta H(\rho_\beta)\\ H_B=\displaystyle\sum_\alpha p_\alpha H(\rho_\alpha)\end{cases}$$

显然，由 von Neumann 熵的凸性可得$H_A,H_B\leqslant H(\rho)$。现要求试证有

$$H_A+H_B\geqslant H(\rho)$$

13.7 证明 von Neumann 熵的上限。如果 ρ 有 D 个不为零的本征值，于是将有

$$S(\rho) \leqslant \log D$$

等号是当所有非零本征值均相等时成立。

13.8 证明 von Neumann 熵的凸性(concavity)

$$S\Big(\sum_{i=1}^{n}\alpha_i\rho_i\Big) \geqslant \sum_{i=1}^{n}\alpha_i S(\rho_i)$$

13.9 命题：设 ρ_{AB} 是任意两体纯态，证明 ρ_{AB} 有量子纠缠存在的充要条件是条件熵 $S(A|B)<0$。

13.10 证明：投影测量可能会增加熵，至少不会减少熵。

13.11 考虑一个处在态 ρ_{AB} 上的双粒子系统 $A\otimes B$。试证：两体熵有如下式定义的次可加性，

$$S(\rho_{AB}) \leqslant S(\rho_A) + S(\rho_B)$$

等号当也只当两个子系统无关联时成立。

于是，对不关联的两个系统，它们熵是可加的；但若关联，则整个系统的熵小于两部分熵之和。就是说，量子纠缠(或者说量子关联)使系统的 von Neumann 熵减少。这个性质类似于 Shannon 熵性质

$$H(X,Y) \leqslant H(X) + H(Y)$$

(或 $I(X;Y)\geqslant 0$)。这是因为，在 XY(或 AB)系统中的某些信息已经编码在 X 和 Y(A 和 B)之间的(经典或量子)关联里了。

13.12 证明对三体系统有三角不等式(Araki-Lieb 不等式)成立

$$S(\rho_{AB}) \geqslant | S(\rho_A) - S(\rho_B) |$$

13.13 首先定义，如实变数 x 的可微实函数 $f(x)$ 对所有 x 和 y，都有

$$f(y) - f(x) \leqslant (y-x)f'(x)$$

就说此函数是凸的(concave)。举个例子，函数 $f(x)=-x\log x$ 当 $x>0$ 时就是凸的。因为将它代入此式中，得(对于 $y>0$，因运算中两边已同除以 y)：$\log\dfrac{x}{y}\leqslant\dfrac{x}{y}-1$。此式当 $x>y>0$ 时是成立的，因为有不等式 $\log(1+X)<X(X>0)$。

将上面定义式推广到矩阵求迹形式。试证：对任何两个不一定对易的 n 维厄米矩阵，a，b(其中 b 是完全正的)，有如下“广义 Klein 不等式”成立

$$\mathrm{tr}\{f(b) - f(a)\} \leqslant \mathrm{tr}\{(b-a)f'(a)\}$$

13.14 同一体系的两个密度矩阵 ρ 和 σ 的相对熵(relative entropy)$S(\rho\,\|\,\sigma)$ 定义为

$$S(\rho\,\|\,\sigma) = \mathrm{tr}\{\rho\log\rho\} - \mathrm{tr}\{\rho\log\sigma\}$$

证明它是非负的。

13.15　证明条件熵是凸性的。

13.16　非正交态的实验鉴别。Alice 已经制备她的 qubit 处于下面两个态之一上

$$|u\rangle=\begin{pmatrix}1\\0\end{pmatrix},\ |v\rangle=\begin{pmatrix}\cos\dfrac{\theta}{2}\\ \sin\dfrac{\theta}{2}\end{pmatrix}$$

这里，$0<\theta<\pi$。Bob 知道 θ 数值，但不知道 Alice 制备的是两个态中的哪一个。现在他选择所执行的测量，去做最好的判断，判断 Alice 所制备的是哪一个态。

i) 一个正交测量：$E_1=|u\rangle\langle u|$，$E_2=1-|u\rangle\langle u|$（在这种情况下，假如 Bob 得到结果 2，他就知道 Alice 制备的必定是态 $|v\rangle$。）。

ii)一组三个结果的 POVM

$$F_1=A(1-|u\rangle\langle u|),\qquad F_2=A(1-|v\rangle\langle v|)$$
$$F_3=(1-2A)I+A(|u\rangle\langle u|+|u\rangle\langle u|)$$

这里 A 选取和 F_3 正定性相符合的最大数值。这时，如果 Bob 得到结果 1 或 2，他就能断定 Alice 的制备，若得到结果 3，他将无法断定。

iii) 一个正交测量：$E_1=|w\rangle\langle w|$，$E_2=1-|w\rangle\langle w|$，而

$$|w\rangle=\begin{pmatrix}\cos\left[\dfrac{1}{4}(\pi+\theta)\right]\\ \sin\left[\dfrac{1}{4}(\pi+\theta)\right]\end{pmatrix}$$

这里，自旋态 $|w\rangle$ 的极化方向位于 $x-z$ 面内的 $\frac{1}{2}(\pi+\theta)$ 方向，它垂直于 $|u\rangle$，$|v\rangle$ 两个态极化方向的均分角线。

在以上三种情况下，寻找 Bob 的平均信息增益 $I(\theta)$（即制备和测量所得的互信息）。并指出，Bob 应当选用哪种测量？

13.17　用 Peres-Wootters 方法对态 $\{|\Phi_\alpha\rangle\}=\{|\varphi_\alpha\rangle|\varphi_\alpha\rangle\}$ 构造 PGM 的 POVM。

i) 若以先验的等概率 $\frac{1}{3}$ 的随机制备上面三个态，将此时密度矩阵 $\rho=\frac{1}{3}\left(\sum_\alpha|\Phi_\alpha\rangle\langle\Phi_\alpha|\right)$ 表示成 Bell 基展开的形式，并计算 $S(\rho)$；

ii) 由三个 $\{|\Phi_\alpha\rangle\}$ 构造 PGM。这时 PGM 是正交测量。用 Bell 基形式表示 PGM 基的元素；

iii) 计算 PGM 结果和信息增益。

参考文献

1 J Preskill. Lecture Notes for Physics 229：Quantum Information and Computation. CIT，1998，Chapter 5（http://www. caltech. edu）

2 A Wehrl. General properties of entropy. Rev Mod Phys，1978，50，221

3 A Peres. Quantum Theory：Concepts and Methods. chapter 9

4 M A Nielsen and I L Chuang. Quantum Computation and Quantum Information. Cambridge：Cambridge University Press，2000

5 M X Huang，Y D Zhang and G Hou. Classical capacity of a quantum multiple-access channel. Phys Rev A，2000. Vol 62：052106

6 张永德. 量子力学. 北京：科学出版社，2003，50

7 J P Gordon. In Quantum Electronics and Coherent Light，Proceeding of the International School of Physics "Enrico Fermi"，Course XXXI，edited by P A Miles. New York：Academic，1964，165～181

8 L B Levitin. Information，Compexity and Control in Quantum Physics. edited by A Blaquiere，S Diner and G Lochak. Vienna：Springer，1987，111～115

9 A S Holevo. Probl Peredachi Inf. 1973，9：177

10 C E Shannon. Bell Tech J. 1948，27：379；1948，27：623

11 T M Cover and J A Thomas. Elements of Information Theory. New York：Wiley，1991

12 P Hausladen，R Jozsa，B Schumacher，M Westmoreland and W K Wootters. Phys Rev A，1966，54：1869

13 B Schumacher and M Westmoreland. Phys Rev A，1997，56：131

14 Holevo. quant-ph/9611023

15 C H Bennet and S J Wiesner. Phys Rev Lett，1992，69：2881

16 S J Wu，Q Wu and Y D Zhang. Chin Phys Lett，2001，18，No2：160

17 A E Allahverdyan and D B Saakian. e-print quant-ph/9712034

18 A Winter. e-print quant-ph/9807019

19 A Winter. e-print quant-ph/9907077

20 G Hou，M X Huang and Y D Zhang. Chin Phys Lett，2002，19：4

21 J W Pan，Y D Zhang and G G Siu. Chin Phys Lett，1997，14，241

附录A 量子变换理论简介[①]

§A.1 引 言

众所周知，在量子理论的Fock空间中，存在着各种各样的准粒子变换，最初的准粒子变换起源于Bogoliubov-Valatin[1]于1958年在超导和超流方面的工作，后来，由于Bogoliubov-Valatin变换在凝聚态物理中得到了广泛的发展和应用，因此出现了各种准粒子变换。下面我们看一些众所周知的准粒子变换（以玻色算符为例）

$$(a^+,a)=\left(\frac{\hat{p}_x}{i\hbar},\hat{x}\right)\frac{1}{\sqrt{2m\hbar\omega}}\begin{pmatrix}\hbar & -\hbar\\ m\omega & m\omega\end{pmatrix} \tag{A.1}$$

$$\begin{cases}(a'^+,a')=S(r)(a^+,a)S^{-1}(r)=(a^+,a)M=(a^+,a)\begin{pmatrix}\mathrm{ch}r & \mathrm{sh}r\\ \mathrm{sh}r & \mathrm{ch}r\end{pmatrix}\\ S(r)=\exp\left[-\dfrac{1}{2}r(a^{+2}-a^2)\right]\end{cases} \tag{A.2}$$

$$\begin{cases}(a'^+_2,a'_1)=(a_2^+,a_1)M=(a_2^+,a_1)\begin{pmatrix}\mathrm{ch}\theta & -\mathrm{sh}\theta\\ -\mathrm{sh}\theta & \mathrm{ch}\theta\end{pmatrix}\\ U(\theta)=\exp[\theta(a_1^+a_2^+-a_1a_2)]\end{cases} \tag{A.3}$$

$$\begin{cases}R(\beta)(a^+,b^+)R^{-1}(\beta)=(a^+,b^+)M=(a^+,b^+)\begin{pmatrix}\cos\dfrac{\beta}{2} & -\sin\dfrac{\beta}{2}\\ \sin\dfrac{\beta}{2} & \cos\dfrac{\beta}{2}\end{pmatrix}\\ R(\beta)=\exp\left[-\dfrac{\beta}{2}(a^+b-b^+a)\right]\end{cases} \tag{A.4}$$

从以上这些准粒子变换式(A.1)～(A.4)分别是常见的位形空间与Fock空间的变换，压缩变换[2]，Bogoliubov变换和空间转动变换[3]，在这些变换中，我们可以看出，有些是幺正变换，即变换后的准粒子仍保持互为厄米共轭，如式(A.2)～(A.4)中的变换，而有的并不要求互为厄米共轭，如式(A.1)中的变换。但是这些

① 转录自：郁思夏，逯怀新. 大学物理. 2004

变换都有一个共同的基本特点，那就是变换后的各准粒子其对易关系不变，即玻色性保持不变。基于这一基本前提，本书作者在 10 多年前就开始了这方面的研究[4,5]，即提出了一种理论，利用这个理论，找到正则变换 M 和产生这一正则变换的算符 U 之间的一般关系式，从而把这些互不相干的变换都统一到一个简洁的框架下，以便为量子理论及量子信息论的各种计算提供一种切实可行的理论工具，这正是量子变换理论的基本目的。下面介绍这一理论的基本思想。

§ A.2　多模 Fock 空间广义线性量子变换的基本理论

多模 Fock 空间广义线性量子变换理论(LQTT)[6~8]是保持 Fock 空间中产生算符和湮灭算符不变为唯一前提的量子变换。它已经概括和延拓了以往众多互不相干的变换，如 Bogoliubov-Valatin 变换、空间转动变换、分离对称变换、定域规范变换及超对称变换等。下面分别就玻色体系和费米体系做一简要介绍。

Ⅰ　玻色体系

Ⅰ.1　算符 U 的显示表达式及其与 M 的关系[7]

引入 LQTT 中的基本算符

$$\Lambda \equiv (a^{+}, \tilde{a}) = (a_1^{+}, \cdots, a_n^{+}, a_1, \cdots, a_n) \tag{A.5}$$

它们满足如下对易关系

$$[\tilde{\Lambda}, \Lambda] = \Sigma_{\mathrm{B}}^{-1}, \Sigma_{\mathrm{B}} = \begin{pmatrix} 0 & I \\ -I & 0 \end{pmatrix} \tag{A.6}$$

由满足式(A.5)的算符和相应的真空态 $|0\rangle$ ($a_i|0\rangle=0(i=1,\cdots,n)$，$\langle 0|0\rangle=1$)决定的表象称之为玻色表象。

定义如下的 LQTT 变换

$$\Lambda' \equiv (\bar{a}', \tilde{a}') = U\Lambda U^{-1} = \Lambda M + L \tag{A.7}$$

这里，$M=\begin{pmatrix} A & D \\ \tilde{B} & \tilde{C} \end{pmatrix}$为 $2n\times 2n$ 复矩阵(A,B,C,D 分别为四个 $n\times n$ 矩阵)，$L=(k^{+}, \tilde{l})$为 $2n$ 维复矢量。由变换后对易关系不变可知，L 可以任意选取，而 M 为复辛群 $S_p(2n,C)$中的元素，即满足条件

$$\widetilde{M}\Sigma_{\mathrm{B}}M = M\Sigma_{\mathrm{B}}\widetilde{M} = \Sigma_{\mathrm{B}} \tag{A.8}$$

按式(A.7)定义的变换 U 称为一个玻色子线性量子变换，其中的变换 U 满足唯一性和乘法性，且式(A.7)中的每一个变换 U 都对应着一个由相应的 $\bar{a}'$，a' 和 $|0'\rangle$，$\langle 0'|$ 决定的玻色表象。必须指出的是，这里的变换并没有要求 $\bar{a}'$ 和 a' 互为厄米共轭关系，所以变换可以是非幺正的，这正是对变换 U 的限制最小所至。因此，这一

变换 U 构成了复辛群 $S_p(2n,C)$（体系的最大对称群）在 n 模玻色子 Fock 空间的一个射线表示，其他的操作都是此群里的一个子群。如果 U 是幺正的，则有 $A=C^+$，$B=D^+$，$k=l$，这时的矩阵 M 除了是辛矩阵外，同时还是一个负幺正矩阵[7]（即 $M^{-1}=M^-$）。也就是说，所有多模玻色子 Fock 空间的幺正变换算符构成了复辛群中负幺正子群的一个射线表示[7]。

为求的 U 与 M 的关系（设 $L=0$），可设 $U=\mathrm{e}^{H(N)}=\exp\left[\frac{1}{2}\Lambda N\Sigma_{\mathrm{B}}\widetilde{\Lambda}\right]$由下列对易关系

$$[H(N),\Lambda]=\Lambda N \tag{A.9}$$

并利用 Baker-Hausdorff 公式，可得如下变换式

$$U\Lambda U^{-1}=\Lambda\mathrm{e}^{N}=\Lambda M \tag{A.10}$$

由此得 U 与 M 的关系为

$$U=\exp\left[\frac{1}{2}\Lambda(\ln M)\Sigma_{\mathrm{B}}\widetilde{\Lambda}\right] \tag{A.11}$$

式(A.11)就是式(A.7)所定义的变换 U 的普通指数形式的显式表达式。从式(A.10)和式(A.11)可以清楚地看出，可以由已知的矩阵 M 求得变换算符 U 的显式表达式，或由已知的 U 得到辛矩阵 M 的表示，这是 LQTT 的主要内容。

Ⅰ.2 变换算符 U 的几种显式表达式[7]

变换算符 U（设 $L=0$）的三种不同形式（普通指数形式，正规和反正规形式）分别为

$$\begin{aligned}
&U=\exp\left[\frac{1}{2}\Lambda N\Sigma_{\mathrm{B}}\widetilde{\Lambda}\right]=\exp\left[\frac{1}{2}\Lambda(\ln M)\Sigma_{\mathrm{B}}\widetilde{\Lambda}\right]=U^{(n)}=U^{(a)}\\
&U^{(n)}=\frac{1}{\sqrt{\det C}}:\exp\left[\frac{1}{2}\Lambda D(M)\Sigma_{\mathrm{B}}\widetilde{\Lambda}\right]:\\
&U^{(a)}=\frac{1}{\sqrt{\det A}}\ddagger\exp\left[-\frac{1}{2}\Lambda D(M^{-1})\Sigma_{\mathrm{B}}\widetilde{\Lambda}\right]\ddagger
\end{aligned} \tag{A.12}$$

这里的符号 : :，‡ ‡分别代表正规乘积和反正规乘积，$M=\mathrm{e}^N$，N 为负厄米矩阵，满足 $\widetilde{\Sigma}_{\mathrm{B}}\widetilde{N}=N\Sigma_{\mathrm{B}}$，其中矩阵 M 和其逆 $M^{-1}=\begin{pmatrix}C & -\widetilde{D}\\ -B & \widetilde{A}\end{pmatrix}$的映射分别为

$$D(M)=\begin{pmatrix}C^{-1}-1 & C^{-1}\widetilde{D}\\ \widetilde{C}^{-1}\widetilde{B} & 1-\widetilde{C}^{-1}\end{pmatrix},\qquad D(M^{-1})=\begin{pmatrix}A^{-1}-1 & -A^{-1}D\\ -\widetilde{A}^{-1}B & 1-\widetilde{A}^{-1}\end{pmatrix} \tag{A.13}$$

其中，矩阵 $D\widetilde{C}^{-1}$ 和 $\widetilde{C}^{-1}\widetilde{B}$ 及 $A^{-1}D$，BA 为对称矩阵，即

$$D\widetilde{C}^{-1}=C^{-1}\widetilde{D},\qquad \widetilde{C}^{-1}\widetilde{B}=BC^{-1},\qquad \widetilde{D}\widetilde{A}^{-1}=A^{-1}D,\qquad \widetilde{A}\widetilde{B}=BA$$

从公式(A.12)、(A.13)及LQTT的基本公式(A.7)可以直接写出变换算符U的逆U^{-1}之正规和反正规乘积表达式。例如,只要将U的正规乘积表达式中的矩阵作如下变换:$A\to C,\widetilde{D}\to -D,\widetilde{B}\to -B,\widetilde{C}\to\widetilde{A}$,便可得到$U^{-1}$的正规乘积形式即

$$(U^{-1})^{(n)}=\frac{1}{\sqrt{\det A}}:\exp\left[\frac{1}{2}\Lambda D(M^{-1})\Sigma_{\mathrm{B}}\widetilde{\Lambda}\right]: \tag{A.14}$$

下面给出式(A.12)中第二式正规乘积正规乘积表达式的推导(设$L=0$). 在C有逆的情况下,借助于式(A.8),可将式(A.7)改写为

$$U\Lambda U^{-1}=\Lambda\begin{pmatrix}I & D\widetilde{C}^{-1}\\ 0 & I\end{pmatrix}\begin{pmatrix}C^{-1} & 0\\ 0 & \widetilde{C}\end{pmatrix}\begin{pmatrix}I & 0\\ \widetilde{C}^{-1}\widetilde{B} & 1\end{pmatrix}=\Lambda M_{+}M_{0}M_{-} \tag{A.15}$$

由群的乘法性质可把算子U写作如下三个变换算子乘积的形式

$$U=U_{+}U_{0}U_{-} \tag{A.16}$$

其中

$$U_{+}\Lambda U_{+}^{-1}=\Lambda M_{+}=\Lambda\begin{pmatrix}I & D\widetilde{C}^{-1}\\ 0 & I\end{pmatrix}$$

$$U_{0}\Lambda U_{0}^{-1}=\Lambda M_{0}=\Lambda\begin{pmatrix}C^{-1} & 0\\ 0 & \widetilde{C}\end{pmatrix}$$

$$U_{-}\Lambda U_{-}^{-1}=\Lambda M_{-}=\Lambda\begin{pmatrix}I & 0\\ \widetilde{C}^{-1}\widetilde{B} & I\end{pmatrix} \tag{A.17}$$

U_{+},U_{0},U_{-}的表达式可由文献[7]所给方法求得

$$U_{+}=\exp\left[-\frac{1}{2}a^{+}D\widetilde{C}^{-1}\tilde{a}^{+}\right]$$

$$U_{0}=\frac{1}{\sqrt{\det C}}:\exp[a^{+}(C^{-1}-1)a]:$$

$$U_{-}=\exp\left[\frac{1}{2}\tilde{a}BC^{-1}a\right] \tag{A.18}$$

将式(A.18)代入式(A.16)中便得到式(A.12)中的第二式,即算符U的正规乘积表达式。

Ⅱ 费米体系

费米体系的LQTT定义为

$$\Lambda'=U\Lambda U^{-1}=\Lambda M \tag{A.19}$$

这里,基本算符$\Lambda\equiv(b^{+},\tilde{b})=(b_1^{+},\cdots,b_n^{+},b_1,\cdots,b_n)$满足反对易关系

$$\{\widetilde{\Lambda},\Lambda\} = \Sigma_{\mathrm{F}}^{-1}, \qquad \Sigma_{\mathrm{F}} = \begin{pmatrix} 0 & I \\ I & 0 \end{pmatrix} \tag{A.20}$$

由变换后对易关系不变,可知矩阵 M 为复费米群 $F(2n,C)$ 元素[9],满足如下关系

$$\widetilde{A}\widetilde{B} = - BA, \widetilde{D}\widetilde{C} = - CD, CA + \widetilde{D}\widetilde{B} = I \tag{A.21}$$

即

$$\widetilde{M}\Sigma_{\mathrm{F}}M = \Sigma_{\mathrm{F}} \tag{A.22}$$

与玻色情况相同,上述变换算符 U 也具有唯一性和乘法性。当 U 是幺正算符时,由其生成的矩阵 M 除满足费米群性质外,同时还是一个幺正矩阵,显然,多模费米子 Fock 空间的所有幺正变换构成了复费米群中幺正子群的一个射线表示。

变换算符 U 的几种显式表达式为[8]

$$\begin{aligned} U &= \exp\left[\frac{1}{2}\Lambda N\Sigma_{\mathrm{F}}\widetilde{\Lambda}\right] = \exp\left[\frac{1}{2}\Lambda\ln(M)\Sigma_{\mathrm{F}}\widetilde{\Lambda}\right] = U^{(n)} = U^{(a)} \\ U^{(n)} &= \frac{1}{\sqrt{\det C}} : \exp\left[\frac{1}{2}\Lambda D(M)\Sigma_{\mathrm{B}}\widetilde{\Lambda}\right] : \\ U^{(a)} &= \frac{1}{\sqrt{\det A}} \ddagger \exp\left[\frac{1}{2}\Lambda D(M^{-1})\Sigma_{\mathrm{B}}\widetilde{\Lambda}\right] \ddagger \end{aligned} \tag{A.23}$$

这里的 $D(M)$,$D(M^{-1})$与式(A.13)有相同的定义,但注意这时矩阵 M 中的各复矩阵有下列反对称关系

$$\widetilde{A}\widetilde{B} = - BA, \quad \widetilde{D}\widetilde{C} = - CD, \quad \widetilde{D}\widetilde{A}^{-1} = - A^{-1}D, \quad \widetilde{C}^{-1}\widetilde{B} = - BC^{-1} \tag{A.24}$$

以上即为 LQTT 的基本理论。

A.3 某些基本的应用

为使读者更好地理解量子变换理论的基本思想,下面我们给出一些具体的应用,特别是我们给出了量子信息论中一些最新的应用,诸如纠缠度、保真度的计算等。同时,读者也会进一步看到这一理论的优越性。

Ⅰ 多模二次型玻色体系的配分函数[9]

现在考虑一般情况下 n 模二次型玻色体系的配分函数。对于这样的体系,其 Hamiltonian 由下式给出,

$$\hat{H} = a^{+}\alpha a + a^{+}\gamma\widetilde{a}^{+} + \widetilde{a}\gamma^{+}a = \frac{1}{2}\Lambda N\Sigma\Lambda^{+} - \frac{1}{2}\mathrm{tr}\alpha \tag{A.25}$$

式中的 α 是 $n\times n$ 厄米矩阵,γ 是 $n\times n$ 复对称矩阵,而 $a^{+}=(a_1^{+},\cdots,a_n^{+})$,$\widetilde{a}=(a_1,\cdots,a_n)$,其中的 a_i^{+} 和 a_i 分别代表第 i 模的玻色产生算符湮灭算符和,而

$$\Sigma = \begin{pmatrix} I & 0 \\ 0 & -I \end{pmatrix}, \qquad N = \begin{pmatrix} \alpha & -2\gamma \\ 2\gamma^{+} & -\tilde{\alpha} \end{pmatrix}$$

上式中的 N 为负厄米矩阵，而 $N\Sigma$ 是厄米矩阵。

由配分函数的定义

$$Z(\beta) = \mathrm{tr}(\mathrm{e}^{-\beta\hat{H}}) \tag{A. 26}$$

对 $Z(\beta)$ 求导可得

$$\frac{\mathrm{d}Z(\beta)}{\mathrm{d}\beta} = -\frac{1}{2}\mathrm{tr}[\mathrm{e}^{-\beta\hat{H}}(\Lambda N\Sigma\Lambda^{+} - \mathrm{tr}\alpha)] \tag{A. 27}$$

这里，我们用符号 tr 代表对无限维 Fock 空间求迹，而用符号 tr 代表对有限维矩着阵空间求迹。利用对易关系 $[\Lambda_i, \Lambda_j^{+}] = -\Sigma_{ij}$，可得

$$\begin{aligned} \mathrm{tr}(\mathrm{e}^{-\beta\hat{H}})\Sigma_{ij} &= -\mathrm{tr}(\mathrm{e}^{-\beta\hat{H}}[\Lambda_i, \Lambda_j^{+}]) \\ &= -\mathrm{tr}(\mathrm{e}^{-\beta\hat{H}}\Lambda_i\Lambda_j^{+}) + \mathrm{tr}(\mathrm{e}^{-\beta\hat{H}}\Lambda_j^{+}\Lambda_i) \end{aligned} \tag{A. 28}$$

如果把算符 $\mathrm{e}^{-\beta\hat{H}}$ 视为 LQQT 中的变换算符，那么，由文献[44]可得

$$\mathrm{tr}(\mathrm{e}^{-\beta\hat{H}}\Lambda^{+}\Lambda) = \mathrm{tr}(\mathrm{e}^{-\beta\hat{H}})\Sigma(1 - \mathrm{e}^{-\beta N})^{-1} \tag{A. 29}$$

将式(A. 29)代入式(A. 27)，得如下微分方程

$$\frac{\mathrm{d}Z(\beta)}{\mathrm{d}\beta} = -\frac{1}{2}\{\mathrm{tr}[N(1 - \mathrm{e}^{-\beta N})^{-1}] - \mathrm{tr}\alpha\} \tag{A. 30}$$

对上式积分得

$$Z(\beta) = \mathrm{e}^{\frac{\beta}{2}\mathrm{tr}\alpha} \mid \det(\mathrm{e}^{\beta N} - 1) \mid^{-\frac{1}{2}} \tag{A. 31}$$

描述费米体系的 n 模二次型 Hamiltonian 由下式给出

$$\hat{H} = b^{+}\alpha b + b^{+}\gamma\tilde{b}^{+} + \tilde{b}\gamma^{+}b = \frac{1}{2}\Lambda N\Lambda^{+} + \frac{1}{2}\mathrm{tr}\alpha \tag{A. 32}$$

这里的 α 仍为厄米矩阵，但 γ 为反对称的复矩阵，而 $b^{+} = (b_1^{+}, \cdots, b_n^{+})$，$\tilde{b} = (b_1, \cdots, b_n)$，其中的 b_i^{+} 和 b_i 分别代表第 i 模的费米产生算符和湮灭算符，$\Lambda = (b^{+}, b)$，厄米矩阵 $N = \begin{pmatrix} \alpha & 2\gamma \\ 2\gamma^{+} & -\tilde{\alpha} \end{pmatrix}$。与讨论玻色体系的方法类似，得配分函数

$$Z(\beta) = \mathrm{e}^{-\frac{\beta}{2}\mathrm{tr}\alpha} \mid \det(\mathrm{e}^{\beta N} + 1) \mid^{\frac{1}{2}} \tag{A. 33}$$

Ⅱ 高斯纠缠纯态的纠缠度[10]

任意的两体高斯纠缠纯态，其表示[11](以两模为例)

$$\mid \Psi\rangle_{12} = \mathrm{e}^{-i\hat{H}(t)} \mid 0\rangle_{12} \tag{A. 34}$$

其中，$\hat{H}(t) = \Lambda N(t)\Sigma_{\mathrm{B}}\tilde{\Lambda}$，$\Lambda = (a_1^{+}, a_2^{+}, a_1, a_2)$。利用量子变换理论，可以将这一纠

缠态的密度算符写成如下的正规乘积形式，即

$$\rho_{12}=A_0:\exp\left\{\frac{1}{2}\left[(a_1^+,a_1)M_1\begin{pmatrix}a_1^+\\a_1\end{pmatrix}+(a_2^+,a_2)M_2\begin{pmatrix}a_2^+\\a_2\end{pmatrix}+2(a_1^+,a_1)M_{12}\begin{pmatrix}a_2^+\\a_2\end{pmatrix}\right]\right\}: \tag{A. 35}$$

式中，M_1，M_2 及 M_{12} 均为对称矩阵，其一般形式为

$$M_1=\begin{pmatrix}\alpha & -1\\-1 & \alpha^*\end{pmatrix},\quad M_2=\begin{pmatrix}\beta & -1\\-1 & \beta^*\end{pmatrix},\quad M_{12}=\begin{pmatrix}\delta & 0\\0 & \delta^*\end{pmatrix} \tag{A. 36}$$

其中的 e 和 f 是任意的两个复数。经过部分求迹后，可得约化密度矩阵为

$$\rho_1=A\exp\left[\frac{1}{2}(a_1^+,a_1)N\Sigma_{\mathrm{B}}\begin{pmatrix}a_1^+\\a_1\end{pmatrix}\right] \tag{A. 37}$$

式中，N 为负厄米矩阵，可根据量子变换理论由式(A. 36)求得，常数 A 为归一化系数。

由于约化密度算符能写成一般的指数二次型形式，从而由两体纠缠纯态纠缠度的定义[12]

$$E=-\operatorname{tr}\rho_1\ln\rho_1=-\operatorname{tr}\rho_2\ln\rho_2 \tag{A. 38}$$

可得两体高斯纠缠纯态纠缠度为

$$E=-\frac{1}{2}\left[\ln|\det(\mathrm{e}^{-N}-1)|+\operatorname{tr}\frac{N}{1-\mathrm{e}^N}\right] \tag{A. 39}$$

通过以上对纠缠度的计算，再一次显示了量子变换理论的优越性。

Ⅲ　Bures 保真度[10,13~14]

保真度是描述量子态接近程度的物理量，是量子信息论中一个非常重要的概念。近年来，人们对保真度的计算已做了大量的研究。下面将利用量子变换理论给出 Bures 保真度的一种简单计算方法。

Bures 保真度的定义[15]

$$F=\left(\operatorname{tr}\sqrt{\hat{\rho}_1^{\frac{1}{2}}\hat{\rho}_2\hat{\rho}_1^{\frac{1}{2}}}\right)^2 \tag{A. 40}$$

其中，ρ_1，ρ_2 是两量子混态的密度算符。

对于由 n 模二次型 Hamiltonian 描述的热平衡态，其保真度的定义式为

$$F=Z(\beta_1)Z(\beta_2)\left(\operatorname{tr}\sqrt{\mathrm{e}^{-\frac{\beta_1}{2}\hat{H}_1}\mathrm{e}^{-\beta_2\hat{H}_2}\mathrm{e}^{-\frac{\beta_1}{2}\hat{H}_1}}\right)^2 \tag{A. 41}$$

其中

$$\hat{H}_i=\hat{H}(N_i)=\frac{1}{2}\Lambda N_i\widetilde{\Lambda}=\frac{1}{2}\Lambda N_i'\Sigma\widetilde{\Lambda},\qquad(i=1,2) \tag{A. 42}$$

式中，N 为 $2n\times 2n$ 阶厄米矩阵，$N'=N\Sigma^{-1}$，$\Lambda=(a^+,\tilde{a})$，$\tilde{\Lambda}$ 是 Λ 的转置，$Z(\beta_i)=\frac{1}{\mathrm{tr}e^{-\beta_i\hat{H}_i}}$是归一化因子。

为方便起见，令

$$U_1=e^{-\frac{\beta_1}{2}\hat{H}_1},\qquad U_2=e^{-\beta_2\hat{H}_2} \tag{A.43}$$

由量子变换理论知

$$U_1\Lambda U_1^{-1}=\Lambda M_1=\Lambda e^{-\frac{\beta_1}{2}N_1'},\qquad U_2\Lambda U_2^{-1}=\Lambda M_2=\Lambda e^{-\beta_2 N_2'} \tag{A.44}$$

所以有

$$U_1U_2U_1\Lambda(U_1U_2U_1)^{-1}=\Lambda(M_1M_2M_1)=\Lambda M \tag{A.45}$$

由此得

$$U_1U_2U_1=\exp\left[\frac{1}{2}\Lambda\ln M\Sigma\tilde{\Lambda}\right]=\exp\left[\frac{1}{2}\Lambda\ln(M_1M_2M_1)\Sigma\tilde{\Lambda}\right] \tag{A.46}$$

对于形如式(A.42)的二次型，利用文献[10]给出的公式

$$\mathrm{tr}e^{-\beta_i\hat{H}_i}=|\det(e^{\beta_i N_i'}-I)|^{-\frac{1}{2}} \tag{A.47}$$

可得

$$\begin{aligned}\mathrm{tr}\sqrt{U_1U_2U_1}&=\left|\det\left(\frac{1}{\sqrt{e^{-\frac{\beta_1N_1'}{2}}e^{-\beta_2N_2'}e^{-\frac{\beta_1N_1'}{2}}}}-I\right)\right|^{-\frac{1}{2}}\\&=\left|\det\left(\frac{1}{\sqrt{e^{-\frac{\beta_1N_1}{2}\Sigma^{-1}}e^{-\beta_2N_2\Sigma^{-1}}e^{-\frac{\beta_1N_1}{2}\Sigma^{-1}}}}-I\right)\right|^{-\frac{1}{2}}\end{aligned} \tag{A.48}$$

最后得与式(A.41)相应的保真度的解析表达式

$$\begin{aligned}F&=Z(\beta_1)Z(\beta_2)\left(\mathrm{tr}\sqrt{e^{-\frac{\beta_1}{2}\hat{H}_1}e^{-\beta_2\hat{H}_2}e^{-\frac{\beta_1}{2}\hat{H}_1}}\right)^2\\&=\frac{|\det(e^{\beta_1N_1\Sigma^{-1}}-I)\det(e^{\beta_2N_2\Sigma^{-1}}-I)|^{\frac{1}{2}}}{\left|\det\left(\frac{1}{\sqrt{e^{-\frac{\beta_1N_1}{2}\Sigma^{-1}}e^{-\beta_2N_2\Sigma^{-1}}e^{-\frac{\beta_1N_1}{2}\Sigma^{-1}}}}-I\right)\right|}\end{aligned} \tag{A.49}$$

上面我们用量子变换理论导出了 Bures 保真度的解析表达式，其推导过程非常简洁，比文献[14]所用的方法简单得多。这再次体现了量子变换理论的优越性。随着量子信息学这一学科的不断发展，我们深信量子变换理论在这一新兴学科中的应用会越来越多。

Ⅳ 多模二次型玻色体系的波函数[16]

这里给出式(A.25)波函数的推导。为此，做如下量子变换

$$\Lambda' = U^{-1}\Lambda U = \Lambda M = \Lambda\begin{pmatrix} U & V^* \\ V & U^* \end{pmatrix} \tag{A.50}$$

可对角化为

$$\hat{H} = \sum_{i=1}^{n}\lambda_i\left(a'^{+}_i a'_i + \frac{1}{2}\right) - \frac{1}{2}\text{tr}\alpha \tag{A.51}$$

从而得其能级为 $E_{n_1 n_2 \cdots n_n} = \sum_{i=1}^{n}\lambda_i\left(n_i + \frac{1}{2}\right) - \frac{1}{2}\text{tr}\alpha$

其本征矢量为 $|\,n\rangle' = |\,n_1, n_2, \cdots, n_n\rangle' = \prod_{i=1}^{n}\frac{(a'^{+}_i)^{n_i}}{\sqrt{n_i!}}\,|\,0\rangle'$ (A.52)

其中，$\lambda_i > 0$ $(i=1,2,\cdots,n)$，由行列式 $\det\begin{pmatrix} \alpha-\lambda & -\gamma \\ \gamma^* & -\tilde{\alpha}-\lambda \end{pmatrix} = 0$ 求出。于是体系被对角化，现在计算体系的波函数，利用公式

$$\Psi_{n_1, n_2, \cdots, n_n}(q) = \langle q\,|\,n\rangle = \langle q\,|\,U^{-1}\,|\,n\rangle' \tag{A.53}$$

将式(A.52)以及算符 U^{-1} 的反正规乘积表达式

$$U^{-1} = [\det U^*]^{-\frac{1}{2}} \ddagger \exp\left\{\frac{1}{2}\Lambda\begin{pmatrix} V^* U^{*^{-1}} & 1-U^{+^{-1}} \\ 1-U^{*^{-1}} & -\tilde{V}U^{+^{-1}} \end{pmatrix}\tilde{\Lambda}\right\}\ddagger$$

代入式(A.53)，并注意到坐标本征态

$$\langle q\,| = \langle 0\,|\,\pi^{-\frac{n}{4}}\exp\left[-\frac{\tilde{q}q}{2} - \frac{\tilde{a}a}{2} + \sqrt{2}\tilde{a}q\right] \tag{A.54}$$

经过一些仔细的运算，最后得体系的波函数为

$$\begin{aligned}\Psi(q) &= \left\{\frac{\det U^*}{\det[1+(V^+U^* + V^+V)]}\right\}^{\frac{1}{2}}\prod_i^n[2^{n_i}n_i!\pi^{-\frac{n}{2}}(\det A_1)^{-n_i}]^{-\frac{1}{2}} \\ &\quad\times\exp\left[-\tilde{q}\left(-A_3+\frac{1}{2}\right)q\right]H_{n_i}\left(\sum_k q_k(A_2A_1^{-\frac{1}{2}})_{ki}\right) \\ &= \left\{\frac{\det U^*}{\det[1+(V^+U^* + V^+V)]}\right\}^{\frac{1}{2}}\prod_i^n[2^{n_i}n_i!\pi^{-\frac{n}{2}}(\det A_1)^{-n_i}]^{-\frac{1}{2}} \\ &\quad\times\exp\left\{\left[\sum_k q_k(A_3^{\frac{1}{2}})_{ki}\right]^2 - \frac{1}{2}q^2\right\}\times H_{n_i}\left(\sum_k q_k(A_2A_1^{-\frac{1}{2}})_{ki}\right)\end{aligned} \tag{A.55}$$

其中

$$\begin{aligned}A_1 &= U^*[V^* + (U^+ + \tilde{V})^{-1}]^{-1} = \tilde{A}_1 \\ A_2 &= (V^+ + \tilde{U})^{-1} \\ A_3 &= U^+[U^+ + (\tilde{V} + V^{*^{-1}})]^{-1} = \tilde{A}_3\end{aligned} \tag{A.56}$$

以上介绍的具体应用，由于篇幅所限，仅给出了主要的思路，但愿能给读者有关量

子变换理论及其应用的一个清晰的轮廓，读者如想做进一步了解，可参阅本文所列相关文献以及第三章文献[17]中所列目录。

参考文献

1 N N Bogoliubov，Nuovo Cimento，1958，7：794；J G Valatin，Nuovo Cimento，1958，7：843

2 D F Walls and G J Milburn. Quantum Optics. Berlin/Heidelberg：Springer Verlag，1994；M O Scully and M S Zubairy. Quantum Optics. Cambridge：Cambridge Univ Press，1997

3 Y D Zhang，L Ma，X B Wang and J W Pan. Two applications of linear quantum transformation theory in multi-mode Fock space. Commun Theor Phys，1996，26：203

4 张永德. 关于玻色子的量子变换理论. 全国非线性科学报告会，合肥：中国科技大学，1990；量子变换的一般理论. 全国理论物理前沿选题研讨会，广州：中山大学，1990

5 张永德，唐忠，马雷. 从 Fock 空间量子变换看光场辛结构和费米体系最大对称结构. 量子电子学，1993(4～6 合并)，10，1：41

6 J P Blaizot. Quantum Theory of Finite Systems，Massachusetts：MIT Press，1986

7 Y D Zhang and Z Tang. Nuovo Cimento B，1994，109：387；X B Wang，S X Yu and Y D Zhang. J Phys A：Math Gen，1994，27：6563；S X Yu and Y D Zhang. Commun Theor Phys，1995，24：185

8 Y D Zhang and Z Tang. Quantum transformation theory in fermion Fock space. J Math Phys，1993，34：5639

9 J W Pan，Y D Zhang and G G Siu. Chin Phys Lett，1997，14：241；J W Pan，Q X Dong and Y D Zhang et al. Phys Rev E，1997，56：2553

10 逯怀新，郁司夏，杨洁，陈增兵，张永德. 连续变量系统的量子信息处理与非定域性. 见：量子力学新进展，第三辑. 曾谨言，裴寿镛，龙桂鲁主编. 北京：清华大学出版社，2003

11 B L Schumaker. Phys Rep，1986，135：317

12 C H Bennet，H J Herbert，S Popescu，B Schumacher. Phys Rev A，1996，53：2046；S Popescu，D Rohrlich. Phys Rev A，1997，56：R3319

13 R Jozsa. J Mod Opt，1994，41：2315

14 X B Wang，L C Kwek and C H Oh. J Phys A：Math Gen，2000，33：4925

15 M A Nielsen and I L Chuang. Quantum Computation and Quantum Information. Cambridge：UK，2000

16 H X Lu and Y D Zhang. Eigenvalue and eigenfunction of n-mode boson quadratic Hamiltonian. Int J Theor Phys，2000，39：447；H X Lu，K J Liu and Y D Zhang. Exact solution for multi-mode harmonic-oscillators Hamiltonian with various coupling forms. Nuovo Cimento，B，2000，115：49

附录 B 与量子光场耦合的双态体系一般动力学——Raman 散射腔 QED 和广义 Jaynes-Cummings 模型的普遍理论

B.1 普遍理论

文献[1]中提出的 Jaynes-Cummings 模型是一个关于两能级原子与量子光场相互作用的基本数学模型。此类模型经各种推广之后应用广泛，不仅常见于描述原子和光场相互作用，也是构造不少类型量子逻辑门的理论计算基础，甚至还和 Zeeman 效应、Paschen-Back 效应的处理有关[2]。应当指出，已有大量关于推广和求解这个模型的工作（比如 Eberly 等[3]），但限于时间作者熟悉程度，本节内容主要取自我们 1995 年工作[4]，与 1996 年所做的一件未发表的工作[5]。

文献[4]中指出，各种版本的 J-C 模型之所以都是可解的，是由于它们具有一个共同的 $SU(2)$ 内禀对称结构，于是总可以等价地转换到有效静磁场下的 $\frac{1}{2}$ 自旋粒子体系。这里我们进一步指出，不仅各种版本的 J-C 模型，而且带 Raman 散射的大多数腔 QED 模型也可以用一种统一方式改造求解。

设 $H=H_0+H_i$，转入相互作用图像消去 H_0 项，并略去脚标，得

$$\begin{cases} \mathrm{i}\dfrac{\mathrm{d}\mid\Psi(t)\rangle}{\mathrm{d}t}=H\mid\Psi(t)\rangle \\ H=A_-\mathrm{e}^{\mathrm{i}tf}\sigma_+ + \mathrm{e}^{-\mathrm{i}tf}A_+\sigma_- + \alpha\sigma_3 \end{cases} \tag{B.1a}$$

这里，α 是常系数，$(A_\pm, f)$ 是由 n 模产生、湮灭算符所组成的与时间无关的三个算符。现在假定，$(A_\pm, f)$ 之间满足以下条件

$$\begin{cases} (A_-)^+ = A_+,\ [A_0, A_\pm]=\pm mA_\pm,\ (A_0)^+ = A_0 \\ A_+A_- = \chi(A_0),\ A_-A_+ = \chi(A_0+m) \\ f^+ = f,\ [f, A_0]=0 \end{cases} \tag{B.1b}$$

这里，χ 是实函数，m 也是实数。算符 f 中可以包含 σ_3，并且由于 $\sigma_3\sigma_+=\sigma_+$，可以等效地认为 f 中的 $\sigma_3=1$（参见§2.1 中一般 J-C 模型求解叙述）。第二行两个公式是逻辑自洽的。比如，由 $A_+A_-=\chi(A_0)$，有

$$\begin{cases} A_- A_+ A_- = A_- \chi(A_0) = \chi(A_0+m)A_- \to [A_- A_+ - \chi(A_0+m)]A_- = 0 \\ A_+ A_- A_+ = \chi(A_0)A_+ = A_+ \chi(A_0+m) \to A_+ [A_- A_+ - \chi(A_0+m)] = 0 \end{cases}$$

这里可以运算自洽地取 $A_-A_+=\chi(A_0+m)$。再引入一个算符 g：$A_- f=gA_-$。于是 $g=g^+$，$[g,A_0]=0$（这来源于$[f,A_0]=0$ 并且 A_0 有逆）。由此就有

$$\begin{cases} A_- \mathrm{e}^{itf} = \mathrm{e}^{itg} A_- \\ A_+ \mathrm{e}^{itg} = \mathrm{e}^{itf} A_+ \end{cases}$$

以下叙述可以表明，如此假定的理论框架，不仅普适到能够涵括双态体系在大部分有兴趣场合下的动力学问题；而且又足够简单到能够精确求解。

现在，为求解上面方程，引入下面含时的幺正变换 $U(t)$

$$\begin{cases} U(t) = \dfrac{1}{\sqrt{2}}\begin{pmatrix} \dfrac{\exp(-\mathrm{i}tf/2)}{\sqrt{\chi(A_0)}}A_+ & \exp(\mathrm{i}tf/2) \\ -\exp(-\mathrm{i}tg/2) & A_- \dfrac{\exp(\mathrm{i}tf/2)}{\sqrt{\chi(A_0)}} \end{pmatrix} \\ U(t)^{-1} = \dfrac{1}{\sqrt{2}}\begin{pmatrix} A_- \dfrac{\exp(\mathrm{i}tf/2)}{\sqrt{\chi(A_0)}} & -\exp(\mathrm{i}tg/2) \\ \exp(-\mathrm{i}tf/2) & \dfrac{\exp(-\mathrm{i}tf/2)}{\sqrt{\chi(A_0)}}A_+ \end{pmatrix} \end{cases} \tag{B.2}$$

由这个变换可得

$$\begin{cases} U(t)HU(t)^{-1} = \begin{pmatrix} \sqrt{\chi(A_0)} & -\alpha \dfrac{1}{\sqrt{\chi(A_0)}}A_+ \\ -\alpha A_- \dfrac{1}{\sqrt{\chi(A_0)}} & -\sqrt{\chi(A_0+m)} \end{pmatrix} \\ \mathrm{i}\dfrac{\mathrm{d}U(t)}{\mathrm{d}t}U(t)^{-1} = \begin{pmatrix} 0 & -\dfrac{f/2}{\sqrt{\chi(A_0)}}A_+ \\ -A_- \dfrac{f/2}{\sqrt{\chi(A_0)}} & 0 \end{pmatrix} \end{cases} \tag{B.3}$$

于是将 Schrödinger 方程等价转换为下面方程

$$\begin{cases} \mathrm{i}\dfrac{\mathrm{d}(U(t)\mid\Psi(t)\rangle)}{\mathrm{d}t} = H_{\mathrm{eff}}(U(t)\mid\Psi(t)\rangle) \\ H_{\mathrm{eff}} = \begin{pmatrix} \sqrt{\chi(A_0)} & -\dfrac{(f/2)+\alpha}{\sqrt{\chi(A_0)}}A_+ \\ -A_-\dfrac{(f/2)+\alpha}{\sqrt{\chi(A_0)}} & -\sqrt{\chi(A_0+m)} \end{pmatrix} \end{cases} \tag{B.4}$$

注意算符 H_{eff}已和时间无关，这就得到下面时间相关解

$$\begin{cases} \mid\Psi(t)\rangle = [U(t)^{-1}\exp(-\mathrm{i}tH_{\mathrm{eff}})]\cdot U(0)\mid\Psi(0)\rangle \\ U(t)^{-1}H_{\mathrm{eff}}U(t) = \begin{pmatrix} \left(\alpha+\dfrac{g}{2}\right) & A_-\,\mathrm{e}^{\mathrm{i}tf} \\ \mathrm{e}^{-\mathrm{i}tf}A_+ & -\left(\alpha+\dfrac{f}{2}\right) \end{pmatrix} \end{cases} \tag{B.5a}$$

注意，$U(t)^{-1}U(0)=\begin{pmatrix} \mathrm{e}^{\mathrm{i}tg/2} & 0 \\ 0 & \mathrm{e}^{-\mathrm{i}tf/2} \end{pmatrix}$，得

$$\mid\Psi(t)\rangle = \exp\left\{-\mathrm{i}t\begin{pmatrix} \left(\alpha+\dfrac{g}{2}\right) & A_-\,\mathrm{e}^{\mathrm{i}tf} \\ \mathrm{e}^{-\mathrm{i}tf}A_+ & -\left(\alpha+\dfrac{f}{2}\right) \end{pmatrix}\right\}\begin{pmatrix} \mathrm{e}^{\mathrm{i}tg/2} & 0 \\ 0 & \mathrm{e}^{-\mathrm{i}tf/2} \end{pmatrix}\mid\Psi(0)\rangle \tag{B.5b}$$

最后，再注意到

$$\begin{pmatrix} \left(\alpha+\dfrac{g}{2}\right) & A_-\,\mathrm{e}^{\mathrm{i}tf} \\ \mathrm{e}^{-\mathrm{i}tf}A_+ & -\left(\alpha+\dfrac{f}{2}\right) \end{pmatrix}^2 = \begin{pmatrix} G^2 & 0 \\ 0 & F^2 \end{pmatrix},\begin{cases} F^2 = \chi(A_0)+\left(\alpha+\dfrac{f}{2}\right)^2 \\ G^2 = \chi(A_0+m)+\left(\alpha+\dfrac{g}{2}\right)^2 \end{cases}$$

以及$[f,F]=[g,G]=0$，$A_-F=GA_-$，于是即得

$$\begin{aligned} &\mid\Psi(t)\rangle \\ &= \begin{pmatrix} \mathrm{e}^{\mathrm{i}tg/2}\left[\cos(Gt)-\mathrm{i}\left(\alpha+\dfrac{g}{2}\right)\dfrac{\sin(Gt)}{G}\right] & -\mathrm{i}\mathrm{e}^{\mathrm{i}tg/2}\dfrac{\sin(Gt)}{G}A_- \\ -\mathrm{i}\mathrm{e}^{-\mathrm{i}tf/2}\dfrac{\sin(Ft)}{F}A_+ & \mathrm{e}^{-\mathrm{i}tf/2}\left[\cos(Ft)+\mathrm{i}\left(\alpha+\dfrac{f}{2}\right)\dfrac{\sin(Ft)}{F}\right] \end{pmatrix} \\ &\mid\Psi(0)\rangle \end{aligned} \tag{B.6}$$

容易检验演化矩阵是幺正的，于是有$\langle\Psi(t)\mid\Psi(t)\rangle=\langle\Psi(0)\mid\Psi(0)\rangle$。

如果设三个彼此对易算符(A_0,f,g)之间的共同本征态为$\{\mid n\rangle\}$，即

$$A_0\mid n\rangle = n\mid n\rangle,\ f\mid n\rangle = f(n)\mid n\rangle,\ g\mid n\rangle = g(n)\mid n\rangle \tag{B.7a}$$

于是有

$$\begin{cases} A_- \mid n\rangle = \sqrt{\chi(n)} \mid n-m\rangle \\ A_+ \mid n\rangle = \sqrt{\chi(n+m)} \mid n+m\rangle \\ g(n-m) = f(n), G(n-m) = F(n) \end{cases} \tag{B.7b}$$

最后即得下述形式的本征态

$$\begin{cases} \mid \Psi^{(+)}(t)\rangle = e^{-it(F_n - f_n\sigma_3/2)} \begin{pmatrix} \cos\dfrac{\theta_n}{2} \mid n-m\rangle \\ \sin\dfrac{\theta_n}{2} \mid n\rangle \end{pmatrix} \\ \mid \Psi^{(-)}(t)\rangle = e^{-it(-F_n - f_n\sigma_3/2)} \begin{pmatrix} -\sin\dfrac{\theta_n}{2} \mid n-m\rangle \\ \cos\dfrac{\theta_n}{2} \mid n\rangle \end{pmatrix} \end{cases} \tag{B.8}$$

这里，$F_n=F(n)$，$f_n=f(n)$，并且

$$\cos\frac{\theta_n}{2} = \frac{1}{\sqrt{2}}\sqrt{1+\frac{\alpha+(f_n/2)}{F_n}}, \qquad \sin\frac{\theta_n}{2} = \frac{1}{\sqrt{2}}\sqrt{1-\frac{\alpha+(f_n/2)}{F_n}}$$

于是由式(B.7a)、(B.7b)求得 χ_n, f_n, g_n 后，即可得到 F_n, G_n, θ_n 从而得到这类问题的两个本征值和相应的本征矢量。

于是，对一般 Jaynes-Cummings 模型的应用见 § 2.2，而对各类 Raman 散射腔 QED 的应用则见 B.2 节。

B.2 共振条件下 Raman 散射腔 QED

除正文中对一般 J-C 模型求解的应用之外，为了再一次说明上面理论框架的普适性，这里再求解一些文献中的 Hamiltonian，表明它们已为这个理论框架所概括，从而直接给出它们的精确解。

I 考虑三能级原子，它们和量子化 Stocks、反 Stocks 腔场及一个经典泵浦场相互作用。这时 Hamiltonian 为[6]

$$H = \frac{E_{31}}{2}\sigma_3 + \omega_s N_s + \omega_a N_a + (\xi e^{-i\omega_p t} a_s^+ + \eta e^{i\omega_p t} a_a)\sigma_+ + (\xi e^{i\omega_p t} a_s + \eta e^{-i\omega_p t} a_a^+)\sigma_- \tag{B.9}$$

这里，$N_s = a_s^+ a_s$，$N_a = a_a^+ a_a$。

为求解，第一步是做变换 $U_1(t) = e^{iH_0 t}$，$H_0 = \dfrac{E_{31}}{2}\sigma_3 + \omega_s N_s + \omega_a N_a$，并利用

Raman双光子共振条件 $2\omega_p=\omega_a+\omega_s$，于是得($\delta=\omega_a-\omega_s-E_{31}$)

$$\mathrm{i}\frac{\mathrm{d}(U_1(t)\mid\Psi(t)\rangle)}{\mathrm{d}t}=\{(\xi a_s^++\eta a_a)\mathrm{e}^{-\mathrm{i}\delta t}\sigma_++(\xi a_s+\eta a_a^+)\mathrm{e}^{\mathrm{i}\delta t}\sigma_-\}(U_1(t)\mid\Psi(t)\rangle) \tag{B. 10a}$$

可以看出，方程(B. 10a)是式(B. 1)的一个特例。只要令

$$\begin{cases}A_-=\xi a_s^++\eta a_a,\ A_+=\xi a_s+\eta a_a^+\\ \chi(A_0)=mA_0=\xi^2(N_s+1)+\eta^2N_a+\xi\eta(a_s^+a_a^++a_sa_a)\\ m=\eta^2-\xi^2\\ f=g=-\delta\end{cases} \tag{B. 10b}$$

这里假定 $\eta>\xi$(但对于 $\eta\leqslant\xi$ 也类似可解；而对于退化的情况 $\eta=\xi$，则求解更为简单，因为(B. 10a)中对易子$[a_s^++a_a,a_s+a_a^+]=0$ 为零)。于是由方程(B. 8)和(B. 6)立即可得本征值本征函数及一般含时解分别为

$$\begin{cases}E_n^{(\pm)}=\pm\sqrt{n(\eta^2-\xi^2)+\dfrac{\delta^2}{4}}+\dfrac{\delta}{2}\sigma_3\\ \mid\Psi_n^{(+)}\rangle=\begin{pmatrix}\cos\dfrac{\theta_n}{2}\mid n-m\rangle\\ \sin\dfrac{\theta_n}{2}\mid n\rangle\end{pmatrix},\ \mid\Psi_n^{(-)}\rangle=\begin{pmatrix}-\sin\dfrac{\theta_n}{2}\mid n-m\rangle\\ \cos\dfrac{\theta_n}{2}\mid n\rangle\end{pmatrix}\\ \mid\Psi(t)\rangle=\mathrm{e}^{-\mathrm{i}t\left(\frac{1}{2}(\omega_a-\omega_p)\sigma_3+\omega_sN_s+\omega_aN_a\right)}\\ \begin{pmatrix}\cos(G't)+\mathrm{i}\dfrac{\delta}{2}\dfrac{\sin(G't)}{G'}, & -\mathrm{i}\dfrac{\sin(G't)}{G'}A_-\\ -\mathrm{i}\dfrac{\sin(F't)}{F'}A_+ & \cos(F't)-\mathrm{i}\dfrac{\delta}{2}\dfrac{\sin(F't)}{F'}\end{pmatrix}\mid\Psi(0)\rangle\end{cases} \tag{B. 11a}$$

这里

$$\begin{cases}F'=\sqrt{mA_0+\dfrac{\delta^2}{4}},G'=\sqrt{m(A_0+m)+\dfrac{\delta^2}{4}}\\ \cos\dfrac{\theta_n}{2}=\dfrac{1}{\sqrt{2}}\sqrt{1-\dfrac{\delta}{2F_n'}},\ \sin\dfrac{\theta_n}{2}=\dfrac{1}{\sqrt{2}}\sqrt{1+\dfrac{\delta}{2F_n'}},\ F_n'=\sqrt{mn+\dfrac{\delta^2}{4}}\end{cases} \tag{B. 11b}$$

对此问题也可以有另一描述方法。这就是进行如下幺正变换

$$U_2=\exp[-r(a_s^+a_a^+-a_sa_a)]=\frac{1}{\mathrm{ch}r}\mathrm{e}^{-(\mathrm{th}r)a_s^+a_a^+}\cdot\mathrm{e}^{-\ln(\mathrm{ch}r)(N_s+N_a)}\cdot\mathrm{e}^{(\mathrm{th}r)a_sa_a} \tag{B. 12}$$

于是，按量子变换理论[7]，立即得到相应的变换表达式为

$$(b^+ \quad c^+ \quad b \quad c) \equiv U_2(a_s^+ \quad a_a^+ \quad a_s \quad a_a)U_2^{-1}$$
$$= (a_s^+ \quad a_a^+ \quad a_s \quad a_a)\begin{pmatrix} \sigma_0 \mathrm{ch}r & \sigma_1 \mathrm{sh}r \\ \sigma_1 \mathrm{sh}r & \sigma_0 \mathrm{ch}r \end{pmatrix} \tag{B.13}$$

于是得到两对新算符(b^+, b),(c^+, c),它们的表达式为

$$\begin{cases} b^+ = a_s^+ \mathrm{ch}r + a_a \mathrm{sh}r, & b = a_a^+ \mathrm{sh}r + a_s \mathrm{ch}r \\ c^+ = a_a^+ \mathrm{ch}r + a_s \mathrm{sh}r, & c = a_s^+ \mathrm{sh}r + a_a \mathrm{ch}r \end{cases} \tag{B.14}$$

并且有$N_c = c^+ c = A_0$。就是说,如同文献[6],态$|n\rangle$是新粒子数算符N_c的本征态。于是得到在此新表示下一般解的表达式

$$|\Psi(t)\rangle = \exp\left\{-\mathrm{i}t\left[\frac{1}{2}(\omega_a - \omega_p)\sigma_3 + (\omega_s \mathrm{ch}^2 r + \omega_a \mathrm{sh}^2 r)N_b + (\omega_s \mathrm{sh}^2 r + \omega_a \mathrm{ch}^2 r)N_c - \omega_p \mathrm{sh}(2r)(b^+ c^+ + bc) + 2\omega_p \mathrm{sh}^2 r\right]\right\}$$
$$\times \begin{pmatrix} \cos(\omega' t) + \mathrm{i}\dfrac{\delta}{2}\dfrac{\sin(\omega' t)}{\omega'}, & -\mathrm{i}\dfrac{\sqrt{m}\sin(\omega' t)}{\omega'}c \\ -\mathrm{i}\dfrac{\sqrt{m}\sin(\omega t)}{\omega}c^+, & \cos(\omega t) - \mathrm{i}\dfrac{\delta}{2}\dfrac{\sin(\omega t)}{\omega} \end{pmatrix} |\Psi(0)\rangle \tag{B.15}$$

这里,$\omega = \sqrt{mN_c + \dfrac{\delta^2}{4}}$,$\omega' = \sqrt{m(N_c+1) + \dfrac{\delta^2}{4}}$。

于是,这类问题可以有(s,a),(B,C)两种等价的表达形式。下面不作推导而只列出有关结果,推导作为练习(见习题 2.11)。由于

$$|k,n,t\rangle_{BC} = \frac{1}{\sqrt{k!n!}}[b^+(t)]^k[c^+(t)]^n|00\rangle_{BC}$$
$$= \frac{1}{\sqrt{k!n!}}[a_s^+ \mathrm{e}^{-\mathrm{i}\omega_s t}\mathrm{ch}r + a_a \mathrm{e}^{\mathrm{i}\omega_a t}\mathrm{sh}r]^k[a_a^+ \mathrm{e}^{-\mathrm{i}\omega_a t}\mathrm{ch}r + a_s \mathrm{e}^{\mathrm{i}\omega_s t}\mathrm{sh}r]^n|00\rangle_{BC}$$
$$= \exp[-\mathrm{i}t(\omega_s N_s + \omega_a N_a)]U_2|k,n\rangle_{sa} \tag{B.16}$$

于是,在(B,C)框架中,当初态$|10\rangle_{sa}$时,有

$$|\Psi(t)\rangle = \frac{1}{\mathrm{ch}r}\mathrm{e}^{\frac{1}{2}\mathrm{i}t(\omega_s - \omega_p)\sigma_3}\begin{pmatrix} \sum\limits_{n=1}^{\infty}(\mathrm{th}r)^n \dfrac{-\mathrm{i}\sqrt{nm}\sin(F_n' t)}{F_n'}|n,n-1,t\rangle_{BC} \\ \sum\limits_{n=1}^{\infty}(\mathrm{th}r)^n\left[\cos(F_n' t) - \dfrac{\mathrm{i}}{2}\delta\dfrac{\sin(F_n' t)}{F_n'}\right]|n,n,t\rangle_{BC} \end{pmatrix} \tag{B.17}$$

在(s,a)框架中,当初态是$|10\rangle_{BC}$时

$$|\Psi(t)\rangle = \frac{1}{\mathrm{ch}r}\mathrm{e}^{\frac{1}{2}\mathrm{i}E_{31}t}\sum_{n=0}^{\infty}[-\mathrm{th}r \cdot \mathrm{e}^{-\mathrm{i}(\omega_s+\omega_a)t}]^n\begin{pmatrix} 0 \\ |n,n\rangle_{sa} \end{pmatrix} \tag{B.18}$$

在式(B.17)状态上光子数平均值为

$$\begin{aligned}\langle n_s(t)\rangle &= \langle \Psi(t) \mid N_s \mid \Psi(t)\rangle \\ &= m\sum_{n=0}^{\infty}(\mathrm{th}r)^{2n+2}\left[\frac{(n+1)\sin(F'_{n+1}t)}{F'_{n+1}t}-\frac{n\sin(F'_n t)}{F'_n t}\right]^2 \\ &\quad +\sum_{n=1}^{\infty}n(\mathrm{th}r)^{2n}\left\{[\cos(F'_n t)-\cos(F'_{n-1}t)]^2+\frac{\delta^2}{4}\left[\frac{\sin(F'_n t)}{F'_n}-\frac{\sin(F'_{n-1}t)}{F'_{n-1}}\right]^2\right\}\end{aligned} \tag{B.19a}$$

以及

$$\langle n_a(t)\rangle = \langle n_s(t)\rangle - \sum_{n=1}^{\infty}\frac{(\mathrm{th}r)^{2n}}{\mathrm{ch}^2 r}\cdot\frac{nm}{F'^2_n}\sin^2(F'_n t) \tag{B.19b}$$

在 $\delta=0$ 情况下,对时间的平均值为

$$\begin{cases}\bar{n}_s = \overline{\langle n_s(t)\rangle} = \mathrm{sh}^2 r\left(2\mathrm{ch}^2 r - \dfrac{1}{2}\right) \\ \bar{n}_a = \overline{\langle n_a(t)\rangle} = \bar{n}_s - \dfrac{1}{2}\mathrm{th}^2 r\end{cases} \tag{B.19c}$$

Ⅱ　四模-两道腔 QED 模型

这个模型在文献[8]中是将相互作用 Hamilton 量改写为三个角动量算符耦合的方法解决的。这里采用现在方法,直接简单地予以解决。体系 Hamilton 量为

$$\begin{cases}H = H_0 + H_{\mathrm{I}} \\ H_0 = \omega_{\mathrm{R}}N_{\mathrm{R}} + \omega_{\mathrm{L}}N_{\mathrm{L}} + \omega_{\mathrm{S}}N_{\mathrm{S}} + \omega_{\mathrm{A}}N_{\mathrm{A}} + E_+\sigma_{++} + E_-\sigma_{--} \\ H_{\mathrm{I}} = \beta(a_{\mathrm{R}}a_{\mathrm{S}}^+ + a_{\mathrm{A}}a_{\mathrm{L}}^+)\sigma_{+-} + \beta(a_{\mathrm{R}}^+a_{\mathrm{S}} + a_{\mathrm{A}}^+a_{\mathrm{L}})\sigma_{-+}\end{cases} \tag{B.20}$$

带有 Raman 散射双光子共振条件:$\omega_{\mathrm{R}}-\omega_{\mathrm{S}}=\omega_{\mathrm{A}}-\omega_{\mathrm{L}}=E_+-E_-$(即将表明,为精确求解此模型并不需要最后一步等式)。

首先,重写 H_0 为

$$H_0 = \omega_{\mathrm{R}}N_{\mathrm{R}} + \omega_{\mathrm{L}}N_{\mathrm{L}} + \omega_{\mathrm{S}}N_{\mathrm{S}} + \omega_{\mathrm{A}}N_{\mathrm{A}} + E_0 + \frac{1}{2}\Delta E\sigma_3$$

这里,$E_0=\frac{1}{2}(E_++E_-)$,$\Delta E=(E_+-E_-)$。再作变换 $U_1(t)=\mathrm{e}^{\mathrm{i}H_0 t}$。得

$$\mathrm{i}\frac{\mathrm{d}(U_1(t)\mid\Psi(t)\rangle)}{\mathrm{d}t} = \{\beta(a_{\mathrm{R}}a_{\mathrm{S}}^+ + a_{\mathrm{A}}a_{\mathrm{L}}^+)\sigma_+ + \beta(a_{\mathrm{S}}a_{\mathrm{R}}^+ + a_{\mathrm{L}}a_{\mathrm{A}}^+)\sigma_-\}(U_1(t)\mid\Psi(t)\rangle) \tag{B.21}$$

这里已经记 $\sigma_{+-}=\sigma_+$,$\sigma_{-+}=\sigma_-$,并利用了双光子共振条件(如最后一步等式不成

立,则方程(B. 21)内两项将分别出现相因子 $e^{\pm i(\omega_R-\omega_S-\Delta E)t}$,这仍然是式(B. 1)的特例)。

按角动量 Schwinger 表示,由此 4 个模引出两个角动量如下

$$\begin{cases} L_i^{(1)} = \dfrac{1}{2}(a_R^+, a_S^+)\sigma_i \begin{pmatrix} a_R \\ a_S \end{pmatrix}, L_i^{(2)} = \dfrac{1}{2}(a_A^+, a_L^+)\sigma_i \begin{pmatrix} a_A \\ a_L \end{pmatrix}, L_i = L_i^{(1)} + L_i^{(2)}, i = x, y, z \\ L_\pm^{(1)} = L_1^{(1)} + iL_2^{(1)},\ L_\pm^{(2)} = L_1^{(2)} + iL_2^{(2)},\ L_\pm = L_\pm^{(1)} + L_\pm^{(2)} \end{cases} \tag{B. 22}$$

我们有

$$i\frac{d(U_1(t)) \mid \Psi(t)\rangle)}{dt} = (\beta L_- \sigma_+ + \beta L_+ \sigma_-)(U_1(t) \mid \Psi(t)\rangle) \tag{B. 23}$$

在和方程(B. 1)相比较之后,即得以下对应关系

$$A_0 \to L_z, \qquad f = \alpha = 0, \qquad A_+ \to \beta L_+, \qquad A_- \to \beta L_- \tag{B. 24}$$

这里,$L^2 = L_x^2 + L_y^2 + L_z^2 = l(l+1)$,并且

$$\chi(L_z) = \beta^2(L^2 - L_z^2 + L_z), \qquad m = 1 \tag{B. 25}$$

从我们一般理论的观点来看,这是个相当简单的与时间无关的问题($f = g = 0$)。于是按式(B. 6)即得

$$\begin{aligned} &\mid \Psi(t)\rangle \\ &= e^{-iH_0 t} \begin{pmatrix} \cos(\beta t\sqrt{L^2 - L_z(L_z+1)}) & -i\beta \dfrac{\sin(\beta t\sqrt{L^2 - L_z(L_z+1)})}{\sqrt{L^2 - L_z(L_z+1)}} L_- \\ -i\beta \dfrac{\sin(\beta t\sqrt{L^2 - L_z(L_z-1)})}{\sqrt{L^2 - L_z(L_z-1)}} L_+ & \cos(\beta t\sqrt{L^2 - L_z(L_z-1)}) \end{pmatrix} \\ &\mid \Psi(0)\rangle \end{aligned} \tag{B. 26}$$

参 考 文 献

1 E T Jaynes and F W Cummings. Proc IEEE ,1963,Vol 51:89

2 张永德.量子力学.第二版.北京:科学出版社,2005

3 J H Eberly,et al. PRL,1980,44:1323;G Rempe,et al. PRL,1990,47:2783

4 S X Yu,H Rauch and Y D Zhang. PRA,1995,52:2585

5 Y D Zhang and S X Yu et al. General theory of jaynes-cummings models and cavity-QED for Raman scattering. 1996,未发表

6 C K Law and J H Eberly. PRA,1993,47:3195

7 见第三章参考文献[17]或附录 A

8 L Wang and J H Eberly. PRA,1993,47:4248

附录C　一份《量子信息物理原理》参考试卷

姓名：　　　　　　　　成绩：　　　　　　　　(每题2分，满分100分)

1) 孤立量子体系的任何完整量子测量(必定不是，必定是，不一定是)正交投影测量。

2) 目前的量子理论中，存在两种完全不同的基本过程。其一是(非对易操作，幺正演化，时间反演)；其二是(非对易操作，时间反演，测量坍缩)。一般地说，前者是(幺正，非幺正)的，(可逆，不可逆)的；后者是(幺正，非幺正)的，(可逆，不可逆的)的。

3) 设单粒子处于归一化态$|\Psi\rangle=c_1|Y_{11}\rangle+c_2|Y_{10}\rangle$。对其进行轨道角动量测量时，
i) L_z 取值为 $1\hbar$ 的概率为($|c_1|^2$，$|c_2|^2$)；L_z 取值为 $0\hbar$ 的概率为($|c_1|^2$，$|c_2|^2$)。
ii) L^2 取值为($1\hbar^2$，$2\hbar^2$)，相应的概率为($|c_1|^2$，$|c_2|^2$，1)。

4) 若对上题量子态测量 L_x。所得平均值为(0，$\sqrt{1/2}(c_1c_2^*+c_1^*c_2)$，$\mathrm{i}\sqrt{1/2}(c_1c_2^*-c_1^*c_2)$)。

5) 对子体系所作的广义测量 POVM(必定不是，必定是，不一定是)正交投影测量。

6) 选择：微观粒子只能自身干涉，两个来源不同的全同微观粒子一定不能产生干涉。(　)
微观粒子能产生自身干涉，两个来源不同的全同微观粒子也能够产生干涉。(　)

7) 已知：不同的测量将迫使被测态向不同的本征态序列投影。现在，两个极化状态相互垂直的光子从上下两个入口入射到分束器上，各自分别反射和透射。在分束器两个出口放置对极化灵敏的两个探测器，则两个入射光子的极化状态(仍旧，不再)保持为可分离的，从而两个光子(仍可以，不再能)分辨。

8) 上题中，如在分束器两个出口放置两个对极化不灵敏的探测器，并作符合计数。则入射光子极化状态(仍旧，不再)保持为可分离的，从而两个光子(仍可以，不再能)分辨。

9) 一细束非极化电子束，顺序穿过三个磁场方向为 Z-X-Z 的 Stern-Gerlach 装置，最后接受屏上将显示出(4，8，6)个斑点；当中间的 S-G 装置的磁场逐渐变为零

时，这些斑点逐渐相互靠拢，成为(2,4,6)个斑点。

10) 两个粒子 AB 处在 Bell 态 $|\Psi^-\rangle=(|01\rangle-|10\rangle)/\sqrt{2}$上。若沿 Z 轴方向测量它们自旋取向，结果是(都沿 Z 轴，都反 Z 轴，沿 Z 轴互反取向但都确定，沿 Z 轴互反取向但都不确定)。若沿 Z 轴之外别的方向测量它们自旋，情况(就不同了，仍旧类似)。

11) 任一二维纯态必对应于 Bloch 球的(球面上，球内部)一点，任一二维混态必对应于 Bloch 球的(球面上，球内部)一点。

12) 开放量子系统的显著特征有三条：其一，量子态(必是纯态，可以是混态)，其二，演化(必定是幺正，可能是非幺正)的，其三，测量(必定是正交投影，可以是非正交投影)。

13) 混态是一个(真实描述单粒子状态，纯粹描述量子系综)的概念，但它作为系综解释又是(不含糊的，含糊的)，从而应当说它(是，并不是)物理上真实的状态。

14) 密度矩阵的共性是：(厄米，幺正)的，迹为(1,0)的，本征值(非负，全为正)的。

15) 与混态系综解释相对应，任一密度矩阵其谱表示是(不确定，确定)的，但若看作按一定概率分布的某些非正交态并矢之和，则对其组成或制备的理解是(确定的，含糊不定的)。

16) 各种情况下，混态 ρ 有各种简单的判别办法。除了上题对双态粒子态 Bloch 球办法外，比如还有：两体的 Schmidt 分解中(至少出现三项，至少出现两项)；$\mathrm{tr}\rho^2$ 数值(大于 1，等于 1，小于 1)；ρ(只有一个等于 1 的，至少有两个非零正)本征值等。

17) 密度矩阵的概念，主要用于(单个微观粒子，混态的量子系综)。描述开放系统混态密度矩阵随时间演化的微分方程是(Liouville 方程，主方程)。

18) 在双 qubit 态空间 $H_A\otimes H_B$ 中选择 4 个正交归一态矢(其中 $\boldsymbol{n}_1+\boldsymbol{n}_2+\boldsymbol{n}_3=0$)：$|\phi_0\rangle_{AB}=|1\rangle_A|1\rangle_B$，$|\phi_\alpha\rangle_{AB}=\sqrt{2/3}|\boldsymbol{n}_\alpha\rangle_A|0\rangle_B+\sqrt{1/3}|0\rangle_A|1\rangle_B$，$\alpha=1,2,3$。它们撑开某一完备力学量组的一个表象。对任给态 $\rho_{AB}=\rho_A\otimes|0\rangle_{BB}\langle 0|$ 执行向这组基的正交测量。在 H_A 中就实现一个 POVM：($F_\alpha=|\boldsymbol{n}_\alpha\rangle\langle\boldsymbol{n}_\alpha|$，$F_\alpha=\left(\frac{2}{3}\right)|\boldsymbol{n}_\alpha\rangle\langle\boldsymbol{n}_\alpha|$，$\mathrm{tr}(E_\alpha\rho_{AB})=\mathrm{tr}(F_\alpha\rho_A)$)，这时 H_A 中相应的投影态 $|n_\alpha\rangle$ 之间的内积为$\left(0,-\frac{1}{2}\right)$，因而是(正交，非正交)的。

19) 设 A 是体系 AB 的一个子体系。A 中任一 POVM$\{F_\alpha,\alpha=1,2,\cdots,k\}$，其个数 k 将(不大于，必定等于，不小于)A 态空间的维数，并且(不大于，必定等于，不小于)AB 态空间的维数。

20) 已知可用三个 Pauli 矩阵表示三种类型的误差。即，位翻转型误差可用(　)表示，相位翻转型误差可用(　)表示，混合型误差可用(　)表示。

21) 对两粒子体系纯态作 Schmidt 分解时,(要求,不要求)两个粒子的态空间维数相同。对三粒子体系纯态,(也一定能够,不一定能够)作 Schmidt 分解。

22) 密度矩阵 $\rho=\frac{1}{2}\begin{pmatrix}1 & 1\\ 1 & 1\end{pmatrix}$是(纯态,混态)。其熵 $S(\rho)$为$\left(1,0,\frac{1}{2}\right)$。

23) 量子系统的退相干过程多种多样,但退相干的基本模式——即退相干信道,可以简化归纳为 3 种,即:量子纠缠,位翻转,相位阻尼,振幅阻尼,非相干混合。

24) "Schrödinger 猫"佯谬不存在,是因为猫死活两态所涉及自由度(十分巨大,只是两维),必然和外界(不发生,发生大量的)量子纠缠,从而导致(不变,瞬间退相干)的缘故。

25) 量子态的不可克隆是指(任意未知,任意已知,两个正交的未知)态不可以被克隆。

26) 量子态不可克隆定理是基于(量子理论本身,量子态空间)的线性性质。

27) Teleportation 过程中,被传递的是(量子态的叠加系数,量子态的纠缠模式,粒子本身)。

28) Swapping 过程中,被传递的是(量子态的叠加系数,量子态的纠缠模式,粒子本身)。

29) Teleportation 过程中,被传递的量子信息部分是(瞬时的,不超过光速的),被传递的经典信息部分是(瞬时的,不超过光速的),最终信息传递速度是(瞬时的,不超过光速的)。

30) 转置算符 $T_A:\rho_A\rightarrow\rho_A^T$(不是,是)正算符,但(不是,却是)完全正的算符。

31) 算符 $\$=\{M_\mu\}$是对密度算符的映射,故称超算符。这些 M_μ 能引起纠缠的必要条件是必须(都是幺正的,至少有两个是线性无关的)。此时超算符(不一定是,对任何态都不是)可逆映射。这时,按概率守恒要求,超算符(必须是幺正,只需为等距)的。

32) 对于两体纯态情况,现有几种纠缠度的定义是(不同的,等价的)。

33) 用来描述开放量子系统的主要方法有(1,2, 3)种,它们是(密度矩阵形式 Schrödinger 方程——Liouville 方程,量子操作的 Kraus 求和,含 Lindblad 算符的主方程)。

34) 上题中,混态描述的(Liouville 方程,主方程,Kruas 求和)方法较具普遍性,因为它只涉及态的(改变,连续演化),因此未做(微扰近似,Markov 近似,非相对论近似)。

35) 量子算法的并行性来源于(量子理论本身,算符本身,状态空间)的线性性质。

36) Shor 算法中用到孙子定理(Chinese remainder theorem)求解同余式方程组。此定理最初为我国古代《孙子算经》所载。现拟一类似问题:"今有物不知其数,三三数之剩二,五五数之剩四,七七数之剩一。问物几何?"利用程大位所著《算法统宗》中的歌诀：

三人同行七十稀，五树梅花廿一枝。七子团圆正半月，除百零五便得知。

去计算结果。答案是：该物数目为(31,17,29)。

37) 按 Grover 最初提出的量子搜寻算法，若要搜寻成功，所需迭代次数的量级为($N,\sqrt{N}$)；而按经典的随机搜寻方法，若要搜寻成功，所需查找次数的量级为($N,\sqrt{N}$)。

38) 按 Deutsch 分解定理，任意 d 维幺正矩阵总能分解为不多于($d,\frac{1}{2}d(d-1)$，$d(2d-1)$)个两维幺正矩阵的乘积。后又被改进为不多于($d,\frac{1}{2}d(d-1)$，$d(2d-1)$)个的乘积。

39) 由任意数量的任何量子普适逻辑门搭造的任一量子网络总是一组量子操作系列，若系列中不含测量投影环节，则(不是，必是)幺正变换，因而是(确定的，随机的)过程；若包含测量投影环节，则(不是，必是)幺正变换，因而是(确定的，随机的)过程。

40) 根据 von Neumann 熵的凸性，$S\Big(\sum_{i=1}^{n}\alpha_i\rho_i\Big)$(不小于，不大于)$\sum_{i=1}^{n}\alpha_iS(\rho_i)$。

41) 两体 AB 相对于 B 的条件熵被定义为：$S(A|B)\equiv S(\rho_{AB})-S(\rho_B)$。设 ρ_{AB} 是任意两体纯态，则 ρ_{AB} 有量子纠缠存在的充要条件是条件熵(大于，小于)零。

42) 两体熵 $S(\rho_{AB})$次可加性表明纠缠使系统熵(增加，减少)。即两体熵(不小于，不大于)两个单体熵之和 $S(\rho_A)+S(\rho_B)$。等号当只当两个子系统(无，最大)关联时成立。

43) 对系统的正交投影测量将(肯定增加，减少，不减少)系统的熵。

44) 破坏 Bell 不等式(又称 Bell 定理)是量子纠缠存在的(必要，充要，充分)判据。就是说，存在量子纠缠将(一定遵守，一定破坏，可以破坏也可以遵守)不等式。但不存在量子纠缠而只存在经典关联将肯定(破坏，遵守)Bell 不等式。

45) CHSH 不等式是(本质上不同于 Bell 不等式，考虑到实验误差)的 Bell 型不等式。

46) GHZ 定理是第(1,2)个无不等式的 Bell 定理，它涉及(1,2,3)个观察者，(1,2,3)个独立的事件间隔。

47) Hardy 定理是个(不等式形式的，无不等式的确定的，无不等式但概率的)Bell 定理，涉及(1,2,3)个观察者，(1,2,3)个独立的事件间隔。

48) Cabello 定理是一个(不等式，等式)的 Bell 定理，它涉及(1,2,3)个观察者，(1,2,3)个独立的事件间隔。

49) Holevo 限 χ 是非负的。其物理意义是,在渐近可靠意义上可接受信息的(上限,下限)。

50) Peres-Wootters 方法对态 $\{|\Phi_a\rangle\}=\{|\varphi_a\rangle|\varphi_a\rangle\}$ 所构造的 PGM(pretty good measurement)是为了获取更好的(互信息,增加信道容量)。它(是,不是)POVM 的一种。

习 题 解 答

第一章

1.1 解:一个算符 A 在态 Ψ 中可能的测量值,即为将 Ψ 用 A 的本征态展开时,各本征态相应的本征值。相应的概率即展开式中本征态前面系数的模平方。Y_{lm} 是 L_z, L^2 的共同本征态

$$\begin{cases} L_z Y_{lm} = m\hbar Y_{lm} \\ L^2 Y_{lm} = l(l+1)\hbar^2 Y_{lm} \end{cases}$$

i) L_z 的可能测量值为 $\hbar$,相应的概率为 $|c_1|^2$,平均值为 $|c_1|^2\hbar$

ii) L^2 的可能测量值皆为 $2\hbar^2$(注意对 Y_{10} 的测量结果亦为 $2\hbar^2$),相应的概率为:$|c_1|^2+|c_2|^2=1$。

iii)角动量量子数 l 不变的 Hilbert 空间,可以由三组各自独立完备的基矢 $Y_{lm}, Y_{lm'}, Y_{lm''}$ 构成。这三组基分别为 (L^2, L_z),(L^2, L_x),(L^2, L_y) 的共同本征态。l 确定后,m, m', m'' 只能取 $-l, -l+1, \cdots, l-1, l$。所以本题中 L_x、L_y 的可能测量值为 $0, \pm\hbar$;平均值分别为:$\frac{1}{\sqrt{2}}(c_1^* c_2 + c_1 c_2^*)$,$\frac{1}{\sqrt{2}\mathrm{i}}(c_1^* c_2 - c_1 c_2^*)$。

1.2 解:i) 将 $\boldsymbol{\sigma}\cdot\boldsymbol{n}$ 用 Pauli 矩阵表示,得到如下表示

$$\sigma_n = \boldsymbol{\sigma}\cdot\boldsymbol{n} = \begin{pmatrix} \cos\theta & \sin\theta \mathrm{e}^{-\mathrm{i}\varphi} \\ \sin\theta \mathrm{e}^{\mathrm{i}\varphi} & -\cos\theta \end{pmatrix}, (\boldsymbol{n} = (\sin\theta\cos\varphi, \sin\theta\sin\varphi, \cos\theta))$$

其本征值为 ± 1,对应的本征矢为

$$\chi_+ = \begin{pmatrix} \cos\frac{\theta}{2} \\ \sin\frac{\theta}{2}\mathrm{e}^{\mathrm{i}\varphi} \end{pmatrix}, \chi_- = \begin{pmatrix} -\sin\frac{\theta}{2}\mathrm{e}^{-\mathrm{i}\varphi} \\ \cos\frac{\theta}{2} \end{pmatrix}$$

电子处于态 $\chi_{\frac{1}{2}}(\sigma_z=1)=\begin{pmatrix}1\\0\end{pmatrix}$ 上,故 $\boldsymbol{\sigma}\cdot\boldsymbol{n}$ 的可能测量值有两个:± 1。

ii) 不妨令 $|\alpha\rangle = \chi_{\frac{1}{2}}(\sigma_z=1)=\begin{pmatrix}1\\0\end{pmatrix}$,则有

$$p_{n\alpha} = \langle\alpha \mid \pi_n \mid \alpha\rangle = \langle\alpha \mid \frac{1}{2}(1+\boldsymbol{n}\cdot\boldsymbol{\sigma}) \mid \alpha\rangle$$

$$= \frac{1}{2} + \frac{1}{2}\boldsymbol{n} \cdot \langle \alpha \mid \boldsymbol{\sigma} \mid \alpha \rangle = \frac{1}{2} + \frac{1}{2}\boldsymbol{n} \cdot \boldsymbol{k}_z$$

$= \frac{1}{2}(1 + \cos\theta) = \cos^2 \frac{1}{2}\theta$，即为测得自旋沿 $\boldsymbol{n}(\theta, \varphi)$ 方向的概率。

iii) 同理可求，测得自旋沿 $-\boldsymbol{n}(\theta,\varphi)$ 方向的概率为 $\sin^2 \frac{1}{2}\theta$。

1.3　解：将 Stern-Gerlach 装置磁场转向沿 $+x$ 向。这时，对前者有两束，对后者则只有向 $+x$ 方向偏转的一束。

1.4　答：这是接连三次概率幅的相干分解，再相干叠加或测量坍缩。

i) 接受屏上有 4 个亮点。

ii) 接受屏上共 8 个亮点，分为两行，每行 4 个。

iii) 接受屏两行亮点 4 对各自相互靠拢。直到中间 S-G 装置磁场完全消失，并成为两行。但其中位于中间的 4 个，均因合并时概率幅反号，相干叠加后亮点消失；顶上面一对和最下面一对亮点分别合并，合并时概率幅同号，相干叠加后成为两个更亮的亮点。最后是两个串接的 $+Z$ 方向 S-G 装置结果。这里注意概率幅展式中负号所起作用：

$$\begin{cases} |+x\rangle = \dfrac{1}{\sqrt{2}}(|+z\rangle + |-z\rangle) \\ |-x\rangle = \dfrac{1}{\sqrt{2}}(|+z\rangle - |-z\rangle) \end{cases}, \quad \begin{cases} |+z\rangle = \dfrac{1}{\sqrt{2}}(|+x\rangle + |-x\rangle) \\ |-z\rangle = \dfrac{1}{\sqrt{2}}(|+x\rangle - |-x\rangle) \end{cases}$$

附带指出，在 iii) 中变化的全过程里，总强度是守恒的。因为八个光点的每个振幅为 $1/\sqrt{8}$，在合并过程中，有

$$2\left\{\frac{1}{\sqrt{8}} + \frac{1}{\sqrt{8}}\right\}^2 = 1$$

1.5　解：i) 按通常反射透射各一半，并且反射有 $\frac{\pi}{2}$ 位相突变考虑，输出态可写为

$$| \Psi_f \rangle_{12} = (\alpha \mid \leftrightarrow \rangle_1 + \beta \mid \updownarrow \rangle_1) \otimes (\mathrm{i} \mid c\rangle_1 + \mid d\rangle_1)$$
$$\times (\gamma \mid \leftrightarrow \rangle_2 + \delta \mid \updownarrow \rangle_2) \otimes (\mid c\rangle_2 + \mathrm{i} \mid d\rangle_2)$$

但假如两个光子同时到达分束器，在出射态中光子的空间模有重叠，就必须考虑两个光子按全同性原理所产生的交换干涉。这时出射态应该是交换对称的，所以正确的出射态用 Bell 基表示为

$$| \Psi_f \rangle = \frac{1}{\sqrt{2}}(| \Psi_f \rangle_{12} + | \Psi_f \rangle_{21})$$

$$
\begin{aligned}
&= \frac{1}{2}(\alpha\gamma+\beta\delta)\cdot|\phi^{+}\rangle_{12}\cdot \mathrm{i}(|c\rangle_1|c\rangle_2+|d\rangle_1|d\rangle_2)\\
&\quad -(\alpha\gamma-\beta\delta)\cdot|\phi^{-}\rangle_{12}\cdot \mathrm{i}(|c\rangle_1|c\rangle_2+|d\rangle_1|d\rangle_2)\\
&\quad +(\alpha\delta+\beta\gamma)\cdot|\Psi^{+}\rangle_{12}\cdot \mathrm{i}(|c\rangle_1|c\rangle_2+|d\rangle_1|d\rangle_2)\\
&\quad +(\alpha\delta-\beta\gamma)\cdot|\Psi^{-}\rangle_{12}\cdot \mathrm{i}(|c\rangle_1|d\rangle_2-|d\rangle_1|c\rangle_2)\}
\end{aligned}
$$

其中

$$
|\phi^{\pm}\rangle_{12}=\frac{1}{\sqrt{2}}(|\updownarrow\rangle_1|\updownarrow\rangle_2\pm|\leftrightarrow\rangle_1|\leftrightarrow\rangle_2)
$$

$$
|\Psi^{\pm}\rangle_{12}=\frac{1}{\sqrt{2}}(|\updownarrow\rangle_1|\leftrightarrow\rangle_2\pm|\leftrightarrow\rangle_1|\updownarrow\rangle_2)
$$

上面这个展开式可直接用${}_{12}\langle\phi^{\pm}|$，${}_{12}\langle\Psi^{\pm}|$对$|\Psi_f\rangle_{12}$的原表达式作部分内积，即得作为“系数”的空间模项；

ii）注意，这里和书中情况相似，这四项中第四项的空间模不同于其余三项。于是可以采用在不同输出口（c 和 d 处）各放置一个探测器进行符合计数来检出这一项——其极化模为$|\Psi^{-}\rangle_{12}$。这样一来，尽管两个光子之间（以及分束器中）并不存在可以令光子极化状态发生改变的相互作用，但全同性原理的交换作用和测量坍缩还是使两个光子的极化状态产生了纠缠。就是说，如此的测量造成了这般的坍缩，使得两个光子中每一个的极化矢量都不再守恒（尽管表面看来不存在改变入射光子极化状态的作用）。现在这两个光子已经不可分辨。这是由于这种测量实验造成的。说明这种符合测量的坍缩末态和光子极化本征态是不兼容的。如果设想换另外一种测量实验：在输出口 c 和 d 处均放置极化灵敏的探测器来测量出射光子的极化本征态。则由于分束器过程，以及最后测量向末态坍缩时，极化矢量一直守恒，实验中两个光子就可以用它们极化状态来分辨，相应地也就不出现交换效应。这个例子再一次说明，两个光子究竟可否分辨，不仅要看物理过程，还要看如何测量——末态如何选择而定。

1.6 解：Dirac 的提法并不正确。这不仅与迄今已做出的实验相矛盾，而且也和全同性原理相矛盾。全同性原理主张，两个或多个全同粒子体系的总波函数必须要对称化或反称化，这导致粒子之间可以产生干涉。就是说，一旦两个或多个全同粒子由于直接或间接相互作用而发生量子纠缠，假如空间波包因演化发生重叠，加之在包括初始、过程、观测的全过程中不存在可用于分辨的某种广义的好量子数，那么在对称化或反称化后所出现的交换项将不等于零，它们就会在观测中表现出可正可负的交换作用。这就是根源于全同性原理的全同粒子间的干涉效应。比如两个全同粒子的散射等等。

1.7 解：Stern-Gerlach 装置计算后，导出无所不在的不确定性关系（见书中推导)。

1.8 解:i) 以张量积方式实现此 POVM,办法之一是添一个 qubit B,并选择 $H_A \otimes H_B$ 空间中如下 4 个正交归一态矢

$$\begin{cases} |\phi_\alpha\rangle = \sqrt{\dfrac{2}{3}}\,|+\boldsymbol{n}_\alpha\rangle_A\,|0\rangle_B + \sqrt{\dfrac{1}{3}}\,|0\rangle_A\,|1\rangle_B,\ \alpha = 1,2,3 \\ |\phi_0\rangle = |1\rangle_A\,|1\rangle_B \end{cases}$$

由 $\boldsymbol{n}_1+\boldsymbol{n}_2+\boldsymbol{n}_3=0$,得到$(\boldsymbol{n}_\alpha+\boldsymbol{n}_\beta)^2=1$,即 $\boldsymbol{n}_\alpha\cdot\boldsymbol{n}_\beta=-\dfrac{1}{2}$,$\forall\,\alpha\neq\beta$。事实上,最简单的是取此三个极化矢量都在 x-z 面内,它们绝对方位虽都不确定,但相互夹角均为 $\dfrac{2\pi}{3}$。由 $|\boldsymbol{n}_\alpha\rangle=|\chi(\theta_\alpha,\varphi=0)\rangle=\begin{pmatrix}\cos\left(\dfrac{\theta_\alpha}{2}\right)\\ \sin\left(\dfrac{\theta_\alpha}{2}\right)\end{pmatrix}$,说明$\langle n_\alpha|n_\beta\rangle$为实数。不失一般性设 $\theta_1=0,\theta_2=\dfrac{2\pi}{3},\theta_3=\dfrac{4\pi}{3}$,并选择$|\boldsymbol{n}_2\rangle$整体相因子为负号,使得有

$$\begin{cases} |\boldsymbol{n}_1\rangle = \begin{pmatrix}1\\0\end{pmatrix},\ |\boldsymbol{n}_2\rangle = -\begin{pmatrix}\dfrac{1}{2}\\ \dfrac{\sqrt{3}}{2}\end{pmatrix},\ |\boldsymbol{n}_3\rangle = \begin{pmatrix}-\dfrac{1}{2}\\ \dfrac{\sqrt{3}}{2}\end{pmatrix} \\ \langle\boldsymbol{n}_\alpha\,|\,\boldsymbol{n}_\beta\rangle = -\dfrac{1}{2},\alpha\neq\beta \end{cases}$$

由此内积关系易验所选的四个态相互正交($\alpha\neq\beta$)

$$\langle\phi_\alpha\,|\,\phi_\beta\rangle = \frac{2}{3}\langle\boldsymbol{n}_\alpha\,|\,\boldsymbol{n}_\beta\rangle + \frac{1}{3} = \frac{2}{3}\cdot\left(-\frac{1}{2}\right)+\frac{1}{3} = 0$$

ii) 设系统处于$\rho_{AB}=\rho_A\otimes|0\rangle_{B\,B}\langle 0|$描述的态中。对系统作正交投影测量,有

$$\langle\phi_\alpha\,|\,\rho_{AB}\,|\,\phi_\alpha\rangle = \frac{2}{3}\langle\boldsymbol{n}_\alpha\,|\,\rho_A\,|\,\boldsymbol{n}_\alpha\rangle = \mathrm{tr}\left(\frac{2}{3}\,|\,\boldsymbol{n}_\alpha\rangle\langle\boldsymbol{n}_\alpha\,|\,\rho_A\right) = \mathrm{tr}(F_\alpha\rho_A)$$

这就在子空间中实现了所要的 POVM。

1.9 解:以张量和方式实现上述 POVM 的办法之一是:在基矢$\{|0\rangle,|1\rangle,|2\rangle\}$中定义一组新的正交归一基矢

$$|u_\alpha\rangle = \sqrt{\frac{2}{3}}\,|\,\boldsymbol{n}_\alpha\rangle + \sqrt{\frac{1}{3}}\,|\,2\rangle,\ \langle\boldsymbol{n}_\alpha\,|\,\boldsymbol{n}_\beta\rangle = \frac{3}{2}\delta_{\alpha\beta}-\frac{1}{2}$$

其中,$|\boldsymbol{n}_\alpha\rangle$是定义在由$\{|0\rangle,|1\rangle\}$张成的子空间中三个互不正交态矢,见上题。则系统 A 在扩大了的三维直和空间的密度矩阵为

$$\rho_3 = \begin{pmatrix}\rho_A & 0\\ 0 & 0\end{pmatrix}$$

三维空间中的正交投影测量可得

$$\langle u_\alpha \mid \rho_3 \mid u_\alpha \rangle = \frac{2}{3}\langle \boldsymbol{n}_\alpha \mid \rho_A \mid \boldsymbol{n}_\beta \rangle = \mathrm{tr}\left(\frac{2}{3} \mid \boldsymbol{n}_\alpha \rangle \langle \boldsymbol{n}_\alpha \mid \rho_A\right) = \mathrm{tr}(F_\alpha \rho_A)$$

直接检验即知,下面三维正交归一基即是产生这个 POVM 的答案

$$\mid u_1 \rangle = \begin{pmatrix} \sqrt{\frac{2}{3}} \\ 0 \\ \sqrt{\frac{1}{3}} \end{pmatrix}, \mid u_2 \rangle = \begin{pmatrix} -\sqrt{\frac{1}{6}} \\ -\sqrt{\frac{1}{2}} \\ \sqrt{\frac{1}{3}} \end{pmatrix}, \mid u_3 \rangle = \begin{pmatrix} -\sqrt{\frac{1}{6}} \\ \sqrt{\frac{1}{2}} \\ \sqrt{\frac{1}{3}} \end{pmatrix}$$

1.10 解:i) 由于

$$p_1 + p_2 + p_3 + p_4 = \frac{1}{2}[|+\boldsymbol{e}_z\rangle\langle+\boldsymbol{e}_z| + |-\boldsymbol{e}_z\rangle\langle-\boldsymbol{e}_z|]$$

$$+ \frac{1}{2}[|+\boldsymbol{e}_x\rangle\langle+\boldsymbol{e}_x| + |-\boldsymbol{e}_x\rangle\langle-\boldsymbol{e}_x|] = I$$

所以$\{p_i, i=1,2,3,4\}$具有完备性;另外容易看出 $p_i^\dagger = p_i$;最后还有

$$\langle \Psi \mid p_1 \mid \Psi \rangle = \mid \langle \boldsymbol{e}_z \mid \Psi \rangle \mid^2 \geqslant 0$$

可知有

$$\langle \Psi \mid p_i \mid \Psi \rangle \geqslant 0$$

综上所述,$\{p_i\}$厄米、正定、构成单位算符的分解,组成一个 POVM。

ii) 两 qubit 构成四维态矢空间,四个正交归一基矢$\{|u_i\rangle\}$为

$$\begin{cases} \mid u_1 \rangle = |+\boldsymbol{e}_z\rangle_A \, |+\boldsymbol{e}_z\rangle_B, & \mid u_2 \rangle = |-\boldsymbol{e}_z\rangle_A \, |+\boldsymbol{e}_z\rangle_B \\ \mid u_3 \rangle = |+\boldsymbol{e}_x\rangle_A \, |-\boldsymbol{e}_z\rangle_B, & \mid u_4 \rangle = |-\boldsymbol{e}_x\rangle_A \, |-\boldsymbol{e}_z\rangle_B \end{cases}$$

设四维空间的密度矩阵为

$$\rho_4 = \rho_A \otimes \frac{1}{2}[\mid \boldsymbol{e}_z\rangle_B\langle \boldsymbol{e}_z| + |-\boldsymbol{e}_z\rangle_B\langle -\boldsymbol{e}_z|]$$

在四维空间作向$\{|u_i\rangle\}$的正交投影测量,有

$$\langle u_1 \mid \rho_4 \mid u_1 \rangle = {}_B\langle \boldsymbol{e}_z \mid {}_A\langle \boldsymbol{e}_z \mid \rho_A \otimes \frac{1}{2}[\mid \boldsymbol{e}_z\rangle_B\langle \boldsymbol{e}_z| + |-\boldsymbol{e}_z\rangle_B\langle -\boldsymbol{e}_z|] \mid \boldsymbol{e}_z\rangle_A \mid \boldsymbol{e}_z\rangle_B$$

$$= {}_A\langle \boldsymbol{e}_z \mid \frac{1}{2}\rho_A \mid \boldsymbol{e}_z\rangle_A = \mathrm{tr}\left\{\frac{1}{2} \mid \boldsymbol{e}_z\rangle\langle \boldsymbol{e}_z \mid \rho_A\right\} = \mathrm{tr} p_1 \rho_A$$

同理有:

$$\langle u_i \mid \rho_4 \mid u_i \rangle = \mathrm{tr}(p_i \rho_A)$$

第二章

2.1 解: 由本章文献[2]中 9.3.2 小节叙述可知:“当$\frac{\hbar}{2}$粒子的自旋态$|\Psi\rangle$经受任一个 $SU(2)$转动 $\exp\left(-\frac{\mathrm{i}}{2}\boldsymbol{\sigma}\cdot\boldsymbol{\rho}\right)$时,其极化矢量 $\boldsymbol{P}=\langle\Psi|\boldsymbol{\sigma}|\Psi\rangle$必定经受一个相对应的 $O(3)$转动 $R(\boldsymbol{\rho})$。”这里设任意三维矢量$\boldsymbol{\rho}=|\boldsymbol{\rho}|\boldsymbol{e}_{(\theta,\varphi)}$的方向为 $\boldsymbol{e}_{(\theta,\varphi)}$,长度为$|\boldsymbol{\rho}|$。

例如,若三维空间中有一个将矢量 $\boldsymbol{e}_z\to\boldsymbol{n}(\theta,\varphi)$的转动,则相应的 SU(2)变换算符可用 Euler 角表示为

$$U(\boldsymbol{e}_z\to\boldsymbol{n}(\theta,\varphi))=\exp\left(-\frac{\mathrm{i}}{2}\varphi\sigma_z\right)\exp\left(-\frac{\mathrm{i}}{2}\theta\sigma_y\right)=\begin{pmatrix}\mathrm{e}^{-\mathrm{i}\varphi/2}\cos\frac{\theta}{2}, & -\mathrm{e}^{-\mathrm{i}\varphi/2}\sin\frac{\theta}{2}\\ \mathrm{e}^{\mathrm{i}\varphi/2}\sin\frac{\theta}{2}, & \mathrm{e}^{\mathrm{i}\varphi/2}\cos\frac{\theta}{2}\end{pmatrix}$$

这时,有

$$\begin{cases}|\chi^{(+)}(\boldsymbol{n})\rangle=U(\boldsymbol{e}_z\to\boldsymbol{n})|\uparrow\rangle=\begin{pmatrix}\mathrm{e}^{-\mathrm{i}\varphi/2}\cos\frac{\theta}{2}\\ \mathrm{e}^{\mathrm{i}\varphi/2}\sin\frac{\theta}{2}\end{pmatrix}\\ |\chi^{(-)}(\boldsymbol{n})\rangle=U(\boldsymbol{e}_z\to\boldsymbol{n})|\downarrow\rangle=\begin{pmatrix}-\mathrm{e}^{-\mathrm{i}\varphi/2}\sin\frac{\theta}{2}\\ \mathrm{e}^{\mathrm{i}\varphi/2}\cos\frac{\theta}{2}\end{pmatrix}\end{cases}$$

并且有

$$\begin{cases}\boldsymbol{\sigma}|\chi^{(\pm)}(\boldsymbol{n})\rangle=\pm\boldsymbol{n}|\chi^{(\pm)}(\boldsymbol{n})\rangle\\ \boldsymbol{P}_{|\chi^{(\pm)}(\boldsymbol{n})\rangle}=\langle\chi^{(\pm)}(\boldsymbol{n})|\boldsymbol{\sigma}|\chi^{(\pm)}(\boldsymbol{n})\rangle=\pm\boldsymbol{n}\end{cases}$$

2.2 证 1: 设沿 $\boldsymbol{n}(\theta,\varphi)$方向测量两个粒子的自旋。记从两个正交态($|0\rangle_A$,$|1\rangle_A$)到两个正交态($|\boldsymbol{n}(\theta\varphi)\rangle_A$,$|-\boldsymbol{n}(\theta\varphi)\rangle_A$)为幺正变换 $U(\theta,\varphi)=\begin{pmatrix}\alpha&\beta\\ \gamma&\delta\end{pmatrix}$,即

$$\begin{pmatrix}|0\rangle_A\\ |1\rangle_A\end{pmatrix}=\begin{pmatrix}\alpha&\beta\\ \gamma&\delta\end{pmatrix}\begin{pmatrix}|+\boldsymbol{n}(\theta\varphi)\rangle_A\\ |-\boldsymbol{n}(\theta\varphi)\rangle_A\end{pmatrix}$$

于是有

$$|\Psi\rangle_{AB}=\frac{1}{\sqrt{2}}(|01\rangle_{AB}-|10\rangle_{AB})=\frac{1}{\sqrt{2}}(|0\rangle_A,|1\rangle_A)\begin{pmatrix}0&1\\ -1&0\end{pmatrix}\begin{pmatrix}|0\rangle_B\\ |1\rangle_B\end{pmatrix}$$

$$= \frac{1}{\sqrt{2}}(|\,\boldsymbol{n}\rangle_A,\ |-\boldsymbol{n}\rangle_A)U^{\mathrm{T}}\begin{pmatrix}0 & 1\\ -1 & 0\end{pmatrix}U\begin{pmatrix}|\,\boldsymbol{n}\rangle_B\\ |-\boldsymbol{n}\rangle_B\end{pmatrix}$$

$$= \frac{1}{\sqrt{2}}(|\,\boldsymbol{n}\rangle_A,\ |-\boldsymbol{n}\rangle_A)\begin{pmatrix}\alpha & \gamma\\ \beta & \delta\end{pmatrix}\begin{pmatrix}0 & 1\\ -1 & 0\end{pmatrix}\begin{pmatrix}\alpha & \beta\\ \gamma & \delta\end{pmatrix}\begin{pmatrix}|\,\boldsymbol{n}\rangle_B\\ |-\boldsymbol{n}\rangle_B\end{pmatrix}$$

$$= \frac{1}{\sqrt{2}}(|\,\boldsymbol{n}\rangle_A,\ |-\boldsymbol{n}\rangle_A)\begin{pmatrix}0 & \alpha\delta-\beta\gamma\\ -(\alpha\delta-\beta\gamma) & 0\end{pmatrix}\begin{pmatrix}|\,\boldsymbol{n}\rangle_B\\ |-\boldsymbol{n}\rangle_B\end{pmatrix}$$

$$= \frac{\det U}{\sqrt{2}}(|\,\boldsymbol{n}(\theta\varphi),-\boldsymbol{n}(\theta\varphi)\rangle_{AB}-|\,\boldsymbol{n}(\theta\varphi),-\boldsymbol{n}(\theta\varphi)\rangle_{AB})$$

于是,除了一个不可观察的外部相因子之外,两个态是完全相同的。这样一来,同时测量 $\boldsymbol{n}\cdot\boldsymbol{\sigma}_A$ 和 $\boldsymbol{n}\cdot\boldsymbol{\sigma}_B$ 时,假如 A 为+1,则 B 必为-1。

若为 $|\Psi^+\rangle_{AB}=\frac{1}{\sqrt{2}}(|01\rangle_{AB}+|10\rangle_{AB})$,情况类似。

证 2: 由于空间各向同性性质,两个正交态 $|0\rangle$, $|1\rangle$ 其实也只是书写的形式,并没有预先确定的真正指向。就是说,除非有外场对空间各向同性的破坏,物理上两个正交态 $(|\boldsymbol{n}(\theta\varphi)\rangle_A, |-\boldsymbol{n}(\theta\varphi)\rangle_A)$ 和两个正交态 $(|0\rangle_A, |1\rangle_A)$ 应当是完全等价的两组基矢。这时,当沿 $\boldsymbol{n}(\theta,\varphi)$ 方向测自旋时,就将 $(|0\rangle, |1\rangle)$ 态当 $(|\boldsymbol{n}\rangle, |-\boldsymbol{n}\rangle)$ 也无不可。

2.3　解: 前者是纯态。由于

$$|\,0\rangle\langle 0\,| = \frac{1-\sigma_3}{2},\quad |\,1\rangle\langle 1\,| = \frac{1+\sigma_3}{2},\quad |\,0\rangle\langle 1\,| = \frac{\sigma_1 - \mathrm{i}\sigma_2}{2},\quad |\,1\rangle\langle 0\,| = \frac{\sigma_1+\mathrm{i}\sigma_2}{2}$$

故有

$$\rho = |\,\Psi\rangle\langle\Psi\,| = \sin^2\frac{\theta}{2}\,|\,0\rangle\langle 0\,| + \sin\frac{\theta}{2}\cos\frac{\theta}{2}\mathrm{e}^{\mathrm{i}\phi}\,|\,1\rangle\langle 0\,|$$

$$+\sin\frac{\theta}{2}\cos\frac{\theta}{2}\mathrm{e}^{-\mathrm{i}\phi}\,|\,0\rangle\langle 1\,| + \cos^2\frac{\theta}{2}\,|\,1\rangle\langle 1\,|$$

$$= \frac{1}{2}(1+\sin\theta\cos\phi\sigma_1 - \sin\theta\sin\phi\sigma_2 + \cos\theta\sigma_3) = \frac{1}{2}(1+\boldsymbol{n}\cdot\boldsymbol{\sigma})$$

其中,$\boldsymbol{n}=(\sin\theta\cos\phi, -\sin\theta\sin\phi, \cos\theta)$,Euler 角为 $(\theta,-\phi)$;

后者为混态。有

$$\rho = \frac{1}{2}\left[\frac{1-\sigma_3}{2}+\frac{1+\sigma_3}{2}+(x+\mathrm{i}y)\frac{\sigma_1-\mathrm{i}\sigma_2}{2}+(x-\mathrm{i}y)\frac{\sigma_1+\mathrm{i}\sigma_2}{2}\right]$$

$$= \frac{1}{2}(1+\sigma_1 x+\sigma_2 y)$$

所以 $\boldsymbol{p}=(x,y,0)$。

2.4　解:i) 例如,按ρ的本征分解,有

$$\rho = \lambda_1 \mid \phi_1\rangle\langle\phi_1 \mid + \lambda_2 \mid \phi_2\rangle\langle\phi_2 \mid$$

这里$\{|\phi_1\rangle, |\phi_2\rangle\}$都是纯态,这就给出了形如

$$\lambda \rho_A + (1-\lambda)\rho_B$$

的凸组合($\lambda_1+\lambda_2=1$)。

ii) $\boldsymbol{p}=\lambda_1\boldsymbol{n}_1+\lambda_2\boldsymbol{n}_2$(注意$|\boldsymbol{p}|^2\leqslant 1, |\boldsymbol{n}_i|^2=1$),其中

$$\rho = \frac{1+\boldsymbol{p}\cdot\boldsymbol{\sigma}}{2},\ \mid \phi_i\rangle\langle\phi_i \mid = \frac{1+\boldsymbol{n}_i\cdot\boldsymbol{\sigma}}{2}$$

iii) 对于任给的单位矢量$\boldsymbol{m}$,接着再如下定义一个单位矢量$\boldsymbol{n}$,

$$\boldsymbol{n} = \boldsymbol{p} + \frac{1-|\boldsymbol{p}|^2}{|\boldsymbol{m}-\boldsymbol{p}|^2}(\boldsymbol{p}-\boldsymbol{m})$$

可以检验,有$|\boldsymbol{n}|^2=1$,且

$$\boldsymbol{p} = \lambda\boldsymbol{m} + (1-\lambda)\boldsymbol{n},\ \lambda = \frac{1-|\boldsymbol{p}|^2}{2(1-\boldsymbol{m}\cdot\boldsymbol{p})}\ (0\leqslant\lambda\leqslant 1)$$

于是,$\rho=\lambda|\phi_m\rangle\langle\phi_m|+(1-\lambda)|\phi_n\rangle\langle\phi_n|$。其中,

$$\mid \phi_m\rangle\langle\phi_m \mid = \frac{1+\boldsymbol{m}\cdot\boldsymbol{\sigma}}{2},\ \mid \phi_n\rangle\langle\phi_n \mid = \frac{1+\boldsymbol{n}\cdot\boldsymbol{\sigma}}{2}$$

2.5　解:$\rho_A\rho_B = \frac{1}{2}(1+\boldsymbol{n}_A\cdot\boldsymbol{\sigma})\frac{1}{2}(1+\boldsymbol{n}_B\cdot\boldsymbol{\sigma})$

$$= \frac{1}{4}(1+\boldsymbol{n}_A\cdot\boldsymbol{\sigma}+\boldsymbol{n}_B\cdot\boldsymbol{\sigma}+(\boldsymbol{n}_A\cdot\boldsymbol{\sigma})(\boldsymbol{n}_B\cdot\boldsymbol{\sigma}))$$

$$\mathrm{tr}\,\rho_A\rho_B = \frac{1}{2}+\frac{1}{4}\mathrm{tr}(\boldsymbol{n}_A\cdot\boldsymbol{\sigma})(\boldsymbol{n}_B\cdot\boldsymbol{\sigma}) = \frac{1}{2}+\frac{1}{4}\mathrm{tr}[\boldsymbol{n}_A\cdot\boldsymbol{n}_B + \mathrm{i}(\boldsymbol{n}_A\times\boldsymbol{n}_B)\cdot\boldsymbol{\sigma}]$$

$$= \frac{1}{2}+\frac{1}{2}\boldsymbol{n}_A\cdot\boldsymbol{n}_B = \frac{1}{2}(1+\boldsymbol{n}_A\cdot\boldsymbol{n}_B)$$

(以上用到了 $\mathrm{tr}\sigma_i=0$)

2.6　解:假设ρ_A 的谱表示为 $\rho_A = \sum_i \lambda_i \mid \Psi_i\rangle_{AA}\langle\Psi_i \mid$ 同时假定 Hilbert 空间 B 的基为$|\mu_i\rangle_B$,我们取 AB 共同组成的系统的纯态为

$$\mid \Psi\rangle_{AB} = \sum_i \sqrt{\lambda_i} \mid \Psi_i\rangle \mid \mu_i\rangle_B$$

对ρ_{AB}取部分迹,则有

$$\rho_A = \mathrm{tr}_B(\rho_{AB}) = \sum_k {}_B\langle\mu_k \mid \sum_{ij}\sqrt{\lambda_i} \mid \Psi_i\rangle \mid \mu_i\rangle_B \sqrt{\lambda_j}\ {}_A\langle\Psi_j \mid {}_B\langle\mu_j \mid \mid \mu_k\rangle_B$$

$$= \sum_i \lambda_i \mid \Psi_i\rangle_{AA}\langle\Psi_i \mid$$

2.7　解：对于第一个密度矩阵，$S(\rho)=1$

第二个密度矩阵，$S(\rho)=0$

第三个密度矩阵，$S(\rho)=0$

第四个密度矩阵，$S(\rho)=-\left(\frac{3+\sqrt{5}}{6}\log_2\frac{3+\sqrt{5}}{6}+\frac{3-\sqrt{5}}{6}\log_2\frac{3-\sqrt{5}}{6}\right)$

第五个密度矩阵，$S(\rho)=\log_2 6-\frac{5}{6}\log_2 5$

2.8　答：两体的如此态的直积态为

$$|\Phi_1\rangle=|\varphi_1\rangle|\varphi_1\rangle=\begin{pmatrix}1\\0\\0\\0\end{pmatrix},\ |\Phi_2\rangle=|\varphi_2\rangle|\varphi_2\rangle=\frac{1}{4}\begin{pmatrix}1\\-\sqrt{3}\\-\sqrt{3}\\3\end{pmatrix}$$

$$|\Phi_3\rangle=|\varphi_3\rangle|\varphi_3\rangle=\frac{1}{4}\begin{pmatrix}1\\\sqrt{3}\\\sqrt{3}\\3\end{pmatrix}$$

于是 $\rho=\frac{1}{3}\sum_{\alpha=1}^{3}|\Phi_\alpha\rangle\langle\Phi_\alpha|=\frac{1}{8}\begin{pmatrix}3&0&0&1\\0&1&1&0\\0&1&1&0\\1&0&0&3\end{pmatrix}$；$\lambda=\begin{pmatrix}0&\frac{1}{4}&\frac{1}{4}&\frac{1}{2}\end{pmatrix}$

2.9　解：以 $|\varphi^+\rangle_{AB}$ 为例，因为 $\boldsymbol{S}=\frac{1}{2}\boldsymbol{\sigma}$（采取自然单位制），又由于

$$\begin{cases}S_x=\dfrac{S_++S_-}{2}\\[2mm]S_y=\dfrac{S_+-S_-}{2i}\\[2mm]S_z=S_0\end{cases}$$

则 $\sigma_x^A\sigma_x^B|\varphi^+\rangle_{AB}=\sigma_x^A\sigma_x^B\frac{1}{\sqrt{2}}\left(\left|\frac{1}{2}\right\rangle_A\left|\frac{1}{2}\right\rangle_B+\left|-\frac{1}{2}\right\rangle_A\left|-\frac{1}{2}\right\rangle_B\right)$

$$=\frac{1}{\sqrt{2}}\left(S_{A-}\left|\frac{1}{2}\right\rangle_A S_{B-}\left|\frac{1}{2}\right\rangle_B+S_{B+}\left|-\frac{1}{2}\right\rangle_A S_{B+}\left|-\frac{1}{2}\right\rangle_B\right)$$

$$\frac{1}{\sqrt{2}}\left(\left|-\frac{1}{2}\right\rangle_A\left|-\frac{1}{2}\right\rangle_B+\left|\frac{1}{2}\right\rangle_A\left|\frac{1}{2}\right\rangle_B\right)$$

$$=\frac{1}{\sqrt{2}}\left(\left|\frac{1}{2}\right\rangle_A\left|\frac{1}{2}\right\rangle_B+\left|-\frac{1}{2}\right\rangle_A\left|-\frac{1}{2}\right\rangle_B\right)$$

$$=|\varphi^+\rangle_{AB}$$

即 $|\varphi^+\rangle_{AB}$ 为 $\sigma_x^A\sigma_x^B$ 的本征态，同理可知其余三个 Bell 基亦为 $\sigma_x^A\sigma_x^B$ 的本征态，又因为：

$$\begin{aligned}
&[\sigma_x^A\sigma_x^B,\sigma_y^A\sigma_y^B]=\sigma_x^A[\sigma_x^B,\sigma_y^A\sigma_y^B]+[\sigma_x^A,\sigma_y^A\sigma_y^B]\sigma_x^B\\
&=\sigma_x^A(\sigma_y^A[\sigma_x^B,\sigma_y^B]+[\sigma_x^B,\sigma_y^A]\sigma_y^B)+(\sigma_y^A[\sigma_x^A,\sigma_y^B]+[\sigma_x^A,\sigma_y^A]\sigma_y^B)\sigma_x^B\\
&=\sigma_x^A\sigma_y^A[\sigma_x^B,\sigma_y^B]+[\sigma_x^A,\sigma_y^A]\sigma_y^B\sigma_x^B\\
&=2i\sigma_x^A\sigma_y^A\sigma_z^B+2i\sigma_z^A\sigma_y^B\sigma_x^B\\
&=2i\sigma_x^A\sigma_y^A\sigma_z^B-2i\sigma_z^A\sigma_x^B\sigma_y^B\\
&=-2\sigma_z^A\sigma_z^B+2\sigma_z^A\sigma_z^B=0
\end{aligned}$$

故最后可知，$\{|\Psi^\pm\rangle_{AB},|\varphi^\pm\rangle_{AB}\}$ 是力学量 $\{\sigma_x^A\sigma_x^B,\sigma_y^A\sigma_y^B,\sigma_z^A\sigma_z^B\}$ 的共同本征态。

2.10 解：$\rho_A=\frac{1}{8}\{(|\uparrow\rangle_A+\sqrt{3}|\downarrow\rangle_A)({}_A\langle\uparrow|+\sqrt{3}{}_A\langle\downarrow|)+(\sqrt{3}|\uparrow\rangle_A+|\downarrow\rangle_A)(\sqrt{3}{}_A\langle\uparrow|+{}_A\langle\downarrow|)\}$。$\rho_B$ 的形式与 ρ_A 相同。

但 ρ_A 与 ρ_B 此时不是对角的。可将之化为对角表示。可得

$$\rho_A=\frac{1}{4}\begin{pmatrix}2&\sqrt{3}\\\sqrt{3}&2\end{pmatrix},\qquad\lambda_{1,2}^{(A)}=\frac{1}{4}(2\pm\sqrt{3})$$

相应的本征矢量为

$$|\lambda_1\rangle_A=\frac{1}{\sqrt{2}}\begin{pmatrix}1\\1\end{pmatrix}_A=\frac{1}{\sqrt{2}}(|\uparrow\rangle_A+|\downarrow\rangle_A)$$

$$|\lambda_2\rangle_A=\frac{1}{\sqrt{2}}\begin{pmatrix}1\\-1\end{pmatrix}_A=\frac{1}{\sqrt{2}}(|\uparrow\rangle_A-|\downarrow\rangle_A)$$

解出 $|\uparrow\rangle,|\downarrow\rangle$ 代入上面 ρ_A 表达式，得

$$\rho_A=\frac{2+\sqrt{3}}{4}|\lambda_1\rangle_A\langle\lambda_1|+\frac{2-\sqrt{3}}{4}|\lambda_2\rangle_A\langle\lambda_2|;\rho_B\ 相似。$$

2.11 解：i) ρ_{AB} 的矩阵表示为

$$\begin{pmatrix} \frac{1}{8} & 0 & 0 & 0 \\ 0 & \frac{3}{8} & -\frac{1}{4} & 0 \\ 0 & -\frac{1}{4} & \frac{3}{8} & 0 \\ 0 & 0 & 0 & \frac{1}{8} \end{pmatrix}$$

由本征方程可解出其本征值为$\lambda_{1,2,3}=\frac{1}{8}$,$\lambda_4=\frac{5}{8}$进而求得相应的本征态为$|\phi^+\rangle$,$|\phi^-\rangle$,$|\Psi^+\rangle$,$|\Psi^-\rangle$。于是$\rho_{AB}$可以写为

$$\rho_{AB}=\frac{1}{8}(|\phi^+\rangle\langle\phi^+|+|\phi^-\rangle\langle\phi^-|+|\Psi^+\rangle\langle\Psi^+|)+\frac{5}{8}|\Psi^-\rangle\langle\Psi^-|$$

其实,将第一项单位算符代以 Bell 基完备性条件,立即可得此式。

ii) 由投影算子$\pi_\lambda=|\lambda\rangle\langle\lambda|=\frac{1}{2}(1+\boldsymbol{p}_\lambda\cdot\boldsymbol{\sigma})$可知

$$P=\mathrm{tr}\left\{\frac{1}{2}(1+\boldsymbol{n}\cdot\boldsymbol{\sigma}_A)\frac{1}{2}(1+\boldsymbol{m}\cdot\boldsymbol{\sigma}_B)\rho_{AB}\right\}$$

由于

$$\sigma_{A1}|\Psi^-\rangle=|\phi^-\rangle,\sigma_{A2}|\Psi^-\rangle=-\mathrm{i}|\Psi^+\rangle,\sigma_{A3}|\Psi^-\rangle=-|\phi^+\rangle$$

$$\boldsymbol{\sigma}_A|\Psi^-\rangle_{AB}=-\boldsymbol{\sigma}_B|\Psi^-\rangle_{AB},\rho_{AB}=\frac{1}{8}I+\frac{1}{2}|\Psi^-\rangle_{AB}\langle\Psi^-|$$

$$P=\mathrm{tr}\left\{\frac{1}{2}(1+\boldsymbol{n}\cdot\boldsymbol{\sigma}_A)\frac{1}{2}(1+\boldsymbol{m}\cdot\boldsymbol{\sigma}_B)\frac{1}{8}\right\}$$

$$+\mathrm{tr}\left\{\frac{1}{2}(1+\boldsymbol{n}\cdot\boldsymbol{\sigma}_A)\frac{1}{2}(1+\boldsymbol{m}\cdot\boldsymbol{\sigma}_B)\frac{1}{2}|\Psi^-\rangle_{AB}\langle\Psi^-|\right\}$$

因为

$$\mathrm{tr}(|\Psi^-\rangle_{AB}\langle\Psi^-|)=1$$

$$\mathrm{tr}(\boldsymbol{n}\cdot\boldsymbol{\sigma}_A|\Psi^-\rangle_{AB}\langle\Psi^-|)=\mathrm{tr}(\boldsymbol{m}\cdot\boldsymbol{\sigma}_B|\Psi^-\rangle_{AB}\langle\Psi^-|)=0$$

$$\mathrm{tr}[(\boldsymbol{n}\cdot\boldsymbol{\sigma}_A)(\boldsymbol{m}\cdot\boldsymbol{\sigma}_B)|\Psi^-\rangle_{AB}\langle\Psi^-|]=-n_im_j\langle\Psi^-|\sigma_{Ai}\sigma_{Aj}|\Psi^-\rangle$$

$$=-n_im_j\langle\Psi^-|\mathrm{i}\varepsilon_{ijk}\sigma_k+\delta_{ij}|\Psi^-\rangle=-\boldsymbol{n}\cdot\boldsymbol{m}$$

所以有

$$P=\frac{1}{8}+\frac{1}{8}-\frac{1}{8}\boldsymbol{n}\cdot\boldsymbol{m}=\frac{1}{4}-\frac{1}{8}\boldsymbol{n}\cdot\boldsymbol{m}。$$

2.12 解:按附录所说,直接计算。

2.13　解:按附录所说,直接计算。当 $\omega=\omega_0=0$ 时,由(2.28)式简化直接可得(也参见附录 B)

$$\begin{cases}|\chi_n^{(\pm)}\rangle=\dfrac{1}{\sqrt{2}}\begin{pmatrix}|n-1\rangle\\ \pm|n\rangle\end{pmatrix}\equiv\dfrac{1}{\sqrt{2}}[|n-1,1\rangle\pm|n,0\rangle]\\ H|\chi_n^{(\pm)}\rangle=\pm\beta\sqrt{n}\,|\chi_n^{(\pm)}\rangle\end{cases}$$

2.14　解:按附录所说,直接计算。

第三章

3.1　证:反证法。设可以写成直积形式,即设有复系数存在,使得

$$\{\alpha_0|0\rangle_A+\alpha_1|1\rangle_A\}\{\beta_0|0\rangle_B+\beta_1|1\rangle_B\}=|\Psi^-\rangle_{AB}$$

则除要求 $|\alpha_0|^2+|\alpha_1|^2=1,|\beta_0|^2+|\beta_1|^2=1$ 外,4 个系数还须满足以下方程

$$\alpha_0\beta_0=0,\alpha_0\beta_1=\frac{1}{\sqrt{2}},\alpha_1\beta_0=-\frac{1}{\sqrt{2}},\alpha_1\beta_1=0$$

显然,这组方程无解。所以 EPR 态是纠缠态。

3.2　答:这类 robuster 态(也见式(4.3))其实是用三个 $\frac{1}{2}$ 自旋粒子构造出的总角动量为 $\frac{3}{2}$ 的态 $|j,m_j\rangle=\left|\frac{3}{2},-\frac{1}{2}\right\rangle$。另外几个是

$$\left|\frac{3}{2},\frac{3}{2}\right\rangle=|111\rangle,\left|\frac{3}{2},\frac{1}{2}\right\rangle=\frac{1}{\sqrt{3}}(|011\rangle+|101\rangle+|110\rangle),$$

$$\left|\frac{3}{2},-\frac{3}{2}\right\rangle=|000\rangle$$

这可直接用 $\boldsymbol{J}^2=j_x^2+j_y^2+j_z^2,j_z=j_{z1}+j_{z2}+j_{z3},j_x=j_{x1}+j_{x2}+j_{x3}$ 等验算即知。注意这里总角动量只是等效而言的,并不是三个粒子的总自旋 $\boldsymbol{J}\neq\boldsymbol{S}=\boldsymbol{S}_1+\boldsymbol{S}_2+\boldsymbol{S}_3$。其实这里每个粒子只是个双态系统,并非就是个电子。这里的叠加方式并不是三个 $\frac{1}{2}$ 自旋粒子自旋角动量叠加方式。这用 $\boldsymbol{S}^2=\boldsymbol{S}_1^2+\boldsymbol{S}_2^2+\boldsymbol{S}_3^2$ 作检查即知不成立。

3.3　解:i) 初始时 $\rho=\frac{1}{2}I$,测量 σ_{n_A} 并得到 $+1$ 的概率为

$$P_1=\mathrm{tr}\left[\frac{1}{2}(1+\boldsymbol{n}_A\cdot\boldsymbol{\sigma})\rho\right]=\frac{1}{2}$$

测量后系统坍缩到 $\rho_1=\frac{1}{2}(1+\boldsymbol{n}_A\cdot\boldsymbol{\sigma})$ 描述的态,于是再测量 σ_{n_B} 得到 $+1$ 的概率为

$$P_2=\mathrm{tr}\left[\frac{1}{2}(1+\boldsymbol{n}_B\cdot\boldsymbol{\sigma})\frac{1}{2}(1+\boldsymbol{n}_A\cdot\boldsymbol{\sigma})\right]=\frac{1}{2}(1+\boldsymbol{n}_A\cdot\boldsymbol{n}_B)$$

测量后系统又坍缩到$\rho_2=\frac{1}{2}(1+\boldsymbol{n}_B\cdot\boldsymbol{\sigma})$，与上面相似的计算可得，在此密度矩阵下，测量 σ_{n_C} 得到$+1$ 的概率为

$$P_3=\frac{1}{2}(1+\boldsymbol{n}_B\cdot\boldsymbol{n}_C)$$

测量 σ_{n_A}，σ_{n_B}，σ_{n_C} 所得的结果都为$+1$ 的总概率为

$$P_{\text{total}}=\frac{1}{8}(1+\boldsymbol{n}_A\cdot\boldsymbol{n}_B)(1+\boldsymbol{n}_B\cdot\boldsymbol{n}_C)$$

ii) 类似上面的计算有

$$\begin{aligned}P_{\text{total}}&=\frac{1}{8}(1+\boldsymbol{n}_A\cdot\boldsymbol{n}_B)(1+\boldsymbol{n}_B\cdot\boldsymbol{n}_C)+\frac{1}{8}(1-\boldsymbol{n}_A\cdot\boldsymbol{n}_B)(1-\boldsymbol{n}_B\cdot\boldsymbol{n}_C)\\&=\frac{1}{4}[1+(\boldsymbol{n}_A\cdot\boldsymbol{n}_B)(\boldsymbol{n}_B\cdot\boldsymbol{n}_C)]\end{aligned}$$

iii) $P=\frac{1}{4}(1+\boldsymbol{n}_A\cdot\boldsymbol{n}_C)$

3.4 解：对于前三种情况，容易计算得：$\rho=\frac{1}{2}(|0\rangle\langle 0|+|1\rangle\langle 1|)$对于第四种情况有：$\rho=\frac{1}{4\pi}\int\rho(\theta,\phi)\mathrm{d}\Omega=\frac{1}{2}(|0\rangle\langle 0|+|1\rangle\langle 1|)$，而对于第五种情况则：$\rho=\frac{1}{2\pi}\int\rho(\theta)\sin\theta\mathrm{d}\theta=\frac{1}{2}(|0\rangle\langle 0|+|1\rangle\langle 1|)$，因为这五个密度矩阵都相同，故不可区分。

3.5 解：第一次测量 $\sigma_1=\boldsymbol{n}_1\cdot\boldsymbol{\sigma}$，结果为$+1$ 的概率为

$$P_1=\operatorname{tr}\left[\frac{1}{2}(1+\boldsymbol{n}_1\cdot\boldsymbol{\sigma})\ |0\rangle\langle 0|\right]=\operatorname{tr}\left(\frac{1}{2}\ |0\rangle\langle 0|\right)+\frac{1}{2}\operatorname{tr}(\boldsymbol{n}_1\cdot\langle 0|\boldsymbol{\sigma}|0\rangle)$$

由于$\langle 0|\sigma_1|0\rangle=\langle 0|\sigma_2|0\rangle=0\langle 0|\sigma_3|0\rangle=-1$

则有 $P_1=\frac{1}{2}(1-\boldsymbol{n}_{13})=\frac{1}{2}\left(1-\cos\frac{\pi}{2N}\right)$（其中 $\boldsymbol{n}_{13}$ 为 $\boldsymbol{n}_1$ 的第三分量），第 k 次之后，第 $k+1$ 次测量的概率为

$$\begin{aligned}P_{k+1}&=\operatorname{tr}\left[\frac{1}{2}(1+\boldsymbol{n}_k\cdot\boldsymbol{\sigma})\ \frac{1}{2}(1+\boldsymbol{n}_{k+1}\cdot\boldsymbol{\sigma})\right]\\&=\frac{1}{2}(1+\boldsymbol{n}_k\cdot\boldsymbol{n}_{k+1})=\frac{1}{2}\left(1+\cos\frac{\pi}{2N}\right)\end{aligned}$$

$$P=\frac{1}{2}\left(1-\cos\frac{\pi}{2N}\right)\frac{1}{2^{N-1}}\left(1+\cos\frac{\pi}{2N}\right)^{N-1}=0(N\to\infty\text{ 时})$$

若改初态为$|1\rangle$，则有

$$P=\frac{1}{2^N}\left(1+\cos\frac{\pi}{2N}\right)^N=\frac{1}{2^N}\left(2-\frac{\left(\frac{\pi}{2N}\right)^2}{2}\right)^N$$

$$=\left[1-\left(\frac{\pi}{4N}\right)^2\right]^N\text{，当 } N\to\infty \text{ 时，} P\to 1\text{。}$$

3.6 解：i) 在 $H=-\frac{\Delta}{2}\sigma_z$ 作用下有

$$|\Psi(t)\rangle=\mathrm{e}^{-\mathrm{i}Ht/\hbar}|\Psi(0)\rangle=\mathrm{e}^{-\mathrm{i}\Delta\sigma_z t/2\hbar}|\Psi(0)\rangle$$

将 $|\Psi(0)\rangle=\frac{1}{\sqrt{2}}(|0\rangle+|1\rangle)$ 代入上式，得到

$$|\Psi(T)\rangle=\frac{1}{\sqrt{2}}\mathrm{e}^{\frac{\mathrm{i}\Delta T}{2\hbar}}|0\rangle+\frac{1}{\sqrt{2}}\mathrm{e}^{-\frac{\mathrm{i}\Delta T}{2\hbar}}|1\rangle$$

这时测 σ_x，结果为 $+1$ 的概率为

$$P=\left|\frac{1}{\sqrt{2}}(\langle 0|+\langle 1|)|\Psi(T)\rangle\right|^2=\frac{1}{2}\left(\mathrm{e}^{\frac{\mathrm{i}\Delta T}{2\hbar}}+\mathrm{e}^{-\frac{\mathrm{i}\Delta T}{2\hbar}}\right)^2=\cos^2\left(\frac{\Delta T}{2\hbar}\right)$$

注意，$\frac{1}{\sqrt{2}}(|0\rangle+|1\rangle)$ 是 σ_x 本征值为 $+1$ 的本征态。

ii) 重复 N 次实验，结果得到 n 次为 $+1$ 的概率服从二项式分布，即：

$$P_n=C_N^n p^n(1-p)^{N-n}=C_N^n\cos^{2n}\left(\frac{\Delta T}{2\hbar}\right)\sin^{2(N-n)}\left(\frac{\Delta T}{2\hbar}\right)$$

其中，$C_N^n=\frac{N!}{n!\ (N-n)!}$，$p$ 为一次测量 σ_x 取 $+1$ 的概率。

iii) 设"测量结果为 $+1$"这一事件，用"1"代表，"测量结果为 -1"的事件用"0"代表。则测量结果为 $+1$ 的平均次数变为求所有数之和的平均值。由概率论可知

$$\bar{n}=Np+N\times 0\times(1-p)=Np=N\cos^2\left(\frac{\Delta T}{2\hbar}\right)$$

同样由概率论可知均方差为

$$\Delta n=\sqrt{\overline{n^2}-\bar{n}^2}=\sqrt{nP(1-P)}=\sqrt{N}\cos\frac{\Delta T}{2\hbar}\sin\frac{\Delta T}{2\hbar}$$

iv) 令 $\delta\bar{n}=\Delta n$，则有

$$2N\cos\frac{\Delta T}{2\hbar}\sin\frac{\Delta T}{2\hbar}\frac{T}{2\hbar}\delta\Delta=\sqrt{N}\cos\frac{\Delta T}{2\hbar}\sin\frac{\Delta T}{2\hbar}$$

化简后得

$$\delta\Delta=\frac{1}{T\sqrt{N}}$$

3.7 解:用密度矩阵表示同时有退相干情况下系统量子态

$$\rho(T)=\frac{1}{2}[\,|0\rangle\langle 0|+|1\rangle\langle 1|+\mathrm{e}^{-\mathrm{i}\frac{\Delta T}{\hbar}}\mathrm{e}^{-\gamma T}\,|0\rangle\langle 1|+\mathrm{e}^{\mathrm{i}\frac{\Delta T}{\hbar}}\mathrm{e}^{-\gamma T}\,|1\rangle\langle 0|\,]$$

$$P=\frac{1}{\sqrt{2}}(\langle 0|+\langle 1|)\,\rho(T)\,\frac{1}{\sqrt{2}}(|0\rangle+|1\rangle)=\frac{1}{2}\left(1+\mathrm{e}^{-\gamma T}\cos\left(\frac{\Delta T}{\hbar}\right)\right)$$

由二项式分布,可得

$$P_n=C_N^n\left[\frac{1}{2}\left(1+\mathrm{e}^{-\gamma T}\cos\left(\frac{\Delta T}{\hbar}\right)\right)\right]^n\left[\frac{1}{2}\left(1-\mathrm{e}^{-\gamma T}\cos\left(\frac{\Delta T}{\hbar}\right)\right)\right]^{N-n}$$

且有

$$\bar{n}=\frac{N}{2}\left(1+\mathrm{e}^{-\gamma T}\cos\left(\frac{\Delta T}{\hbar}\right)\right),\Delta n=\sqrt{Np(1-p)}=\sqrt{\frac{N}{4}\left(1-\mathrm{e}^{-2\gamma T}\cos^2\left(\frac{\Delta T}{\hbar}\right)\right)}$$

由 $\delta\bar{n}=\Delta n$,可得

$$\frac{N}{2}\mathrm{e}^{-\gamma T}\sin\left(\frac{\Delta T}{\hbar}\right)\frac{T}{\hbar}\delta\Delta=\sqrt{\frac{N}{4}\left(1-\mathrm{e}^{-2\gamma T}\cos^2\left(\frac{\Delta T}{\hbar}\right)\right)}$$

即有

$$\delta\Delta=\frac{\sqrt{1-\mathrm{e}^{-2\gamma T}\cos^2\left(\frac{\Delta T}{\hbar}\right)}}{\sqrt{N}\mathrm{e}^{-\gamma T}\sin\left(\frac{\Delta T}{\hbar}\right)\frac{T}{\hbar}}$$

3.8 解:初态 $|\Psi\rangle$ 经过时间 T 演化后的态为

$$|\Psi(T)\rangle=\mathrm{e}^{\frac{\mathrm{i}}{\hbar}\left(\sum_{i=1}^{n}\frac{\Delta\sigma_{zi}}{2}\right)T}\,|\Psi\rangle=\frac{1}{\sqrt{2}}\left(\mathrm{e}^{\frac{-\mathrm{i}\Delta T_n}{2\hbar}}\,|00\cdots 0\rangle+\mathrm{e}^{\frac{\mathrm{i}\Delta T_n}{2\hbar}}\,|11\cdots 1\rangle\right)$$

执行 $|\Psi^+\rangle$ 测量,概率为

$$P_+=|\langle\Psi^+|\Psi(T)\rangle|^2=\cos^2\frac{\Delta Tn}{2\hbar}$$

执行 $|\Psi^-\rangle$ 测量,概率为:

$$P_-=|\langle\Psi^-|\Psi(T)\rangle|^2=\sin^2\frac{\Delta Tn}{2\hbar}$$

做 N 次重复的实验,测得结果为 $|\Psi^+\rangle$ 的平均次数为

$$\bar{n}=N\cos^2\frac{\Delta Tn}{2\hbar}$$

均方根为

$$\Delta n=\sqrt{N\cos^2\frac{\Delta Tn}{2\hbar}\sin^2\frac{\Delta Tn}{2\hbar}}$$

令 $\delta\bar{n}=\Delta n$,则有

$$2N\cos\left(\frac{\Delta Tn}{2\hbar}\right)\sin\left(\frac{\Delta Tn}{2\hbar}\right)\frac{Tn}{2\hbar}\delta\Delta = \sqrt{N}\cos\left(\frac{\Delta Tn}{2\hbar}\right)\sin\left(\frac{\Delta Tn}{2\hbar}\right)$$

亦即有 $\delta n=\dfrac{\hbar}{\sqrt{N}Tn}$，当 n 越大时，测量误差越小。

3.9 解：相对应的混态可分离态为

$$\rho_{AB} = \beta_1 \mid 1\rangle_A\langle 1 \mid\otimes\mid 1'\rangle_B\langle 1' \mid + \beta_2 \mid 2\rangle_A\langle 2 \mid\otimes\mid 2'\rangle_B\langle 2' \mid$$

直接计算即可。

3.10 解：约化密度矩阵为

$$\rho_A = \frac{1}{8}\{(\mid\uparrow\rangle_A + \sqrt{3}\mid\downarrow\rangle_A)({}_A\langle\uparrow\mid + \sqrt{3}\,{}_A\langle\downarrow\mid)$$

$$+ (\sqrt{3}\mid\uparrow\rangle_A + \mid\downarrow\rangle_A)(\sqrt{3}\,{}_A\langle\uparrow\mid + {}_A\langle\downarrow\mid)\}$$

ρ_B 的形式与 ρ_A 相同。

将 ρ_A 与 ρ_B 化为对角的，可得

$$\rho = \frac{1}{4}\begin{pmatrix} 2 & \sqrt{3} \\ \sqrt{3} & 2 \end{pmatrix}, \qquad \lambda_{1,2} = \frac{1}{4}(2\pm\sqrt{3})$$

相应的本征矢量为

$$\mid\lambda_1\rangle_A = \frac{1}{\sqrt{2}}\begin{pmatrix} 1 \\ 1 \end{pmatrix}_A = \frac{1}{\sqrt{2}}(\mid\uparrow\rangle_A + \mid\downarrow\rangle_A),$$

$$\mid\lambda_2\rangle_A = \frac{1}{\sqrt{2}}\begin{pmatrix} 1 \\ -1 \end{pmatrix}_A = \frac{1}{\sqrt{2}}(\mid\uparrow\rangle_A - \mid\downarrow\rangle_A)$$

解出 $\mid\uparrow\rangle$，$\mid\downarrow\rangle$ 代入上面 ρ_A 表达式，得

$$\rho_A = \frac{2+\sqrt{3}}{4}\mid\lambda_1\rangle_A\langle\lambda_1\mid + \frac{2-\sqrt{3}}{4}\mid\lambda_2\rangle_A\langle\lambda_2\mid, \quad \rho_B \text{ 相似。}$$

于是 Schmidt 分解为

$$\mid\Phi\rangle_{AB} = \sqrt{\frac{2+\sqrt{3}}{4}}\mid\lambda_1\rangle_A\mid\lambda_1\rangle_B - \sqrt{\frac{2-\sqrt{3}}{4}}\mid\lambda_2\rangle_A\mid\lambda_2\rangle_B$$

注 可以验证，若此处第二项取正根，则对应态为（与 $\mid\Phi\rangle_{AB}$ 对照）

$$\mid\Phi'\rangle_{AB} = \frac{1}{\sqrt{2}}\mid\uparrow\rangle_A\left(\frac{\sqrt{3}}{2}\mid\uparrow\rangle_B + \frac{1}{2}\mid\downarrow\rangle_B\right) + \frac{1}{\sqrt{2}}\mid\downarrow\rangle_A\left(\frac{1}{2}\mid\uparrow\rangle_B + \frac{\sqrt{3}}{2}\mid\downarrow\rangle_B\right)$$

3.11 答：举一个反例即可。研究下面纯态

$$\begin{cases} \mid\Phi\rangle_{ABC} = \mid\varphi\rangle_{AB}\otimes\mid\omega\rangle_C \\ \mid\varphi\rangle_{AB} = \sum_j \alpha_j \mid j\rangle_A \mid j'\rangle_B, \; j \geqslant 2 \end{cases}$$

如果能将其写成三体 Schmidt 分解形式,即,如果有

$$|\Phi\rangle_{ABC}=\sum_i\sqrt{p_i}\,|i\rangle_A\,|i'\rangle_B\,|i''\rangle_C,\ \forall p_i\neq 0$$

则,当 $i\geqslant 2$,对粒子 C 求迹后所剩 AB 粒子的态是混态而不是原来假定的纯态;若 $i=1$,则 $|i''\rangle_C=|\omega\rangle_C$,同时 A 和 B 是分离的,这也不符合 $j\geqslant 2$ 是纠缠的原来假定。证毕。

3.12 答:此态可以被纯化为以下三体纯态

$$|\Psi\rangle_{ABC}=\frac{1}{\sqrt{3}}\{|100\rangle+|011\rangle+|010\rangle\}$$

这里ρ_{AC}和ρ_{AC}是可分离态,由书中该处推论得

$$E_r(\rho_{AB})=S(\rho_A)-S(\rho_C)=H\left(\frac{2}{3}\right)-H\left(\frac{1}{2}+\frac{\sqrt{5}}{6}\right)。$$

第四章

4.1 解:经对 A 做部分转置后,为

$$\begin{aligned}\rho_{AB}^{T_A}=&{}_A\langle 0|\rho_{AB}|0\rangle_A\cdot|0\rangle_{AA}\langle 0|+{}_A\langle 1|\rho_{AB}|1\rangle_A\cdot|1\rangle_{AA}\langle 1|\\&+{}_A\langle 0|\rho_{AB}|1\rangle_A\cdot|1\rangle_{AA}\langle 0|+{}_A\langle 1|\rho_{AB}|0\rangle_A\cdot|0\rangle_{AA}\langle 1|\\=&\frac{1}{2}\{\lambda|0\rangle_B\langle 0|\cdot|0\rangle_A\langle 0|+(1-\lambda)|0\rangle_B\langle 0|\cdot|0\rangle_A\langle 0|\\&+\lambda|0\rangle_B\langle 0|\cdot|0\rangle_A\langle 0|+(1-\lambda)|0\rangle_B\langle 0|\cdot|0\rangle_A\langle 0|\\&+\lambda|0\rangle_B\langle 0|\cdot|0\rangle_A\langle 0|+(1-\lambda)|0\rangle_B\langle 0|\cdot|0\rangle_A\langle 0|\\&+\lambda|0\rangle_B\langle 0|\cdot|0\rangle_A\langle 0|+(1-\lambda)|0\rangle_B\langle 0|\cdot|0\rangle_A\langle 0|\}\\=&\frac{1}{2}\begin{pmatrix}\lambda&0&0&(1-\lambda)\\0&(1-\lambda)&\lambda&0\\0&\lambda&(1-\lambda)&0\\(1-\lambda)&0&0&\lambda\end{pmatrix}\end{aligned}$$

后面矩阵表示是在$\{|00\rangle_{AB},|01\rangle_{AB},|10\rangle_{AB},|11\rangle_{AB}\}$基底中写出的。求其本征值,得 $x_1,x_2=\frac{1}{2},x_3=\lambda-\frac{1}{2},x_4=-\left(\lambda-\frac{1}{2}\right)$。当 $\lambda(0\leqslant\lambda\leqslant 1)\neq\frac{1}{2}$时,有负本征值,按 Peres 判据是纠缠的;而当 $\lambda=\frac{1}{2}$时,$\rho_{AB}^{T_A}=\frac{1}{2}\{|\varphi^+\rangle\langle\varphi^+|+|\Psi^+\rangle\langle\Psi^+|\}$,是个混态可分离态

$$\rho_{AB}^{T_A}=\frac{1}{2}\{|\varphi^+\rangle\langle\varphi^+|+|\Psi^+\rangle\langle\Psi^+|\}=\frac{1}{4}\{(|0\rangle_A+|1\rangle_A)({}_A\langle 0|+{}_A\langle 1|)$$

$$\times(|0\rangle_B+|1\rangle_B)({}_B\langle 0|+{}_B\langle 1|)$$
$$+(|0\rangle_A-|1\rangle_A)({}_A\langle 0|-{}_A\langle 1|)\cdot(|0\rangle_B-|1\rangle_B)({}_B\langle 0|-{}_B\langle 1|)\}$$

所以只当$\lambda\neq\frac{1}{2}$值时是不可分离的。

4.2 解:令

$$|\Psi\rangle=y_1|\phi^+\rangle+y_2|\Psi^+\rangle$$
$$=\frac{1}{\sqrt{2}}\{y_1(|00\rangle+|11\rangle)+y_2(|01\rangle+|10\rangle)\}$$

有

$$\rho_A=\frac{|y_1|^2+|y_2|^2}{2}(|0\rangle\langle 0|+|1\rangle\langle 1|)+\frac{y_1y_2^*+y_1^*y_2}{2}(|0\rangle\langle 1|+|1\rangle\langle 0|)$$

按定理要求$|\Psi\rangle_{AB}$应为直积形式,所以ρ_A为纯态,也即$S_A=0$,或有$\det(\rho_A-I)=0$,得

$$y_1=\pm y_2$$

考虑到$|y_1|^2+|y_2|^2=1$,看来我们能得到两个独立的解矢量:

$$\boldsymbol{y}^1=\left(\frac{1}{\sqrt{2}},\frac{1}{\sqrt{2}}\right),\boldsymbol{y}^2=\left(\frac{1}{\sqrt{2}},-\frac{1}{\sqrt{2}}\right)$$

接着,按M矩阵为左幺正的条件得到p,λ值为$\frac{1}{2}$。这时得到的是混态可分离态。这与此题用 Peres 判据的结果相同(见上题)。因此仅当λ值为$\frac{1}{2}$时,本题所给的态是可分离的。

4.3 解:与前面例子类似,令

$$|\Psi\rangle=y_1\cdot\frac{1}{\sqrt{2}}(|\phi^+\rangle-\mathrm{i}|\Psi^+\rangle)$$
$$+y_2\cdot\frac{1}{2\sqrt{3}}(-3\mathrm{i}|00\rangle+\mathrm{i}|11\rangle+|01\rangle+|10\rangle)$$

为计算方便,记$y_1=r_1$,$y_2=r_2\mathrm{e}^{\mathrm{i}\varphi}$,其中$r_1$,$r_2$为满足条件$r_1^2+r_2^2=1$的非负实数,$\varphi$为一实数。

直接计算可得,本题所给ρ_{AB}的约化密度矩阵为

$$\rho_A=\left(\frac{1}{2}+\frac{1}{3}r_2^2+\frac{1}{\sqrt{3}}r_1r_2\sin\varphi\right)|0\rangle\langle 0|+\left(\frac{1}{2}-\frac{1}{3}r_2^2-\frac{1}{\sqrt{3}}r_1r_2\sin\varphi\right)|1\rangle\langle 1|$$
$$+\left(-\frac{\mathrm{i}}{3}r_2^2+\frac{1}{\sqrt{3}}r_1r_2\mathrm{e}^{\mathrm{i}\varphi}\right)|0\rangle\langle 1|+\left(\frac{\mathrm{i}}{3}r_2^2+\frac{1}{\sqrt{3}}r_1r_2\mathrm{e}^{-\mathrm{i}\varphi}\right)|1\rangle\langle 0|$$

由 $S_A=0$ 可知ρ_A 有一零根，于是上述密度矩阵的行列式为零，这要求

$$r_2^2=\frac{3(1+\sin^2\varphi)\pm3\sqrt{\sin^4\varphi-\sin^2\varphi}}{2+6\sin^2\varphi}$$

既然 r_2 为实数，于是

$$\sin^4\varphi-\sin^2\varphi\geqslant0$$

得 $\sin^2\varphi=1$，而另一解

$$\sin^2\varphi=0$$

已扔掉，因为不符合 $0\leqslant r_2\leqslant1$. 这样得到

$$\varphi=\pm\frac{\pi}{2}\ \text{和}\ r_1=\frac{1}{2},\ r_2=\frac{\sqrt{3}}{2}$$

于是得到两个(且只有两个)不同的解矢量

$$\begin{cases}\boldsymbol{y}^1=\left(\dfrac{1}{2},\dfrac{\sqrt{3}}{2}\mathrm{i}\right)\\ \boldsymbol{y}^2=\left(\dfrac{1}{2},-\dfrac{\sqrt{3}}{2}\mathrm{i}\right)\end{cases}$$

为了让矩阵

$$M=\begin{pmatrix}\sqrt{p} & \sqrt{p}\mathrm{i}\\ \sqrt{1-p} & -\sqrt{1-p}\mathrm{i}\end{pmatrix}$$

左幺正，必须有 $p_1=p_2=\dfrac{1}{2}$，我们得到

$$\frac{1}{\sqrt{2}}\begin{pmatrix}1 & \mathrm{i}\\ 1 & -\mathrm{i}\end{pmatrix}\begin{pmatrix}\dfrac{1}{2}\dfrac{1}{\sqrt{2}}(|\phi^+\rangle-\mathrm{i}|\Psi^+\rangle)\\ \dfrac{\sqrt{3}}{2}\dfrac{1}{2\sqrt{3}}(-3\mathrm{i}|00\rangle+\mathrm{i}|11\rangle+|01\rangle+|10\rangle)\end{pmatrix}=\begin{pmatrix}\dfrac{1}{\sqrt{2}}|00\rangle\\ -\dfrac{1}{\sqrt{2}}|\alpha\rangle|\alpha\rangle\end{pmatrix}$$

其中，$|\alpha\rangle=\dfrac{1}{\sqrt{2}}(|0\rangle+\mathrm{i}|1\rangle)$。这就是说，按上面约化密度矩阵的表达式可知，所给出的量子态是可分离的，它可以重新写为

$$\rho_{AB}=\frac{1}{2}|0\rangle_A\langle0|\otimes|0\rangle_B\langle0|+\frac{1}{2}|\alpha\rangle_A\langle\alpha|\otimes|\alpha\rangle_B\langle\alpha|$$

4.4 解：令

$$|\Psi\rangle=y_1\frac{1}{\sqrt{3}}(|00\rangle+|11\rangle+|22\rangle)+y_2\frac{1}{\sqrt{3}}(|01\rangle+|12\rangle+|20\rangle)$$

记 $y_1=r_1,y_2=r_2\mathrm{e}^{\mathrm{i}\varphi}$，这里 r_1,r_2 为满足 $r_1^2+r_2^2=1$ 的非负实数，φ 为一实数。

直接计算得

$$\rho_A = \frac{1}{3}\begin{pmatrix} 1 & r_1 r_2 e^{-i\varphi} & r_1 r_2 \\ r_1 r_2 & 1 & r_1 r_2 e^{-i\varphi} \\ r_1 r_2 e^{-i\varphi} & r_1 r_2 & 1 \end{pmatrix}$$

既然上面的矩阵迹为 1,于是 $S_A=0$ 当且仅当上面矩阵的本征值只有一个 1,其余是 0。它的本征值方程为

$$(3x-1)^3 - 3r_1^2 r_2^2 e^{-i\varphi}(3x-1) - r_1^3 r_2^3(1+e^{-3i\varphi}) = 0$$

令 $x=0$ 和 1,得

$$\begin{cases} -1 + 3r_1^2 r_2^2 e^{-i\varphi} - r_1^3 r_2^3(1+e^{-3i\varphi}) = 0 \\ 8 - 6r_1^2 r_2^2 e^{-i\varphi} - r_1^3 r_2^3(1+e^{-3i\varphi}) = 0 \end{cases}$$

由此得

$$1 = r_1^2 r_2^2 e^{-i\varphi}$$

这与 $|r_1^2 r_2^2 e^{-i\varphi}| \leqslant \frac{1}{2}$ 矛盾。于是,定理的可分离充要判据方程无解。由此得到结论,本题所给态总是纠缠态。

4.5 解: 由可分离态判据可知,一个给定的两体二能级系统的密度矩阵 ρ_{AB},只有在做部分转置操作后,仍然是正定的(即无负本征值),这时 ρ_{AB} 是可分离的。为此我们先对 ρ_1 做部分转置,然后求本征值。

$$\begin{aligned} \rho_1 &= (1-F)\,|\Psi^-\rangle\langle\Psi^-| + F\,|11\rangle\langle 11| \\ &= (1-F)\,\frac{1}{2}[\,|01\rangle - |10\rangle][\langle 01| - \langle 10|\,] + F\,|11\rangle\langle 11| \\ &= (1-F)\,\frac{1}{2}[\,|01\rangle\langle 01| + |10\rangle\langle 10| - |01\rangle\langle 10| \\ &\quad - |10\rangle\langle 01|\,] + F\,|11\rangle\langle 11| \end{aligned}$$

对第二位做部分转置,得到

$$\begin{aligned} \rho^{T} = (1-F)\,\frac{1}{2}[\,|01\rangle\langle 01| + |10\rangle\langle 10| - |00\rangle\langle 11| \\ - |11\rangle\langle 00|\,] + F\,|11\rangle\langle 11| \end{aligned}$$

写成矩阵形式,有

$$\rho^{\mathrm{T}}=\begin{pmatrix}\dfrac{1-F}{2} & 0 & 0 & 0\\ 0 & \dfrac{1-F}{2} & 0 & 0\\ 0 & 0 & 0 & \dfrac{1-F}{2}\\ 0 & 0 & \dfrac{1-F}{2} & F\end{pmatrix}$$

易求出其本征值为 $\lambda_{1,2}=\dfrac{1-F}{2}$，$\lambda_{3,4}=\dfrac{F\pm\sqrt{F^2+(F-1)^2}}{2}$。当 $F<1$ 时，由于 $\lambda_4=\dfrac{F-\sqrt{F^2+(F-1)^2}}{2}<0$，故$\rho^{\mathrm{T}}$ 非正定，即ρ_1 不可分离。只当 $F=1$ 时ρ_1 可分离。

另一ρ_2 态的情况

$$\rho_2=F\mid\Psi^-\rangle\langle\Psi^-\mid+\frac{1-F}{3}\mid\Psi^+\rangle\langle\Psi^+\mid+\frac{1-F}{3}\mid\phi^-\rangle\langle\phi^-\mid+\frac{1-F}{3}\mid\phi^+\rangle\langle\phi^+\mid$$

$$=\frac{4F-1}{3}\mid\Psi^-\rangle\langle\Psi^-\mid+\frac{1-F}{3}I_{AB}$$

部分转置后，得

$$\rho_2^{\mathrm{T}}=\frac{2F+1}{6}[\mid 01\rangle\langle 01\mid+\mid 10\rangle\langle 10\mid]+\frac{1-F}{3}[\mid 00\rangle\langle 00\mid-\mid 11\rangle\langle 11\mid]$$

$$-\frac{4F-1}{6}[\mid 00\rangle\langle 11\mid+\mid 11\rangle\langle 00\mid]$$

矩阵形式为

$$\rho_2^{\mathrm{T}}=\begin{pmatrix}\dfrac{2F+1}{6} & 0 & 0 & 0\\ 0 & \dfrac{2F+1}{6} & 0 & 0\\ 0 & 0 & \dfrac{1-F}{3} & \dfrac{4F-1}{6}\\ 0 & 0 & \dfrac{4F-1}{6} & \dfrac{1-F}{3}\end{pmatrix}$$

其本征值为

$$\lambda_{1,2,3}=\frac{2F+1}{6},\ \lambda_4=\frac{1}{2}-F$$

因为当 $0<F<1$ 时，$\lambda_{1,2,3}>0$，所以当 $F\leqslant\dfrac{1}{2}$时 $\lambda_4\geqslant 0$，此时ρ_2 可分离。

第五章

5.1 M-Z 干涉仪分析见第一章。其余题为论述性质或文中已有推导,解答从略。

第六章

6.1 **解:**设 $\$(\rho_A)=\rho'_A$ 是 N 维 Hilbert 空间 H_A 中的任意一个超算符。可以证明,H_A 中的超算符和扩展 Hilbert 空间 $H_A\otimes H_B$ 中的满足条件

$$\mathrm{tr}_A\,\rho_{AB}=1$$

的密度矩阵ρ_{AB}是一一对应的。而满足上式的ρ_{AB}的自由度为 N^4-N^2,即ρ_{AB}中有 N^4-N^2 个实参数。

下面证明 \$ 与ρ_{AB}的一一对应。若 $H_A\otimes H_B$ 中上述ρ_{AB}给定,则由亲态方法可知超算符可以定义如下

$$\$(\rho)=\mathrm{tr}(\rho_B^{\mathrm{T}}\rho_{AB})\qquad(\mathrm{tr}\,\rho_{AB}=1)$$

其中,ρ_B 是定义在 H_B 空间中的密度矩阵,其矩阵元和ρ_A 完全相同。而给定 \$ 定义后

$$\rho_{AB}=\$\otimes I_B(|\Phi\rangle\langle\Phi|),\ |\Phi\rangle=\sum_i|i\rangle_A|i'\rangle_B$$

其中,I_B 是 H_B 中的恒等算符。可以证明 $\mathrm{tr}\,\rho_{AB}=1$。由 Kraus 定理可知:

$$\$(\rho_A)=\sum_\mu M_\mu\rho_A M_\mu^\dagger$$

所以有

$$\rho_{AB}=\$\otimes I_B(|\Phi\rangle\langle\Phi|)=\sum_\mu M_\mu|\Phi\rangle\langle\Phi|M_\mu^\dagger=\sum_i P_i|\Psi\rangle_{AB\,AB}\langle\Psi|$$

上面第二个等号是因为 $\$\otimes I_B$ 是完全正定的,所以ρ_{AB}可以用 $H_A\otimes H_B$ 中的基 $\{|\Psi\rangle_{AB}\}$展开。

设 $|\Psi_i\rangle_{AB}=\sum_{mn}C_{mn}^i|m\rangle_A|n\rangle_B=\hat{C}_i\sum_n|n\rangle_A|n\rangle_B$ 其中 $\hat{C}_i$ 为 H_A 中的算符,有

$$\hat{C}_i|n\rangle_A=\sum_m C_{mn}^i|m\rangle_A$$

定义 $M_i=\sqrt{p_i}\hat{C}_i$,使得

$$\mathrm{tr}_B(\rho_B^{\mathrm{T}}\rho_{AB})=\sum_i M_i\rho_A M_i^\dagger=\$(\rho_A)$$

则需 $\sum_i M_i^\dagger M_i = \sum_i p_i \hat{C}_i \hat{C}_i^\dagger = I$ 。

这时应有

$$\begin{aligned}\mathrm{tr}_A \rho_{AB} &= \mathrm{tr}_A \sum_i p_i \mid \Psi_i\rangle_{AB\,AB}\langle\Psi_i \mid \\ &= \mathrm{tr}_A\Big(\sum_i p_i \hat{C}_i \sum_n \mid n\rangle_A \mid n\rangle_B \sum_m {}_A\langle m \mid_B \langle m \mid \hat{C}_i^\dagger\Big) \\ &= \sum_{mn} \mid n\rangle_{BB}\langle m \mid_A \langle m \mid \sum_i p_i \hat{C}_i^\dagger \hat{C}_i \mid n\rangle_A \\ &= \sum_{mn} \mid n\rangle_{BB}\langle m \mid_A\langle m \mid n\rangle_A = \sum_n \mid n\rangle_{BB}\langle n \mid = I\end{aligned}$$

6.2 解:由题意得

$$\hat{\Omega} = \sum_{n=0}^{\infty} \mid n+1\rangle\langle n \mid = a^+ \frac{1}{\sqrt{N+1}};\ \hat{\Omega}^+ = \sum_{n=0}^{\infty} \mid n\rangle\langle n+1 \mid = \frac{1}{\sqrt{N+1}}a$$

由于

$$\hat{\Omega}^+ \hat{\Omega} = \sum_{m=0}^{\infty} \mid m\rangle\langle m+1 \mid \sum_{n=0}^{\infty} \mid n+1\rangle\langle n \mid = \sum_{n=0}^{\infty} \mid n\rangle\langle n \mid = I$$

所以有

$$\langle\Psi \mid \hat{\Omega}^+ \hat{\Omega} \mid \Psi\rangle = \langle\Psi \mid \Psi\rangle$$

这说明 $\hat{\Omega}$ 是一个等距算符,不改变任何态$|\Psi\rangle$的标积。但是

$$\hat{\Omega}\hat{\Omega}^+ = \sum_{n=0}^{\infty} \mid n+1\rangle\langle n \mid \sum_{m=0}^{\infty} \mid m\rangle\langle m+1 \mid = \sum_{n=1}^{\infty} \mid n\rangle\langle n \mid = I - \mid 0\rangle\langle 0 \mid \neq I$$

故 $\hat{\Omega}$ 并非幺正算符。

6.3 解:条件的充分性:

设 $\$=\{M_\mu\}$ 为满足条件的超算符,$\$(\rho) = \sum_\mu M_\mu \rho M_\mu^\dagger, \sum_\mu M_\mu^\dagger M_\mu = 1$。

则

$$(C^2)_{\mu\nu} = \sum_\lambda C_{\mu\lambda} C_{\lambda\nu} = \sum_\lambda M_\mu M_\lambda^\dagger M_\lambda M_\nu^\dagger = M_\mu\Big(\sum_\lambda M_\lambda^\dagger M_\lambda\Big) M_\nu^\dagger = M_\mu M_\nu^\dagger = C_{\mu\nu}$$

即 $C^2 - C = 0$。说明矩阵 C 的本征值为 0 和 1。但考虑到 $\mathrm{tr}C^2 = \mathrm{tr}C = 1$,所以 C 的非零本征值(为 1)只有一个,其余均为 0。这就是说 C 的秩为 1。可知它的各行(列)线性相关。即存在常数 $\alpha_{\mu\nu}, \beta_{\mu\nu}$ 使得

$$\alpha_{\mu\nu}(C_{\mu 1}, C_{\mu 2}, \cdots, C_{\mu n}) + \beta_{\mu\nu}(C_{\nu 1}, C_{\nu 2}, \cdots, C_{\nu n}) = 0$$

也就是

$$(\alpha_{\mu\nu} M_\mu + \beta_{\mu\nu} M_\nu)(M_1^\dagger, M_2^\dagger, \cdots, M_n^\dagger) = 0$$

但$\{M_n^\dagger u\}$不可能全为零,所以

$$\alpha_{\mu\nu}M_\mu + \beta_{\mu\nu}M_\nu = 0$$

此即说明$\{M_\mu\}$及$\{M_\mu^\dagger\}$中只有一个是线性独立的。其余均和它线性相关。这也可从下面的论证中得到。

由于C为厄米矩阵,总可以找一个幺正矩阵U将其对角化。于是

$$U\begin{pmatrix} M_1 \\ \vdots \\ M_\mu \\ \vdots \\ M_n \end{pmatrix}(M_1^\dagger,\cdots,M_\mu^\dagger,\cdots,M_n^\dagger)U^{-1} = U\begin{pmatrix} C_{11} & C_{12} & \cdots & C_{1n} \\ C_{21} & C_{22} & \cdots & C_{2n} \\ \vdots & \vdots & \ddots & \vdots \\ C_{n1} & C_{n2} & \cdots & C_{nn} \end{pmatrix}U^{-1} = \begin{pmatrix} 1 & 0 & 0 & 0 \\ 0 & 0 & 0 & 0 \\ 0 & 0 & \ddots & 0 \\ 0 & 0 & 0 & 0 \end{pmatrix}$$

令$N_\mu = \sum_\lambda U_{\mu\lambda}M_\lambda$,即得(令$N^\dagger=(N_1^\dagger,\cdots,N_n^\dagger)$)

$$NN^\dagger = \begin{pmatrix} 1 & 0 & 0 & 0 \\ 0 & 0 & 0 & 0 \\ 0 & 0 & \ddots & 0 \\ 0 & 0 & 0 & 0 \end{pmatrix}$$

或者

$$N_1N_1^\dagger = 1$$

由于其余的$N_\mu N_\mu^\dagger=0$(当μ或者$\nu\neq1$时)。于是可得$N_\mu=0,\mu\neq1$。

注意这时有

$$\$(\rho) = \sum_\mu M_\mu \rho M_\mu^\dagger = \sum_{\mu\lambda\delta}(U^{-1})_{\mu\lambda}N_\lambda \rho N_\delta U_{\delta\mu} = \sum_\lambda N_\lambda \rho N_\lambda = N_1 \rho N_1$$

同时,由于$\$(\rho)$是超算符,所以又有

$$N_1^\dagger N_1 = 1$$

从而可知N_1是幺正算符。所以$\$$是幺正映射。

条件的必要性:

如果一个超算符$\$=\{M_\mu\}$是幺正的(可逆的),它将把任意纯态映射为纯态,然而这在算符M_μ中只有一个是线性独立时才有可能,即应当有

$$\$(\rho) = M\rho M^\dagger, \qquad M^\dagger M = 1$$

这时它的逆映射必为

$$\$^\dagger(\rho) = M^\dagger \rho M, \quad M^\dagger M = 1$$

因为

$$\$^\dagger(\$(\rho)) = M^\dagger(M\rho M^\dagger)M = \rho$$

注意，已设 \$ 逆映射存在，故又有 $\$(\$^{\dagger}(\rho))=\rho$，即 $\$^{\dagger}$ 也是超算符，有

$$MM^{\dagger}=1$$

所以幺正算符 M 满足题设的条件。

6.4 解：设 H_A 和 H_B 的维数都为 N，$|\Phi\rangle_{AB}$ 为 $H_A\otimes H_B$ 空间的态矢

$$|\Phi\rangle_{AB}=\frac{1}{\sqrt{N}}\sum_{i=1}^{N}|i\rangle_A\otimes|i'\rangle_B$$

（此态矢为最大纠缠态，有 $\mathrm{tr}_B|\Phi\rangle_{AB\,AB}\langle\Phi|=I_A$）。设

$$\rho_{AB}=|\Phi\rangle_{AB}\langle\Phi|=\frac{1}{N}\sum_{ij}|i\rangle_{AA}\langle j|\otimes|i'\rangle_{BB}\langle j'|$$

$T_A\otimes I_B$ 作用到ρ_{AB}上后得

$$\rho'_{AB}=T_A\otimes I_B\,\rho_{AB}=\frac{1}{N}\sum_{ij}|j\rangle_{AA}\langle i|\otimes|i'\rangle_{BB}\langle j'|$$

表明作用后的$\rho'_{AB}=T_A\otimes I_B\,\rho_{AB}$是一个这样的算符，以致 $N\rho'_{AB}$ 是将 A 态和 B 态交换的交换算符。它有正负两个本征值，对应于交换为对称和反对称的两种态。

设 $N\rho'_{AB}=\sum_{ij}|j\rangle_{AA}\langle i|\otimes|i'\rangle_{BB}\langle j'|$ 可称为交换算符。因为，若设有两个态：

$$\begin{cases}|\Psi\rangle=\sum_i\alpha_i|i\rangle\\|\varphi\rangle=\sum_j\beta_j|j'\rangle\end{cases}$$

则有

$$\begin{aligned}N\rho'_{AB}|\Psi\rangle_A|\varphi\rangle_B&=N\rho'_{AB}\sum_i\alpha_i|i\rangle_A\otimes\sum_j\beta_j|j'\rangle_B\\&=\Big[\sum_{ij}|j\rangle_{AA}\langle i|\otimes|i'\rangle_{BB}\langle j'|\Big]\Big[\sum_{ij}\alpha_i|i\rangle_A\otimes\beta_j|j'\rangle_B\Big]\\&=\sum_i\alpha_i|i'\rangle_B\otimes\sum_j\beta_j|j\rangle_A=|\Psi\rangle_B|\varphi\rangle_A\end{aligned}$$

即交换算符使两个粒子交换波函数，各自基矢不变。显然交换两次后，状态还原，故有$(N\rho'_{AB})^2=I_{AB}$。即 $N\rho'$本征值为±1，对应-1本征值的本征态形如

$$\frac{1}{\sqrt{2}}(|i\rangle_A|j\rangle_B-|j\rangle_A|i\rangle_B)\ (i\neq j)$$

故 $N\rho'$非完全正定。

6.5 解：设 H_A 中任一态 $|\Psi\rangle_A=\sum_i\alpha_i|i\rangle_A$，则 H_B 中可找到一个对应的态

$|\varphi^*\rangle_B=\sum_i\alpha_i^*\ |i'\rangle_B$，于是我们称$|\Psi\rangle_B$为“亲属态”，$|\varphi^*\rangle_B$为“指标态”。并设$|\Phi\rangle_{AB}=\sum_{i=1}^{N}|i\rangle_A\ |i'\rangle_B$。则显然有

$$|\Psi\rangle_A={}_B\langle\varphi^*\ |\Phi\rangle_{AB}$$

即在$H_A\otimes H_B$中测量$|\varphi^*\rangle_B$可以制备$|\Psi\rangle_A$态。设M_A是H_A中的一个算符，则$M_A\otimes I_B$是$H_A\otimes H_B$中的一个算符，其中I_B为H_B中的恒等算符。作用到$|\Phi\rangle_{AB}$态上，显然有

$$M_A\otimes I_B\ |\Phi\rangle_{AB}=\sum_{i=1}^{N}M_A\ |i\rangle_A\ |i'\rangle_B$$

进而${}_B\langle\varphi^*|$左乘等式两边，可得

$${}_B\langle\varphi^*\ |M_A\otimes I_B\ |\Phi\rangle_{AB}=M_A\ |\phi\rangle_A=M_{AB}\langle\varphi^*\ |\Phi\rangle_{AB}\tag{1}$$

由上式可知，先用$M_A\otimes I_B$对$|\Phi\rangle_{AB}$作用。再同${}_B\langle\varphi^*|$取内积，等价于先与${}_B\langle\varphi^*|$求内积，再用M_A作用。

下面证明 Kraus 定理。

因为$\$$是完正的，所以$\$_A\otimes I_B$在$H_A\otimes H_B$中也是完全正的，这时$\$\otimes I_B\ (|\Psi\rangle_{ABAB}\langle\Psi|)$可视为$H_A\otimes H_B$中的某一密度算符$\rho'_{AB}$，将它用$H_A\otimes H_B$中的完备基矢$\{|\widetilde{\Phi}_\mu\rangle_{AB}\}$展开有

$$\rho'_{AB}=\$_A\otimes I_B(|\Psi\rangle_{ABAB}\langle\Psi|)=\sum_\mu q_\mu\ |\widetilde{\Phi}_\mu\rangle\langle\widetilde{\Phi}_\mu|$$

这里的${}_{AB}\langle\widetilde{\Phi}_\mu\ |\widetilde{\Phi}_\mu\rangle_{AB}=N,\sum_\mu q_\mu=1,q_\mu\geqslant0$。由亲态方法可知

$$\$_A\{|\Psi\rangle_{AA}\langle\Psi|\}=\$_A\{{}_B\langle\varphi^*\ |\Phi\rangle_{ABAB}\langle\Phi|\varphi^*\rangle_B\}$$

由式(1)可见，上式右边$|\Phi\rangle_{AB}$先与${}_B\langle\varphi^*|$求内积，再受$\$_A$作用与先用$\$_A\otimes I_B$作用再与${}_B\langle\varphi^*|$内积等价，故有

$$\begin{aligned}\$_A\{|\Psi\rangle_{AA}\langle\Psi|\}&={}_B\langle\varphi^*\ |\{\$_A\otimes I_B(|\Psi\rangle_{ABAB}\langle\Psi|)\}|\varphi^*\rangle_B\\&={}_B\langle\varphi^*\ |\sum_\mu q_\mu\ |\widetilde{\Phi}_\mu\rangle\langle\widetilde{\Phi}_\mu||\varphi^*\rangle_B\\&\equiv\sum_\mu M_\mu\ |\Psi\rangle_{AA}\langle\Psi|M_\mu^\dagger\end{aligned}$$

上式即为超算符的求和表示，Kraus 定理得证，其中$M_\mu|\Psi\rangle_A$定义为：$\sqrt{q_\mu}\,{}_B\langle\varphi^*\ |\widetilde{\Psi}_\mu\rangle_{AB}$。

6.6　解： 设振子原子的状态空间由基态($n=0$)和第一激发态($n=1$)组成。

Ⅰ）第一个主方程描述的是一个衰减振子，它的基态不改变，激发态在热库影响下逐渐退化为基态。这相当于一个量子衰减退相干通道。假设演化过程持续时

间 Δt，则激发态将以 $1-e^{-\Gamma t}$ 的概率衰减至基态。于是 Kraus 求和表示的两个超算符可以表示为

$$M_0=\begin{pmatrix}1, & 0\\ 0, & e^{-\frac{\Gamma\Delta t}{2}}\end{pmatrix},\quad M_1=\begin{pmatrix}0, & \sqrt{1-e^{-\Gamma\Delta t}}\\ 0, & 0\end{pmatrix}。$$

Ⅱ）第二个主方程描述的是振子的相位衰减，这相当于量子相位衰减退相干通道。经过时间 Δt 后，密度矩阵非对角项按下式衰减

$$\rho_{nm}(t)=\rho_{nm}(0)\exp\left[-\frac{1}{2}(n-m)^2\Gamma\Delta t\right]=\rho_{nm}(0)\exp\left[-\frac{1}{2}\Gamma\Delta t\right]\quad n,m=0,1$$

于是，此时 Kraus 求和表示的三个超算符可以表示为

$$M_0=e^{-\frac{1}{4}\Gamma\Delta t}\begin{pmatrix}1 & 0\\ 0 & 1\end{pmatrix},M_1=\sqrt{1-e^{-\frac{1}{2}\Gamma\Delta t}}\begin{pmatrix}1 & 0\\ 0 & 0\end{pmatrix},M_2=\sqrt{1-e^{-\frac{1}{2}\Gamma\Delta t}}\begin{pmatrix}0 & 0\\ 0 & 1\end{pmatrix}。$$

第七章

7.1 解：

(1) 可能的态有：$\phi_1\phi_1,\phi_2\phi_2,\phi_3\phi_3,\frac{1}{\sqrt{2}}(\phi_1\phi_2+\phi_2\phi_1),\frac{1}{\sqrt{2}}(\phi_1\phi_3+\phi_3\phi_1),\frac{1}{\sqrt{2}}(\phi_2\phi_3+\phi_3\phi_2)$ 共 6 种；

(2) 可能态有 $\frac{1}{\sqrt{2}}(\phi_1\phi_2-\phi_2\phi_1),\frac{1}{\sqrt{2}}(\phi_1\phi_3-\phi_3\phi_1),\frac{1}{\sqrt{2}}(\phi_2\phi_3-\phi_3\phi_2)$ 共 3 种；

(3) 经典粒子是可以区分的，所以 $\phi_1\phi_2$（第一个粒子处于 ϕ_1 态）与 $\phi_2\phi_1$（第一个粒子处于 ϕ_2 态）不同，故共有 9 种。

7.2 答案：

$$\begin{aligned}|\Psi_f\rangle_{12}&=(\alpha|\leftrightarrow\rangle_1+\beta|\updownarrow\rangle_1)\otimes(\mathrm{i}|c\rangle_1+|d\rangle_1)\\&\times(\gamma|\leftrightarrow\rangle_2+\delta|\updownarrow\rangle_2)\otimes(|c\rangle_2+\mathrm{i}|d\rangle_2);\end{aligned}$$

第八章

8.1 答：这只要设定 $j=0$ 即可：$|i\rangle|0\rangle\rightarrow|i\rangle|i\rangle$，这对 $i=0,1$ 均成立。

8.2 答：不可以。因为这个算符 $\Omega_{AB}=I_A\otimes|0\rangle_{B\,B}\langle 0|$ 不是幺正的。对 B 粒子的测量必须是单位算符分解（现在是正交分解 $I_B=|0\rangle_{B\,B}\langle 0|+|1\rangle_{B\,B}\langle 1|$）。删除结果除了以概率 $|_B\langle 0|\Psi\rangle_B|^2$ 出现 $|0\rangle_B$ 态之外，还以概率 $|_B\langle 1|\Psi\rangle_B|^2$ 出现 $|1\rangle_B$ 态。

8.3 答：可以。例如，采用 9.6 题的结果：

$$|\alpha\rangle_A|\beta\rangle_B\rightarrow U_{AB}(z)|\alpha\rangle_A\otimes|\beta\rangle_B=|\alpha\cos r+\beta e^{i\delta}\sin r\rangle_A|\beta\cos r-\alpha e^{-i\delta}\sin r\rangle_B$$

只要令其中操作 $U_{AB}(z)$ 里的 $|z|=r=\frac{\pi}{4}$，接着再做一个幺正操作 $I_A\otimes e^{i(\pi+\delta)b^+b}$，即可得到近似克隆

$$|\varphi\rangle_A\ |0\rangle_B \rightarrow \left|\frac{\varphi}{\sqrt{2}}\right\rangle_A \left|\frac{\varphi}{\sqrt{2}}\right\rangle_B$$

第九章

9.1　解：参照下两题解答中的交换算符，并利用 $U=e^{-iH\Delta t}$，可形式上反解得出我们所需要的 Hamiltonian。

9.2　解：已知转移态算符 $\hat{X}=\sum\limits_{m,n}|m\rangle_A\ |n\rangle_{BA}\langle n|_B\langle m|$，此变换显然与给定态 $|\Psi\rangle_A$ 无关。并且有

$$|\Psi'\rangle_{AB}=\hat{X}\ |\Psi\rangle_A\ |0\rangle_B=|0\rangle_A\ |\Psi\rangle_B$$

$$F={}_B\langle\Psi|\ (\mathrm{tr}_A\ |\Psi'\rangle_{ABAB}\langle\Psi'|)\ |\Psi\rangle_B=1。$$

$$|\phi\rangle_1=\alpha\ |0\rangle_1+\beta\ |1\rangle_1$$

9.3　解：设

$$|\phi\rangle_1=\alpha\ |0\rangle_1+\beta\ |1\rangle_1$$

不失一般性，假设 2,3 粒子处于纠缠态

$$|\Psi^-\rangle_{23}=\frac{1}{\sqrt{2}}(|0\rangle_2\ |1\rangle_3-|1\rangle_2\ |0\rangle_3)$$

则将 $|\phi\rangle_1|\Psi^-\rangle_{23}$ 按照 $|\Phi_\mu\rangle_{12}$ 展开有

$$|\phi\rangle_1\ |\Psi^-\rangle_{23}=\sum_\mu\ |\Phi_\mu\rangle_{12}u_\mu\ |\phi\rangle_3$$

其中有

$$u_0=-1,\quad u_1=\sigma_1,\quad u_2=i\sigma_2,\quad u_3=\sigma_3$$

以及

$$\begin{cases}|\Phi_0\rangle_{12}=\frac{1}{\sqrt{2}}(|0\rangle_1\ |1\rangle_2-|1\rangle_1\ |0\rangle_2)\\ |\Phi_1\rangle_{12}=\frac{1}{\sqrt{2}}(|0\rangle_1\ |0\rangle_2-|1\rangle_1\ |1\rangle_2)\\ |\Phi_0\rangle_{12}=\frac{1}{\sqrt{2}}(|0\rangle_1\ |0\rangle_2+|1\rangle_1\ |1\rangle_2)\\ |\Phi_0\rangle_{12}=\frac{1}{\sqrt{2}}(|0\rangle_1\ |1\rangle_2+|1\rangle_1\ |0\rangle_2)\end{cases}$$

定义，$L_\mu = u_\mu^+ \otimes |\Phi_\mu\rangle_{12\,12}\langle\Phi_\mu|$，则有

$$\sum_\mu L_\mu(|\Psi\rangle_{23\;23}\langle\Psi| \otimes |\phi\rangle_{11}\langle\phi|)L_\mu^+ = |\phi\rangle_{33}\langle\phi| \otimes \frac{I_{12}}{4}$$

(若$|\Psi\rangle_{23}$为其他最大纠缠态，则相应的 u_μ 将有所变化)。

9.4 解：容易检验，现作为量子通道的连续纠缠态是正交归一的

$$_{AB}\langle Q',P' \mid Q,P\rangle_{AB} = \delta(Q'-Q)\delta(P'-P)$$

可构成一组纠缠的连续正交归一基。接着去求出

$$\begin{aligned}
_{AB}\langle Q,P \mid q_1,q_2\rangle_{AB} &= \frac{1}{\sqrt{2\pi}}\int \mathrm{d}q\mathrm{e}^{-\mathrm{i}Pq}\;{}_A\langle q \mid q_1\rangle_A\;{}_B\langle q+Q \mid q_2\rangle_B \\
&= \frac{1}{\sqrt{2\pi}}\int \mathrm{d}q\mathrm{e}^{-\mathrm{i}Pq}\delta(q-q_1)\delta(q+Q-q_2) \\
&= \frac{1}{\sqrt{2\pi}}\mathrm{e}^{-\mathrm{i}Pq_1}\delta(Q-(q_2-q_1))
\end{aligned}$$

于是将此三粒子系统(C 为已分离的形式)写为 AC 粒子纠缠态的形式

$$\begin{aligned}
|Q,P\rangle_{AB} \mid \Psi\rangle_C &= \frac{1}{\sqrt{2\pi}}\int \mathrm{d}q\mathrm{e}^{\mathrm{i}Pq} \mid q\rangle_A \mid q+Q\rangle_B \cdot \int \mathrm{d}q'\,{}_C\langle q' \mid \Psi\rangle_C \mid q'\rangle_C \\
&= \frac{1}{\sqrt{2\pi}}\int \mathrm{d}q\mathrm{d}q'\mathrm{d}Q'\mathrm{d}P'\mathrm{e}^{\mathrm{i}Pq}\;{}_C\langle q' \mid \Psi\rangle_C \mid Q',P'\rangle_{A\,C}\langle Q',P' \mid q,q'\rangle_{A\,C} \mid q+Q\rangle_B \\
&= \frac{1}{\sqrt{2\pi}}\int \mathrm{d}q\mathrm{d}q'\mathrm{d}Q'\mathrm{d}P'\mathrm{e}^{\mathrm{i}Pq}\;{}_C\langle q' \mid \Psi\rangle_C \mid Q',P'\rangle_{A\,C}\langle Q',P' \mid q,q'\rangle_{A\,C} \mid q+Q\rangle_B \\
&= \frac{1}{2\pi}\int \mathrm{d}q\mathrm{d}q'\mathrm{d}Q'\mathrm{d}P'\mathrm{e}^{\mathrm{i}Pq}\;{}_C\langle q' \mid \Psi\rangle_C \cdot \mathrm{e}^{-\mathrm{i}P'q'}\delta(Q'-(q-q')) \mid Q',P'\rangle_{A\,C} \mid q+Q\rangle_B \\
&= \frac{1}{2\pi}\int \mathrm{d}q'\mathrm{d}Q'\mathrm{d}P'\mathrm{e}^{\mathrm{i}P(Q'+q')-\mathrm{i}P'q'}\;{}_C\langle q' \mid \Psi\rangle_C \cdot \mid Q',P'\rangle_{A\,C} \mid q'+Q'+Q\rangle_B
\end{aligned}$$

于是若 Alice 在纠缠基 AC 中测得某个态$|Q',P'\rangle_{AC}$，则导致 Bob 手中的 B 粒子处于

$$\int \mathrm{d}q'\mathrm{e}^{\mathrm{i}PQ'+\mathrm{i}(P-P')q'}\;{}_C\langle q' \mid \Psi\rangle_C \cdot \mid q'+Q'+Q\rangle_B$$

态上。这时 Alice 将自己的测量结果(Q',P')告诉 Bob，Bob 就可以利用平移变换和动量变换

$$\begin{cases}
D(q) = \mathrm{e}^{\mathrm{i}\hat{p}q} = \int \mathrm{d}q' \mid q'+q\rangle\langle q' \mid \\
D(p) = \mathrm{e}^{-\mathrm{i}p\hat{q}} = \int \mathrm{d}q'\mathrm{e}^{-\mathrm{i}pq'} \mid q'\rangle\langle q' \mid
\end{cases}$$

将自己的 B 粒子转化为 Alice 想要发送给他的态。因为，注意到

$$D(p)D(q) = \mathrm{e}^{-\mathrm{i}pq}D(q)D(p)$$

于是 Bob 可以采用下面算符来得到这个态

$$U = D(-P')D(-Q')D(P)D(-Q) = \mathrm{e}^{-\mathrm{i}PQ'}D(-P')D(P)D(-Q')D(-Q)$$
$$= \mathrm{e}^{-\mathrm{i}PQ'}D(P-P')D(-Q'-Q)$$

这时，

$$U \mid Bob\rangle_B = \int \mathrm{d}q'\langle q' \mid \Psi\rangle \exp\{PQ' + (P-P')q'\}\exp\{-\mathrm{i}PQ'\}$$
$$\times D(P-P')D(-Q'-Q) \mid q'+Q'+Q\rangle_B$$
$$= \int \mathrm{d}q'\langle q' \mid \Psi\rangle \mathrm{e}^{\mathrm{i}(P-P')q'}D(P-P') \mid q'\rangle_B$$
$$= \int \mathrm{d}q'\langle q' \mid \Psi\rangle \mathrm{e}^{\mathrm{i}(P-P')q'}\mathrm{e}^{-\mathrm{i}(P-P')q'} \mid q'\rangle_B = \int \mathrm{d}q'\langle q' \mid \Psi\rangle \mid q'\rangle_B$$
$$= \int \mathrm{d}q' \mid q'\rangle_B\langle q' \mid \cdot \mid \Psi\rangle_B = \mid \Psi\rangle_B$$

总之，Alice 和 Bob 之间的传输协议是：

i) 制备纠缠态$|Q,P\rangle_{AB}$

ii) Alice 在 AC 纠缠的基下测量(Q',P')

iii) Alice 将其测量结果(Q',P')告诉给 Bob

iv) Bob 根据数据(Q',P')制定算符 $D(-P')D(-Q')D(P)D(-Q)$，并将之作用于粒子 B 状态上。最后即得所传送的态。

9.5 解：已知相干态$|z\rangle$是真空态$|0\rangle$经平移算符 $D(z)=\exp(za^+ - z^* a)$作用而得

$$\mid z\rangle = \exp(za^+ - z^* a) \mid 0\rangle = D(z) \mid 0\rangle$$

系统状态是$|\Psi\rangle_{ABC}=|\Psi\rangle_{AB}\otimes|\varphi\rangle_C$。这时 Alice 对手中 AC 粒子进行向${}_{CA}\langle\Psi|$态纠缠操作并坍缩测量，当得到${}_{CA}\langle\Psi|D_C^+(w)$后，利用$\langle z'|z''\rangle=\langle z''^*|z'^*\rangle$及相干态完备性条件，可得

$$\{{}_{CA}\langle\Psi\mid\}\{D_C^+(w)\otimes I_A\otimes I_B\}\{\mid\Psi\rangle_{AB}\mid\varphi\rangle_C\} =$$
$$= \iint \frac{\mathrm{d}^2(z'z'')}{\pi^2}\,{}_C\langle z''^* \mid_A\langle Z'' \mid D_C^+(w) \mid \varphi\rangle_C \mid z'\rangle_A \mid z'^*\rangle_B$$
$$= \iint \frac{\mathrm{d}^2(z'z'')}{\pi^2}\,{}_C\langle z''^* \mid D_C^+(w) \mid \varphi\rangle_C \cdot {}_A\langle z'' \mid z'\rangle_A \cdot \mid z'^*\rangle_B$$
$$= \iint \frac{\mathrm{d}^2(z'z'')}{\pi^2}\,{}_C\langle z''^* \mid D_C^+(w) \mid \varphi\rangle_C \cdot {}_C\langle z'' \mid z'\rangle_C \cdot \mid z'^*\rangle_B$$
$$= \iint \frac{\mathrm{d}^2(z'z'')}{\pi^2}\,{}_C\langle z'^* \mid z''^*\rangle_C\,{}_C\langle z''^* \mid D_C^+(w) \mid \varphi\rangle_C \cdot \mid z'^*\rangle_B$$

$$= \int \frac{d^2 z'}{\pi} {}_C\langle z'^* \mid D_C^+(w) \mid \varphi\rangle_C \cdot \mid z'^*\rangle_B$$

$$= \int \frac{d^2 z'}{\pi} {}_B\langle z'^* \mid D_B^+(w) \mid \varphi\rangle_B \cdot \mid z'^*\rangle_B$$

$$= \int \frac{d^2 z'}{\pi} \mid z'^*\rangle_B \, {}_B\langle z'^* \mid D_B^+(w) \mid \varphi\rangle_B$$

$$= D_B^+(w) \mid \varphi\rangle_B$$

接着,Alice 将测量所得结果 w 告诉 Bob,Bob 即可据此执行相应的幺正变换 $D_B(w)$,使B 处在这个未知态$|\varphi\rangle_B$ 上。

9.6 解:有。办法是定义如下交换算符(z 为某一待定的复常数)

$$U_{AB}(z) = \exp(z a_1^+ a_2 - z^* a_1 a_2^+)$$

这是一个对算符(a_i^+, a_i),$i=1,2$ 进行线性变换的算符。记 $z = re^{i\delta}$,由于相干态 $| z\rangle_i = D_i(z) \mid 0\rangle_i = \exp(-r^2/2)e^{za_i^+} \mid 0\rangle_i$,$i = A,B$,于是

$$\begin{aligned} & U_{AB}(z) \mid \alpha\rangle_A \otimes| \beta\rangle_B \\ = & U_{AB}(z)D_A(\alpha)D_B(\beta) \mid 0\rangle_A \mid 0\rangle_B \\ = & U_{AB}(z)D_A(\alpha)D_B(\beta)U_{AB}^{-1}(z)U_{AB}(z) \mid 0\rangle_A \mid 0\rangle_B \\ = & \{U_{AB}(z)D_A(\alpha)U_{AB}^{-1}(z)\} \cdot \{U_{AB}(z)D_B(\beta)U_{AB}^{-1}(z)\} \mid 0\rangle_A \mid 0\rangle_B \end{aligned}$$

记 $a^+ = (a_1^+, a_2^+)$等,于是

$$U_{AB}(z) = \exp\left\{(a_1^+, a_2^+)\begin{pmatrix} 0 & z \\ -z^* & 0 \end{pmatrix}\begin{pmatrix} a_1 \\ a_2 \end{pmatrix}\right\} \equiv \exp(a^+ Fa), \quad F = \begin{pmatrix} 0 & z \\ -z^* & 0 \end{pmatrix}$$

按量子变换理论,有 $U_{AB}(z)a^+U_{AB}^{-1}(z) = a^+ e^F$

$$\begin{cases} U_{AB}(z)a^+ U_{AB}^{-1}(z) = a^+ e^F \\ U_{AB}(z)aU_{AB}^{-1}(z) = e^{-F}a \end{cases}$$

注意到 $e^F = \begin{pmatrix} \cos r & e^{i\delta}\sin r \\ -e^{-i\delta}\sin r & \cos r \end{pmatrix}$,于是

$$\begin{cases} U_{AB}(z)e^{-|\alpha|^2/2}e^{\alpha a_1^+}U_{AB}^{-1}(z) = e^{-|\alpha|^2/2}\exp\{\alpha U_{AB}(z)a_1^+U_{AB}^{-1}(z)\} \\ \qquad = e^{-|\alpha|^2/2}\exp\{\alpha[a_1^+\cos r - a_2^+ e^{-i\delta}\sin r]\} \\ U_{AB}(z)e^{-|\beta|^2/2}e^{\beta a_2^+}U_{AB}^{-1}(z) = e^{-|\beta|^2/2}\exp\{\beta U_{AB}(z)a_2^+U_{AB}^{-1}(z)\} \\ \qquad = e^{-|\beta|^2/2}\exp\{\beta[a_2^+\cos r + a_1^+ e^{i\delta}\sin r]\} \end{cases}$$

总之可得

$$\begin{aligned} | \alpha\rangle_A \mid \beta\rangle_B \rightarrow U_{AB}(z) \mid \alpha\rangle_A \otimes| \beta\rangle_B = & e^{-|\alpha|^2/2}\exp\{\alpha[a_1^+\cos r - a_2^+ e^{-i\delta}\sin r]\} \\ & \times e^{-|\beta|^2/2}\exp\{\beta[a_2^+\cos r + a_1^+ e^{i\delta}\sin r]\} \mid 0\rangle_A \mid 0\rangle_B \end{aligned}$$

即

$$|\alpha\rangle_A|\beta\rangle_B \to U_{AB}(z)|\alpha\rangle_A \otimes |\beta\rangle_B = |\alpha\cos r + \beta e^{i\delta}\sin r\rangle_A |\beta\cos r - \alpha e^{-i\delta}\sin r\rangle_B$$

选择$|z|=r=\frac{\pi}{2}$,再进行相位的幺正变换:$P_\delta = e^{-i\delta a_1^+ a_1} e^{i(\delta+\pi)a_2^+ a_2}$,即得

$$|\alpha\rangle_A|\beta\rangle_A \to P_\delta U_{AB}\left(\frac{\pi}{2}e^{i\delta}\right)|\alpha\rangle_A|\beta\rangle_B = |\beta\rangle_A|\alpha\rangle_B$$

第十章

10.1 证明:由于 d 维幺正矩阵 U 的独立变数最多为

$$2d^2 - d - d(d-1) = d^2$$

而作为乘积因子的每一个两维幺正矩阵最多含独立变数 4 个。为了用少于$(d-1)$个[比如用$(d-2)$个]两维幺正矩阵乘积来分解 U,则它们总共所含独立变数的个数不应少于 U 中所含的独立变数个数,也即应有

$$d^2 \leqslant 4(d-2)$$

可是,这个式子对所有 d 值都是不成立的。所以对于独立变数稍多一些的 U 矩阵,不能用少于$(d-1)$个两维幺正矩阵乘积来分解。

当然,这里的$(d-1)$是下限,并非主张一定可以用$(d-1)$个来分解。如果能够分解为$(d-1)$个,那必只是 $d=2$ 这一种情况。

10.2 验证:采用两模 Boson 的对易规则

$$[a,a^+]=1,[b,b^+]=1,[a,b]=[a,b^+]=0$$

直接进行验算即知两者之间的关联。

另外,这时分束器的幺正"演化"算符为

$$B_{bs} = \exp[\theta(a^+ b - ab^+)]$$

它对算符的作用即为

$$\begin{cases} B_{bs} a B_{bs}^+ = a\cos\theta + b\sin\theta \\ B_{bs} b B_{bs}^+ = -a\sin\theta + b\cos\theta \end{cases}$$

或者,分束器的幺正变换矩阵可表示为

$$M_{bs} = \begin{pmatrix} \cos\theta & \sin\theta \\ -\sin\theta & \cos\theta \end{pmatrix} = \exp[i\theta\sigma_y/2]$$

10.3 证:这个门是一个双可控转动门。当第一、二两条线都来信号时,此回路执行的是转动 $iR(\pi\alpha)$操作。α 的无理数性质使得若干个此门组合时不会出现 2π 的整数倍问题。其普适性证明见:D Deutsch. Quantum Computational Networks. Proc R Soc A. London: 425:73

第十一章

11.1 验证:按 Euler 的函数 $\phi(21)$定义,可列举与 21 互质的正整数计有 1,2,4,5,8,10,11,13,16,17,19,20 共 12 个(这里 1 为规定的互质数),所以得 $\phi(21)=12$。即,按Euler 定理有 $11^{12}=1\text{mod}21$。但实际上由直接计算已得 $r=6:11^6=1\text{mod}21$。所以,函数 $\phi(N)$值是余数值函数的周期,但反之不然。

11.2 解:直接计算。

11.3 答案:29。

11.4 解:这是一个等比级数和,求和即知。

11.5 解:首先,构造 CNOT 门算子(qubit1 是控制位,qubit 靶位)

$$\begin{cases}\hat{U}_{\text{CNOT}}=|0\rangle_{1\,1}\langle 0|\otimes I_2+|1\rangle_{11}\langle 1|\otimes\hat{U}_{2,\text{NOT}}\\ \hat{U}_{2,\text{NOT}}=|0\rangle_{22}\langle 1|+|1\rangle_{22}\langle 0|\end{cases}$$

同时,若令 $A_2=|0\rangle_{22}\langle 0|-|1\rangle_{22}\langle 1|$,则可得 $\hat{T}_2\hat{A}_2\hat{T}_2=\hat{U}_{2,\text{NOT}}$。因为

$$\hat{T}_2\hat{A}_2\hat{T}_2|j\rangle_2=\hat{T}_2\hat{A}_2\frac{1}{\sqrt{2}}(|0\rangle_2+(-1)^j|1\rangle_2)=\hat{T}_2\frac{1}{\sqrt{2}}(|0\rangle_2+(-1)^{j+1}|1\rangle_2)$$

$$=\hat{T}_2\frac{1}{\sqrt{2}}(|0\rangle_2+(-1)^{\bar{j}}|1\rangle_2)=|\bar{j}|,\quad \bar{j}\equiv 1-j$$

所以 $\hat{T}_2\hat{A}_2\hat{T}_2=\hat{U}_{2,\text{NOT}}$。第三,现在可以直接计算

$$\begin{aligned}&(\hat{T}_1\hat{T}_2)\hat{U}_{\text{CNOT}}(\hat{T}_1\hat{T}_2)|j,k\rangle_{12}\\ &=\frac{1}{2}(\hat{T}_1\hat{T}_2)\hat{U}_{\text{CNOT}}(|0\rangle_1+(-1)^j|1\rangle_1)(|0\rangle_2+(-1)^k|1\rangle_2)\\ &=\frac{1}{2}(\hat{T}_1\hat{T}_2)(|00\rangle_{12}+(-1)^k|01\rangle_{12}+(-1)^j|11\rangle_{12}+(-1)^{j+k}|10\rangle_{12})\\ &=\frac{1}{2}(\hat{T}_1\hat{T}_2)(|0\rangle_1+(-1)^{j+k}|1\rangle_1)\otimes(|0\rangle_2+(-1)^k|1\rangle_2)\\ &=|j\oplus k,k\rangle\end{aligned}$$

第十三章

13.1 证明:很容易,只要将概率和条件概率都还原为相应的频度比值即知。当$\{A_i\}$是一个互斥事件的完备集,就是说,$p\left(\sum_i A_i\right)=\sum_i A_i=1$时,有全概率公式

$$p(B)=\sum_i p(B|A_i)p(A_i)$$

13.2 证:因 $\log p(x)$上凸,这使$-\log p(x)$下凹,所以有

$$-\log\Big(\sum_x p(x)\cdot p(x)\Big)\leqslant -\sum_x p(x)\log p(x) = H(X)$$

进一步,用 Lagrange 乘子 λ 方法来确定 $H(X)$极值。为简化,记 $p(x_i)=p_i$。于是有

$$-\sum_{i=1}^{k} p_i\log p_i - \lambda\Big(\sum_{j=1}^{k} p_j - 1\Big) = \max$$

对此式求偏导数$\frac{\partial}{\partial\lambda}$,$\frac{\partial}{\partial p_j}$,并令它们为零,得

$$\begin{cases}\sum_{j=1}^{k} p_j = 1 \\ \Big(-\log p_j - p_j\frac{1}{p_j} - \lambda\Big) = 0, \quad j = 1,2,\cdots,k\end{cases}$$

由第二式解出 $p_j=2^{-(1+\lambda)}$,两边对 j 求和,利用归一化第一式,得

$$\lambda = \log k - 1$$

由此得 $p_j=1/k, j=1,2,\cdots,k$。代入熵函数 $H(X)_{均匀}=\mathrm{Max}=\log k$。证毕。

13.3 **证**:对 $S(\rho)=-\mathrm{tr}\{\rho(t)\ln\rho(t)\}$求导,并利用 Liouville 方程,得

$$\begin{aligned}\frac{dS}{dt} &= -\mathrm{tr}\Big\{\frac{\partial\rho(t)}{\partial t}\ln\rho(t)\Big\} - \mathrm{tr}\Big\{\rho(t)\frac{\partial\ln\rho(t)}{\partial t}\Big\} \\ &= -\frac{1}{\mathrm{i}\hbar}\mathrm{tr}\{[H(t),\rho(t)]\ln\rho(t)\} - \mathrm{tr}\Big\{\rho(t)\frac{\partial\ln\rho(t)}{\partial t}\Big\} \\ &= -\frac{1}{\mathrm{i}\hbar}\mathrm{tr}\{[\ln\rho(t),H(t)]\rho(t)\} - \mathrm{tr}\Big\{\rho(t)\frac{\partial\ln\rho(t)}{\partial t}\Big\} \\ &= -\frac{1}{\mathrm{i}\hbar}\mathrm{tr}\Big\{-\mathrm{i}\hbar\frac{\partial\ln\rho(t)}{\partial t}\rho(t)\Big\} - \mathrm{tr}\Big\{\rho(t)\frac{\partial\ln\rho(t)}{\partial t}\Big\} = 0\end{aligned}$$

这里第三步等号用了求迹号下算符可以轮转的操作。于是,即便对含时的开放系统,von Neumann 熵也是运动常数。就是说,原来纯态还保持为纯态,原来混态仍保持为同样熵的混态。但是,对于有开放操作的那一类开放系统,这将不成立。

13.4 **解**:$SU(2)$一般混态有如下矩阵形式

$$(\rho_{ij}) = \frac{1}{2}\begin{pmatrix}1-\alpha & \beta+\mathrm{i}\gamma \\ \beta-\mathrm{i}\gamma & 1+\alpha\end{pmatrix}$$

这里,α,β,γ 均为实数。很容易求出此矩阵的本征值为

$$\lambda_+ = \frac{1}{2}\big(1+\sqrt{\alpha^2+\beta^2+\gamma^2}\big)\equiv\frac{1}{2}(1+\delta); \quad \lambda_- = \frac{1}{2}(1-\sqrt{\alpha^2+\beta^2+\gamma^2})$$

$$\equiv\frac{1}{2}(1-\delta)$$

因此 $SU(2)$一般混态的 von Neumann 熵为

$$S(\rho)=-\mathrm{tr}(\rho\ln\rho)=-\{\lambda_+\ln\lambda_+ +\lambda_-\ln\lambda_-\}=\frac{1}{2}\ln\frac{4(1-\delta)^{\delta-1}}{(1+\delta)^{\delta+1}}$$

13.5 **证**:设 $\rho_1=\sum_\alpha a_\alpha|\alpha\rangle\langle\alpha|$,$\rho_2=\sum_\beta b_\beta|\beta\rangle\langle\beta|$,于是

$$\begin{aligned}\mathrm{tr}(\rho_2\log\rho_1)&=\mathrm{tr}\Big\{\Big(\sum_\beta b_\beta|\beta\rangle\langle\beta|\Big)\log\Big(\sum_\alpha a_\alpha|\alpha\rangle\langle\alpha|\Big)\Big\}\\&=\mathrm{tr}\Big\{\Big(\sum_\beta b_\beta|\beta\rangle\langle\beta|\Big)\Big(\sum_\alpha(\log a_\alpha)|\alpha\rangle\langle\alpha|\Big)\Big\}\\&=\sum_{\alpha,\beta}b_\beta\log a_\alpha\cdot|\langle\alpha|\beta\rangle|^2\end{aligned}$$

同样得

$$\mathrm{tr}(\rho_1\log\rho_2)=\sum_{\alpha,\beta}a_\alpha\log b_\beta\cdot|\langle\alpha|\beta\rangle|^2$$

$\therefore$ 右边 $=\sum_{\alpha,\beta}|\langle\alpha|\beta\rangle|^2(a_\alpha\log b_\beta+b_\beta\log a_\alpha)$

注意$\sum_\alpha|\langle\alpha|\beta\rangle|^2=\sum_\alpha|\langle\alpha|\beta\rangle|^2=1$,于是

$$\begin{aligned}\text{左边}&=\sum_\alpha a_\alpha\log a_\alpha+\sum_\beta b_\beta\log b_\beta\\&=\sum_{\alpha,\beta}a_\alpha(\log a_\alpha)|\langle\alpha|\beta\rangle|^2+\sum_{\alpha,\beta}b_\beta(\log b_\beta)|\langle\alpha|\beta\rangle|^2\\&=\sum_{\alpha,\beta}|\langle\alpha|\beta\rangle|^2(a_\alpha\log a_\alpha+b_\beta\log b_\beta)\end{aligned}$$

$\because$ $(a_\alpha\log a_\alpha+b_\beta\log b_\beta)\geqslant(a_\alpha\log b_\beta+b_\beta\log a_\alpha)$

$\therefore$ 左边$\geqslant$右边 证毕。

13.6 **证**:参见 *Nielsen* 和 *Chuang*. *Quantum Computation and Quantum Information*,197

13.7 **证**:

$$S(\rho)=-\mathrm{tr}(\rho\log\rho)=-\sum_i\lambda_i\log\lambda_i=\sum_{i=1}^D\lambda_i\log\frac{1}{\lambda_i}\leqslant\log\Big[\sum_{i=1}^D\lambda_i\frac{1}{\lambda_i}\Big]=\log D$$

这里利用了对数函数的凸性(concavity,按含义是向上凸的),故有

$$\log(p_1x_1+p_2x_2)\geqslant(p_1\log x_1+p_2\log x_2),\quad(p_1+p_2=1,\quad p_1,p_2>0)$$

而当 $\lambda_i=\frac{1}{D}$,即 ρ 的所有本征值均相等时,有

$$S(\rho)=\sum_{i=1}^D\lambda_i\log\frac{1}{\lambda_i}=D\cdot\frac{1}{D}\log D=\log D$$

故不等式的等号成立。这时 $S(\rho)=\text{Max}$。因为这时 ρ 必为 $\rho=\frac{1}{D}I_D$，其中

$$I_D=\begin{pmatrix}1&0&0&0&0&0\\0&\ddots&0&0&0&0\\0&0&1&0&0&0\\0&0&0&0&0&0\\0&0&0&0&\ddots&0\\0&0&0&0&0&0\end{pmatrix}$$为 D 维单位矩阵。

13.8 **证 1**:这也是对数函数凸性的体现。假如利用次可加性，证明将相当简洁。附加一个量子系统，使得 $\rho'=\rho^{AB}=\sum_{i=1}^{n}\alpha_i\rho_i\otimes|i\rangle\langle i|$ 可以成块对角。于是

$$S(\rho')=S\Big(\sum_{i=1}^{n}\alpha_i\rho_i\Big)+H(p_i)\leqslant S(\rho^A)+S(\rho^B)=S(\rho)+H(p_i)$$

于是，有

$$S\Big(\sum_{i=1}^{n}\alpha_i\rho_i\Big)\geqslant\sum_{i=1}^{n}\alpha_iS(\rho_i)$$

证 2:证此式之前，先引入引理。

引理:如果函数 $f(x)$ 是凸的，即它有下述性质

$$f(\lambda x+(1-\lambda)y)\geqslant\lambda f(x)+(1-\lambda)f(y)\qquad(0\leqslant\lambda\leqslant1)$$

对于定义域内任意 x,y 都成立。可以将此性质推广至矩阵求迹形式。即，对任意两个厄米矩阵 a,b，有以下不等式成立

$$\mathrm{tr}(f(\lambda a+(1-\lambda)b))\geqslant\lambda\mathrm{tr}f(a)+(1-\lambda)\mathrm{tr}f(b)\qquad(0\leqslant\lambda\leqslant1)$$

证明:厄米矩阵可以用幺正矩阵对角化，设 a,b 可分别对角化为 A,B，很明显 $\lambda a+(1-\lambda)b$ 也可以被某个幺正矩阵 Ω 对角化，于是有下式成立

$$\begin{aligned}\mathrm{tr}(f(\lambda a+(1-\lambda)b))&=\mathrm{tr}(f(\Omega[\lambda a+(1-\lambda)b]\Omega^+))\\&=\mathrm{tr}(f(\lambda\Omega NAN^+\Omega^++(1-\lambda)\Omega MBM^+\Omega^+))\\&\equiv\mathrm{tr}(f(\lambda UAU^++(1-\lambda)VBV^+))\end{aligned}$$

这里的 $\lambda UAU^++(1-\lambda)VBV^+$ 已经是对角阵。故有

$$\begin{aligned}&\mathrm{tr}(f(\lambda UAU^++(1-\lambda)VBV^+))\\&=\sum_i f\Big(\sum_j(\lambda A_{jj}|U_{ji}|^2+(1-\lambda)B_{ii}|V_{ji}|^2)\Big)\\&\geqslant\sum_i\lambda f\Big(\sum_j A_{jj}|U_{ji}|^2\Big)+(1-\lambda)f\Big(\sum_j B_{ii}|V_{ji}|^2\Big)\\&\geqslant\lambda\sum_{i,j}|U_{ji}|^2f(A_{jj})+(1-\lambda)\sum_{i,j}|V_{ji}|^2f(B_{ii})\end{aligned}$$

$$= \lambda \sum_j f(A_{jj}) + (1-\lambda) \sum_j f(B_{ii})$$
$$= \lambda f(a) + (1-\lambda) f(b)$$

于是引理得证。

这个结果可以立即推广到一般情况

$$\operatorname{tr}\Big(f\Big(\sum_i \lambda_i a_i\Big)\Big) \geqslant \sum_i \lambda_i \operatorname{tr} f(a_i) \qquad \lambda_i \geqslant 0, \sum_i \lambda_i = 1$$

于是由 Shannon 熵的凸性,立即知道 von Neumann 熵也具有凸性。

证 3:暂令 $n=2$,于是需要求证

$$S(\alpha_1\rho_1 + \alpha_2\rho_2) \geqslant (\alpha_1 S(\rho_1) + \alpha_2 S(\rho_2))$$
$$\text{左边} = -\operatorname{tr}\{(\alpha_1\rho_1 + \alpha_2\rho_2)\log(\alpha_1\rho_1 + \alpha_2\rho_2)\}$$

令
$$\alpha_1 = \frac{1}{2} + \gamma, \quad \alpha_2 = \frac{1}{2} - \gamma, \quad \gamma = \frac{1}{2}(\alpha_1 - \alpha_2)$$

$$\text{左边} = -\operatorname{tr}\left\{\left[\left(\frac{1}{2}+\gamma\right)\rho_1 + \left(\frac{1}{2}-\gamma\right)\rho_2\right]\cdot\left[\left(\frac{1}{2}+\gamma\right)\log\rho_1 + \left(\frac{1}{2}-\gamma\right)\log\rho_2\right]\right\}$$
$$= -\operatorname{tr}\left\{\left(\frac{1}{2}+\gamma\right)^2\rho_1\log\rho_1 + \left(\frac{1}{2}-\gamma\right)^2\rho_2\log\rho_2 + \left(\frac{1}{4}-\gamma^2\right)[\rho_2\log\rho_1 + \rho_1\log\rho_2]\right\}$$

由于 $A^A B^B \geqslant A^B B^A$,等号只当 $A=B$ 时成立。对此不等式两边取对数得

$$-(A\log A + B\log B) \leqslant -(B\log A + A\log B)$$

即

$$-\operatorname{tr}(\rho_2\log\rho_1 + \rho_1\log\rho_2) \geqslant -\operatorname{tr}(\rho_1\log\rho_1 + \rho_2\log\rho_2)$$

再注意$\left(\frac{1}{4}-\gamma^2\right) = \alpha_1\alpha_2 \geqslant 0$,得

$$\text{左边} \geqslant -\operatorname{tr}\left\{\left(\frac{1}{2}+\gamma\right)^2\rho_1\log\rho_1 + \left(\frac{1}{2}-\gamma\right)^2\rho_2\log\rho_2 + \left(\frac{1}{4}-\gamma^2\right)[\rho_1\log\rho_1 + \rho_2\log\rho_2]\right\}$$
$$= -\operatorname{tr}\left\{\left(\frac{1}{4}+\gamma+\gamma^2+\frac{1}{4}-\gamma^2\right)\rho_1\log\rho_1 + \left(\frac{1}{4}-\gamma+\gamma^2+\frac{1}{4}-\gamma^2\right)\rho_2\log\rho_2\right\}$$
$$= -\operatorname{tr}\left\{\left(\frac{1}{2}+\gamma\right)\rho_1\log\rho_1 + \left(\frac{1}{2}-\gamma\right)\rho_2\log\rho_2\right\} = \alpha_1 S(\rho_1) + \alpha_2 S(\rho_2)$$

这个证明可以继续下去,即得 n 项的一般情况。

13.9 **证**:先假设纯态 ρ_{AB} 有纠缠,则它的 Schmidt 分解至少有两项,如下

$$|\Psi\rangle_{AB} = \sum_i \sqrt{p_i}\,|i\rangle_A\,|i'\rangle_B$$

也即至少有两个 $0<p_1<1, 0<p_2<1, p_1+p_2=1$,

$$\rho_B = \operatorname{tr}^{(A)}(|\Psi\rangle_{AB}\langle\Psi|) = \sum_i p_i\,|i'\rangle_B\langle i'|$$

此时条件熵为

$$S(A \mid B) = S(\mid \Psi\rangle_{AB}\langle \Psi \mid) - S(\rho_B) = 0 - \sum_i p_i \log p_i < 0$$

其次,如果纯态 ρ_{AB} 没有纠缠,即 $\rho_{AB}=\rho_A \otimes \rho_B$,各自都是纯态,显然此条件熵等于零减零等于零。

13.10 **证 1**:设 ρ 在自身表象 $\rho = \sum_i \alpha_i \mid i\rangle\langle i \mid, \langle i \mid j\rangle = \delta_{ij}$。则

$$S(\rho) = -\sum_i \alpha_i \log \alpha_i$$

而另一方面

$$A = \sum_y a_y \mid a_y\rangle\langle a_y \mid$$

$$p(a_y) \equiv p(y) = \langle a_y \mid \rho \mid a_y\rangle = \sum_i \alpha_i \langle a_y \mid i\rangle\langle i \mid a_y\rangle$$

我们知道函数 $f(x)=-x\log x$ 是凸函数,利用它的凸性,我们有

$$f\Big(\sum_i p_i\alpha_i\Big) = -\Big(\sum_i p_i\alpha_i\Big)\log\Big(\sum_i p_i\alpha_i\Big) \geqslant -\sum_i p_i\alpha_i\log\alpha_i \equiv \sum_i p_i f(\alpha_i),\ \sum_i p_i = 1$$

于是有

$$\begin{aligned} H(Y) &\equiv -\sum_y p(y)\log p(y) \\ &= -\sum_y \Big(\sum_i \alpha_i \langle a_y \mid i\rangle\langle i \mid a_y\rangle\Big)\cdot \log\Big(\sum_j \alpha_j \langle \alpha_y \mid j\rangle\langle j \mid a_y\rangle\Big) \\ &\geqslant -\sum_y \Big(\sum_i \alpha_i \langle a_y \mid i\rangle\langle i \mid a_y\rangle \log\alpha_i\Big) \\ &= -\sum_i \alpha_i \log\alpha_i \sum_y \langle i \mid a_y\rangle\langle a_y \mid i\rangle = -\sum_i \alpha_i\log\alpha_i = S(\rho) \end{aligned}$$

从证明过程可以看出,若 A 和 ρ 有共同的本征矢量,则 $S(\rho)=H(Y)_{\min}$,可对易测量(所得 Shannon 熵)不引入附加熵值。

注意,在力学量 A 的表象$\{\mid a_y\rangle\}$中

$$\rho = \sum_i \alpha_i \mid i\rangle\langle i \mid \Rightarrow \begin{cases} \rho_{yy} = \langle a_y \mid \rho \mid a_y\rangle \\ \rho_{yy'} = \langle a_y \mid \rho \mid a_y{}'\rangle = \sum_i \alpha_i \langle \alpha_y \mid i\rangle \end{cases}$$

于是,若略去 ρ 中的非对角项 $\rho_{yy'}$,只剩对角项 ρ_{yy},则

$$S(\rho) \to -\sum_y p(y)\log p(y) = H(y)$$

就是说,不论在什么基中,略去 ρ 中的非对角项将使 von Neumann 熵增加。

证 2:将问题表达得更清楚些:设密度矩阵为 ρ,正交测量所相应的正交完备投

影算符系列为 P_i，则在测量前后，ρ 的变化为

$$\rho \to \rho' = \sum_i P_i \rho P_i$$

可证这时熵的改变为

$$S(\rho') \geqslant S(\rho)$$

等号当也只当 $\rho'=\rho$ 时成立。对此证明如下：

应用 Klein 不等式（或量子相对熵是非负的）到 ρ',ρ 上，有

$$0 \leqslant S(\rho' \| \rho) = - S(\rho) - \mathrm{tr}(\rho\log\rho')$$

此时只要证明 $-\mathrm{tr}(\rho\log\rho') = S(\rho')$ 就可以了。为此，利用完备性条件和投影算符性质：$\sum_i P_i = I$ 和 $P_i^2 = P_i$，以及求迹的循环性质，有

$$-\mathrm{tr}(\rho\log\rho') = -\mathrm{tr}\Big(\sum_i P_i\rho\log\rho'\Big) = -\mathrm{tr}\Big(\sum_i P_i\rho\log\rho' P_i\Big)$$

注意，$P_iP_j=\delta_{ij}$，$\rho' P_i = P_i\rho P_i = P_i\rho'$，就是说 $[P_i,\rho']=0$，于是 P_i 和 $\log\rho'$ 也对易。所以

$$-\mathrm{tr}(\rho\log\rho') = -\mathrm{tr}\Big(\sum_i P_i\rho P_i\log\rho'\Big) = -\mathrm{tr}(\rho'\log\rho') \equiv S(\rho')$$

证毕。

13.11 **证**：首先看 A 和 B 无关联的情况。

$$\rho_{AB} = \rho_A \otimes \rho_B$$

$$\begin{aligned}
\therefore \quad S(\rho_{AB}) &= -\mathrm{tr}\{(\rho_A \otimes \rho_B)\log(\rho_A \otimes \rho_B)\} \\
&= -\mathrm{tr}\{(\rho_A \otimes \rho_B)[\log\rho_A + \log\rho_B]\} \\
&= -\mathrm{tr}^{(A)}(\rho_A\log\rho_A) - \mathrm{tr}^{(B)}(\rho_B\log\rho_B) \\
&= S(\rho_A) + S(\rho_B)
\end{aligned}$$

其次，如果有关联，关联将降低 $A\otimes B$ 系统的 von Neumann 熵，这导致不等式成立。比如，极端而言，如果 $\rho_{AB} = |\Psi\rangle_{AB}\langle\Psi|$ 是两体纯态，按 Schmidt 分解得 $|\Psi\rangle_{AB} = \sum_i \sqrt{p_i}\,|i\rangle_A\,|i'\rangle_B$，于是

$$\begin{cases}
\rho_A = \sum_i p_i \,|\, i\rangle_A\langle i \,| \\
\rho_B = \sum_i p_i \,|\, i'\rangle_B\langle i' \,|
\end{cases}$$

因此，$S(\rho_{AB}) = S(|\Psi\rangle_{AB}\langle\Psi|) = 0$，$S(\rho_A) = S(\rho_B) = H(p) = -\sum_i p_i\log p_i \geqslant 0$。不等式显然成立。

第三，一般情况，利用相对熵的非负性质（$S(\rho|\sigma)=\mathrm{tr}[\rho(\log\rho-\log\sigma)]\geqslant$）来证

明这个次可加性最为简单

$$\begin{aligned}0 &\leqslant S(\rho_{AB} \mid \rho_A \otimes \rho_B) = \mathrm{tr}(\rho_{AB}\log\rho_{AB}) - \mathrm{tr}[\rho_{AB}(\log\rho_A \otimes \rho_B)] \\ &= -S(\rho_{AB}) - \mathrm{tr}(\rho_{AB}\log\rho_A) - \mathrm{tr}(\rho_{AB}\log\rho_B) \\ &= -S(\rho_{AB}) + S(\rho_A) + S(\rho_B)\end{aligned}$$

13.12 证:做一些情况下的验证,

1) 当 AB 为纯态时,Schmidt 分解

$$\begin{cases}|\Psi\rangle_{AB} = \sum_i \sqrt{p_i}\,|i\rangle_A\,|i'\rangle_B \\ \rho_A = \sum_i p_i\,|i\rangle_A\,;\rho_B = \sum_i p_i\,|i'\rangle_B\end{cases}$$

于是得

$$0 \geqslant \left|-\sum_i p_i\log p_i + \sum_i p_i\log p_i\right| = 0$$

2) 而当 AB 为可分离态时,也有

$$\rho_{AB} = \rho_A \otimes \rho_B$$

$$S(\rho_{AB}) = S(\rho_A) + S(\rho_B) \geqslant |S(\rho_A) - S(\rho_B)|$$

下面对普遍情况做证明。

假定态 $\rho_{AB} = \mathrm{tr}_R|\Psi\rangle_{ABR}\langle\Psi|$,利用次可加性得到

$$S(\rho_R) + S(\rho_A) \geqslant S(\rho_{A,R})$$

这里,$\rho_R = \mathrm{tr}_{A,B}|\Psi\rangle_{ABR}\langle\Psi|$,$\rho_A = \mathrm{tr}_{r,B}|\Psi\rangle_{ABR}\langle\Psi|$,$\rho_{A,R} = \mathrm{tr}_B|\Psi\rangle_{ABR}\langle\Psi|$,由于 $|\Psi\rangle_{ABR}\langle\Psi|$ 是纯态,所以 $S(\rho_R) = S(\rho_{A,B})$,$S(\rho_{A,R}) = S(\rho_B)$,代入即得到 Araki-Lieb 不等式。

对于等号成立的条件见 Nielsen 和 Chuang 书的第 516 页。

13.13 证 1:设 a 和 b 的本征值分别为 $\{\alpha_1,\alpha_2,\cdots,\alpha_n\}$ 和 $\{\beta_1,\beta_2,\cdots,\beta_n\}$。

将这两组数分别按降序排列,得到新的两组数 $\{\alpha'_1,\alpha'_2,\cdots,\alpha'_n\}$ 和 $\{\beta'_1,\beta'_2,\cdots,\beta'_n\}$ 于是令上面的 x,y 值取这里的本征值 α'_i,β'_i,利用函数 $f(x)$ 的凸性,有

$$\begin{cases}f(\beta'_1) - f(\alpha'_1) \leqslant (\beta'_1 - \alpha'_1)f'(\alpha'_1) \\ \qquad\cdots\cdots \\ f(\beta'_n) - f(\alpha'_n) \leqslant (\beta'_n - \alpha'_n)f'(\alpha'_n)\end{cases}$$

将这 n 个方程求和,注意有

$$\sum_{i=1}^{n} f(\alpha'_i) = \sum_{i}^{n} f(\alpha_i) = \mathrm{tr} f(a)$$

$$\sum_{i=1}^{n} \alpha'_i f'(\alpha'_i) = \sum_{i}^{n} \alpha_i f'(\alpha_i) = \mathrm{tr}\{a f'(a)\}$$

$$\sum_{i}^{n} f(\beta'_i) = \sum_{i=1}^{n} f(\beta_i) = \mathrm{tr} f(b)$$

于是得

$$\mathrm{tr}\{f(a) - f(b)\} \leqslant \sum_{i=1}^{n} \beta'_i f'(\alpha'_i) - \mathrm{tr}\{a f'(a)\}$$

设矩阵 a 可以被幺正矩阵 U 对角化,则另有下式成立

$$\mathrm{tr}(b f'(a)) = \mathrm{tr}(UbU^{\dagger} f'(UaU^{\dagger})) = \sum_{i} \{UbU^{\dagger}\}_{ii} f'(\alpha_i)$$

由于 $f(x)$是凸的,所以 $f'(x)$是单调减函数,于是易知

$$\sum_{i=1}^{n} \beta'_i f'(\alpha'_i) \leqslant \mathrm{tr}\{b f'(a)\}$$

即得矩阵求迹的推广形式。

证 2:设 a,b 可分别被幺正矩阵 U,V 对角化,则有

$$\mathrm{tr}\{(b-a)f'(a)\} = \mathrm{tr}\left\{UV^{\dagger}\begin{pmatrix}\beta_1 & & & \\ & \beta_2 & & \\ & & \ddots & \\ & & & \beta_n\end{pmatrix}VU^{\dagger} f'(UaU^{\dagger}) - UaU^{\dagger} f'(UaU^{\dagger})\right\}$$

$$\equiv \mathrm{tr}\left\{\Omega\begin{pmatrix}\beta_1 & & & \\ & \beta_2 & & \\ & & \ddots & \\ & & & \beta_n\end{pmatrix}\Omega^{\dagger} f'(UaU^{\dagger}) - UaU^{\dagger} f'(UaU^{\dagger})\right\}$$

$$= \sum_{i}\Big(\sum_{j}\beta_j |\Omega_{ij}|^2\Big) f'(\alpha_i) - \sum_{i}\alpha_i f'(\alpha_i)$$

$$\leqslant \sum_{i} f\Big(\sum_{j}\beta_j |\Omega_{ij}|^2\Big) - \sum_{i} f(\alpha_i)$$

$$\leqslant \sum_{i}\sum_{j} |\Omega_{ij}|^2 f(\beta_j) - \sum_{i} f(\alpha_i)$$

$$= \sum_{j} f(\beta_j) \sum_{i} |\Omega_{ij}|^2 - \sum_{i} f(\alpha_i)$$

$$= \sum_{j} f(\beta_j) - \sum_{i} f(\alpha_i) = \mathrm{tr}\{f(b) - f(a)\}$$

不等式得证。

13.14 **证**：首先，现对体系任何两个态 ρ,σ，定义 $f(\rho)\equiv-\rho\log\rho$ 和 $f(\sigma)\equiv-\sigma\log\sigma$。由广义 Klein 不等式，有

$$\begin{aligned}-S(\rho\mid\sigma)&=\mathrm{tr}\{-\rho(\log\rho-\log\sigma)\}=\mathrm{tr}\{f(\rho)-f(\sigma)+f(\sigma)+\rho\log\sigma\}\\&\leqslant\mathrm{tr}\{(\rho-\sigma)(-\log\sigma-1)-(\sigma-\rho)\log\sigma\}=\mathrm{tr}(\sigma-\rho)=0\end{aligned}$$

所以最后得到 $S(\rho|\sigma)\geqslant 0$。 证毕。

另一证法：令

$$\rho=\sum_i p_i\mid i\rangle\langle i\mid,\quad\sigma=\sum_j q_j\mid j\rangle\langle j\mid$$

分别是 ρ 和 σ 的正交分解。按相对熵定义得

$$S(\rho\mid\sigma)=\sum_i p_i\log p_i-\sum_i\langle i\mid\rho\log\sigma\mid i\rangle$$

由于 $\langle i|\rho=p_i\langle i|$，于是

$$\langle i\mid\log\sigma\mid i\rangle=\langle i\mid\Big(\sum_j\log q_j\mid j\rangle\langle j\mid\Big)\mid i\rangle=\sum_j\log q_j\mid\langle i\mid j\rangle\mid^2$$

所以得

$$S(\rho\mid\sigma)=\sum_i p_i\Big(\log p_i-\sum_j\mid\langle i\mid j\rangle\mid^2\log q_j\Big)$$

注意，$\sum_i\mid\langle i\mid j\rangle\mid^2=1$，$\sum_j\mid\langle i\mid j\rangle\mid^2=1$，并且由于 $\log(\cdot)$ 函数是严格的凸函数，有 $\sum_j\mid\langle i\mid j\rangle\mid^2\log q_j\leqslant\log\Big(\sum_j\mid\langle i\mid j\rangle\mid^2 q_j\Big)$。这里等号当且仅当 j 只有一个值时成立，即 $\mid\langle i\mid j\rangle\mid^2=1$ 时成立。于是

$$S(\rho\mid\sigma)\geqslant\sum_i p_i\log\Big(p_i\Big/\sum_j\mid\langle i\mid j\rangle\mid^2 q_j\Big)$$

这里等号也是当且仅当对每一个 i 都只有一个 j 值时成立。此式类似于经典的相对熵，具有非负性质。 证毕。

13.15 **证**：利用相对熵的凹性性质。令 d 为系统 A 的维数，则

$$\begin{aligned}S\Big(\rho_{AB}\parallel\frac{I}{d}\otimes\rho_B\Big)&\equiv-S(\rho_{AB})-\mathrm{tr}\Big\{\rho_{AB}\log\Big(\frac{I}{d}\otimes\rho_B\Big)\Big\}\\&=-S(\rho_{AB})-\mathrm{tr}(\rho_B\log\rho_B)+\log d\\&=-S(A\mid B)+\log d\end{aligned}$$

于是

$$S(A\mid B)=\log d-S\Big(\rho_{AB}\parallel\frac{I}{d}\otimes\rho_B\Big)$$

由此式，条件熵 $S(A|B)$ 的凸性就可以从相对熵的联合凹性来得到。

13.16 **解**:假定 Alice 以相同的概率制备初态,那么可以计算互信息如下。

测量前

$$\rho(x)=\frac{1}{2}\mid u\rangle\langle u\mid+\frac{1}{2}\mid v\rangle\langle v\mid=\frac{1}{2}\begin{pmatrix}1+\cos^2\frac{\theta}{2} & \sin\frac{\theta}{2}\cos\frac{\theta}{2}\\ \sin\frac{\theta}{2}\cos\frac{\theta}{2} & \sin^2\frac{\theta}{2}\end{pmatrix}$$

测量后

$$\rho(y)=E_1\rho(x)E_1+E_2\rho(x)E_2=\frac{1}{2}\begin{pmatrix}1+\cos^2\frac{\theta}{2} & 0\\ 0 & \sin^2\frac{\theta}{2}\end{pmatrix}$$

互信息

$$I(\theta)=H(x)+H(y)-H(x,y)$$

这里,$H(x,y)=S(p(x,y))$,$p(x,y)=p(x)p(y|x)$是测量前后态和测量结果的联合分布。于是可以算出

$$I(\theta)=1-\frac{1}{2}\left(1+\cos\frac{\theta}{2}\right)\log\left(1+\cos\frac{\theta}{2}\right)-\frac{1}{2}\left(1-\cos\frac{\theta}{2}\right)\log\left(1-\cos\frac{\theta}{2}\right)$$
$$-\frac{1}{2}\left(1+\cos^2\frac{\theta}{2}\right)\log\left(1+\cos^2\frac{\theta}{2}\right)+\frac{1}{2}\cos^2\frac{\theta}{2}\log\cos^2\frac{\theta}{2}$$

同样方法可以算出 ii)和 iii)情况下的互信息。

13.17 **证**:i) 其实,$S(\rho)$计算可用求 ρ_{AB} 本征值的办法,现按题意办法求。

首先将态$\{|\Phi_\alpha\rangle\}=\{|\varphi_\alpha\rangle|\varphi_\alpha\rangle\}$用 Bell 基展开,得到

$$|\Phi_1\rangle=|\varphi_1\rangle|\varphi_1\rangle=\frac{1}{\sqrt{2}}(|\phi^+\rangle+|\phi^-\rangle)$$

$$|\Phi_2\rangle=|\varphi_2\rangle|\varphi_2\rangle=\frac{1}{\sqrt{2}}\left(|\phi^+\rangle-\frac{1}{2}|\phi^-\rangle\right)+\frac{\sqrt{6}}{4}|\Psi^+\rangle$$

$$|\Phi_3\rangle=|\varphi_3\rangle|\varphi_3\rangle=\frac{1}{\sqrt{2}}\left(|\phi^+\rangle-\frac{1}{2}|\phi^-\rangle\right)-\frac{\sqrt{6}}{4}|\Psi^+\rangle$$

于是得

$$\rho=\frac{1}{3}\left(\sum_\alpha|\Phi_\alpha\rangle\langle\Phi_\alpha|\right)=\frac{1}{2}|\phi^+\rangle\langle\phi^+|+\frac{1}{4}|\phi^-\rangle\langle\phi^-|+\frac{1}{4}|\Psi^+\rangle\langle\Psi^+|$$

$$S(\rho)=-\frac{1}{2}\log\frac{1}{2}-\frac{1}{4}\log\frac{1}{4}-\frac{1}{4}\log\frac{1}{4}=\frac{3}{2}$$

ii) 定义 $G=\sum_\alpha|\Phi_\alpha\rangle\langle\Phi_\alpha|$,则 PGM 易求得如下

$$F_1 = G^{-\frac{1}{2}} \mid \Phi_1\rangle\langle\Phi_1 \mid G^{-\frac{1}{2}} = \frac{1}{3}(\mid \phi^+\rangle + \sqrt{2} \mid \phi^-\rangle)(\langle\phi^+ \mid + \sqrt{2}\langle\phi^- \mid)$$

$$F_2 = G^{-\frac{1}{2}} \mid \Phi_2\rangle\langle\Phi_2 \mid G^{-\frac{1}{2}}$$

$$= \frac{1}{3}\left(\mid \phi^+\rangle - \frac{1}{\sqrt{2}} \mid \phi^-\rangle + \frac{\sqrt{6}}{2} \mid \Psi^+\rangle\right)\left(\langle\phi^+ \mid - \frac{1}{\sqrt{2}}\langle\phi^- \mid + \frac{\sqrt{6}}{2}\langle\Psi^+ \mid\right)$$

$$F_3 = G^{-\frac{1}{2}} \mid \Phi_3\rangle\langle\Phi_3 \mid G^{-\frac{1}{2}}$$

$$= \frac{1}{3}\left(\mid \phi^+\rangle - \frac{1}{\sqrt{2}} \mid \phi^-\rangle - \frac{\sqrt{6}}{2} \mid \Psi^+\rangle\right)\left(\langle\phi^+ \mid - \frac{1}{\sqrt{2}}\langle\phi^- \mid - \frac{\sqrt{6}}{2}\langle\Psi^+ \mid\right)$$

iii) PGM 测量结局如下

$$F_\beta \mid \Phi_\alpha\rangle\langle\Phi_\alpha \mid F_\beta^\dagger = p_{\alpha\beta}F_\beta = \begin{cases} \frac{1}{3}\left(1 + \frac{1}{\sqrt{2}}\right)^2 F_\beta & \alpha = \beta \\ \frac{1}{6}\left(1 - \frac{1}{\sqrt{2}}\right)^2 F_\beta & \alpha \neq \beta \end{cases}$$

互信息可算得如下

$$I = H(X) - H(X \mid Y) = \frac{3}{2} - H(p_{\alpha\beta}) = 1.36907$$

索　引

A

B

C

D

E

F

G

H

J

K

L

M

N

P

Q

R

S

T

U

V

W

X

Y

Z